ENERGY

시작하라.

그 자체가 천재성이고,
힘이며, 마력이다.

– 요한 볼프강 폰 괴테(Johann Wolfgang von Goethe)

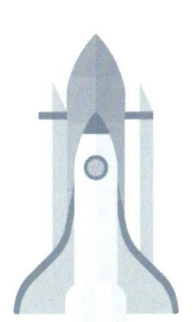

Eduwill NEW
최신 출제기준 반영!

자동차정비기능사
NCS 학습모듈 완벽적용

✓ **전기·수소·하이브리드 포함!**
최근 출제된 친환경차 문제까지 완전 반영

✓ **2025~2019년 까지 총 7개년 기출 수록!**
실전 대비에 가장 충실한 구성

✓ **출제 비중 높은 핵심이론 중심 정리**
시험에 자주 나오는 개념만 쏙!

NCS 학습모듈 기반으로 출제 흐름을 완벽히 파악하고,
실제 시험에 가장 가까운 구조로 구성했습니다.

" 에듀윌과 함께 가장 빠른 합격을
경험해보세요. "

에듀윌
자동차정비기능사

필기 한권끝장

Why Eduwill?
에듀윌을 선택해야 하는 이유

1 한 권으로 정리하는 출제 핵심 이론 총정리!

실제 출제된 기출문제를 꼼꼼하게 분석하여 출제율 높은 개념만 이론으로 구성했습니다.

핵심이론의 구성
이론은 기초에서 실전까지 자연스럽게 이어지도록 자동차 기본부터 엔진·섀시·전기전자·안전·친환경까지 6단계로 구성했습니다. 출제 비중이 높은 영역부터 차근차근 대비할 수 있으며, 한 권으로 전 범위를 전략적으로 학습할 수 있습니다.

학습 전략
이론은 모든 내용을 완벽히 외우기보다 기출문제를 풀기 위한 배경지식으로 가볍게 살펴보세요. 출제 흐름과 핵심 개념 위주로 빠르게 훑고, 부족한 부분은 문제를 통해 자연스럽게 보완하면 충분합니다.

2 합격을 완성하는 7개년 기출문제

출제 흐름 파악
기출문제는 시험의 출제 방향과 흐름을 가장 잘 보여줍니다. 7개년 기출을 통해 반복되는 문제를 쉽게 파악할 수 있습니다.

실전 감각 습득
4주 완성 플래너와 함께 기출 문제를 3회독 반복 학습 하면 문제 유형에 익숙해지고 실전 감각이 자연스럽게 올라갑니다.

이해를 돕는 자세한 해설
해설만으로도 개념을 이해할 수 있도록 친절하고 자세한 해설을 작성하였습니다. 문제풀이와 동시에 개념을 이해하고 복습까지 한 번에 마무리할 수 있습니다.

+ PLUS

1 한 권으로 정리하는 출제 핵심 이론 총정리!

신유형 친환경차 부록이 왜 필요할까?
최근 자동차정비기능사 시험에는 친환경 자동차 관련 문제가 출제되고 있습니다. 이처럼 낯선 유형일수록 빠르게 감을 잡는 것이 중요합니다. 아직은 생소한 **전기차, 수소차, 하이브리드차** 문제도 이 부록이라면 60분 만에 충분히 대비할 수 있습니다. 단 60분 투자로 예상 출제 문제를 완벽 정리하여 효율적으로 시험에 대비하세요.

부록 미리보기

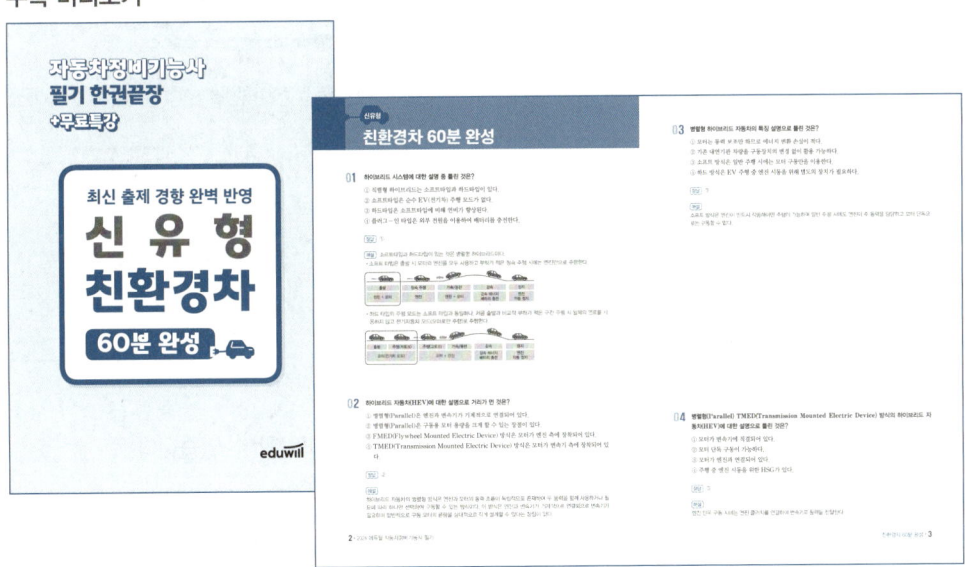

2 최신기출 3개년 무료특강 제공

- 기출 속 개념까지 함께 짚어주는 **3개년 해설 특강** 제공!
- 기출 분석이 막막하다면 **무료특강**을 이용해 보세요!

무료특강 경로
에듀윌 도서몰(book.eduwill.net) ▶ 회원가입/로그인 ▶ 동영상 강의실 ▶ '자동차정비기능사' 검색

최종 합격까지 단권 학습
이 책의 구성 알아보기

핵심이론

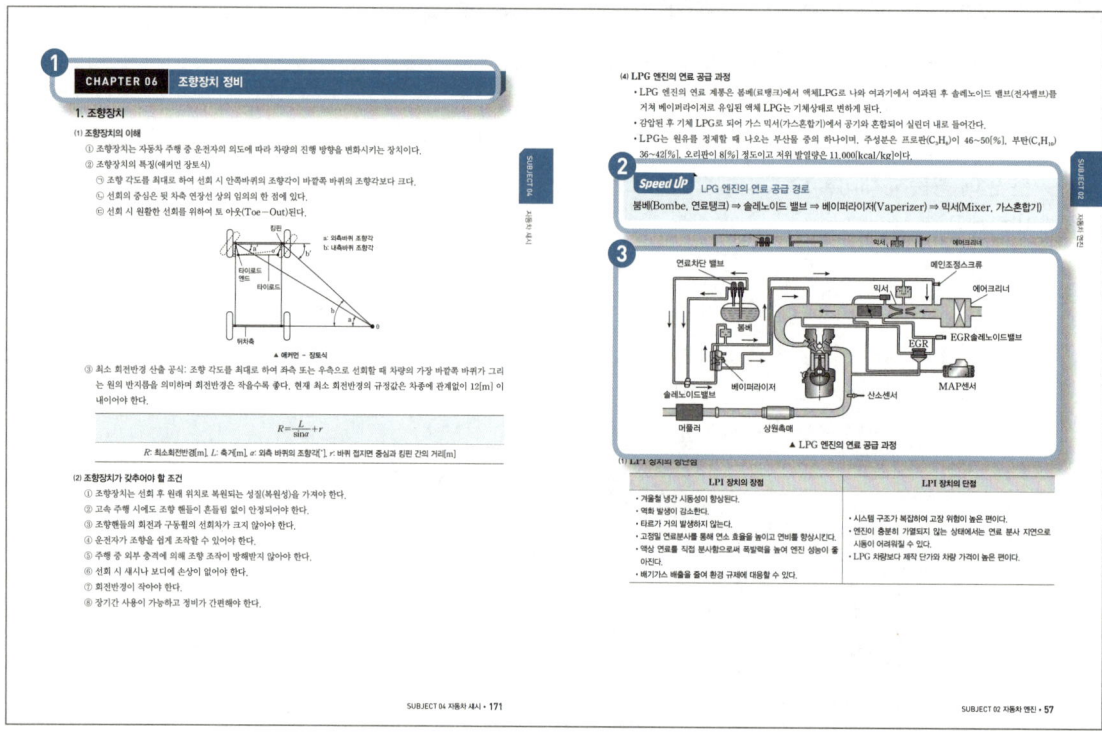

① 과목별 이론을 **주제 중심으로 세분화**하여 공부해야 할 내용을 명확히 파악할 수 있습니다.

② 학습의 흐름이 끊기지 않도록 'Speed Up' 코너에서 핵심만 뽑아 직관적으로 정리했습니다.

③ 복잡한 장치나 작동 과정은 구조와 흐름을 한눈에 파악할 수 있도록 **시각자료**를 풍부하게 담았습니다.

" 출제율 높은 개념 중심의 "
핵심이론

최신 7개년 기출문제

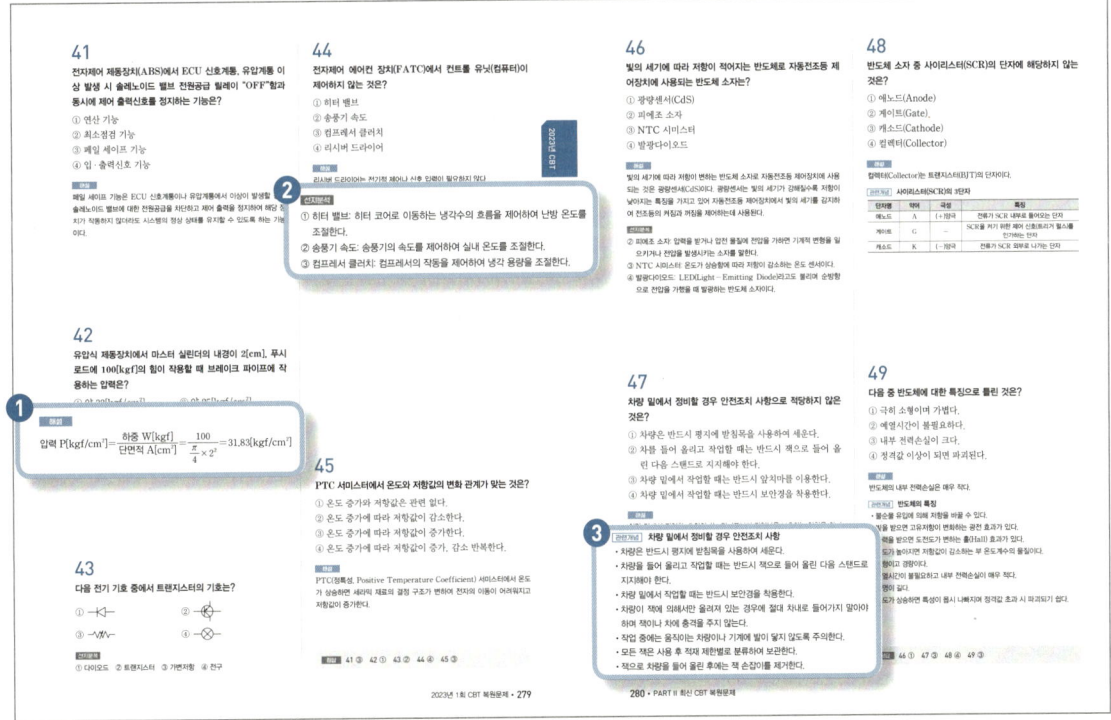

① 헷갈리기 쉬운 **단위 계산도 정확하게 표시**하여 실수 없이 계산 학습할 수 있습니다.

② **선지 하나하나까지 분석**하여 왜 정답인지, 왜 오답인지 확실히 이해할 수 있습니다.

③ 문제 해설과 함께 관련 개념까지 정리해 **이해와 암기를 동시에** 도와줍니다.

"7개년 기출문제 구성으로 단기학습 전략"

합격의 첫 걸음
자동차정비기능사 시험정보

자동차정비기능사 시험 개요

구분	시험과목	검정방법	합격기준
필기	• 자동차 엔진 • 자동차 섀시 • 전기·전자장치 정비 및 안전관리	• 객관식 4지 택일형 • 60문항 • 60분	100점을 만점으로 하여 60점 이상
실기	• 자동차정비 실무	작업형 (4시간, 100점)	100점을 만점으로 하여 60점 이상

2026 기능사 시험 일정

구분	필기시험			실기시험		
	원서접수일	시험일	합격자 발표일	원서접수일	시험일	합격자 발표일
1회	1월	1월	2월	2월	3~4월	4월
2회	3월	4월	4월	4~5월	5~6월	6월
필기시험 면제자		—		5월	6월	7월
3회	6월	6~7월	7월	7월	8~9월	9월
4회	8월	9월	10월	10월	11~12월	12월

※ 정확한 시험일정 및 시험정보는 한국산업인력공단(Q-net) 참고

자동차정비기능사 출제기준(필기)

필기과목 | 자동차 엔진, 섀시, 전기·전자장치정비 및 안전관리

주요항목	상세항목		
1. 충전장치 정비	• 충전장치 점검·진단 • 충전장치 교환	• 충전장치 검사	• 충전장치 수리
2. 시동장치 정비	• 시동장치 점검·진단	• 시동장치 수리 • 시동장치 검사	• 시동장치 교환
3. 편의장치 정비	• 편의장치 점검·진단 • 편의장치 검사	• 편의장치 조정 • 편의장치 교환	• 편의장치 수리
4. 등화장치 정비	• 등화장치 점검·진단	• 등화장치 수리 • 등화장치 검사	• 등화장치 교환
5. 엔진 본체 정비	• 엔진본체 점검·진단 • 엔진본체 검사	• 엔진본체 관련 부품 조정 • 엔진본체 관련 부품 교환	• 엔진본체 수리
6. 윤활장치 정비	• 윤활장치 점검·진단 • 윤활장치 검사	• 윤활장치 수리	• 윤활장치 교환
7. 연료장치 정비	• 연료장치 점검·진단 • 연료장치 검사	• 연료장치 수리	• 연료장치 교환
8. 흡·배기장치 정비	• 흡·배기장치 점검·진단 • 흡·배기장치 검사	• 흡·배기장치 수리	• 흡·배기장치 교환
9. 클러치·수동변속기 정비	• 클러치·수동변속기 점검·진단 • 클러치·수동변속기 검사	• 클러치·수동변속기 조정 • 클러치·수동변속기 교환	• 클러치·수동변속기 수리
10. 드라이브라인 정비	• 드라이브라인 점검·진단 • 드라이브라인 검사	• 드라이브라인 조정 • 드라이브라인 교환	• 드라이브라인 수리
11. 휠·타이어·얼라인먼트 정비	• 휠·타이어·얼라인먼트 점검·진단 • 휠·타이어·얼라인먼트 검사	• 휠·타이어·얼라인먼트 조정 • 휠·타이어·얼라인먼트 교환	• 휠·타이어·얼라인먼트 수리
12. 유압식 제동장치 정비	• 유압식 제동장치 점검·진단 • 유압식 제동장치 검사	• 유압식 제동장치 조정 • 유압식 제동장치 교환	• 유압식 제동장치 수리
13. 엔진점화장치 정비	• 엔진점화장치 점검·진단 • 엔진점화장치 검사	• 엔진점화장치 조정 • 엔진점화장치 교환	• 엔진점화장치 수리
14. 유압식 현가장치 정비	• 유압식 현가장치 점검·진단	• 유압식 현가장치 교환	• 유압식 현가장치 검사
15. 조향장치 정비	• 조향장치 점검·진단 • 조향장치 검사	• 조향장치 조정 • 조향장치 교환	• 조향장치 수리
16. 냉각장치 정비	• 냉각장치 점검·진단 • 냉각장치 검사	• 냉각장치 수리	• 냉각장치 교환

차례 CONTENTS

PART 01 핵심이론

SUBJECT 01 자동차 기본사항 및 안전기준 — 014

SUBJECT 02 자동차 엔진 — 024

- CHAPTER 01 엔진 본체 정비 — 024
- CHAPTER 02 윤활 장치 정비 — 038
- CHAPTER 03 연료 장치 정비 — 043
- CHAPTER 04 흡·배기 장치 정비 — 063
- CHAPTER 05 냉각 장치 정비 — 071

SUBJECT 03 자동차 전기·전자장치 — 075

- CHAPTER 01 전기·전자 기초 이해 — 075
- CHAPTER 02 충전 장치 정비 — 083
- CHAPTER 03 시동 장치 정비 — 094
- CHAPTER 04 편의 장치 정비 — 101
- CHAPTER 05 등화 장치 정비 — 106
- CHAPTER 06 엔진 점화 장치 정비 — 113

SUBJECT 04 자동차 섀시 — 121

- CHAPTER 01 섀시 구조 및 클러치·변속기 정비 — 121
- CHAPTER 02 드라이브 라인(Drive Line) 정비 — 140
- CHAPTER 03 타이어, 휠, 얼라이먼트 정비 — 146
- CHAPTER 04 유압식 제동장치 정비 — 155
- CHAPTER 05 유압식 현가장치 정비 — 164
- CHAPTER 06 조향 장치 정비 — 171

SUBJECT 05 자동차 안전관리 및 안전기준 — 180

SUBJECT 06 친환경 자동차 — 194

- CHAPTER 01 친환경 자동차 — 194
- CHAPTER 02 전기자동차 — 195
- CHAPTER 03 수소자동차 — 200
- CHAPTER 04 하이브리드자동차 — 203

PART 02   최신 7개년 기출문제

2025년도 CBT 복원문제

2025년도 1회	CBT 복원문제	212
2025년도 2회	CBT 복원문제	227

2024년도 CBT 복원문제

2024년도 1회	CBT 복원문제	242
2024년도 2회	CBT 복원문제	256

2023년도 CBT 복원문제

2023년도 1회	CBT 복원문제	270
2023년도 2회	CBT 복원문제	283

2022년도 CBT 복원문제

2022년도 1회	CBT 복원문제	297
2022년도 2회	CBT 복원문제	311

2021년도 CBT 복원문제

2021년도 1회	CBT 복원문제	324
2021년도 2회	CBT 복원문제	338

2020년도 CBT 복원문제

2020년도 1회	CBT 복원문제	351
2020년도 2회	CBT 복원문제	365

2019년도 CBT 복원문제

2019년도 1회	CBT 복원문제	379
2019년도 2회	CBT 복원문제	392

핵심이론

자동차 엔진

전기·전자장치

자동차 섀시

안전관리

친환경 자동차

자 동 차 정 비 기 능 사   필 기

SUBJECT 01	자동차 기본사항 및 안전기준	014
SUBJECT 02	자동차 엔진	024
SUBJECT 03	자동차 전기·전자장치	075
SUBJECT 04	자동차 섀시	121
SUBJECT 05	자동차 안전관리 및 안전기준	180
SUBJECT 06	친환경 자동차	194

자동차 기본사항 및 안전기준

빈출개념 #엔진효율 #엔진 사이클 #안전기준

1. 힘(Force)과 운동의 관계

(1) 힘의 정의
① 힘이란 물체의 운동, 방향 또는 구조를 변화시킬 수 있는 상호작용이다. 즉, 질량을 가진 물체의 속도를 변화시키는 요인이다. 영어로는 Force라 하며 기호 F로 나타낸다.
② 힘은 크기와 방향을 모두 갖는 벡터량으로, 단위는 뉴턴[N]을 사용하고 기호로 F로 나타낸다.
③ 힘의 3요소는 힘의 작용점(시작점), 힘의 크기(선의 길이), 힘의 방향(화살표)이다.

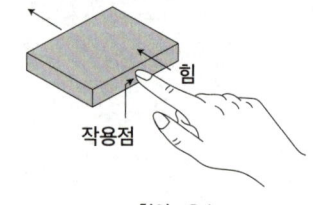

▲ 힘의 3요소

(2) 모멘트(Moment)
모멘트는 한 점을 기준으로 힘이 회전하려는 경향을 의미하며 해당 점에서 힘의 작용선까지의 수직거리와 힘의 크기를 곱하여 계산된다. 예를 들어, $M = F \times s = 100[N] \times 0.2[m] = 20[Nm]$와 같이 표현된다.

(3) 토크(Torque, 회전력)
토크는 회전을 일으키는 힘의 효과를 의미하며 일반적으로 그리스 문자 τ(타우)로 나타낸다. 토크는 힘과 받침점까지의 거리의 곱으로 계산되며 단위는 뉴턴 미터[Nm] 또는 라디안 당 주울[J/rad]을 사용한다.

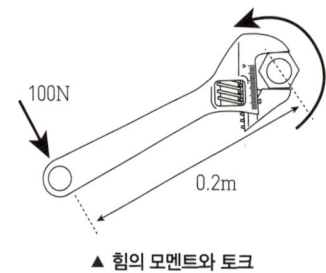

▲ 힘의 모멘트와 토크

(4) 운동량
운동량은 물체의 운동 상태를 나타내는 벡터량으로 물체의 질량과 속도의 곱으로 정의된다. 뉴턴 역학에서는 물체의 운동 상태를 설명하는데 사용되며 해밀턴 역학에서는 위치와 함께 물질의 고유한 상태량으로 간주된다. 단위는 [kg·m/s]이다.

2. 열과 일, 에너지의 관계

(1) 열(Heat)
열은 온도 차에 의해 물체 간에 전달되는 에너지의 한 형태로 에너지 이동이라는 관점에서 다뤄진다. 열량의 SI 단위는 줄[J]이며, BTU(British Thermal Unit)나 칼로리[cal]도 사용된다. 단위 시간당 에너지 전달 또는 사용되는 양의 단위는 와트[W]이다.

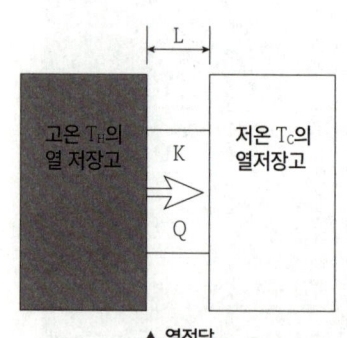

▲ 열전달

(2) 일(Work)
① 일은 물체에 힘을 가해 그 물체가 힘의 방향으로 이동했을 때 수행된 에너지 변환의 양이다. 단위는 줄[J]이다.
② 수식으로는 W=F×s로 표현되며, 여기서 W[J]는 일, F[N]는 힘, s[m]는 힘의 방향으로 물체가 이동한 거리이다.

(3) 에너지(Energy)
① 에너지는 일을 할 수 있는 능력을 의미하며 SI 단위는 줄[J]이다. 1[J]은 1[N]의 힘으로 물체를 1[m] 이동시킬 수 있는 에너지에 해당한다.
② 에너지의 종류
  ㉠ 운동에너지: 물체가 운동 중일 때 가지는 에너지로 정지한 물체를 같은 속도로 움직이는 데 필요한 일의 양과 같다.
  ㉡ 위치에너지: 물체가 특정 위치에 있을 때 가지는 잠재적 에너지로 중력, 탄성력, 전기력 등에 의해 결정된다.
  ㉢ 열에너지: 온도 차에 의해 물체 사이에서 전달되는 에너지로 물체 내부의 열역학적 상태에 따라 내부 에너지로 표현되기도 한다.
  ㉣ 전기에너지: 전하가 전기장 내에 존재할 때 가지는 위치 에너지로 전하량과 전위의 곱으로 계산된다.
  ㉤ 화학에너지: 물질 내의 화학 결합에 저장된 에너지로 연소나 화학 반응을 통해 방출되거나 흡수된다.
  ㉥ 빛에너지: 전자기파로 전달되는 에너지로 진공에서 속력이 가장 빠르며 일반적으로 고체, 액체, 기체 순으로 속력이 느려진다. 빛은 매질이 없어도 전달될 수 있다.

3. 엔진 성능의 단위

(1) 마력(Horse Power)
① 마력은 엔진 출력(동력)을 나타내는 단위로, 주로 불마력[PS]이 사용된다.
② 불마력[PS]: 1[PS]=75[kgf·m/s]=0.735[kW]
③ 영마력[HP]: 1[HP]=76[kgf·m/s]=0.746[kW]

(2) 지시마력(IHP: Indicated Horse Power)
① 실린더 내부에서 연료의 연소로 발생한 압력을 기준으로 계산한 이론적 마력이다.
② 지시마력=제동마력+마찰마력

$$지시마력(IHP) = \frac{P \cdot A \cdot L \cdot N \cdot R}{75 \times 60}$$

P: 지시평균 유효압력[kgf/cm²], A: 실린더 단면적[cm²], L: 피스톤 행정 거리[m], N: 실린더 수, R: 회전수[rpm] (2행정은 R, 4행정은 $R/2$로 계산)

※ 4행정 기관은 크랭크축이 2회전할 때 1회의 동력이 발생한다.

(3) **제동마력(BHP: Brake Horse Power)**

실제 측정 가능한 출력으로 크랭크축에서 발생하는 마력이다.

$$제동마력(BHP) = \frac{2\pi TR}{75 \times 60} = \frac{TR}{716}$$

T: 회전력[kgf·m], R: 회전수 [rpm]

(4) **마찰마력(FHP: Friction Horse Power)**

① 엔진 내부 마찰, 펌핑 손실 등에 의해 소모되는 마력이다.
② 마찰마력 = 지시마력 − 제동마력

$$마찰마력(FHP) = \frac{총\ 마찰력[kgf] \times 속도[m/s]}{75}$$

(5) **연료마력(PHP: Petrol Horse Power)**

연료의 소비량을 기준으로 계산한 이론적인 출력이다.

$$연료마력(PHP) = \frac{60CW}{632.3t} = \frac{CW}{10.5t}$$

1[PS] = 632.3[kcal/h], C: 연료의 저위발열량[kcal/kg], W: 연료의 무게[kg], t: 측정시간[분]

(6) **SAE 마력(공칭 마력)**

미국자동차기술자협회(SAE) 기준에 따른 마력 산출 방식이다.

실린더 내경이 [mm]일 때: SAE 마력 = $(D^2 \times N) / 40$
실린더 내경이 [inch]일 때: SAE 마력 = $(D^2 \times N) / 2.5$
D: 실린더 내경 [mm 또는 inch], N: 실린더 수

4. 엔진효율(Engine Efficiency)

(1) **기계효율(Mechanical Efficiency)**

① 지시마력(IHP) 중 실제 일로 변환된 제동마력(BHP)의 비율을 의미한다.
② 기계효율(η_m) = $\frac{제동마력(BHP)}{지시마력(IHP)} \times 100[\%]$

(2) **제동 열효율(Brake Thermal Efficiency)**

① 공급된 연료의 열에너지 중 실제로 유효한 출력(BHP)으로 전환된 비율이다.
② 제동 열효율(η_e) = $\frac{632.3 \times BHP}{G \times H_l} \times 100[\%]$ (G: 시간당 연료소비량[kg/h], H_l: 연료의 저위발열량[kcal/kg])

(3) **체적 효율(Volumetric Efficiency)**

① 흡입행정 동안 실린더에 유입된 공기의 체적을 실린더의 이론적 행정체적으로 나눈 비율이다.
② 체적 효율(η_v) = $\frac{실제\ 흡입한\ 공기의\ 체적}{행정\ 체적}$

5. 엔진의 기본사이클(Engine Basic Cycles)

(1) 정적사이클(오토 사이클(Otto Cycle), 가솔린 사이클)
① 가솔린엔진에서 사용되는 이상적인 열역학 사이클이다.
② 두 개의 단열 과정(압축, 팽창)과 두 개의 정적 과정(연소 가열, 방열)으로 구성되어 있다.
③ 4행정 SI 엔진의 기본 사이클로 공기 표준 열역학 사이클이라고도 한다.

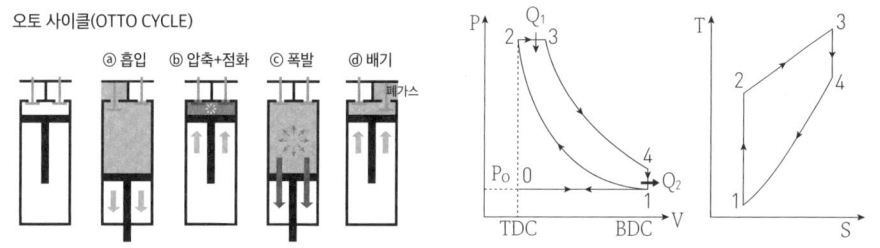

▲ 정적(오토) 사이클

(2) 정압사이클(디젤 사이클, Diesel Cycle)
① 디젤엔진에 적용되는 이상적인 열역학 사이클이다.
② 두 개의 단열과정, 한 개의 정압 가열과정, 한 개의 정적 방열과정으로 구성되어 있다.
③ 디젤엔진, 선박, 발전기 등 중저속 대형 내연기관에서 주로 사용된다.

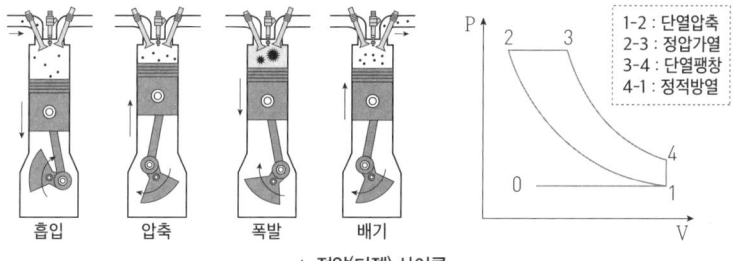

▲ 정압(디젤) 사이클

(3) 복합사이클(사바테 사이클, Sabathe Cycle)
① 정적 가열과 정압 가열이 혼합된 복합 사이클로 이중 연소 사이클이라고도 한다.
② 두 개의 단열 과정, 두 개의 정적 과정, 한 개의 정압 과정으로 구성되어 있다.
③ 고속 디젤엔진에 주로 적용되며 효율 향상을 위해 증기터빈의 랭킨사이클과 가스터빈의 브레이튼 사이클이 결합된 사이클이다.

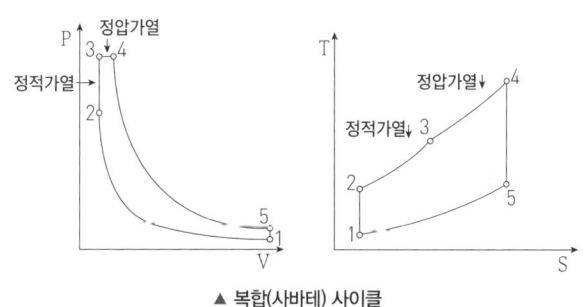

▲ 복합(사바테) 사이클

6. 자동차 안전용어

공차상태	자동차에 사람이나 물품을 승차 또는 적재하지 않은 상태에서 연료, 냉각수, 윤활유를 가득 채우고(예비 타이어, 예비 부품, 공구 제외) 운행 가능한 상태를 말한다.
적차상태	공차상태의 자동차에 승차 정원이 모두 승차하고 최대 적재량이 실린 상태를 말한다.
축중	수평 상태에서 하나의 축에 연결된 모든 바퀴의 윤중의 합이다.
윤중	하나의 바퀴가 수직 방향으로 지면을 누르는 힘이다.
차량 중심선	직진 및 수평 상태에서 앞 차축 중심점과 가장 뒷차축 중심점을 잇는 직선을 말한다.
차량 총중량	적차상태의 자동차 중량이다.
차량 중량	공차상태의 자동차 중량이다.
풀 트레일러	피견인 자동차를 말한다.
연결 자동차	견인 자동차와 피견인 자동차가 연결된 상태를 말한다.
승차 정원	운전자를 포함해 자동차에 탑승할 수 있는 최대 인원이다.
최대 적재량	자동차에 적재할 수 있는 물품의 최대 중량이다.
유효 조광면적	등화 렌즈 외곽 면적에서 반사기 렌즈 및 부착용 나사 머리 면적을 제외한 면적이다.
머리 충격 부위	착석 기준점에서 지름 165[mm]인 구형 머리 모형을 지닌 측정 장치(600~838[mm] 조절 가능)가 정적으로 접하는 표면이다.
착석 기준점	좌석에 인체 모형을 앉혔을 때 상체와 골반 사이의 회전 중심점, 또는 설계자가 정한 기준 위치이다.
골반 충격 부위	착석 기준점 기준으로 위 178[mm], 아래 102[mm], 앞 204[mm], 뒤 51[mm]의 범위를 좌우로 이동했을 때 포함되는 직사각형 영역이다.

7. 자동차 안전기준

(1) **구조 및 안정성 확보**

구조 및 안정성 확보를 위하여 자동차의 구조 및 장치는 안전한 운행이 가능하도록 제작되고 정비되어야 한다.

① 외형 치수 및 측정 기준

승용 및 승합/화물 및 특수	연결 자동차
13[m] 이내	16.7[m] 이내

② 너비

㉠ 2.5[m] 이내

㉡ 외부 돌출부는 승용차 25[cm], 기타 자동차 30[cm] 미만

㉢ 피견인차가 견인차보다 넓은 경우: 10[cm] 미만

③ 높이: 4[m] 미만

④ 측정 상태

㉠ 공차상태

㉡ 직진·수평면 유지

㉢ 차체 밖 돌출부 제거 또는 닫은 상태(후사경, 안테나, 창, 경광등, 환기장치 등)

⑤ 최저 지상고: 공차상태에서 접지 외 부위는 지면과 10[cm] 이상 떨어져 있어야 한다.

(2) **중량기준**
  ① 차량총중량: 20[톤] 이하(승합 30[톤], 화물 · 특수 40[톤])
  ② 축하중: 10[톤] 이하
  ③ 윤중: 5[톤] 이하
  ④ 조향륜의 윤중: 차량중량 및 차량총중량의 각각에 대하여 20[%] 이상 확보(3륜 경형 및 소형자동차는 18[%] 이상)

(3) **최대 안전 경사각도**
  ① 승용 · 화물 · 특수 및 10인 이하 승합: 공차상태 기준 좌우 각 35[°] 이상
  ② 차량총중량이 차량중량의 1.2배 이하인 경우: 30[°] 이상
  ③ 11인 이상 승합: 적차상태 기준 28[°] 이상

(4) **최소 회전 반경**: 바깥쪽 앞바퀴 자국의 중심선을 기준으로 측정한 반경이 12[m]를 초과하지 않아야 한다.

(5) **타이어 접지압**
  ① 접지부분은 소음의 발생이 적고 도로를 파손할 위험이 없는 구조일 것
  ② 무한궤도를 장착한 자동차의 접지압력은 무한궤도 1[cm²]당 3[kg]을 초과하지 아니할 것

(6) **원동기 및 동력전달장치**
  ① 원동기 각부의 작동에 이상이 없어야 하며, 주시동장치 및 정지장치는 운전자의 좌석에서 원동기를 시동 또는 정지시킬 수 있는 구조일 것
  ② 자동차의 동력전달장치는 안전운행에 지장을 줄 수 있는 연결부의 손상 또는 오일의 누출등이 없어야 한다.
  ③ 경유를 연료로 사용하는 자동차의 조속기(연료 분사량 조정기를 말한다)는 연료의 분사량을 임의로 조작할 수 없도록 봉인을 해야 하며, 봉인을 임의로 제거하거나 조작 또는 훼손해서는 안 된다.
  ④ 초소형자동차의 최고속도가 매시 80[km]를 초과하지 않도록 원동기 및 동력전달장치를 설계 · 제작하여야 한다.

(7) **주행장치**
  ① 공기압 타이어 트레드 부분에는 트레드 깊이가 1.6[mm]까지 마모된 것을 표시하는 트레드 마모지시기를 표기할 것
  ② 자동차의 타이어 및 기타 주행장치의 각부는 견고하게 결합되어 있어야 하며, 갈라지거나 금이 가고 과도하게 부식되는 등의 손상이 없어야 한다.
  ③ 자동차(승용자동차를 제외한다)의 바퀴 뒤쪽에는 흙받이를 부착하여야 한다.
  ④ 승용자동차와 차량총중량 3.5[톤] 이하의 승합(피견인자동차로 한정한다) · 화물 · 특수자동차에 장착되는 휠은 제112조의11에 따른 기준에 적합하여야 하고, 브레이크라이닝 마모상태를 휠의 탈거(脫去) 없이 확인할 수 있는 구조이어야 한다. (다만, 초소형자동차는 제외)

(8) **조향장치**
  ① 다음 각 목의 자동차 구분에 따른 해당 속도로 반지름 50[m]의 곡선에 접하여 주행할 때 자동차의 선회원이 동일하거나 더 커지는 구조일 것
    ㉠ 승용자동차: 시속 50[km]
    ㉡ 승용자동차 외의 자동차: 시속 40[km](최고속도가 시속 40[km] 미만인 경우에는 해당 자동차의 최고속도)
  ② 조향핸들의 유격(조향바퀴가 움직이기 직전까지 조향핸들이 움직인 거리)은 당해 자동차의 조향핸들지름의 12.5[%] 이내이어야 한다.
  ③ 조향바퀴의 옆으로 미끄러짐이 1[m] 주행에 좌우방향으로 각각 5[mm] 이내이어야 하며, 각 바퀴의 정렬상태가 안전운행에 지장이 없어야 한다.

(9) 제동장치
① 주제동장치와 주차제동장치는 각각 독립적으로 작용할 수 있어야 하며, 주제동장치는 모든 바퀴를 동시에 제동하는 구조일 것
② 주제동장치의 급제동정지거리 및 조작력 기준

구분	최고속도가 매시 80[km] 이상의 자동차	최고속도가 매시 35[km] 이상 80[km] 미만의 자동차	최고속도가 매시 35[km] 미만의 자동차
제동초속도	50[km/h]	35[km/h]	당해자동차의 최고속도
급제동 정지거리	22[m] 이하	14[m] 이하	5[m] 이하
측정 시 조작력	발조작식의 경우: 90[kg] 이하		
	손조작시의 경우: 30[kg] 이하		
측정자동차의 상태	공차상태의 자동차에 운전자 1인이 승차한 상태		

③ 주제동장치의 제동능력 및 조작력 기준

구분		기준
측정자동차의 상태		공차상태의 자동차에 운전자 1인이 승차한 상태
측정 시 조작력	승용자동차	발조작식의 경우: 60[kg] 이하
		손조작식의 경우: 40[kg] 이하
	기타자동차	발조작식의 경우: 70[kg] 이하
		손조작식의 경우: 50[kg] 이하
제동능력		경사각 11도 30분 이상의 경사면에서 정지상태를 유지할 수 있거나 제동능력이 차량 중량의 20[%] 이상일 것

(10) 연료장치
① 연료탱크 주입구 및 가스배출구의 기준
  ㉠ 배기관 끝으로부터 30[cm] 이상 떨어질 것(연료탱크 제외)
  ㉡ 노출된 전기단자 및 전기개폐기로부터 20[cm] 이상 떨어져 있을 것(연료탱크를 제외)
② 수소가스를 연료로 사용하는 자동차는 다음 기준에 적합하여야 한다.
  ㉠ 자동차의 배기구에서 배출되는 가스의 수소농도는 평균 4[%], 순간 최대 8[%]를 초과하지 아니할 것
  ㉡ 차단밸브(내압용기의 연료공급 자동 차단장치) 이후의 연료장치에서 수소가스 누출 시 승객거주 공간의 공기 중 수소농도는 1[%] 이하일 것
  ㉢ 차단밸브 이후의 연료장치에서 수소가스 누출 시 승객거주 공간, 수하물 공간, 후드 하부 등 밀폐 또는 반밀폐 공간의 공기 중 수소농도가 2±1[%] 초과 시 적색경고등이 점등되고, 3±1[%] 초과 시 차단밸브가 작동할 것

(11) **차대 및 차체**

① 뒤 오버행

경형 · 소형자동차	특수 · 화물 · 승합자동차	기타자동차
$\frac{11}{20}$ 이하일 것	$\frac{2}{3}$ 이하일 것	$\frac{1}{2}$ 이하일 것

② 측면보호대
   ㉠ 측면보호대의 양쪽 끝과 앞·뒷바퀴와의 간격은 각각 400[mm] 이내일 것. 다만, 측면보호대의 양쪽 끝과 앞·뒷바퀴와의 간격을 400[mm] 이내로 설치하기가 곤란한 구조의 자동차의 경우 앞·뒷바퀴와 가장 가까운 위치에 설치한 때는 그러하지 아니하다.
   ㉡ 측면보호대의 가장 아랫 부분과 지상과의 간격은 550[mm] 이하일 것
   ㉢ 측면보호대의 가장 윗부분과 지상과의 간격은 950[mm] 이상일 것. 다만, 측면보호대 가장 윗부분과 차체 바닥면과의 간격이 350[mm] 이하일 경우는 제외한다.
   ㉣ 측면보호대 가장 바깥쪽 면은 차체의 가장 바깥쪽 면보다 안쪽에 위치하여야 하며, 그 간격은 150[mm] 이하일 것. 다만, 자동차의 길이방향으로 측면보호대의 뒷부분부터 최소한 250[mm]에 해당하는 부분은 측면보호대의 가장 바깥쪽 면이 차체의 가장 바깥쪽 면부터 타이어의 가장 바깥쪽 면의 안쪽으로 30[mm]까지에 해당하는 구간에 위치하도록 설치하여야 한다.
   ㉤ 측면보호대 각각의 단면 높이는 50[mm] 이상이고, 측면보호대 사이의 높이 간격은 300[mm] 이하이어야 한다.
   ㉥ 측면보호대에 1[kN]의 하중을 가할 때 자동차의 길이방향으로 측면보호대의 뒷부분부터 250[mm]까지는 30[mm], 그 외 구간은 150[mm] 이내로 변형되어야 한다.

③ 후부 안전판: 차량총중량이 3.5[톤] 이상인 화물자동차 및 특수자동차는 포장노면 위에서 공차상태로 측정하였을 때에 다음 각 호의 기준에 적합한 후부안전판을 설치하여야 한다.
   ㉠ 후부안전판의 양 끝 부분은 뒷차축 중 가장 넓은 차축의 좌·우 최외측 타이어 바깥면(지면과 접지되어 발생되는 타이어 부풀림양은 제외) 지점을 초과하여서는 아니 되며, 좌·우 최외측 타이어 바깥면 지점부터의 간격은 각각 100[mm] 이내일 것
   ㉡ 가장 아랫 부분과 지상과의 간격은 550[mm] 이내일 것
   ㉢ 차량 수직방향의 단면 최소높이는 100[mm] 이상일 것
   ㉣ 좌·우 측면의 곡률반경은 2.5[mm] 이상일 것
   ㉤ 지상부터 2[m] 이하의 높이에 있는 차체 후단부터 차량길이 방향의 안쪽으로 400[mm] 이내에 설치할 것 (다만, 자동차의 구조상 400[mm] 이내에 설치가 곤란한 자동차의 경우는 제외)

(12) **전조등**

① 주행빔
   ㉠ 좌·우에 각각 1개 또는 2개를 설치할 것. 다만, 너비가 130[cm] 이하인 초소형자동차에는 1개를 설치할 수 있다.
   ㉡ 등광색은 백색일 것
   ㉢ 자동차 구조물의 직접적 또는 간접적 반사에 의해 해당 운전자에 방해가 되지 않도록 설치할 것
   ㉣ 관측각도: 주행빔 전조등의 발광면은 상측·하측·내측·외측의 5도 이하 어느 범위에서도 관측될 것

② 변환빔
- ⊙ 좌·우에 각각 1개를 설치할 것. 다만, 너비가 130[cm] 이하인 초소형자동차에는 1개를 설치할 수 있다.
- ⓒ 등광색은 백색일 것
- ⓒ 변환빔 전조등의 발광면 외측 끝은 자동차 최외측으로부터 400[mm] 이하일 것
- ⓔ 승용자동차와 차량총중량 3.5[톤] 이하의 화물자동차 및 특수자동차를 제외한자동차의 경우 기준축 방향에서 전조등 발광면 간 설치거리는 600[mm] 이상일 것. 다만, 너비가 1,300[mm] 미만인 자동차는 400[mm] 이상이어야 한다.
- ⓜ 변환빔 전조등의 발광면은 공차상태에서 지상 500[mm] 이상 1,200[mm] 이하일 것
- ⓗ 관측각도: 변환빔 전조등의 발광면은 상측 15도·하측 10도·외측 45도·내측 10도 이하 어느 범위에서도 관측될 것

⒀ 안개등
① 앞면 안개등
- ⊙ 좌·우에 각각 1개를 설치할 것. 다만, 너비가 130[cm] 이하인 초소형자동차에는 1개를 설치할 수 있다.
- ⓒ 설치 위치
  - 너비방향
    - 발광면 외측 끝은 자동차 최외측으로부터 400[mm] 이하일 것
  - 높이방향
    - 승용자동차와 차량총중량 3.5[톤] 이하 화물자동차 및 특수자동차에 설치되는 앞면안개등의 발광면은 공차상태에서 지상 250[mm] 이상 800[mm] 이하에 설치하고, 그 외의 자동차는 1,200[mm] 이하에 설치할 것
    - 앞면안개등 발광면의 최상단은 변환빔 전조등 발광면의 최상단보다 낮게 설치할 것
- ⓒ 관측각도: 앞면안개등의 발광면은 상측 5도·하측 5도·외측 45도·내측 10도 이하 어느 범위에서도 관측될 것
- ⓔ 작동조건
  - 앞면안개등은 독립적으로 점등 및 소등할 수 있는 구조일 것
  - 앞면안개등이 적응형 전조등의 일부분으로 사용되더라도 앞면안개등 기능이 우선할 것

② 뒷면 안개등
- ⊙ 2개 이하로 설치할 것
- ⓒ 등광색은 적색일 것
- ⓒ 설치위치
  - 너비방향
    - 뒷면안개등 1개를 설치할 경우 자동차 중심이나 자동차 중앙 수직 종단면에서 왼쪽에 설치할 것
  - 높이방향
    - 발광면은 공차상태에서 지상 250[mm] 이상 1,000[mm] 이하일 것. 다만, 뒷면에 설치된 다른 등화장치와 결합(기준축 방향에서 – 발광면과 광원은 분리되어있으나 같은 몸체를 사용하는 것을 말한다)된 경우 1,200[mm] 이하이어야 한다.

ⓔ 관측각도: 발광면은 싱측 5도 · 하측 5도 · 익측 25도 · 내측 25도 이하 어느 범위에서도 관측될 것
ⓜ 작동조건
- 주행빔 전조등 또는 변환빔 전조등 또는 앞면안개등이 점등된 상태에서만 점등되도록 할 것
- 다른 등화장치와 따로 소등할 수 있는 구조일 것
- 아래의 어느 하나 이상을 적용할 것
  - 후미등 소등 전까지 뒷면안개등은 점등할 수 있으며, 후미등이 재점등되기 전까지 소등이 지속될 것
  - 뒷면안개등의 스위치가 점등위치에서 시동장치가 제거되고 운전석 문이 열린경우 청각적 경고신호를 제공할 것
- 피견인자동차의 뒷면안개등이 점등되는 경우 견인자동차의 뒷면안개등은 자동으로 소등되는 구조일 것

⑭ 후부반사기
① 좌 · 우에 각각 1개를 설치할 것. 다만, 너비가 130센티미터 이하인 초소형자동차에는 1개를 설치할 수 있다.
② 반사광은 적색일 것

8. 새로 바뀌는 자동차 제도 및 안전기준

(1) 경유차 배출기준 강화
① 현재 녹색교통지역에서 계절관리제 시행(저공해 미조치 배출가스 5등급 차량 운행 제한)
② 2025년부터 서울 전역으로 확대

(2) 연비온실가스 기준 상황
① 승용차 평균 연비 기준은 26[km/L]
② 온실가스 배출기준은 89[g/km]

(3) 사고기록장치(EDR)의무화
2025년 5월부터 모든 신차에 사고기록장치(EDR)의무적으로 장착

(4) 전기차 배터리 정보 제공
2025년 2월 21일부터 전기차 구매 시 배터리 성능과 셀 제조정보를 제공받을 수 있으며, 자동차 등록증에 관련 정보가 표기 된다.

(5) 배터리 안정성 인증제도
2025년 2월 17일부터 시행되며 정부가 전기차 배터리 안전성을 직접 관리한다.

SUBJECT 02 자동차 엔진

빈출개념 #엔진본체 #흡·배기장치 #윤활·냉각장치

CHAPTER 01 엔진 본체 정비

1. 엔진 일반

엔진(Engine)은 열에너지를 기계적 에너지로 변환하여 동력을 얻는 장치이다.

(1) 에너지를 변환하는 방식에 따른 분류

내연기관	외연기관
• 엔진의 내부에서 화학적 에너지를 갖는 연료를 공기 중의 산소와 혼합하여 압축한 다음 열에너지를 직접 이용하여 연소시키는 방식이다. • 동력을 발생시키는 데 필요한 열에너지를 얻기 위해 엔진 내부에서 연료를 연소시키므로 내연기관이라고 한다. • 종류: 가솔린 엔진, 디젤 엔진 등	• 외부에서 발생하는 열에너지를 기관(엔진)에 전달하여 동력을 얻는 방식이다. • 동력을 발생시키는 데 필요한 열에너지를 얻기 위해 엔진 외부에 설치된 장소에서 연료를 연소시키므로 외연기관이라고 한다. • 종류: 증기기관, 스털링 엔진 등

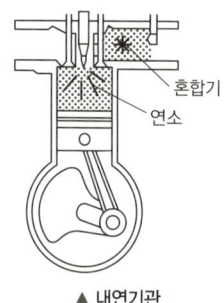

▲ 내연기관

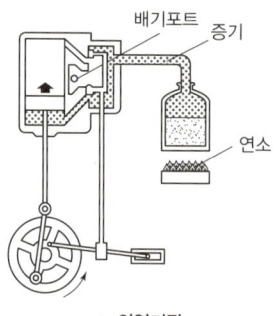

▲ 외연기관

(2) 기계적 사이클에 의한 분류

구분	4행정 사이클 엔진	2행정 사이클 엔진
특징	크랭크축이 2회전 하는 동안 피스톤이 흡입, 압축, 폭발, 배기의 4행정을 거쳐 1사이클을 완성하는 엔진이다.	크랭크축이 1회전 하는 동안 피스톤이 상승하면서 흡입과 압축이 이루어지고, 피스톤이 하강하면서 폭발과 배기가 이루어지는 2행정을 거쳐 1사이클을 완성하는 엔진이다.
장점	• 각 행정이 완전히 구분되어 있어 작동 과정이 확실하다. • 흡입행정에서 흡기 공기가 연소실을 냉각시키므로 열적 부하가 적다. • 저속에서 고속까지 안정적으로 작동할 수 있어 회전속도의 범위가 넓다. • 체적효율이 좋고 블로바이가 적어 연료소비율이 적다. • 기동성이 양호하고 점화 시스템이 안정적이다.	• 4행정 사이클 기관보다 약 1.6~1.7배 높은 출력을 낼 수 있다. • 회전력의 변동이 적다. • 실린더 수가 적더라도 회전마다 폭발이 발생하므로 회전이 비교적 원활하다. • 밸브장치가 간단하다. • 구조가 단순하고 부품 수가 적어 비용이 저렴하다.
단점	• 구조가 복잡하고 부품이 많아 마력당 중량이 크다. • 작동 시 기구의 움직임으로 인한 기계적 소음과 큰 충격이 발생할 수 있다. • 실린더 수가 적은 경우 회전력의 불균형으로 인하여 운전이 불안정해질 수 있다.	• 유효행정이 짧고 흡·배기가 겹치기 때문에 흡입 효율이 저하된다. • 연료 및 윤활유의 소비율이 높다. • 저속운전이 어려워 역화현상이 발생되기 쉽다. • 피스톤과 피스톤 링의 마모 및 손상이 잦다.

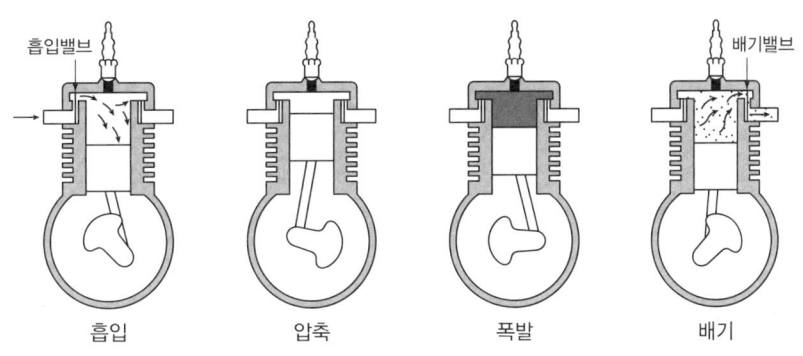

▲ 4행정 사이클 엔진

(3) **열역학적 사이클에 의한 분류**

① 정적 사이클(오토 사이클): 체적이 일정한 상태에서 순간 연소하는 방식으로 가솔린 엔진이나 가스 엔진에 사용된다.

② 정압 사이클(디젤 사이클): 압력이 일정한 상태에서 연소하는 방식으로 유기 분사식 차량이나 저속 디젤 엔진에 사용된다.

③ 복합 사이클(사바테 사이클, 듀얼 사이클): 압력과 체적이 일정한 상태에서 연소하는 과정으로 실제 엔진에서 가장 현실적인 모델이다. 무기 분사식 또는 기계 분사식 차량, 고속 디젤 엔진에 사용된다.

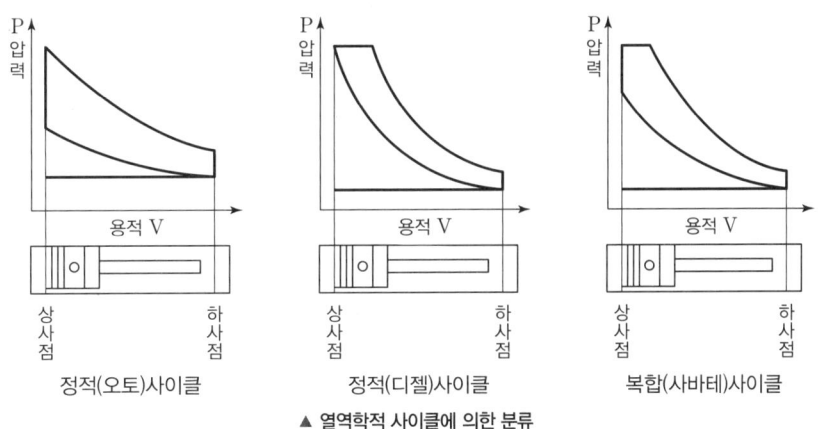

▲ 열역학적 사이클에 의한 분류

(4) **점화방식에 의한 분류**

① 전기 점화식(스파크 점화식): 연료와 공기의 혼합기를 압축한 뒤 전기 스파크로 점화하여 연소시키는 방식으로, 가솔린 엔진에 사용된다.

② 자기 착화식(압축 착화식): 공기를 고온이 될 때까지 압축한 뒤 연료를 분사하여 자연적으로 점화·연소시키는 방식으로 디젤 엔진에 사용된다.

(5) **실린더 내경(보어)에 대한 행정(스트로크)비에 따른 분류**

① 언더 스퀘어 엔진(장행정 기관): 행정이 내경보다 큰 엔진으로 측압이 작고 회전속도가 느리지만 회전력은 높다.

② 스퀘어 엔진(정방행정 기관): 행정과 내경이 같은 엔진으로 단행정 기관에 비해 단위 체적당 출력이 낮다.

③ 오버 스퀘어 엔진(단행정 기관): 행정이 내경보다 작은 엔진으로 피스톤이 짧은 행정 거리를 반복하므로 평균속도를 높이지 않더라도 회전수를 높일 수 있으며 단위 체적당 출력을 크게 할 수 있다.

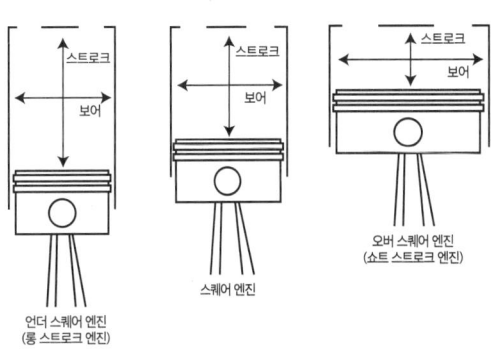

▲ 언더 스퀘어, 스퀘어, 오버 스퀘어 엔진

2. 엔진의 기계적 구성 요소

(1) 연소 시스템
① 흡기 시스템: 연소를 위한 혼합기를 만들기 위해 대기 중의 공기를 엔진 내부로 유입시키는 시스템이다.
② 연료 시스템: 혼합기 형성에 필요한 연료를 공급하는 시스템이다.
③ 밸브 트레인 시스템: 내연기관에서 흡기 및 배기 밸브의 작동을 제어하는 기계적 시스템이다.
④ 점화 시스템: 혼합기를 점화하기 위하여 고전압을 발생시켜 스파크 플러그에 전달하는 시스템이다.
⑤ 배기 시스템: 엔진의 실린더 내부에서 발생하는 배기가스를 대기 중으로 배출하는 시스템이다.

(2) 동력전달 시스템
① 피스톤: 실린더 내부에서 왕복 운동하는 부품으로 고온·고압의 가스압력을 크랭크축으로 전달하는 역할을 한다.
② 커넥팅 로드: 피스톤과 크랭크축을 연결하여 운동에너지를 전달하는 역할을 한다.
③ 크랭크축: 커넥팅 로드를 통해 전달된 피스톤의 직선 운동을 회전운동으로 변환하여 외부로 동력을 전달하는 부품으로 크랭크 케이스 내에 베어링으로 지지되어 회전한다.
④ 플라이휠: 크랭크 샤프트의 한쪽 축에 연결된 큰 원판형의 기계적 장치로 회전 에너지를 일시적으로 저장하는 역할을 한다.
⑤ 클러치: 엔진의 플라이휠과 변속기 입력축 사이에 설치되어 엔진의 동력을 변속기로 연결하거나 차단하여 변속이나 정지 시 엔진을 무부하(공회전) 상태로 유지할 수 있도록 하는 장치이다.
⑥ 변속기: 엔진과 구동축 사이에 설치되어 주행조건에 따라 엔진의 회전력과 속도를 조절한 뒤 구동바퀴에 전달하는 장치이다.

(3) 엔진 구조 부품
① 실린더 블록: 실린더가 설치되어 있으며 엔진의 주요 부품들이 조립되는 기본 구조체로 엔진 본체 역할을 한다.
② 실린더 헤드: 실린더 블록의 상단에 설치되어 있으며 기밀과 수밀을 유지하면서 효율적인 연소를 돕는다.
③ 오일 팬: 윤활유를 저장하고 일부 냉각작용도 수행한다.
④ 실린더 헤드 커버: 실린더 헤드의 상단을 덮는 부품으로 기밀과 수밀을 유지하고 블로바이 가스나 엔진오일 등의 유출을 방지한다.

(4) 윤활 시스템
① 오일펌프: 윤활유를 엔진 내부에 공급하고 순환시킨다.
② 오일필터: 불순물을 걸러내어 윤활유를 깨끗하게 유지한다.

(5) 냉각 시스템
① 워터펌프: 엔진을 적정 온도로 유지하기 위해 냉각수를 강제로 순환시켜주는 장치이다.
② 서모스탯(Thermostat): 냉각수의 흐름을 제어하여 엔진의 온도를 조절하는 장치이다.

3. 엔진 본체

엔진 본체는 엔진의 핵심 구성 요소로 엔진의 기본적인 작동을 유지하고 피스톤의 왕복운동을 회전운동으로 변환하는 역할을 한다.

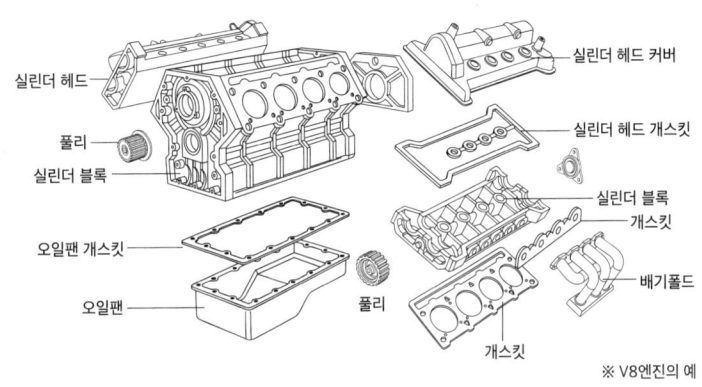

▲ 엔진 본체의 구조

(1) **실린더 헤드**
  ① 실린더 헤드는 실린더 블록의 상단에 설치되며 실린더 블록과 조립 시 연소 가스가 누출되지 않도록 개스킷을 사이에 두어 기밀을 유지한다.
  ② I형(직렬형) 엔진의 경우 실린더 헤드에는 흡기·배기 밸브장치, 흡기·배기 매니폴드, 점화 플러그 등이 설치되어 있어 구조가 복잡하다.
  ③ 고온에서 작동하므로 냉각 성능이 중요해 열전도율이 높은 재질이 요구되고, 혼합가스의 압축압력 및 연소압력을 받으므로 밸브 시트부는 내마모성 및 내열성이 요구된다.
  ④ 실린더 헤드는 일반적으로 알루미늄합금으로 제작되며 밸브 시트에는 마모와 열에 강한 시트 링이 삽입된다.
  ⑤ 수냉식 엔진 내부에는 냉각수 통로가 있고, 공랭식에는 실린더 헤드의 냉각면적을 넓히기 위한 냉각핀이 설치되어 있다.

(2) **실린더 개스킷**
  ① 실린더 헤드와 블록 사이의 기밀을 유지하여 연소가스, 냉각수, 윤활유가 서로 혼합되지 않도록 한다.
  ② 조립할 때는 석면이나 접힌 부분이 실린더 헤드 방향으로 가도록 하고 오일 구멍을 잘 맞추어 조립한다.

(3) **실린더 블록**
  ① 실린더가 설치되어 있으며 엔진의 주요 부품들이 조립되는 기본 구조체로 엔진 본체 역할을 한다.
  ② 소형 엔진에서는 실린더와 워터재킷을 일체형으로 주물 제작하며 실린더 내면은 피스톤의 원활한 왕복운동을 위해 정밀 가공된다.
  ③ 블록은 하단에 크랭크실, 상단에 실린더 헤드가 조립되며 내부에는 냉각수가 헤드로 흐를 수 있는 통로가 형성되어 있다.
  ④ 공랭식 엔진은 실린더 블록의 전열 면적을 넓혀 열을 효율적으로 방출하기 위한 냉각핀이 설치되어 있다.
  ⑤ 실린더 블록은 고온에서 작동하므로 내열성, 내마모성, 충분한 기계적 강도, 작은 열팽창 계수를 지녀야 한다.
  ⑥ 재료는 일반적으로 크롬(Cr), 니켈(Ni), 구리(Cu) 등을 첨가한 주철 합금이 사용된다.

(4) **실린더**

실린더는 피스톤이 왕복 운동하는 원통형 부품으로, 일반적으로 피스톤 행정 길이의 약 2배 정도의 길이를 가진다. 실린더 내부에는 마모를 줄이기 위해 크롬 도금을 하는 경우도 있으며, 구조에 따라 냉각수와 직접 접촉하는 습식 라이너와 블록에 고정되는 건식 라이너로 구분된다.

① 실린더 구성방식의 분류

습식 라이너	• 5~8[mm]의 두께로 냉각수와 직접 접촉하여 냉각 성능이 좋다. • 주로 디젤엔진에 사용된다.
건식 라이너	• 2~3[mm]의 두께로 실린더 블록에 압입되는 구조로 2~3[ton]수준의 강한 압입력이 필요하다. • 냉각수와 직접 접촉하지 않는다. • 주로 가솔린엔진에 사용된다.

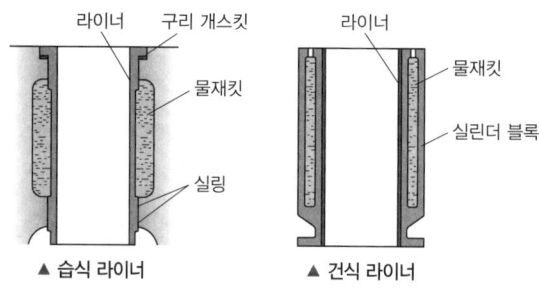

▲ 습식 라이너　　　　▲ 건식 라이너

② 체적효율[%] = $\dfrac{\text{실제 흡입한 공기량}}{\text{행정체적}} \times 100$

③ 압축비 = $\dfrac{\text{실린더 체적}}{\text{연소실 체적}} = \dfrac{\text{연소실 체적} + \text{행정 체적}}{\text{연소실 체적}} = 1 + \dfrac{\text{행정 체적}}{\text{연소실 체적}}$

④ 행정 체적(배기량) [cm³ 또는 cc] = $\dfrac{\pi}{4}d^2 \times L$ (d: 내경(지름)[cm], L: 행정[cm])

　　　　　　　　　　　　　= (압축비−1) × 연소실 체적

⑤ 실린더 벽 마모의 원인
　㉠ 엔진 운전 중 실린더 블록은 고온과 연소 압력에 의해 큰 열적·기계적 응력을 받는다.
　㉡ 실린더 내벽(보어)는 피스톤의 측압, 피스톤 링의 장력, 이물질, 블록의 미세한 변형 등으로 인해 마모가 발생한다.
　㉢ 폭발행정 시 피스톤과 커넥팅로드 사이의 기울어진 운동 방향에 의해 트러스트 측(측면)에 측압이 작용하여 마모가 발생한다.
　㉣ 피스톤 링은 피스톤과 함께 실린더 내를 왕복하면서 연소실이나 엔진오일에 포함된 이물질에 의해 마모가 발생한다.

⑥ 실린더 내벽(보어) 과다 마모 시 영향
　㉠ 연소 시 발생한 가스가 누설되어 출력이 감소하고 연비가 나빠진다.
　㉡ 블로바이 가스 증가로 인해 엔진 오일이 조기에 열화되고 슬러지가 다량 발생하여 윤활 성능이 저하된다.
　㉢ 피스톤 슬랩 운동량 증가로 소음이 증가하고 마모가 촉진된다.

(5) **연소실**
① 연소실은 실린더 헤드에 형성되며 혼합가스를 연소시켜 동력을 발생시키는 공간이다.
② 흡기 및 배기 밸브, 점화플러그 등이 설치된다.
③ 연소실의 구비조건
  ㉠ 압축 행정의 끝에서 강한 와류를 일으켜야 한다.
  ㉡ 화염 전파에 필요한 연소시간이 짧아야 한다.
  ㉢ 흡입 열효율이 높아야 한다.
  ㉣ 평균 유효압력이 높아야 한다.
  ㉤ 디젤 노크가 적어야 한다.
  ㉥ 열손실을 줄이기 위하여 연소실 내의 표면적은 작아야 한다.

(6) **피스톤**
피스톤은 실린더 내부에서 왕복 운동하는 부품으로, 고온·고압의 가스압력을 크랭크축으로 전달하는 역할을 한다.
① 피스톤의 구비조건
  ㉠ 무게가 가벼워야 한다.
  ㉡ 고온·고압에 견딜 수 있어야 한다.
  ㉢ 내마모성이 크고 열팽창률이 작아야 한다.
  ㉣ 열전도율이 좋아야 한다.
  ㉤ 적당한 윤활 간극이 있어야 한다.
  ㉥ 기계적 손실이 최소화되어야 한다.

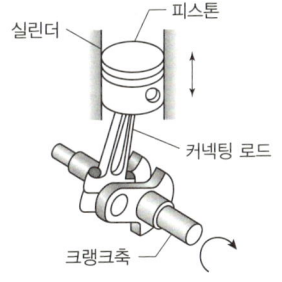
▲ 피스톤 및 크랭크축

② 피스톤 간극
피스톤은 엔진이 작동할 때 발생하는 열팽창을 방지하기 위해 상온에서 피스톤과 실린더 사이에 간극(틈새)을 둔다.

피스톤 간극이 큰 경우	압축압력 저하, 출력 저하, 연료소비율 증대, 윤활유 소비량 증대, 피스톤 슬립, 블로바이 현상 발생, 엔진의 기동의 어려움
피스톤 간극이 작은 경우	마찰열에 의한 소결(Stick)현상 발생

③ 피스톤의 평균속도 S[m/s] : 상사점과 하사점을 1초 동안 왕복한 거리[m]

$S[\text{m/s}] = \dfrac{2LN}{60} = \dfrac{LN}{30}$ (N: 회전수[rpm], L: 행정[m])

④ 피스톤의 재질
  ㉠ 특수 주철: 강도가 크고 열팽창률이 낮아 내열성은 우수하지만 무겁고 관성이 커 현재 거의 사용되지 않는다.
  ㉡ Al(알루미늄)합금: 구리계 Y합금과 규소계 Lo-Ex합금이 대표적이다. 열팽창이 적고 내마모성이 우수하다.

> **Speed UP** 피스톤에서 발생하는 현상
> - 블로바이 현상: 피스톤 벽 사이의 간극이 커질 경우 연소된 혼합가스의 일부가 크랭크실로 유입되는 현상이다.
> - 블로다운 현상: 배기행정 초기에 배기 밸브가 열리면서 배기가스가 자체 압력으로 배출되는 현상이다.
> - 슬랩 현상: 피스톤이 운동방향을 바꿀 때 실린더 벽에 주는 충격으로 소음이 발생하는 현상이다.
> - 소결 현상: 피스톤과 실린더 벽 사이의 과도한 마찰로 인해 피스톤 표면과 실린더 벽이 눌어 붙어 마모되는 현상이다.

⑤ 피스톤 링
  ㉠ 피스톤 링의 3대 작용: 기밀 작용(압축 링), 열전도 작용(압축 링), 오일 제어 작용(오일 링)
  ㉡ 피스톤 링의 구비조건
    • 고온에서도 탄성을 유지해야 한다.
    • 오래 사용하여도 링 자체나 실린더의 마멸이 적어야 한다.
    • 열팽창률이 작고 열전도율이 커야 한다.
    • 실린더 벽에 균일한 압력을 가해야 한다.
    • 고온 · 고압하에서 장력이 작아지지 않아야 한다.
    • 내열성과 내마모성이 좋아야 한다.

(7) 크랭크축
  ① 크랭크축은 크랭크 케이스 내에서 베어링에 의해 지지되며, 동력행정에서 피스톤이 생성한 직선운동을 회전운동으로 변환하여 외부로 동력을 전달하는 역할을 한다.
  ② 크랭크축의 회전에 따라 피스톤은 흡입, 압축, 폭발, 배기 4행정 사이클을 반복적으로 수행한다.
  ③ 실린더 블록 하단에 위치하며, 메인 저널, 크랭크 핀 저널, 크랭크 암, 평형추(밸런스 웨이트) 등으로 구성된 일체형 구조이다.
  ④ 크랭크축 점화순서

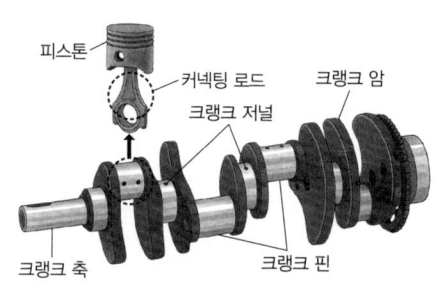

▲ 크랭크 축

직렬 4실린더 엔진	직렬 6실린더 엔진	V형 8실린더 엔진
720°÷4=180°마다 폭발	720°÷6=120°마다 폭발	720°÷8=90°마다 폭발
• 1−3−4−2 • 1−2−4−3	• 1−5−3−6−2−4(우수식) • 1−4−2−6−3−5(좌수식)	1−8−4−3−6−5−7−2

(8) 커넥팅로드
  커넥팅로드는 피스톤과 크랭크축을 연결하여 피스톤의 직선운동을 크랭크축의 회전운동으로 변환시키는 장치이다.

(9) 엔진 베어링과 플라이휠
  ① 엔진 베어링(크랭크축 베어링)
    엔진의 중요한 구성 요소로 크랭크축을 지지하여 엔진 블록 내에서 원활하게 회전할 수 있도록 한다.
  ② 플라이휠
    ㉠ 크랭크축의 한쪽 축에 연결된 큰 원판형 장치로 회전에너지를 일시적으로 저장한다.
    ㉡ 저장된 회전에너지(관성모멘트)를 이용하여 크랭크축의 회전 불균형과 회전 진동을 억제한다.
    ㉢ 클러치에 안정된 회전력을 전달하는 입력측 원판으로써의 기능을 수행한다.
    ㉣ 플라이휠의 종류

싱글 매스 플라이휠	• 클러치와 직접 맞닿는 구조이며 스프링을 플라이휠과의 접촉면에 설치하여 엔진 진동을 감소시킬 수 있다. • 구조가 단순하고 간단한 표면 처리를 통해 재사용이 가능하여 비용이 저렴하다.
싱글 매스 플라이휠	• 두 개의 플라이휠을 비틀림 진동 댐퍼 스프링으로 연결한 구조다. • 구조가 복잡하고 부품 가격이 높아 수리비가 비싸다. • 플라이휠의 질량을 분리하여 변속기에 전달되는 충격과 진동을 줄일 수 있다.

▲ 엔진 베어링

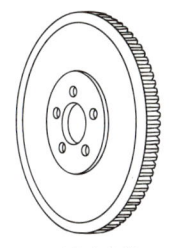
▲ 플라이 휠

(10) 밸브 및 캠축

① 밸브

㉠ 밸브의 역할
- 흡·배기 밸브를 통해 혼합기를 실린더로 유입하고, 연소 후 발생하는 배기가스를 실린더 밖으로 배출한다.
- 압축행정과 폭발행정 동안 밸브 시트에 완전히 밀착되어 연소 가스의 누출을 방지한다.

㉡ 밸브 간극
- 열팽창 시 밸브가 과도하게 조여져 부품의 손상이 생기는 것을 방지하기 위하여 적정 간극을 설정해 둔다.
- 밸브 간극이 너무 크면 밸브 열림량이 작아지므로 흡·배기 효율이 떨어진다.
- 밸브 간극이 너무 작으면 밸브가 완전 폐쇄되지 않아 연소가스가 누설되거나 시트가 마모되는 현상이 발생한다.

㉢ 밸브 스프링
- 밸브의 닫힌 상태를 유지하기 위해 밸브 실트와의 밀폐성을 확보하는 장치이다.
- 밸브 스프링의 점검 사항은 스프링 장력, 자유 높이, 직각도이다.
  - 장력: 규정값의 15[%]이상 감소 시
  - 자유 높이: 규정값의 3[%]이상 감소 시
  - 직각도: 규정값의 3[%]이상 변형 시

> **Speed UP** 밸브 스프링의 서징(Surging) 현상
> - 밸브를 여닫는 캠의 회전수와 밸브스프링의 고유진동수가 같거나 정수배일 때 발생하는 공진 현상으로 캠의 직접적인 작동 없이 스프링이 비정상적인 진동을 하는 현상이다.
> - 방지책
>   - 스프링 정수가 큰 스프링을 사용한다.
>   - 이중스프링, 부등피치형 스프링, 원추형 스프링을 사용한다.
>   - 가벼운 밸브를 사용한다.
>   - 캠 형상을 변경한다.

ⓔ 밸브 리프트
  - 캠의 회전운동을 상하 직선운동으로 변환하여 푸시로드나 로커 암에 전달하는 장치이다.
  - 밸브 리프트의 종류
    - 기계식: 밸브 간극을 수동으로 조절해야 한다.
    - 유압식: 유압을 이용해 밸브 간극을 0으로 유지하므로 별도의 밸브 간극 조정이 필요 없다.
  - 유압식 밸브 리프트의 특징
    - 밸브간극을 조정할 필요가 없다.
    - 밸브의 개폐시기가 정확하다.
    - 구조가 복잡하다.
    - 밸브기구의 내구성이 좋다.
ⓜ 블로백(Blow Back) 현상: 밸브 페이스와 밸브 시트의 접촉이 불량하여 혼합기나 배기가스가 새어가는 현상이다.
ⓗ 밸브 개폐시기
  - 혼합기나 공기의 흐름 관성을 유효하게 이용하기 위해 상사점 전후 또는 하사점 전후에서 개폐된다.
  - 밸브 오버랩은 상사점 부근에서 흡·배기밸브가 동시에 열려 있는 상태로 흡입 및 배기 효율을 향상시키고 잔류 배기가스를 배출한다.

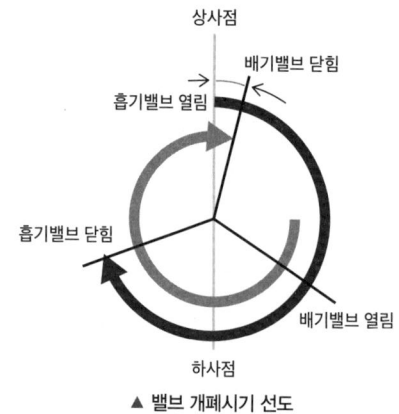
▲ 밸브 개폐시기 선도

Speed UP
- 흡기행정 기간=흡기밸브 열림각도+흡기밸브 닫힘각도+180°
- 밸브 오버랩=흡기밸브 열림각도+배기밸브 닫힘각도

② 캠축(Cam Shaft)
  ㉠ 크랭크축에서 동력을 받아 캠을 구동시키는 역할을 한다.
  ㉡ 캠축의 구동 방식
    - 기어형: 크랭크축과 캠축 기어가 서로 맞물려 구동하는 가장 일반적인 방식이다.(캠축 기어와 크랭크축 기어의 잇수비는 2:1이고, 회전비는 1:2이다.)
    - 체인형: 소음이 적고 캠축의 위치 변환이 용이하여 부드러운 회전이 가능하다.
    - 벨트형: 체인 대신 벨트로 캠축을 구동하여 소음이 없다. 기어형이나 체인형에 비해 부피가 작고 가볍다.

4. 엔진본체와 관련 부품의 점검

(1) 엔진의 기계적 고장 진단
① 엔진 시동 후 한 개의 실린더를 중지시키면서 엔진의 회전수를 살피고 특정 실린더의 회전수 변화 유무를 확인한다.
② 소음 청진기를 이용하여 어느 부분에서 소음이 발생하는지 확인한다.
③ 실린더 헤드 커버의 오일 실과 오일 팬 쪽 부위, 플라이 휠과 변속기 사이의 오일 실 누유 여부를 확인한다.
④ 라디에이터 연결 호스 부위와 히터 호스 부위를 살펴 냉각수 누수를 확인한다.
⑤ 엔진 출력이 부족한 경우에는 엔진의 스톨 시험을 통해서 엔진 부위의 문제인지 아니면 변속기 불량인지 확인한다.

(2) 공회전 불량 시 점검
① 엔진 회전수가 규정보다 낮을 경우: 스로틀 보디를 분리하여 내부에 카본이 많이 쌓여 있는지 확인하고 많이 쌓여 있다면 흡기 클리닝을 사용하여 제거한다.
② 엔진 회전수가 규정보다 높을 경우: 외부 공기가 흡기관으로 많이 유입되는지 확인한다.

(3) 실린더 점검
① 정상적인 마모에서 실린더 내의 마멸량이 가장 큰 부분: 실린더 윗부분
② 정상적인 마모에서 실린더 내의 마멸량이 가장 작은 부분: 실린더 아랫부분
③ 엔진의 실린더의 마멸량은 실린더 안지름의 최대 마멸량에서 최소 마멸량을 뺀 값이다.

(4) 점검 시 특수공구 사용방법
① 토크 렌치는 정밀한 공구이며 규정 토크로 체결하기 위하여 사용된다.
② 프리셋형 토크 렌치는 '딸깍' 소리가 나면 설정 토크 값에 도달한 것이므로 그 이상 과하게 조이지 않는다.
③ 토크렌치는 조임작업에 사용하는 공구이므로 역방향으로 돌려 푸는 작업에는 사용하지 않는다.
④ 토크 렌치를 사용하지 않을 때는 케이스 등에 넣어 먼지나 고온, 다습한 환경을 피해 보관한다.
⑤ 올바른 토크 값으로 부품을 결속할 수 있도록 정기적으로 정밀도를 확인한다.

5. 엔진 본체의 수리 · 교환 및 검사

(1) 엔진본체 성능점검
① 압축압력 시험
　㉠ 압축압력 시험은 엔진의 출력 부족, 과다한 오일 소모 발생 등으로 엔진의 성능이 현저하게 저하되었을 경우 분해 수리의 여부를 결정하기 위한 시험이다.
　㉡ 측정 방법
　　• 축전지의 충전 상태를 점검한다.
　　• 배터리 단자와 케이블 간의 접속 상태를 확인한다.
　　• 엔진을 정상 온도까지 예열한다.
　　• 모든 점화플러그를 분리한다.
　　• 측정할 점화플러그의 구멍에 압축압력 게이지를 연결한다.
　　• 엔진을 크랭킹하여 압축압력을 측정한다.
　　(참고로, 엔진의 압축압력 측정시험에서 엔진의 회전수는 800[rpm] 이하(보통 250~300[rpm])에서 측정한다. 1,000[rpm]이상에서는 공기가 더 많이 압축되어 실제보다 높은 압력 값이 나올 수 있어 정확한 측정이 어렵다.)

ⓒ 판정 조건
- 정상 상태: 압축압력이 정상 압력의 90~100[%] 이내일 때
- 양호한 경우: 압축압력이 규정 압력의 70~90[%] 또는 100~110[%] 이내일 때
- 정비가 필요한 경우: 압축 압력이 규정 압력의 110[%] 이상 또는 70[%] 미만, 실린더 간 압축압력 차이가 10[%] 이상 일 때

② 흡기다기관 진공도 시험
ⓐ 흡기다기관 진공도 시험은 엔진이 공회전 상태에서 흡입 행정할 경우 피스톤이 하강하고 흡기 밸브가 열리면서 생기는 흡기다기관 내의 진공의 정도(진공도)를 측정하는 시험이다. 이를 통해 압축 압력 누출, 점화 시기 불량, 밸브 작동 이상, 흡·배기 밸브의 밀착상태 등을 알 수 있다.
ⓑ 측정방법
- 엔진을 가동하여 정상 온도에 도달할 때까지 예열한다.
- 엔진을 정지시키고, 흡기다기관에 진공게이지와 호스를 연결한다.
- 엔진을 다시 시동하여 공회전 상태로 운전하면서 진공계의 눈금을 판독한다.
ⓒ 판정방법
- 정상일때: 공전상태에서 지침이 45~50[cmHg] 사이에 정지하거나 조용히 움직인다.
- 점화시기가 늦을 때: 진공도가 정상보다 5~8[cmHg] 낮거나 거의 흔들리지 않는다.
- 배기장치의 막힘이 있을 때: 초기에는 정상을 나타내다가 잠시 후 0까지 내려간 뒤 다시 정상으로 되돌아온다.
- 실린더 벽이나 피스톤 링이 마멸되었을 때 :정상보다 약간 낮은 30~40[cmHg] 범위에서 흔들린다.
- 밸브가 소손되었을 때: 20~40[cmHg] 사이에서 안정적으로 흔들린다.
- 흡기밸브의 밸브 타이밍이 맞지 않을 때: 진공계의 바늘이 20~40[cmHg] 사이에서 정지될 수 있다.

(2) 엔진 본체 측정
① 오일간극 측정
ⓐ 측정기기: 마이크로미터, 심 스톡 게이지, 플라스틱 게이지
ⓑ 판정방법
- 간극이 규정치 보다 작은 경우: 유압 상승, 마멸 촉진, 과열 발생
- 간극이 규정치 보다 큰 경우: 유압 저하, 소음 및 진동 발생
② 크랭크축 축방향 유격(앤드 플레이) 측정
ⓐ 측정기기: 다이얼 게이지, 시그니스 게이지(필러 게이지)
ⓑ 판정방법
- 크랭크축 축방향 유격이 작을 때: 크랭크축 스러스트 면의 열 발생에 의한 소손
- 크랭크축 축방향 유격이 클 때: 소음 발생, 실린더 및 피스톤 등에 편마멸 발생
③ 피스톤링 측정
ⓐ 측정기기: 시그니스 게이지(필러 게이지)
ⓑ 측정위치: 마모된 실린더에서는 최소 마모 부분에서 측정
ⓒ 판정방법
- 피스톤링 간극이 작을 때: 피스톤링 파손, 스틱 현상 발생
- 피스톤링 간극이 클 때: 블로바이 현상 및 오일 실린더 유입 발생

④ 실린더 헤드의 변형 측정
  ㉠ 측정기기: 직각자(곧은자), 시그니스 게이지(필러 게이지)
  ㉡ 측정방법
   • 측정 전에 실린더 헤드면을 깨끗이 닦고 실린더 헤드면이 수평이 되도록 놓는다.
   • 실린더 헤드의 네 변과 두 대각선 방향에서 측정하며, 직각자를 대고 필러 게이지를 끼워 확인한다.
   • 간극 게이지는 얇은 것부터 차례로 넣고 가장 마지막으로 들어간 게이지의 두께를 측정값으로 한다.
  ㉢ 수정방법
   • 규정값(정비한계) 이상: 평면 연삭기를 이용하여 규정값 이내로 실린더 헤드면을 연삭한다.
   • 규정값(정비한계) 이하: 정반에 광명단을 바르고 실린더 헤드를 접촉시켜 스크레이퍼로 실린더 전체에 광명단이 묻을 때까지 연삭한다.

⑤ 실린더 벽의 마멸량 측정
  ㉠ 외경 마이크로미터를 사용하여 실린더게이지의 영점을 정확히 조정한다.
  ㉡ 실린더 내벽을 깨끗하게 닦아 이물질을 제거한다.
  ㉢ 측정하려는 실린더 내경보다 약간 큰 기준봉(게이지 로드)를 사용하여 실린더 게이지를 조립한다.
  ㉣ 실린더 내부에 실린더게이지를 삽입하여 여러 위치에서 마모량을 측정한다.
  ㉤ 실린더 중앙부와 하단부의 내경 차이로 마모 정도를 판단할 수 있다.

(3) 엔진 본체 부품의 분해 및 조립

① 엔진 정비 기준
  ㉠ 압축압력[kg/cm^2]이 규정압력의 70[%] 이하인 경우
  ㉡ 각 실린더의 압력차가 10[%] 이상인 경우
  ㉢ 연료 소비율[km/L]이 표준 연료 소비율의 60[%] 이상인 경우
  ㉣ 윤활유 소비율[km/L]이 표준 윤활유 소비율의 50[%] 이상인 경우
  ㉤ 엔진의 압력이 낮아지거나 높아지는 이유

압력이 낮아지는 이유	밸브 접촉 불량, 실린더 벽 또는 피스톤 링의 불량, 헤드 가스켓의 손상
압력이 높아지는 이유	연소실에 탄소 축적

② 실린더 헤드 분해 · 조립
  ㉠ 실린더 헤드 볼트를 풀 때는 실린더 헤드의 변형을 방지하기 위하여 바깥쪽에서 안쪽을 향한 대각선 방향으로 풀어야 한다.
  ㉡ 실린더 헤드를 조일 때는 토크 렌치를 사용하여 중앙에서 바깥쪽으로 향한 방향으로 조여야 한다.
  ㉢ 한번에 조이지 않고 반드시 규정 토크를 3~4회로 분할하여 조인다.
  ㉣ 헤드 볼트 규정 토크로 조임 불량할 경우 나타나는 현상
   • 냉각수가 실린더에 유입된다.
   • 압축압력이 낮아 진다.
   • 엔진오일이 냉각수와 섞인다.
   • 엔진 출력이 저하된다.
   • 실린더 헤드가 변형된다.
   • 냉각수 및 엔진 오일이 누출된다.

③ 피스톤 링 및 피스톤 조립
  ㉠ 실린더 라이너에 장착된 피스톤 링 플랫과 인터페이스에는 일정한 여유 공간을 둔다.
  ㉡ 링 홈에 피스톤을 설치하기 위해서는 피스톤 링의 높이 방향을 따라 일정한 측면 간격을 두어야 한다.
  ㉢ 크롬 도금 링은 첫 번째 코스에 설치해야 하며 개구부는 와류 분화구 방향으로 피스톤 상단에 있어서는 안 된다.
  ㉣ 서로 120° 엇갈리게 열리는 각 피스톤 링은 피스톤 핀 구멍에 허용되지 않는다.
  ㉤ 원뿔 섹션 피스톤 링, 콘의 설치는 위로 있어야 한다.
  ㉥ 토션링의 설치, 모따기 또는 홈파기가 위로 되어 있어야 한다.
  ㉦ 컴바인드 링을 설치할 때 액시얼 라이너 링을 먼저 설치한 다음 플랫 링과 파형 링을 설치해야 한다.
  ㉧ 플랫 링은 파형 링의 위쪽에는 두 개, 아래쪽에는 하나를 설치하고, 개구부는 서로 엇갈리게 배치한다.
④ 크랭크 축 분해
  ㉠ 축받이 캡을 탈거 후 다시 조립할 때는 제자리 방향으로 끼워야 한다.
  ㉡ 뒤 축받이 캡에는 오일 실이 있으므로 주의가 필요하다.
  ㉢ 스러스트 판이 있을 때에는 변형이나 손상이 없도록 한다.
  ㉣ 분해하고 세척한 뒤 손상 여부 확인한다.
⑤ 엔진오일 점검 및 교환 방법
  ㉠ 자동차를 평탄한 곳에 주차시킨 후 점검한다.
  ㉡ 엔진을 정상 작동온도까지 워밍업 시킨 후 시동을 끄고 점검 및 교환한다.
  ㉢ 엔진오일 레벨 게이지로 오일의 양을 확인한다(MAX와 MIN(또는 F와 L)사이 정상).
  ㉣ 오일의 오염여부와 점도를 점검한다.
  ㉤ 계절 및 사용조건에 맞는 오일을 사용한다.
  ㉥ 오일은 정기적으로 점검 및 교환한다.
⑥ 점화 플러그 점검 및 교환
  ㉠ 엔진룸 커버를 제거한 뒤 엔진 상단의 점화코일을 분리한다.
  ㉡ 수공구를 사용하여 노출된 점화플러그를 돌려서 탈거한다.
  ㉢ 토크렌치를 사용하여 규정토크대로 조인다. 조립할 때는 역순으로 한다.

(4) 엔진 취급에 관한 사항
① 엔진 시동된 상태에서의 점검 사항
    ㉠ 클러치의 연결 상태 점검
    ㉡ 냉각수 온도 상승 여부 점검
    ㉢ 엔진 작동 이상음 점검
    ㉣ 오일압력 경고등 점검
    ㉤ 배기가스 색깔 점검
② 엔진의 냉각장치 정비 시 주의사항
    ㉠ 라디에이터(방열기) 코어가 파손되지 않도록 주의한다.
    ㉡ 워터펌프 베어링은 세척하지 않는다.
    ㉢ 라디에이터(방열기) 캡을 열 때는 압력을 서서히 제거하며 연다.
    ㉣ 누수 여부를 점검할 때 압력시험기의 압력시험기 압력은 지정된 압력까지만 가압해야 한다.
    ㉤ 엔진이 회전할 때 냉각팬에 손이 닿지 않도록 한다.
    ㉥ 냉각수 및 워셔액은 적절한 양이 채워져 있는지 확인하고 누수 여부를 점검한다.

③ ECS(전자제어 현가장치)정비 시 주의사항
　㉠ 차고조정은 공회전 상태로 평탄하고 수평인 곳에서 한다.
　㉡ 축전지 접지단자(-케이블)를 분리한 뒤 작업한다.
　㉢ 부품의 교환은 시동이 정지된 상태에서 작업한다.
　㉣ 공기는 드라이어에서 나온 공기를 사용한다.

(5) 엔진본체 작동상태 검사

① 원동기 점검 사항
　㉠ 시동 및 설치상태 확인
　㉡ 점화·충전장치의 작동상태 확인
　㉢ 윤활계통의 누유 확인
　㉣ 냉각계통의 손상여부 확인
　㉤ 냉각수의 누출여부 확인

② 원동기의 성능과 제동장치의 제동력 판정 기준
　㉠ 원동기의 성능
　　• 시동 상태에서 심한 진동 및 이상음이 없을 것
　　• 원동기의 설치상태가 확실할 것
　　• 점화·충전·시동장치의 작동에 이상이 없을 것
　　• 윤활유 계통에서 윤활유의 누출이 없고, 유량이 적정할 것
　　• 팬벨트 및 방열기 등 냉각계통의 손상이 없고 냉각수의 누출이 없을 것
　㉡ 동력 전달장치
　　• 손상·변형 및 누유가 없을 것
　　• 클러치 페달 유격이 적정하고, 자동변속기 선택레버의 작동상태 및 현재 위치와 표시가 일치할 것
　㉢ 제동장치
　　• 제동력
　　　- 모든 축의 제동력의 합이 공차중량의 50[%] 이상이고 각축의 제동력은 해당 축하중의 50[%](뒤축의 제동력은 해당 축하중의 20[%]) 이상일 것
　　　- 동일 차축의 좌·우 차바퀴제동력의 차이는 해당 축하중의 8[%] 이내일 것
　　　- 주차제동력의 합은 차량 중량의 20[%] 이상일 것
　　• 제동계통 장치의 설치상태가 견고하여야 하고, 손상 및 마멸된 부위가 없어야 하며, 오일이 누출되지 아니하고 유량이 적정할 것
　　• 제동력 복원상태는 3초 이내에 해당 축하중의 20[%] 이하로 감소될 것
　　• 피견인자동차 중 안전기준에서 정하고 있는 자동차는 제동장치 분리 시 자동으로 정지가 되어야 하며, 주차브레이크 및 비상브레이크 작동상태 및 설치상태가 정상일 것

CHAPTER 02　윤활 장치 정비

1. 윤활장치 이해

(1) 마찰의 정의 및 종류
마찰이란 미끄럼 운동을 하는 두 물체 사이에 작용하는 저항력을 말한다.
① 고체마찰: 상대운동을 하는 고체 사이에서 발생하는 마찰로 열이 발생한다.
② 경계마찰: 매우 얇은 유막으로 덮인 두 물체 사이의 마찰로 엔진 내부에서 발생하는 대부분의 마찰은 경계마찰에 해당한다.
③ 액체마찰: 상대운동을 하는 두 고체 사이에 충분한 양의 오일이 존재할 때 오일 분자 간의 점성 때문에 발생하는 마찰이다.

(2) 윤활유의 주요 성질
① 점도: 액체가 흐름에 저항하는 성질, 즉 액체의 끈끈한 정도를 나타내며 윤활유의 성능을 결정하는 가장 중요한 성질이다.
② 점도지수: 온도의 변화에 따라 점도가 얼마나 달라지는지 나타내는 수치이다. 온도가 올라가면 점도는 낮아지고, 온도가 낮아지면 점도는 높아진다. 점도지수가 높을수록 온도 변화에 따른 점도 변화가 적어 우수한 오일로 평가되며 일반적인 엔진 오일의 점도지수는 120~140 정도이다.
③ 유성: 오일이 금속 마찰면에 잘 달라붙어 유막을 형성하고 유지하려는 성질이다.

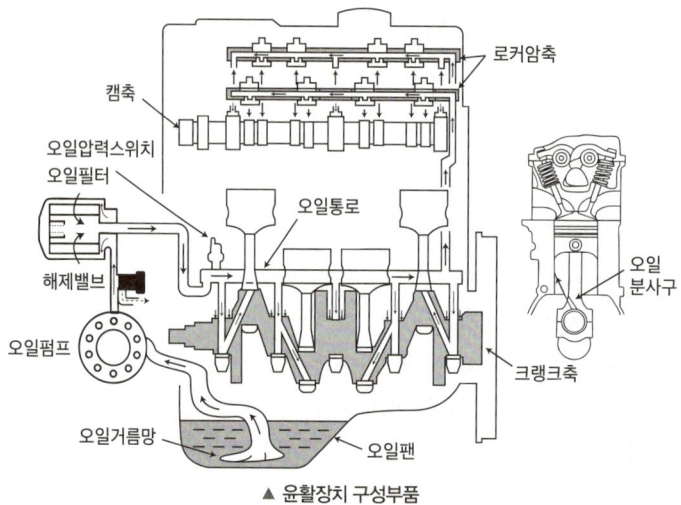

▲ 윤활장치 구성부품

(3) 윤활유의 기능과 구비조건
① 윤활유의 기능(엔진에 윤활유를 급유하는 목적)
　㉠ 마찰을 줄이고 마멸을 방지한다.
　㉡ 실린더 내의 가스 누출을 막는다.
　㉢ 열전도 작용(냉각작용), 세척(청정)작용, 완충(응력분산)작용, 부식방지(방청)작용 등을 한다.
　㉣ 충격과 소음을 완화시킨다.

② 윤활유의 구비조건
　㉠ 비중과 점도가 적당해야 한다.
　㉡ 응고점이 낮아야 한다.
　㉢ 인화점 및 발화점이 높아야 한다.
　㉣ 카본 생성이 적고 강인한 유막을 형성해야 한다.
　㉤ 열과 산에 대하여 안정성이 있어야 한다.
　㉥ 청정력이 커야 한다.
　㉦ 기포 발생에 대한 저항력이 있어야 한다.

(4) 윤활장치의 공급방법
① 비산식: 커넥팅 로드에 부착된 주걱(Dipper)으로 오일팬 내의 오일을 실린더 벽이나 피스톤에 공급한다.
② 압송식: 오일펌프를 통해 윤활유를 일정한 압력으로 강제 순환시키는 방식이다.
③ 비산 압송식: 비산과 압송식을 조합한 방식으로 크랭크축, 캠축 베어링, 밸브기구 등에는 압송식으로 공급하고 실린더 벽, 피스톤 링 등에는 비산식으로 공급한다.

(5) 윤활장치의 구성부품
① 오일팬
　㉠ 오일팬은 오일을 저장하는 용기로 엔진오일의 냉각작용을 수행한다.
　㉡ 엔진이 기울어진 경우에도 일정량의 오일이 남도록 섬프(Sump)를 둔다.
　㉢ 급제동 시 오일이 한쪽으로 쏠려 오일 공급이 끊기는 것을 방지하기 위해 배플(Baffle)이라는 유도판을 설치하기도 한다.

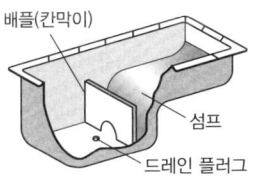
▲ 오일팬

② 펌프 스트레이너: 오일 속의 비교적 큰 불순물을 걸러주는 필터로 오일팬 내부 흡입구에 장착된다.
③ 오일펌프
　㉠ 스트레이너를 통해 오일을 흡입한 뒤, 이를 가압하여 각 윤활부로 압송한다.
　㉡ 크랭크축이나 캠축으로 구동되며 엔진 회전에 따라 펌프 유량이 달라진다.
　㉢ 종류: 기어펌프, 로터리 펌프, 플런저 펌프, 베인 펌프
④ 오일 여과기: 엔진오일에 존재하는 수분, 카본, 슬러지 등 각종 오염물을 걸러내어 윤활 성능 저하를 방지한다.
⑤ 오일 냉각기: 윤활유 또는 유압유를 실온이나 기계 작동 중 발생하는 온도 변화에 따라 냉각하여 오일의 점도와 윤활 성능을 일정하게 유지하고 기계부품의 열변형을 방지한다.
⑥ 유압조절 밸브(릴리프 밸브)
　㉠ 윤활회로에서 순환하는 유압이 과도하게 상승하여 시스템이 손상되는 것을 방지하고 유압을 일정하게 유지한다.
　㉡ 유압이 설정된 기준 압력 이상으로 올라가면 밸브 내부의 체크 볼이 열려 압력을 낮춘다.
　㉢ 스크류를 조이면 유압이 상승하고, 스크류를 풀면 유압이 낮아진다.

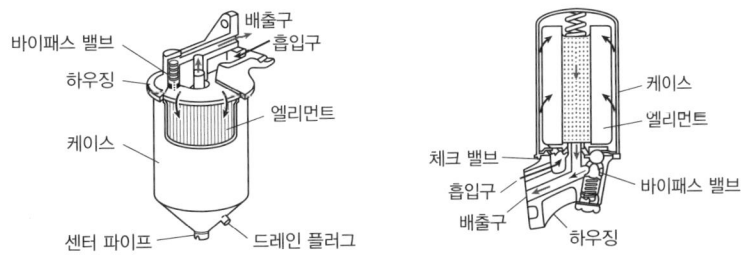
▲ 유압조절밸브

⑦ 체크 밸브
  ㉠ 유체의 흐름을 한 방향으로만 흐르게 하여 역류를 방지한다.
  ㉡ 윤활계통 라인에 가해지는 잔압을 유지하여 공기가 혼입되는 현상을 방지한다.
  ㉢ 재시동성을 향상시킨다.
⑧ 오일 쿨러: 윤활유의 온도를 낮추어 주는 장치이다.

2. 윤활장치 상태 점검

(1) 윤활장치 점검 방법
① 윤활유 공급 라인과 펌프가 정상적으로 작동하는지 확인한다.
② 윤활유 누출 방지를 위해 밀봉 상태를 점검한다.
③ 윤활유 점도, 윤활유 유형, 점검 방법에 대한 교육을 실시한다.
④ 윤활유는 정기적으로 점검하고 교환한다.

(2) 오일량 및 오염도 점검
① 오일량 점검 방법
  ㉠ 자동차를 평탄한 지면에 주차한다.
  ㉡ 엔진 시동을 걸어 예열한 후, 시동을 끄고 오일이 아래로 모일 때 까지 잠시 기다린다.
  ㉢ 금속 막대(오일 레벨 게이지)를 뽑아 묻어있는 오일을 깨끗하게 닦아낸다.
  ㉣ 게이지를 다시 끝까지 넣었다 뺀 후 오일이 묻은 높이를 확인한다.
  ㉤ 오일량은 F(Full)와 L(Low) 눈금 사이에 있어야 하며, F선에 가깝게 유지하는 것이 좋다.
② 오일의 색깔에 따른 오염도 판별
  ㉠ 검은색: 오염이 심한 상태로 점도를 함께 확인하여 교환 여부를 결정한다.
  ㉡ 붉은색: 가솔린(휘발유)의 유입 가능성이 있는 상태이다.
  ㉢ 우유색: 냉각수가 혼합된 경우로 정비가 필요한 상태이다.
③ 배기가스의 색깔에 따른 상태 점검
  ㉠ 검은색: 혼합기가 농후한 상태(흡기관의 막힌 상태)로 가솔린 차량의 경우 매연이 발생한다.
  ㉡ 흰색: 엔진오일이 실린더 내부에서 함께 연소되고 있는 상태이다.
  ㉢ 엷은 청색이나 무색: 정상적인 연소상태이다.

(3) 경고등 점검
① 유압경고등
  ㉠ 엔진 작동 중 유압이 규정 값 이하로 떨어지면 점등되는 방식이다.
  ㉡ 점등 원인
    • 엔진오일이 부족한 경우
    • 오일펌프 고장 등으로 유압이 저하된 경우
    • 윤활계통 라인의 막힘 또는 손상이 발생한 경우
    • 오일압력 스위치 자체가 고장 난 경우

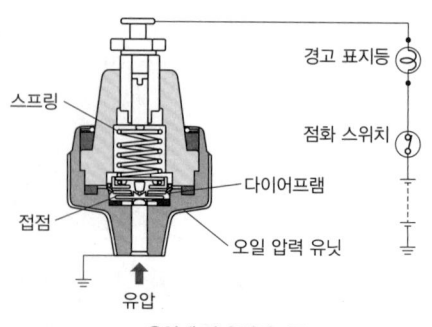

▲ 유압계 및 유압경고등

② 엔진경고등: 엔진의 전자제어장치(ECU)가 이상 신호를 감지하면 점등되는 방식이다.
- 점등 원인
  - 주유구 캡이 제대로 닫히지 않은 경우
  - 산소센서, 공기 흡입량 센서 등의 고장난 경우
  - 점화 플러그, 점화 코일 등 점화계통이 고장난 경우
  - 촉매 변환 장치에 이상이 발생한 경우

3. 윤활장치의 고장 원인

(1) 오일량이 적어지는 원인(연소 및 누유)
① 엔진 내부 부품의 마모로 오일이 함께 연소되는 경우
② 각종 가스켓 및 오일 씰의 손상으로 외부 누유가 발생하는 경우
③ 실린더 벽의 마모로 인한 틈이 생겨 오일이 새어나가는 경우
④ 엔진 규격에 맞지 않는 오일을 사용하여 엔진의 높은 열에 의해 오일이 증발하는 경우

(2) 오일압력 이상 원인

유압 상승의 원인	유압 하강의 원인
• 엔진의 온도가 낮아 오일의 점도가 높아지는 경우 • 윤활 회로의 일부(오일여과기 등)가 막힌 경우 • 유압 조절밸브 스프링의 장력이 과다한 경우	• 오일펌프의 마멸 또는 윤활회로에서 오일이 누출된 경우 • 오일팬의 오일량이 부족한 경우 • 유압조절밸브 스프링 장력이 약하거나 파손된 경우 • 엔진오일이 연료 등으로 희석된 경우 • 엔진오일의 점도가 낮은 경우

4. 윤활장치 관련 부품 교환 시기

(1) 엔진오일 팬의 교환 시기
① 주행으로 인하여 요철에 의해 파손된 경우
② 교환 시 드레인 플러그를 과도하게 조여 손상된 경우

(2) 오일펌프의 교환 시기
① 엔진 오일 토출 압력이 부족한 경우
② 오일펌프에서 소음이 발생하는 경우
③ 오일펌프 내부 정기 점검 후 이상 시

(3) 오일필터의 교환

엔진오일 팬의 교환 시기	오일펌프의 교환 시기	오일필터의 교환
• 주행으로 인하여 요철에 의해 파손된 경우 • 교환 시 드레인 플러그를 과도하게 조여 손상된 경우	• 엔진 오일 토출 압력이 부족한 경우 • 오일펌프에서 소음이 발생하는 경우 • 오일펌프 내부 정기 점검 후 이상 시	• 엔진오일 교환 시 함께 교환한다.

5. 윤활장치의 점검

(1) 엔진오일 압력 점검
① 차량을 평탄한 곳에 주차하고 엔진오일의 양을 확인한다. 오일의 양이 부족하면 압력이 낮게 측정되므로 반드시 F(Full)까지 보충한다.
② 오일의 압력은 온도에 따라 다르므로 엔진에 시동을 걸어 정상 작동온도까지 충분히 예열한 뒤 점검한다.
③ 엔진의 공회전 상태에서 압력을 측정하여 규정 값 범위에 있는지 확인한다.
④ 측정된 압력이 규정 값에 미치지 못할 경우 관련 부품의 이상을 점검하고 필요 시 교체 또는 수리한다.

(2) 크랭크축 오일간극 점검
① 크랭크축 오일간극은 플라스틱게이지, 시일 스톡식, 마이크로미터를 사용하여 측정한다.
② 플라스틱게이지를 크랭크축 메인 저널 위에 올린다.
③ 메인 베어링 캡을 장착하고 규정토크로 볼트를 조여준다.
④ 플라스틱게이지가 가장 넓게 펴진 부분을 기준으로 측정한다.

CHAPTER 03 연료 장치 정비

1. 가솔린 엔진

(1) 가솔린 엔진의 장점
① 승차감이 좋고 고회전[rpm]에서의 가속 성능이 우수하다.
② 유지비용이 디젤 엔진에 비해 적다.
③ 진동과 소음이 적어 정숙성과 승차감이 우수하다.
④ 높은 출력을 낼 수 있다.
⑤ 디젤 엔진처럼 고압 압축이 필요하지 않아 구조가 간단하고 조용하다.
⑥ 유지 보수 비용이 저렴하다.

(2) 가솔린 엔진의 구비조건
① 체적 및 무게가 적고 발열량이 커야한다.
② 빠른 속도로 완전연소되어야 한다.
③ 인화 및 폭발의 위험이 적어야 하며 가격이 저렴해야 한다.
④ 연소 후에 탄소 및 유해 화합물이 남지 않아야 한다.
⑤ 옥탄가가 높고 착화온도가 낮아야 한다.
⑥ 저장 및 취급이 용이해야 한다.

(3) 연료의 물리적 특성
① 옥탄가는 90~95 정도이다.
② 비중은 약 0.65~0.75 정도이다.
③ 인화점은 약 -40[℃] 이하이다.
④ 발열량은 약 11,000[kcal/kg]로서 경유에 비하여 높다.
⑤ 자연 발화점은 약 280[℃] 이상으로 경유에 비하여 높다.

(4) 가솔린 엔진의 연소 특징
① 휘발유와 공기가 섞인 혼합가스를 엔진의 연소실로 보낸 뒤, 점화 플러그의 전기 불꽃으로 점화하여 폭발적으로 연소시키는 과정이다.
② 이 과정에서 생성된 고온 고압의 기체가 피스톤을 밀어내어 크랭크축을 회전시키는 힘(동력)을 만들어낸다.
③ 가솔린 엔진의 연소는 매우 짧은 시간에 이루어지며 엔진의 회전속도가 빠를수록 연소시간이 더욱 짧아진다.
④ 가솔린 엔진의 이론 공연비는 14.7 : 1이다. 이는 공기 14.7[kg]이 가솔린 1[kg]을 완벽하게 연소시킬 수 있다는 의미로 공기와 연료의 가장 이상적인 질량 비율이다. 이 비율로 연소될 때 유해 배기가스를 효과적으로 정화할 수 있다.

(5) 가솔린 엔진의 연소과정
① 흡입과정: 피스톤이 아래로 내려가면서 흡기밸브가 열리고 이때 생긴 압력차로 인해 혼합기가 실린더 안으로 흡입된다.
② 압축과정: 밸브가 닫히고 피스톤이 위로 올라가면서 실린더 안의 혼합기가 고온·고압으로 압축된다.
③ 점화 및 연소: 점화 플러그에서 스파크가 발생하여 혼합기가 점화되어 폭발하면서 고온·고압의 기체가 발생한다.
④ 팽창과정: 폭발하면서 고온·고압의 기체가 피스톤을 강하게 밀어내고 피스톤이 아래로 내려가면서 동력이 발생한다.
⑤ 배기과정: 배기 밸브가 열리고 피스톤이 다시 올라가면서 연소가스가 실린더 밖으로 배출된다.

(6) **가솔린 엔진의 노킹(Knocking) 발생 원인과 방지책**

가솔린엔진의 노킹 원인	가솔린엔진의 노킹 방지 대책
• 가솔린과 공기의 혼합비가 너무 낮은 경우 • 실린더가 과열된 경우 • 압축비가 높은 경우 • 연료의 옥탄가가 낮은 경우 • 점화시기가 빠른 경우 • 흡기온도와 압력이 높은 경우	• 압축비를 낮춘다. • 화염전파 거리를 단축시킨다. (화염전파 속도를 높인다.) • 말단가스는 배기밸브로부터 먼 곳에 위치시킨다. • 연소기간을 단축시킨다. • 점화시기를 늦춘다. • 흡입 공기온도와 냉각수 온도를 낮춘다. • 옥탄가가 높은 연료를 사용한다.

(7) **가솔린 엔진의 연료장치**
① 연료장치는 연료탱크의 연료를 펌프로 끌어올리고 기화기에서 공기와 혼합한 뒤 엔진으로 전달하는 장치이다.
② 연료탱크, 연료여과기, 연료펌프, 기화기로 구성되어 있다.
　㉠ 연료탱크: 주행 시 소요되는 가솔린을 저장하는 용기이다.
　㉡ 연료파이프: 연료탱크로부터 연료를 운반하기 위한 장치로, 연료가 누설되지 않도록 원뿔 모양이나 둥근 플레어(flare)로 하며 파이프가 끼워져 있는 피팅(fitting)으로 조이도록 구성되어 있다. 피팅은 오픈 엔드 렌치를 사용하여 푼다.
　㉢ 연료펌프: 탱크의 연료를 빨아들여 가압한 후 기화기에 전달하는 장치이다. 연료의 송출압력은 기계식일 경우 약 $0.2 \sim 0.3[kgf/cm^2]$, 전기식일 경우 약 $1 \sim 5[kgf/cm^2]$이다.

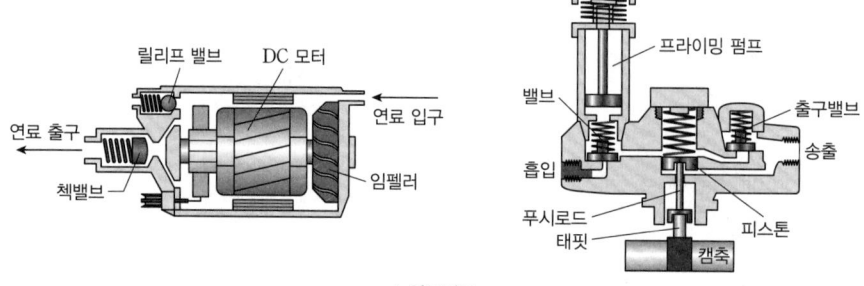

▲ 연료펌프

　㉣ 기화기(Carburetor): 엔진이 효율적으로 작동하도록 연료를 미세하게 분무하고 공기와 혼합하여 적절한 농도의 혼합기를 형성하는 장치이다.
　　• 기화기(Carburetor)의 구비 조건
　　　- 운전 조건에 따라 정확한 혼합비를 형성해야 한다.
　　　- 연료가 미세하게 잘 분무되어야 한다.
　　　- 엔진 출력 변화에 민감하게 반응해야 한다.
　　　- 기화기 내부의 유동 저항이 작아야 한다.
　　　- 공기와 연료가 균일하게 혼합되어야 한다.
　　　- 제작과 조정이 용이해야 한다.

2. 디젤 엔진

(1) 디젤 엔진의 이해
① 경유를 연료로 사용하며 4사이클 가솔린 엔진과 유사하게 작동한다.
② 흡입한 공기를 고압으로 압축한 뒤, 분사된 연료가 자연적으로 착화된다는 점이 가솔린 엔진과의 차이점이다.
③ 실린더에 흡입하는 공기는 압축과정에서 약 500[℃]에 가까운 고온·고압 상태가 되며 이는 경유의 착화온도인 300[℃]를 넘기 때문에 점화플러그 없이도 자연착화가 이루어질 수 있다.
④ 디젤엔진의 압축비는 20 : 1 이상으로 가솔린의 약 2배 정도이다.

(2) 디젤 엔진의 장점
① 압축비를 높게 설계할 수 있어 열효율이 좋다.
② 연료의 소비율이 낮아 경제적이다.
③ 넓은 회전 영역에서 토크의 변화가 적어 운전이 용이하다.
④ 점화장치에 전기가 필요없어 고장률이 낮다.
⑤ 과급기를 사용하면 성능을 향상시킬 수 있다.
⑥ 실린더 지름의 제한이 적어 대형 기관에도 적합하다.

(3) 디젤 엔진의 단점
① 폭발압력이 높아 일정 수준의 소음과 진동이 발생하므로 부품을 견고하게 제작해야한다.
② 압축 착화방식이기 때문에 최대 분사량에 제한이 있고 고속 회전이 어려워 같은 배기량일 경우 가솔린 엔진보다 출력이 낮다.
③ 정밀한 연료 분사장치가 필요하므로 정비가 어렵고 비용이 높다.
④ 압축비가 높아 시동 시 큰 토크가 필요하므로 배터리의 용량이 커야 한다.

(4) 디젤 엔진의 체적효율을 높이는 방법
① 과급기를 설치한다.
② 흡기 밸브의 지름을 크게 한다.
③ 흡기 및 배기 계통의 저항을 줄인다.

(5) 디젤 엔진용 연료의 구비조건
① 탄소 발생이 적어야 한다.
② 발열량이 크고 착화성이 좋아야 한다.
③ 연소속도가 빨라야 한다.(연소시간이 짧아야 한다.)
④ 황(S)의 함유량이 적어야 한다.
⑤ 세탄가가 높아야 한다.
⑥ 적당한 점도를 가져야 하며, 부식성이 적어야 한다.

(6) 디젤 엔진의 연소과정

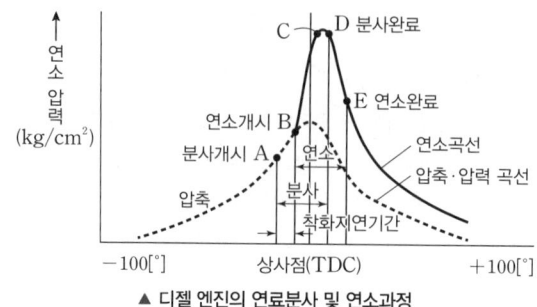

▲ 디젤 엔진의 연료분사 및 연소과정

A → B 착화지연 구간	• 연료분사가 시작되고(A) 실제로 연소가 시작되기까지(B)의 구간이다. • 아직 연소가 일어나지 않으므로 압력은 압축·압력 곡선을 따라 완만하게 상승한다. • 분사된 연료는 고온·고압의 공기와 함께 증발하면서 연소에 적합한 혼합기를 형성한다. • 연료의 착화성(세탄가)이 좋고, 분사압력이 높아 입자가 미세하고, 실린더 내 공기가 고온·고압일수록 이 구간이 짧아지며, 이 구간이 짧을수록 노킹 방지, 엔진 성능 향상, 배출가스 감소에 유리하다.
B → C 화염전파 구간	• 착화지연기간 동안 미리 형성된 혼합기가 폭발적으로 연소하는 구간이다. • 연소실 내 압력과 온도가 급상승하여 최고점(C)에 도달한다. • 분사되는 연료의 양과 공기와의 혼합 정도에 따라 연소 속도가 결정된다.
C → D 직접연소 구간	• 분사되는 연료가 화염전파기간이 끝난 후 화염 속에서 즉시 연소되는 구간이다. • 연료 분사량을 조절하여 연소 속도와 압력 상승을 제어할 수 있어 제어 연소 구간이라고도 한다. • 피스톤이 하강하는 팽창행정이므로 압력은 서서히 감소한다. • 연료분사는 D점에서 완료된다.
D → E 후연소 구간	• 연료분사가 끝난(D) 후에도 연소되지 못한 연료가 팽창행정동안 연소되는 구간이다. • 혼합기의 분포가 균일하지 않거나 국부적인 산소 부족으로 인해 이 기간이 길어지면 열이 배기가스로 빠져나가 열효율이 저하되고 배기 온도가 상승하여 엔진 과열의 원인이 될 수 있다.

(7) 디젤 엔진의 노킹(Knocking) 발생 원인과 방지책

디젤엔진의 노킹 원인	디젤엔진의 노킹 방지 대책
• 착화 또는 분사시기의 지연으로 일부 연료가 착화 전에 연소되는 경우 • 연소실 형상이 부적절한 경우 • 압축비가 낮은 경우 • 엔진 온도가 낮은 경우 • 연료의 착화성이 낮은 경우 • 과도한 부하나 고속 회전의 경우	• 착화지연 기간을 짧게 유도한다. • 실린더 벽의 온도, 압축비, 흡기온도를 높인다. • 세탄가가 높은 연료를 사용한다. • 정기적으로 연료 필터를 교체한다. • 착화지연기간 동안 연료의 분사량을 적게 한다. • 흡입공기에 와류가 일어나도록 한다.

(8) 디젤 엔진의 연소실

① 디젤엔진의 연소실의 종류

㉠ **직접분사방식(단실식)**: 실린더헤드와 피스톤 헤드의 요철에 의해 형성된 연소실에 연료를 직접 분사하는 방식이다.

직접분사방식의 장점	직접분사방식의 단점
• 연소실 표면적이 작아 열손실이 적으므로 연료소비율이 낮다.(열효율이 높다.) • 냉각 손실이 적으므로 보조 시동 장치 없이도 냉간 시동이 용이하다. • 실린더 헤드 구조가 단순하여 내구성이 좋고 엔진의 수명이 길고 대형기관에 적합하다.	• 혼합기 형성 시간이 짧아 연료의 성질에 민감하며 노크 발생 가능성이 큰 편이다. • 최고 폭발압력이 높아 진동과 소음이 크다. • 연소가 급격히 진행되어 질소산화물(NOx) 배출이 많다. • 예혼합이 어렵고 와류가 약해 고속 회전에 불리하다. • 짧은 시간 내에 혼합기를 형성해야 하므로 분사압력이 높아 펌프와 노즐의 수명이 단축된다.

㉡ **간접분사방식(부실식)**: 디젤 엔진에서 가장 많이 사용되는 방식으로 연소실이 두 개 이상의 공간으로 분리된 좁은 통로로 연결되어 있다. 피스톤 헤드 상단에 의해 형성되는 연소실을 주연소실이라고 하며 실린더 헤드에 설치된 연소실은 부연소실이라고 한다. 연료는 부연소실에 분사되어 일부 연료가 착화된 후 주연소실로 확산되어 본격적인 연소가 이루어지는 방식이다.

간접분사방식의 장점	간접분사방식의 단점
• 착화지연이 짧아 소음 및 노킹이 작다. • 사용 가능한 연료의 범위가 넓다. • 연소 분사압력이 낮아 분사시기가 부하나 회전속도에 큰 영향을 받지 않는다.	• 구조가 복잡하고 열부하 문제가 발생한다. • 시동 보조장치가 필요하다. • 연료소비율이 높다.

• 간접분사방식의 종류와 특징

와류실식	• 연소실이 접선 방향으로 뚫린 통로를 통해 주연소실과 연결되어 공기와 연료의 혼합을 위한 와류를 형성한다. • 주연소실과 부연소실이 있어 구조가 복잡하다. • 주연소실과 부연소실이 좁은 통로로 연결되어 있어서 강한 와류가 발생한다. • 연료소비율이 적은 편이며, 고속 운전에 적합하다.
예연소실식	• 가느다란 통로를 통해 예연소실과 주연소실이 연결되어있다. • 압축 시 주연소실에서 예연소실로 유입되는 강한 공기 흐름이 혼합기 형성을 촉진한다. • 예연소실에서 형성된 혼합기는 점화되어 높은 연소압력으로 주연소실에 분출된다. • 이 과정에서 연료가 완전 기화되어 공기와 혼합된 후 2차 연소가 이루어진다.
공기실식	• 주연소실 외에 공기실이 있으며 자동차에 사용되지 않는 방식이다. • 주연소실 안에 분사된 일부 연료가 공기실에서 연소된다. • 공기실 내 연소로 인해 강한 공기 분출이 발생하고 이 에너지로 연소를 활발하게 만든다.

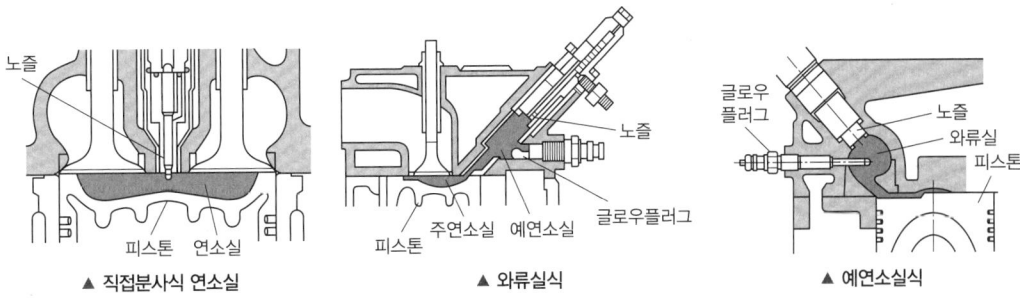

▲ 직접분사식 연소실　　　▲ 와류실식　　　▲ 예연소실식

② 디젤 연소실의 구비조건
　㉠ 연소시간이 짧아야 한다.
　㉡ 열효율이 높아야 한다.
　㉢ 평균 유효압력이 높아야 한다.
　㉣ 디젤 노크가 적어야 한다.
　㉤ 착화가 용이해야 한다.
③ 연료 발화 촉진제: 초산 아밀, 아조산 아밀, 초산 에틸, 아초산 에틸, 질산 에틸, 질산 아밀, 아질산 아밀 등
④ 기계식 디젤엔진의 연료 분사장치
　㉠ 연료 공급장치
　　• 연료탱크: 연료를 저장하는 곳이다.
　　• 연료공급펌프: 연료탱크 내의 연료를 흡입하고 가압한 뒤 분사펌프로 공급해 주는 장치이다.

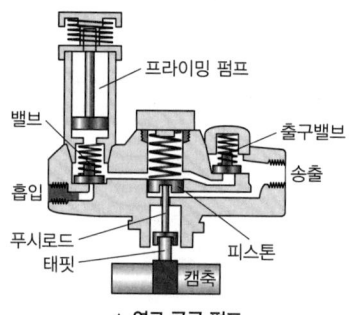

▲ 연료 공급 펌프

　　• 연료여과기: 연료 속에 포함되어있는 수분이나 이물질을 제거하는 장치이다. 여과기 내의 압력이 규정압력 이상으로 상승할 경우 오버플로우 밸브가 작동하여 연료를 연료탱크로 되돌려보낸다.

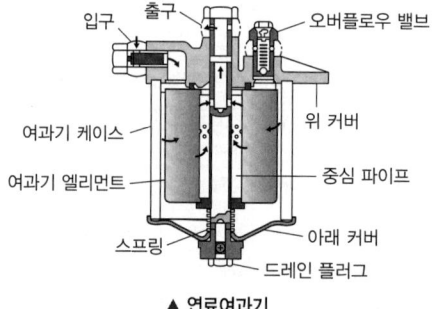

▲ 연료여과기

Speed Up 오버플로우 밸브의 기능
• 여과기 각부분을 보호한다.
• 공급펌프의 소음을 억제한다.
• 운전 중 공기빼기 작업을 수행한다.
• 여과성능 향상시킨다.
• 공급펌프와 분사펌프실 내의 균형을 유지한다.

ⓒ 연료 분사장치
- 분사펌프(Injection Pump): 연료 공급펌프에서 공급받은 연료를 캠축이 회전하면서 고압으로 압축한 뒤 분사 노즐로 공급해 주는 장치이다.
  - 압송 기구: 연료를 고압으로 압축하여 분사관으로 전달한다.

캠축	크랭크축에 의해 구동되며, 플런저의 상하 운동을 제어한다. 4행정의 경우 크랭크축의 1/2 속도로 회전한다.
태핏	캠의 움직임을 플런저에 전달하는 부품이다.
펌프 엘리먼트	플런저와 플런저 배럴로 구성되며 플런저가 배럴 내부를 상하 왕복운동하며 연료를 압축한다.

  - 조절 기구: 엔진의 운전 상태에 따라 연료의 분사량을 조절한다.
  - 조속기(Governor): 조절 기구와 결합되어 엔진의 최고 회전수를 제어하고 과속(Over-Run)을 방지한다.
- 딜리버리 밸브(Delivery Valve): 플런저의 유효 행정이 끝나면 자동으로 닫혀 연료의 역류를 막고, 분사 파이프 내 잔압을 낮춰 후적 현상을 최소화하는 역할을 한다.
- 분사시기 조정기(타이머, Timer): 엔진의 회전 속도에 따라 연료의 분사시기를 자동으로 조절한다.
- 분사 파이프: 분사펌프와 분사노즐을 연결하는 고압의 관이다.
- 분사 노즐(Injection Nozzle): 분사펌프에서 공급된 고압의 연료를 미세한 안개 형태로 연소실 내에 분사하는 최종 장치이다. 분사 개시 압력은 200~300[kgf/cm^2] 정도가 일반적이다.

⑤ 디젤기관의 연료 분사 관련 용어 및 현상
ⓐ 플런저 행정
- 예행정: 플런저가 상승하여 연료 공급 구멍을 막을 때까지의 행정으로, 아직 연료가 압축되지 않는 단계이다.
- 유효행정: 플런저가 연료 공급 구멍을 막은 후부터 제어홈이 배럴의 연료 공급 구멍에 도달할 때까지의 행정으로 이 시기에 연료가 압축되어 분사된다.
- 플런저의 회전 방향에 따라 유효행정의 길이가 변하는데 유효행정이 클수록 분사량이 증가한다.

ⓑ 분사량 불균율: 여러 실린더가 있는 엔진에서 각 실린더마다 분사량이 달라 폭발 압력에 차이가 생기는 현상이다. 이로 인해 엔진 진동이 발생할 수 있으며, 허용 범위는 전부하 운전에서 ±3[%], 무부하 운전에서 10~15[%]이다.
- 불균율 계산식

$$(+) \text{불균율}[\%] = \frac{\text{최대분사량} - \text{평균분사량}}{\text{평균분사량}} \times 100$$

$$(-) \text{불균율}[\%] = \frac{\text{평균분사량} - \text{최소분사량}}{\text{평균분사량}} \times 100$$

ⓒ 분사시기가 빠를 때 발생하는 현상
- 노크 현상이 발생한다.
- 연소가 불량하여 배기가스가 흑색이다.
- 기관의 출력이 저하된다.
- 저속에서 회전이 불량해진다.

⑥ 디젤기관의 연료 분사 조건 및 분사 노즐의 구비조건
  ㉠ 디젤기관의 연료 분사 조건
    • 무화: 무화가 잘 되고 분무의 입자가 작고 균일해야 한다.
    • 분산: 분무가 연소실 구석까지 잘 분산되고, 부하에 따라 필요한 양을 정확하게 분사해야 한다.
    • 조절: 분사의 시작과 끝이 확실하고, 분사 시기 및 분사량 조정이 자유로워야 한다.
    • 자동조절: 회전속도에 따라 분사시기가 달라져야 한다.
  ㉡ 분사 노즐의 구비조건
    • 연료를 미세한 안개 모양으로 만들어 쉽게 착화되게 해야 한다.
    • 연소실 구석까지 분무할 수 있어야 한다.
    • 연료의 분사 끝에서 후적 현상이 발생하지 않아야 한다.
    • 고온·고압의 상황에서도 장시간 사용할 수 있어야 한다.

3. 연료장비 정비

(1) 연료탱크의 세척제
연료탱크의 세척제에는 등유, 트리클로로에틸렌, 중성액상 혼탁액 타입 세척제 등이 있다.

(2) 연료펌프의 송출 부족의 원인
① 다이어프램이 파손되었거나 스프링이 쇠약한 경우
② 로커암과 링크에 마멸이 생긴 경우
③ 흡입 체크밸브에 손상이 있거나 접촉 불량인 경우
④ 파이프라인 내에 공기기 유입된 경우(베이퍼 록 현상)

(3) 연료송출량 조절
① 연료펌프 체결 위치에 패킹(인슐레이터)의 두께를 조절하여 연료송출량을 제어할 수 있다.
② 패킹이 두꺼우면 편심륜과 로커암의 작동행정이 작아져 연료송출량이 감소한다.
③ 패킹이 얇으면 작동행정이 커져 연료송출량이 증가한다.

(4) 연료가 공급되지 않는 원인
① 연료 계통에 공기가 누설된 경우
② 연료 계통에 베이퍼 록 현상이 발생한 경우
③ 연료펌프의 로커암이 파손된 경우
④ 연료펌프의 다이어프램이 손상된 경우
⑤ 연료의 배관이 막힌 경우
⑥ 연료 펌프의 밸브가 고착된 경우

(5) 혼합기가 농후해지는 원인 (공기가 너무 적거나, 연료가 너무 많은 경우)
① 연료의 유면 높이가 높은 경우
② 연료펌프의 송출압력이 높은 경우
③ 파워밸브에서 연료가 누출되는 경우
④ 체크 밸브의 작동이 불량한 경우
⑤ 공기 청정기나 에어브리더가 막힌 경우

4. 전자제어 연료분사방식

(1) 전자제어 연료분사방식의 계통

① 연료펌프: 연료탱크 내에서 연료를 흡입하여 고압으로 연료라인에 공급하는 장치이다.
② 연료라인: 연료펌프에서 분사된 연료를 인젝터에 전달하는 장치이다.
③ 인젝터(Injector): ECU의 제어 신호에 따라 연료를 고압으로 분사하는 장치이다.
④ ECU(Electronic Control Unit): 엔진의 스로틀 위치, 흡기공기량(MAF), 흡기온도(IAT), 냉각수 온도, 산소 센서등 다양한 데이터를 분석하여 최적의 연료 분사시기와 분사량을 제어하는 장치이다.
⑤ 연료 압력조절 밸브: 연료 압력을 일정하게 유지하여 인젝터가 안정적으로 분사할 수 있도록 하는 장치이다.
⑥ 체크밸브
　㉠ 유체의 흐름을 한 방향으로만 흐르게 하여 역류를 방지한다.
　㉡ 인젝터에 가해지는 잔압을 유지하여 베이퍼 록 현상과 공기흡입을 방지한다.
　㉢ 재시동성을 향상시킨다.

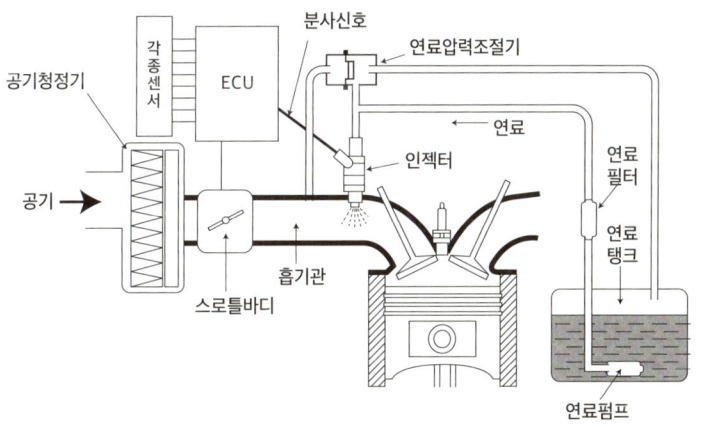

▲ 전자제어 연료분사장치의 구성

> **Speed Up** 인젝터의 위치와 개수에 따른 전자제어 연료 분사방식의 종류
> - TBI (Throttle Body Injector): 스로틀바디에 설치된 1개 또는 2개의 인젝터(분사 밸브)를 사용하여 연료를 분사하는 방식이다.
> - MPI (Multi-Point Injection): 실린더마다 인젝터를 설치하여 독립적으로 연료를 분사하는 방식이다.
> - SPI (Single Point Injection): 하나의 인젝터로 모든 실린더에 연료를 분사하는 방식이다.
> - GDI (Gasoline Direct Injection): 가솔린 엔진에서 연료를 연소실 내부에 직접 분사하는 방식이다.

(2) **전자제어 연료 분사장치의 입력센서**

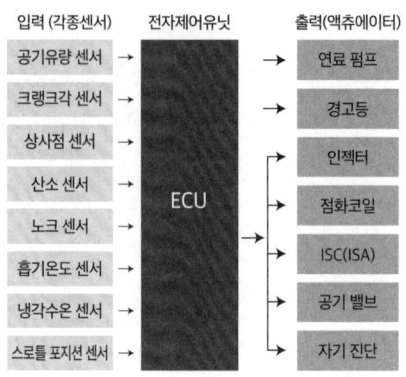
▲ ECU의 입력 및 출력 신호

① 공기유량 센서(AFS): 엔진제어에 필요한 공기흡입량을 측정하는 센서로 직접 계측방식(Mass Flow Type)과 간접 계측방식(Speed Density Type)이 있다.

직접 계측방식(Mass Flow Type)		간접 계측방식(Speed Density Type)
체적 검출방식	베인식, 칼만 와류식	흡기다기관 절대압력(MAP센서) 방식
질량 검출방식	핫 와이어(Hot Wire,열선)식, 핫 필름(열막)식	

② 크랭크각 센서(CAS) 또는 크랭크 포지션 센서(CPS): 압축 상사점을 기준으로 크랭크축(피스톤)의 위치를 검출한 뒤 ECU에 전달하면 ECU는 엔진 회전수와 분사시기를 결정한다.

③ 상사점 센서(TDC): 실린더의 압축 상사점 위치를 검출한 뒤 ECU에 전달하면 ECU는 실린더별 분사시기와 점화순서를 제어한다.

④ 산소센서: 배기가스에 포함된 산소의 양을 감지하여 산소농도에 따라 전압을 발생시키는 센서로 변동되는 출력 전압을 ECU에 전달하고 ECU는 연료분사량을 조절한다.

⑤ 노크센서: 엔진의 노킹 진동을 감지하여 전기 신호로 ECU에 전달하면 ECU는 이 신호를 바탕으로 점화시기를 조절한다.

⑥ 흡기온도 센서(ITS): 흡기 매니폴드의 흡기 온도를 감지하여 ECU에 전달하고 ECU는 연료 분사량, 점화시기, 공회전 속도 등을 제어한다. ATS 또는 AIT 센서라고도 한다.

⑦ 냉각수온 센서(WTS 또는 CTS): 냉각수의 온도를 검출하여 ECU에 전달하고 ECU는 연료 분사량, 점화진각, 공회전속도 등을 보정한다.

⑧ 스로틀 포지션 센서(TPS): 스로틀 밸브의 열림 정도를 감지하여 ECU에 전달하고 ECU는 엔진의 회전운전 모드를 판정하거나 연료분사량을 조절한다.

⑨ 대기압 센서(APS): 대기의 압력을 감지하여 ECU에 전달하고 ECU는 자동차의 고도를 계산하여 연료 분사량과 점화시기를 보정한다.

(3) **전자제어 연료 분사장치의 분석요소**

① 연료 펌프가 고장일 때의 현상
② 연료압력이 낮은 원인
③ 엔진 작동 상태
④ 인젝터 고장 시 나타나는 현상
⑤ TPS(Throttle Position Sensor) 고장 시 나타나는 현상
⑥ 냉각수온센서 고장 시 엔진에 미치는 영향

5. 전자제어 가솔린 엔진의 연료장치

(1) 전자제어 가솔린 연료 분사방식의 특징
① ECU(전자제어장치)는 엔진의 다양한 센서 데이터를 분석하여 최적의 연료 분사량을 산출하고, 인젝터를 정밀하게 제어하여 연료 분사량을 조절한다.
② 엔진의 반응과 주행 성능이 향상된다.
③ 엔진의 출력이 증가한다.
④ CO, HC 등 유해 배출가스가 감소한다.
⑤ 월 웨팅(Wall Wetting)에 따른 저온 시동성이 향상된다.
⑥ 연료소비율이 감소하므로 연비가 향상된다.
⑦ 벤튜리가 없어 공기 흐름 저항이 감소한다.
⑧ 다양한 센서, ECU, 인젝터 등으로 구성되어 있어 구조가 복잡하다.
⑨ 개발 및 유지·보수를 위해 전문적인 기술력이 필요하다.

(2) 가솔린 직접 분사방식(GDI, Gasoline Direct Injection)의 특징
① 가솔린 엔진에서 연료를 실린더 내에 직접 분사하는 방식으로 연소 효율과 엔진 출력을 증가시킨다.
② 연소 효율이 높아짐에 따라 연비가 향상되고 배기가스 배출량이 감소한다.
③ 연료 분사 시 발생하는 기화열로 인해 흡기온도가 낮아져 혼합기의 충전 효율과 압축비가 증가한다.
④ 냉각 손실과 펌프 손실이 줄어든다.
⑤ 연료가 실린더 내에서 공기와 직접 혼합되므로 혼합기의 혼합 분포 제어가 가능하다.
⑥ 냉각 상태에서도 안정적인 성능을 유지할 수 있고 체적효율을 최적화하여 흡기다기관 설계가 가능하다.
⑦ 전자제어 시스템으로 연료 분사량과 분사시기를 정밀하게 조절할 수 있어 연소 최적화가 가능하다.
⑧ 고회전에서 더 효율적으로 작동한다.
⑨ 소량의 연료를 고압으로 압축하는 과정에서 고압펌프의 소음과 진동이 발생한다.
⑩ 압축 시 발생하는 열로 인해 폭발력은 강하지만 노킹 현상이 발생할 수 있다.

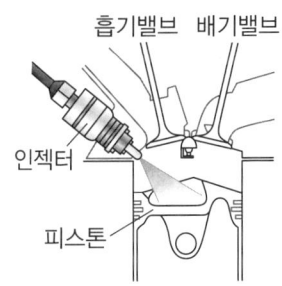
▲ 가솔린 직접 분사방식

(3) GDI의 연료 흐름
저압 연료 펌프 → 고압 연료 펌프 → 연료 레일 → 연료 인젝터 → 연소실

(4) 희박 연소 엔진(린번 엔진, Lean Burn Engine)
희박 연소 엔진(린번 엔진, Lean Burn Engine)은 일반 엔진에 비해 공기와 연료의 혼합 비율이 높게 설정되어, 연료 소비량이 줄어들면서도 높은 열효율을 유지하는 특징을 가진다. 즉, 더 많은 공기를 사용하여 연료를 태우는 방식이다.
(공연비 22:1)

(5) 인젝터에서 발생하는 전압
① 평균전압: 인젝터 작동 구간 동안 측정된 전압의 평균값이다.
② 전압강하: 전기 회로 내 저항 등으로 인하여 인젝터에 공급되는 전압이 감소하는 현상이다.
③ 최소전압: 인젝터가 켜지는 시점에 나타나는 가장 낮은 전압값이다.
④ 서지전압: 인젝터 분사파형에서 파워 트랜지스터가 꺼지는 순간, 솔레노이드 코일에 흐르던 전류가 급격히 차단되면서 발생하는 큰 역기전력이다.

6. 전자제어 디젤엔진의 연료장치

(1) 전자제어 디젤 엔진 연료장치의 장점
① 시동 시 매연 발생이 감소한다.
② 최적의 연료 분사를 통해 운전 성능 및 연비가 좋다.
③ 부하 변화에도 안정적인 아이들(공회전) 속도를 유지한다.
④ 분사펌프의 설치공간이 줄어 설계의 유연성이 확보된다.
⑤ 자동차의 다른 전자제어 장치와의 연동이 가능하여 시스템 통합이 용이하다.

(2) 커먼레일 직접 분사방식(CRDi, Common Rail Direct Injection) 엔진의 특징
① 커먼레일 연료 분사 시스템은 저압 연료계통, 고압 연료계통, ECU로 구성되어 있다.
② 고압연료를 커먼레일(Common Rail)에 저장한 뒤 전자제어 시스템(ECU)에 의해 연료의 분사시기와 분사량, 압력 등을 정밀하게 조절하여 연소 효율을 높이는 방식이다.
③ 커먼레일 내 연료의 압력은 엔진속도와 저압 연료펌프에서 고압 연료펌프로 공급되는 연료량에 따라 달라진다.

> **Speed Up** 디젤 엔진 연료분사에 필요한 조건
> - 무화: 연료가 미립자로 분산되어 연소실 내의 공기와 완전히 혼합되는 조건이다.
> - 분포: 연료가 연소실 전체에 고르게 분포되는 조건이다.
> - 관통력: 연료가 연소실 전체에 고르게 분포되기 위해 필요한 힘이다.

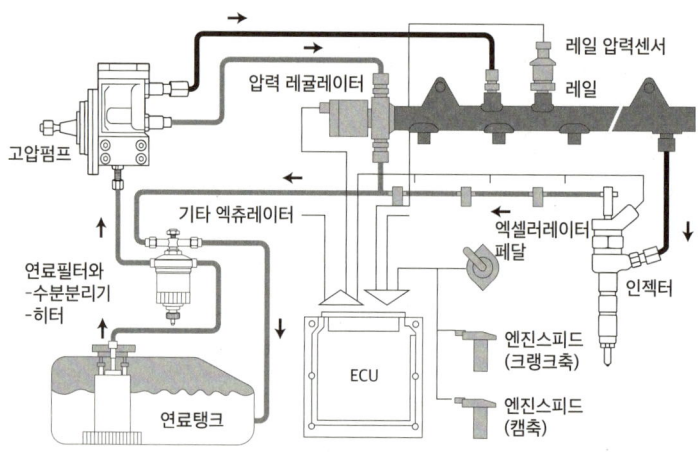

▲ 커먼레일 디젤엔진 구성도

(3) CRDi 연료장치의 구성부품 및 역할
① 저압 연료펌프: 고압펌프까지 연료를 압송하는 펌프로 전기식과 기계식을 사용한다.
② 고압 연료펌프: 저압펌프에서 공급받은 연료를 고압으로 압축한다.
③ 연료 필터: 연료 내 이물질을 제거한다.
④ 커먼레일: 고압 펌프에서 압축된 연료를 일정 압력상태로 저장하고 인젝터에 동일한 압력의 연료를 공급한다.
⑤ 인젝터: 커먼레일에 저장된 고압 연료를 ECU 신호에 따라 실린더 내로 분사한다.

(4) CRDi 연료장치의 연소과정

① 예비분사(Pilot Injection, 착화분사): 디젤연료의 소량이 연소실에서의 초기점화를 위해 실린더에 분사되어 연소 효율이 향상된다.

② 주분사(Main Injection): 엔진 출력에 대한 에너지는 주 분사로부터 나온다. 커먼레일 연료분사 시스템에서 분사 압력은 분사과정 전체를 통해 일정하게 유지된다. ECU는 각종 정보를 전달받아 예비분사가 실행되었는지 확인하고 주분사 연료량을 계산한다.

③ 후분사: 주분사 후 발생하는 배기가스(특히 질소산화물)를 저감하기 위해 소량의 연소를 분사한다.

> **Speed UP 예비분사를 실시하지 않는 경우**
> - 예비분사와 주분사의 시점이 비슷해 두 분사가 하나의 분사처럼 작용하는 경우
> - 엔진 회전수가 규정 회전수(약 3,200[rpm])를 초과하는 경우
> - 엔진 분사량이 너무 적은 경우
> - 주분사 시 흡기 연료량이 부족한 경우
> - 연료압이 최소압(약 100[bar])보다 낮은 경우
> - 엔진 정지 중 오류가 발생한 경우

(5) 전자제어 디젤엔진(CRDI, 커먼레일)에서 저압펌프의 연료공급 경로

① 기계식 저압펌프 방식: 연료탱크 → 연료필터 → 저압펌프 → 고압펌프 → 커먼레일 → 인젝터

② 전기식 저압펌프 방식: 연료탱크 → 연료펌프 → 연료필터 → 고압펌프 → 커먼레일 → 인젝터

7. LPG(Liquefied Petroleum Gas) 엔진의 연료장치

(1) LPG의 특징

① LPG는 냉각이나 가압에 의해 쉽게 액화하고 또는 가압이나 감압에 의해 기화하는 성질이 있다.

② 기화된 LPG는 공기의 약 1.5~2.0배 무겁다.

③ 순수한 LPG는 무색 무취이며 다량 유입하면 마취된다.

④ 가스누출의 위험을 방지하기 위해 착취제(유기, 황, 질소 등)를 첨가한다.

(2) LPG 엔진의 장단점

LPG 엔진의 장점	LPG 엔진의 단점
• 가솔린 연료보다 가격이 싸고 대기오염이 적어 경제적이다. • 연소실에 카본 부착이 적어 점화 플러그 수명이 길다. • 오일의 오염이 적어 엔진 수명이 길다. • 옥탄가가 높아 노킹 발생이 적고 점화시기 조정이 가능하다. • 혼합기도 가스 상태이므로 배기가스의 일산화탄소 함유량이 적다. • 연소 효율이 높고 작동 시 소음이 적어 엔진이 정숙하다. • 연료 자체의 압력으로 공급되므로 연료펌프가 필요없다. • 배출가스가 적고 베이퍼 록 현상이 거의 없다.	• 연료탱크가 고압용기이므로 차량의 질량이 증가한다. • 연료의 증발잠열로 인해 겨울철 시동이 어려울 수 있다. • LPG의 취급과 공급이 상대적으로 까다로운 편이다. • 베어퍼라이저(기화기) 내에 타르나 고무 성분의 잔류물이 발생하므로 배출 또는 청소가 필요하다. • LPG는 기체상태로 실린더에 흡입되므로 체적 효율이 낮아져 가솔린 엔진보다 출력이 저하된다.

(3) LPG 엔진의 연료장치 구성부품과 역할

① 봄베: 1일 주행에 필요한 LPG를 저장하기 위한 고압용기(탱크)이며 차량 하부에 장착되고, 각종 밸브(기체 LPG 배출밸브, 액체 LPG 배출밸브, 충전밸브, 안전밸브, 과류방지밸브)가 설치되어 있다.

② 솔레노이드 밸브: 운전석에서 조작 가능한 차단 밸브로, 밸브 본체와 리턴 스프링으로 구성되어 있다. 냉각수 온도 센서의 신호에 따라 개폐되어 베이퍼라이저에 연료를 공급 및 차단한다.

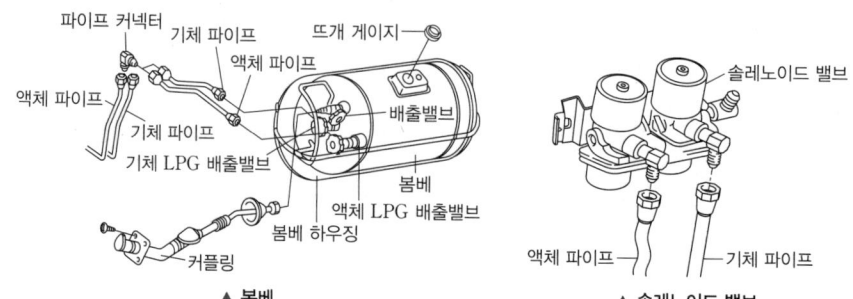

▲ 봄베　　　　　▲ 솔레노이드 밸브

③ 프리히터(Pre Heater, 예열기): 추운 날씨에 LPG가 기화되지 않아 시동이 어렵거나 연비가 저하되는 것을 방지하기 위해 사용된다. 액체 상태의 LPG를 기화시킴으로써 연소 효율을 높이고 시동성과 연비를 향상시킬 수 있다.

④ 베이퍼라이저(Vaporizer, 감압 기화장치): LPG 탱크에서 공급되는 액체 상태의 연료를 증발시켜 기체상태로 전환하여 엔진에 공급하는 장치이다.

　㉠ 봄베에서 이미 포화상태인 기체 연료만 사용하면 초기 시동성을 우수하게 할 수 있다.

　㉡ 고속 운전 시 엔진이 요구하는 연료량에 비해 자연 기화속도가 느려 연료공급이 부족해질 수 있다. 이로 인해 출력이 낮아지고 엔진의 정속작동이 어려워진다.

　㉢ 기체 연료만을 사용하기 위해서는 봄베의 용량을 크게 설계해야 한다.

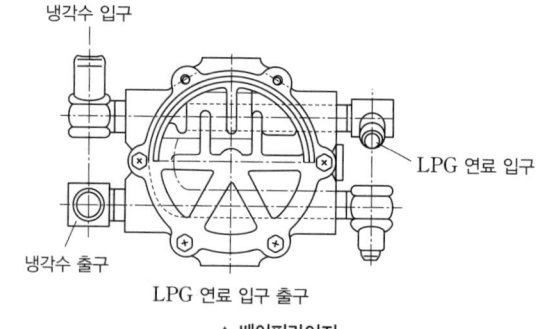

▲ 베이퍼라이저

⑤ 믹서(Mixer, 가스혼합기): 베이퍼라이저에서 기화된 LPG를 공기와 혼합하여 연소실에 공급하는 장치이다. 이론 혼합비는 15:3이며 가솔린 기관의 기화기와 같은 역할을 한다.

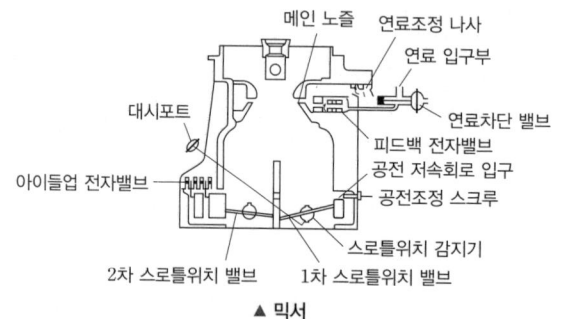

▲ 믹서

(4) LPG 엔진의 연료 공급 과정

- LPG 엔진의 연료 계통은 봄베(연료탱크)에서 액체LPG로 나와 여과기에서 여과된 후 솔레노이드 밸브(전자밸브)를 거쳐 베이퍼라이저로 유입된 액체 LPG는 기체상태로 변하게 된다.
- 감압된 후 기체 LPG로 되어 가스 믹서(가스혼합기)에서 공기와 혼합되어 실린더 내로 들어간다.
- LPG는 원유를 정제할 때 나오는 부산물 중의 하나이며, 주성분은 프로판(C_3H_8)과 부탄(C_4H_{10})이고 저위 발열량은 11,000[kcal/kg]이다.

> **Speed UP** LPG 엔진의 연료 공급 경로
>
> 봄베(Bombe, 연료탱크) ⇒ 솔레노이드 밸브 ⇒ 베이퍼라이저(Vaporizer) ⇒ 믹서(Mixer, 가스혼합기)

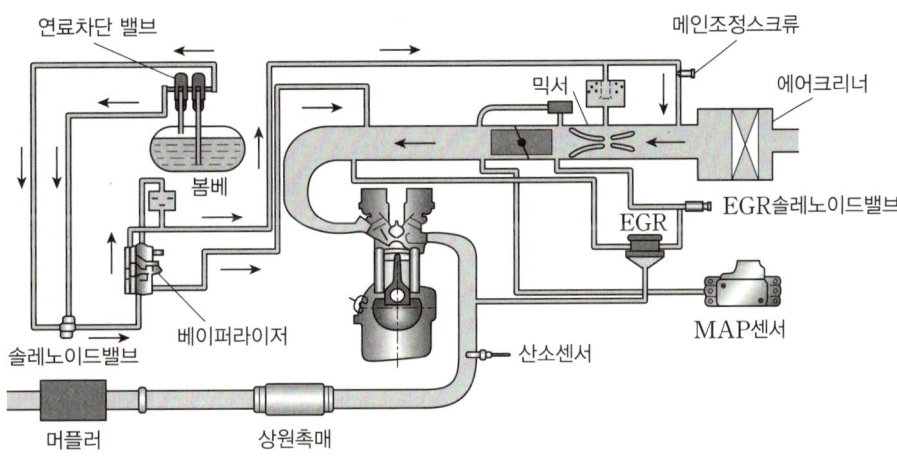

▲ LPG 엔진의 연료 공급 과정

8. LPI(Liquid Petroleum Injection) 엔진의 연료 분사장치

LPI 장치는 LPG를 5~15[bar]의 고압의 액상 상태로 유지하면서 인젝터를 통해 각 실린더로 직접 분사하는 연료 분사시스템이다.

(1) LPI 장치의 장단점

LPI 장치의 장점	LPI 장치의 단점
• 겨울철 냉간 시동성이 향상된다. • 역화 발생이 감소한다. • 타르가 거의 발생하지 않는다. • 고정밀 연료분사를 통해 연소 효율을 높이고 연비를 향상시킨다. • 액상 연료를 직접 분사함으로써 폭발력을 높여 엔진 성능이 좋아진다. • 배기가스 배출을 줄여 환경 규제에 대응할 수 있다.	• 시스템 구조가 복잡하여 고장 위험이 높은 편이다. • 엔진이 충분히 가열되지 않는 상태에서는 연료 분사 지연으로 시동이 어려워질 수 있다. • LPG 차량보다 제작 단가와 차량 가격이 높은 편이다.

(2) **LPI 연료장치의 구성**
① 봄베: LPG를 저장하는 탱크이다.
② 고압 연료펌프: 고압상태의 LPG를 인젝터로 공급하는 장치이다.
③ 인젝터: 엔진 실린더에 연료를 분사하는 역할을 한다.
④ 연료라인: 고압 연료펌프와 인젝터를 연결하여 연료를 전달하는 역할을 한다.
⑤ 연료압력조절기: LPG 공급라인 내 압력을 약 5[bar] 내외로 유지시키는 역할을 한다.

(3) **LPI 장치의 전자제어 입력요소**
① 매니폴드 압력센서(MAP), 수온센서(WTS), 노크센서, 산소센서, 캠축위치센서(CMP, TDC), 흡기온도센서(ATS), 스로틀위치센서(TPS), 크랭크각센서(CKP)
② 연료 압력센서: 레귤레이터 유닛에 장착되어 액상 LPG의 압력을 감지하고 ECU는 이를 바탕으로 연료 분사량을 정밀하게 제어한다.
③ 연료 온도센서: 레귤레이터 유닛에 장착되어 연료의 온도를 감지하고 ECU는 이를 바탕으로 연료의 밀도 및 점도를 계산하여 분사량을 보정한다.
④ LPI 스위치: 운전자가 LPI 시스템을 ON/OFF할 수 있는 조작 스위치로 연료 공급모드를 전환하는 역할을 한다.
⑤ 엔진 시동키: 엔진 시동 시 LPI 시스템을 자동으로 활성화시킨다.

(4) **LPI 장치의 전자제어 출력요소**
① 점화코일: LPI 엔진에서 엔진의 각 실린더에 점화 플러그로 전원을 공급하여 연소를 시작하게 하며, LPI ECU의 신호에 따라 점화 시기를 제어한다.
② 인젝터(Injector): LPI 시스템의 핵심 구성 요소로 액상 LPG를 엔진 실린더에 직접 분사하며 LPI ECU의 신호에 따라 연료를 분사한다.
③ 공전속도제어 액추에이터(ISA): 엔진이 공전 상태일 때 흡입 공기량을 조절하여 공전 회전수를 일정하게 유지한다.
④ 연료펌프 드라이버: 연료펌프가 연료의 압력과 유량을 주행조건에 맞게 공급할 수 있도록 제어한다.
⑤ 연료 차단 솔레노이드 밸브: 엔진을 시동하거나 정지시킬 때 작동하는 방식으로 엔진 시동 시 연료라인을 차단하여 연료를 안전하게 공급한다.

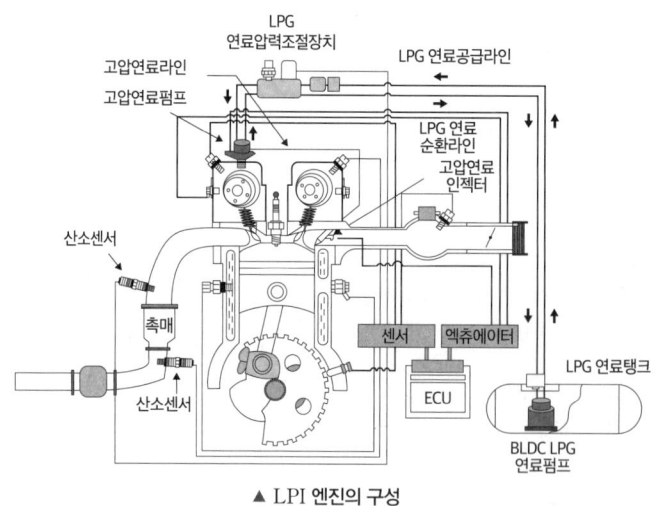

▲ LPI 엔진의 구성

9. CNG(Compress Natural Gas) 엔진의 연료장치

(1) CNG의 이해
① CNG는 가정이나 산업용으로 사용하는 일반 천연가스(도시가스)를 자동차 연료로 사용하기 위해 약 200~250 기압으로 압축한 고압기체이다.
② 주성분은 메탄(CH_4)이며 비중은 0.61로 공기보다 가볍다.
③ 연소 시 배출가스가 적어 친환경 연료로 분류된다.

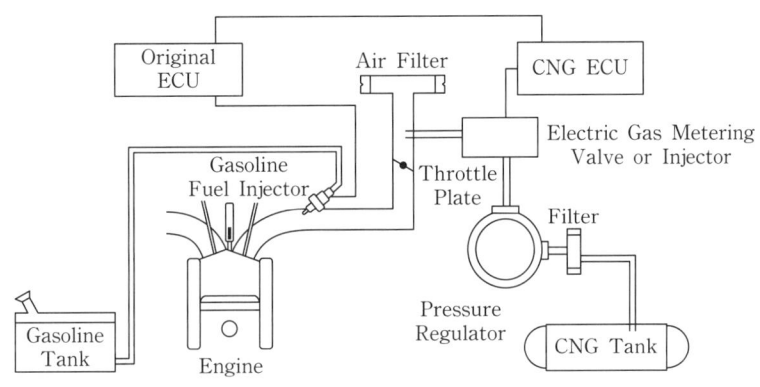

▲ CNG 엔진의 연료장치

(2) CNG 엔진의 장점
① CNG는 가솔린이나 디젤에 비해 유해 배출가스 및 이산화탄소 배출량이 적어 환경오염이 적다.
② 공기보다 가벼워 누출 시 빠르게 확산되며 연소 하한계 및 자연 발화온도가 높아 화재와 폭발 위험이 낮은 편이다.
③ 가솔린이나 디젤보다 연료 단가가 저렴하고 연료 소모량이 적어 유지비가 낮다.

(3) CNG 엔진의 주요부품
① 압력 조절기: CNG 연료의 압력을 엔진에 적합한 압력으로 낮추어 연료시스템의 안정적인 작동을 돕는다.
② 고압 차단 밸브: 연료 공급라인의 고압 상태를 유지하며, 이상 상황 발생 시 연료공급을 차단하여 안전을 확보한다.
③ 가스 열교환기: CNG의 온도를 엔진에 공급되기 전에 조절함으로써 엔진의 효율을 높인다.
④ 연료량 조절기: 상황에 맞게 연료량을 조절하여 엔진의 성능을 최적화한다.
⑤ 안전밸브 방출 배관: 안전밸브를 통해 방출되는 가스를 외부로 배출한다.
⑥ ECU(Engine Control Unit): 다양한 센서로부터 받은 정보를 바탕으로 엔진의 전체적인 작동을 제어한다.
⑦ 인젝터: CNG를 연소실에 직접 분사하는 장치이다.

10. 연료장치의 수리, 교환 및 검사

(1) 인젝터 회로 점검
① 엔진을 크랭킹할 때 인젝터가 작동하지 않는다면 ECU의 전원 공급회로, 접지회로, 컨트롤릴레이, 크랭크 각 센서 또는 1번 실린더 상사점 센서에 이상이 있는지 짐검한다.
② 인젝터 구동 시간에 파형기울기가 0.7[V] 이상인 경우에는 인젝터 접지 회로를 점검한다.
③ 인젝터 파형의 역기전력에 의한 피크 전압값이 모든 인젝터에 걸쳐 동일해야 한다. 만약 5[V]이상 차이가 나는 경우에는 인젝터의 사양과 인젝터 신호 회로를 점검한다.

(2) 인젝터 저항 점검

① 인젝터 커넥터를 분리한 후, 멀티 테스터기의 선택 스위치를 저항(200[Ω] 선택)에 놓고, 2개의 리드선을 단자에 대고 저항을 점검한다.(규정값 13~16[Ω](20[℃] 기준))
② 해당 차량의 정비지침서를 이용하여 규정값을 확인한다.

(3) 인젝터 파형검사

① 자기진단기 연결
    ㉠ 엔진을 시동하고 오실로스코프의 프로브를 인젝터 신호 단자에 연결한다.
    ㉡ 일반적으로 인젝터의 신호는 (−)단자에서 측정하며, 측정 단자의 위치에 따라 파형이 달라진다.
    ㉢ 인젝터의 전원 공급 단자인 오실로스코프 파형과 분사 신호 단자인 오실로스코프 파형을 측정하여 분석한다.

② 자기진단기를 이용한 인젝터 파형 분석
    ㉠ 인젝터 분사파형에서 ①은 인젝터에 공급되는 전원 전압(구동 전압)을 나타낸 것이다.
    ㉡ ②는 인젝터 구동 파워 트랜지스터가 ON 상태로 변하는 것으로, 인젝터의 플런저가 니들 밸브를 열어 연료 분사가 시작되는 것을 나타낸다.
    ㉢ ③ 부분은 인젝터의 연료 분사시간(구동 시간)을 나타낸 것이다.
    ㉣ ④는 인젝터에 공급되는 전류가 차단되어 역기전력이 발생하는 것이다.
    ㉤ ⑤ 부분은 인젝터 구동 파워 트랜지스터가 OFF 상태로 되면서 연료의 분사가 중지되는 것을 나타내며, 이때의 전압은 배터리 전압이다.

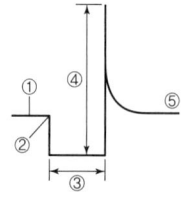
▲ 인젝터 파형 분석

(4) 연료압력조절기 교환 전 준비작업

① 연료 탱크 쪽에서 연료 펌프 하니스 커넥터를 분리한다.
② 시동을 걸고 연료 라인 내의 연료를 모두 소모하여 엔진이 멈출 때까지 기다린다.
③ 시동이 꺼지면 점화 스위치를 OFF로 한다.
④ 배터리 (−)단자의 케이블을 분리한다.

(5) 연료장치 성능 검사 기준

① 자동차의 연료탱크, 주입구 및 가스 배출구 기준
    ㉠ 연료장치는 자동차의 움직임에 의하여 연료가 새지 아니하는 구조일 것
    ㉡ 배기관의 끝으로부터 30[cm] 이상 떨어져 있을 것(연료탱크를 제외한다)
    ㉢ 노출된 전기단자 및 전기개폐기로부터 20[cm] 이상 떨어져 있을 것(연료탱크를 제외한다)
    ㉣ 차실안에 설치하지 아니하여야 하며, 연료탱크는 차실과 벽 또는 보호판 등으로 격리되는 구조일 것

② 수소가스를 연료로 사용하는 자동차 기준
    ㉠ 자동차의 배기구에서 배출되는 가스의 수소농도는 평균 4[%], 순간 최대 8[%]를 초과하지 아니할 것
    ㉡ 차단밸브(내압용기의 연료공급 자동 차단장치 이후의 연료장치에서 수소가스 누출 시 승객거주 공간의 공기 중 수소농도는 1[%] 이하일 것
    ㉢ 차단밸브 이후의 연료장치에서 수소가스 누출 시 승객거주 공간, 수하물 공간, 후드 하부 등 밀폐 또는 반밀폐 공간의 공기 중 수소농도가 2±1[%] 초과 시 적색경고등이 점등되고, 3±1[%] 초과 시 차단밸브가 작동할 것

(6) 연료장치 누유 검사

① 연료장치 누유를 육안으로 점검
    ㉠ 연료 라인과 연결부에 손상이나 새는 곳이 있는지를 점검한다.
    ㉡ 연료 호스 표면에 열에 의한 손상이나 외부 손상이 있는지 점검한다.
    ㉢ 자동차를 리프터에 들어 올린 후 밑에서 연료 누유 상태를 점검한다.

② 자기진단기 이용 인젝터 분사시간 점검
  ㉠ 자기진단기에 케이블을 DLC 커넥터에 연결한다.
  ㉡ 전원이 ON 상태에서 차량 통신을 선택한 후에 엔터키를 선택한다.
  ㉢ 제조 회사 선택 → 차종 선택 → 사양 선택 → 제어 장치 선택 → 센서 출력을 선택한 후에 엔터키를 누른다.
③ 종합진단기 이용 인젝터 분사시간 점검
  ㉠ 종합진단기에 있는 케이블을 DLC 커넥터에 연결한다.
  ㉡ 전원이 ON 상태에서 차량 통신을 선택한 후에 엔터키를 선택한다.
  ㉢ 제조 회사 선택 → 차종 선택 → 사양 선택 → 제어 장치 선택 → 센서 출력을 선택한 후에 엔터키를 선택한다.

11. 디젤 엔진 연료 장치 점검

(1) 분사노즐의 분사개시 압력 점검 방법
① 분사 노즐 테스터에 분사 노즐을 설치한다.
② 펌프 레버를 작동시키면서 공기 빼기 작업을 실시한다.
③ 펌프 레버를 사용하여, 분사 노즐까지 2~3회 레버 펌핑을 통해 압력을 채우고 (70[%] 이상), 순간 최대 펌핑으로 분사한다.
④ 압력계 지침이 천천히 상승하고 분사 중에는 지침이 흔들린다. 지침이 흔들리기 시작한 위치를 읽어 개시압력이 규정값 범위에 있는지 점검한다.

(2) 분사개시 압력 조정 방법
① 분사개시 압력을 측정하여 규정값 내에 있지 않으면 조정한다.
② 스크류 조정식 노즐의 경우는 연료 분사 노즐 홀더 캡 너트를 탈거한다.
③ 압력 조정 스크류 로크 너트를 헐겁게 풀어 준다.
④ 노즐 테스터의 레버를 작동시키면서 조정 스크류를 조이거나 풀어 규정 압력으로 조정한다.
⑤ 압력 조정 스크류 로크 너트를 조인다.
⑥ 분사 노즐 홀더 캡 너트를 장착한다.
⑦ 압력 조정 스크류를 시계 방향으로 조이면 분사 압력이 높아지고, 반시계 방향으로 풀면 분사 압력이 낮아진다.

(3) 후적 유무 점검
① 분사 노즐 팁을 깨끗이 닦는다.
② 노즐 테스터의 레버를 강하게 눌러 1회 분사시킨다.
③ 분사 노즐 팁에 연료 방울이 맺혀 있는지 점검한다.

(4) 연료 무화 점검
① 노즐 테스터에 분사 노즐 홀더를 장착시킨 후 공기 빼기 작업을 실시한다.
② 노즐 테스터 레버를 작동시켜 연료가 분사될 때 무화 상태를 점검한다.
③ 연료는 균일하고 적당하게 무화되어야 한다.
④ 분사 각도와 방향이 정상이어야 한다.
⑤ 무화 상태가 불량하면 분사노즐을 분해, 세척한 후 재점검하거나 교환한다.

(5) 분사 노즐 기밀 점검
① 시험기로 노즐의 압력계 지시값을 100~110[kgf/cm²]으로 유지한다.
② 일정 시간 유지하면서 노즐 보디에서 누출이 없는지 확인한다.

(6) 디젤 분사펌프 시험기 시험항목
① 분사시기의 조정시험
② 연료 분사량 시험
③ 조속기 작동시험
④ T/S 작동여건 조정
⑤ 연료 공급펌프 시험

12. 가솔린 직접 분사방식의 점검

(1) 연료압력 시험 점검
① 연료 라인의 잔류 압력을 제거한다.
② 연료 공급 튜브를 고압 연료펌프의 저압 연료입구로부터 분리한다.
③ 연료 압력 측정용 특수 공구를 저압 연료 공급 튜브와 고압 연료 펌프의 저압 연료 입구 사이에 장착한다.
④ 점화 스위치 ON 상태에서 연료 라인 및 특수 공구 연결부의 누유를 점검한다.
⑤ 엔진을 구동시키고 공회전 상태에서 연료 압력(규정값 : 5.1[kgf/cm²])을 측정한다.
⑥ 엔진을 정지시키고 연료의 압력 변화를 점검한다.
⑦ 점화 스위치를 OFF로 한다.
⑧ 연료 라인의 잔류 압력을 제거한다.

(2) 연료압력 조절밸브 저항 점검
① 점화 스위치를 OFF로 하고 배터리 (−)케이블을 분리한다.
② 연료 압력조절 밸브 커넥터를 분리한다.
③ 연료 압력조절 밸브 단자 1과 2 사이의 저항을 측정한다.
④ 제원을 참조하여 측정된 저항이 제원과 상이한지 확인한다.

(3) 인젝터 저항 점검
① 점화 스위치를 OFF로 한다.
② 인젝터 커넥터를 분리한다.
③ 인젝터 단자 1과 2사이의 저항을 측정한다.
④ 인젝터 코일 저항 규정값(아반떼 MD)은 1.5[Ω]~1.7[Ω](20[℃] 기준)이다.
⑤ 제원을 참조하여 측정된 저항이 제원과 상이한지 확인한다.

CHAPTER 04 흡·배기 장치 정비

1. 흡기 및 배기장치

(1) 공기청정기(Air Cleaner)
① 엔진으로 흡입되는 공기 중의 먼지나 이물질을 걸러내는 장치이다. 만약 여과되지 않은 공기가 내부로 유입되면 실린더 벽, 피스톤, 피스톤링, 흡기 및 배기 밸브등의 마모가 빠르게 진행된다.
② 공기가 흡입될 때 발생하는 소음을 줄여준다.
③ 엔진에서 역화(Back Fire) 발생 시 불길이 공기청정기 밖으로 나오는 것을 막아준다.
④ 매 1,500~3,000[km] 주행 시 점검 및 청소가 필요하다. 청소는 엘리먼트를 분리한 뒤 압축공기를 바깥쪽으로 불어내며 먼지를 제거한다.

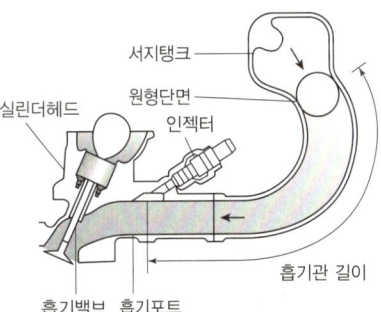

▲ 공기 청정기

(2) 흡기다기관(Intake Manifold)
① 각 실린더에 공급되는 공기와 연료의 혼합비가 동일하게 설계하여 균일한 폭발력을 낼 수 있도록 하는 장치이다.
② 흡입되는 공기의 저항을 최소화하기 위해 급격한 굴곡이나 장애물이 없어야 한다.
③ 실린더로 들어가는 혼합기에 적절한 와류(소용돌이)를 일으켜 연료와 공기가 잘 섞이게 해야한다.
④ 엔진 작동 중 피스톤 흡입 행정으로 인해 흡기다기관 내부는 항상 대기압보다 낮은 진공상태를 유지한다.
⑤ 공회전 상태에서는 45~50[cmHg]의 진공이 형성되며, 이는 브레이크 배력장치, 점화 시기 조절장치 등의 동력원으로 활용된다.
⑥ 흡기다기관의 지름이 크면 흡입 저항이 줄어들어 출력이 좋아지지만 낮은 RPM에서는 유속이 느려져 반응성이 떨어질 수 있다.
⑦ 흡기다기관의 지름이 작으면 낮은 RPM에서도 유속이 빨라 연료와 공기의 혼합이 잘 이루어지고 엔진의 반응성이 좋아지지만 흡입저항이 커져 최고 출력이 제한될 수 있다.
⑧ 일반적으로 실린더 지름의 25~35[%] 수준으로 설계한다.

▲ 흡기다기관

(3) 가변 흡입 장치
① 엔진 회전수와 부하 상태에 따라 흡기다기관의 길이를 조절하여 저속과 고속에서 흡입효율을 증가시키는 시스템이다.
② 엔진이 공기를 흡입할 때 흡기 밸브가 열리고 닫힘에 따라 압력파(맥동)가 발생한다. 일반적으로 엔진 회전수가 낮을수록 맥동의 주기는 길어진다.
③ 저속회전 시에는 제어 밸브를 닫아 통로를 길게하여 실린더로 유입되는 공기의 양을 증가시켜 저속 토크(회전력)를 향상시킨다.
④ 고속회전 시에는 제어 밸브를 열어 통로를 짧게 유지함으로써 공기 흐름저항을 줄이고 고속에서 최고 출력을 낼 수 있게 한다.

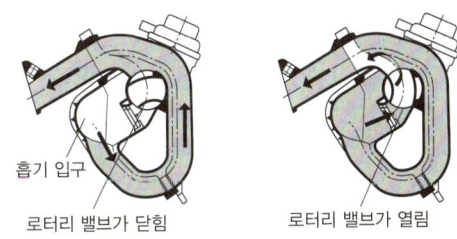

▲ 가변흡입장치

(4) 배기다기관(Exhaust Manifold)
엔진에서 연소 후 발생하는 배기가스를 한 곳으로 모아서 배출하는 역할을 한다.

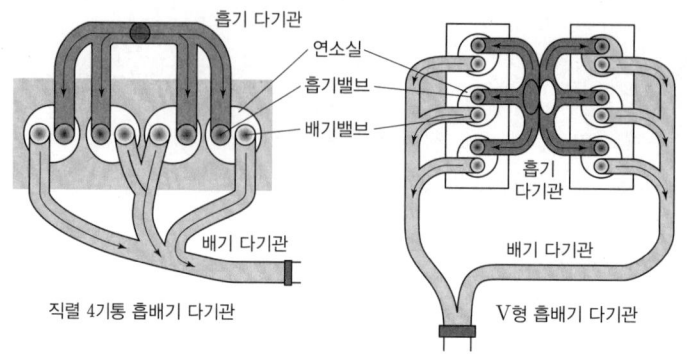

(5) 촉매장치
배기가스가 촉매 컨버터를 통과할 때 발생하는 유해 배기가스의 성분을 낮추어 주는 장치이다.

(6) 소음기(머플러)
내연 기관의 배기가스 시스템의 일부로 배기가스가 배출될 때 발생하는 소음을 줄이기 위한 장치이다.

(7) 과급장치
과급장치는 공기를 압축하여 내연기관의 연소실로 더 많은 공기를 유입시킴으로써 불완전 연소를 줄이고 엔진의 출력과 효율을 향상시키는 장치이다.

① 과급장치의 분류
  ㉠ 체적형: 루츠방식, 베인방식, 리솔룸식
  ㉡ 유동형: 원심력식(Turbo Charger), 축류식
② 과급장치 설치 시 장점
  ㉠ 엔진의 출력과 열효율이 향상되며 연비 개선효과가 있다.
  ㉡ 평균 유효압력이 증가하여 엔진의 회전력(토크)이 증대된다.
  ㉢ 잔류 배기가스를 모두 배출할 수 있다.
  ㉣ 연소상태가 개선되어 착화 지연 시간이 짧아지고 안정성이 향상된다.

2. 배기가스 제어장치 및 센서

(1) 산소센서
산소센서는 엔진의 효율적인 연소를 위해 배기가스 중의 산소 농도를 측정하여 ECU에 전달한다. ECU는 이 신호를 바탕으로 이상적인 공연비를 유지하도록 연료분사량을 제어한다.

① 산소센서 작동원리
  ㉠ 엔진은 흡입 → 압축 → 폭발 → 배기의 4행정 사이클을 통해 동력을 얻는다.
  ㉡ 연소 후 생성되는 배기가스는 배기다기관을 통해 배출되며, 이때 배기다기관에 설치되어있는 산소센서는 배기가스에 포함된 산소의 농도를 측정한다.
  ㉢ 측정된 산소 농도는 ECU로 전달된다.
  ㉣ ECU는 이 정보를 바탕으로 현재 공연비를 파악한 뒤, 이론 공연비인 14.7:1에 가깝게 연료분사량을 실시간으로 조절하는 피드백 제어를 수행한다.

② 산소센서의 종류별 특징
　㉠ 지르코니아 산소센서: 배기가스 중의 산소농도와 대기 중 산소농도의 차이에 따라 전압을 발생시키는 센서이나. 이 전압 신호를 통해 혼합기의 농후(연료 많음) 또는 희박(산소 많음) 상태를 판단한다.
　㉡ 티타니아 산소센서: 산소농도에 따라 내부 전기 저항값이 변하는 성질을 이용하여 배기가스 중 산소농도를 측정한다.
　㉢ 전영역 산소 센서: 배기가스 내 산소 농도를 넓은 농도 범위에서 정밀하게 측정하는 센서이다.

(2) 배기가스 재순환장치(EGR: Exhaust Gas Recirculation)
① 내연기관에서 발생하는 배기가스 중 일부를 냉각시켜 다시 흡입계통으로 보내 혼합기(연료와 공기 혼합물)에 혼합시키는 장치이다.
② 이 과정은 연소 온도를 낮춰 질소산화물(NOx) 발생을 저감시킨다.
③ EGR의 주요 기능
　㉠ 질소산화물(NOx) 저감
　㉡ 배출가스 규제 준수
　㉢ 연소 효율 향상
　㉣ 흡기 부하 경감

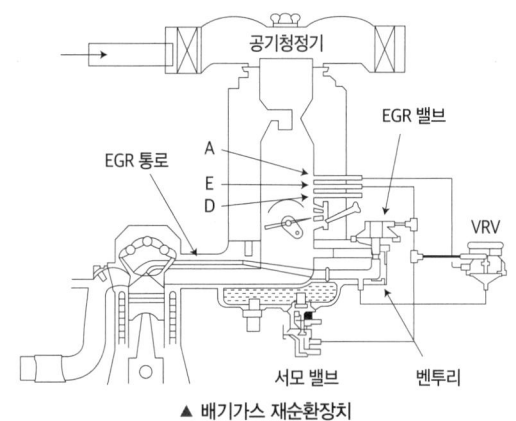

▲ 배기가스 재순환장치

(3) 삼원 촉매 장치의 작동
삼원촉매장치는 배기가스에서 나오는 유해 물질(일산화탄소, 탄화수소, 질소산화물)을 동시에 정화시키는 장치이다.
① CO(일산화탄소): 유해한 무색무취 가스로 이산화탄소(CO_2)로 전환된다.
② NOx(질소산화물): 고온 연소 시 공기 중 질소와 산소가 반응하여 생성되는 가스로 질소(N_2)와 산소(O_2)로 전환된다.
③ HC(탄화수소): 연료가 완전 연소되지 않아 발생하는 가스로 이산화탄소(CO_2)와 물(H_2O)로 전환된다.

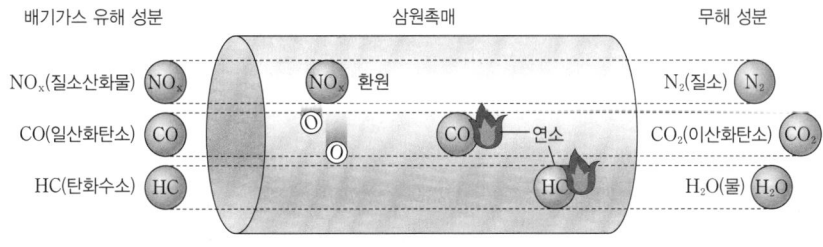

▲ 삼원 촉매 컨버터 구조

(4) **디젤 산화 촉매**
   ① 배기가스에 포함되어 있는 유해 물질을 백금 촉매 물질로 코팅된 담체를 통과하면서 화학반응을 일으켜 배기가스 유해 물질이 저감되는 원리이다.
   ② 내연기관의 유해 배기가스를 줄이기 위한 방법 또는 장치이며, 배기가스를 정화하여 엔진이 배출가스 규정을 충족하도록 한다.

(5) **차압센서**
   ① 차량 배기 미세입자 필터의 미세입자 누적량을 산출하기 위해 필터 전/후단 간의 압력 차이를 측정하는 센서이다.
   ② 두 지점 간의 압력 차이를 감지하고 이를 전기 신호로 변환하여 측정값으로 제공한다.
   ③ 차압 센서는 다양한 분야에서 사용되며, 특히 미세입자 필터의 미세입자 누적량 측정, HVAC 시스템, 빌딩 자동화 등에서 활용된다.

▲ 차압센서

(6) **블로바이 가스 제어장치**
   ① 엔진 내 연소실에서 누출되는 가스를 제어하는 장치이다.
   ② 일반적으로 PCV 밸브를 사용하여 블로바이 가스를 흡기 다기관으로 유입시켜 다시 연소시킨다.
   ③ 오염물질 발생을 줄이고 엔진 효율을 향상시킨다.

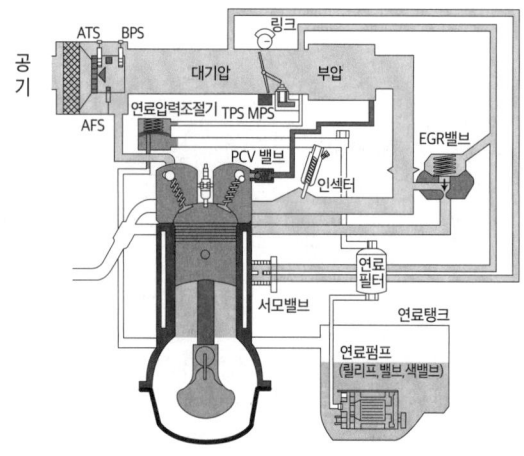

▲ 블로바이 가스 제어장치

(7) **연료증발가스 제어장치**
   ① 휘발성 가솔린이 증발하여 캐니스터에 저장되었다가 특정 조건에서 흡기 매니폴드로 공급되어 연소되는 장치이다.
   ② 구성 요소: 차콜 캐니스터, 퍼지 컨트롤 밸브 등

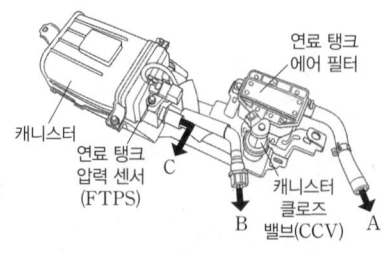

▲ 캐니스터

3. 흡·배기장치 점검 및 진단

(1) 에어클리너 점검
① 에어클리너커버의 잠금 키 부분을 확인한다.
② 잠금 키 부분을 당겨 해제한다.
③ 위 커버를 들고 내부의 에어클리너를 뽑아낸다.
④ 에어클리너의 상태를 육안으로 확인한다.
⑤ 케이스부분을 깨끗이 닦고 먼지나 이물질을 제거한다.

(2) 흡기다기관 점검 및 압축압력 측정
① 스로틀 밸브를 완전히 연다.
② 점화 플러그의 구멍에 압축 압력계를 밀착시킨다.
③ 엔진을 크랭킹 시켜 4~6회 압축 행정이 되도록 한다(엔진의 회전속도: 200~300[rpm]).
④ 첫번째 압축압력과 맨 나중 압력을 기록한다.
⑤ 가솔린 엔진: 7~11[kgf/cm^2], 디젤 엔진: 35~45[kgf/cm^2]

(3) 흡기다기관 진공도 측정 및 해석
① 흡기다기관 진공도 시험으로 알아낼 수 있는 사항
  ㉠ 기화기 조정이나 밸브 작동의 불량
  ㉡ 점화시기의 오류
  ㉢ 배기장치의 막힘
  ㉣ 실린더 압축압력의 누설
② 흡기다기관 진공도 시험 방법
  ㉠ 엔진을 가동하여 정상 운전 온도로 한다.
  ㉡ 엔진의 작동을 정지한 후 흡기 다기관의 진공 구멍에 진공계 호스를 연결한다.
  ㉢ 엔진을 공전 상태로 운전하면서 진공계의 눈금을 판독한다.
③ 흡기다기관 진공도 결과분석

진공게이지 설치위치	기화기 아랫부분이나 흡입 매니폴드에 있는 진공구멍
정상인 경우	공전 시 45~50[cmHg]
실린더헤드 개스킷 파손된 경우	13~45[cmHg]
실린더 벽이나 피스톤 링 마모된 경우	30~40[cmHg]
밸브 소손의 경우	정상보다 5~10[cmHg] 정도 낮고 규칙적이다.
흡기다기관이나 기화기 개스킷에서 흡기가 새는 경우	8~15[cmHg]
배기장치가 막힌 경우	초기 정상에서 0까지 내려간 뒤 다시 40~43[cmHg]까지 회복된다.
밸브타이밍이 맞지 않은 경우	20~40[cmHg]
밸브면과 시트와의 접촉이 불량인 경우	정상보다 5~8[cmHg] 낮아짐

(4) 진단결과에 따른 조치방안
① 진공도 측정 결과: 진공도가 낮을 경우 누출 여부를 확인하고 누출 부위를 교체하거나 수리한다.
② 압력 측정 결과: 흡입 공기량과 연료 분사량을 최적화하여 엔진의 성능을 개선한다.
③ 누출 검사 결과: 누출 부위를 교체하거나 수리하여 엔진의 효율을 향상시킨다.

(5) 배기다기관 점검
　① 배기 다기관의 볼트너트가 규정대로 조립되었는지 확인한다.
　② 엔진 시동을 건 후 배기가스가 누설되는지 연결부를 확인한다.

(6) VIS(진공제어식 가변 흡기 시스템) 분석
　① 진공 제어 시스템의 작동 원리를 이해하고 흡기 밸브의 작동 상태를 확인한다.
　② 진공압 센서의 신호를 분석하고 흡기 밸브의 개폐율을 측정하여 흡기 시스템의 효율성을 평가한다.

(7) SCV(가변 스월 컨트롤 밸브) 모터 커넥터 및 터미널 분석
　① 고장 부위가 확인되지 않으면 제어선 점검을 수행한다.
　② 모터 제어선(+), (−)의 저항 값이 비정상인 경우 제어선의 단선에 대하여 수리하고 정상인 경우 모터 단품을 점검한다.

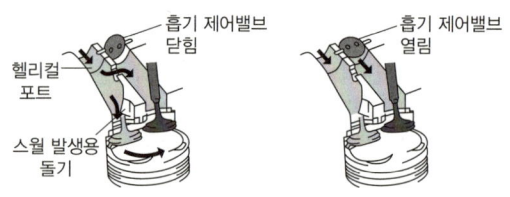

▲ 가변 스월 컨트롤 밸브(SCV)

> **Speed Up** 배출가스 제어장치의 종류
> - 블로바이가스 제어장치: PCV, 브리더 호스 등
> - 연료증발가스 제어장치: 차콜 캐니스터, PCSV
> - 배기가스 제어장치: 산소(O_2)센서, EGR 장치, 삼원촉매 등

4. 대기환경보전법

(1) **측정 대상 자동차의 상태**(대기환경보전법 시행규칙 별표22)

검사기준	검사방법
원동기가 충분히 예열되어 있을 것	• 수냉식 기관의 경우 계기판 온도가 40[℃] 이상 또는 계기판 눈금이 1/4 이상이어야 하며, 원동기가 과열되었을 경우에는 원동기실 덮개를 열고 5분 이상 지난 후 정상상태가 되었을 때 측정 • 온도계가 없거나 고장인 자동차는 원동기를 시동하여 5분이 지난 후 측정
변속기는 중립의 위치에 있을 것	변속기의 기어는 중립[자동변속기는 중립(N) 또는 주차(P)]위치에 두고 클러치를 밟지 않은 상태(연결된 상태)인지를 확인
냉방장치 등 부속장치는 가동을 정지할 것	냉·난방장치, 서리 제거기 등 배출가스에 영향을 미치는 부속장치의 작동 여부를 확인

(2) **배출가스 및 공기과잉률 검사**(대기환경보전법 시행규칙 별표22)

일산화탄소, 탄화수소, 공기과잉률의 측정결과가 저속공회전 검사모드 및 고속공회전 검사모드 모두 운행차 배출가스 정기검사의 배출허용기준에 각각 적합하여야 한다.

검사기준	검사방법
저속공회전 검사모드 (Low Speed Idle Mode)	• 측정대상자동차의 상태가 정상으로 확인 되면 원동기가 가동되어 공회전(500~1,000[rpm])되어 있으며, 가속페달을 밟지 않은 상태에서 시료채취관을 배기관 내에 30[cm] 이상 삽입한다. • 측정기 지시가 안정된 후 일산화탄소는 소수점 둘째자리 이하는 버리고 0.1[%] 단위로, 탄화수소는 소수점 첫째자리 이하는 버리고 1[ppm]단위로, 공기과잉률(λ)은 소수점 둘째자리에서 0.01단위로 최종측정치를 읽는다. 다만, 측정치가 불안정할 경우에는 5초간의 평균치로 읽는다.
고속공회전 검사모드 (High Speed Idle Mode)	• 저속공회전모드에서 배출가스 및 공기과잉률검사가 끝나면, 즉시 정지가동상태에서 원동기의 회전수를 2,500±300[rpm]으로 가속하여 유지 시킨다(승용차 및 차량 총중량 3.5[톤] 미만의 소형자동차에 한정하여 적용한다). • 측정기 지시가 안정된 후 일산화탄소는 소수점 둘째자리 이하는 버리고 0.1[%] 단위로, 탄화수소는 소수점 첫째자리 이하는 버리고 1[ppm]단위로, 공기과잉률(λ)은 소수점 둘째자리에서 0.01단위로 최종측정치를 읽는다. 다만, 측정치가 불안정할 경우에는 5초간의 평균치로 읽는다.

(3) **배출가스 검사 전 자동차의 상태 확인(대기환경보전법 시행규칙 별표26)**

검사기준	검사방법
검사를 위한 장비조작 및 검사요건에 적합할 것	배기관에 시료채취관이 충분히 삽입될 수 있는 구조인지 확인
부속장치는 작동을 금지할 것	에어컨, 히터, 서리 제거 장치등 배출가스에 영향을 미치는 모든 부속장치의 작동 여부를 확인
배출가스 관련 부품이 빠져나가 훼손되어 있지 아니할 것	정화용 촉매, 매연 여과장치 및 그 밖에 관능 검사가 가능한 부품의 장착 상태를 확인
배출가스 관련 장치의 봉인이 훼손되어 있지 아니할 것	조속기 등 배출가스 관련장치의 봉인훼손 여부를 확인
배출가스가 최종 배출구 이전에서 유출되지 아니할 것	배출가스가 배출가스 정화 장치로 유입 이전 또는 최종 배기구 이전에서 유출되는지를 확인
배출가스 부품 및 장치가 임의로 변경되어 있지 아니할 것	배출가스 부품 및 장치의 임의변경 여부를 확인
엔진오일, 냉각수, 연료 등이 누설되지 아니할 것	엔진오일 양과 상태의 적정여부 및 오일, 냉각수, 연료의 누설여부 확인
엔진, 변속기 등에 기계적인 결함이 없을 것	냉각팬, 엔진, 변속기, 브레이크, 배기장치 등이 안전상 위험과 검사 결과에 영향을 미칠 우려가 없는지 확인

(4) **배출가스 관련 부품 및 장치의 작동상태 확인(대기환경보전법 시행규칙 별표26)**

검사기준	검사방법
연료증발가스 방지장치가 정상적으로 작동할 것	• 증기 저장 캐니스터의 연결호스가 제대로 연결되어 있는지 확인 • 크랭크 케이스 저장 연결부가 제대로 연결되어 있는지 확인 • 연료호스 등이 제대로 연결되어 있는지 확인 • 연료계통 솔레노이드 밸브가 제대로 작동되는지 확인
배출가스 전환장치가 정상적으로 작동할 것	• 정화용 촉매, 선택적 환원 촉매장치(SCR), 매연여과장치 등의 정상 부착 여부 확인 • 정화용 촉매, 선택적 환원 촉매장치, 매연여과장치, 보호판 및 방열판 등의 훼손 여부 확인 • 2016년 9월 1일 이후 제작된 자동차는 엔진 전자제어 장치에 전자 진단장치를 연결하여 매연여과장치 관련 부품(압력센서, 온도센서, 입자상물질센서등)의 정상작동 여부를 검사 • 엔진 전자제어 장치에 전자 진단장치를 연결하여 선택적 환원 촉매장치 관련 부품(질소산화물 센서, 요소수 관련 센서등)의 정상작동 여부를 검사
배출가스 재순환장치가 정상적으로 작동할 것	• 재순환 밸브의 부착 여부 확인 • 재순환 밸브의 수정 또는 파손 여부를 확인 • 진공밸브 등 부속장치의 유무, 우회로 설치 여부 및 변경 여부를 확인 • 진공호스 및 라인 설치여부, 호스 폐쇄 여부 확인
엔진의 가속상태가 원활하게 작동할 것	• 엔진 회전수를 최대 회전수까지 서서히 가속시켰을 때 원활하게 가속되는지와 엔진에서 이상음이 발생하는지를 확인 • 최대로 가속하였을 때 엔진의 회전속도가 최대출력 시의 회전속도를 초과하는지 확인
흡기량센서, 산소센서, 흡기온도센서, 수온센서, 스로틀포지션센서 등이 제 위치에 부착되어 있어야 하고 정상적으로 작동할 것	• 엔진 전자제어 장치에 전자 진단장치를 연결하여 센서 기능의 정상작동 여부를 검사 • 엔진 공회전 속도가 정상(500~1,000[rpm] 이내)인지 확인
그 밖에 배출가스 부품 및 장치가 정상적으로 작동할 것	그 밖에 배출가스 부품 및 장치가 정상적으로 작동되는지 확인

(5) **소음도 정기 검사 전 확인(소음 진동관리법 시행규칙 별표15)**

검사 대상 항목	검사기준	검사방법
소음덮개	출고 당시에 부착된 소음덮개가 떼어지거나 훼손되어 있지 아니할 것	소음덮개 등이 떼어지거나 훼손 되었는지를 눈으로 확인
배기관 및 소음기	배기관 및 소음기를 확인하여 배출가스가 최종 배출구 전에서 유출되지 아니할 것	자동차를 들어올려 배기관 및 소음기의 이음상태를 확인하여 배출가스가 최종 배출구 전에서 유출되는지를 확인
경음기	경음기가 추가로 부착되어 있지 아니할 것	경음기를 눈으로 확인하거나 3초 이상 작동시켜 경음기를 추가로 부착하였는지를 귀로 확인

CHAPTER 05 냉각 장치 정비

1. 냉각장치의 이해

기관이 작동 중일 때 발생하는 폭발열을 효과적으로 냉각하여 엔진 온도를 적절히 유지하는 장치로 정상 작동 온도는 75~85[℃] 정도이다.

(1) 엔진의 과열·과냉의 원인

과열의 원인	과냉의 원인
• 냉각수 또는 엔진오일의 부족 • 라디에이터 계통 이상(코어 파손, 20[%] 이상 막힘 등) • 서모스탯 또는 냉각 호스 이상 • 워터펌프 이상 • 수온조절기 작동 불량 • 팬벨트 장력 부족 • 냉각장치 오염 또는 통로 막힘 등	• 수온조절기가 열린 상태로 고장 난 경우 • 팬벨트 장력이 과도하여 워터펌프가 고속으로 회전하는 경우 • 수온조절기의 설정 온도가 너무 낮게 조정된 경우

(2) 엔진의 과열·과냉 시 영향

과열 시 영향	과냉 시 영향
• 금속 부품이 빠르게 산화되며 냉각수 순환이 원활하지 않다. • 작동 부위의 소결과 부품 변형이 발생한다. • 윤활 부족으로 인해 부품 손상이 생긴다. • 조기점화 및 노킹 현상이 유발된다.	• 연소실의 방열 증가로 인해 열효율이 저하되고 연료 소비율이 증가한다. • 부품이 충분히 팽창하지 않아 피스톤과 실린더 간 틈이 벌어지고 마멸이 가속화된다. • 블로바이 현상, 압축압력 저하, 출력 저하, 오일 희석, 베어링 마멸, 열효율 저하, 유해 배출가스 증가 등의 문제가 발생할 수 있다. • 연료가 충분히 기화되지 않아 연소가 불량해지고 카본이 실린더 벽에 축적된다. • 엔진 오일의 점도가 증가하여 시동 시 회전 저항이 커진다.

(3) 엔진 냉각 방법

① 공랭식: 엔진 외부를 대기와의 직접 접촉을 통해 냉각하는 방식으로, 냉각수 관련 문제(보충, 누수, 동결 등)의 염려가 없고 구조가 단순하여 취급이 쉽다. 단, 기후나 운전 조건에 따라 엔진의 온도가 쉽게 변하고 냉각이 균일하지 못하다.

　㉠ 자연 통풍식(Natural Air Cooling Type): 차량 주행 중의 자연 공기로 냉각하며 과열되기 쉬운 실린더 블록 및 헤드에 냉각 핀(Cooling Pin)을 설치한다.

　㉡ 강제 통풍식(Forced Air Cooling Type): 냉각 팬(Cooling Fan)으로 강제 송풍하여 냉각하는 방식으로 팬은 크랭크축에 직결되어 있으며 시라우드(Shroud)를 통해 냉각 공기가 엔진 주위를 흐르도록 설계되어 있다.

② 수냉식: 냉각수를 이용하여 엔진 내부를 냉각하는 방식으로 연수(증류수, 빗물, 수돗물 등)를 사용한다. 순환 방식에 따라 다음과 같이 나뉜다.
  ㉠ 자연 순환식: 냉각수를 대류 현상으로 순환시키는 방식으로 현대 고성능 엔진에는 부적합하다.
  ㉡ 강제 순환식: 물재킷, 라디에이터, 물펌프, 냉각 팬, 수온조절기 등으로 구성되며 물펌프를 사용하여 냉각수를 순환시킨다.
  ㉢ 압력 순환식: 냉각계를 밀폐하고 냉각수 가열에 따른 팽창 압력으로 냉각수에 압력을 가해 비등점을 높이고 손실을 줄이는 방식이다. 라디에이터 캡에 부착된 압력밸브를 통해 압력을 조절하며 라디에이터를 소형화할 수 있고 냉각수 보충 횟수를 줄일 수 있으며 열효율이 향상된다는 장점이 있다.
  ㉣ 밀봉 압력식: 압력 순환식의 일종으로 냉각수가 팽창할 때 오버플로우 파이프를 통해 외부로 배출된다.

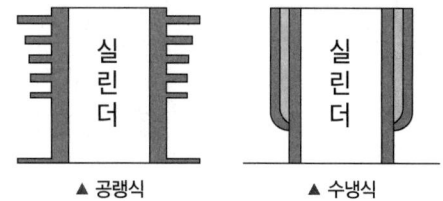

▲ 공랭식   ▲ 수냉식

(4) 수냉식 냉각장치

① 수냉식 냉각장치의 특징
  ㉠ 공랭식에 비해 소음이 적다.
  ㉡ 구조가 복잡하고 보수가 어렵다.
  ㉢ 실린더 주위를 균일하게 냉각할 수 있어 냉각 효율이 높다.
  ㉣ 실린더 온도를 낮게 유지할 수 있어 체적효율이 향상된다.

② 수냉식 냉각장치의 구성요소 및 기능
  ㉠ 물재킷: 실린더 블록과 헤드 내부의 냉각수 통로 역할을 한다.
  ㉡ 물펌프: 원심식 펌프를 사용하며, 펌프 효율은 냉각수 온도에 반비례하고 냉각수 압력에 비례한다. 회전 속도는 엔진 회전수의 1.2~1.6배이다.
  ㉢ 팬 벨트
    • 크랭크축 풀리, 발전기 풀리, 물펌프 풀리를 연결하여 회전력을 전달한다.
    • 적정 장력은 10[kg]의 힘으로 눌렀을 때 13~20[mm] 정도의 처짐이 있어야 한다.
  ㉣ 라디에이터
    • 구조
      - 위 탱크: 캡, 입구 파이프, 오버플로우 튜브로 구성된다.
      - 아래 탱크: 출구 파이프와 드레인콕을 포함한다.

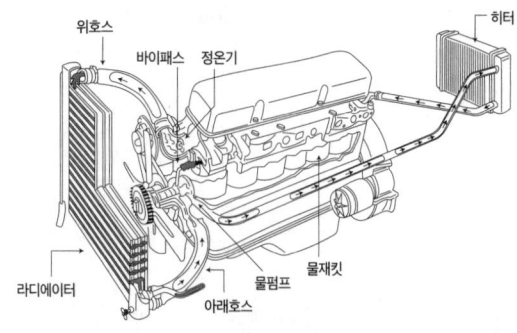

▲ 라디에이터의 구조

- 라디에이터의 조건
  - 단위 면적당 열 방출이 우수할 것
  - 공기 저항이 적을 것
  - 냉각수 유동 저항이 적을 것
  - 경량이며 높은 강도를 유지할 것
- 코어의 종류: 플레이트 핀, 코루게이트 핀, 리본 셀룰러 핀
- 압력식 캡: 냉각계 내부 압력을 0.2~1.02[kgf/cm²]로 유지하여 냉각수의 비등점을 상승시킨다.
  - 라디에이터 코어의 막힘이 20[%] 이상일 경우 교환한다.
  - 냉각수의 입출구 온도 차는 5~10[℃] 범위가 적절하다.
- 라디이에터 막힘

$$막힘률[\%] = \frac{신품주수량 - 구품주수량}{신품주수량} \times 100$$

ⓓ 수온조절기
- 냉각수 온도를 적정하게 유지하기 위해 냉각수 통로를 열고 닫는다. (열림온도는 65~85[℃] 이다.)
- 에텔이나 알콜을 사용하는 벨로즈형, 왁스나 합성고무를 사용하는 펠릿형이 있다.

ⓔ 부동액
- 냉각수가 얼지 않도록 냉각수와 함께 사용하는 혼합용 액체이다.
- 주성분은 에틸렌글리콜, 글리세린 등이 있으며, 현재는 에틸렌글리콜이 가장 널리 사용된다.
- 롱 라이프 쿨런트는 냉각수에 방청제, 부식방지제, 동결방지제 등을 포함하고 있어 별도의 부동액을 사용하지 않는다.

에틸렌글리콜 특징	메탄올 특징	글리세린의 특징
• 냄새가 없고 불연성 물질이다. • 휘발성이 없고 팽창계수가 크다. • 도료(페인트)를 손상시키지 않는다. • 비점은 197.2[℃], 응고점은 -50[℃] 이다. • 엔진 내부에 누출될 경우 교질상의 침전물이 발생한다. • 금속을 부식시키는 성질이 있다.	• 주성분은 알코올이며 응고점은 -30[℃] 정도이다. • 가연성이며 도료를 침식시킨다. • 비점은 80[℃]로 휘발성이 크다.	• 비중이 커 혼합 시 충분히 저어야 한다. • 금속을 부식시킬 수 있다.

- 부동액의 구비조건
  - 비점은 물보다 높고, 빙점(응고점)은 물보다 낮아야 한다.
  - 물과 혼합이 용이해야 한다.
  - 휘발성이 없고 순환성이 좋아야 한다.
  - 내부식성이 크고 팽창계수가 작아야 한다.
  - 침전물이 없어야 한다.

동결온도	물[%]	부동액 원액[%]
-10[℃]	80	20
-20[℃]	65	35
-30[℃]	55	45
-40[℃]	50	50

- 부동액의 혼합 비율
  - 해당 지역의 최저기온보다 약 5~10[℃] 더 낮은 온도를 기준으로 한다.
  - 부동액의 농도는 비중계를 이용하여 측정한다.

2. 냉각장치 점검 및 검사

(1) 냉각수량 점검
① 냉각수는 약 1만[km] 또는 6개월마다 점검하는 것이 바람직하다.
② 본넷을 열고 냉각수 보조 탱크(투명 플라스틱 통)를 확인한다.
③ 보조 탱크에는 FULL과 LOW 표시선이 있으며, 냉각수 액면이 이 사이에 위치하면 정상이다.

(2) 냉각장치의 성능 검사
① 엔진을 가동하여 서모스탯이 고장이 났을 때 검사할 경우에는 열린 상태의 고장과 닫힌 상태의 고장 시 현상이 다르므로 수온 게이지와 히터 쪽을 살피어 고장 유무를 판정하여야 한다.
② 부동액이 누수가 생기거나 파이프에서 흐른 흔적이 있으면 손으로 흔들어 고무의 탄성이 있는지 살핀다.

(3) 라디에이터 및 라디에이터 캡의 누수 점검 및 검사
① 라디에이터 캡 누수 점검의 필요성
　㉠ 라디에이터 캡은 냉각수를 저장하고 시스템의 압력을 유지하는 중요한 역할을 한다.
　㉡ 냉각 시스템은 보통 약 13~16[PSI]의 압력을 유지하는데 라디에이터 캡의 압력이 일정하게 유지되지 않으면 즉시 교체해야 한다.
　㉢ 압력이 너무 높으면 냉각 시스템 구성 부품이 손상될 수 있고, 반대로 압력이 너무 낮으면 냉각수가 끓어 오버히트가 발생할 수 있다.
　㉣ 냉각 시스템에 이상이 발생하면 엔진이 과열될 가능성이 높고 캡의 오작동은 심각한 엔진 손상으로 이어질 수 있으므로 냉각수 유출, 흰색 줄무늬, 압력 변동, 호스 파열 등의 증상이 있다면 캡을 교체해야 한다.
② 라디에이터 누수 점검
　㉠ 차량을 주차한 후, 엔진이 충분히 식은 상태에서 냉각수를 점검한다.
　㉡ 보조 탱크나 라디에이터 캡을 열어 냉각수 양을 확인하고, 부족할 경우 보충하면서 누수 여부를 확인한다.
　㉢ 라디에이터 테스터를 장착한 후 1.5[kgf/cm^2]의 압력을 2분간 가해 누수가 있는지 확인한다.
　㉣ 누수가 의심되는 경우 바닥에 종이 타월을 깔고 차량을 작동시켜 냉각수의 누출 위치를 정확히 파악한다.
③ 라디에이터 캡 누수 검사
　㉠ 라디에이터 압력 테스터기 어댑터에 라디에이터 캡을 조립하고 그 끝에 캡이 밀착 되도록 설치한다.
　㉡ 펌프로 규정압력까지 가압하여 규정된 시간 동안 유지되는가를 점검한다.
　㉢ 압력이 올라가지 않거나 압력유지가 안 된다면 라디에이터 캡을 교환한다.

(4) 냉각계통 고장 진단
① 냉각수온센서를 점검하여 정상 작동 여부를 확인한다.
② 냉각팬이 설정 온도에서 정상적으로 작동하는지 점검한다.

(5) 서모스탯 점검
① 서모스탯 개스킷 부위의 누수 여부를 육안으로 확인한다.
② 고정 볼트의 조임 상태와 개스킷의 손상 여부를 점검한다.
③ 히터를 작동시켜 서모스탯이 고착되어 열리지 않는지 확인한다. (서모스탯은 82[℃]에서 열리기 시작해 90[℃]에서 완전히 열린다.)
④ 냉각수가 과냉 상태이며 히터가 작동하지 않을 경우 냉각수 부족 또는 팬클러치의 작동 여부를 점검해야 한다.
⑤ 팬클러치가 저온에서도 계속 작동한다면 서모스탯과 무관하게 냉각수 과냉이 발생할 수 있다.

SUBJECT 03 자동차 전기·전자장치

빈출개념 #충전 장치 #시동 장치 #엔진 점화 장치

CHAPTER 01 전기 · 전자 기초 이해

1. 전기의 성질과 전도도

(1) 전기적 성질

물질이 전기장에 노출되었을 때 나타내는 반응 특성들을 의미하며 이는 물리적 고유 성질로 분류된다. 이러한 성질은 원자 내 전자 분포, 결정 격자의 형태, 온도 변화 및 외부 압력 등 다양한 요인에 따라 달라진다. 대표적인 전기적 성질로는 전도도, 저항, 유전율, 투자율 등이 있으며 재료의 전기적 특성과 그 활용 가능성을 이해하는 데 매우 중요한 지표이다.

(2) 전도도

전도도는 전류가 물질 내부를 통과하는 효율을 나타내는 물리적 척도로, 금, 은, 구리 등과 같은 금속은 자유전자가 풍부해 전류가 쉽게 흐를 수 있으므로 전도도가 높다. 이러한 자유전자는 외부에서 전기장이 가해질 경우 쉽게 이동하여 전류를 형성하게 된다. 이에 반해, 목재나 고무, 플라스틱과 같은 절연체는 자유전자의 수가 거의 없어 전류의 흐름이 어렵고 전도도 또한 낮다. 초전도체는 특정 임계온도 이하에서 전기 저항이 완전히 사라지는 특성을 가지며 이 상태에서는 전류가 에너지 손실 없이 지속적으로 흐를 수 있다.

(3) 원자를 구성하는 기본 입자

① 양성자: +1e의 양전하를 가지며 원자핵을 구성하는 기본 입자이다.
② 중성자: 전하를 가지지 않는 입자로 양성자와 함께 원자핵을 구성한다.
③ 전자: −1e의 음전하를 띠며 원자핵 주변을 고속으로 회전하는 렙톤 계열의 입자이다.

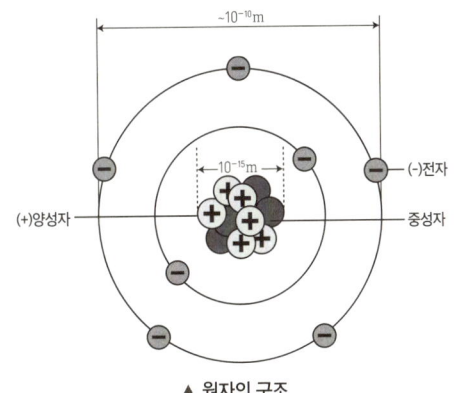

▲ 원자의 구조

2. 전기 기초이론

(1) 전기의 3요소

① 전압(Voltage): 전기 회로에서 전류를 흐르게 하는 힘으로 전위차라고도 한다. V 또는 E로 표기하며 단위는 [V]이다. 전압이 높을수록 더 많은 전류가 흐를 수 있다.

② 전류(Current): 도체를 따라 자유전자가 일정 방향으로 이동하는 물리적 현상이다.
  ⊙ 전류의 3대 작용
    • 발열작용: 전기에너지를 열에너지로 변환한다.
    • 화학작용: 전해질 반응을 유도한다.
    • 자기작용: 자기장을 생성한다.
  ⊙ 전류의 종류
    • 직류(Direct Current; DC): 전류의 세기와 방향이 시간에 따라 변하지 않고 일정한 전류이다.
    • 교류(Alternating Current; AC): 전류의 방향이 주기적으로 바뀌며 세기도 지속적으로 변화하는 전류이며 대한민국에서는 표준으로 60[Hz]의 교류를 사용한다.
    • 맥류(Pulsating Current): 직류에 교류 성분이 혼합된 전류로 두 형태의 전원이 동시에 작용하는 경우를 말한다.
③ 저항(Resistance): 도체 내부에서 자유전자의 이동을 방해하는 정도를 나타내며 전류의 흐름을 제한하는 물리적 특성이다.
  ⊙ 저항은 도체의 길이에 정비례하고 단면적에 반비례한다.
  ⊙ $R = \rho \cdot \frac{l}{A}$ (R: 물체의 저항[Ω], ρ: 물체의 고유저항[Ω·m], l: 도체의 길이[m], A: 도체의 단면적[m²])
  ⊙ 절연저항: 도체가 외부로 전류를 누설하지 않도록 차단하는 능력을 말하며 누설 전류를 방지하는 지표로 사용된다.

(2) 전압, 전류, 저항의 기호 및 단위

항목	기호	단위	단위기호
전압	V 또는 E	볼트	[V]
전류	I	암페어	[A]
저항	R	옴	[Ω]

3. 전기의 기본법칙

(1) 회로의 종류
  ① 개회로(Open Circuit): 전기회로의 어느 한 지점이 열려 있어 전류가 흐르지 못하는 회로이다.
  ② 폐회로(Closed Circuit): 회로가 완전히 닫혀 전류가 흐를 수 있는 회로이다.
  ③ 단선(Cut Off): 회로가 끊어져 전류의 흐름이 완전히 차단된 상태이다.
  ④ 단락(Short): 회로는 닫혀 있으나 저항이 거의 0[Ω]에 가까워 매우 큰 전류가 흐르는 상태로 합선이라고도 한다.
  ⑤ 접지(Ground): 회로에서 누설된 전기를 외부로 안전하게 방출하여 감전이나 화재를 예방하는 방식이다.

(2) 회로의 법칙
  ① 옴(Ohm)의 법칙: 전류는 전압에 비례하고 저항에 반비례한다. 즉 전압=전류×저항($E = IR$)이다.

$$E = IR, \quad I = \frac{E}{R}, \quad R = \frac{E}{I}$$

E: 전압[V], R: 저항[Ω], I: 전류[A]

② 저항의 접속방법
  ㉠ 직렬접속: 저항을 일렬로 연결한 회로로 전체 합성지항 R은 각 지항의 합과 같다.
    $R = R_1 + R_2 + R_3 + \cdots\cdots + R_n$
  ㉡ 병렬접속: 저항을 여러 갈래로 나누어 연결한 회로로 전체 합성저항 R의 역수는 각 저항의 역수의 합과 같다.
    $\dfrac{1}{R} = \dfrac{1}{R_1} + \dfrac{1}{R_2} + \dfrac{1}{R_3} + \cdots\cdots + \dfrac{1}{R_n}$
  ㉢ 직·병렬접속: 직렬 접속과 병렬 접속을 혼합하여 구성한 회로이다.

(3) **논리 게이트의 종류와 동작 원리**
  ① AND 회로: 양쪽의 압력이 HIGH일 때 출력이 1이 된다.
  ② OR 게이트: 두 개의 이상의 입력 중 하나라도 참(1 또는 HIGH)이면 출력도 참(1 또는 HIGH)이다.
  ③ NOT 게이트: 입력이 참(1 또는 HIGH)이면 출력은 거짓(0 또는 LOW), 입력이 거짓(0 또는 LOW)이면 출력은 참(1또는 HIGH)이다.
  ④ NOR 게이트: 두 개 이상의 입력 중 하나라도 참(1 또는 HIGH)이면 출력은 거짓(0 또는 LOW), 모든 입력이 거짓(0 또는 LOW)일 때만 출력이 참(1 또는 HIGH)이다.

게이트 종류	입력 A	입력 B	출력
AND	1	1	1
AND	1	0	0
OR	1	0	1
NOT (A)	1	—	0
NOR	0	0	1

(4) **키르히호프의 법칙(Kirchhof's Law)**
  ① 제1법칙(전류 법칙): 하나의 접속점에 유입되는 전류의 총합은 유출되는 전류의 총합과 같다.
  ② 제2법칙(전압 법칙): 임의의 폐회로에서 전압 강하의 총합은 공급 전압의 총합과 같다.

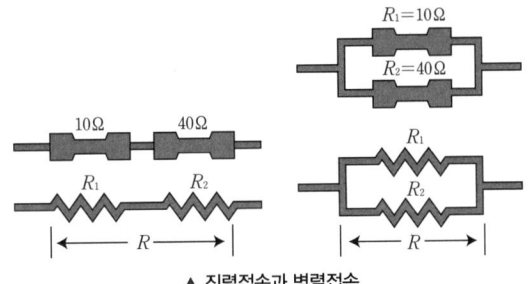

▲ 직렬접속과 병렬접속

(5) 플레밍의 왼손법칙

전류가 흐르는 도체에 자기장이 작용할 때 발생하는 힘의 방향을 나타내며 기동전동기, 전류계, 전압계 등의 작동 원리로 사용된다.

(6) 플레밍의 오른손법칙

도체가 자기장 속에서 움직일 때 유도되는 전류의 방향을 나타내며 발전기의 기본 원리로 활용된다.

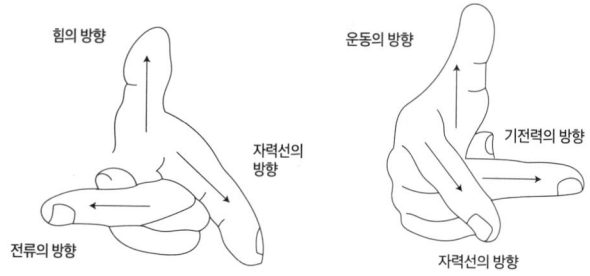

▲ 플레밍의 왼손법칙과 오른손법칙

(7) 전력과 전력량

① 전력(Electric Power): 전기가 단위 시간 동안 수행할 수 있는 일의 양을 의미하며 전기에너지가 시간에 따라 얼마나 빠르게 사용되는지를 나타낸다.

	기호	단위	단위 기호	계산식
전력	P	Watt	[W]	$P=EI$, $P=I^2R$, $P=\dfrac{E^2}{R}$

② 전력량(전기일): 일정 시간 동안 소비된 전기에너지의 총합을 의미한다.

	기호	단위	단위 기호	계산식
전력량	W	Watt second	[Ws]	$W=Pt=I^2Rt=EIt$ (t: 시간(초))

(8) 주울의 법칙(Joule's Law)

전류가 도체를 통과할 때 발생하는 전기에너지가 열에너지로 변환되는 현상을 설명하는 법칙이다.

	기호	단위	단위 기호	계산식
열량	H	칼로리	[cal]	$H=0.24Pt = 0.24I^2Rt = 0.24EIt$

※ 1[W·s]=1[Joule]=0.24[cal]

4. 전기회로의 구성요소

(1) 퓨즈(Fuse)

① 회로에서 단락이나 누전으로 인해 발생하는 과전류로부터 전기기기를 보호하는 역할을 한다.
② 납(25[%]), 주석(13[%]), 창연(50[%]), 카드뮴(12[%])으로 구성된다.
③ 회로에 직렬로 연결되며, 68[℃]에서 녹는다.

(2) 축전기(Condenser)

① 전압이 가해질 때 전하를 정전기 형태로 저장하는 장치이다.

② 전하는 물질이 양(+) 또는 음(−)의 전기를 가지게 되는 상태를 대전(Electrification)이라 하며 이때의 전기량을 의미한다.

	기호	단위	단위 기호	계산식
전하량	Q	쿨롱	[C]	$Q=CE$, (C: 정전용량[F], E: 전압[V])

③ 정전용량은 축전기가 저장할 수 있는 전하의 양을 의미하며, 종이 축전지의 용량은 0.2~0.3[μF] 정도이다.

	기호	단위	단위 기호	계산식
정전용량	C	패럿	[F]	$C=\dfrac{Q}{E}$ (Q: 전하량[C], E: 전압[V])

④ 콘덴서 시험(측정)에는 용량시험, 누설시험, 직렬 저항시험이 있고, 직렬 저항시험 시 배전기 단속기 접점은 반드시 열려 있어야 한다.

(3) 전류와 자기

① 전류의 자기작용(또는 전자작용): 도선에 전류가 흐르면 그 주위에 자기장이 형성되는 현상이다. 자력은 전류의 세기에 비례하고 전선과의 거리의 제곱에 반비례하며 전동기나 릴레이 등 다양한 전기장치에 활용된다.

② 맴돌이 자장: 도선에 전류가 흐를 때 도선 주위에 생기는 회전형 자장이다.

③ 전자석(솔레노이드): 전선을 코일 형태로 감고 전류를 흐르게 하면 자기장이 생기며 이 코일은 자석처럼 물체를 끌어당기는 힘을 가지게 된다. 자기장의 세기는 코일의 감긴 횟수와 전류의 세기에 비례하며 전동기 안의 회전하는 부분이나 전기스위치 등에 사용된다.

④ 자기유도작용: 하나의 코일에 흐르는 전류의 변화로 인해 발생하는 자기장이 다시 그 코일 자체에 기전력을 유도하는 현상이다. 코일의 권수가 많을수록, 내부에 철심이 있을수록 유도되는 전압은 증가한다.

⑤ 상호유도작용(변압기의 원리): 한 회로의 전류 변화로 인해 자기장이 변화하고 이 자기장의 변화가 인접한 다른 회로에 전압을 유도하는 현상을 말한다.

㉠ 1차 코일(Primary Coil): 전원과 연결되는 코일이다.

㉡ 2차 코일(Secondary Coil): 1차 코일 주변에 위치하며 유도 전류가 흐르는 코일로, 2차코일의 유도 기전력은 권수비에 비례한다.

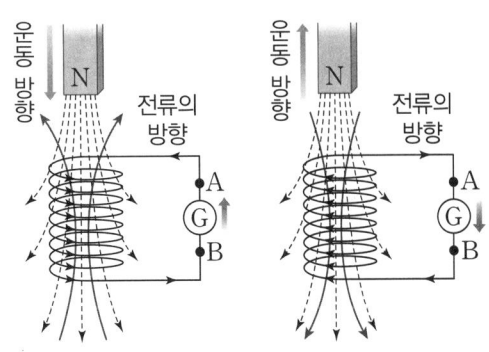

▲ 자기유도작용과 상호유도작용

5. 반도체

(1) 반도체 개요
도체는 자유전자가 자유롭게 움직일 수 있는 금속류의 물질이다. 반면, 절연체는 유리, 플라스틱, 고무, 종이, 도자기처럼 전기가 잘 흐르지 않는 특성을 가진다. 반도체는 도체와 절연체의 중간 성질을 지닌 물질로, 특정 조건에서 전기를 통하게 하며 조건이 사라지면 절연체처럼 작용한다. 대표적인 반도체로는 실리콘(Si)과 게르마늄(Ge)이 있다.

(2) 반도체의 특징
① 불순물 유입에 의해 저항을 바꿀 수 있다.
② 빛을 받으면 고유저항이 변화하는 광전 효과가 있다.
③ 자력을 받으면 도전도가 변하는 홀(Hall) 효과가 있다.
④ 온도가 높아지면 저항값이 감소하는 부 온도계수의 물질이다.
⑤ 소형이고 경량이다.
⑥ 예열시간이 불필요하고 내부 전력손실이 매우 적다.
⑦ 수명이 길다.
⑧ 온도가 상승하면 특성이 몹시 나빠지며 정격값 초과 시 쉽게 파괴된다.

(3) 반도체의 종류
① 진성 반도체: 불순물이 없는 순수 형태의 반도체이다.
② 불순물 반도체: 진성 반도체에 불순물을 첨가하여 N형(전자가 남게 되는 반도체)와 P형(전자가 부족한 반도체)로 나뉜다.
③ 다이오드: P형 반도체와 N형 반도체를 접합한 소자로 한 방향으로는 전류가 흐르고 반대 방향으로는 흐르지 않는 특성이 있다.
　㉠ 정류 다이오드: 교류를 직류나 맥류로 바꾸는 데 사용되며 주로 실리콘 또는 게르마늄 소재가 활용된다.
　㉡ 제너 다이오드(정전압 다이오드): 불순물 농도가 높은 PN 접합형 실리콘 다이오드로, 역방향 전압이 일정 수준(제너 전압)을 초과할 시 큰 전류가 흐른다. 정전압 회로, 보호회로, 지시기능(램프 점등 등) 등에 사용된다.
　㉢ 포토 다이오드(수광 다이오드): 빛이 PN 접합부에 닿을 때 전류가 발생하는 원리를 이용하는 방식으로 빛의 세기와 전류 크기가 비례한다. 주차등, 전조등 조절회로 등에 사용된다.
　㉣ 발광 다이오드(LED): 순방향 전류가 흐를 때 빛을 발산하며 주로 신호, 표시, 감시용 등의 파일럿 램프에 사용된다.

정류(일반)다이오드	제너(정전압) 다이오드	포토(수광) 다이오드	발광(LED) 다이오드
▶|	▶|	↙↙▶|	▶|↗↗

(4) 트랜지스터(TR)

트랜지스터는 P형과 N형 빈도체를 세 층으로 교차 접합하여 민든 능동 소자이다. 스위치, 릴레이, 증폭기 등 다양한 회로에 사용된다. 구조적으로는 두 개의 PN 접합과 세 개의 단자(이미터 E, 컬렉터 C, 베이스 B)로 구성된다.

단자명	기호	역할
이미터(Emitter)	E	전류(전하캐리어)를 방출하는 부분으로 트랜지스터에서 가장 먼저 전류가 흐르는 곳이다.
켈렉터(Collector)	C	이미터에서 방출되고 베이스를 통과한 전류를 끌어 모으는 부분으로 가장 많은 전류가 흐른다.
베이스(Base)	B	ECU(전자제어 유닛)로부터 제어 신호를 받아 컬렉터와 이미터 사이의 전류를 제어한다.

① 트랜지스터의 장·단점

장점	단점
• 내부의 전압 강하가 적다. • 소형이고 경량이며 기계적으로 강하다. • 예열 없이 작동할 수 있다. • 내진성이 크며 수명이 길다. • 내부에 전력손실이 적다.	• 작동 온도 범위에 제한이 있다. (접합부의 온도가 게르마늄(Ge)은 85[℃], 실리콘(Si)은 150[℃] 이상인 경우 파손된다.) • 과대전류나 과대전압이 가해질 경우 쉽게 파손된다.

② 트랜지스터의 분류

  ㉠ PNP형 트랜지스터: 순방향 전류는 이미터(E)에서 베이스(B) 또는 이미터(E)에서 컬렉터(C)로 흐른다.
  ㉡ NPN형 트랜지스터: 순방향 전류는 베이스(B)에서 이미터(E) 또는 컬렉터(C)에서 이미터(E)로 흐른다.

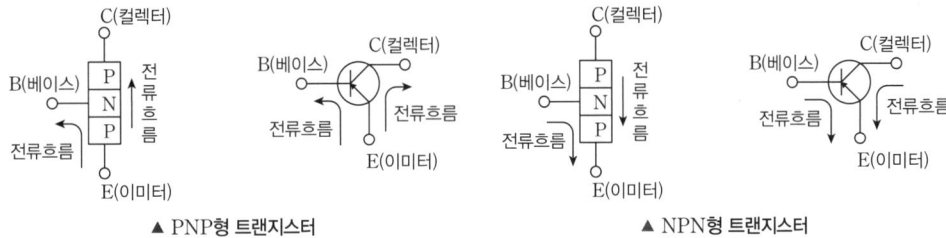

▲ PNP형 트랜지스터　　　　　▲ NPN형 트랜지스터

6. 공기조화장치

(1) 난·냉방장치의 개요

냉·난방장치는 실내 환경을 쾌적하게 유지하기 위해 실내의 온도, 습도, 공기 흐름, 청정도 등을 조절하는 장치이다. 일반적으로 에어컨 또는 공조기(AHU; Air Handling Unit)라고 한다.

(2) 공기조화장치의 구성

  ① 케이스: 공조 장치의 외부 덮개로 내부 장치를 보호하는 장치이다.
  ② 송풍기: 공기를 흡입하고 실내로 분사하여 공기를 순환시킨다.
  ③ 냉각·가열 코일: 공기를 냉각하거나 가열하는 열교환 장치이다.
  ④ 필터: 공기 중의 먼지, 냄새, 유해 물질 등을 제거하는 장치이다.
  ⑤ 가습기: 실내 습도를 높이는 장치이다.
  ⑥ 댐퍼: 공기의 흐름을 제어하는 장치이다.

(3) 공기조화장치의 종류
  ① 분리형: 실외기(압축기)와 실내기(냉각 코일)가 분리되어 있는 시스템이다.
  ② 일체형: 실내기와 실외기가 일체형으로 구성된 시스템이다.
  ③ 중앙공조: 건물 전체 또는 특정 구역에 공기를 공급하는 시스템이다.
  ④ 완전 공기조화기: 냉방, 난방, 환기, 습도 조절 기능을 모두 갖춘 장치이다.

(4) 난방장치
  ① 자동차의 난방장치는 주로 엔진의 냉각수를 이용하는 온수식 히터를 사용한다.
  ② 온수식 히터는 엔진 냉각수 호스에 병렬로 연결된 열교환기를 통해 냉각수가 순환하도록 구성된다.

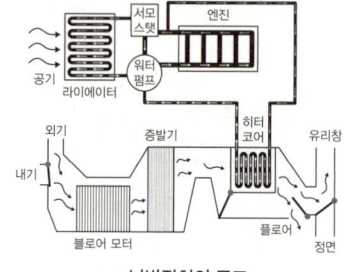
▲ 난방장치의 구조

  ③ 공조장치를 통해 흡입된 공기가 히터코어를 통과하면서 따뜻해진 공기가 실내로 유입되면서 난방기능을 수행한다.

(5) 냉방장치
  ① 에어컨의 원리: 냉매의 상태 변화(기체 ↔ 액체)에 따른 열의 흡수와 방출을 이용한다.
  ② 에어컨의 구성 장치
    ㉠ 압축기: 엔진과 벨트로 연결되어 있으며, 냉매를 고온고압의 기체로 압축한다.
      • 자동차 에어컨 시스템에 사용되는 가변용량 컴프레서(압축기)의 장점
        - 냉방성능 향상, 환경에 기여
        - 소음진동 향상(개선)
        - 연비 향상(비용 절감)
        - 차량 운전성 향상
    ㉡ 응축기: 압축된 기체냉매를 공기나 팬으로 냉각하여 액체냉매로 변화시키는 장치이다.

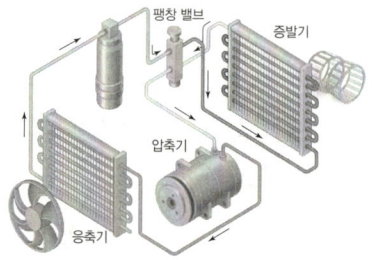
▲ 에어컨의 구성

    ㉢ 건조기(리시버 드라이어): 냉매 내의 수분을 흡수하고 냉매의 원활한 공급을 위해 냉매를 저장한다.
    ㉣ 팽창밸브: 냉매의 압력과 온도를 낮추고 냉매 유량을 조절하는 장치이다.
    ㉤ 증발기: 액체 냉매가 기화하면서 열을 흡수하여 공기를 냉각시키는 장치이다.

Speed Up 에어컨 냉매의 순환 과정
압축기 → 응축기 → 건조기 → 팽창밸브 → 증발기

  ③ 에어컨 냉매: 구형 냉매 R134a와 신형 냉매 R1234yf가 있다.
  ④ 전자동 에어컨 시스템(FATC): 각종 센서(실내온도, 외기온도, 냉각수온도 등)의 데이터를 바탕으로 설정 온도에 맞춰 작동하는 자동 공조 시스템이다. 센서 정보는 FATC 제어 유닛으로 전달되며 설정값과 실제 온도의 차이를 분석하여 작동을 제어한다.

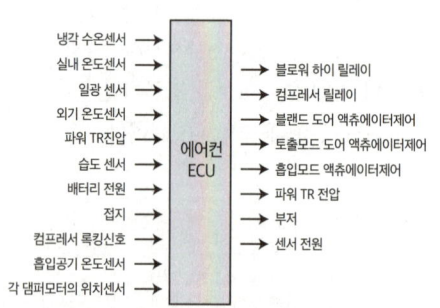
▲ 전자동 에어컨(FATC) 시스템의 입·출력

CHAPTER 02 충전 장치 정비

1. 충전장치 점검 · 진단 개요

엔진 기동 후 전기장치 각 부위에 전력을 공급하고 축전지를 충전하는 장치를 말하며, 직류(DC)발전기와 교류(AC)발전기가 사용된다. 이때 발전기의 회전력은 엔진에 의해 공급된다.

(1) 충전장치의 분류

① 출력전류: 발전기에서는 교류전류가 생성되며 이는 정류기를 통해 직류로 변환되어 사용된다.

② 여자방법

자여자 발전기	영구자석의 잔류 자기에 의해 출력을 생성하는 방식으로, 주로 직류발전기에 사용된다.
타여자 발전기	축전지에서 공급되는 전원으로 계자 철심을 여자하는 방식으로, 주로 교류발전기에 사용된다.

③ 충전장치의 구비조건
  ㉠ 소형이고 경량일 것
  ㉡ 속도 범위가 넓고 저속에서도 충전이 가능할 것
  ㉢ 출력이 클 것
  ㉣ 출력전압이 일정하고 전파장애가 없을 것
  ㉤ 점검과 정비가 용이하고 내구성이 우수할 것

2. 축전지(Battery)의 개요

엔진 시동용으로 사용되는 축전지는 납산 배터리이며, 전류의 화학작용을 이용한 장치이다.

> **Speed UP** 배터리(Battery, 축전지)의 충전과 방전
> • 배터리의 충전: 외부에서 전기에너지를 공급하면 화학에너지 형태로 저장된다.
> • 배터리의 방전: 저장된 화학에너지를 전기에너지로 바꾸어 사용한다.

(1) 전지와 축전지(배터리)

① 전지: 화학 반응을 통해 전압을 발생시키는 장치이다.

1차 전지(Primary Cell)	재충전이 불가능하며 화학적 에너지를 전기적 에너지로 변환한다.
2차 전지(Secondary Cell)	충전과 방전을 반복할 수 있으며 화학적 에너지와 전기적 에너지 간의 전환이 가능하다.

② 축전지: 2차 전지에 해당하며 납산 축전지와 알칼리 축전지를 사용한다.

(2) 축전지의 역할

① 엔진 기동 시 필요한 전기부하를 담당한다.
② 엔진 운전 중 충전장치의 출력이 부족하거나 전압이 불안정할 경우 이를 안정적으로 유지하는 역할을 한다.
③ 발전기 고장 시 자동차 주행을 위한 전원을 공급한다.
④ 발전기의 출력과 전기 부하 간의 균형을 조정한다.

(3) 축전지의 구비조건
  ① 축전지의 용량이 충분히 클 것
  ② 전기적 절연이 완전할 것
  ③ 소형·경량이며 운반이 용이하고 수명이 길 것
  ④ 전해액의 누설이 없을 것
  ⑤ 고온에서도 내구성이 있을 것
  ⑥ 진동에 견딜 수 있을 것

3. 축전지의 종류

(1) 알칼리 축전지
  ① 니켈-철(Ni-Fe) 축전지와 니켈-카드뮴(Ni-Cd) 축전지가 있으며, 전해액으로는 20[%]의 가성칼륨(KOH) 용액이 사용된다.
  ② 정격 전압은 셀당 약 1.2[V]이며, 완전 충전 시 셀당 약 1.35[V]까지 상승한다.
  ③ 알칼리 축전지의 특징
    ㉠ 수명이 매우 길다(약 15~20년).
    ㉡ 납 축전지에 비해 가격이 높다.
    ㉢ 공간을 많이 차지한다.
    ㉣ 디젤 기관을 사용하는 철도 차량의 시동용, 방송 전파 장비, 경보 장치의 전원 등으로 사용된다.

(2) **납산축전지**
  ① 납산축전지는 묽은 황산과 납산물로 구성되어 있으며 (+)극과 (-)극을 가진 셀(Cell)이 기본 단위이다.
  ② 축전지 화학작용

	방전 중 반응	충전 중 반응
양극판	과산화납(PbO_2) → 황산납($PbSO_4$)	황산납($PbSO_4$) → 과산화납(PbO_2)
음극판	해면상납(Pb) → 황산납($PbSO_4$)	황산납($PbSO_4$) → 해면상납(Pb)
전해액	묽은황산(H_2SO_4) → 물(H_2O)	물(H_2O) → 묽은황산(H_2SO_4)

  ③ 축전지의 완전 충·방전식(화학식)

  $$PbO_2 + 2H_2SO_4 + Pb \rightleftharpoons PbSO_4 + 2H_2O + PbSO_4$$

4. 축전지의 구조

(1) 극판

양극판	과산화납(PbO$_2$)으로 구성되어 있으며, 내부는 다공성 구조로 되어있어 화학반응이 활발하게 일어난다. 일반적으로 셀 하나당 3~14장의 극판이 배치되며, 충전 과정에서 산소가스가 방출된다.
음극판	해면 형태의 납(Pb)으로 이루어져 있으며, 양극판보다 1장이 더 많아 전기화학 반응의 균형을 유지한다. 충전 시 수소가스가 발생하는데 이는 필러 플러그를 통해 외부로 배출된다.
격자틀	납과 안티몬의 합금으로 만들어지며 과산화납과 해면상납 같은 작용물질이 떨어져 나가는 것을 방지하고 전류가 원활하게 흐를 수 있도록 도와주는 전도체 역할을 한다.

(2) 극판군

동일 극성을 가진 극판들을 극판 스트랩으로 병렬 연결한 구조를 말하며 이를 단전지(Cell)라 한다. 완전히 충전된 상태에서는 셀 하나당 약 2.1[V]의 전압이 발생하고 이러한 셀을 6개 직렬로 연결하면 총 12[V]의 전압을 낸다.

(3) 축전지 케이스

절연 성능을 가진 재료로 제작되며 황산에 견딜 수 있도록 합성수지 또는 경질 고무를 사용한다. 내부는 중간 칸막이를 통해 여러 셀로 나뉘고 각 셀에는 극판군이 배치되어 있다. 이들 셀은 셀커넥터로 직렬 연결된다.

(4) 격리판

① 양극판과 음극판 사이에서 직접 접촉을 막아 단락을 방지하는 부품으로 강화섬유, 다공성 고무, 합성수지, 유리(글레스 메트) 등이 사용된다.

② 격리판의 구비조건
- 다공성, 비전도성이어야 한다.
- 전해액이 원활하게 확산되어야 한다.
- 전해액에 대하여 화학적으로 안정되어야 한다.
- 기계적 강도를 가져야 한다.
- 극판에 해로운 물질을 방출하지 않아야 한다.

(5) 필러 플러그(벤트 플러그)

충전 중 발생하는 수소와 산소를 외부로 배출시키고 동시에 전해액을 주입할 수 있도록 설계된 장치이다. 각 셀마다 하나씩 장착된다.

(6) 납축전지의 단자

외부 전원이나 부하와 연결되는 접점 역할을 한다.

양극 기둥	충전 중 생성되는 산소로 인한 부식을 방지하기 위해 크기가 크고, 단락 방지를 위해 적색 커버가 덮여 있다.
음극 기둥	차량 차체에 접지되며 기둥에 소금물을 떨어뜨렸을 때 기포가 발생하면 음극임을 확인할 수 있다.

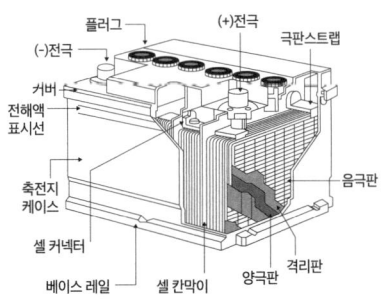

▲ 시동용 납산 축전지의 기본구조

(7) 납산 축전지의 전해액
① 전해액의 순도가 높은 무색·무취의 맑은 황산을 사용한다.
② 황산(농도 96[%])을 증류수에 천천히 부어 혼합하여 제조한다. 이때 전해액의 온도는 80[℃]를 초과해서는 안 된다.
③ 완전 충전상태에서 20[℃] 기준 전해액의 비중은 1.260~1.280이다.
④ 축전지 용량이 70[Ah]이하인 경우, 전해액의 보충은 일반적으로 극판 위 10~13[mm] 높이까지 유지한다.
⑤ 온도와 비중은 반비례 관계이므로 전해액의 온도가 높아질수록 비중은 낮아진다.
⑥ 납산배터리의 전해액이 흘렀을 경우에는 중탄산소와(베이킹소다)로 중화시킨다.

$$비중환산식\ S_{20}=S_t+0.0007(t-20)$$

S_{20}: 기준온도 20[℃]에서의 비중으로 환산한 값, S_t: 임의의 온도 t[℃]에서의 측정된 비중, t: 비중 측정 시 전해액 온도[℃]

5. 축전지 용량·수명 및 충전방법

(1) 축전지의 용량
극판의 크기, 극판 수, 전해액 양에 의해 축전지의 용량이 결정된다.

$$축전지의\ 용량[Ah]=일정\ 방전\ 전류[A]\times 방전\ 종지\ 전압까지의\ 연속\ 방전\ 시간[h]$$

(2) 자기방전(자연방전)
충전된 축전지를 사용하지 않고 방치할 경우, 내부 화학반응으로 인해 자연스럽게 용량이 감소하는 현상이다. 전해액의 온도와 비중이 높을수록, 축전지 온도가 높을수록 자기방전이 가속된다.

(3) 배터리의 수명
① 설페이션 현상: 방전된 상태로 장시간 방치 시 극판이 영구적으로 황산납으로 변해 충·방전이 되지 않는 현상이다.
- 설페이션의 원인
  - 배터리를 과방전한 경우
  - 배터리 극판이 단락된 경우
  - 전해액의 비중이 너무 높거나 낮은 경우
  - 전해액이 부족하여 극판이 노출된 경우
  - 전해액에 불순물이 혼입된 경우
  - 불충분한 충전을 반복한 경우

② 사이클링 쇠약: 극판의 다공성 소실이나 작용물질의 탈락으로 화학 반응이 더 이상 발생하지 않는 상태이다. 이론적으로 용량이 정격 용량의 40[%] 이하로 떨어지면 수명이 다한 것으로 간주한다.

(4) 납산 축전지 충전방법

① 초충전: 새로 구입한 축전지를 사용하기 전에 시행하는 충전이다.

② 보충전: 사용 중인 축전지의 재사용을 위한 충전이다.

③ 정전류 충전법: 충전전류를 일정하게 설정하여 충전시키는 방법이다.

표준 전류	축전지 용량의 10[%] 전류로 충전한다.
최소	축전지 용량의 5[%] 전류로 충전한다. (밤샘충전)
최대	축전지 용량의 20[%] 전류로 충전한다.
특징	• 충전이 완료 되면 셀당 전압은 20~2.7[V] 정도를 유지한다. • 완전 충전된 상태의 전해액 비중은 20[℃]기준 약 ,1.280 정도를 유지한다. • 충전 진행 시 양극에서는 산소, 음극에서는 수소가 발생한다.

④ 정전압 충전법: 충전 전압을 일정하게 유지한 상태에서 충전하는 방법이다.

⑤ 단별전류 충전법: 충전 중 전류의 용량을 단계적으로 감소시켜 과충전을 방지하는 방법이다.

⑥ 급속 충전법: 시간적 여유가 없을 때 실시하는 것으로 충전전류를 축전지 용량의 50[%]로 설정하여 충전한다.

(5) 자동차용 납축전지의 급속 충전 시 주의사항

① 전해액은 묽은 황산이므로 옷이나 피부에 닿지 않도록 주의한다.

② 배터리 충전 시 수소가스가 발생하므로 통풍이 잘 되는 곳에서 한다.

③ 배터리 충전 중 전해액의 온도가 45[℃] 이상이 되지 않도록 주의한다.

④ 충전하기 전에 배터리의 필러 플러그를 열어 놓는다.

⑤ 배터리가 과열되거나 전해액이 넘칠 때는 충전을 중단한다.

⑥ 전해액을 만들 때는 물에 황산을 조금씩 부어 만든다.

⑦ 부식방지를 위해 배터리 단자에는 그리스를 발라 둔다.

⑧ 배터리 용량(부하)시험은 15초 이내, 부하전류는 용량의 3배 이내로 한다.

⑨ 축전지 방전 시험 시 전류계는 부하와 직렬접속하고 전압계는 병렬접속한다.

⑩ 자동차에서 배터리 분리 시 (−) 단자 먼저 분리한다.

⑪ 과충전 및 과방전을 피한다.

▲ 자동차용 납축전지

> **Speed Up** 2개 이상의 배터리를 연결하는 경우
> • 병렬 연결하는 경우: 전압은 동일하지만 용량은 증가한다.
> • 직렬 연결하는 경우: 전압은 증가하지만 용량은 동일하다.

6. 충전장치

(1) 발전기의 이해
① 발전기는 기계적 에너지를 전자기 유도 현상을 이용하여 전기에너지로 변환하는 장치이다.
② 도체가 자속과 교차하거나 자속이 코일 주위에서 변화할 때 전압이 유도되며 이때 전류의 방향은 플레밍의 오른손 법칙에 따른다.
③ 유도 전압은 도체의 운동 속도와 코일을 구성하는 도선의 권수에 비례하여 증가한다.
④ 직류발전기와 교류발전기 비교

	직류(DC)발전기	교류(AC)발전기
발생전압	직류	교류
정류기	브러시와 정류자를 통해 교류를 직류로 변환	다이오드를 통해 직류를 교류로 변환
여자방법	자여자(자기 여자 방식)	타여자(외부 전류 인가)
조정기	전압, 전류, 컷아웃릴레이	전압 조정기
역류방지	컷 아웃 릴레이	다이오드
전기발생	전기자(회전자 내부)	스테이터(고정자)
효율	낮음(마찰 손실이 큼)	높음(고속 운전에 적합)
용도	전기자(회전자 내부)	스테이터(고정자)

(2) 교류(AC)발전기
교류발전기는 역학적 에너지를 교류 형태의 전기에너지로 변환하여 교류 기전력을 생성하는 장치이다. 단상과 3상이 있으며, 발전소에서는 모두 3상을 사용하고 일정한 동기 속도로 회전하므로 3상 동기 발전기라고 한다.

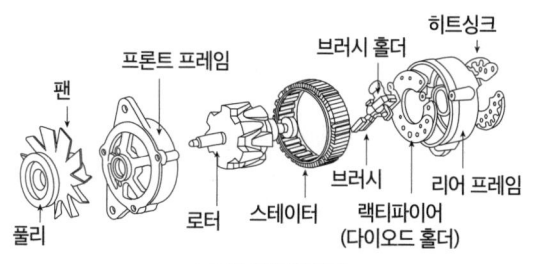

▲ 교류발전기의 구조

① 교류발전기의 특징
　㉠ 다양한 운전속도의 조건에 사용할 수 있다.
　㉡ 낮은 회전속도에서도 충전이 가능하다.
　㉢ 소형화와 경량화가 가능하다.
　㉣ 작동이 안정적이어서 브러시의 수명이 길다.
　㉤ 정류자 소손에 의한 고장이 없다.
　㉥ 정류 다이오드를 사용하므로 정류 성능이 우수하다.
　㉦ 전압 조절을 위한 조정기만 필요하다.

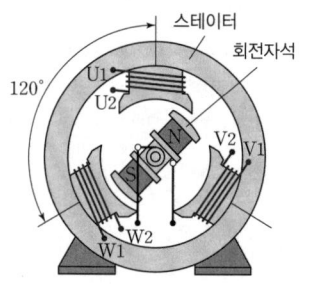

▲ 3상 교류발전기

② 교류발전기의 구성요소
  ㉠ 스테이터 코일: 직류발전기에서 전기자 역할을 수행하며, 전류가 생성되는 부분이다. 스테이터 철심에는 서로 독립된 3개의 코일이 감겨 있어 3상 교류 전압이 유기된다.

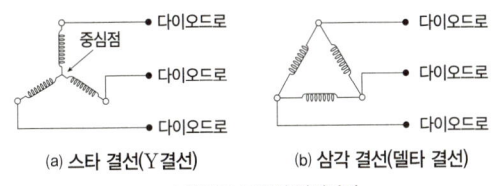

▲ 스테이터 코일의 결선방법

> **Speed Up** 스테이터 코일의 결선 방법
> • 스타결선(또는 Y결선): 선간전압＝상전압×$\sqrt{3}$ 배
> • 삼각결선(또는 Δ결선): 선간전류＝상전류×$\sqrt{3}$ 배

  ㉡ 로터: 직류발전기의 계자 코일과 철심에 해당하며 자계를 형성하는 구성 요소로 축전지에서 공급된 전류에 의해 자화된다.
  ㉢ 로터코일: 자극편(철심)에 자속을 형성시키기 위해 축전지에서 전원을 공급받으며 코일의 양끝은 로터 축에 압입되어 슬립 링과 접촉된 브러쉬를 통해 여자전류가 인가된다.

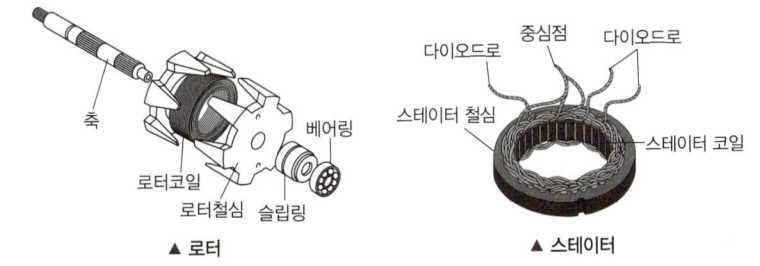

  ㉣ 슬립링: 브러쉬와 접촉하여 로터 코일에 여자전류를 공급하는 역할을 한다.
  ㉤ 브러쉬: 외부 전류를 슬립 링으로 전달하는 장치이며 전체 길이의 절반이 마모되면 교체해야 한다.
  ㉥ 냉각팬: 풀리와 함께 회전하면서 공기를 순환시켜 정류 다이오드의 열을 방출시키는 기능을 수행한다.
  ㉦ 정류기: 스테이터 코일에 유도된 교류전압을 직류로 변환하고, 축전지에서 발전기로의 전류 역류를 방지한다. 실리콘 다이오드, 셀렌막 다이오드, IC 다이오드 등이 사용된다.
  ㉧ 다이오드: 전류를 한 방향으로만 흐르게 하는 반도체 소자로 애노드에서 캐소드 방향으로만 전류를 통하게 하며, 반대 방향은 거의 통하지 않는다. 이 작용을 정류라고 하며 교류를 직류로 전환하는 데 이용된다.
③ 교류발전기의 조정기: 전압조정기만 필요하며 현재는 트랜지스터형이나 직접회로(IC) 조정기를 사용한다.
  ㉠ 트랜지스터형 조정기
    • 전 트랜지스터식: 제너다이오드를 사용하여 베이스의 전류를 단속한다.
    • 반 트랜지스터식: 릴레이를 이용하는 진동 접점식과 트랜지스터를 병용하는 방식의 릴레이가 베이스 전류를 단속한다.
  ㉡ 집적회로(IC) 조정기
    • 배선 구성이 단순해지고 조정전압의 정밀도가 크게 향상된다.
    • 내열성과 내구성이 우수하며 출력 증대가 가능하다.
    • 초소형화가 가능하므로 발전기 내부에 설치 가능하다.
    • 축전지 충전성능이 향상되고 각 전기부하에 적절한 전력을 공급할 수 있다.

(3) 직류발전기

직류발전기는 자장을 생성하는 계자 코일이 고정되어 있고 도체(전기자)가 회전하면서 전기자 코일에 교류 전압을 발생시킨다. 이렇게 발생된 교류는 기계적 정류 장치인 정류자를 통해 비교적 간단하게 직류로 변환된다.

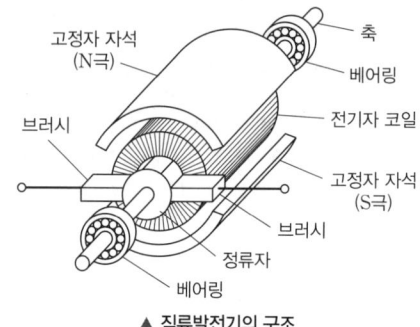

▲ 직류발전기의 구조

① 직류(DC)발전기의 구성요소
  ㉠ 계철하우징: 계자 코일과 계자 철심을 고정한다.
  ㉡ 계자철심: 잔류 자기를 형성하기 위해 영구 자석이 사용되며 철심 주위에 계자 코일을 감아 강한 자력을 발생시킨다.
  ㉢ 계자 코일: 계자 철심을 감싸는 형태의 코일로 전류가 흐르면 철심을 자화시켜 전자석으로 기능하게 만든다.
  ㉣ 전기자(아마추어): 회전하는 도체 부분으로 코일(권선)은 자속(ϕ)을 절단하며 기전력을 발생시킨다.
  ㉤ 전기자 코일: 엔진의 회전에 따라 구동되며 계자 철심에 형성된 자속을 절단함으로써 전류가 유도된다. 회전수가 증가할 때 출력도 함께 증가한다.
  ㉥ 전기자 철심: 전기자 코일이 감겨 있는 부위로 손실을 줄이기 위해 규소강판을 적층한 구조로 되어 있다.
  ㉦ 정류자: 전기자 코일과 연결되어 교류로 유도된 전류를 직류로 변환하는 역할을 하며 브러시와 접촉하여 전류를 전달한다.
  ㉧ 브러시(Brush): 정류자에 접촉하여 발생된 전류를 외부 회로로 전달하는 부품으로 일반적으로 흑연계 브러시가 사용된다.

② 직류발전기 조정기(Regulator): 전자석 릴레이를 이용한 조정 장치이다.

전압조정기	발전기 전압을 조절하여 과전압을 방지하며 13.5~14.5[V] 수준을 유지한다.
전류조정기	발전기에서 출력되는 전류를 조절하여 과충전을 방지한다.
컷 아웃 릴레이(Cut-out relay)	발전기 출력이 저하될 경우 축전지의 전류가 발전기로 역류하는 것을 방지한다.

③ 직류발전기의 특징
  ㉠ 고속 회전 시 높은 전압을 얻을 수 있다.
  ㉡ 회전 속도의 범위에 제한이 있다. (허용 최대 회전 속도를 초과하면 정류자가 과열되어 브러시 수명이 단축된다.)
  ㉢ 기관(엔진)이 공전 상태일 경우 발전이 어렵다.
  ㉣ 정류자와 브러시의 마모가 심해 수시로 점검 및 교환이 필요하다.
  ㉤ 출력 증대를 위해 크기와 중량이 크게 증가한다.

7. 충전장치와 축전지의 이상 원인

(1) 시동이 정지상태에서 점화스위치 ON일 때 충전 경고등이 점등되지 않는 원인
  ① 충전 계통 퓨즈의 단선이 원인일 수 있다.
  ② 충전경고등의 전구가 불량일 수 있다.
  ③ 배선 연결부의 풀림이 원인일 수 있다.
  ④ 전압 조정기 불량이 원인일 수 있다.

(2) 시동이 걸린 후 충전 경고등이 소등되지 않는 원인
  ① 구동 벨트의 이완 또는 마모가 원인일 수 있다.
  ② 충전 계통 퓨즈의 단선이 원인일 수 있다.
  ③ 배선 연결부 풀림이 원인일 수 있다.
  ④ 전압조정기의 불량이 원인일 수 있다.
  ⑤ 축전지 케이블의 부식 및 단자 마모가 원인일 수 있다.

(3) 축전지 방전되는 원인
  ① 전압조정기의 불량이 원인일 수 있다.
  ② 전압 감지 배선의 불량이 원인일 수 있다.

(4) 충전 경고등이 점등되고 발전기에서 소음이 발생되는 원인
  ① 발전기 베어링 손상이 원인일 수 있다.
  ② 구동벨트의 장력이 규정보다 클 수 있다.
  ③ 구동벨트가 미끄러지는 것이 원인일 수 있다.

(5) 축전지(배터리) 극판이 영구 황산납으로 변하는 원인
  ① 전해액 비중이 너무 낮거나 높을 경우
  ② 방전상태로 오래두거나 충전부족 상태로 장시간 사용한 경우
  ③ 전해액에 불순물이 많은 경우
  ④ 전해액이 부족하여 극판이 공기 중에 노출된 경우

8. 축전지 · 충전장치의 진단 및 수리

(1) 축전지(배터리) 외관 검사
  ① 자동차의 후드를 열고 축전지의 외관을 육안으로 검사한다.
  ② 축전지의 오염, 단자 상태를 점검한다.
  ③ 배터리 액의 누출 여부를 점검한다.
  ④ 축전지의 단자는 항상 단단히 고정시켜야 한다. 단자가 헐거워지게 되면 불꽃이 튀거나 충전이 불량해지는 경우가 발생한다.
  ⑤ 축전지 단자의 오염 상태를 점검한다.
  ⑥ 단자와 단자 케이블 사이에 백색 또는 청색의 가루로 오염되어 있는지 확인한다.

(2) 축전지 센서검사

① 축전지 교환 시에는 반드시 장착된 배터리와 동일 사양으로 교체한다.
② 임의 사양 장착 시 축전지 센서에 의해 축전지 이상으로 판정될 수 있다.
③ 배터리 (−) 단자 분리 후 장착 시에는 규정된 조임 토크를 준수하여야 한다.
④ 과도하게 체결 시에는 축전지 센서의 내부 회로가 파손될 염려가 있다.

(3) 충전장치의 수리

① 시동키 ON 상태에서 엔진 시동이 꺼져 있을 때 충전 경고등이 점등되어야 한다.
② 시동이 걸린 후에는 충전 경고등이 꺼져야 된다.
③ 충전 경고등이 제대로 작동하지 않는다면 충전 계통 장치의 단선, 경고등 램프 등을 점검하거나 발전기가 제대로 작동되는지 확인해야 한다.
④ 발전기의 고장으로 확인되면 차량에서 발전기를 탈거하여 분해한 후 구체적인 고장 부위를 점검해야 한다.
⑤ 발전기를 다룰 때는 극성에 주의해야 하는데, (−)는 자동차의 차체에 접지해야 하고 (+)는 발전기 B단자에서 축전지 (+) 단자로 연결해야 한다.
⑥ 시동이 걸린 상태에서 발전기 B단자의 전선이 차체에 접촉되지 않도록 주의한다.
⑦ 발전기의 정류자에 있는 다이오드는 항복 전압이 낮으므로 발전기와 축전지가 연결된 상태에서 급속 충전을 해서는 안 된다.

(4) 충전장치 단품교환

① 축전지 교환
　㉠ 축전지 단자를 분리한다.
　㉡ 에어 덕트 및 에어클리너 어셈블리를 탈거한다.
　㉢ 축전지 마운팅 브라킷 탈거 후 축전지를 교환한다.
② 발전기 구동벨트 검사 및 조정
　㉠ 발전기 구동벨트의 상태를 육안으로 점검하여 과도한 마모, 갈라짐 등의 결함이 발생하면 신품으로 교환한다.
　㉡ 발전기 풀리와 아이들러 사이의 벨트를 10[kgf]의 힘으로 눌렀을 때 10[mm] 정도의 처짐이 발생하면 정상으로 판정한다.
　㉢ 발전기 구동벨트의 장력 조정
　　• 발전기의 상부 고정나사와 하부 고정나사(관통나사)를 느슨하게 푼다.
　　• 발전기 구동벨트 장력 조정나사를 돌려 장력을 규정값으로 조정한다.
　　• 장력을 재점검하고 양호 시 상부, 하부의 고정나사를 조여 준다.

9. 충전장치의 점검 및 교환

(1) 발전기 교환 후 점검

① 발전기 배선 연결 상태 점검: 발전기 교환 후 배선 및 커넥터의 연결 상태와 단자의 조임 상태를 점검한다.
② 발전기 작동 상태 점검: 발전기 교환 후 엔진을 가동하여 비정상적인 소음 발생이나 회전 상태를 점검한다.
③ 발전기 충전 경고등 점검
  ㉠ 엔진을 워밍업 한 후 점화스위치 OFF, 모든 전원을 OFF 한다.
  ㉡ 점화스위치를 ON으로 하고 충전 경고등이 점등되는지 확인한다.
  ㉢ 시동을 걸고 1~3초 정도 경과 후 충전 경고등이 소등되는지 확인한다.

(2) 충전장치(배터리)의 검사

멀티시험기를 활용한 전압 측정	용량시험기를 활용한 축전지 용량점검
• 자동차의 축전지 단자가 올바르게 연결되어 있는지를 확인한다. • 점화스위치를 ON에 위치하고, 모든 전기장치를 60초 동안 작동시킨다. • 점화스위치를 OFF 하고, 모든 전기장치를 OFF 한다. • 시험기의 선택스위치를 DC V 에 위치한다. • 적색 리드선을 (+) 단자에 흑색 리드선을 (-) 단자에 연결하여 전압을 측정한다. • 축전지의 규정 전압은 20[℃] 기준으로 12.3 ~ 12.9[V]이며, 측정값이 규정 전압 미만인 경우 충전하거나 교환한다.	• 축전지 용량시험기는 고정된 부하를 일정 시간 주었을 때 전압 강하량으로 성능을 판정한다. • 리드선을 축전지의 (+), (-) 터미널에 연결한다. • 선택스위치를 돌려 축전지의 용량에 맞게 설정한다. • 시험스위치를 5초 정도 눌러 축전지에 부하를 준다. • 표시창에서 전압 강하 시 전압값과 눈금이 위치한 색깔 영역으로 용량을 판정한다. 녹색은 정상, 황색은 충전 요망, 적색은 불량이다.

(3) 발전기 성능검사

① 로터 점검
  ㉠ 로터 코일의 단선 점검
    • 측정시험기로 슬립링과 슬립링 사이의 통전 여부를 점검한다.
    • 통전이 되는 것이 정상이다.
    • 통전이 되지 않는 경우에는 단선에 의한 불량으로 판단한다.
  ㉡ 로터 코일의 접지 점검
    • 측정시험기로 슬립링과 로터, 슬립링과 로터 축 사이의 통전 여부를 점검한다.
    • 통전이 되지 않는 것이 정상이다.
    • 통전이 되는 경우에는 불량이므로 로터를 교환해야 한다.
② 스테이터 점검
  ㉠ 스테이터 코일의 단선 점검
    • 측정시험기로 스테이터 코일 단자 사이의 통전 여부를 점검한다.
    • 통전이 되는 것이 정상이다.
    • 통전이 되지 않는 경우에는 스테이터 코일 내부 단선으로 판단으로 교환한다.
  ㉡ 스테이터 코일의 접지 점검
    • 측정시험기로 스테이터 코일과 스테이터 코일 사이의 통전 여부를 점검한다.
    • 통전이 되지 않는 것이 정상이다.
    • 통전이 되는 경우에는 불량이므로 스테이터를 교환해야 한다.

CHAPTER 03 시동 장치 정비

1. 시동장치의 구성요소와 구비조건

(1) 시동장치의 이해
① 내연기관은 스스로 시동할 수 없으므로 외부에서 동력을 공급하는 강제 시동장치(기동전동기)가 필요하다.
② 기동전동기는 전류가 흐르는 도체에 자기장이 작용할 때 발생하는 힘의 방향을 플레밍의 왼손법칙을 통해 설명할 수 있다.
③ 기동전동기는 구성 방식에 따라 직권형, 분권형, 복권형으로 분류된다.

직권형	• 시동 회전력이 크다. • 기전력은 회전속도에 비례한다. • 전기자 전류는 기전력에 반비례한다. • 회전력은 전기자의 전류가 클수록 크다.
분권형	회전속도가 거의 일정하며 회전력이 비교적 낮은 편이다.
복권형	직권식과 분권식의 특징을 모두 가지고 있다.

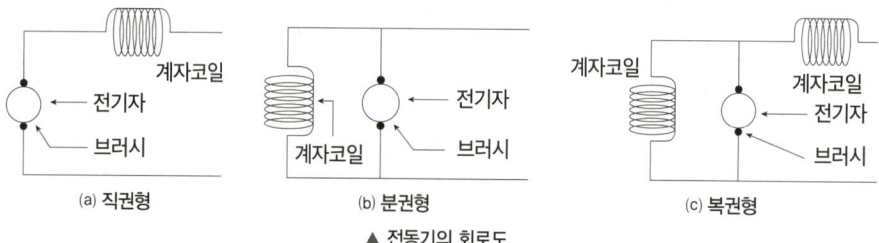

▲ 전동기의 회로도

(2) 기동전동기의 구성요소
기동전동기는 회전을 발생시키는 회전부, 이 회전력을 엔진에 전달하는 동력전달 장치, 그리고 피니언을 링 기어에 맞물리게 하는 작동부로 구성된다. 여기서 피니언과 링기어의 물림 방식에는 피니언 섭동식, 벤딕스식, 전기자 섭동식이 있다.
① 전기자(Armature): 전동기의 회전부에 속하며 축, 철심, 전기자 코일 등으로 이루어져 있다. 전류가 공급되면 자기장과의 상호작용을 통해 회전 운동이 유도된다.
② 정류자: 정류자는 전동기의 회전부에 속하며 일반적으로 경동 재질로 제작된다. 브러시와 접촉하여 전기자 코일로 전류를 전달하는 기능을 하고 정류자편 사이에는 약 1[mm] 두께의 운모 절연층이 삽입된다. 이 절연층은 정류자편보다 0.5~1.0[mm] 낮게 가공되며 이를 언더컷이라 한다. 언더컷의 허용 한계는 0.2[mm]이다.
③ 오버러닝 클러치: 전동기의 회전부에 속하며, 엔진 시동 후 역으로 전동기가 고속으로 구동되어 손상되지 않도록 피니언을 공회전시키는 역할을 한다. 주로 롤러식(영구 주유형으로 별도 윤활이나 세척이 불필요), 스프래그식, 다판 클러치식 등이 있다.
④ 점화스위치: 솔레노이드를 작동시키기 위해 B단자와 F(또는 M)단자를 연결하는 부품이다.
  • 전기자 코일: 절연된 코일로 루프 형태를 이루며 한쪽은 N극, 다른 한쪽은 S극이 되도록 철심의 홈에 삽입되어 있고 양단은 정류자에 납땜된다.
  • 전기자 철심: 두께 0.3~1.0[mm]의 규소강판을 절연하여 적층한 구조로 전류가 흐르면 전자석 역할을 한다.
⑤ 브러시: 구리 또는 흑연 재질의 직육면체 형태로 정류자에 밀착되어 전기자 코일로 전류를 공급한다. (+)브러시(절연)와 (-)브러시(접지)로 구분되며 고정부에 속한다.

⑥ 브러시 홀더: 브러시를 고정하고 장착하는 구조로, 접지 브러시가 납땜되며 고정부에 속한다.
⑦ 계자 코일과 계자 철심(고정부)
  ㉠ 계자 철심: 계자 코일을 지지하고 전류가 흐르면 자계를 형성하는 전자석 역할을 한다.
  ㉡ 계자 코일: 계자 철심에 감겨 있으며, 전류가 흐르면 자력을 발생시켜 철심을 자화시킨다.

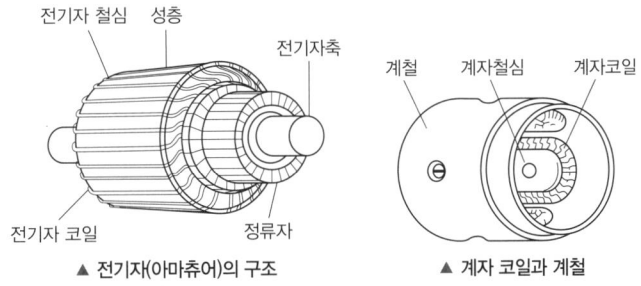

▲ 전기자(아마츄어)의 구조   ▲ 계자 코일과 계철

⑧ 베어링(부싱): 큰 하중을 지지해야 하므로 황동 또는 합금 재질의 부싱이 주로 사용된다.
⑨ 피니언 기어: 전기자 축에 장착되어 회전력을 플라이휠의 링 기어와 치합시켜 엔진으로 전달하는 동력전달장치이다. 일반적으로 링 기어와의 기어비는 10~15:1 정도이다.

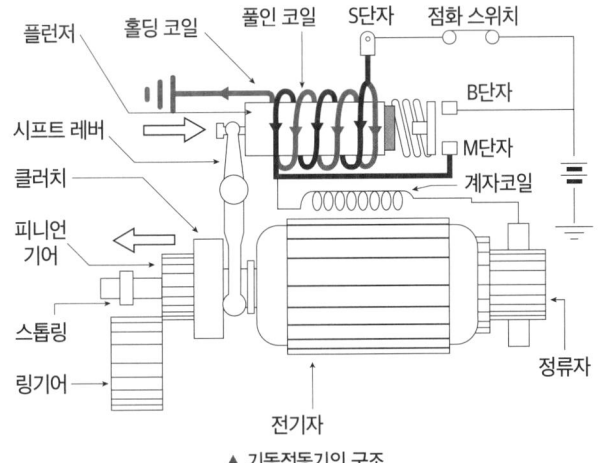

▲ 기동전동기의 구조

(3) 전동기의 구비조건
① 소형 경량이며 출력이 커야 한다.
② 기동회전력이 커야 한다.
③ 가능한 소요의 전원 용량이 적어야 한다.
④ 먼지나 물이 들어가지 않는 구조이어야 한다.
⑤ 기계적 충격에 견디어야 한다.

2. 기동전동기의 점검 및 정비시험

(1) 기동전동기의 시험

① 저항 시험: 권선의 저항을 측정하여 단락 및 접지 불량 여부를 확인한다.

② 회전력 시험: 기동전동기의 토크, 속도, 출력을 측정한다.

③ 무부하 시험: 차량에서 기동전동기를 탈착한 뒤 시행하는 시험으로 소비전력과 무부하 전류를 측정한다. 무부하 시험에는 축전지, 전류계, 전압계, 가변 저항, 회전계, 기동전동기, 점퍼리드선이 사용된다.

    ㉠ 절연시험: 기동전동기의 전기적 절연 상태를 확인한다.

    ㉡ 온도 상승시험: 작동 중 발생하는 온도 상승 정도를 측정한다.

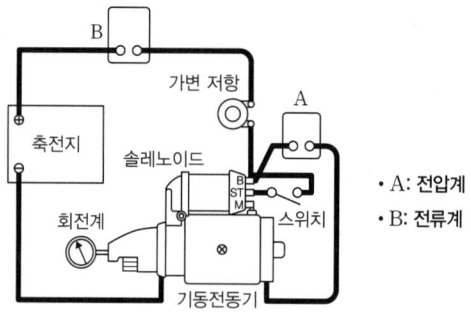

▲ 무부하 시험 회로도

④ 부하시험: 엔진 크랭킹 시 전압 강하와 소모 전류량을 측정하는 시험이다. 12[V] 축전지를 기준으로 전압 강하량이 20[%] 이내(축전지 전압 9.6[V] 이상)일 경우 정상으로 판단한다.

(2) 기동전동기 취급 시 주의사항

① 최대 연속사용 시간은 30초 이내이고 일반적으로 사용시간은 10~15초이다.

② 기동전동기의 설치부를 확실하게 조여야 한다.

③ 브러쉬는 흑연계 구리이며 1/3 이상 마모 시 교환한다.

④ 정류자의 편마모를 점검하고 언더 컷 깊이는 0.2[mm] 이상으로 한다.

⑤ 브러쉬 스프링의 장력이 규정값의 ±20[%] 이상이면 교환한다.

(3) 시동 점검

시동이 안 될 경우 시동장치의 고장유무를 점검하기 위하여 엔진을 구동하기 전에 파킹 브레이크를 작동시키고 축전지의 상태, 엔진오일 양, 냉각수 양, 각종 벨트의 상태 등이 양호한지 사전에 점검을 실시한다.

① 피니언기어 및 링 기어 점검

    ㉠ 점화 스위치를 START에서 ON으로 복귀했을 때 기동전동기의 피니언 기어와 링 기어가 분리되는지 확인한다.

    ㉡ 분리되지 않는다면 솔레노이드 플런저와 스위치의 고장, 피니언 기어 또는 오버러닝 클러치의 손상 여부를 점검한다.

② 축전지 점검
　㉠ 시동상치의 고장은 축전지와 시동회로 아니면 기동전동기의 고장일 수 있다.
　㉡ 점화 스위치를 START위치로 하여도 기동전동기가 전혀 작동하지 않거나 '딸깍' 소리만 나고 엔진이 회전하지 않는다면 축전지의 상태를 점검해야 한다.
　㉢ 축전지 단자의 손상, 부식, 오염 및 연결 상태를 점검한다.
　㉣ 축전지의 성능을 확인하기 위하여 축전지 용량시험기를 이용하여 축전지 전압 강하를 점검한다.
③ 솔레노이드 스위치 점검
　㉠ 솔레노이드 스위치의 M 단자에서 계자코일 케이블을 분리한다.
　㉡ 솔레노이드의 ST 단자에 (+) 전원을 연결하고 M 단자와 보디에 배터리 (−)를 연결할 때 10초 이상 연속 접속을 하지 않도록 한다.
　㉢ 솔레노이드의 ST 단자와 M 단자 사이에 배터리를 접속한 경우 플런저가 당겨져 피니언기어가 튀어나오면 풀인 코일(Pull−In Coil)이 정상이고 그렇지 않으면 솔레노이드 스위치를 교환한다.
　㉣ M 단자에서 (−) 단자를 탈거할 경우 피니언이 움직이지 않으면 홀드인 코일(Hold−In Coil)은 정상이다.
　㉤ 배터리 (−) 단자를 보디에서 탈거할 경우 피니언 기어가 즉시 원위치로 복귀하면 정상이다.

3. 기동전동기의 분석

(1) 기동전동기가 전혀 회전하지 않는 원인
① 축전지 충전전압이 낮거나 축전지 불량이 원인일 수 있다.
② 축전지 단자와 케이블의 접촉 불량이 원인일 수 있다.
③ 배선의 접촉 불량 및 단선, 퓨즈 또는 시동 릴레이 등이 불량일 수 있다.
④ 점화 스위치 또는 기동전동기의 불량이 원인일 수 있다.
⑤ 인히비터 스위치 또는 클러치 스위치의 불량이 원인일 수 있다.

(2) 기동전동기가 천천히 회전하거나 간헐적으로 작동되는 원인
① 전지 방전이나 기동전동기의 불량이 원인일 수 있다.
② 축전지 단자의 백화현상 또는 헐겁게 연결된 것이 원인일 수 있다.
③ 축전지 (−) 단자의 엔진 접지 및 차체 접지 불량이 원인일 수 있다.

(3) 점화 스위치가 Off 시에도 시동 전동기가 계속 회전되는 원인
① 점화 스위치 불량 (START 위치에서 리턴되지 않음)이 원인일 수 있다.
② 시동 릴레이 불량 (릴레이 내부 단락)이거나 기동전동기 불량이 원인일 수 있다.

(4) 회전전동기는 회전하지만 크랭킹이 되지 않는 원인
① 솔레노이드 스위치 불량이 원인일 수 있다.
② 기동전동기 피니언 기어의 이상 마모 및 파손 등이 원인일 수 있다.
③ 플라이휠 링 기어의 이상 마모 및 파손 등이 원인일 수 있다.
④ 피니언 기어와 링 기어의 맞물림 상태 불량이 원인일 수 있다.

4. 시동장치의 측정

(1) 축전지(배터리) 부하시험
① 방전기의 적색클립(+)를 축전지 (+)단자에 연결하고 흑색클립(−)을 축전지의 (−)단자에 연결한다.
② 축전지의 전압과 용량을 확인하여 부하시험기의 표시창에 입력한다.
③ LOAD 버튼을 누른 후 대기한다.
④ 축전지 부하 시험의 결과를 보고 충전 및 교환 여부를 결정한다.

(2) 기동전동기 부하시험
① 엔진 시동이 되지 않도록 연료 및 점화장치 관련 커넥터를 탈거한다.
② 전압계의 적색 리드선은 시동 전동기 B단자에, 흑색 리드선은 축전지 (−)단자에 연결한다.
③ 클램프 방식의 전류계를 시동 전동기 B단자와 축전지 (−)단자 사이의 배선에 설치한다.
④ 점화스위치를 START로 돌려 15초 이내로 크랭킹한다.

5. 시동장치 판정

(1) 크랭킹 시 전압 강하
① 크랭킹 시 전압 강하 측정 전압은 축전지 전압의 80[%] 이상이어야 한다.
② 12[V]인 경우 12×0.8=9.6[V] 이상이면 양호한 것으로 판정한다.

(2) 크랭킹 시 소모 전류
① 크랭킹 시 소모 전류는 축전지 용량의 3배 이하가 되는지 확인한다.
② 용량이 60[Ah]인 경우 60×3=180이므로 180[Ah] 이하면 양호한 것으로 판정한다.
③ 디젤 차량의 경우 엔진 배기량에 따라 전류값이 조금 높게 나오는 경우가 있다.

6. 충전장치 분해와 교환

(1) 기동전동기 분해 및 조립
① 솔레노이드 스위치 M단자 터미널을 분리한다.
② 기동전동기 2개의 고정볼트를 풀어 솔레노이드 스위치를 분해한다.
③ 프런트 하우징에서 솔레노이드 어셈블리를 떼어낸다.
④ 프런트 하우징에서 리어 커버와 계철을 분리한다.
⑤ 프런트 하우징에서 전기자, 시프트 레버, 홀더를 분리한다.
⑥ 브러시 홀더 고정 볼트를 풀고 리어 하우징과 계철을 분리한다.
⑦ 계철에서 브러시 홀더 어셈블리를 분리한다.
⑧ 관통 볼트 및 계철 분리/전기자와 레버 분해한다.
⑨ 리어 브래킷 분해/브러드 홀더 분리한다.
⑩ 기동전동기의 조립은 분해의 역순으로 한다.

(2) 기동전동기의 교환

시동전동기 탈거 준비	기동전동기 탈·정착
• 기동전동기 탈거 시 안전을 위하여 점화 스위치를 OFF 상태에서 축전지(−) 단자를 먼저 분리한다. • 작업 공간 확보를 위하여 엔진 룸에서 에어 클리너 어셈블리를 분리한다. • 에어 브리더호스를 분리한다. • 에어 흡기호스를 분리한다. • 에어 덕트(Air Duct)를 분리한다.	• 엔진룸에 있는 컨트롤 하네스 케이블에서 커넥터와 ST 단자를 분리한다. • 기동전동기 솔레노이드 스위치의 B 터미널 케이블 장착 너트를 풀고 (+) 전원선 케이블을 분리한다. • 기동전동기를 고정하는 2개의 볼트를 풀어 준다. 작업을 용이하게 하기 위하여 안쪽의 고정 볼트를 먼저 풀어 준 다음 바깥쪽을 풀어 준다. • 기동전동기를 탈거한다.

7. 시동장치 성능검사

(1) 기동전동기 점검

① 전기자의 정류자 표면을 점검하여 오염이 되었으면 사포를 이용하여 한곗값 내에서 수정하고 정류자의 외경을 측정한다. 측정값이 한곗값 미만일 경우 전기자를 교환한다.

② 정반 위에 V블록을 설치하고 다이얼게이지를 이용하여 런 아웃을 측정한다. 규정값은 0.05[mm] 이내이며 한곗값은 0.08[mm] 정도이다.

③ 정류자의 언더컷을 측정한다. 언더컷의 규정값은 보통 0.7[mm](한곗값 0.2[mm]) 정도이다.

④ 멀티테스터로 모든 정류자 편과 편 사이를 통전 시험한다. 만약 어느 하나라도 정상적으로 통전이 되지 않는다면 전기자를 교환해야 한다.

⑤ 정류자와 전기자축 및 전기자 코어 사이에 통전시험을 한다.

⑥ 그로울러 테스터를 이용하여 전기자 코일의 단선, 단락, 접지시험을 한다.

⑦ 오버러닝 클러치를 점검하여 다음과 같은 경우 교환한다.

　㉠ 손으로 잡고 돌려보았을 때 한쪽 방향으로만 부드럽게 미끄러지며 회전하는지 점검한다.

　㉡ 양방향으로 회전시켰을 때 모두 회전하거나, 모두 회전하지 않는 경우 교환한다.

　㉢ 오버러닝 클러치와 피니언 기어가 일체형일 경우 위와 같은 상황이 발생하였다면 피니언 기어가 마모되었거나 손상되었는지 점검한다.

(2) 솔레노이드 스위치 점검

① 솔레노이드 스위치 풀인 코일 검사

　㉠ 솔레노이드 스위치의 M 단자에서 배선을 분리한다.

　㉡ 솔레노이드 스위치의 ST 단자에 축전지 (+)전원을 연결하고 M 단자에 (−)전원을 연결한다.

　㉢ 전원 스위치를 10초 이내로 ON하고 작동상태를 점검한다.

　㉣ 전원 스위치가 ON 상태에서 플런저가 흡입되어 피니언 기어가 앞으로 튀어 나오면 풀인 코일은 정상이고, 그렇지 않으면 풀인 코일이 불량이므로 솔레노이드 스위치를 교환해야 한다.

② 솔레노이드 스위치 홀딩 코일 검사
  ㉠ 솔레노이드 스위치의 M 단자에서 배선을 분리한다.
  ㉡ 솔레노이드 스위치의 ST 단자에 축전지 (+)전원을 연결하고 솔레노이드 스위치 몸체에 (-)전원을 연결한다.
  ㉢ 전원 스위치를 10초 이내로 ON하고 작동상태를 점검한다.
  ㉣ 전원 스위치가 ON 상태에서 피니언 기어가 앞으로 튀어나와 움직이지 않고 정지 상태를 유지하고 있으면 정상이고, 그렇지 않으면 홀딩 코일이 불량이므로 솔레노이드 스위치를 교환해야 한다.
③ 솔레노이드 스위치 복원시험
  ㉠ 솔레노이드 스위치의 M 단자에서 배선을 분리한다.
  ㉡ 솔레노이드 스위치의 ST 단자에 축전지 (+)전원을 연결하고 시동 전동기 몸체에 (-)전원을 연결한다.
  ㉢ 전원 스위치를 10초 이내로 ON하고 작동상태를 점검한다.
  ㉣ 스위치가 OFF시키거나 배터리 (-)단자를 보디에서 탈거했을 때 플런저와 피니언 기어가 원위치로 돌아가면 정상이고, 그렇지 않으면 불량이므로 솔레노이드 스위치를 교환 한다.

8. 시동장치 측정 진단장비 활용

(1) 기동전동기 무부하시험
기동전동기를 탈거한 상태로 부하없이 공회전시켜 시험하는 것을 말한다.
① 기동전동기를 탈거하여 움직이지 않도록 바이스에 고정한다.
② 축전지에 시동전동기, 전압계, 전류계 및 가변저항기를 연결한다.
③ 기동전동기 보디에 축전지 (-)전원을 케이블로 연결한다.
④ 전압계의 적색 리드선은 시동 전동기 B 단자에, 흑색 리드선은 축전지 (-)단자에 연결한다.
⑤ 전류계를 시동 전동기 B 단자와 축전지 (+)단자 사이의 배선에 설치한다.
⑥ 점화 스위치를 START로 돌려 크랭킹한다. 크랭킹 시간은 10초 이내로 짧게 한다.
⑦ 크랭킹 시 전압 강하 측정 전압은 축전지 전압의 90[%] 이상이어야 양호하다.
⑧ 크랭킹 시 소모 전류는 축전지 용량의 ±10[%] 이하이어야 양호하다.

(2) 기동전동기 부하시험
기동전동기가 자동차에 부착된 상태에서 엔진을 크랭킹 시키면서 전압 강하 및 전류를 시험하는 것을 말한다.
① 기동전동기를 탈거하여 움직이지 않도록 바이스에 고정한다.
② 축전지에 시동전동기, 전압계, 전류계를 연결한다.
③ 기동전동기 보디에 축전지 (-)전원을 케이블로 연결한다.
④ 전압계의 적색 리드선은 시동 전동기 B 단자에, 흑색 리드선은 축전지 (-)단자에 연결한다.
⑤ 전류계를 기동전동기 B 단자와 축전지 (+)단자 사이의 배선에 설치한다.
⑥ 점화 스위치를 START로 돌려 크랭킹한다. 크랭킹 시간은 10초 이내로 짧게 한다.
⑦ 크랭킹 시 전압 강하 측정 전압은 축전지 전압의 80[%] 이상 즉, 12[V]인 경우 12×0.8=9.6[V] 이상이어야 양호하다.
⑧ 크랭킹 시 소모 전류는 축전지 용량의 3배 이하가 정상으로 용량이 60[Ah]인 경우 60×30=180[Ah] 이하이어야 양호하다.

CHAPTER 04 편의 장치 정비

1. 편의장치 점검과 진단의 개요

(1) 편의장치의 역할 및 편의성

ETACS는 Electronic(전자), Time(시간), Alarm(경보), Control(제어), System(장치)의 각 단어에서 첫 글자를 따서 만든 합성어로 차량 내 다양한 전자식 편의장치를 통합적으로 제어하는 시스템이다. 이 시스템은 자동차 전기장치 중 시간의 흐름에 따라 작동하거나 경고 기능을 통해 운전자에게 정보를 전달하는 여러 장치를 통합하여 제어하는 역할을 한다. ETACS는 다수의 스위치 입력 신호를 받아 시간 제어나 경보 제어와 관련된 출력을 수행한다.

(2) 편의 장치의 기능

① 시간 제어 기능: 간헐 와이퍼, 와셔 연동 와이퍼, 실내등, 열선, 시트벨트 경고등 등에 대해 타이머 또는 타이밍 차트를 기반으로 작동 시간을 제어한다.
② 전압 제어 기능: 각 장치의 작동 시 단자 전압을 제어하여 작동 강도 또는 반응을 조절한다.
③ 간헐 와이퍼 기능: 사용자 설정 또는 차량 속도에 따라 와이퍼 작동 간격을 제어한다.
④ 와셔 연동 와이퍼 기능: 워셔액 분사 시 일정 시간 후 자동으로 와이퍼가 작동한다.
⑤ 열선 타이머 기능: 후방 유리 및 사이드 미러 열선 작동 시간을 일정 시간 후 자동으로 종료한다.
⑥ 안전띠 경고 기능: 착석 여부 및 안전벨트 미착용 상태를 감지하여 일정 시간 동안 경고등 또는 경고음을 출력한다.
⑦ 실내등 감광 제어 기능: 조도 센서를 이용하여 주변 밝기에 따라 룸램프의 점·소등 또는 밝기 조절을 수행한다.

(3) 편의 장치의 종류

① 이모빌라이저: 각 차량 키에 고유 코드를 부여하고 센서를 통해 이를 인식하여 시동을 제어함으로써 차량 도난을 방지하는 장치이다.
② 트립컴퓨터: 계기판 중앙에 장착되어 평균 연비, 주행 거리, 평균 속도, 외기 온도 등 다양한 정보를 제공한다.
③ HUD(Head-Up Display): 주요 운전 정보를 앞 유리에 투사하여 운전 중 시선 이동을 최소화하고 안전 운전에 기여하는 장치이다.
④ 나이트비전 시스템: 야간 운전 시 적외선 센서를 활용하여 운전자의 시야 확보를 돕는 장치이다.
⑤ ECM 룸미러: 뒤차의 헤드라이트로 인한 눈부심을 줄여주는 장치이다.
⑥ 크루즈 컨트롤(Cruise Control): 일정 속도를 유지하도록 자동으로 제어해주는 속도 유지 장치이다.
⑦ 파워핸들 및 핸들 리모컨: 파워핸들은 운전자가 작은 힘으로도 핸들을 조작할 수 있도록 엔진의 구동력을 이용하는 장치이고, 핸들 리모컨은 스티어링 휠에 장착된 버튼을 통해 오디오나 핸즈프리 기능 등을 쉽게 조작할 수 있도록 도와주는 장치이다.
⑧ 유아시트 고정장치: 기존의 안전벨트 방식 대신 차량에 설치된 래치(Latch)에 카시트를 직접 연결하는 방식으로 보다 간편하고 안전하게 탈부착이 가능하다.
⑨ 패들 쉬프트(Paddle Shift): 스티어링 휠을 잡은 상태에서 빠르게 기어 변속이 가능하도록 하여 스포티한 주행을 지원하는 장치이다.
⑩ 클러스터 이오나이저(공기청정기): 음이온과 양이온을 적절히 방출하여 실내 공기를 정화하고 상쾌한 상태를 유지해주는 장치이다.

(4) 계기 및 보안장치

① 유압계: 엔진 윤활회로로 압송된 오일이 순환하는 과정에서의 압력을 측정하는 장치이다. 이 계기는 부르동 튜브식, 전기식 밸런싱 코일식, 바이메탈 서모스탯식의 세 가지 방식으로 나뉜다.
② 엔진오일 경고등: 윤활계통에 이상이 생겼을 때 경고등이 점등되어 운전자에게 이상을 알리는 장치이다.
③ 유압모터: 유압 펌프에서 발생한 유압에너지를 회전 운동의 기계적 에너지로 변환하는 역할을 한다.
④ 연료계: 연료탱크에 남아 있는 연료의 양을 표시하는 계기로, 일반적으로 전기식이 사용된다.
⑤ 온도계(수온계): 엔진 실린더 헤드 내부 물재킷의 냉각수 온도를 표시하는 장치이다.
⑥ 속도계: 차량의 속도를 측정하는 계측기로 일반적으로 조종석이나 운전석에 설치된다. 아날로그식과 디지털식으로 구분된다.
⑦ 전류계: 축전지의 충전 및 방전 상태와 그 전류의 크기를 표시하는 계기이다.
⑧ 충전 경고등: 충전 시스템의 이상 여부를 운전자에게 알리는 장치로 이상 시에는 점등되고 정상일 경우에는 소등된다.

(5) 경음기

자동차 또는 보행자에게 위험 상황을 경고하는 장치로 전기식과 공기식이 있다.
① 전기식: 전자석에 의해 진동판을 진동시키는 방식으로 다이어프램, 접점 및 조정 너트, 가동 판 등으로 구성된다.
② 공기식: 압축 공기를 이용하여 진동판을 진동시킨다.

(6) 윈드 실드 와이퍼

① 비나 눈으로 인한 악천후에서 운전자의 시야를 확보하기 위해 앞 유리를 닦는 장치이다.
② 일반적으로 축전지의 전류로 전동 모터를 구동하는 전기식이 사용된다.
③ 전동기부(동력 발생), 링크부(동력 전달), 와이퍼 블레이드(유리 닦음) 로 구성되어있다.
④ 와이퍼는 작동 속도에 따라 간헐 모드, 저속 모드, 고속 모드로 구분된다.

(7) 레인 센서

와이퍼 제어 시스템은 다기능 스위치에서 Auto 신호가 입력되면, 앞 유리 상단 내면부에 설치된 레인 센서 유닛이 강우량을 감지하여 자동으로 와이퍼 작동 시간 및 속도를 제어한다.

① 레인 센서의 분류

릴레이 직접 제어 방식	IG On 시 레인센서를 활성화하여 빗물 양을 감지하고, Auto 모드에서는 INT/Low/High 모드를 자동 제어한다.
릴레이 간접 제어 방식 (통신 라인 이용)	배선량 감소 및 DTC 코드 검출이 가능해 고장 진단이 용이하다.
통합형 레인 센서	강우량, 빛의 밝기, 일조량을 검출하며, 와이퍼, 오토 라이트, 중앙 공조 제어 등 복합 기능 제어가 가능하다.

② 레인 센서의 역할
  ㉠ 비를 감지하여 운전자의 조작 없이 와이퍼 작동 시간을 조절하고 Low/High 속도로 자동 제어한다.
  ㉡ 앞 유리 상단 내면부에 설치되어 수분량을 판단한다.
  ㉢ 차량 내부에서 LED 빛을 유리에 전반사시키고 반사되어 돌아오는 빛을 감지한다.
③ 레인 센서의 작동 원리
  ㉠ 적외선을 발사하고 유리창에 반사된 적외선을 감지하는 방식이다.
  ㉡ 빗물이 있을 경우 난반사로 인해 감지 센서가 이를 감지해 와이퍼가 작동한다.
④ 레인 센서의 작동제어: 다기능 스위치의 AUTO 신호 입력 시 빗물을 감지하여 와이퍼 모터를 제어한다.

⑤ 레인 센서의 종류
　㉠ 광학전도 방식 : 발광부와 수광부를 선면 유리 내부에 설치하고, 우직(Rain Drops)에 의한 빛 굴절률 변화에 따른 수광량 변화로 강우량을 판단한다.
　㉡ 정전용량 방식 : 앞유리에 떨어지는 빗물 양을 정전용량의 변화로 감지하고 강우량에 따라 와이퍼 동작을 자동 판단한다.
⑥ 레인 센서의 간섭 영향
　㉠ 발광·수광 다이오드 표면, 광학섬유, 커플링 패드, 윈드쉴드 접합부에 먼지가 쌓이면 측정 신호가 약화된다.
　㉡ 윈드쉴드와 커플링 패드의 접착면에 기포가 존재하면 측정 신호가 약화된다.
　㉢ 멀티미디어 기기가 손상되었거나, 브래킷이 진동으로 움직이거나, 와이퍼 블레이드나 헤드램프가 손상되었을 경우 레인 센서가 오작동할 수 있다.
⑦ 레인 센서의 고장진단

내부 이상 분석	• AUTO 모드에서 작동이 안된다. • LOW 모드 위치에서는 작동이 되나 HI 모드 위치에서는 작동 파킹(제자리) 위치를 찾지 못한다. • FAM(프런트 지역 모듈) 모듈 기능 중 와이퍼 신호만 비정상 동작을 한다.
윈드 글라스 접촉 불량 분석	• 와이퍼 스위치가 AUTO에 있고 레인 센서로부터 윈드 글라스 접촉 불량의 신호를 받으면 와이퍼 출력은 Off된다. • 고장 내용을 나타내기 위해서 감도 4에서 감도 3(단계1에서 단계2)으로 전환하면 로(Low) 신호를 한 번 출력한다.
입력 신호 불량 분석	와이퍼 스위치가 AUTO에 있고 레인 센서로부터 입력 신호 불량의 신호를 받으면 와이퍼 출력은 Off된다.

2. 편의장치의 조정 및 교환

(1) 편의장치의 개요

① 시트 메모리 시스템(IMS: Integrated Memory System): IMS는 운전자의 체형에 맞게 시트, 사이드미러, 스티어링 휠 등을 자동으로 조절해주는 시스템으로 간단한 버튼 조작만으로 설정된 위치로 복귀할 수 있다. 일반적으로 도어 손잡이나 전자 시트의 왼쪽 하단에 설치되며 시트 위치가 변경되어도 미리 저장된 설정값을 재생한다. 운전석에 앉자마자 시트 위치, 스티어링의 높이 및 깊이, 사이드미러 각도, 클러스터 밝기, 헤드업 디스플레이 위치 및 밝기 등을 자동으로 조정하고 승·하차 편의 기능, 후진 시 실외미러 자동 조절, 조향핸들 위치 자동 복귀 등의 기능도 있다.

　㉠ 시트 스위치에 의한 모터 제어 수동 기능
　　• 시트 수동 스위치는 일반적으로 시트 측면에 위치하며, 앞으로, 뒤로, 위, 아래 및 기울기 등 다양한 방향으로 좌석을 이동시키는 전기 모터에 명령을 보낸다.
　　• CPU가 폭주하거나 통신이 정지된 경우에도 매뉴얼 스위치를 통해 슬라이드 및 등받이 위치 조절이 가능하다.
　㉡ 메모리 기능 및 승하차 연동 동작
　　• 시트 메모리 시스템(IMS) 스위치는 최대 2명의 시트 위치를 기억 및 재생할 수 있는 메모리 기능을 제공한다.
　　• 운전자가 IMS 스위치를 조작하면 BCM(바디 제어 모듈)으로부터 수신한 LIN 데이터를 바탕으로 위치를 저장하거나 재생한다.
　　• 전원 상태가 OFF 또는 Non-OFF일 때, BCM의 LIN 데이터를 통해 승하차 연동 동작이 수행된다.

② 스마트 키
  ㉠ 스마트 키 유닛은 키에서 송신되는 무선 신호를 수신하여 키의 위치를 파악하고 차량 근처에 도달했을 때 자동으로 도어를 열거나 시동을 걸 수 있도록 제어하는 시동 시스템의 중심 장치이다.
  ㉡ 스마트 키는 일반적으로 433[MHz]의 특정 주파수를 사용하여 차량과 통신하는 신호를 송출한다.

스마트 키 유닛의 기능	스마트키 유닛의 제어
• 시스템 진단 • 시스템 지속 모니터링 • 이모라이저 통신(EMS와 통신) • 시동 정지 버튼(SSB) 모니터링 • 전자 스티어링 컬럼 록(ESCL) 제어 • 경고 보조 표시 메시지 제어 • 인증 기능(트랜스폰더 효력 및 FOB 인증)	• 스마트키 인증 • 스마트키 위치 파악 • 시동 및 전원 이동 제어 • 도어 잠금/해제 제어

스마트키 유닛의 입력	스마트키 유닛의 출력
• 스마트키(사용자 인증) • 도어 핸들 스위치(도어 잠금/해제 입력) • 시동 버튼(사용자 시동 신호 입력) • LF 안테나(차량 실내/실외 스마트키 감지)	• BCM(도어 잠금/해제 수행) • 전원 출력(시동 및 전원 이동 릴레이) • 외장 부저(차량 외부로 경고음 출력)

③ 전원 공급 모듈(PDM; Power Distribution Module)
  ㉠ PDM은 ACC, IGN1, IGN2를 위한 외장 릴레이를 작동하게 하는 제어에 연결된 기능을 실행한다.
  ㉡ IPM 모듈 이상 시 림프 홈 모드(Limp Home Mode)로 전환하기 위한 시스템 모니터링 기능을 실행한다.
  ㉢ ESCL 유닛의 잠김과 해제 상태, 외부 릴레이 작동 상태 확인과 외부 ECU로부터 CAN 라인 정보를 입력받아 ESCL 유닛의 전원과 외부 릴레이의 제어를 한다.
  ㉣ PDM의 주요 기능은 아래와 같다.
    • ESCL 유닛의 전원 공급 제어와 ACC, IGN1, IGN2, ST 전원 공급을 위한 외부 릴레이 제어 기능을 제어
    • 경보 및 경고등 제어(Chime Warning)
    • 앞유리 성애 제거(Front Deicer)
    • 도어 잠금/해제 제어
    • 파워윈도우 타이머 제어
    • 오토라이트 컨트롤 제어
    • MTS 연동 원격제어(무선 Door Unlock)
    • 도난방지 경고등 제어(Security Indicator Funtion)
    • 스마트 키 인증 실패 시 FOB 홀더를 통한 인증 절차 보조

> **Speed UP** 홀더의 주요 기능
> • 트랜스폰더(Transponder)가 내장된 스마트 키나 FOB의 자동 인증이 실패한 경우 FOB 홀더에 FOB를 삽입한다.
> • PDM 모듈을 통해 인증할 수 있도록 FOB 홀더에 전원을 공급 해 FOB를 인증할 수 있도록 한다.

④ 오토 라이트 시스템: 주변 밝기의 변화를 감지하여 운전자가 라이트 스위치를 직접 조작하지 않아도 오토 모드(Auto Mode)에서 자동으로 미등과 전조등을 점등시키는 장치이다. 조도 변화가 감지되면 해당 장치가 자동으로 작동하며 오토 라이트 센서, 전조등, 점등 스위치, BCM(Body Control Module) 등으로 구성되어 있다.

(2) 편의장치 분해조립 및 교환

① 레인센서의 탈부착

레인 센서 탈착	레인 센서 장착
• 레인센서 와이어링 커버를 분리한 후 작은 (-) 드라이버로 커버의 홀을 이용하여 잠금을 해제한 후 위로 올려 분리한다. • 와이어링 하네스 커넥터를 센서로부터 분리한다. • 윈드쉴드 글라스를 교체할 경우에는 레인센서를 기존의 윈드쉴드 글라스에서 떼어내 신품 글라스에 부착한다.	• 테이프를 사용하여 레인 센서 브래킷을 윈드쉴드 글라스에 장착한다. • 레인센서 커넥터를 연결한 후 레인 센서 글라스에 확실히 붙도록 센서 측면의 슬라이드를 이용해 브래킷에 고정한다.

② 윈드 실드 와이퍼 · 워셔 스위치와 프런트 와이퍼의 교환

윈드 실드 와이퍼 · 워셔 스위치 교환	프런트 와이퍼 교환
• 윈드 실드 와이퍼 · 워셔 스위치가 고장으로 판정되면 교환한다. • 나사 3개를 풀고 스티어링 컬럼 상부 및 하부 시라우드를 분리한다. • 다기능 스위치 교환이 필요하면 다기능 스위치 커넥터와 장착 나사 2개를 풀고 분리한다. • 점등 스위치 장착 나사 2개를 풀고 분리한다. • 와이퍼 스위치 커넥터와 장착 나사 2개를 풀고 분리한다.	• 와이퍼 암을 조심스럽게 탈거한다. • 와이퍼 블레이드 아래쪽에 있는 클립 또는 고정 레버를 눌러 고정 장치를 해제한다. • 블레이드를 와이퍼 암에서 밀어내거나 회전시켜 분리한다. • 신품 와이퍼 블레이드를 연결 부위에 맞춰 장착한다. • 와셔 노즐을 조정하여 워셔액 분사 위치를 규정에 맞춘다. • 장착은 역순으로 수행한다.

CHAPTER 05 등화 장치 정비

1. 등화장치의 개요

(1) 전선
자동차의 전기 회로에서 사용되는 전선은 무명(Cotton), 명주(Silk), 비닐 등의 절연 소재로 피복된 도체를 사용한다. 특히 고전압 케이블은 절연성이 매우 뛰어난 재질로 피복되어 있어 안정성이 우수하다.

① 규격표시방법: 전선의 규격은 "1.25RG"와 같이 표기한다. 여기서 1.25는 전선의 단면적을 나타내며 단위는 [mm^2]이다. R은 전선의 기본 색상을, G는 전선을 식별하기 위한 보조 색상(줄무늬 색)을 의미한다.

② 배선방식
  ㉠ 단선식: 부하의 한쪽 끝을 차량의 차체에 직접 접지하는 방식이다. 이 방식은 접지 지점에서 접촉 불량이 발생하거나 대전류가 흐를 경우 전압 강하가 생길 수 있기 때문에 주로 소전류가 흐르는 회로에 사용된다.
  ㉡ 복선식: 접지 측에도 별도의 전선을 연결하는 방식으로 전조등과 같은 대전류 회로에 주로 사용된다. 이 방식은 안정적인 전류 흐름을 유지할 수 있다는 장점이 있다.

③ 전기 회로(각종 전기장치) 전선의 피복 색깔
  ㉠ 직류 전원 시스템에서는 보통 (+)극은 빨간색, (-)극은 검은색 피복을 사용한다.
  ㉡ IEC 규정에서는 (+)선은 갈색, (-)선은 회색을 사용하도록 되어 있으나 접지에 연결되어 0[V] 전위를 가지는 중성선이 있을 경우 해당 선은 파란색을 사용한다.

④ 하니스: 전선을 배선할 때 각각의 전기적 연결을 용도별, 전기적 특성별로 분류하여 배선들을 커넥터화해서 한 번에 연결시켜 작업성, 안정성, 시인성을 향상한 배선뭉치를 하니스라고 부른다. 예컨대 컴퓨터에도 여러 선들이 뭉쳐져 있고 양쪽에 잭이 있는 배선을 볼 수 있다.

⑤ 전선의 배선 방식
  ㉠ 전압에 따른 방식: 고압배전, 저압배전
  ㉡ 전기성질에 따라 분류: 직류배전, 교류배전
  ㉢ 교류 저압배전 분류: 단상 2선식, 단상 3선식, 삼상 3선식, 삼상 4선식

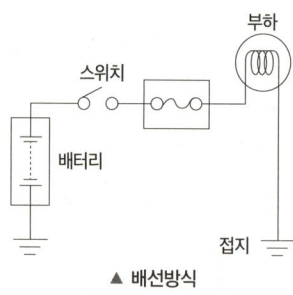

▲ 배선방식

(2) 전구
① 반사경: 필라멘트의 빛을 모아 일정방향으로 반사하는 기능을 수행한다.
② 렌즈: 필라멘트의 빛을 일정각도로 송출하는 기능을 수행한다.
③ 필라멘트: 전류에 의하여 발광 및 발열하는 부분이다.

(3) 전조등

① 조명의 용어

광속	광원에서 나오는 빛의 다발이다. 단위는 루멘(Lumen), 기호는 [Lm]이다.
광도	빛의 세기를 말하며 단위는 칸델라(Candela)이며, 기호는 [Cd]이다. 1[Cd]는 광원에서 1[m] 떨어진 1[m²]의 면에 1[Lm]의 광속이 통과하였을 때의 빛의 세기이다.
조도	빛을 받는 면의 밝기를 말한다. 단위는 럭스(Lux)이며, 기호는 [Lx]이다. 조도는 광원의 광도에 비례하고, 광원과의 거리의 제곱에 반비례한다.

② 전조등의 방식

실드 빔(Shield Beam) 방식	세미 실드 빔(Semi-Shield Beam) 방식	분할 방식
• 반사경, 렌즈, 필라멘트가 하나의 유닛으로 통합된 구조이며, 내부에는 불활성 가스가 충전되어 있다. • 외부 환경의 영향에도 반사경의 성능 저하가 거의 없다. • 사용 중 광도 변화가 거의 없다. • 필라멘트가 손상될 경우 전체 전조등 유닛을 교체해야 한다.	• 반사경과 렌즈가 고정된 일체형 구조이며, 필라멘트는 별도로 분리되어 교체가 가능하도록 구성된다. • 현재 대부분의 차량 전조등에서 가장 널리 사용되는 방식이다.	• 반사경, 렌즈, 필라멘트가 각각 독립된 구성으로 이루어진 구조이다. • 구조의 복잡성과 내구성 문제로 인해 현재는 거의 사용되지 않는다.

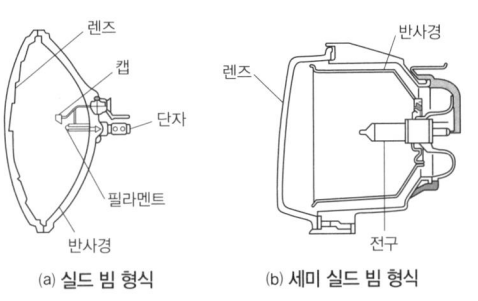

▲ 전조등의 방식

③ 할로겐 전조등

  ㉠ 필라멘트는 텅스텐으로 구성되며 내부에는 질소에 소량의 할로겐이 혼합된 불활성 가스가 충전되어 있다.

  ㉡ 일반 전조등에 비해 밝기가 뛰어나고 수명이 길며 광도 유지 성능이 우수하다.

  ㉢ 사용 중에도 흑화 현상이 발생하지 않아 조도가 일정하게 유지된다.

  ㉣ 백열전구에 비해 약 2배 높은 밝기와 수명을 제공한다.

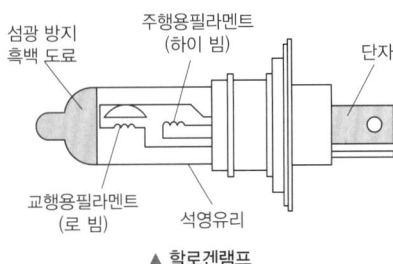

▲ 할로겐램프

④ 방전 헤드램프(HID)

  ㉠ 고전압 방전 방식의 전조등으로 할로겐 전구보다 널리 사용되는 제논 가스 봉입 램프가 대표적이다.

  ㉡ 이 램프는 금속 할로겐 화합물을 방전시켜 빛을 발생시키며 메탈 할라이드 램프라고도 불린다.

  ㉢ 태양광에 가까운 밝은 백색광을 발산하며 할로겐 전구보다 약 3배 높은 광도를 갖는다. 단, 초기 점등을 위해 20[kV] 이상의 고전압이 필요하기 때문에 인버터, 고압 케이블, 광축 조절용 액추에이터가 함께 사용된다.

⑤ 전조등 회로: 자동차 전조등 회로는 동일한 용도의 전구들이 병렬로 연결되어 있으며 각 전구가 개별적으로 안정적인 전류를 공급받을 수 있도록 구성되어 있다.

⑥ 전조등 시험기의 종류

스크린식	전조등과 시험기 사이의 거리를 3[m]로 하여 측정한다.
집광식	전조등과 시험기 간 거리를 1[m]로 설정하여 측정한다.
투영식	스크린식과 동일하게 3[m] 거리에서 측정한다.

⑦ 전조등 시험 시 주의사항

㉠ 전조등 시험 전에는 모든 타이어의 공기압을 규정값에 맞춰야 한다.

㉡ 수평이 유지된 평평한 장소에서 시험을 진행한다.

㉢ 전구, 렌즈, 반사경 등 관련 부품의 상태가 정상인지 점검한다.

㉣ 시험 대상이 아닌 전조등은 빛이 새어 나오지 않도록 가림막 등으로 차단한다.

㉤ 광도 측정은 하이빔(High Beam) 상태에서 실시하는 것이 원칙이다.

$$\text{Lux} = \frac{\text{Cd}}{l^2}$$

Lux: 조도, Cd: 광도, l: 피조면과 광원사이의 거리[m]

(4) 방향지시등

① 자동차의 진행방향을 표시하는 등화장치이며 비상점멸등과 하나의 회로로 구성된다.

② 플래셔 유닛을 통해 램프에 흐르는 전류를 일정한 간격으로 차단하여 점멸되도록 하며, 이로 인해 점등과 소등을 반복한다.

③ 점멸주기: 분당 60회 이상 120회 이하의 범위 내에서 작동해야 한다.

④ 고장진단

점멸이 느린 원인	점멸이 빠른 원인
• 전구의 용량이 규정보다 작은 경우 • 전구의 접지가 불량한 경우 • 축전지 용량이 저하된 경우 • 퓨즈 또는 배선의 접촉이 불량한 경우 • 플래셔 유닛에 결함이 있는 경우	• 전구의 용량이 규정보다 큰 경우 • 플래셔 유닛이 불량한 경우

(5) 안개등

① 안개등은 안개가 낀 상황에서 사용되는 등화장치로 전방의 시야를 확보하기 위해 설치된다.

② 일반적으로 자동차 전조등(헤드램프) 아래쪽에 장착된다.

③ 최근에는 흰색 LED 안개등이 사용되기도 하나 전통적으로는 노란색 계열의 전구가 널리 사용된다.

④ 안개는 지표면 가까이에서 발생하는 경우가 많아 안개등은 낮은 위치에서 넓은 각도의 빛을 조사하여 전방을 효과적으로 밝힌다.

(6) 미등(후미등)

차량의 후방에 장착되어 야간이나 어두운 환경에서 후속 차량이 앞 차량을 식별할 수 있도록 해주는 등화장치이다.

(7) 번호등

자동차 후면의 번호판을 비추는 조명장치로, 번호판의 식별을 위해 일정한 조도를 제공한다.

⑻ **제동등**
　① 제동등은 차량의 제동 상태를 후방 차량에 알리는 적색 신호등으로 주로 자동차나 오토바이의 후면에 설치된다.
　② 보조 제동등(센터 하이 마운트 스톱램프)은 운전자의 눈높이에 맞게 추가로 설치되어 제동 여부를 보다 명확하게 전달한다.
　③ 일반적으로 브레이크 페달을 밟으면 자동으로 점등되기 때문에 브레이크등이라고도 불린다.

⑼ **경음등**
　① 경음기는 전기식과 공기식으로 나뉘며 차량의 크기 및 용도에 따라 적절한 방식이 선택된다.
　② 공기식은 공기 압축기가 장착된 대형 차량에 사용되며 승용차에는 전기식 경음기가 주로 사용된다.

⑽ **속도계**
　속도계는 차량의 주행 속도를 1시간당 주행 거리 [km/h] 단위로 표시하며 변속기 출력축의 회전을 속도계 구동 케이블을 통해 전달받아 작동한다. 대표적인 방식으로는 자기식 속도계와 전자식 속도계가 있다.

2. 등화장치의 점검 및 분석

⑴ **전압 및 통전 테스트 진단장비 활용**
　① 램프테스트 램프를 사용하여 전압이 존재하는지 간단히 확인할 수 있다.
　② 일반적으로 12[V] 전구에 리드선을 연결한 구조이며 한쪽 선을 접지하고 나머지 선을 측정 지점에 접촉시키면 점등 여부로 전압 유무를 확인할 수 있다.
　③ 점등 여부를 통해 전류가 흐르는지 또는 전압이 인가되어 있는지를 판단할 수 있다.
　④ 전압계는 전압의 존재뿐만 아니라 전압의 세기까지 수치로 측정할 수 있는 장비이다.

⑵ **전압 및 통전 테스트 방법**
　① 전압 테스트
　　㉠ 모든 커넥터가 연결된 상태에서 커넥터 (A), (B), (C)의 1번 단자와 접지 사이의 전압을 측정한다. 예를 들어 측정값이 0[V], 5[V], 5[V]일 경우, (A)와 (B) 사이에 단선이 발생했음을 의미한다.
　　㉡ 테스트 램프 사용 시 점등되면 전압이 인가되어 있는 것이며, 전압계를 사용할 경우 수치 확인 후 규정값과 비교하여 이상 유무를 판단한다.
　② 통전 테스트
　　㉠ 테스트 전에는 축전지의 (-) 단자를 분리한다.
　　㉡ 커넥터를 분리한 후, 해당 커넥터와 접지 사이의 저항을 측정한다. 측정 저항값이 1[Ω] 이상이거나 특정 라인의 저항값이 1[Ω] 이하일 경우 해당 라인에 단락이 발생한 것으로 판단한다.
　　㉢ 멀티미터를 사용하여 저항값을 측정했을 때 일정한 저항값이 확인되면 해당 회로는 통전 상태로 판단한다.

(3) **미등 회로점검**

① 미등 퓨즈점검
　㉠ 미등 퓨즈의 위치는 정비 지침서를 참고하여 확인하고 테스트 램프 또는 멀티미터를 사용해 점검한다.
　㉡ 미등에 관련된 퓨즈는 엔진룸 정션 블록과 스마트 정션 블록에 각각 2개씩 배치되어 있다.
　㉢ 퓨즈 상단에 노출된 두 철심에 테스트 램프를 접촉하여 상태를 확인할 수 있다.
　　• 양쪽 철심 모두 점등되면 퓨즈는 정상이다.
　　• 한쪽은 점등되고 다른 한쪽은 점등되지 않는다면 해당 퓨즈는 단선된 것이다.
　　• 멀티미터로 점검할 때는 셀렉터를 저항 측정 모드에 맞추고 퓨즈 하단의 두 노출된 단자의 저항을 측정한다.
　　• 정상적인 퓨즈는 저항값이 나타난다.
　　• 단선된 퓨즈는 저항값이 무한대(∞)로 표시되거나 에러(Error) 메시지가 나타난다.

② 미등 릴레이 점검
　㉠ 실내 정션 박스의 I/P−H 핀과 I/P−D 핀 사이에 전원을 공급했을 때 I/P−H 핀과 I/P−G 핀 간에 전류가 흐르면 릴레이는 정상이다.
　㉡ 전원 공급을 해제한 후 I/P−H 핀과 I/P−G 핀 사이에 전류가 흐르지 않는다면 역시 정상으로 판단할 수 있다.

3. 등화장치의 교환 및 검사

(1) **등화장치 부품 교환**

① 안개등 교환

안개등 탈거	안개등 장착
• 배터리 (−) 단자를 탈거한다. • 프런트 사이드 커버 나사를 푼다. • 안개등 커넥터를 분리한다. • 안개등 전구를 탈거한다.	• 안개등 전구를 장착한다. • 안개등 커넥터를 장착한다. • 프런트 사이드 커버를 장착한다.

② 전조등 교환

전조등 탈거	전조등 장착
• 배터리 (−) 터미널을 분리한다. • 전조등 장착 볼트 3개를 풀고 커넥터를 분리한 후 전조등 어셈블리를 탈거 한다. • 전조등 어셈블리 고정 클립이 파손되지 않도록 주의한다. • 전구캡을 연다. • 고정스프링을 풀고 전구를 탈거한다.	• 커넥터와 전구를 장착한 후 고정클립을 사용하여 전구를 하우징에 고정시킨다. • 더스트 커버를 장착한다. • 전조등 램프 어셈블리를 장착한다.

③ 방향지시등 교환

방향지시등 탈거	방향지시등 장착
• 배터리 (−) 터미널을 분리한다. • 리어 콤비네이션 램프 장착 스크류 3개를 풀고 커넥터를 분리한 후 램프 어셈블리를 분리한다. • 리어 콤비네이션 램프 어셈블리를 분리한 후 전구를 교환한다. • 트렁크에서 램프 커버를 탈거한 후 장착된 너트 2개, 캡 너트 2개를 풀고 커넥터를 분리한 후 램프 어셈블리를 분리한다. • 트렁크 콤비네이션 램프 어셈블리를 분리한 후 전구를 탈거한다.	• 트렁크 콤비네이션 램프에 전구를 장착한다. • 트렁크 콤비네이션 램프를 장착한다. • 리어 콤비네이션 램프에 전구를 장착한다. • 리어 콤비네이션 램프를 장착한다.

④ 등화장치 진단 점검 장비사용 기술
  ㉠ 진징 계통을 정비할 때는 먼저 축전지의 음극 단자(-)를 분리해야 한다.
  ㉡ 반도체 부품의 손상을 방지하기 위하여 축전지의 음극 단자를 분리하거나 연결하기 전에 점화 스위치와 램프류 스위치를 모두 꺼야 한다.
  ㉢ 전선이 날카로운 부분이나 모서리에 닿아 손상되지 않도록 해당 부위는 테이프 등으로 감싸 보호해야 한다.
  ㉣ 퓨즈나 릴레이가 손상된 경우에는 반드시 정격 용량에 맞는 부품으로 교체해야 한다. 정격보다 높은 용량을 사용할 경우 부품 손상이나 화재의 위험이 있다.
  ㉤ 커넥터가 느슨하게 연결되면 고장이 발생할 수 있으므로 연결 상태를 확실하게 유지한다.
  ㉥ 하니스를 분리할 때는 반드시 커넥터 본체를 잡고 당기며 하니스를 직접 당겨서는 안 된다.
  ㉦ 잠금장치가 있는 커넥터는 아래쪽을 누른 상태에서 분리해야 한다.
  ㉧ 커넥터를 연결할 때는 '딱' 소리가 날 때까지 밀어 넣어야 완전히 연결된 것이다.
  ㉨ 부품을 교환할 때는 차종에 맞는 규격을 반드시 정비지침서를 통해 확인하고 교환한다.

(2) **등화장치의 검사**
  ① 등화장치 성능검사
    ㉠ 전조등 초점 정렬
      전조등의 초점은 조정 볼트를 이용해 조절하며, 초점 정렬 장비가 없는 경우에는 아래의 절차를 따른다.
      • 운전자, 연료, 스페어타이어, 잭, 엔진오일, 냉각수를 제외한 차량 내 모든 짐을 제거한다.
      • 차량을 평평한 지면에 주차한다.
      • 전조등 중심과 측정 스크린 간 거리는 25[m]로 유지한다.
      • 타이어의 공기압은 규정값에 맞춘다.
      • 서스펜션 스프링의 이상 여부를 확인하기 위해 프런트 및 리어 범퍼를 여러 차례 눌러본다.
      • 렌즈 표면에 이물질이 없도록 깨끗이 청소한다.
      • 전조등 광축 중심을 기준으로 수직선과 수평선을 스크린에 표시한다.
      • 배터리가 정상 상태임을 확인한 후, 전조등의 조정 볼트를 조정하여 기준값에 맞도록 초점을 정렬한다.
    ㉡ 전조등 조사방향 확인(육안 검사)
      • 타이어는 규정된 공기압으로 유지하고 운전자, 예비타이어, 공구를 제외한 모든 하중을 제거한다.
      • 차량은 평탄한 지면에 위치시킨다.
      • 각 전조등의 중앙을 통과하는 수직선과 수평선을 스크린에 그린다.
      • 전조등과 축전지를 올바른 위치에 놓은 뒤 전조등을 정렬한다.
      • 조정 노브를 이용하여 로우빔의 수평 및 수직 방향을 해당 차량의 기준값에 맞춰 조정한다.
      • 상향등을 켰을 때 가장 밝은 부분이 스크린상의 허용 범위(아래쪽 빗금 부분) 내에 들어오도록 조정한다.
      • 프런트 안개등 역시 켠 상태에서 컷 오프(Cut-Off) 선이 허용된 영역에 위치하도록 조정한다.

② 등화장치 측정 및 점검 장비사용 활용
　㉠ 전조등 시험기: 전조등 시험기는 전조등의 주광속 광축, 광도 및 조사 각도를 측정하기 위한 장비로, 상·하 및 좌·우 방향으로 설치된 4개의 광전지 홀더를 통해 스크린 상에 전조등의 배광 곡선을 나타낼 수 있다.
　　• 구조 및 기능: 이 시험기는「자동차 및 자동차부품의 성능과 기준에 관한 규칙」에 따라 전조등의 광도와 편차를 측정하여 적합 여부를 판정하는 데 적합한 구조로 되어 있어야 한다.
　　• 형식
　　　- 스크린형: 3[m] 앞쪽에 설치된 스크린을 기준으로 광전지 장치가 이동하면서 계측하는 방식이다.
　　　- 집광형: 1[m] 거리에서 렌즈 위치를 고정한 상태로, 4개의 광전지에 전조등 상을 맺히게 하여 그 균형을 기준으로 광축을 측정하는 방식이다.
　㉡ 전조등 측정방법 및 기준
　　• 측정 전 준비사항
　　　- 시험기의 수평 상태를 수평기를 통해 확인한다.
　　　- 축전지 상태가 정상인지 점검한다.
　　　- 차량은 시험기와 직각을 이루도록 배치하고 스크린형은 3[m], 집광형은 1[m] 거리에서 측정이 이루어지도록 정렬한다.
　　　- 시험기와 전조등의 중심점 두 개가 일직선상에 놓이도록 수평 조정나사로 조정한다.
　　　- 타이어의 공기압은 규정치로 설정하고 운전자가 탑승한 상태에서 측정한다.
　　　- 시험기의 좌우 다이얼과 상하 다이얼은 모두 0에 맞춘다.
　　　- 측정 대상 이외의 전조등은 빛이 새어 나오지 않도록 가려준다.
　　• 측정방법
　　　- 전조등을 점등하고 하이빔(상향등) 모드로 설정한다.
　　　- 시험기 본체를 좌우로 이동시키고 상하 이동 핸들을 돌려 스크린 상의 전조등 상이 일치하도록 조정한다.
　　　- 중심점이 +형 십자선 중심에 위치하도록 하여 눈금 값을 읽는다.
　　　- 시험기 지시부 상단에 표시된 눈금(기둥 눈금)을 확인한다.
　　　- 시험기를 좌우, 상하 방향으로 이동시켜 광축 지침이 0에 정확히 맞도록 조정한다.
　　　- 전조등 중심점이 스크린의 십자 중심과 일치하도록 좌우 및 상하 각도 조정 다이얼을 조절한다.
　　　- 좌우 및 상하 각도 조정 다이얼의 수치를 확인한다(단위: 각도 또는 [cm]).
　　　- 엔진 회전수를 약 2,000[rpm]까지 높인 뒤 광도계에 표시되는 수치를 읽는다.

CHAPTER 06 엔진 점화 장치 정비

1. 엔진 점화장치의 개요

(1) 점화장치의 종류
① 축전지 점화식(직류 전원 사용): 축전지를 전원으로 사용하여 점화코일에 전류를 공급하는 방식이다.
② 고압자석 점화식(교류 전원 사용): 고압자석 발전기에서 생성되는 교류 전기를 전원으로 사용하는 방식이다.
③ 반도체를 활용한 전자식 점화 방식: 트랜지스터 점화식, HEI(High Energy Ignition), DLI(Distributor-Less Ignition) 방식 등이 있다.
　㉠ 점화코일의 1차 전류를 단속하여 점화플러그에 고전압을 발생시킨다.
　㉡ 트랜지스터는 전류의 흐름을 차단하거나 흐르게하는 스위치 역할을 한다.
　㉢ 스위칭 작용을 통해 점화코일의 1차 전압을 단속하여 고전압을 유도한다.

(2) 점화장치의 요구조건
① 우수한 절연성을 갖출 것
② 전자파 간섭 및 잡음이 적을 것
③ 충분한 불꽃 에너지를 생성할 것
④ 높은 점화 전압과 충분한 여유 전압을 제공할 것
⑤ 점화 시기를 정밀하게 제어할 수 있을 것

2. 축전지 점화식의 구성

(1) 점화 스위치
운전자가 1차 전류를 개폐할 수 있도록 하며 축전지의 (+)단자와 점화코일의 1차 (+)단자 사이에 연결되어 있다.

(2) 점화 1차 저항
과도한 전류로 인한 점화코일의 손상을 방지하며 1차 회로에 직렬로 연결된 가변저항기이다.

(3) 점화코일
자기유도 및 상호유도 작용을 통해 2만~3만[V]의 고전압을 발생시키는 승압용 변압기이다.
① 고압 발생의 원리
　㉠ 자기유도 작용: 코일에 흐르는 전류가 단속되면 자계변화에 저항하려는 방향으로 기전력이 발생한다.
　㉡ 상호유도 작용: 하나의 회로에서 자속 변화가 발생할 때 인접 회로에 전류의 변화를 방해하려는 방향으로 기전력이 유도된다.

발생 전압
• 자기유도에 의해 발생하는 역기전력: $-L$(인덕턴스[H]) × 전류 변화율 $\left(\dfrac{dI}{dt}\right)$
• 상호유도에 의해 발생하는 역기전력: $-M$(상호 인덕턴스[H]) × 전류 변화율 $\left(\dfrac{dI}{dt}\right)$

② 점화코일의 구조
  ㉠ 1차 코일: 0.6~1.0[mm]의 절연 구리선을 200~300회 감는다. 감기 시작은 (+)단자, 끝은 (-)단자에 연결되며, 외측에 위치하여 방열이 용이하다.
  ㉡ 2차 코일: 0.06~0.1[mm]의 가는 구리선을 절연지를 층마다 삽입하여 철심 위에 15,000~20,000회 감는다. 시작은 1차 코일 끝에 연결된다.
  ㉢ 철심: 규소강판을 적층하여 구성되며 자력 손실을 줄인다.
  ㉣ 권수비: 1차 코일 대비 2차 코일의 권수비는 약 60~100 : 1이다.
  ㉤ 2차 전압의 유도: 단속기 접점이 열릴 때 1차 전류가 차단되면서 2차 코일에 고전압이 유도된다.
③ 점화코일의 종류
  ㉠ 개자 철심형 (케이스형, I형): 원통형 케이스에 코일이 봉입되며 절연 오일이나 컴파운드로 절연성과 냉각을 확보한다.
  ㉡ 폐자 철심형 (몰드형, 사각철심형, HEI형): 케이스 없이 철심이 외부에 노출되어 냉각성이 우수하며 1차 코일의 지름이 커 권수비를 작게 할 수 있다. 2차 코일을 외측에 배치가 가능하고, 고속에서의 성능이 뛰어나며 소형·경량이다.
④ 점화코일의 점검 기준
  ㉠ 1차 코일 저항: 약 3~5[Ω]
  ㉡ 2차 코일 저항: 약 8~10[kΩ]
  ㉢ 절연저항: 상온 50[MΩ] 이상, 80[℃]에서는 10[MΩ] 이상이어야 한다.
  ㉣ 불꽃 시험: 배전기 축을 1800[rpm]으로 회전시켜 불꽃 간극이 6[mm] 이상이어야 한다.
⑤ 점화장치 판정
점화코일 1, 2차 저항이 규정 값보다 낮은 경우 내부 회로가 단락으로 판단한다. 또한 무한대로 표시된 경우 관련 배선의 단선으로 판단한다.

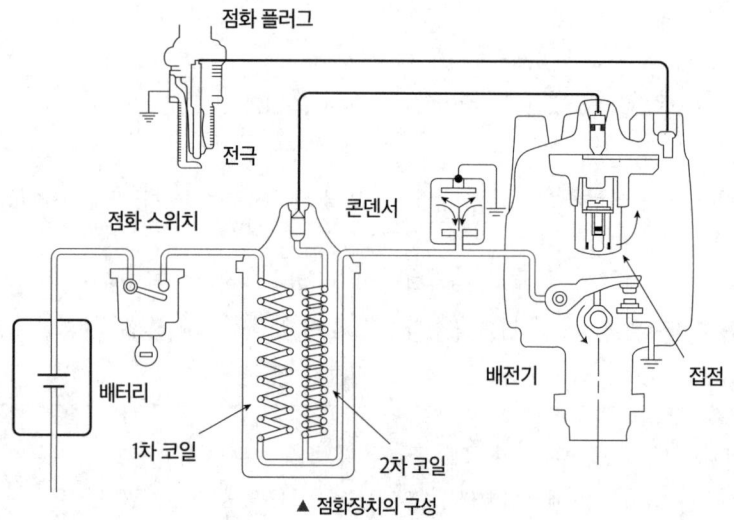

▲ 점화장치의 구성

(4) 배전기 어셈블리

① 배전기의 기능
  ㉠ 점화코일의 1차 전류를 차단하여 2차 고전압 유도를 유도하는 스위치 기능을 수행한다.
  ㉡ 점화 순서에 따라 고전압을 각 실린더의 점화플러그로 분배하는 역할을 한다.

② 배전기의 종류
  ㉠ 접점식 배전기(포인트식)
    - 접점(접지접점, 암접점), 캠, 단속기 암(Arm) 등으로 구성되어 있다.
    - 접점이 열릴 때 1차 전류가 차단되어 2차 고전압 발생하고 회전수 변화에 따라 점화 시기가 변화한다.
    - 접점 마모로 인한 신뢰성 저하 및 고속 회전 시 점화시기가 불안정하다는 단점이 있다.
  ㉡ 전 트랜지스터식 배전기(이그나이터식)
    - 픽업(Pick-Up) 센서를 통해 점화시기를 전기적으로 검출한다.
    - 시그널 로터의 회전으로 자력 변화가 발생하여 1차 전류가 차단되고 2차 고전압이 발생한다.
    - 기계적 단속장치가 없어 신뢰성이 높고 점화시기와 캠각 제어가 정밀하다.

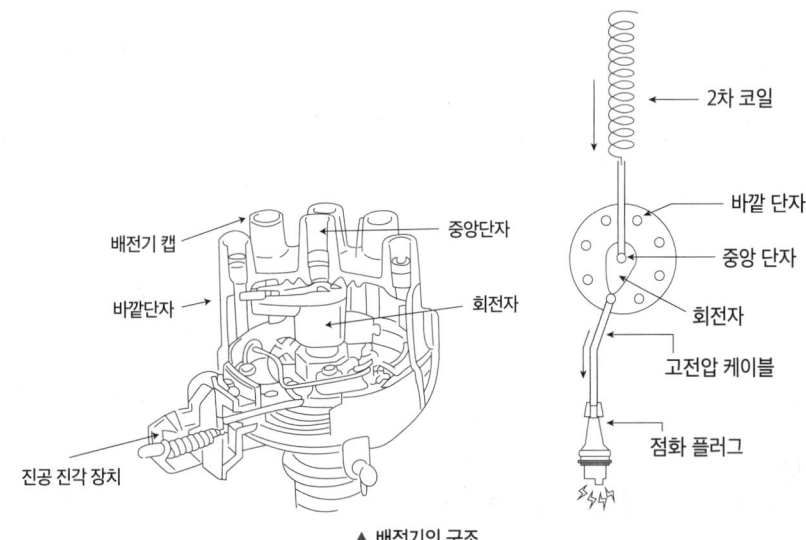

▲ 배전기의 구조

  ㉢ 광학식 배전기
    - 발광 다이오드와 포토다이오드, 구멍이 있는 디스크로 구성되어 있다.
    - 디스크 회전 시 포토다이오드에 빛이 투과되어 발생하는 전압신호를 ECU로 전달하고 ECU가 파워 트랜지스터를 제어하여 1차 전류 차단한다.
    - 전자제어 방식으로 고속에 적합하지만 배전 시 전압누출 방지는 어렵다.
  ㉣ 전자배전 점화장치(DLI; Direct Ignition)
    - 배전기 없이 점화코일이 직접 점화플러그와 연결되며, 실린더당 1개 또는 2개 연결 방식 존재한다.

동시 점화방식	하나의 코일이 두 개의 점화플러그를 동시에 점화한다.
독립 점화방식	하나의 점화코일이 개별적으로 장착되어 해당 플러그만 독립적으로 점화한다.
다이오드 분배방식	하나의 점화코일이 다이오드를 통해 2개의 실린더에 동시에 점화한다.

    - 센서(CAS, No.1 TDC 등) 입력을 받은 ECU가 파워 TR을 제어하고 점화코일에 고전압 유도한다.

- 전자배전 점화장치의 특징
  - 배전기에서의 누전이 발생하지 않는다.
  - 로터와 배전기 캡 전극 사이에서의 고전압 에너지 손실이 없다.
  - 배전기 캡에서 유발되는 전파 잡음이 없다.
  - 점화 진각 범위의 제어에 제약이 없다.
  - 고전압 출력을 낮춰도 방전 유효에너지에는 영향이 없다.
  - 내구성이 뛰어나고 전파장애가 없어 다른 전자제어 장치와의 상호 간섭이 없다.
  ⓓ CDI 점화장치(Condenser Discharge Ignition): 축전기에 약 400[V]의 직류전압을 충전하고, 점화 시 1차 코일을 통해 급속 방전하여 2차 코일에 고전압을 유도하는 방식이다.

(5) **고압케이블**
① 고전압을 점화코일에서 배전기로 다시 각 스파크플러그로 전달하는 역할을 하며 절연저항은 약 10[kΩ] 정도이다.
② T.V.R.S 케이블(Television Radio Suppression cable)을 사용하여 고압 전류가 흐를 때 발생하는 고주파를 억제하고 다른 전자장치에 전파 간섭이 발생하지 않도록 하는 케이블이다.

(6) **점화플러그**
① 점화플러그의 특징
  ㉠ 점화코일에서 유도된 고전압으로 불꽃을 발생시켜 압축된 혼합기를 점화한다.
  ㉡ 자기청정온도는 500~600[℃] 범위이다.
  ㉢ 혼합기의 혼합비는 방전 전압에 영향을 미친다.
  ㉣ 전극에는 일반적으로 니켈-망간 합금이 사용된다.
② 점화플러그의 구비조건
  ㉠ 고전압에 대한 절연성이 우수해야 한다.
  ㉡ 강한 불꽃을 안정적으로 발생시켜야 한다.
  ㉢ 열전도성이 낮고 내구성이 뛰어나야 한다.
  ㉣ 연소 시의 고온·고압을 견딜 수 있어야 한다.
  ㉤ 압축 및 폭발 행정 시 가스 누설이 없어야 한다.(기밀성)
  ㉥ 과열로 인한 조기점화(열점)의 원인이 되어서는 안 된다.
③ 점화플러그의 구조와 기능
  ㉠ 전극: 중심전극과 차체에 접지된 접지전극으로 이루어지며 간극은 약 0.6~0.8[mm]이다. 니켈 합금으로 제작되어 산화 및 부식에 강하다.
  ㉡ 절연체: 고전압 누설을 방지하는 부위로 자기 재질로 제작된다. 상단에는 플래시 오버를 방지하는 리브가 있다.
  ㉢ 셸(Shell): 절연체를 지지하고 플러그를 엔진에 고정하기 위한 부위이다.
④ 자기청정온도: 점화플러그의 전극이 적정한 온도를 유지함으로써 카본 퇴적에 의한 실화나 과열로 인한 열점 작용을 방지하는 온도이며, 온도 범위는 아래와 같다.
  ㉠ 자기청정온도: 450~600[℃]
  ㉡ 성능 저하온도: 400[℃]
  ㉢ 조기점화온도: 800~1,000[℃]

⑤ 열값(열가): 점화플러그의 열 방산 능력을 수치로 표현한 것으로 플러그 성능의 지표로 사용되며 절연체 하단부터 씰까지의 길이에 따라 결정된다.
  ㉠ 열형: 열 방산 능력이 낮아 저속·저압축 차량에 적합하다.
  ㉡ 냉형: 열을 잘 방산하며 고속·고압축 차량에 사용된다.
  ㉢ 중간형: 열형과 냉형의 특성을 함께 지닌 형태이다.

3. 엔진 점화장치의 점검 및 분석

(1) 점화플러그에 불꽃이 발생하지 않는 원인
① 파워트랜지스터에 이상이 있는 경우
② 크랭크각 센서에 이상이 있는 경우
③ 점화코일이 고장난 경우
④ 컨트롤 릴레이가 불량인 경우
⑤ 고압케이블이 손상된 경우
⑥ ECU가 고장난 경우

(2) 방전전압에 영향을 주는 요인
① 점화코일의 출력 성능
② 점화플러그 전극의 간극, 형태, 극성
③ 엔진 내부 혼합가스의 온도 및 압력 조건
④ 흡입 공기의 온도 및 습도

(3) 점화장치의 육안 점검
① 점화코일, 파워 트랜지스터, 배전기 등의 배선 커넥터가 정상적으로 연결되어 있는지를 점검한다.
② 배선 표면에 열로 인한 손상이나 외부 물리적 손상이 있는지 확인한다.
③ 배선 피복이 갈라지거나 마모되어 노출된 경우에는 반드시 교환해야 한다.

(4) 점화플러그의 점검
점화플러그는 불꽃 방전이 직접 일어나는 부품으로, 마모되거나 수명이 다하면 고전압을 요구하게 된다. 이는 점화코일과 점화계통 전체에 부담을 주어 출력 저하, 연비 악화, 유해 배출가스 증가 등의 원인이 되므로 주기적인 점검이 필요하다. 점검방법은 아래와 같다.
① 점화플러그 케이블을 분리한다.
② 분리하면서 점화플러그가 정상적으로 장착되어 있는지 확인한다.
③ 점화플러그 렌치를 사용하여 실린더헤드에서 점화플러그를 탈거한다.
④ 해당 점화플러그가 규정된 열가를 가지고 있는지 확인한다.
⑤ 다음 항목들을 점검한다.
  ㉠ 세라믹 절연체의 파손 및 손상 여부
  ㉡ 전극의 마모 정도
  ㉢ 카본 퇴적 유무
  ㉣ 개스킷의 파손 및 손상 여부
  ㉤ 점화플러그 간극 및 간극 내 절연체 상태

(5) 파워 트랜지스터의 점검
① 점화 스위치를 OFF 상태로 유지한 후 점검한다.
② 점화플러그 케이블을 분리한다.
③ 파워 트랜지스터 커넥터를 분리한 뒤 다음과 같이 전원을 인가한다.
- 3번 단자: (+) 3.0[V] 전원, ・2번 단자: (−) 전원
④ 디지털 회로 시험기의 레인지를 저항 측정 위치에 놓고 (+)측정 단자를 2번 단자에, (−)측정 단자를 1번 단자에 연결하여 통전 여부를 확인한다.
⑤ 전원 공급 시에는 통전되어야 하며 전원 미공급 시에는 통전되지 않아야 한다.

(6) 파워 트랜지스터 불량 시 나타나는 증상
① 시동 성능이 저하된다.
② 공회전 중 엔진의 부조 현상이 발생한다.
③ 크랭킹은 되지만 시동이 걸리지 않는다.

4. 점화장치의 조정

(1) 점화장치 진단장비 사용
① 엔진 종합진단기를 이용한 점화계통 센서 데이터 점검
 ㉠ 종합진단기를 이용하여 각종 센서 출력을 점검한다.
 ㉡ 자동차 운전석 하단의 자기진단 단자에 종합진단기 케이블을 연결한다.
 ㉢ 종합진단기에서 차종 및 시스템을 선택하고 센서 출력을 점검한다.

(2) 점화장치 관련 부품 조정
① 점화플러그 간극 점검
 ㉠ 점화플러그 점검을 위해 먼저 점화플러그를 엔진에서 탈거한다.
 ㉡ 점화플러그 나사산 및 전극에 오염물질이 있으면 플러그 청소기나 브러시를 이용하여 전극을 청소한다.
 ㉢ 점화플러그 간극 게이지를 이용하여 간극을 측정한다.
 ㉣ 일반적인 점화플러그 간극 규정 값은 1.0~1.1[mm]이며, 제조사별 정비지침서를 참조한다.
② 점화플러그 간극 조정
 ㉠ 플러그 간극 게이지로 플러그 간극을 점검하여 규정치 내에 있지 않으면 접지 전극을 구부려 조정한다.
 ㉡ 신품의 점화플러그를 부착할 때는 플러그 간극이 균일한가를 점검한 후에 장착한다.
③ 점화시기 점검 절차
 ㉠ 엔진이 공전하는 상태에서 타이밍 라이트를 사용해서 엔진의 점화 시기를 점검한다.
 ㉡ 배터리의 플러스 단자, 마이너스 단자에 각각 클립을 정확히 연결하고, 고압 픽업클립은 1번 실린더의 고압케이블에 설치한다.
 ㉢ 픽업클립의 방향 표시가 점화플러그 쪽을 향하게 정확히 연결해야 한다.
 ㉣ BTDC 4도에서 움직이면 정상이며, 점화 시기 점검 중 T 오버는 진각, T 다운은 지각을 의미한다.
④ 타이밍 마크 확인: 타이밍 라이트 스위치를 공전 상태에서 ON 시킨 후, 크랭크축 풀리와 타이밍 벨트 커버의 타이밍 마크에 발광을 비추어 타이밍 마크를 확인할 수 있다.
⑤ 회전속도 측정: 회전속도를 측정하는 타코미터(Tachometer)로 공전속도를 점검한다.

5. 점화장치 교환

(1) 점화장치 부품 교환

DLI 타입 점화코일 탈 · 부착	DIS 타입 1차 저항 점화코일 탈 · 부착
• 배터리 (−)단자를 탈거한다. • 엔진 커버를 탈거한다. • 점화플러그 고압케이블을 탈거한다. • 점화코일 커넥터를 탈거한다. • 점화코일 고정 볼트를 탈거한다. • 점화코일을 탈거한다. • 탈거 절차의 역순으로 점화코일을 부착한다.	• 배터리 (−)단자를 탈거한다. • 엔진 커버를 탈거한다. • 점화코일 커넥터를 탈거한다. • 점화코일 고정 볼트를 탈거한 후 점화코일을 탈거한다. • 동일한 방법으로 나머지 점화코일을 순차적으로 탈거한다. • 탈거 절차의 역순으로 점화코일을 부착한다.

점화코일 어셈블리 탈착	점화코일 어셈블리 부착
• 배터리 (−)단자를 탈거한다. • 엔진 커버를 탈거한다. • 점화코일 배선 커넥터를 탈거한다. • 점화코일 어셈블리에서 점화코일 패스너 2개를 탈거한다. • 리무버/인스톨러를 부착한다. • 점화코일 어셈블리를 탈거한다.	• 리무버/인스톨러를 부착한다. • 점화코일 어셈블리를 부착한다. • 리무버/인스톨러를 탈거한다. • 탈거 절차의 역순으로 점화코일을 부착한다.

(2) 고압 케이블 교환

DLI 타입 고압 케이블 및 점화 플러그 탈 · 부착	DIS 타입 1차 저항 고압 케이블 및 점화 플러그 탈 · 부착
• 배터리 (−)단자를 탈거한다. • 엔진 커버를 탈거한다. • 점화플러그 고압케이블을 탈거한다. • 점화플러그 소켓을 사용하여 점화플러그를 탈거한다. • 탈거 절차의 역순으로 점화플러그 고압케이블을 부착한다.	• 배터리 (−)단자를 탈거한다. • 엔진 커버를 탈거한다. • 점화코일 커넥터를 탈거한다. • 점화코일 고정 볼트를 탈거한다. • 점화플러그 소켓을 사용하여 점화플러그를 탈거한다. • 동일한 방법으로 나머지 점화코일을 순차적으로 탈거한다. • 탈거 절차의 역순으로 점화플러그와 고압케이블을 부착한다.

(3) 점화플러그와 점화코일 교환

점화플러그와 점화코일 어셈블리 탈착	점화플러그와 점화코일 어셈블리 부착
• 배터리 (−)단자를 탈거한다. • 엔진 커버를 탈거한다. • 점화코일 배선 커넥터를 탈거한다. • 점화코일 어셈블리에서 점화코일 패스너 2개를 탈거한다. • 리무버/인스톨러를 부착한다. • 점화코일 어셈블리를 탈거한다. • 리무버/인스톨러를 탈거한다. • 점화플러그 소켓을 사용하여 점화플러그를 탈거한다.	• 점화플러그 소켓을 사용하여 점화플러그를 탈거한다. • 리무버/인스톨러를 부착한다. • 점화코일 어셈블리를 부착한다. • 리무버/인스톨러를 탈거한다. • 탈거 절차의 역순으로 점화플러그와 고압케이블을 부착한다.

(4) 크랭크샤프트 포지션 센서 교환

크랭크샤프트 포지션 센서 탈거	크랭크샤프트 포지션 센서 장착
• 점화 스위치를 OFF로 하고, 배터리 (−)단자를 탈거한다. • 크랭크샤프트 포지션 센서 커넥터를 분리한 후 장착 볼트를 풀고 크랭크샤프트 포지션 센서(구형 차량은 크랭크각 센서)를 탈거한다.	• 부착하기 전에 센서 O−링에 엔진오일을 도포한다. • 센서 부착 시, 부착 홀에 밀어 넣어 부착한다. 이 때, 센서에 충격을 가하지 않도록 주의한다. • 부착 볼트를 조여서 크랭크샤프트 포지션 센서를 부착한다. • 크랭크샤프트 포지션 센서 부착 시, 규정 토크를 준수하여 부착한다. • 정확한 규정 값은 제조사 정비지침서를 참조한다.

(5) 파워 트랜지스터 교환
① 배터리 (−)단자를 탈거한다.
② 파워 트랜지스터 커넥터를 탈거한다.
③ 파워 트랜지스터 고정 볼트를 탈거한다.
④ 탈거 절차의 역순으로 파워 트랜지스터을 부착한다.

6. 엔진 시동장치의 수리

(1) 엔진 점화 회로 점검
① 축전지에서 메인 퓨즈, 퓨즈블 링크를 지나 점화 스위치에 있던 전원은 점화 스위치가 ON되면 점화 1차 코일에 도달 ECU 내부의 파워 트랜지스터로 들어간다.
② 이때 크랭크각 센서로부터 신호를 받은 ECU가 연산해 ECU 내부의 파워 트랜지스터 베이스에 전원을 단속해 2차 코일에 고전압을 형성하게 하고 점화코일로부터 2차 코일에 유도된 전류는 직접 각 점화플러그를 통해 실린더에 전원을 공급한다.

(2) 고압케이블 점검
① 고압케이블의 저항을 측정한다.
② 고압케이블을 살짝 구부려 외측 균열을 점검한다.
③ 고압케이블에 균열이 많으면 전기가 누설될 수 있다. 고압케이블의 외측 균열을 점검한다.
④ 고압케이블의 저항을 점검하여 규정 값 범위에 있으면 정상이다.

(3) 크랭크샤프트 포지션 센서 점검
① 크랭크 샤프트가 회전할 때마다 자석이 코일을 통과함으로써 전기 신호가 생성되고 이를 통해 크랭크 샤프트의 위치를 정확하게 감지하여 크랭크축의 위치와 회전수를 검출하는 센서이다.
② 일반적으로 2핀 커넥터를 사용한다.
③ 조작은 이 센서는 크랭크샤프트가 회전할 때 자기장의 변화에 따라 교류(AC) 전압을 생성한다.
④ 저항값으로 단선, 단락유무를 점검할 수 있으며 저항 테스트 시 내부저항은 200~1,000[Ω] 범위여야 한다. 이 범위를 벗어난 저항 판독 값은 오류를 나타낼 수 있다.

SUBJECT 04 자동차 섀시

빈출개념 #클러치·변속기 #조향장치 #제동 및 현가장치

CHAPTER 01 섀시 구조 및 클러치·변속기 정비

1. 자동차 섀시

(1) 섀시의 정의

섀시란 자동차의 동력 전달, 제동, 조향, 현가 등 주행에 필요한 주요 장치들이 설치된 하부 구조를 말한다.

(2) 자동차 섀시의 구성

① 동력발생장치: 자동차의 주행에 필요한 동력을 생성하는 장치로 일반적으로 엔진을 의미한다.

② 동력전달장치

　㉠ 엔진에서 발생한 회전력을 구동 바퀴에 효과적으로 전달하여 노면과의 마찰을 통해 추진력을 생성하는 장치이다.

　㉡ 엔진의 동력을 다양한 속도 범위, 즉 저속에서 고속까지 변환하여 전달함으로써 차량이 부드럽고 효율적으로 주행할 수 있도록 돕는다.

　㉢ 구성요소: 클러치, 변속기, 드라이브 라인, 종감속기어, 차동기어장치, 차축, 구동바퀴 등

　㉣ 동력전달방식: 후륜구동형(FR구동식), 전륜구동형(FF구동식)

후륜구동형(FR구동식)	전륜구동형(FF구동식)
• 클러치, 변속기, 추진축, 리어 액슬 등으로 구성되며, 엔진은 차량의 길이 방향(종방향)으로 배치된다. • 동력은 엔진 → 클러치 → 변속기 → 추진축 → 종감속기어(차동기어) → 액슬축 → 뒷바퀴 순서로 전달된다. • 차량의 무게 분포, 조향 안정성, 주행 안정성 면에서 유리한 구조이다. • 동력이 여러 단계를 거쳐 전달되기 때문에 손실이 크며, 전체 차량 무게가 증가하는 단점이 있다.	• 최근 대부분의 승용차에 채택되는 방식으로, 클러치, 변속기(Transaxle, T/A), 추진축 등으로 구성된다. • 엔진은 차량의 가로 방향(횡방향, Transverse)으로 배치된다. • 동력은 엔진 → 클러치 → 변속기 → 추진축 → 앞바퀴 순서로 전달된다. • 구조가 비교적 단순하여 후륜구동 방식에 비해 차량의 중량이 가볍고 동력 손실이 적다. • 실내 공간 활용이 효율적이며 연료 소비 측면에서도 유리하다. • 조향 성능이 떨어질 수 있고 경사로 등판능력이 낮다는 단점이 있다.

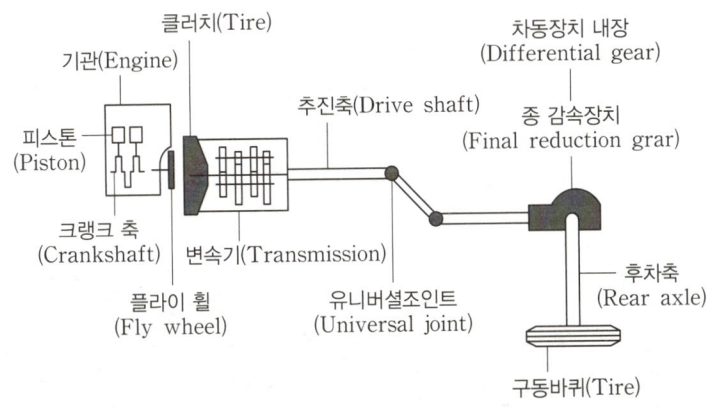

▲ 동력전달장치

③ 제동장치: 차량의 속도를 줄이거나 완전히 정지시키는 데 사용되며 주차 시 차량의 위치를 고정하기 위한 역할도 수행한다.
④ 조향장치: 운전 중 또는 주차 시, 운전자가 원하는 방향으로 차량의 진행 방향을 바꾸기 위해 사용하는 장치이다.
⑤ 현가장치: 차축과 차체 또는 차축과 프레임 사이에 위치하여 도로의 충격을 흡수하고 주행 안정성과 승차감을 높여주는 장치이다.
⑥ 휠과 타이어: 자동차의 회전 및 속도 조절에 관여하며 타이어 고무의 탄성으로 인해 불규칙한 노면에서 발생하는 충격을 흡수하여 승차감을 향상시키는 역할을 한다.

2. 자동차 프레임

(1) 프레임의 개요
엔진과 섀시의 여러 부품을 지지하고 고정하는 차량의 골격이다. 노면에서 전달되는 충격이나 힘에 충분히 견딜 수 있을 만큼 강인하면서도 가벼워야 한다.

(2) 프레임의 종류
① 보통 프레임
　㉠ H형 프레임: 구조가 단순하여 제작이 쉬우며 굽힘에 대한 강도가 우수하다.
　㉡ X형 프레임: H형에 비해 비틀림 강성이 뛰어나지만 제작과 부품 장착이 복잡하다.
② 특수 프레임
　㉠ 백보운형 프레임: 중심에 단일 강관을 배치하고 크로스 멤버 및 브래킷을 부착하는 방식으로 바닥이 낮게 형성되어 차량 전체 높이가 낮아지는 특징이 있다.
　㉡ 플랫폼형 프레임: 프레임과 바닥을 일체로 제작하여 구조적으로 굽힘과 비틀림에 대한 저항력이 높다.
　㉢ 트러스형 프레임: 지름 20~30[mm]의 강관을 트러스 구조로 구성하여 가볍고 강성이 뛰어나지만 대량 생산이 어렵다.
③ 일체 구조형: 프레임과 차체가 분리되지 않고 일체로 구성되어 차체 자체의 강성을 강화하여 각 부품을 장착하도록 설계된다. 이 구조는 차체를 가볍게 하고 높이를 낮출 수 있는 장점이 있지만 고속 주행 시 안정성이 떨어지고 내구 수명이 짧은 단점이 있다.

3. 클러치(Clutch)

(1) 클러치의 개요

클러치는 엔진의 플라이휠과 변속기의 입력축 사이에 위치하며 엔진에서 발생한 동력을 변속기로 전달하거나 반대로 동력을 차단하여 엔진이 부하 없이 공회전할 수 있도록 해주는 장치이다.

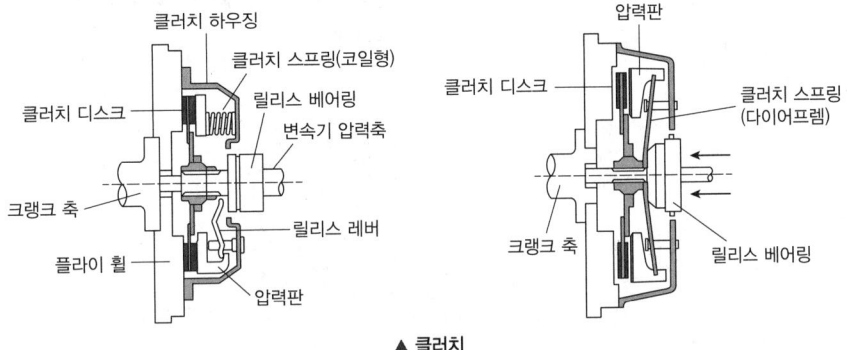

▲ 클러치

(2) 클러치의 필요성(역할)

① 출발 시 엔진의 동력을 서서히 연결하는 역할을 한다.
② 엔진의 관성 운전 또는 기동 시 동력을 일시 차단하는 역할을 한다.
③ 기어변속 원활히 이루어지도록 한다.

(3) 클러치의 구비조건

① 내열성이 좋아야 한다.
② 회전부분의 평형이 좋아야 한다.
③ 동력을 빠르고 정확하게 전달해야 한다.
④ 방열이 잘 되어 과열되지 않아야 한다.
⑤ 회전관성이 작아야 한다.

(4) 클러치의 종류

① 마찰 클러치: 고체 간의 마찰력을 이용해 동력을 전달하는 가장 일반적인 방식이다.
  ㉠ 원판 클러치: 작동 스프링의 형식에 따라 코일 스프링식, 다이어프램식, 크라운 프레셔식 등으로 분류되며 클러치 디스크 수에 따라 단판형과 다판형으로 나뉜다.
  ㉡ 원뿔(원추) 클러치: 주로 변속기 내부의 싱크로나이저 링과 콘(Cone)부에 사용되는 형태로 원추면 간의 마찰로 동력을 전달하는 클러치이다.
  ㉢ 원심 클러치: 원심력을 이용하여 엔진의 회전속도에 따라 자동으로 동력을 연결하거나 차단하는 클러치이다.
② 유체 클러치: 오일과 같은 유체를 매개로 하여 기계적 접촉 없이 회전력(동력)을 전달하는 클러치이다.
③ 전자식 클러치: 전자석의 자력을 이용해 회전수에 따라 클러치의 동작을 조절하는 방식으로 전자제어에 의해 작동된다.

(5) 클러치의 구조

① **클러치 판(Clutch Disk)**: 클러치 판은 플라이휠과 압력판 사이에 위치하여 양 표면의 마찰력을 통해 엔진에서 발생한 회전 동력을 클러치 축으로 전달하는 기능을 한다. 클러치 디스크 표면에 부착되는 라이닝(페이싱) 재질로는 과거 석면이 일반적으로 사용되었으나 발암성 물질로 분류되어 현재는 합성섬유나 금속섬유가 주로 사용된다. 또한 섬유의 길이와 제조 방식에 따라 위빙 라이닝(긴 섬유 사용)과 몰드 라이닝(짧은 섬유를 경화제와 혼합해 성형한 형태)으로 구분되며 오늘날에는 주로 몰드 라이닝이 널리 사용된다.

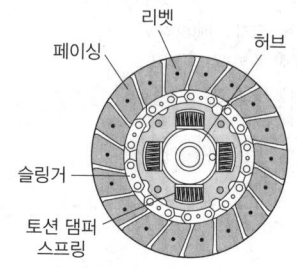

▲ 클러치판의 구조

㉠ 디스크 페이싱(디스크 라이닝): 클러치 판에서 실제적으로 마찰이 발생하는 부분으로 석면을 이용한 페이싱, 금속제 페이싱, 세라믹 소결 페이싱이 있다.
- 디스크 페이싱의 구비조건
  - 내열성, 내마모성이 커야한다.
  - 마찰계수가 커야한다.(약 0.3~0.5)
  - 온도변화에 따른 마찰계수의 변화가 적어야 한다.

㉡ 쿠션스프링: 클러치 페이싱 사이에 삽입된 물결 형태의 스프링으로 클러치 판이 플라이휠과 접촉할 때 발생하는 축 방향의 충격을 흡수해 주는 역할을 한다. 이 스프링은 디스크 페이싱에 리벳으로 고정된 구조를 갖는다.

㉢ 비틀림 코일 스프링(토션 댐퍼 스프링): 클러치 페이싱과 플라이휠이 맞닿을 때 생기는 회전 방향의 충격을 완화하여 페이싱의 편마모나 손상을 방지하는 기능을 한다. 이 스프링은 클러치 허브에 장착되며 회전 방향을 따라 비틀림 코일 형태로 설치된다.

㉣ 허브: 변속기의 입력축(클러치 축)과 맞물릴 수 있도록 스플라인이 형성된 부분으로, 클러치 디스크 중심부에 위치한다.

② **클러치 축(변속기 입력축)**
㉠ 클러치 축은 클러치 판과 연결되어 있으며 엔진에서 발생한 동력을 변속기로 전달하는 역할을 한다.
㉡ 축 표면에는 스플라인이 가공되어 있어 클러치 판의 보스부와 연결된다.
㉢ 클러치 판은 이 스플라인을 따라 축 방향으로 미끄러지며 이동하게 되며 이 움직임을 통해 동력의 연결과 차단이 이루어진다.
㉣ 클러치 축의 앞단은 크랭크축 후단에 장착된 파일럿 베어링으로 지지되며 뒷단은 변속기 케이스 내부의 볼 베어링에 의해 지지된다.

③ **압력판(Pressure Plate)**
㉠ 압력판은 클러치 스프링의 탄성력을 이용해 클러치 판을 플라이휠에 밀착시켜 동력이 원활히 전달되도록 해준다.
㉡ 플라이휠과 압력판은 항상 동일한 속도로 함께 회전하므로 동적 평형(밸런스)이 잘 유지되어야 한다.
㉢ 마모에 강하고 열에 잘 견디며 열전도율이 우수한 특수 주철로 제작된다.

④ 클러치 스프링: 클러치 스프링은 클러치 커버와 압력판 사이에 장착되어 압력판을 클러치 판 쪽으로 눌러주는 힘을 생성한다.

　㉠ 코일형 스프링: 6개에서 12개 정도의 코일형 스프링이 클러치 축 방향으로 배열되어 있다. 압력판을 누르는 힘은 다른 스프링 방식에 비해 강력하지만 회전 방향(횡방향)의 힘에는 상대적으로 약하며 저속 회전이나 고부하가 걸리는 엔진에 주로 사용된다.

　㉡ 다이어프램(막)스프링: 스프링강 재질의 원판을 부채살 형태로 프레스 가공한 뒤 열처리를 통해 탄성을 부여한 스프링이다. 이 스프링은 압력판을 누르는 기능 외에도 코일형 스프링에서의 릴리스 레버 역할까지 겸한다.

　　• 다이어프램의 특징
　　　- 압력판에 작용하는 누름 힘이 균일하게 분포된다.
　　　- 원판형 구조이므로 회전 시 균형이 잘 유지된다.
　　　- 고속 회전 상황에서도 원심력에 의한 장력 변화가 거의 없다.
　　　- 클러치 판이 일정 부분 마모되더라도 압력의 변화가 적어 안정성이 높다.
　　　- 클러치 페달 조작 시 필요한 힘이 적고 구조가 단순하여 취급이 용이하다.

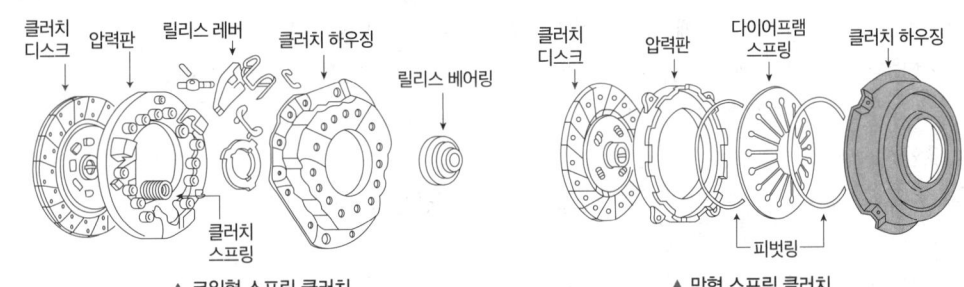

▲ 코일형 스프링 클러치　　　　▲ 막형 스프링 클러치

　㉢ 크라운프레셔 스프링: 전체적인 작동 방식은 다이어프램 스프링과 유사하나 스프링의 형상이 약간 다르다.

⑤ 릴리스 레버: 클러치를 분리할 때 릴리스 레버는 클러치 스프링을 눌러 압축함으로써 압력판이 클러치 판을 누르던 힘을 제거한다. 이로 인해 클러치 판은 원심력에 의해 플라이휠로부터 떨어지게 되며 동력 전달이 차단된다.

⑥ 클러치 커버: 강판을 프레스 성형하여 제작되며 내부에는 압력판, 릴리스 레버, 클러치 스프링 등이 조립된다.

⑦ 릴리스 베어링: 릴리프 포크의 작용으로 클러치 축 방향(길이 방향)으로 이동하면서 회전 중인 릴리스 레버를 눌러 클러치 스프링을 압축시킨다. 이 과정을 통해 클러치가 분리되어 동력전달이 차단된다.

　㉠ 종류: 앵귤러 접촉형, 볼베어링형, 카본형
　㉡ 특징
　　• 영구윤활 처리되어 있으므로 솔벤트(세척액)을 사용하여 세척하지 않는다.
　　• 릴리스 레버와 접촉할 때만 회전한다.

(6) 클러치 페달의 자유간극(유격)

클러치 페달의 자유간극이란, 페달을 밟았을 때 릴리스 베어링이 릴리스 레버에 접촉하기 전까지의 움직인 거리를 의미한다. 실제로 베어링과 레버 사이의 물리적 간격은 약 2~3[mm] 정도이지만, 클러치 페달의 지렛대비(레버비)를 고려하면 페달에서 느껴지는 유격은 더 크다.

① 규정 간극
　㉠ 기계식의 경우: 20~30[mm]
　㉡ 유압식의 경우: 슬레이브 실린더 로드와 릴리스 포크 사이의 유격은 약 2~4[mm]

② 클러치 페달의 유격이 규정 값보다 클 경우
　㉠ 클러치가 완전히 분리되지 않아 변속 시 충격이 발생할 수 있다.
　㉡ 클러치가 제대로 차단되지 않아 반클러치 상태가 지속되고 클러치 페이싱의 마모가 가속된다.
③ 클러치 페달의 유격이 규정 값보다 작을 경우
　㉠ 클러치 판과 플라이휠이 제대로 밀착되지 않아 동력 전달이 원활하게 이루어지지 않는다.
　㉡ 클러치 판이 과도하게 마모되는 문제가 발생할 수 있다.

(7) 클러치 작동
① 기계식 클러치
　㉠ 로드나 케이블(와이어)를 이용하여 클러치의 연결과 분리를 제어하는 방식이다.
　㉡ 구조가 단순하며 작동이 직관적이고 확실한 것이 특징이다.
　㉢ 클러치 페달의 자유간극은 케이블 링크에 장착된 조정 너트로 조절할 수 있다.
② 유압식 클러치: 클러치 페달을 밟을 때 발생하는 유압을 이용하여 클러치를 연결하거나 분리한다.
　㉠ 유압식 클러치의 구성요소
　　• 마스터 실린더: 클러치 페달이 눌릴 때 유압을 생성하는 부품이다.
　　• 릴리스 실린더(슬레이브 실린더, 오퍼레이팅 실린더): 마스터 실린더에서 전달된 유압을 받아 푸시로드를 작동시키며, 이 로드가 릴리스 포크를 밀어 클러치를 분리시킨다.
　㉡ 유압식 클러치의 특징
　　• 마찰 저항이 작기 때문에 작은 힘으로도 클러치 페달을 조작할 수 있다.
　　• 조작이 빠르고 정확하게 이루어진다.
　　• 엔진과 클러치 페달의 배치를 자유롭게 설계할 수 있다.
　　• 상대적으로 구조가 복잡하고, 오일누출이나 공기 유입 시 클러치 조작이 어려워진다.

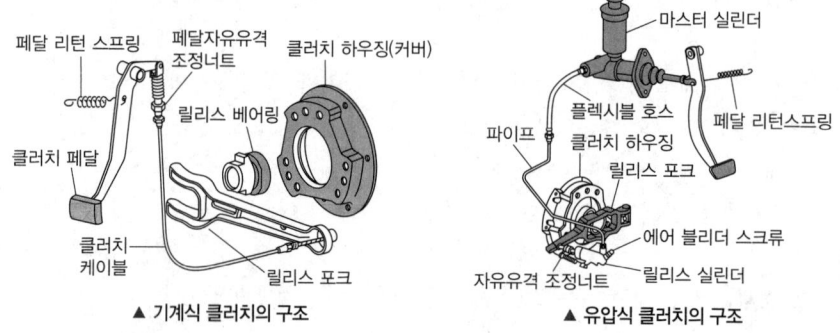

▲ 기계식 클러치의 구조　　▲ 유압식 클러치의 구조

(8) 클러치의 성능
① 클러치의 용량: 클러치가 엔진에서 발생한 회전력을 얼마나 전달할 수 있는지를 나타내는 수치이며 엔진 회전력의 1.5~2.5배 정도이다.
　㉠ 클러치 용량이 클 경우: 클러치가 연결될 때 충격이 커 엔진이 멈출 수 있다.
　㉡ 클러치 용량이 작을 경우: 클러치가 미끄러져 페이싱이 빠르게 마모된다.
　㉢ 클러치가 미끄러지지 않을 조건

$$Tfr > C$$

T: 스프링 장력, f: 클러치 판과 압력판 사이의 마찰계수, r: 클러치 판의 평균 유효반경, C: 기관의 회전력

② 구동력: 구동 바퀴가 차량을 밀거나 끌어당기는 힘을 의미하며 단위는 [kgf]이다.
  ㉠ 구동축에서 발생하는 회전력에 비례하여 커진다.
  ㉡ 차량이 일정한 속도로 주행하기 위해서는 구동력이 주행 저항보다 크거나 같아야한다.
  ㉢ 구동력은 엔진 회전수와는 무관하게 일정한 힘으로 작용한다.

$$F = \frac{T}{r}$$

F: 구동력[kgf], T: 회전력[m·kgf], r: 구동 바퀴의 지름[m]

③ 유체클러치(유체 커플링): 엔진의 동력을 유체의 운동 에너지로 변환한 뒤 다시 기계적 동력으로 바꾸어 전달한다.
  ㉠ 유체클러치의 구성 및 작동
    • 펌프: 엔진의 크랭크축과 연결되어 회전동력을 생성하고 유체를 회전시키는 역할을 한다.
    • 터빈: 변속기 입력축과 연결되어 있으며 펌프에서 전달된 유체의 흐름으로 회전력을 전달받는다.
    • 가이드 링: 유체가 회전할 때 발생하는 와류를 억제하여 효율적인 동력전달이 가능하도록 돕는다.
  ㉡ 유체클러치의 특징
    • 조작이 쉽고 클러치 조작기구가 필요 없으며 과부하를 방지하고 충격을 흡수한다.
    • 마찰 클러치 형식에 비하여 동력전달효율이 약간은 낮다.
    • 동력전달 효율은 약 96~98[%] 정도이다.
  ㉢ 유체 클러치 오일의 구비조건
    • 점도가 낮을 것   • 비중이 클 것   • 착화점이 높을 것
    • 유성이 좋을 것   • 내산성이 클 것   • 비점이 높을 것
    • 융점이 낮을 것   • 윤활성이 좋을 것

④ 토크 컨버터
  ㉠ 토크 컨버터는 기본 구조가 유체클러치와 유사하지만 여기에 스테이터(Stator)가 추가되어 있다는 점에서 차이가 있다. 스테이터는 작동 유체의 흐름 방향을 조절하여 펌프에서 터빈으로 전달되는 유체 에너지를 효율적으로 전환시킴으로써 회전력(토크)을 증가시킨다.
  ㉡ 유체클러치가 토크를 1:1 비율로 전달하는 반면, 토크 컨버터는 약 2~3:1까지 토크를 증폭시킬 수 있다.

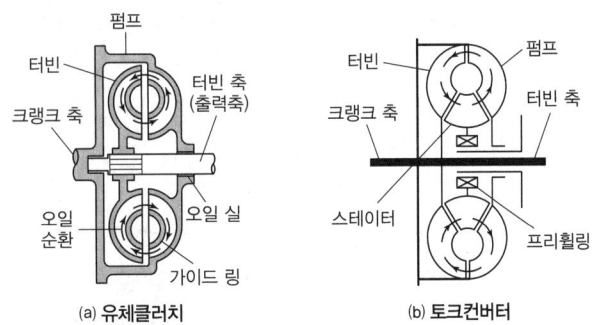

▲ 유체 클러치와 토크 컨버터

⑤ 클러치 점(커플링 점)
  ㉠ 클러치 점이란 토크 컨버터 내에서 펌프와 터빈의 토크가 동일해지는 시점을 말하며 이때 스테이터는 자유롭게 회전(플리휠링)하게 된다.
  ㉡ 이 시점부터 토크 컨버터는 유체커플링과 마찬가지로 토크 증폭 없이 단순한 동력 전달 장치로만 작동하게 된다.
  ㉢ 일반적으로 터빈 회전속도와 펌프 회전속도의 비율이 약 0.86~0.90 정도에 도달하면 클러치 점이 형성된다.

4. 수동변속기(Manual Transmission)

(1) 수동변속기의 개요
수동변속기는 엔진과 추진축 사이에 장착되어 주행 조건에 맞춰 회전력과 속도를 조절한 뒤 구동바퀴에 동력을 전달하는 장치이다.

(2) 수동변속기의 필요성
① 차량 출발 시 중량에 의한 관성으로 인해 큰 구동력이 필요하기 때문에
② 엔진의 회전속도를 변경하기 위해
③ 시동 직후나 정차 상태에서 엔진을 무부하(공회전) 상태로 유지하기 위해
④ 후진이 가능하도록 회전 방향을 전환하기 위해
⑤ 발진 시 각 부에 응력을 완화하고 마멸을 최소화하기 위해

(3) 수동변속기의 구비조건
① 변속은 연속적 또는 단계적으로 이루어져야 한다.
② 조작이 간편하고, 변속이 빠르고 정확하며 부드럽고 정숙하게 작동되어야 한다.
③ 소형 경량 구조를 갖추고 내구성이 높고 정비가 쉬워야 한다.
④ 동력 전달 효율이 뛰어나야 한다.

▲ 변속기의 구조(후륜구동)

(4) 수동변속기의 종류
① 점진기어식 변속기: 2륜차나 트랙터 등에 사용되며 1단부터 최고단까지 순차적으로 단수를 올려야 하는 방식이다.
② 선택기어식 변속기: 사용자가 원하는 기어를 선택하여 직접 변속할 수 있다.
　㉠ 섭동기어식
　　• 작동: 변속 시 기어 자체가 축 방향으로 이동(섭동)하여 부축 상의 기어와 직접 맞물리는 방식이다.
　　• 특징: 구조가 단순하고 조작이 간단하지만 기어 치합 시 소음과 충격이 발생한다. 주로 후진기어 등에 사용된다.
　㉡ 상시물림식(상시치합식)
　　• 작동: 부축에 고정된 기어와 주축에 장착된 단기어(Shift Gear)가 항상 맞물린 상태로 회전하며 변속 시에는 도그 슬리브가 단기어의 도그와 맞물려 동력을 전달한다.
　　• 특징: 구조가 단순하고 헬리컬 기어를 사용함으로써 하중을 잘 견디고 조용한 운전이 가능하다. 다만 도그 치합 시 소음이 발생할 수 있다.

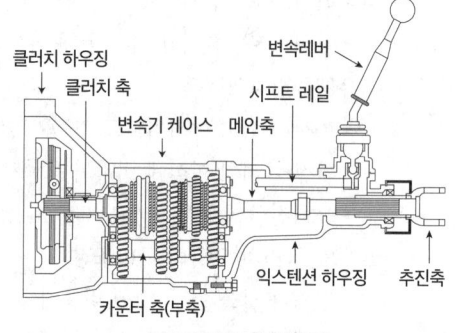

▲ 상시물림식 변속기

　㉢ 싱크로메시(Synchro-Mesh Type, 동기물림식)
　　• 작동: 싱크로메시란 감속비가 다른 기어를 맞물리게 하기 전에 원추형의 원판을 서로 마찰시켜 회전속도를 일치시킨 다음에 힘을 전달하여 기어의 손상을 방지하는 동기치합 작용을 한다.
　　• 싱크로메시의 특징
　　　- 상시물림식의 단점을 개선한 구조이다.
　　　- 변속하려는 기어와 메인 스플라인과의 회전수를 같게 하여 변속 충격을 줄이고 부드러운 회전을 가능하게 한다.
　　　- 더블 클러치나 가속 조작 없이도 변속이 가능하다.
　　　- 기어 이의 수명이 길다.
　　　- 헬리컬 기어 사용으로 하중을 잘 견딘다.

- 동기 물림 장치(싱크로 메시 기구)의 구성장치
  - 클러치 허브: 클러치 허브는 내부에 스플라인이 가공되어 있어 변속기의 주축에 고정되며 이에 따라 주축과 동일한 속도로 회전한다. 허브의 외주에는 3개의 싱크로나이저 키가 설치되고, 클러치 슬리브는 스플라인을 통해 외측에 장착된다.
  - 클러치 슬리브: 슬리브 외측에는 시프트 포크가 맞물릴 수 있는 홈이 가공되어 있으며 내측은 스플라인을 통해 클러치 허브에 결합된다. 변속 레버의 조작에 따라 슬리브는 앞뒤로 미끄러지며 이 움직임으로 싱크로나이저 키를 싱크로나이저 링 쪽으로 밀어 주축 기어와의 연결 또는 분리를 수행한다.
  - 싱크로나이저 링: 이 링은 주축 기어의 원뿔면에 장착되며 기어 변속 시 클러치 슬리브가 이동하면서 링과 원뿔부가 접촉하여 마찰 작용을 일으키며 동기화 기능을 수행한다.
  - 싱크로나이저 키: 키 뒷면에는 돌기가 형성되어 있고 클러치 허브의 홈 3곳에 삽입된다. 키 스프링의 압력으로 인해 슬리브의 내면에 압착되어 있으며 양끝은 간격을 두고 싱크로나이저 링에 맞물려 슬리브의 위치를 고정하고 기어 이탈을 방지하는 역할을 한다.

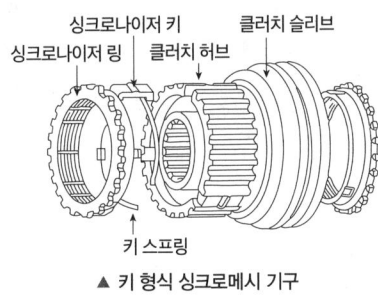

▲ 키 형식 싱크로메시 기구

(5) 변속 조작기구
① 직접 조작식: 변속 레버가 익스텐션 하우징(변속기 본체의 연장부) 상단에 직접 장착되어 있으며 시프트 포크의 선택을 통해 변속을 수행하는 방식이다.
② 간접 조작식: 변속 레버를 조향 칼럼(스티어링 칼럼)에 설치하고 변속기 본체와는 떨어져 있어 링크(Link)나 와이어(Wire)를 통해 레버와 변속기를 연결하는 방식이다.
③ 원격 조작식: 운전자 조작부(시프트 레버)와 수동변속기 본체가 서로 떨어져 있는 경우 사용되며 변속기 쪽에 변속 선택 레버를 따로 설치하고 이를 링크나 와이어로 연결하여 조작한다.
④ 록킹 볼(Locking Ball): 시프트 레일 상에 위치한 각 기어 포지션의 홈에 스프링과 함께 삽입되어 기어가 이탈하는 것을 방지하는 역할을 한다.
⑤ 인터 록(Interlock): 하나의 기어가 물려 있는 상태에서 다른 기어로 변속이 불가능하도록 제한하는 장치로 기어의 이중 물림을 방지한다.
⑥ 후진 오조작 방지기구: 후진 기어로의 변속 시 레버를 들어올리거나 누르는 등의 별도 조작을 통해 작동하도록 하여 변속 실수로 인한 기어 손상을 예방하는 안전장치이다.

(6) 변속비(감속비)

$$변속비(감속비) = \frac{엔진의\ 회전수}{변속기\ 출력축의\ 회전수} = \frac{구동기어\ 잇수}{피동기어\ 잇수}$$

$$총\ 변속비(총\ 감속비) = 변속기의\ 기어비 \times 종감속비$$

① 변속비가 1보다 큰 경우: 이는 구동기어(입력기어)의 잇수보다 피동기어(출력기어)의 잇수가 더 많은 경우로 회전수가 줄어들기 때문에 감속 상태를 의미한다.
② 변속비가 1인 경우: 엔진의 회전수와 변속기 출력축의 회전수가 동일한 경우로 동력이 기어를 거치지 않고 곧바로 전달되는 직결 상태를 나타낸다.
③ 변속비가 1보다 작은 경우: 피동기어가 구동기어보다 더 빠르게 회전하는 경우로 이때는 회전수가 증가하므로 증속 상태라고 한다.

(7) 동력인출장치와 트랜스퍼 케이스
① 동력인출장치: 엔진의 동력을 주행 이외의 목적으로 사용하고자 할 경우에 사용한다. 예를 들어 농업기계에서 작업장치의 구동용으로도 사용되며 변속기 측면에 설치되어 부축상의 동력을 인출한다.
② 트랜스퍼 케이스: 트랜스퍼 케이스는 2개 이상의 차축에 구동력을 전달하거나 전륜구동 차량에서는 변속기를 통해 전달된 동력을 앞뒤 차축에 분배하는 역할을 하는 장치이다.

5. 자동변속기(Automatic Transmission)

자동변속기란 차량의 운행 조건이나 엔진 부하에 따라 자동으로 속도가 변환되는 변속 장치를 말한다. 일반적으로 토크 컨버터와 유성기어 장치가 조합되어 있으며 동력전달을 위한 매체로 오일(유체)이 사용된다. 이 오일의 흐름과 압력을 조절하는 유압 제어 시스템을 통해 변속이 이루어진다.

(1) 자동변속기의 특징
① 클러치 조작기구가 없으며 주행 중 기어변속이 불필요하므로 운전이 편리하다.
② 기관의 동력전달을 오일로 하므로 감속이나 가속 시 충격이 없다.
③ 각 부분의 진동을 오일이 흡수한다.
④ 과부하나 조작 실수로부터 엔진이 보호된다.
⑤ 연료 소비율이 수동변속기에 비해 크다.
⑥ 기관 정지시 밀거나 끌면서 기동을 하면 안 된다.

(2) 자동변속기 변속 제어 방식의 종류
① 스톨(Stall): 정지 상태에서 가속 페달을 밟으면 엔진 회전수가 상승하면서 변속이 이루어진다.
② 킥다운(Kick Down): 가속 페달을 끝까지 밟았을 때 스위치가 작동하여 현재보다 낮은 단수로 변속(TCU가 시프트다운)되는 방식이다. 급가속이 필요하거나 오버드라이브를 해제할 때 사용된다.
③ 킥업(Kick Up): 가속 페달을 급격히 놓으면 엔진 브레이크 효과를 이용해 변속이 이루어진다.
④ 리프트 풋 업(Lift-Foot Up) : 일정 속도 이상으로 주행할 때 연비 향상을 위해 자동으로 변속이 이루어진다.

(3) 자동변속기의 오일

① 주요 기능: 동력전달 작용, 냉각작용, 충격흡수 작용, 윤활작용
② 구비조건
  ㉠ 점도지수의 변화가 작아야 한다.
  ㉡ 비중이 크고 적절한 마찰계수를 가져야 한다.
  ㉢ 침전물의 발생이 적어야 한다.
  ㉣ 내열성과 내산성이 좋아야 한다.
  ㉤ 저온에도 유성이 좋아야 한다.
  ㉥ 비등점이 높고 응고점이 낮아야 한다.
  ㉦ 기포발생이 없고 방청성이 있어야 한다.

(4) 자동변속기의 구성요소 및 역할

① 유체 토크컨버터: 자동변속기에서 엔진의 토크를 변속기에 전달하고 변속 과정에서 발생하는 충격을 완화시키는 장치로 임펠러, 터빈, 스테이터로 구성되어 있다.
② 유성 기어장치: 유성 기어는 선기어, 유성기어, 링기어로 구성되어 있으며 어떤 기어를 고정하고 어떤 기어에 동력을 주는지에 따라 다양한 변속비를 만들어 낼 수 있다. 일반적으로 토크 컨버터 뒤에 위치하며, 회전력과 회전속도를 조절하고 기어 구성에 따라 회전 방향을 역전시킬 수 있어 후진도 가능하다.

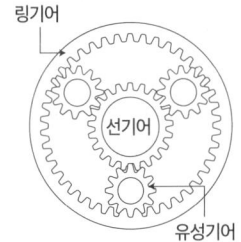
▲ 유성기어장치

③ 유압 제어시스템: 엔진 부하, 차량 속도 등 차량의 상태에 따라 유압 경로를 자동으로 변경하여 적절한 시점에 속도 변화를 제어한다
  ㉠ 오일펌프(유압펌프)
    • 토크 컨버터 축에 의해 작동되며 토크 컨버터에 오일을 공급하고 유압을 유지하는 역할을 한다.
    • 유성기어장치의 윤활을 담당하며 선택 레버, 조속기, 스로틀 밸브 등에는 라인압력 상태의 작동유를 공급한다.
    • 오일 펌프에서 생성된 압력은 레귤레이터 밸브를 통해 운전 조건에 따라 1차적으로 조절되는데 이를 라인압력이라 한다.
    • 엔진압력과 각종 제어압력에 의해 다판 클러치 및 밴드 브레이크가 작동되며 일반적으로는 내접형 기어펌프가 사용된다.
  ㉡ 밸브보디: 오일 펌프로부터 전달된 유압을 각 작동부로 분배하는 유압 회로를 구성하며, 매뉴얼 밸브, 스로틀 밸브, 압력 조정 밸브, 시프트 밸브, 거버너 밸브 등으로 이루어져 있다.
    • 매뉴얼 밸브: 운전석의 시프트 레버 조작에 따라 작동되는 수동 밸브로 레버 위치에 따라 라인압력을 서보 기구나 클러치에 전달하여 P, R, N, D, L 등 각 레인지로 유압을 공급한다.
    • 스로틀 밸브: 가속 페달의 조작 정도, 즉 엔진 부하에 따라 대응되는 스로틀 압력을 생성한다.
    • 압력조정 밸브: 차량의 주행 속도와 엔진 부하 등을 고려하여 오일 펌프에서 발생한 유압을 조절하며, 엔진 정지 시 토크 컨버터로부터의 오일 역류를 방지한다.
    • 시프트 밸브: 차량의 주행 속도에 따라 제어기구로 유압을 공급하거나 차단하는 기능을 한다.
    • 거버너 밸브: 변속기 출력축의 회전 속도, 즉 차량 속도에 비례하는 유압을 생성하는 밸브이다.
    • 축압기(Accumulator): 브레이크나 클러치가 작동할 때 발생하는 변속 충격을 흡수하는 역할을 수행한다.
    • 킥 다운 스위치: 가속 페달을 끝까지 밟을 경우 작동되어 일정 속도 범위 내에서 현재보다 낮은 기어로 강제 변속되도록 한다. 이는 강한 가속이 필요하거나 오버드라이브를 해제할 때 사용된다.

6. 전자제어 자동변속기(TCU; Transmission Control Unit)

(1) 전자제어 자동변속기의 개요

일반적인 자동변속기는 작동유체의 유압을 이용하여 변속 시점을 제어하며 이때 다판 클러치나 다판 브레이크(또는 밴드 브레이크)를 함께 작동시킨다. 그러나 유압 제어시스템은 다양한 복합 요인의 영향으로 효율 저하가 발생하는데 이러한 문제를 개선하기 위하여 최근에는 유압시스템에 전자제어 방식을 적용하여 사용하고 있다.

(2) TCU와 TCU의 입력신호

① TCU(Transmission Control Unit): 전자제어 변속기를 제어하는 중심 장치로 전자제어식 ECU에 해당한다. TCU는 다양한 센서로부터 입력된 신호를 바탕으로 여러 솔레노이드 밸브를 제어하는 역할을 한다.
② 스로틀 위치 센서(TPS): 스로틀 밸브의 열림 정도를 감지하는 센서로 변속 시점을 결정하는 데 활용된다. 일반적으로 밸브가 닫힌 상태에서는 약 0.5[V], 완전히 열린 상태에서는 약 5[V]의 출력 전압을 생성한다.
③ 수온센서(WTS): 냉각수의 온도를 감지하여 그 정보를 TCU에 전달한다.
④ 펄스 제네레이터 A & B: A는 킥다운 드럼의 회전수를, B는 변속기의 피동기어 회전수를 측정하여 TCU에 전달하고 TCU는 이 정보를 통해 적절한 변속 단수를 자동으로 계산한다.
⑤ 가속 스위치: 가속 페달을 밟을 때는 OFF, 페달에서 발을 떼면 ON 상태가 되어 해당 신호가 TCU로 전달된다.
⑥ 킥 다운 서보 스위치: 3단에서 2단으로 킥다운될 때만 작동하며 변속 충격을 줄이고 부드러운 변속을 가능하게 한다.
⑦ 오버 드라이브 스위치: 운전자가 직접 작동하는 수동식과 차량 속도에 따라 자동으로 작동하는 자동식이 있다.
⑧ 차속센서: 속도계 구동 기어의 회전수를 펄스 신호로 감지하며 펄스 제네레이터 B에 이상이 발생할 경우에는 페일 세이프 기능을 수행한다.
⑨ 인히비터 스위치: 시프트 레버가 P(주차) 또는 N(중립) 위치에 있을 때만 엔진 시동이 가능하도록 제어하는 역할을 한다. 또한 R(후진) 레인지가 선택되면 자동으로 후진등이 점등되도록 한다.

(3) TCU의 출력신호

① 댐퍼클러치 솔레노이드 밸브(DCCSV): 토크 컨버터 내부의 댐퍼 클러치를 제어한다.
② 유압제어 솔레노이드 밸브(RCSV): 자동변속기 내부의 유압을 조절하여 전체적인 작동 압력을 제어한다.
③ 변속제어 솔레노이드 밸브(SCSV): 자동변속기 내부의 기어 단수를 선택하고 제어한다.

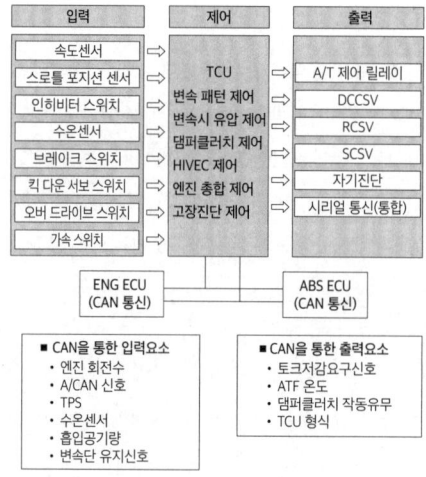

▲ 자동변속기 TCU 입·출력 신호

(4) 자동변속기 성능 점검

① 유압시험

변속기의 특정 지점(Test Hole)에 유압계를 연결하여 라인압력과 조속기 압력 등을 측정함으로써 전체 유압 회로의 상태를 종합적으로 진단하는 방법이다.

② 스톨시험(Stall Test)

시프트 레버를 D 및 R 위치에 두고 엔진의 최고 회전수를 측정하여 자동변속기와 엔진의 전반적인 작동 성능을 확인하는 시험이다. 시험 시간은 5초 이내로 제한되며, 이때 토크 컨버터의 펌프는 작동하지만 터빈은 정지한 상태에서 측정이 이루어진다.

㉠ 사이드 브레이크를 걸고 추가로 버팀목을 받친다.
㉡ 풋 브레이크를 밟고 전·후진 기어를 넣어 엔진 부하를 측정한다.
㉢ 풋 브레이크만 놓고 실시해서는 안 된다.

③ 오일량 점검: ATF(Automatic Transmission Fluid, 자동변속기 오일)의 양이 부족할 경우 오일펌프가 공기를 흡입하게 되고 이로 인해 다판 클러치의 작동이 원활하지 않아 슬립(Slip, 미끄러짐)이 발생하며 마모가 촉진된다. 또한 윤활 불량과 냉각 성능 저하로 인해 다양한 고장이 유발될 수 있으므로 오일량을 주기적으로 점검하는 것이 중요하다.

㉠ 차량을 평평한 도로에 정차시키고 시프트 레버를 P(주차) 위치에 둔다.
㉡ 주차 브레이크를 작동시킨 후 엔진을 시동한다.
㉢ 변속기 오일의 온도가 약 70~80[℃]에 도달할 때까지 엔진을 공회전 상태로 유지한다.
㉣ 시프트 레버를 모든 레인지를 순차적으로 이동시켜 토크 컨버터 및 유압 회로에 오일을 순환시킨 후 N(중립) 위치에 둔다.
㉤ 엔진이 공회전 상태일 때 레벨 게이지를 빼서 오일량이 HOT 표시 범위 내에 있는지 확인한다.
㉥ 오일이 부족할 경우 HOT 범위까지 보충한다.

7. 무단변속기(CVT; Continuously Variable Transmission)

(1) 무단변속기의 특징
① 무단변속기(CVT)는 두 개의 원추형 풀리를 이용하여 엔진 회전수와 관계없이 다양한 변속비를 연속적으로 선택할 수 있다.
② 기존의 수동변속기나 유압식 자동변속기는 엔진 회전수에 따른 변속비가 제한적이지만 무단변속기는 넓은 변속비 범위를 제공하여 가속 성능을 향상시킬 수 있다.
③ 변속 중에도 동력 차단이 발생하지 않기 때문에 엔진의 구동력이 지속적으로 노면에 전달된다.
④ 이로 인해 변속 시 충격이 없으며 추가적인 연료 소비 없이 부드럽고 연속적인 주행이 가능하다.
⑤ 제어 가능한 변속비 범위 내에서는 차량의 주행속도와 무관하게 엔진을 최적의 회전영역(저소음, 저연비, 저배출가스)에서 운전할 수 있다.
⑥ 무단변속기는 자동변속기의 편리함과 수동변속기의 경제성을 동시에 제공하는 장점이 있다.

(2) 무단변속기의 구조 및 작동
① 무단변속기(CVT)는 동력을 전달하는 벨트를 사용하는데 출력이 낮은 엔진에는 건식 고무 벨트를, 출력이 높은 엔진에는 습식 금속 벨트를 사용한다.
② 습식 벨트는 금속 재질의 철편과 철띠로 구성된 강성 높은 벨트가 사용된다.

(3) 무단변속기의 원리
① 구동 풀리와 피동 풀리는 각각 V-벨트가 걸리는 홈의 폭이 조절될 수 있도록 설계되어 있다.
② 차량의 주행 조건과 출력 요구에 따라 홈의 간격이 자동으로 조절된다.
③ 구동 측과 피동 측 풀리의 유효 직경이 바뀌면서 변속비가 변화된다.
④ 이 과정은 동력 차단 없이 연속적으로 변속이 이루어진다.
⑤ 후진은 일반적으로 구동 피니언과 후진용 링기어를 연결하는 방식이 채택된다.

8. 오버 드라이브 장치(Over Drive System)

오버 드라이브는 평탄한 도로를 주행할 때 엔진의 여유 출력을 활용하여 추진축의 회전속도를 엔진 크랭크축보다 더 빠르게 만들어주는 장치로 변속기와 추진축 사이에 설치된다.

(1) 오버드라이브 장치의 장점
① 연료 소비를 약 20[%] 절감할 수 있다.
② 엔진의 작동이 정숙해지고 마모가 줄어 수명이 연장된다.
③ 같은 속도에서 엔진 회전수를 낮추어 효율적인 고속 주행이 가능하다.

(2) 오버드라이브 장치의 구성
① 선기어: 변속기의 주축(출력축)과 베어링을 사이에 두고 장착되어 있으며 일반적으로는 공회전 상태를 유지한다. 유성기어 캐리어와 결합하거나 분리할 때 사용하는 시프트 칼라와, 선기어를 고정하는 데 쓰이는 노치판이 함께 설치되어 있다.
② 링기어: 유성기어와 맞물려 있으며 후방에는 추진축이 연결되어 있다.
③ 유성기어 캐리어: 변속기 주축(출력축)에 스플라인 방식으로 결합되며 동력이 입력될 때 선기어와 맞물리는 유성기어를 지지하는 역할을 한다.
④ 프리 휠(Free Wheel): 변속기 주축에서 오버드라이브 축으로 동력만 전달되도록 하는 일방향 클러치 역할을 수행한다.

9. 정속주행장치(Auto Cruise or Cruise Control System)

이 장치는 차량이 주행 중일 때 운전자가 원하는 속도에 도달하면, 세트 스위치를 작동함으로써 가속페달을 밟지 않고도 설정된 속도를 유지한 채 주행할 수 있도록 도와준다.

(1) 정속주행장치의 구성 및 작동원리
① 정속주행장치는 차속 센서, 액추에이터, 컨트롤 스위치, ECU(전자제어장치) 등으로 구성된다.
② 스로틀 밸브에는 액추에스터에 의해 구동되는 스로틀 암이 추가로 설치되어 스로틀 밸브를 여닫는 역할을 한다.
③ 스로틀 케이블은 총 세 가닥으로 이루어지며 이 중 하나는 가속페달과 연결되어 스로틀 밸브를 수동으로 조작하고, 또 다른 하나는 일정 속도로 주행할 때 액추에이터의 작동을 통해 밸브를 제어하는 역할을 한다.
④ 정속 주행 시 액추에이터가 작동하면서 가속페달과 연결된 케이블은 느슨해지며 이때는 페달을 밟아도 스로틀 밸브는 조정되지 않는다.

(2) 정속주행장치가 해제되는 경우
① 브레이크 페달을 밟은 경우
② 자동변속기의 시프트 레버가 P(주차) 또는 N(중립) 위치로 전환된 경우
③ 차량 속도가 최저 한계인 40[km/h] 이하로 떨어진 경우
④ 현재 속도가 설정된 고정 속도보다 20[km/h] 이상 낮아진 경우

10. 클러치와 수동변속기의 점검 및 분석

(1) 클러치 페달의 점검
① 운전석에서 클러치 페달의 높이와 유격을 확인한다.
② 클러치 페달을 여러 차례 작동시킨 후 긴 금속 자를 이용해 바닥면에서 페달이 수직으로 선 상태의 높이를 측정한다.
③ 유격 측정은 페달을 손으로 가볍게 눌러 살짝 닿는 느낌이 느껴질 때까지의 거리를 자로 재는 방식으로 실시한다.

(2) 마스터 실린더 점검
① 클러치 마스터 실린더에 연결된 호스 및 튜브에 균열이나 막힘이 없는지 점검한다.
② 리저버 탱크와의 연결 상태 및 작동 상태를 확인하고 오일 누유 여부도 함께 살핀다.
③ 클러치 페달과 마스터 실린더 푸시로드의 결합 상태를 점검한다.
④ 마스터 실린더와 튜브 간의 연결부에서 누유가 있는지 확인한다.
⑤ 리저버 탱크 내 클러치 오일의 양이 규정된 수준에 있는지도 점검한다.

(3) 릴리스 실린더 점검
① 릴리스 실린더의 균열이나 마모 상태를 확인한다.
② 실린더 부트에 손상 여부가 있는지 점검한다.
③ 릴리스 실린더가 정상적으로 작동하는지와 누유 여부를 확인한다.
④ 릴리스 실린더와 튜브의 연결 상태 및 누유 여부를 점검한다.

(4) 릴리스 베어링 점검
① 릴리스 베어링은 윤활이 영구적으로 되어 있으므로 세정제를 사용하지 말고 깨끗한 천으로 닦아낸다.
② 베어링의 열 손상, 충격 여부, 비정상적인 소음 및 회전 상태를 확인하고 다이어프램 스프링과의 접촉부 마모 상태도 함께 점검한다.
③ 베어링을 손으로 스러스트 방향으로 눌러 회전시켰을 때 회전이 원활하지 않거나 소음이 발생하면 교체한다.
④ 포크와 베어링의 접촉부에서 비정상적인 마멸이 있을 경우 교체한다.

(5) 클러치 접속 점검
① 엔진을 공회전 상태로 유지한 뒤 클러치 페달을 밟고 약 3~4초 후에 1단 기어를 넣는다.
② 이때 기어가 부드럽게 작동하고 소음이 발생하지 않으면 클러치 접속 상태는 정상이다.
③ 클러치 페달을 밟았을 때 스펀지를 누르는 듯한 부드럽고 꺼지는 느낌이 든다면 유압식 클러치 시스템 내 오일 부족 또는 공기 유입이 원인일 수 있다.

(6) 클러치의 미끄럼 점검
① 출발 직후
  ㉠ 차량이 정지된 상태에서 1단 기어를 넣은 뒤 엔진 회전수를 공회전의 약 2배로 높이며 클러치를 작동시킨다.
  ㉡ 클러치가 부드럽게 연결되면서 차량이 자연스럽게 가속된다면 정상이고, 그렇지 않고 반응이 느리면 클러치 미끄럼 현상이 있는 것이다.
② 주행 중
  ㉠ 경사진 도로에서 1단 기어를 넣고 가속 페달을 절반 정도 밟아 운행하여 클러치가 정상 작동 온도에 도달하도록 한다.
  ㉡ 그 상태에서 클러치 페달을 끝까지 밟고 동시에 가속 페달도 최대로 밟은 후, 최고 단으로 기어를 변속하고 클러치 페달에서 발을 뗀다.
  ㉢ 클러치 페달에서 발을 뗀 직후 동력이 즉시 전달되면 정상이고, 연결에 지연이 발생하면 클러치 미끄럼 현상이 있는 것이다.
③ 주차 상태에서의 클러치 미끄럼 점검
  ㉠ 주차된 차량에서 주차 브레이크를 작동시키고 클러치 페달을 밟은 상태로 기어를 최고 단으로 변속한다.
  ㉡ 클러치 페달을 밟은 채로 가속 페달을 끝까지 밟아 엔진 회전수를 최대로 높인 뒤 클러치 페달에서 발을 뗀다.
  ㉢ 이때 엔진 회전수가 급격히 떨어지며 시동이 꺼지면 클러치 작동은 정상이다.

(7) 수동변속기 장착 차량점검
① 수동변속기의 종류(트랜스미션 또는 트랜스액슬)를 확인한다.
② 변속기 선택 케이블(Select Cable)과 변속 케이블(Shift Cable)의 작동 상태와 손상을 점검 및 진단한다.
③ 고무부트의 손상과 부싱의 마모, 부식, 손상을 확인한다.
④ 시동을 걸고 차량을 예열한다.
⑤ 클러치 페달을 밟고 기어변속을 실시한 후 기어변속이 원활하게 되는지, 변속 시 소음은 발생하지 않는지, 진동이 발생하지는 않는지 등의 사항들을 유의하여 점검·진단한다.
⑥ 고장 발생 시 고장 현상을 면밀히 관찰하고 정비지침서를 참조하여 예상 가능한 고장원인을 분석한다.
⑦ 수동변속기 차량을 점검하고 고장증상을 확인한 후 예상 가능한 고장원인을 찾아본다

⑻ 클러치 분석

클러치가 미끄러지는 경우 예상 가능한 고장 원인	클러치 차단 불량한 경우 예상 가능한 고장 원인	클러치 작동 시 소음이 발생하는 경우 예상 가능한 고장 원인
• 클러치 페달의 자유유격이 작은 경우 • 클러치 디스크의 페이싱 마모가 심한 경우 • 클러치 디스크의 페이싱에 오일 등 이물질이 묻은 경우 • 압력판 및 플라이휠이 손상된 경우 • 유압장치가 불량한 경우 • 클러치 스프링의 장력이 약해진 경우	• 클러치 페달의 자유유격이 큰 경우 • 클러치 릴리스 실린더가 불량인 경우 • 유압라인에 공기가 유입된 경우 • 클러치 마스터 실린더가 불량인 경우	• 클러치 페달에 장착된 부싱이 손상된 경우 • 클러치 어셈블리나 베어링이 제대로 장착되지 않은 경우 • 릴리스 베어링이 마모되었거나 오염된 경우 • 클러치 베어링의 작동 부위에 그리스가 부족할 때

⑼ 수동변속기 분석

① 기어 변속이 원활하지 않을 경우 예상 가능한 고장 원인
  ㉠ 변속기 케이블의 작동이 불량한 경우
  ㉡ 클러치 페달의 자유유격이 큰 경우
  ㉢ 유압계통에 누유가 발생했거나 공기가 혼입된 경우
  ㉣ 시프트 포크나 클러치 디스크의 스플라인이 심하게 마모된 경우
  ㉤ 윤활유가 부족하거나 부적절한 윤활유를 주입한 경우

② 기어 변속 시 기어가 빠지는 경우 예상 가능한 고장 원인
  ㉠ 싱크로나이저 허브와 슬리브 사이의 간극이 큰 경우
  ㉡ 시프트 포크가 마모된 경우
  ㉢ 포핏 스프링이 불량한 경우
  ㉣ 축 또는 기어의 엔드플레이가 과도한 경우
  ㉤ 싱크로나이저 슬리브가 마모된 경우

③ 변속 시 소음이 발생하는 경우 예상 가능한 고장 원인
  ㉠ 클러치 디스크의 결함이 있는 경우
  ㉡ 기어와 주축 사이의 간극이 큰 경우
  ㉢ 기어의 이가 파손된 경우
  ㉣ 변속기의 정렬이 잘못된 경우

④ 변속기의 오일이 누출된 경우 예상 가능한 고장 원인
  ㉠ 부적절한 윤활유를 주입한 경우
  ㉡ 개스킷이 누출되거나 손상된 경우
  ㉢ 오일 실이 손상된 경우
  ㉣ 윤활유 배출 볼트(오일 필러 플러그)가 느슨하게 조여진 경우
  ㉤ 케이스에 균열이 생긴 경우

⑤ 변속기 동력이 전달되지 않는 경우 예상 가능한 고장 원인
  ㉠ 클러치가 연결이 되지 않는 경우
  ㉡ 기어의 이가 파손된 경우
  ㉢ 시프트 포크가 느슨해졌거나 파손된 경우
  ㉣ 입력축 또는 출력축이 파손된 경우

⑥ 변속 레버가 중립의 위치에서 소음이 발생 하는 경우 예상 가능한 고장 원인
  ㉠ 입력축 베어링이 마모된 경우
  ㉡ 기어가 파손되었거나 마모된 경우
⑦ 수동변속기 자동차에서 변속이 어려운 경우 예상 가능한 고장 원인
  ㉠ 싱크로메시 기구가 불량인 경우
  ㉡ 클러치의 끊김이 불량인 경우
  ㉢ 컨트롤 케이블의 조정이 불량인 경우

11. 수동변속기와 클러치의 장비 활용 진단 및 수리

(1) 수동변속기의 오일 점검 및 교환

수동변속기 오일 점검	수동변속기 오일 교환
• 리프트를 이용하여 수동변속기 장착 차량을 들어올린다. • 자동차 하부의 언더커버를 제거한다. • 수동변속기 주변과 관련 부품에 오일 누유가 있는지 확인한다. • 수동변속기의 오일 필러 플러그 볼트를 분리한다. • 변속기 내부의 기어 오일이 적정량인지 점검한다. • 오일이 과다할 경우, 필러 플러그를 통해 기어 오일을 플루이드 레벨에 도달할 때까지 배출한다. • 오일이 부족하면 필러 플러그에 기어 오일 주입 장비를 연결하여 넘치기 직전까지 보충한다. • 필러 플러그를 규정된 토크로 체결한다.	• 수동변속기가 장착된 차량을 리프트로 들어 올린다. • 변속기의 드레인 플러그를 풀어 내부의 기존 기어 오일을 완전히 배출한 후, 규정 토크로 드레인 플러그를 체결한다. 이때 와셔는 반드시 신품으로 교환한다. • 해당 수동변속기에 적합한 등급의 기어 오일을 선택한다. • 오일 필러 플러그 볼트를 분리한 다음, 교환 장비를 사용하여 오일이 필러 플러그 구멍에서 흘러나오기 직전까지 주입한다. • 필러 플러그 볼트를 규정된 토크값에 맞게 조여 준다.

(2) 클러치 페달 높이 및 유격 측정
① 강철 자를 사용하여 클러치 페달의 높이를 측정한 후 손으로 페달을 가볍게 눌러 유격을 확인한다.
② 유격 측정은 클러치 페달을 눌렀을 때 릴리스 베어링이 다이어프램 스프링에 닿기 전까지의 페달 이동 거리를 측정한다.

(3) 클러치 페달 유격 조정
① 클러치 페달과 마스터 실린더를 연결하는 푸시로드에 고정된 록 너트를 풀어준다.
② 푸시로드를 회전시켜 유격을 기준값에 맞도록 조정한다.
③ 푸시로드를 오른쪽으로 돌리면 길이가 짧아져 유격이 증가하고, 왼쪽으로 돌리면 길이가 길어져 유격이 감소한다. 이때 푸시로드가 마스터 실린더 쪽으로 밀리지 않도록 주의한다.
④ 조정이 완료되면 푸시로드의 록 너트를 단단히 조여 고정한다.

(4) 수동변속기의 교환 부품 확인
① 수동변속기를 분해하거나 조립하는 과정에서 오일이 누유되었거나 케이스에 장착된 오일 실을 탈거한 경우에는 반드시 특수공구를 사용하여 신품 오일 실로 교체해야 한다.
② 싱크로나이저 슬리브 및 허브에 마모나 손상이 있을 경우 해당 부품은 일체형으로 함께 교환한다.

(5) 수동변속기 싱크로메시 기구 분해 및 조립
① 싱크로메시 기구 분해
  ㉠ 앞뒤에 위치한 싱크로나이저 스프링의 끝부분을 구부려 탈거한다.
  ㉡ 이어서 싱크로나이저 키, 허브, 슬리브를 순서대로 분리한다.

② 싱크로메시 기구 조립
　㉠ 싱크로나이저 허브 외측의 3곳 키 홈에 각각 싱크로나이저 키를 삽입한다.
　㉡ 스프링 끝단의 V자 모양으로 꺾인 부분을 키의 안쪽에 삽입한 후, 스프링을 휘어서 장착한다.
　㉢ 싱크로나이저 슬리브의 기어 이가 없는 3곳(120° 간격 위치)에 싱크로나이저 키를 눌러 장착한다.
　㉣ 싱크로메시 기구와 함께 싱크로나이저 링, 5단 출력축 기어를 조립한다.
　㉤ 마지막으로 슬리브를 작동시켜 기어가 원활하게 맞물리는지 확인한다.

(6) 클러치와 수동변속기의 단품 검사

① 클러치 검사
　㉠ 클러치 페달, 마스터 실린더, 릴리스 실린더의 상태를 점검하여 이상 여부를 확인한다.
　㉡ 별다른 문제가 없다면 운전석에 탑승하여 시동을 건 후, 클러치 페달을 밟고 기어 변속을 하여 작동 상태를 점검한다.
　㉢ 이때, 소리·진동·촉감 등 오감을 활용해 클러치 미끄러짐 현상이나 변속 시 이상음이 발생하는지를 확인한다.

② 클러치 판과 클러치 커버 검사

클러치 판 검사	클러치 커버 검사
• 클러치 판을 다룰 때는 페이싱 면을 손으로 직접 접촉하지 않도록 주의하며, 페이싱 부위에 그리스나 오일 등의 이물질이 묻어 있을 경우 반드시 교환해야 한다. • 수동변속기의 입력축과 결합되는 스플라인 부분에 마모가 발생했는지 확인한다. • 클러치 판의 스프링이 파손되었거나 리벳이 풀림 없이 견고하게 고정되어 있는지도 점검한다. • 버니어 캘리퍼스를 이용하여 클러치 판의 리벳 부위에 수직으로 깊이를 측정한다. • 리벳과 플레이트 사이의 간격이 0.3[mm]보다 작으면 페이싱은 교환해야 한다.	• 클러치 커버에 묻은 먼지나 이물질은 마른 천이나 종이타월을 이용해 깨끗이 닦아낸다. • 압력판에 마모, 균열, 흠집, 과도한 변색 등의 이상이 있는지 확인한다. • 압력판의 마찰면은 적절한 세정제를 이용하여 깨끗이 닦아낸다. • 플라이휠에 장착된 다웰핀이 제대로 고정되어 있으며 손상되지 않았는지 점검한다. • 직각자와 간극 게이지를 사용하여 압력판 표면의 평탄도를 확인한다. • 최소 세 지점을 측정하고 편평도 측정값이 0.5[mm] 이상일 경우에는 압력판을 교환한다.

③ 수동변속기 싱크로메시 기구 검사

싱크로나이저 슬리브 및 허브	싱크로나이저 키 및 스프링
• 싱크로나이저와 슬리브를 결합한 후, 회전이 부드럽게 이루어지는지 확인한다. • 슬리브의 내부 앞단과 후단 끝 부분에 손상이나 이상이 없는지 점검한다. • 허브의 앞단, 특히 5단 기어와 맞물리는 면이 마모되지 않았는지도 확인한다.	• 싱크로나이저 키의 중앙 돌출부와 후면 양쪽 끝의 돌출 부분이 마모되어 있지 않은지 확인한다. • 싱크로나이저 스프링을 작동시켜 장력 상태를 확인하고, 휘어짐, 파손, 변형 등의 이상 유무를 점검한다.

④ 수동변속기 엔드 플레이 검사

입력축 리어 베어링의 엔드플레이	0.01~0.09[mm] 범위 내에 있어야 한다.
입력축 프런트 베어링의 엔드플레이	0.01~0.12[mm] 범위 내에 있어야 한다.
출력축 리어 베어링의 엔드플레이	0.05~0.10[mm] 범위 내에 있어야 한다.

CHAPTER 02 드라이브 라인(Drive Line) 정비

1. 드라이브 라인

(1) 드라이브 라인의 구성요소

엔진에서 발생한 동력은 구동바퀴를 통해 노면으로 전달되어 차량이 주행하게 된다. 이처럼 엔진의 동력을 바퀴까지 전달하는 계통을 드라이브 라인이라 하며, 주로 추진축, 액슬축, 다양한 자재이음 등으로 구성된다.

① 슬립이음: 스플라인 가공이 적용된 축을 사용하여 추진축의 길이 변화가 가능하도록 설계되며, 이는 차륜 진동이나 서스펜션 움직임에 따라 발생하는 축방향 변위를 보상하기 위한 장치이다.

② 자재이음: 변속기와 종감속기 사이의 구동각 변화를 위한 이음장치이다.

  ㉠ 십자형 자재이음
  - 주로 후륜 구동 방식의 추진축에 사용된다.
  - 두 개의 요크가 십자축을 중심으로 연결되어 있다.
  - 클러치베어링을 사이에 두고 요크와 축이 설치된다.
  - 십자축은 일반적으로 영구 주유식이다.
  - 요크 양단에는 플랜지, 슬립이음, 중공축 등이 결합된다.
  - 허용 구동각은 12~18°이며 추진축은 90°마다 각속도의 변화가 발생한다.

  ㉡ 이중 십자형 자재이음
  - 두 개의 십자형 자재이음을 중앙 요크로 연결한 구조이다.
  - 구동축과 피동축 사이에 굴절각이 있어도 등속회전이 이루어진다.
  - 구동각의 변화는 47°까지 가능하다.

  ㉢ 플렉시블 자재이음
  - 양쪽 플랜지를 경질 고무 또는 섬유 재질의 커플링으로 연결한 형태로 건식 구조이므로 윤활이 필요 없다.
  - 드라이브 라인의 각도 변화 및 축방향 변위가 작을 때 사용되며 진동 및 소음 흡수에 효과적이다.
  - 종류에는 사일런트 블록 조인트, 다각형 러버 조인트, 하디 디스크 등이 있다.

  ㉣ 트러니언 자재이음: 동력 전달과 동시에 축 방향 이동이 가능하도록 설계된 구조이다.

  ㉤ 등속도(CV) 자재이음
  - 구동축과 피동축의 접점이 항상 굴절각의 이등분선상에 위치하여 등속 회전이 가능하다.
  - 구조는 복잡하고 가격도 높지만 큰 각도 변화에서도 동력 전달 효율이 우수하다는 장점이 있다.

③ 추진축(Propeller Shaft): 변속기에서 발생한 출력을 종감속장치에 전달하는 회전축으로 중공의 강관으로 제작되며, 축 방향 길이 변화는 슬립 이음(Slip Joint)으로, 구동각 변화는 자재이음(Universal Joint)으로 보상한다.

  ㉠ 추진축 길이가 일정 길이를 초과할 경우: 센터 베어링을 사용해 2~3개로 분할하여 차대에 고정한다.

  ㉡ 추진축이 진동하는 원인
  - 요크의 방향이 다른 경우
  - 밸런스 웨이트가 떨어진 경우
  - 십자축 베어링이나 중간 베어링이 마모된 경우
  - 추진축이 휘어있는 경우
  - 플랜지부의 볼트가 풀려있는 경우

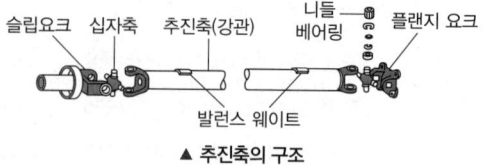

▲ 추진축의 구조

(2) **동력 배분장치**
① 종감속 기어 장치(Final Reduction Gears): 필요에 따라 동력 전달의 방향을 바꾸며 회전 토크를 증대시키고 회전 속도를 감소시켜 전달하는 역할을 한다.
  ㉠ 베벨 기어: 구동 피니언과 피동 링 기어로 구성되며 두 기어의 중심선이 일치하는지에 따라 팔로이드 기어 방식과 하이포이드 기어 방식으로 구분된다.
  ㉡ 웜과 웜기어: 큰 감속비를 얻을 수 있고 차량의 전체 높이를 낮출 수 있는 장점이 있으나 효율이 낮고 열이 쉽게 발생하는 단점이 있다.
  ㉢ 하이포이드 기어: 구동 피니언의 중심선이 링 기어의 중심선보다 아래에 위치하며 이로 인해 중심선 간 오프셋이 발생한다. 일반적으로 승용차의 경우 약 2.54[cm], 대형 차량은 링 기어 직경의 약 10[%] 수준으로 설계된다.
    • 하이포이드 기어의 특징
      – 구동 피니언과 링기어의 중심이 낮게 설치되어 있다.
      – 추진축의 높이를 낮게 할 수 있어 거주성이 향상된다.
      – 기어 이의 물림률이 커 회전이 정숙하다.
      – 구동 피니언을 크게 할 수 있어 강도가 증대된다.
      – 감속비를 크게 할 수 있다
      – 웜 기어보다 효율이 좋다.
  ㉣ 스퍼 기어: 전륜구동 방식의 차량에서 엔진이 차량의 가로 방향으로 장착된 경우 동력의 방향을 바꿀 필요가 없어 스퍼 기어형 종감속장치를 사용한다. 이 장치는 대형 상용차, 건설기계, 농업용 차량 등에서 일반적으로 사용된다.

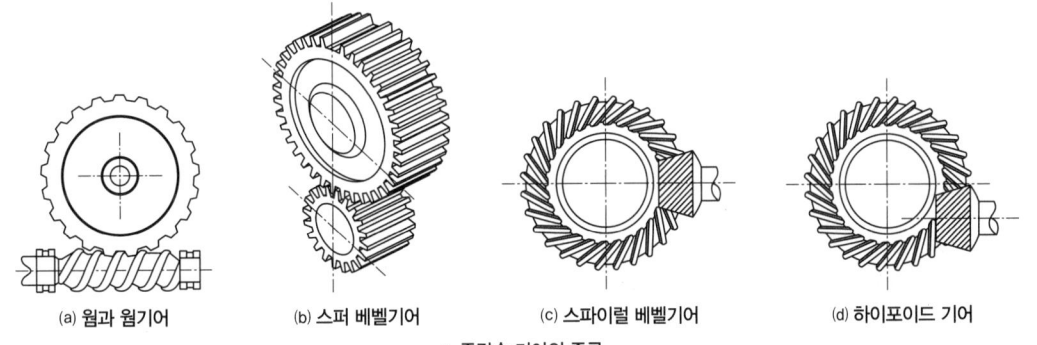

(a) 웜과 웜기어   (b) 스퍼 베벨기어   (c) 스파이럴 베벨기어   (d) 하이포이드 기어
▲ 종감속 기어의 종류

  ㉤ 종감속비 및 총감속비: 종감속비는 항상 동일한 이가 맞물리는 현상을 방지하여 편마모를 줄이기 위해 정수로 나누어떨어지지 않는 비율로 설정된다. 종감속비가 클수록 차량의 가속성과 등판능력은 향상되지만 고속 주행 성능은 감소한다.

$$\text{종감속비} = \frac{\text{링기어의 잇수}}{\text{구동피니언의 잇수}}$$

$$\text{총감속비} = \text{변속비} \times \text{종감속비}$$

② 차동 기어장치
  ㉠ 차동 기어장치의 특징
    • 차동 장치는 각각 독립된 축에서 연결된 좌우 구동륜 사이에 장착되어 있다.
    • 곡선 주행이나 요철이 있는 도로를 주행할 때 좌우 구동륜의 회전 속도 차이를 흡수하여 각 바퀴가 적절하게 회전할 수 있도록 해준다.
    • 선회 시에는 안쪽 바퀴보다 바깥쪽 바퀴가 더 많은 회전을 하게 되어 부드러운 회전이 가능하다.
    • 구동력은 좌우 구동륜에 동일한 크기로 전달된다.
    • 일반적으로 차동 장치는 종감속 기어장치 내부에 내장되어 있다.
  ㉡ 차동 기어장치의 구성
    • 구동 피니언은 추진축과 연결되어 있으며 차동 케이스에 볼트로 고정된 링 기어를 구동시킨다.
    • 차동 케이스 내부에는 두 개의 차동 피니언이 마주보는 형태로 자유롭게 회전할 수 있도록 장착되어 있다.
    • 이 차동 피니언은 좌우의 사이드 피니언과 항상 맞물려 있으며 사이드 피니언 중심에는 액슬축이 결합될 수 있도록 스플라인이 가공되어 있다.
    • 액슬축은 해당 사이드 피니언의 회전 속도에 따라 회전하게 된다.
  ㉢ 차동 기어장치의 작동원리
    • 차동 장치는 랙과 피니언 기구의 원리를 응용하여 작동한다.
    • 차량이 직진할 때 좌우 구동륜은 동일한 속도로 회전한다.
    • 회전 시에는 좌우 바퀴에 걸리는 저항이 달라지므로 바퀴의 회전수도 서로 달라지게 되는데 이때 저항이 큰 바퀴는 회전수가 감소하고, 저항이 작은 바퀴는 회전수가 증가하여 회전수를 일치시킬 수 있다.

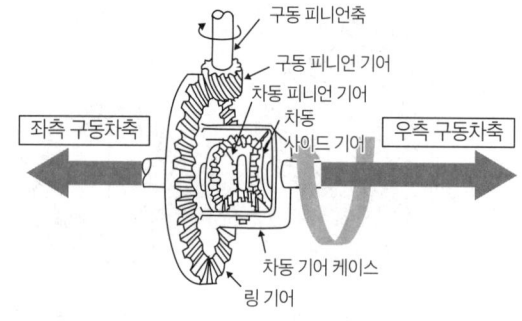

▲ 차동 기어장치의 구조

  ㉣ 바퀴의 회전수
    • 저항이 커진 바퀴는 회전수가 줄어들고, 줄어든 만큼 반대쪽 바퀴의 회전수는 증가한다.
    • 한쪽 바퀴가 고정되어 회전하지 않게 되면(회전수 0), 반대편 바퀴는 링 기어 회전수의 2배로 회전하게 된다.
    • 좌우 바퀴의 회전수를 합하면 링 기어의 회전수의 2배와 같다.
③ 자동 차동제한 장치(LSD; Limited Slip Differential): 커브길에서 고속 회전하거나 노면 마찰력이 낮은 도로(예: 눈길, 빙판길 등)를 주행할 때 헛도는 바퀴에 전달되는 구동력을 줄이고, 그만큼의 동력을 반대쪽 바퀴로 더 전달하여 바퀴 공전을 억제하고 안정적인 주행을 가능하게 해주는 장치이다.
  ㉠ 차동제한 장치의 장점
    • 미끄러운 노면에서 차량의 출발이 용이하다.
    • 미끄럼이 방지되어 타이어 수명이 연장된다.
    • 고속 주행 시 직진 안정성이 향상된다.
    • 요철 노면 주행시 차량 후부의 흔들림을 줄일 수 있다.

- ⓒ 차동제한 장치의 종류
  - 수동식 차동고정장치: 운전자가 조작하여 차동장치를 물리적으로 잠가서 좌우바퀴의 회전차이를 완전히 없애거나 제한하는 방식이다. 주로 화물차, 건설기계, 농업용 차량 등에 사용된다.
  - 자동식 차동제한장치(다판 클러치식): 좌우 바퀴의 회전속도 차이나 토크가 일정수준 이상 발생할 경우 운전자의 개입 없이 자동으로 차동기능을 제한하여 구동력을 접지력이 좋은 바퀴로 더 많이 전달하는 방식이다.
- ④ 액슬 축
  - ⓐ 액슬 축의 기능
    - 액슬 축은 바퀴를 통해 차량의 하중을 지지하는 구성요소로 구동축과 유동축으로 나뉜다.
    - 구동축은 종감속 기어장치로부터 전달된 동력을 바퀴에 전달하며 동시에 노면으로부터 전달되는 하중도 함께 지지한다. 전륜구동 차량의 앞 차축, 후륜구동 차량의 뒤 차축, 그리고 4륜구동 차량의 앞·뒤 차축이 구동축에 해당한다.
    - 유동축은 오직 차량 중량만을 지지하기 때문에 구조가 단순하다.
  - ⓑ 뒷바퀴 구동방식의 액슬축 지지방식: 액슬 축과 액슬 하우징이 분담하는 하중 비율에 따라 구분된다.
    - 전부동식
      - 액슬 축은 오직 구동 기능만 수행하며 하중은 전부 액슬 하우징이 지지한다.
      - 허브 베어링은 테이퍼 롤러 베어링 2개가 사용된다.
      - 바퀴를 분리하지 않고도 액슬 축의 탈착이 가능하다.
      - 주로 대형 차량에 사용된다.
    - 반부동식(1/2 부동식)
      - 액슬 축과 하우징이 각각 차량 하중의 절반씩을 부담한다.
      - 허브 베어링으로는 볼 베어링 1개가 사용된다.
      - 액슬 축을 분리하려면 내부 고정장치를 해제해야 한다.
    - 3/4부동식
      - 액슬 축은 윤하중의 1/4을, 액슬 하우징은 나머지 3/4을 지지한다.
      - 허브 베어링으로는 롤러 베어링 1개가 사용된다.
      - 바퀴만 분리하면 액슬 축의 탈착이 가능하다.
      - 주로 중형차에 사용된다.

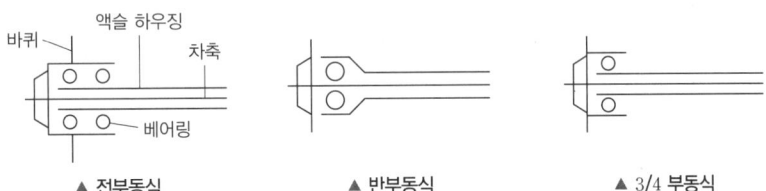

▲ 전부동식   ▲ 반부동식   ▲ 3/4 부동식

- ⑤ 액슬 하우징: 종감속 기어, 차동 장치 및 액슬 축을 포함하는 튜브 형태의 고정 축으로 차량 하중을 지지하고 구동 부품을 보호하는 역할을 한다.

2. 드라이브라인의 고장원인 분석 및 점검

(1) 드라이브라인의 고장원인 분석

추진축이 진동하는 원인	주행 시 소음이 발생하는 원인
• 추진 축의 질량 균형이 맞지 않거나 밸런스 웨이트가 이탈된 경우 • 니들 롤러 베어링이 마모되었거나 기어 치면이 손상된 경우 • 오일 누출이나 시일 손상 등으로 윤활이 제대로 이루어지지 않은 경우 • 슬립 조인트의 스플라인이 마모된 경우 • 십자축 베어링과 센터 베어링이 마모된 경우 • 앞뒤 요크의 방향이 일치하지 않는 경우	• 오일이 부족하거나 심하게 오염된 경우 • 링 기어와 구동 피니언 이의 접촉이 불량해 백래시가 커진 경우 • 구동 피니언 기어의 베어링이 느슨해진 경우 • 차동 케이스의 기어 베어링이 느슨해진 경우

(2) 사이드 기어와 피니언 기어의 백래시 점검

① 피니언 기어에 다이얼 게이지를 설치한다.
② 사이드 기어의 한곳을 고정한다.
③ 피니언 기어를 움직여 피니언 기어 선단에서 백래시를 측정한다.
④ 백래시가 표준치를 벗어나 있으면 스러스트 와셔의 두께를 가감하여 조정한다.
⑤ 링기어를 조립한 후 볼트를 규정 토크로 체결한다.

(3) 링 기어와 드라이브 피니언 기어의 백래시 점검

① 부드러운 동판을 바이스에 접촉시키고 차동 기어 어셈블리를 고정시킨다.
② 로크 너트 렌치를 이용하여 사이드 기어에 설치한다.
③ 오일 주입구 플러그 홀에 백래시 점검 홀을 정렬시킨다.
④ 다이얼 게이지를 설치하여 캐리어 3~4곳의 동일한 면에서 백래시를 측정한다.
⑤ 백래시 점검은 드라이브 피니언을 고정하고 링기어를 움직여서 점검한다.

(4) 기어 런 아웃(흔들림) 점검

① 다이얼 게이지를 링기어 뒷면에 설치한다. 이때 스핀들이 직각이 되도록 해야 한다.
② 손으로 링기어를 서서히 1회전 돌려 지침의 움직임 중 최댓값을 읽는다.

(5) 드라이브 피니언과 링 기어의 접촉 상태 점검

① 드라이브 피니언 기어와 링 기어를 깨끗이 청소하고 링 기어 양쪽에 광명단 또는 인주를 살짝 바른다.
② 차동기어 케이스에 차동 기어 캐리어를 장착한 후 차동 기어 케이스 커버를 조립한다.
③ 손으로 링기어를 전·후로 움직여 드라이브 피니언을 수회 회전시킨다.
④ 차동기어 케이스 커버 및 캐리어를 탈거하여 드라이브 피니언 기어에 접촉된 상태를 점검한다.

(6) 드라이브라인의 작동 검사

① 자동차가 한쪽으로 쏠리는 경우의 원인
  ㉠ 허브 베어링의 마모 및 유격이 큰 경우
  ㉡ 드라이브 샤프트의 볼 조인트가 손상된 경우

② 과도한 소음이 발생하는 원인
  ㉠ 드라이브 샤프트가 휜 경우
  ㉡ 드라이브 샤프트 스플라인 마모가 심한 경우
  ㉢ 조인트 및 드라이브 샤프트 스플라인에 그리스가 충분하지 않은 경우
  ㉣ 허브 베어링의 마모 및 유격이 큰 경우

③ 조향핸들이 흔들리는 원인
  ㉠ 허브 베어링의 마모가 심한 경우
  ㉡ 허브 베어링의 유격이 큰 경우

④ 부트에서 그리스가 누유되는 원인
  ㉠ 부트가 손상된 경우
  ㉡ 부트 밴드의 장착이 불량한 경우
  ㉢ 그리스 주입이 과다한 경우

(7) 드라이브라인의 성능 검사

① 종감속 기어에서 열이 발생하는 원인
  ㉠ 종감속 기어의 기어 간 접촉이 발생하면서 마찰이 일어나는 경우
  ㉡ 사이드 베어링의 조임이 과도한 경우
  ㉢ 윤활유의 양이 부족한 경우

② 자동차가 직진 주행시 종감속장치에서 소음이 발생하는 원인
  ㉠ 드라이브 피니언 기어의 축방향 유격이 큰 경우
  ㉡ 드라이브 피니언 기어 및 링기어의 백래시가 큰 경우
  ㉢ 드라이브 피니언 기어와 링기어의 접촉이 힐 접촉인 경우

CHAPTER 03 타이어, 휠, 얼라이먼트 정비

1. 타이어, 휠, 얼라이먼트의 이해

(1) 타이어의 이해

① 타이어(Tire): 차량의 휠 외부에 장착되어 노면과 직접 접촉하는 부분으로 구동력이나 제동력을 견딜 수 있는 구조를 갖추고 있어야 한다.

② 타이어의 구조

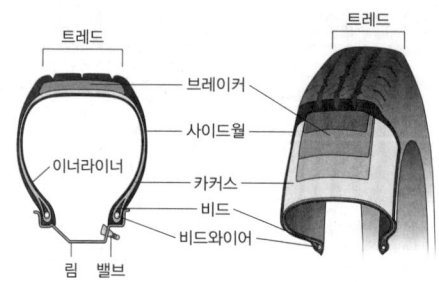

▲ 타이어의 구조

㉠ 비드(Bead): 타이어가 휠 림에 단단히 고정되도록 하는 부분으로 타이어의 이탈이나 늘어남을 방지하기 위해 고강도 강선이 삽입되어 있다.

㉡ 브레이커(Breaker): 트레드와 카커스의 분리를 방지하고 노면 충격을 흡수하는 역할을 한다.

㉢ 트레드(Tread): 타이어가 노면과 직접 접촉하는 부분으로, 제동력·구동력·횡방향 접지력 확보 및 승차감 향상에 중요한 역할을 한다.

- 타이어 트레드 패턴의 필요성
  - 타이어 내부에서 발생하는 열을 외부로 방출한다.
  - 트레드에 생긴 절상이나 손상의 확산을 억제한다.
  - 구동력이나 선회성능이 향상되고 타이어의 전진 및 횡방향의 미끄러짐을 방지한다.
- 트레드 패턴의 종류
  - 러그 패턴: 회전 방향의 직각으로 홈을 설치하여 견인력은 우수하나 고속 주행 시 편마멸이 발생할 수 있다.
  - 리브 패턴: 회전 방향과 같은 방향으로 홈을 설치한 것으로 옆 방향 미끄러짐에 대한 저항이 크고 조향성이 우수하다.
  - 리브러그 패턴: 숄더부에는 러그형, 중앙부에는 리브형 트레드 패턴을 적용한 타이어로, 포장도로와 비포장도로를 겸용할 수 있도록 설계되어 있다.
  - 슈퍼 트랙션 패턴: 진행 방향에 우수한 견인력을 가지며 진흙길 등에 적합하다.
  - 블록 패턴: 옆 방향 미끄러짐을 방지하며 발수성이 우수하다.
  - 오프 로드 패턴: 깊고 넓은 러그형의 홈을 설치한 것으로 견인력이 강인하여 험로에 적합하다.

㉣ 카커스(Carcass): 타이어의 뼈대가 되는 부분으로 내열성이 우수한 고무로 밀착된 구조로 되어있으며 튜브 내 공기압을 견디고 일정한 체적을 유지하면서 완충 작용의 역할을 수행한다.

㉤ 사이드 월 부분: 노면과 직접 접촉은 하지 않으며 주행 중 가장 많은 완충작용을 하는 부분으로서 타이어 규격과 기타 정보가 표시된 부분이다.

③ 타이어의 종류
  ㉠ 공기 압력에 따른 분류
    - 고압 타이어: 타이어의 구조가 두껍고 무거운 하중을 견딜 수 있도록 설계되어 있으며 주로 트럭이나 버스 등에 사용된다. 적정 공기압은 4.2~6.3[kgf/cm^2] 또는 60~90[PSI] 수준이다.
    - 저압 타이어: 단면이 고압 타이어보다 약 2배 넓고, 도로와의 접지면적도 크다. 일반적으로 소형 트럭이나 승용차에 사용되며, 공기압은 2.1~2.5[kgf/cm^2] 또는 30~36[PSI]정도이다.
    - 초저압 타이어: 공기압이 1.7~2.1[kgf/cm^2] 또는 24~30[PSI] 정도로 낮다.
  ㉡ 튜브 유무에 따른 분류
    - 튜브 타이어: 타이어 내부에 튜브를 삽입하고 압축공기를 주입하는 방식이다.
    - 튜브리스 타이어: 튜브 없이 타이어 자체가 공기 밀폐 기능을 수행하는 구조이다.
    - 튜브리스 타이어의 특징
      – 내부에 튜브가 없어 비교적 가볍다.
      – 펑크가 났을 때 수리가 간단하며 고속 주행 시 발열이 적다.
      – 이물질(예: 못 등)이 박혀도 공기 누출이 적다.
      – 단, 타이어의 측면이 손상된 경우에는 수리가 어렵다.
  ㉢ 타이어 형상에 따른 분류
    - 보통 타이어: 카커스 코드가 사선 방향으로 배치되어 있고 주로 트럭이나 버스에 사용된다.
    - 편평 타이어: 보통 타이어에 비해 단면의 높이와 너비의 비율(편평비)이 작고 주로 승용차에 사용된다. 편평비가 작을수록 타이어 폭이 넓고 고속 주행에 적합하다.
    - 레이디얼 타이어: 카커스 코드가 단면(횡단) 방향으로 배치되어 있으며 편평 타이어보다 발열 성능이 우수하다.
    - 스노우 타이어: 트레드 패턴이 미끄러짐을 방지하는 형태로 설계된 타이어이다.
④ 타이어의 호칭치수
  ㉠ 보통 타이어
    - 저압 타이어: 타이어 폭(인치)−타이어 내경(인치)−플라이 수의 순으로 표시된다.
    - 고압 타이어: 타이어 외경(인치)×타이어 폭(인치)−플라이 수의 순으로 표시된다.
  ㉡ 레이디얼 타이어: [235 55R19]와 같이 표시되며 '235'는 타이어의 폭[mm], '55'는 편평비[%], 'R'은 레이디얼 타이어, '19'는 림의 지름[inch]를 나타낸다.
⑤ 휠 밸런스
  ㉠ 정적 밸런스: 타이어가 정지된 상태에서의 평형상태를 의미하며 밸런스가 맞지 않으면 상하로 흔들리는 트램핑 현상이 발생한다.
  ㉡ 동적 밸런스: 타이어의 회전상태에서의 평형상태를 의미하며 평형이 맞지 않으면 좌우로 흔들리는 시미현상이 발생한다.
⑥ 휠 로테이션: 타이어의 수명을 늘리고 편마모를 방지하기 위해 일정한 주기마다 차량에 장착된 타이어의 위치를 바꿔주는 작업이다. 일반 승용차의 경우 약 8,000[km]마다, 트럭 등 상용자는 3,000~5,000[km] 주행 후 위치를 조정하는 것이 바람직하다.

⑦ 타이어 주행 시 발생할 수 있는 이상현상
  ㉠ 스탠딩 웨이브 현상: 타이어 공기압이 낮은 상태에서 고속으로 주행할 때, 일정 속도를 초과할 경우 타이어 접지부의 뒤쪽이 부풀어 오르고 물결처럼 주름이 생기는 현상을 말한다. 이 현상이 심해지면 타이어의 접지면이 불규칙해지고 마찰력이 감소하여 제동력과 접지력이 저하된다. 또한 타이어 내부에 과열이 발생하여 타이어가 손상되거나 타이어 트레드가 분리되는 박리 현상이 발생할 수 있다.
    • 스탠딩 웨이브 현상의 특징
      – 레디얼 타이어보다 바이어스 타이어에서 많이 발생한다.
      – 현상은 하중이 클수록 타이어 변형이 커져 발생 가능성이 높아진다.
    • 스탠딩 웨이브 방지법
      – 타이어의 공기압을 10~15[%] 정도 높인다.
      – 강성이 큰 타이어를 사용한다.
      – 차량에 가해지는 하중을 줄인다.
      – 고속 주행을 피한다.
  ㉡ 하이드로 플래닝(Hydro Planning) 현상: 수막현상이라고도 하며 빗길 주행 시나 물이 고인 지면 통과 시 타이어가 지면과 직접 접촉하지 못하고 물위를 미끄러지듯이 주행하는 현상을 의미한다.

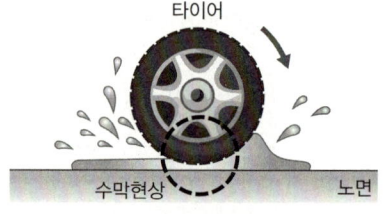

▲ 수막현상

    • 하이드로 플래닝(수막현상) 방지 방법
      – 트레드의 마모가 적은 타이어를 사용한다.
      – 타이어의 공기압을 높인다.
      – 카프형으로 세이빙 가공한 것을 사용한다.
      – 배수 성능이 우수한 트레드 패턴(리브 패턴 또는 방향성 패턴)을 사용한다.
      – 저속으로 주행한다.

Speed UP 타이어의 슬립률

$$슬립률[\%] = \frac{차체\ 속도 - 차륜\ 속도}{차체\ 속도} \times 100$$

(2) **휠(Wheel)의 이해**

휠은 허브와 림 사이를 연결하는 부분이다.
① 휠의 역할
  ㉠ 차량의 중량을 지지한다.
  ㉡ 선회 시 발생하는 원심력을 견딘다.
  ㉢ 주행 중 노면에서 전달되는 진동, 구동력 제동 시 발생하는 힘과 충격을 받는다.
② 구성 및 기능
  ㉠ 림: 타이어가 장착되는 부위로, 드롭 센터 림, 세미 드롭 센터 림, 플랫 베이스 림 등의 형식이 있다.
  ㉡ 디스크: 허브에 체결되는 부분이며, 스파이더 휠, 스포크 휠, 디스크 휠 등의 형태로 나뉜다.

▲ 디스크 휠

(3) **휠 얼라이먼트(전차륜 정렬)의 이해**

① 휠 얼라이먼트: 앞바퀴 정렬은 차륜에서 발생하는 진동이나 조향 불안정의 원인을 제거하고 원활한 주행과 타이어의 편마모를 방지하기 위해 앞바퀴의 기하학적 각도를 조정하는 작업을 말한다.

㉠ 캠버(Camber): 자동차의 전륜을 위에서 바라보았을 때, 차체의 중심선으로부터 바깥쪽 또는 안쪽으로 벌어진 상태를 의미한다. 이는 전륜의 중심선과 지면에 수직인 선 사이의 각도로 정의되며, 일반적으로 ㅣ0.5°에서 +1.5° 사이로 설정된다. 캠버는 수직 하중에 의해 앞차축이 휘는 현상을 방지하고 조향 핸들의 조작에 필요한 힘을 줄여준다.
- 정의 캠버: 전륜의 윗부분이 바깥쪽으로 기울어진 상태로 타이어 상단의 윤거가 하단보다 더 넓은 경우를 말한다.
- 0 캠버: 전륜의 중심선이 지면에 대한 수직선과 일치하는 상태를 의미한다.
- 부의 캠버: 전륜의 윗부분이 안쪽으로 기울어진 상태로 타이어 상단의 윤거가 하단보다 좁은 경우를 나타낸다.

㉡ 캐스터(Caster): 전륜을 측면에서 보았을 때, 킹 핀(또는 독립 현가장치의 경우 위·아래 볼 조인트를 잇는 조향축)의 중심선이 지면에 대해 수직선과 일정한 각도로 기울어진 상태를 말하며, 캐스터의 표준 각도는 30분(30′)에서 3° 정도의 범위로 설정된다. 캐스터는 주행 시 조향 바퀴에 직진성을 부여하여 안정적인 주행이 가능하도록 하고, 조향 후 바퀴가 스스로 원래의 직진 방향으로 되돌아가는 복원력을 제공한다.
- 정의 캐스터: 킹 핀(또는 상단 볼 조인트)이 수직선에 대해 차량의 뒤쪽으로 기울어진 상태를 말한다.
- 0의 캐스터: 킹 핀(또는 상단 볼 조인트)이 수직선에 대해 차량의 앞쪽, 즉 엔진룸 방향으로 기울어진 상태를 의미한다.

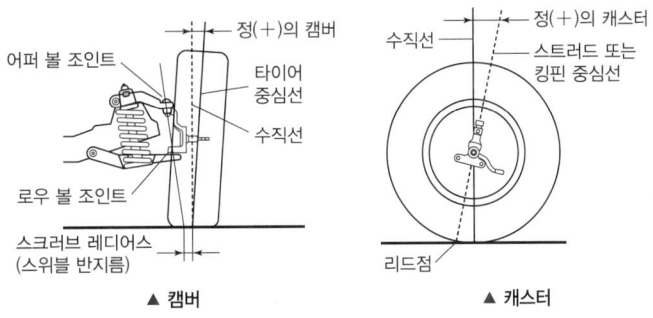

▲ 캠버 　　　▲ 캐스터

㉢ 토인(Toe-In): 자동차의 앞바퀴가 위쪽에서 볼 때 서로 안쪽으로 약간 모여 있는 상태를 의미하며, 이 상태는 주행 시 안정성과 승차감을 높여준다. 즉, 앞바퀴의 앞부분 윤거가 뒷부분 윤거보다 작은 상태로 일반적인 기준 값은 2~8[mm] 정도이다.
- 토인의 역할(필요성)
  - 앞바퀴를 평행하게 회전시킨다.
  - 앞바퀴의 사이드 슬립을 방지하고 타이어의 편마멸을 줄인다.
  - 조향 링키지 마멸이나 주행저항, 구동력의 반력에 의해 발생하는 토 아웃(Toe-Out) 현상을 방지한다.
  - 토인은 일반적으로 타이로드의 길이를 조절하여 설정한다.

㉣ 킹핀 경사각: 앞바퀴를 정면에서 보았을 때, 킹 핀(또는 독립 현가장치의 경우 위·아래 볼 조인트)의 중심선이 지면에 대해 수직선과 이루는 기울기를 말한다. 이 각도를 킹핀 경사각이라 하며, 일반적으로 2~8° 정도로 설정된다.
- 킹핀 경사각의 역할(필요성)
  - 캠버와 함께 작용하여 조향 핸들의 조작을 보다 쉽게 만든다.
  - 조향 시 캐스터와 함께 앞바퀴에 복원력을 부여하여 방향 안정성을 높인다.
  - 주행 중 발생할 수 있는 시미(Shimmy) 현상을 억제하는 데 기여한다.

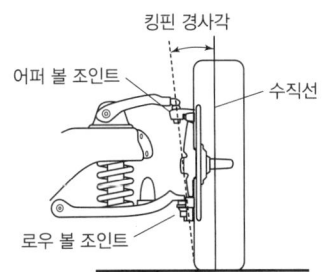

▲ 킹핀 경사각(위시본 형식)

- ⑩ 협각: 캠버 각과 킹핀 경사각을 합한 값을 의미하며, 이 각도에 따라 타이어 중심선과 킹핀 연장선이 만나는 위치가 결정된다. 만나는 지점이 노면 아래에 있을 경우 토 아웃 현상이 발생할 가능성이 높고, 반대로 노면 위에 위치하면 토인의 경향이 발생한다.
- ⑪ 셋백: 차량의 전후 중심선과 전륜축 및 후륜축에서 각각 수직으로 그은 선들이 이루는 각도를 말한다.
- ⑫ 스트러트 각(Thrust Angle): 스트러스트 각은 차량의 기하학적 중심선과 한쪽 차축의 스러스트선이 이루는 각도로 바퀴가 실제 주행하는 방향을 나타낸다.

② 조향장치의 선회특성
- ㉠ 오버 스티어링: 조향각이 일정한 상태에서 차량이 선회할 때 예상보다 선회 반경이 작아지는 현상이다.
- ㉡ 언더 스티어링: 조향각이 일정한 상태에서 차량이 선회할 때 예상보다 선회 반경이 커지는 현상이다.
- ㉢ 뉴트럴 스티어링: 조향각에 따라 이론적인 선회 반지름 그대로 회전하는 이상적인 상태이다.
- ㉣ 리버스 스티어링: 차량 속도가 증가함에 따라 언더스티어에서 오버스티어로 전환되는 현상이다.

2. 휠, 타이어, 얼라이먼트의 점검 및 분석

(1) 휠의 점검
① 휠의 종류를 구분한다.
② 휠의 너비와 높이가 법정 규정에 알맞은지 계측하고 결합상태를 판단한다.
③ 휠 종류에 따른 주행특성과 정비 시 유의사항을 확인한다.

(2) 타이어의 점검
① 타이어의 종류를 구분한다.
- ㉠ 레이디얼, 바이어스 등 타이어의 종류를 판단한다.
- ㉡ 직경, 최대하중 등 타이어의 제원을 파악한다.

② 타이어의 특성을 점검한다.
- ㉠ 정비지침서 및 제조사 매뉴얼을 통해 해당 타이어가 가지는 주행특성과 정비방법, 유의사항 등을 확인한다.
- ㉡ 교환작업 시 타이어의 종류가 바뀌지 않도록 주의한다.

③ 타이어 교환을 위해 필요한 항목을 확인한다.
- ㉠ 타이어가 장착된 상태에서 타이어의 종류를 확인한다.
- ㉡ 차량의 종류를 확인함으로써 해당 차량에 대한 정보를 확인한다.
- ㉢ 차량을 외관적으로 확인하고 차종의 정확한 명칭을 확인한다.
- ㉣ 자동차 등록증상에 표기된 차량의 실제 명칭에 대해 확인한다.

(3) 휠 어라인먼트 분석
① 비정상적 타이어 마모의 원인
- ㉠ 토(Toe)의 불량, 캠버 불량, 타이어 공기압 부적절, 바퀴 유격이 큰 경우
- ㉡ 휠 밸런스 불량, 선회 시 토 아웃 불량 등

② 주행 중 핸들이 쏠리는 원인
- ㉠ 좌우 공기압 편차, 좌우 캠버 편차, 좌우 캐스터 편차 불량
- ㉡ 한쪽 브레이크 제동상태 또는 차륜 링키지의 불량 등

③ 핸들 복원력 불량의 원인
  ㉠ 토(Toe)의 불량, 캐스터 부족, 조향 너클 손상, 조향기어가 휜 경우
  ㉡ 핸들 샤프트 휨 또는 조인트 고착 상태 등
④ 핸들 센터 불량의 원인: 조향장치나 현가장치의 마모 및 유격 발생, 조향기어 이완 등
⑤ 핸들이 가벼운 원인
  ㉠ 공기압 과다 및 캠버 과다
  ㉡ 캐스터 과소 및 핸들 유격 과다
⑥ 핸들이 무거운 원인
  ㉠ 공기압 부족, 타이어 마모 심함, 마이너스 휠 상태, 캐스터 과대
  ㉡ 파워 오일 부족 및 벨트 불량 등

(4) 조향 핸들의 유격이 큰 경우
  ① 타이어의 팽창 정도 확인
    ㉠ 승객이 탑승하지 않고 적재가 없는 공차 상태를 기준으로 판단한다.
    ㉡ 타이어의 사이드부가 눌려 좌우로 팽창하는지 확인한다.
  ② 손상 유무 확인
    ㉠ 강한 힘으로 타이어를 눌러 충분한 반발력이 느껴지는지 확인한다.
    ㉡ 공기압을 조정하기 전에 타이어 전체에 손상이 없는지 확인한다.
    ㉢ 타이어의 사이드부가 좌우로 팽창하는지 확인한다.

3. 휠, 타이어, 얼라이먼트의 조정

(1) 휠 · 타이어 평행상태 조정
  ① 준비 작업
    ㉠ 차량을 리프트로 들어 올린다.
    ㉡ 휠과 타이어를 너클에서 분리한다.
    ㉢ 휠 · 타이어 결합부 및 하부 구성 요소에 이상 유무를 간단히 점검한다.
    ㉣ 휠 밸런서에 휠과 타이어를 올려 고정한다. 휠 중앙에 캡이 있는 차량은 캡을 제거한 후 중앙 홀이 정확히 장착되도록 한다.
    ㉤ 밸런서에 포함된 고정용 조임쇠를 이용해 단단히 결합시킨다.
    ㉥ 장착 후 손으로 흔들어보며 흔들림이 없는지 확인한다.
  ② 휠 밸런스 측정
    ㉠ 측정기의 작동 버튼을 눌러 기계를 작동시킨다.
    ㉡ 타이어 표면에 표시된 휠 직경[inch]에 맞게 측정기의 직경 설정을 조정한다.
    ㉢ 외경 측정 도구를 이용해 실제 값을 측정하고 측정기에 해당 값을 입력한다.
    ㉣ 림과 축 사이의 거리를 계측기로 측정한 후 기기에 반영한다.
    ㉤ 타이어 회전 시 좌우 흔들림이나 축에서 벗어나는 현상이 있는지 확인한다.
    ㉥ 측정 완료 신호(소리 또는 화면 표시 등)를 확인하여 다음 단계로 이동한다.

③ 휠 밸런스 조정
  ㉠ 측정 화면에 표시되는 무게추의 위치(INNER/OUTER)와 권장 중량 값을 확인한다.
  ㉡ 계측 결과에 따라 알맞은 무게추를 선택하고 타이어를 수동으로 돌려 경고음이 울리는 위치를 파악한다.
  ㉢ 경고음이 발생하는 지점에서 타이어를 정지시키고 해당 위치의 내측과 외측 중앙에 무게추를 부착한다.
  ㉣ 전용 공구를 사용해 무게추가 림에 밀착되도록 가볍게 두드리면서 단단히 고정한다.
  ㉤ 부착이 완료된 후 측정기를 다시 작동시켜 휠 밸런스가 정상적으로 맞춰졌는지 재확인한다.

(2) **휠 얼라이먼트 측정장비 사용**
  ① 캠버 측정 전 준비사항
    ㉠ 차량은 공차 상태로 두어야 한다.
    ㉡ 모든 타이어의 공기압을 규정값에 맞추고 트레드 마모가 심한 타이어는 교환한다.
    ㉢ 휠 베어링, 볼 조인트, 타이로드 엔드에 헐거움이 있는지 점검한다.
    ㉣ 조향 계통(링키지)의 체결 상태와 마모 여부를 확인한다.
    ㉤ 현가장치 스프링의 탄성 저하 여부와 쇽 업쇼버에 이상이 없는지 점검한다.
    ㉥ 차량의 네 바퀴를 모두 턴테이블 위에 올려 수평을 유지한다.
    ㉦ 점검 전 차량을 상하·좌우로 흔들어 현가 스프링이 정상 설치 상태가 되도록 한다.
  ② 캠버 측정 방법(포터블 캠버 캐스터 측정기)
    ㉠ 바퀴를 정면 직진 방향으로 정렬한다.
    ㉡ 턴테이블의 고정핀을 제거하고 지침이 0을 가리키도록 설정한다.
    ㉢ 수평 게이지의 기포가 중심에 오도록 조정한다.
    ㉣ 캠버 게이지의 중앙 눈금을 읽어 캠버 값을 확인한다.
  ③ 캐스터 측정 방법
    ㉠ 바퀴를 직진 방향으로 정렬한다.
    ㉡ 턴테이블의 고정핀을 제거하고 지침이 0을 가리키도록 조정한다.
    ㉢ 바퀴를 바깥쪽으로 20° 회전시킨 뒤, 수평 기포를 맞추고 킹핀 각도 눈금을 0으로 설정한다.
    ㉣ 이어서 바퀴를 안쪽으로 20° 회전시킨다. (총 40° 회전)
    ㉤ 다시 바퀴를 직진 상태로 되돌린 후, 수평 기포를 맞추고 캐스터 각 눈금을 읽는다.
  ④ 토 인(Toe-In) 측정 방법
    ㉠ 측정은 차량을 평평한 장소에 정렬시켜 직진 상태로 놓은 후 진행한다.
    ㉡ 탐침을 양쪽 타이어 중심부에 맞춘다.
    ㉢ 토우 게이지를 타이어 전면 쪽으로 이동시킨다.
    ㉣ 딤블을 돌려 탐침을 앞쪽 타이어 중심부에 맞춘다.
    ㉤ 측정된 값을 읽는다.
    ㉥ 토인의 조정은 타이로드 길이를 조절하여 수행한다.

(3) **휠 얼라이먼트 조정**
  ① 조정 준비
    ㉠ 차량이 수평 상태가 되도록 정렬한다.
    ㉡ 브레이크와 핸들을 고정 공구를 사용해 움직이지 않도록 고정한다.
    ㉢ 휠 얼라이먼트 조정에 필요한 장비와 도구를 준비한다.

② 현가장치 조정
　㉠ 조정은 후륜을 먼저 수행한 후, 전륜을 조정한다.
　㉡ 필요에 따라 토(Toe) 값을 조절한다.
　㉢ 캠버 각이 기준값을 벗어난 경우 현가장치의 형식에 따라 조정 방법을 달리한다.
　　• 맥퍼슨 스트럿 방식: 마운트 블록 위치를 조정하거나 스트럿 체결 볼트를 조정한다.
　　• 더블 위시본 방식
　　　– 전륜에 이상이 있을 경우 어퍼 컨트롤 암에 위치한 캠버 조정 심의 두께를 변경하여 조정한다.
　　　– 전용 캠버 볼트가 장착된 차량은 해당 볼트를 통해 조정할 수 있다.
　　　– 후륜에 문제가 있을 경우 어시스트 암에 장착된 조정 볼트를 활용해 조정한다.
　㉣ 캐스터 값이 허용 범위를 벗어나면 대부분 조정이 불가능하지만 제조사에서 특별히 조정 기능을 설계하고 특수 공구를 제공한 경우에는 조정이 가능하다.

4. 휠, 타이어, 얼라이먼트의의 수리 및 교환

(1) 휠, 타이어, 얼라이먼트의 관련부품 수리

쇽 업소버 탈부착	• 스트럿 어셈블리를 탈거한 뒤 구성품을 분해한다. • 피스톤 로드를 고정시켜 상하 운동을 점검하고 소음이나 작동상태를 확인한다. • 모든 부품을 재조립한 뒤 다시 차량에 장착한다.
볼조인트 교환	• 로어 암을 탈거한 후, 토크렌치를 사용해 볼조인트의 유격을 확인한다. • 이상이 있다면 교환한다. • 교환된 부품의 프리로드를 다시 점검하고 이상이 없다면 재조립한다.
타이로드 엔드 교환	• 나사산의 위치를 마킹하여 타이로드 엔드의 조립상태 확인한다. • 타이로드 엔드를 탈거한 후 프리로드를 점검한다. • 조립 시에는 기존에 표시해 둔 나사산 위치를 기준으로 정확히 맞추어 설치한다.
허브, 너클 교환	• 허브와 너클을 탈거 및 재조립하는 과정에서 허브 베어링의 상태를 항상 확인한다. • 분해 시에는 손이나 일반 수공구가 아닌 유압식 전용공구를 사용해야 한다.
트레일링 암, 서스펜션 암, 어시스트 링크 교환	• 각 암과 링크를 분리한 뒤 부속된 고무 부품이나 부싱의 마모 상태를 확인한다. • 이상이 발견되면 해당 부품을 교환하고 이상이 없을 경우 재조립한다.

(2) 휠, 타이어, 얼라이먼트의 장비 선택
　① 기계식 휠 얼라인먼트
　　㉠ 구성요소: 기계식 얼라인먼트 장비는 전자식과 달리 전자장치 없이 수동 장비를 활용하여 측정하는 방식으로 토인 측정기, 캠버·캐스터 측정기, 회전반경 측정기, 캠버·캐스터 측정기 거치대 등이 있다.
　　㉡ 특징
　　　• 차륜 중심선을 기준으로 캠버, 캐스터, 킹핀 경사각, 토인 등을 측정할 수 있다.
　　　• 중심선 기준 앞뒤 차륜 위치 차이는 확인할 수 있으나 휠의 편심 또는 인·아웃 구분이 어렵고 개별 바퀴의 토 조정에는 한계가 있다.
　　　• 캠버 및 캐스터 측정 시 장비의 구조적 특성상 판독 오차가 발생할 수 있다.
　　　• 알루미늄 휠이나 합성수지 재질의 휠에는 자석이 부착되지 않기 때문에 별도의 거치대를 사용해야 한다.

② 전자식 휠 얼라인먼트
  ㉠ 구성요소: 4주식 리프트 위에 설치되는 구조로 센서 헤드 유닛, 휠 클램프, 턴테이블 세트, 브레이크 페달 고정 장치, 핸들 고정 장치 등이 있다.
  ㉡ 특징
    • 캠버, 캐스터, 킹핀 경사각, 토인 등 기본적인 얼라인먼트 요소 외에도 스러스트 각과 셋백 등의 정밀 측정이 가능하다.
    • 각 바퀴의 인·아웃 상태를 독립적으로 측정할 수 있어 개별 휠의 토 조정이 용이하다.
    • 측정 결과를 전자 데이터로 저장할 수 있어 기록물 관리 및 보존이 편리하다.

(3) **휠, 타이어, 얼라인먼트의 부품 교환**
① 타이어 교환 전 점검
  ㉠ 타이어 공기압 및 마모 상태 점검
    • 타이어의 공기압은 마모도에 직접적인 영향을 미친다.
    • 공기압이 부족할 경우 접지면이 넓어져 마모 속도가 더 빨라진다.
    • 따라서 타이어 수명을 연장하려면 항상 적정 공기압을 유지하는 것이 중요하다.
  ㉡ 타이어 교체 시기 판단 기준
    • 일반적으로 타이어의 트레드 홈 깊이가 1.6[mm] 이하로 마모되면 교체해야 한다.
    • 트레드가 닳으면 접지력과 노면과의 마찰력이 떨어져 사고 위험이 커진다.
    • 타이어의 마모 상태는 트레드 깊이를 측정하거나 제조 시 삽입된 마모 한계선을 확인하여 점검할 수 있다.
    • 안전 운전을 위해 정기적으로 마모 상태를 확인하고 주기적으로 교체하는 것이 바람직하다.
② 타이어 위치 교환
  ㉠ 차량 구동 방식에 따른 마모 차이
    • FF 방식(전륜구동 차량)은 엔진과 구동이 모두 앞에 위치하여 앞바퀴에 가해지는 하중과 마찰 저항이 커지므로 전륜 타이어의 마모가 더 심하다.
    • 특히 시내 주행이 잦고 제동 및 가속이 반복되는 환경에서는 앞 타이어의 마모가 더욱 빠르게 진행된다.
    • 모든 타이어의 마모를 균일하게 유지하기 위해 앞뒤 타이어 위치를 주기적으로 교환해야 한다.
  ㉡ 신품 타이어 교환 시 장착 위치
    • 제동력과 가속력은 주로 앞 타이어의 접지력에 의존하므로 일반적으로 새 타이어는 앞바퀴에 장착하는 것이 바람직하다.
    • 단, 일부 제조사나 전문가들은 주행 안정성을 위해 후륜에 신품 타이어를 장착하는 것이 더 안전하다고 권장하기도 하므로 차량 특성과 운전자 환경에 따라 판단한다.

CHAPTER 04 유압식 제동장치 정비

1. 제동장치(Brake System) 이해

(1) 제동장치의 역할
① 주행 중인 차량의 속도를 줄이거나 멈추게 한다.
② 차량이 주차된 상태를 안정적으로 유지한다.
③ 자동차의 운동 에너지를 마찰을 통해 열에너지로 전환하여 제동 효과를 발생시킨다.

(2) 제동장치의 종류
① 용도에 따른 분류
　㉠ 주제동 브레이크: 운전자가 발로 작동하는 풋 브레이크로 디스크 브레이크가 여기에 해당한다.
　㉡ 주차 브레이크: 손으로 조작하는 핸드 브레이크이며 휠을 고정하는 휠 브레이크나 추진축을 고정하는 센터 브레이크 방식이 있다.
　㉢ 감속 또는 비상 브레이크: 저속 기어 변속이나 배기량 감소 등을 통해 엔진 회전수를 줄일 수 있는 브레이크이다.
② 작동매체에 따른 분류
　㉠ 기계식: 로드나 와이어를 사용하는 제동장치이다.
　㉡ 유압식: 오일을 작동유로 사용하는 제동장치이다.
　㉢ 공기식: 압축된 공기를 이용하는 제동장치이다.
③ 작동방식에 따른 분류
　㉠ 디스크 브레이크: 바퀴와 함께 회전하는 디스크와 그 양면에 설치된 브레이크 패드 사이의 마찰로 제동력을 발생시키는 장치이다.
　　• 디스크 브레이크의 장·단점

장점	단점
• 방열성이 좋아 제동력이 안정된다	• 마찰면적이 작으므로 패드를 압착하는 힘이 커야한다.
• 제동력이 크고 조절이 용이하다	• 패드의 강도가 커야한다.
• 마모가 적고 수명이 길다	• 페달을 밟는 힘이 커야한다.
• 구조가 간단하고 패드 교환이 쉽다.	• 구조상 고가이다.

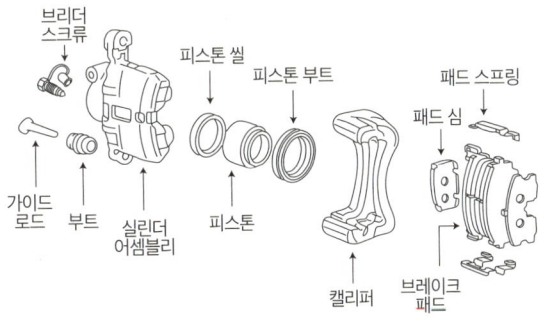

▲ 디스크 브레이크의 구조

　㉡ 드럼 브레이크: 드럼 내부의 브레이크 슈와 드럼 사이의 마찰력으로 제동력을 발생시키는 장치이다.
　㉢ 밴드 브레이크: 회전하는 드럼의 외측을 밴드 형상의 마찰재로 감싸 마찰을 통해 제동력을 발생시키는 장치이다.

(3) 제동장치의 구비조건
① 차량의 최고속도 및 중량에 적합한 충분한 제동 성능이 있어야 한다.
② 작동이 확실하고 높은 제동 효과를 가져야 한다.
③ 신뢰성과 내구성이 우수해야 한다.
④ 점검 및 조정이 용이해야 한다.
⑤ 조작이 간단하고 운전자에게 피로를 유발하지 않아야 한다.
⑥ 브레이크를 작동하지 않는 상태에서는 바퀴 회전에 방해가 없어야 한다.

2. 유압식 제동장치

(1) 유압식 제동장치의 원리

유압식 제동장치는 '밀폐된 공간 내에서 압력은 모든 방향으로 균등하게 전달된다'는 파스칼의 원리에 기반하여 작동한다. 운전자가 브레이크 페달을 밟으면 그 힘이 유압으로 전환되어 제동력을 발생시키는 방식이다.

(2) 드럼식 유압 제동장치의 구조 및 기능
① 마스터 실린더: 브레이크 페달을 밟을 때 발생하는 기계적 힘을 유압으로 전환하는 장치로, 내부 피스톤의 개수에 따라 싱글형과 탠덤형으로 구분된다.
  ㉠ 마스터 실린더의 구성 및 작동
   • 피스톤: 푸시로드의 작동에 따라 전후로 이동하며 실린더 내부에 유압을 생성한다.
   • 피스톤 컵: 1차 컵은 유압을 발생시키고 2차 컵은 오일누출을 방지하는 역할을 한다.
   • 피스톤 리턴 스프링: 1차 컵과 체크밸브 사이에 위치하며 브레이크 페달에서 발을 뗐을 때 피스톤을 원래 위치로 복귀시키는 역할을 한다.
   • 체크밸브: 유압이 형성될 때는 개방되어 오일을 휠 실린더로 보내고 페달 작동력이 사라지면 닫혀 회로 내 잔압($0.6 \sim 0.8[kg/cm^2]$)을 유지한다.
   • 리턴 구멍: 제동 후 유압 회로를 통해 사용된 오일이 리저버 탱크로 돌아오는 통로이다. 이 구멍이 막히면 오일이 원활히 복귀하지 못해 브레이크가 해제되지 않는 문제가 발생할 수 있다.

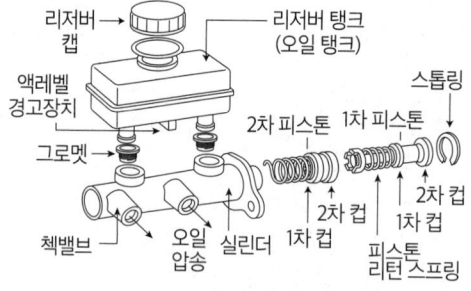

▲ 탠덤 마스터 실린더의 구조

  ㉡ 잔압유지의 필요성(잔압을 두는 목적)
   • 베이퍼 록(증기폐쇄) 현상을 방지하기 위해
   • 신속한 제동력 발휘를 위해(브레이크 작동 신속)
   • 유압 회로상의 공기 침입을 방지하기 위해
   • 휠 실린더에서의 오일누출을 방지하기 위해

ⓒ 베이퍼 록(Vapor Lock)현상의 발생 원인
- 긴 내리막길에서 브레이크를 자주 사용하는 경우
- 드럼과 라이닝의 끼임에 의해 과열되는 경우
- 브레이크 슈 리턴스프링의 소손에 의한 잔압이 저하되는 경우
- 브레이크 슈 라이닝 간극이 너무 작은 경우
- 오일이 변질되어 비등점이 낮아진 경우
- 불량 오일을 사용하거나 다른 오일을 혼용하여 사용한 경우

ⓓ 브레이크 페달의 자유유격: 페달을 가볍게 밟기 시작하여 더 이상 눌리지 않을 때까지의 이동 거리를 말한다. 이는 마스터 실린더의 푸시로드가 앞으로 움직여 피스톤을 밀기 직전, 즉 유압이 형성되기 직전까지의 거리이다. 일반적인 규정값은 10~15[mm] 정도이다.

② 휠 실린더: 유압에 의해 피스톤이 작동하면서 슈 라이닝을 드럼에 밀착시키는 역할을 한다. 동일 직경형과 단일 직경형으로 나뉘며, 브리더 스크류가 설치되어 공기빼기 작업이 가능하다.

③ 브레이크 슈: 휠 실린더의 피스톤 작동에 따라 움직이며 회전하는 드럼에 압착되어 회전력을 감소시킨다.

④ 브레이크 라이닝: 브레이크 슈에 리벳 또는 접착 방식으로 부착되며 브레이크 드럼과 직접 맞닿아 마찰을 일으켜 드럼의 회전을 멈추는 부위이다. 사용되는 재질에 따라 몰드 라이닝(석면을 반죽하여 성형한 것), 석면과 금속 분말이 혼합된 세미 메탈릭, 소결 합금을 적용한 메탈릭 라이닝으로 구분된다. 일반적인 마찰계수는 0.3~0.5 수준이다.

⑤ 브레이크 드럼: 허브와 휠 사이에 볼트로 고정되어 바퀴와 함께 회전하며 라이닝과의 마찰 작용을 통해 제동력을 발생시킨다. 고온의 마찰에도 견딜 수 있도록 특수 주철 재질이 일반적으로 사용된다.

⑥ 브레이크 오일: 식물성 오일인 피마자유와 알코올을 혼합하여 사용한다.

⑦ 브레이크 슈의 리턴스프링: 제동 작용이 해제된 후 두 개의 마찰판을 원래 위치로 신속하게 복귀시키는 기능을 한다.

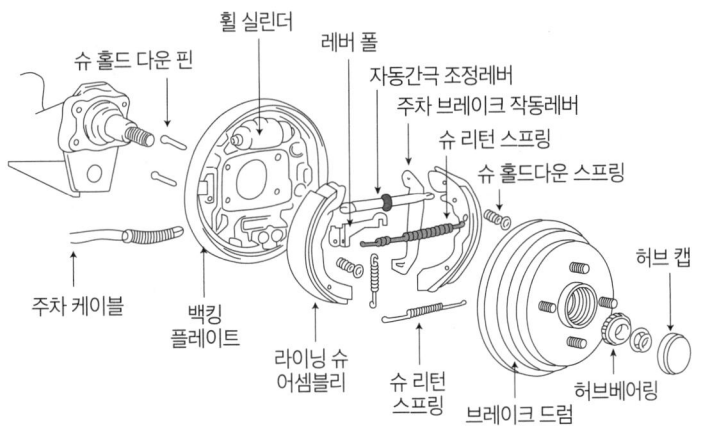

▲ 드럼 브레이크의 구조

(3) 브레이크 슈와 드럼의 조합

① 자기작동: 드럼이 회전 중일 때 제동이 걸리면 브레이크 슈가 드럼과 함께 회전하려는 힘이 작용하여 슈가 더 강하게 확장되고 이에 따라 마찰력이 커지게 된다.

② 리딩 슈: 자기작동이 발생하여 드럼의 회전에 적극적으로 작용하는 브레이크 슈이다.

③ 트레일링 슈: 자기작동이 일어나지 않아 상대적으로 소극적으로 작용하는 브레이크 슈이다.

④ 1차 및 2차 슈: 자기작동이 먼저 일어나는 슈를 1차 슈, 이후에 작동하는 슈를 2차 슈라 한다.

(4) **드럼식 브레이크에서 브레이크 슈의 작동형식에 따른 분류**
   ① 넌 서보 형식: 제동 시 자기작동이 한쪽 슈에서만 발생하는 방식이다.
      ㉠ 리딩 트레일링 슈 형식: 가장 일반적인 드럼 브레이크 형식으로, 하나의 리딩 슈와 하나의 트레일링 슈로 구성되어 있으며 브레이크 작동 시 제동력은 주로 리딩 슈가 담당한다. 안정성이 우수하여 주로 승용차의 후륜에 사용된다.
      ㉡ 2 리딩 슈 형식: 전진 시 양쪽 슈 모두가 리딩 슈로 작동하도록 설계된 브레이크 방식이다.
   ② 서보 형식: 브레이크 작동 시 한쪽 슈에서 생긴 자기작동력이 다른 쪽 슈에 전달되어 제동력이 더 커지는 방식이다.
      ㉠ 유니 서보 형식: 전진 시 한쪽 슈에서 생긴 자기작동력이 반대쪽 슈로 전달되어 양쪽 슈가 리딩 슈 처럼 작동하는 방식이다. 후진 시에는 양쪽 슈가 모두 트레일링 슈로 작동하여 제동력이 약해진다.
      ㉡ 듀어 서보 형식: 전진 시 1차 슈에서 생긴 자기작동력이 연결된 2차 슈로 전달되어 양쪽 슈가 모두 리딩 슈로 작동한다. 후진 시에는 반대 방향으로 작용해 마찬가지로 양쪽 슈가 리딩 슈처럼 작동한다.

(5) **배력식 브레이크**
   배력식 브레이크는 제동력을 더욱 강하게 만드는 동시에 운전자가 브레이크 페달을 밟는 데 필요한 힘(조작력)을 줄여 주는 보조장치이다. 이 장치는 진공식 배력장치와 공기식 배력장치로 구분된다.
   ① 진공식 배력장치: 흡기다기관 내부의 진공과 외부 대기압 사이의 압력 차이를 이용하여 제동력을 증가시키는 방식이다.
      ㉠ 구조 및 기능
         • 체크밸브: 흡기다기관의 진공압(부압)을 가능한 한 크게 유지하며 하이드로 백 내부의 진공 상태를 지속시키는 역할을 한다.
         • 동력 실린더: 내부에 동력 피스톤이 있으며 이 피스톤 양쪽으로 진공압과 대기압이 작용하는 압력식 탱크 역할을 한다.
         • 릴레이 밸브: 하이드로 백을 작동시키는 밸브로 공기밸브와 진공밸브로 구성된다. 제동 시 공기밸브는 열리고 진공밸브는 닫힌다.
         • 하이드롤릭 유니트(Hydraulic Unit): ECU의 신호에 따라 휠 실린더로 전달되는 유압을 제어한다.
         • 리미팅 밸브(Limiting Valve): 급제동 시 유압이 일정 수준을 초과하면 후륜 유압의 상승을 억제하여 후륜이 먼저 잠기는 것을 방지하고 차량 쏠림을 막는다.
         • 스피드 센서(Speed Sensor): 차량 바퀴의 회전상태를 감지하기 위한 장치로 모든 바퀴에 설치된다.
         • 솔레노이드 밸브(Solenoid Valve): 솔레노이드가 생성한 자기장을 이용하여 밸브 내부의 제어부를 움직이고 유체 흐름을 조절한다. 이 장치는 원격 조작식과 직접 조작식으로 나뉜다.
   ② 공기식 배력장치: 대기압과 압축공기($5\sim7[\text{kgf}/\text{cm}^2]$)의 압력 차이를 이용하여 제동력을 증폭시키는 방식으로 기본적인 구조와 작동원리는 진공식과 유사하다.

3. 공기 브레이크

(1) 공기 브레이크의 개요
기관 구동에 의한 압축기에서 발생된 압축공기(5~7[kgf/cm²])를 작동매체로 하는 제동장치이며 압축공기는 공기탱크 – 브레이크 밸브 – 퀵 릴리스밸브 – 브레이크 챔버 순서로 공급된다.

(2) 공기 브레이크의 구성 및 기능
① 압축공기계통
  ㉠ 공기 압축기: 엔진의 동력으로 작동하며 제동에 필요한 압축공기를 생성한다.
  ㉡ 공기 탱크: 생성된 압축공기를 저장하는 장치이다.
  ㉢ 압력 조정기: 공기 탱크 내의 압력이 기준치 이상으로 상승하면 언로더 밸브를 작동시켜 압축을 중단시킨다.
  ㉣ 언로더 밸브: 공기 탱크 내 압력이 낮아지면 작동을 재개하여 압력을 다시 높인다.

② 제동계통
  ㉠ 브레이크 밸브: 브레이크 페달 하단에 장착되어 있으며 밸브의 작동량에 따라 제동력의 크기를 조절한다.
  ㉡ 릴레이 밸브: 공기 탱크에서 브레이크 챔버로 전달되는 압축공기의 흐름을 제어한다.
  ㉢ 퀵 릴리스 밸브: 제동 해제 시 브레이크 챔버에 있는 압축공기를 빠르게 대기 중으로 방출한다.
  ㉣ 브레이크 챔버: 유압식 브레이크의 휠 실린더와 같은 역할을 하며 공기압을 제동력으로 전환한다.
  ㉤ 캠(Cam): 브레이크 챔버의 작동에 따라 회전하며 브레이크 슈를 드럼에 밀착시켜 제동을 발생시킨다.

③ 안전계통
  ㉠ 저압 표시기: 공기 탱크 내 압력이 기준 이하로 떨어지면 점등되어 운전자에게 경고한다.
  ㉡ 체크밸브: 압축공기가 공기 탱크에서 압축기로 역류하는 것을 방지한다.
  ㉢ 안전밸브: 공기 탱크 내부 압력이 기준치를 초과할 경우 자동으로 공기를 배출해 과압으로부터 탱크를 보호한다.

④ 조정계통
  ㉠ 슬랙 조정기: 브레이크 라이닝과 드럼 사이의 간극을 자동으로 조절하여 적정한 제동 간격을 유지한다.

4. 전자제어 제동시스템(ABS; Anti-Lock Brake System)

(1) ABS의 개요
ABS(Anti-Lock Brake System)는 노면이 빙판이나 빗물 등으로 인해 타이어가 미끄러지기 쉬운 상황에서 급제동을 하더라도 브레이크 작동 중 바퀴가 완전히 잠기지(Lock) 않도록 제어하는 시스템이다. 이를 통해 운전자는 핸들 조작을 유지할 수 있으며 미끄러짐 없이 가능한 한 짧은 거리에서 차량을 정지시킬 수 있다.

(2) ABS의 주요 구성부품
① 휠 스피드 센서: 각 바퀴의 회전 속도를 감지하는 장치로 모든 바퀴에 설치되어 바퀴의 잠김 현상을 방지한다.
② ABS 경고등: ABS 시스템의 이상 유무를 운전자에게 알려주는 표시등이다.
③ 하이드롤릭 유닛(유압 모듈레이터): ECU로부터 신호를 받아 휠 실린더로 전달되는 유압을 조절한다.
④ 하이드롤릭 모터: 유압 에너지를 기계적인 회전 운동 에너지로 변환한다.
⑤ ECU(전자제어 유닛): 휠 스피드 센서의 신호를 분석하여 ABS 시스템의 작동을 제어하는 전자 장치이다.

(3) 전자제어 제동 시스템(ABS)의 입출력 제어
① 입력신호: 전원, 센서, 스위치 등
② 출력신호: 모터 릴레이 등

⑷ 전자제어 자동장치(ABS)의 적용 목적
① 제동 시 바퀴의 잠김(미끄러짐)을 방지하여 스핀을 방지하고 주행 안정성을 유지한다.
② ECU가 브레이크를 제어함으로써 제동 중 조정성을 유지한다.
③ 노면 상태에 따라 제동력을 조절하여 제동거리를 단축시킨다.

> **Speed UP** ABS에서 제동 시 타이어의 슬립률
> $$슬립률[\%] = \frac{자체\ 속도 - 차륜\ 속도}{자체\ 속도} \times 100$$

5. 유압식 제동장치의 점검

⑴ 브레이크 마스터 실린더 점검
① 마스터 실린더 보디의 내면에 이물질이 있거나 손상된 부분이 없는지 확인한다.
② 1차 및 2차 피스톤에 먼지, 마모, 손상, 변형 등이 있는지 점검한다.
③ 1차 및 2차 피스톤 스프링에 뒤틀림이 발생했는지 살펴본다.
④ 브레이크를 작동시켜 정상적으로 작동하는지를 확인한다.
⑤ 브레이크 작동 시 손상되거나 오일이 새는 부분이 있는지를 점검한다.
⑥ 브레이크 페달을 빠르게 또는 천천히 밟았을 때 페달 행정에 차이가 있는지를 확인한다.
⑦ 페달 행정에 차이가 나타나면 마스터 실린더를 교체한다.
⑧ 시동을 건 상태에서 브레이크 페달을 적당히 밟고 유지했을 때 페달이 서서히 내려가는지 확인한다. 페달이 점차 내려가면 누유가 의심된다.
⑨ 누유가 의심되는 경우에는 시동을 끄고 브레이크 시스템 구성 부품들을 점검한다.

⑵ 브레이크 라인(파이프, 호스) 점검
① 브레이크 파이프에 비틀림, 균열, 부식, 누유 등이 있는지 육안으로 점검하고 문제가 있다면 해당 파이프를 교체한다.
② 브레이크 호스의 비틀림, 균열, 부식, 누유 여부를 육안으로 점검하고 문제가 있다면 교환한다.
③ 브레이크 호스를 손가락으로 눌러 취약한 부분이 있는지를 확인하고 문제가 있다면 교체한다.

⑶ 브레이크 정지등 스위치 점검
① 정지등 스위치 커넥터에 저항계를 연결하여 통전 여부를 점검한다.
② 주차 브레이크 레버를 올렸을 때(플런저가 놓인 상태)는 전류가 흐르고, 레버를 내렸을 때(플런저를 누른 상태)는 전류가 흐르지 않는다면 정상이다.

⑷ 브레이크 시스템 작동 및 누유 점검
① 누유를 확인하기 전에 마스터 실린더의 브레이크액 잔량을 먼저 점검한다.
② 브레이크액이 정상 범위 내에서 소폭 감소한 경우, 브레이크 라이닝의 마모로 인한 것으로 정상 상태일 수 있다.
③ 시동을 건 상태에서 브레이크 페달을 적당한 힘으로 밟는다.
④ 이때 브레이크 페달이 점차 아래로 내려간다는 느낌이 들면 누유가 발생했을 가능성이 있다.

⑸ 브레이크액 점검
① 브레이크액의 양은 리저버 탱크에 표시된 기준선(보통 MAX)에 맞춰져 있어야 한다.
② 브레이크액을 교환한 후 약 2년이 경과했거나 40,000[km] 이상 주행한 경우에는 액의 오염 상태를 확인한다.
③ 브레이크액의 교환 시기와 적정량은 해당 차량의 정비 매뉴얼을 참고한다.

6. 유압식 제동장치의 분석

(1) 베이퍼 록(Vapor Lock)의 원인
① 긴 내리막길에서 브레이크를 자주 사용하는 경우
② 드럼과 라이닝의 끼임에 의해 과열되는 경우
③ 브레이크 슈 리턴스프링의 소손에 의한 잔압이 저하되는 경우
④ 브레이크 슈 라이닝 간극이 너무 작은 경우
⑤ 오일이 변질되어 비등점이 낮아진 경우
⑥ 불량 오일을 사용하거나 다른 오일을 혼용하여 사용한 경우

(2) 브레이크 페달의 유격이 과다한 이유
① 드럼브레이크 형식에서 브레이크 슈의 조정이 불량한 경우
② 브레이크 페달의 조정이 불량한 경우
③ 마스터 실린더 피스톤과 브레이크 부스터 푸시로드의 간극이 불량한 경우
④ 유압 회로에 공기가 유입된 경우

(3) 브레이크가 풀리지 않는 원인
① 마스터 실린더의 리턴스프링이 손상된 경우
② 드럼과 라이닝의 소결상태가 불량한 경우
③ 푸시로드의 길이가 규격에 맞지 않는 경우
④ 마스터 실린더의 리턴 구멍이 이물질 등에 의해 막힌 경우

(4) 브레이크가 작동하지 않는 원인
① 브레이크 오일 회로에 공기가 유입된 경우
② 브레이크 드럼과 슈의 간극이 지나치게 큰 경우
③ 휠 실린더의 피스톤 컵이 손상된 경우

(5) 유압식 제동장치에서 제동력이 떨어지는 원인
① 브레이크 오일이 누유되는 경우
② 브레이크 패드 또는 라이닝이 마모된 경우
③ 유압계통에 공기가 혼입된 경우

(6) 배력장치가 장착된 자동차에서 브레이크 페달의 조작이 무겁게 되는 원인
① 진공용 체크밸브가 정상적으로 작동하지 않는 경우
② 릴레이 밸브 내 피스톤의 작동이 원활하지 않는 경우
③ 하이드로릭 피스톤 컵이 손상된 경우

(7) 브레이크 슈의 리턴스프링이 약한 경우
① 휠 실린더 내의 잔압이 낮아진다.
② 드럼을 과열시키는 원인이 될 수 있다.
③ 드럼과 라이닝의 접촉이 신속히 해제된다.
④ 브레이크슈의 마멸이 촉진될 수 있다.

7. 유압식 제동장치의 수리 및 검사

(1) 유압식 제동장치 측정

① 엔진이 정지된 상태에서 브레이크 페달을 2~3회 반복하여 밟았다가 떼어준 후 작업을 실시한다.
② 직각자 또는 곧은 자를 바닥과 브레이크 페달의 측면에 밀착시킨 뒤, 페달이 완전히 올라온 위치를 펜으로 표시하여 높이를 측정한다. 이때 페달은 밟지 않은 상태여야 한다.
③ 손가락으로 브레이크 페달을 가볍게 눌러 저항이 느껴지는 지점을 펜으로 표시한다.
④ 초기 페달 높이에서 저항 지점까지의 차이가 페달 유격 값이다.
⑤ 측정된 페달 유격이 규정된 범위에 속하는지를 확인하고 벗어날 경우 조정한다.
⑥ 페달 상단에 있는 고정 너트를 풀고 푸시로드를 회전시켜 유격을 조절한다.
⑦ 페달 유격의 기준은 차량 제조사마다 다를 수 있으므로 해당 차량의 정비 지침서를 참고하여 조정한다.

(2) 프런트 브레이크 디스크 측정

디스크 두께 측정	브레이크 패드 마모 측정
• 브레이크 디스크의 손상을 점검한다. • 마이크로미터와 다이얼 게이지를 사용하여 브레이크 디스크의 두께와 런 아웃을 점검한다. • 동일 원주상의 8부분 이상에서 디스크 두께를 측정한다. • 프런트 브레이크 디스크 두께가 규정값 범위에 있는지 점검한다. • 규정값은 해당 차량의 정비지침서를 참고한다. • 한계값 이상으로 마모되었으면 좌우의 디스크 및 패드 어셈블리를 교체한다.	• 브레이크 패드 점검은 마모가 많은 마찰면의 끝단에서 검사한다. • 너무 빨리 마모되지 않았는지 브레이크 패드의 두께를 검사한다. (액슬 양쪽의 디스크 브레이크 패드 마모는 비슷해야 한다.) • 브레이크 패드 마찰면에 균열, 부서짐, 또는 손상이 있는지 검사한다. 균열, 부서짐 및 손상은 소음을 발생시킬 수 있고 디스크 브레이크의 효율을 저하시킬 수 있다. • 브레이크 패드 마찰면이 2.0[mm] 이내로 마모되면 브레이크 패드를 교환한다. • 브레이크 패드 두께의 규정값과 한계값은 해당 차량의 정비지침서를 참고한다.

(3) 리어 드럼 브레이크 측정

라이닝 두께 측정	드럼 내경 측정
• 주차 브레이크를 푼 후 리어 브레이크 드럼을 탈거한다. • 브레이크 라이닝의 마모, 오염 및 손상을 점검한다. • 브레이크 라이닝 두께를 측정하여 규정값 범위에 있는지 점검한다. • 규정값은 해당 차량의 정비지침서를 참고한다. • 한계값 이상으로 마모되었으면 라이닝 어셈블리를 교환한다.	• 자동차를 리프트로 들어 올린다. • 허브 너트를 풀고 타이어를 탈거한다. • 브레이크 드럼 장착 너트를 푼 다음 브레이크 드럼을 떼어 낸다. • 측정하기 전에 브레이크 드럼을 깨끗하게 닦는다. • 브레이크 드럼의 손상, 안쪽면의 긁힘, 마멸 등을 점검한다. • 브레이크 드럼의 내경과 드럼의 진원도를 측정하여 규정값 범위에 있는지 점검한다. • 규정값은 해당 차량의 정비지침서를 참고한다. • 한계값 이상으로 마모되었으면 드럼을 교환한다.

(4) 공기빼기(에어 블리딩) 작업

① 브레이크액이 흘러내리는 것을 방지하기 위해 마스터 실린더 하단에 천이나 흡수포 등을 깔고 작업을 시작한다.
② 마스터 실린더 리저버에는 브레이크액을 지속적으로 공급할 수 있도록 장치를 연결하거나 작업 중 리저버 탱크의 MAX선까지 액을 채워준다.
③ 보조자는 브레이크 부스터 내 잔여 압력을 제거하기 위해 시동을 끈 상태에서 브레이크 페달을 여러 차례 펌핑하고 마지막에는 페달을 밟은 채로 유지한다.
④ 이때 블리더 스크루에 투명한 호스를 연결하고 보조자가 페달을 밟고 있는 동안 블리더 스크루를 잠깐 열어 공기를 배출한 후 즉시 닫는다.
⑤ 기포가 모두 제거될 때까지 이 과정을 반복한다.
⑥ 공기빼기 순서는 리어 우측 → 프런트 좌측 → 리어 좌측 → 프런트 우측의 순서로 진행한다.
⑦ 에어 제거 작업이 끝난 뒤에는 리저버 탱크의 MAX선까지 브레이크액을 다시 보충한다.
⑧ 브레이크액을 교환한 후 약 2년 또는 40,000[km] 이상 운행한 경우 브레이크액의 오염 상태를 점검해야 한다.
⑨ 브레이크액의 교환 시기나 필요한 오일량은 차량별 정비지침서를 참조한다.

(5) 유압식 제동장치 분해조립

마스터 실린더 분해 및 장착	브레이크 라이닝 및 휠 실린더 분해 및 장착
• 축전지와 ECM을 탈거한다. • 브레이크액 레벨 센서 커넥터를 탈거한다. • 리저버 캡을 탈거하고 세척기를 사용하여 리저버 탱크에서 브레이크액을 빼낸다. • 플레어 너트를 풀고 마스터 실린더에서 튜브를 탈거한다. • 마스터 실린더 고정 너트를 탈거한 뒤 마스터 실린더를 탈거한다. • 체결 스크루를 탈거한 뒤 마스터 실린더에서 리저버를 탈거한다. • 스냅링 플라이어로 리테이너 링을 탈거한다. • 실린더 핀을 탈거한 후 1차 피스톤 어셈블리를 탈거한다. • 스크루 드라이버로 2차 피스톤을 밀면서 실린더 핀을 탈거한 후 2차 피스톤 어셈블리를 탈거한다. • 장착은 탈거의 역순으로 진행한다.	• 리어 타이어와 휠을 탈거한다. • 주차 브레이크를 해제한다. • 리어 브레이크 드럼을 탈거한다. • 조정레버 스프링과 조정레버를 탈거한다. • 어퍼 리턴 스프링을 탈거한다. • 로어 리턴 스프링을 탈거한다. • 슈 어저스터를 탈거한다. • 슈 홀드 스프링과 슈 홀드 핀을 탈거한 뒤 브레이크 슈를 탈거한다. • 브레이크 슈에서 주차 브레이크 케이블을 탈거한다. • 휠 실린더에서 튜브 플레어 너트를 풀어 튜브를 탈거한다. • 배킹 플레이트로부터 고정 볼트를 푼 다음 휠 실린더를 탈거한다. • 더스트 부트를 탈거한다. • 피스톤과 피스톤 컵을 탈거한다. • 리턴 스프링을 탈거한다. • 장착은 탈거의 역순으로 진행한다.

CHAPTER 05 유압식 현가장치 정비

1. 유압식 현가장치의 개요

(1) 유압식 현가장치의 기능
차량 주행 중 발생하는 지면으로부터의 충격이나 진동을 흡수 완화시켜 차량의 연결부위나 각종 부품의 수명을 연장시키고 승차감을 향상시킨다.

(2) 유압식 현가장치의 구비조건
① 상하방향의 움직임이 유연하여 지면으로부터의 충격을 완화할 것
② 수평방향의 연결이 견고하여 구동력, 제동력, 선회 시의 원심력 등에 대하여 견딜 수 있을 것
③ 반복적인 인장·압축에 견딜 수 있는 강성이 있을 것
④ 파손 시 정비가 용이할 것

(3) 유압식 현가장치의 구성
현가장치는 도로에서 전달되는 충격을 완화하는 스프링, 스프링의 자유진동을 억제하는 쇽 업소버, 차량의 좌우 흔들림을 줄이는 스태빌라이저 등으로 구성된다.

① 스프링(Spring)
  ㉠ 판 스프링: 강철판 여러 장을 겹쳐 만든 구조로 외력이 작용할 때 휘어지면서 충격을 흡수한다.

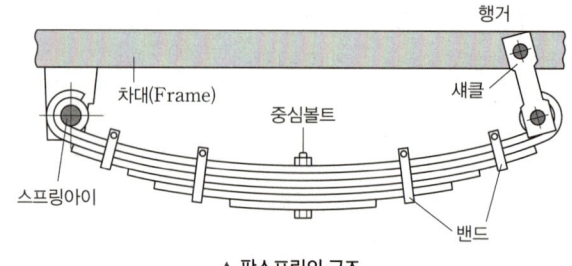

▲ 판스프링의 구조

  • 판 스프링의 특징
    - 비교적 큰 충격이나 진동의 흡수에 효과적이다.
    - 비틀림 진동에 강하고 구조가 단순하다.
    - 작은 진동에 대한 흡수력이 떨어져 승차감이 저하될 수 있다.
    - 주로 일체 차축식 현가 장치에 사용된다.

  ㉡ 코일 스프링(Coil Spring): 원형의 스프링 강을 나선형으로 감은 형태로 에너지를 저장하고 방출하거나 충격을 흡수하며 힘을 유지하는 데 사용된다. 외력이 작용할 때 각 단면이 비틀리면서 충격을 흡수한다.
    • 코일 스프링의 특징
      - 단위 중량 당 에너지 흡수율이 높다.
      - 제작 비용이 적고 스프링 작용이 유연하다.
      - 판 사이의 마찰이 없어 진동 감쇠 기능이 부족하다.
      - 옆 방향 힘에 대한 저항력이 없어 액슬축에 설치할 경우 쇽 업소버나 링크 기구가 필요하다.
      - 주로 독립 현가식 현가 장치에서 많이 사용되며 승차감이 우수하다.

ⓒ 토션바 스프링(Torsion Bar Spring): 길고 막대 형태의 강봉으로 비틀림 탄성 에너지를 활용해 충격을 흡수한다.
- 토션바 스프링의 특징
  - 차체와 차륜이 연결된 컨트롤 암 사이에 설치되어 스프링 역할을 보완한다.
  - 가볍고 구조가 단순하고 단위 중량당 에너지 흡수율이 매우 높다.
  - 스프링의 힘은 막대의 길이와 단면적에 의해 결정되며 좌우 구분 설치가 필요하다.
  - 공간 차지가 적고 가로나 세로 방향 모두 설치가 가능하다.
  - 진동 감쇠 성능이 없기 때문에 쇽 업쇼버와 함께 사용해야 한다.
  - 스프링의 힘은 단면적에 비례하고 길이에 반비례한다.

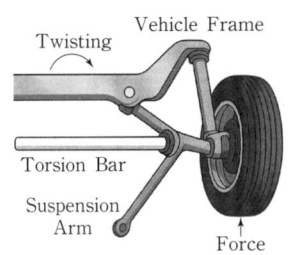

▲ 토션 바 스프링

ⓔ 고무 스프링: 고무의 탄성을 이용해 외부 충격을 흡수하고 분산시키는 역할을 한다.
② 쇽 업쇼버(Shock Absorber): 노면의 충격에 의해 발생한 스프링의 자유진동을 감쇠시켜 스프링의 피로도를 줄이고 주행 안정성을 향상시킨다.
③ 스태빌라이저(Stabilizer): 차축의 양단에 장착된 비틀림 막대 형태의 부품으로 차량이 고속으로 회전할 때 차체가 좌우로 기우는 롤링 현상을 억제한다.

(4) 현가장치의 종류

① 일체 차축 현가장치
  ㉠ 일체로 된 액슬 축에 좌·우 바퀴가 설치되며 액슬 축은 스프링을 거쳐 차체(또는 프레임)에 설치된 형식으로 주로 대형 차량에 사용된다.
  ㉡ 일체식 차축에서는 토우값과 캐스터값의 변화가 없다.
  ㉢ 한쪽 차륜만이 장애물을 넘어갈 때는 차축이 경사되므로 캠버가 변하게 된다.

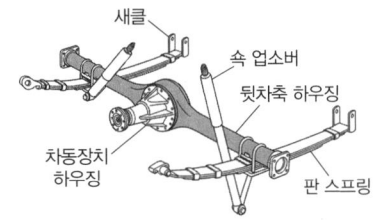

▲ 일체 차축식 현가장치

  ㉣ 일체식 현가장치의 특징

장점	단점
• 부품수가 적어 구조가 단순하여 유지보수 및 설치가 용이하다.	• 스프링 밑 질량이 커 승차감이 불량하고 주행 조작력이 떨어진다.
• 선회할 때 차체의 기울어짐이 적다.	• 주행 중 시미(Shimmy) 현상이 자주 발생한다.
• 비용이 저렴하다.	• 스프링 정수가 너무 작은 것은 사용하기 어렵다.
• 강도가 강하다.	• 스프링 아래 진동이 커 횡방향 차량 진동이 강해진다.
• 내구성이 좋아 얼라이먼트 변형이 거의 없다.	

② 독립식 현가장치(Independent Suspension System)
  ㉠ 액슬 축을 분할하여 양쪽 바퀴가 서로 독립적으로 움직이도록 한 것이며 승차감과 안전성이 향상된 방식이다.
  ㉡ 독립식 현가장치에서는 스프링 아래 질량을 작게 할 수 있고 한쪽 차륜의 진동이 반대쪽 차륜에 영향을 미치지 않는다.

ⓒ 독립식 현가장치의 특징

장점	단점
• 차고를 낮게 설계할 수 있어 주행 안정성이 좋다. • 시미(Shimmy)현상이 적다. • 스프링 정수가 작은 것을 사용할 수 있다. • 스프링 밑 질량이 작아 승차감이 좋다. • 로드홀딩(Road Holding)이 우수하다.	• 바퀴가 상하운동할 때 윤거가 변하므로 타이어의 마멸이 촉진된다. • 구조가 복잡하여 취급 및 정비가 어렵다. • 볼 이음부가 많아 마멸에 의한 정차륜 정렬이 틀어지기 쉽다.

③ 공기 스프링

㉠ 압축된 공기의 탄성력을 이용하는 장치이다.

㉡ 공기 압축기와 공기 스프링 본체, 저장 탱크 등으로 구성되어 있다.

㉢ 설치 공간이 비교적 넉넉한 트럭, 버스, 지하철 등에서 주로 사용된다.

㉣ 공기 스프링의 구조 및 기능

- 공기 압축기: 엔진의 동력을 V-벨트를 통해 받아 작동하며 엔진 회전 속도의 $\frac{1}{2}$로 구동하여 압축공기를 생성하는 역할을 한다.
- 저장탱크: 생성된 압축공기를 저장하고 탱크 내 안전을 위해 안전 체크 밸브가 장착되어 있다.
- 서지탱크: 공기 스프링 내부의 압력 변화를 흡수하여 스프링의 작동을 보다 부드럽게 하며 각 공기 스프링마다 개별적으로 설치된다.
- 공기 스프링: 벨로즈형과 다이어프램형이 있으며 일반적으로 고무 재질의 벨로즈가 사용되고 진동 및 충격을 완화시키는 역할을 한다.
- 레벨링 밸브: 공기 저장탱크와 서지탱크 사이의 배관에 설치되며 차량 높이 변화에 따라 공기 스프링 내부의 압축공기 양을 조절(공급 또는 배출)하여 일정한 차고를 유지한다.
- 언로드 밸브: 압축공기가 설정된 압력에 도달하면 압축기를 무부하 상태로 전환시켜 압력이 과도하게 상승하는 것을 방지한다.

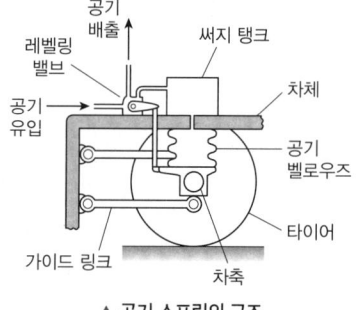

▲ 공기 스프링의 구조

2. 전자제어 현가장치(ECS; Electronically Controlled Suspension)

(1) 전자제어 현가장치의 기능 및 사용 목적

① 차량의 주행속도와 도로 조건에 따라 스프링 상수와 쇽 업쇼버의 감쇠력을 제어한다.

② 공기(또는 유공압) 스프링의 회로압력 등을 가변시켜 차고를 제어한다.

③ 차체의 자세를 제어하여 주행 안전성과 승차감을 향상시키는 것을 목적으로 한다.

(2) 전자제어 현가장치의 기능 선택사항

① HARD: Over Dampering, 진동이 딱딱하다.

② SOFT: Under Dampering, 진동이 부드럽다.

③ MEDIUM: SOFT 모드와 HARD 모드의 중간단계로 표준적으로 사용하는 모드이다.

(3) 전자제어 현가장치(ECS)의 입력센서

입력센서는 차량의 상태를 감지하여 ECU(전자제어장치)에 전달하는 역할을 한다.

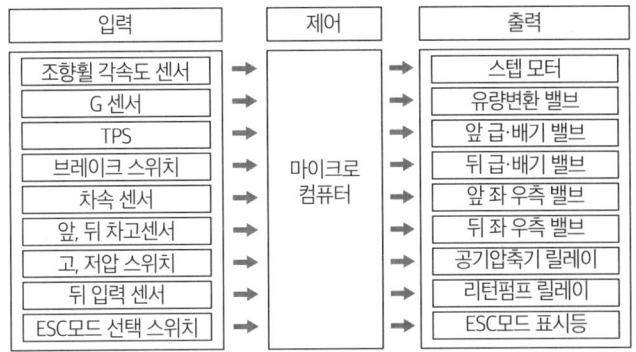

▲ 배전기의 구조

① 조향 휠 각속도 센서: 직진 위치를 기준으로 하여 조향 휠의 회전 각도와 회전 속도 정보를 ECU로 전달한다.
② G(중력) 센서: 차체의 상하 진동 상태를 ECU에 전달하며, 압전 소자의 출력 전압을 이용한다.
③ TPS(스로틀 포지션 센서): 스로틀 밸브의 개도량(열림 정도)을 감지하여 차량의 가속 및 감속 상태를 ECU에 전달한다.
④ 브레이크 센서: 브레이크 페달 조작 시 발생하는 유압회로 내 압력 변화 또는 제동등 스위치의 ON/OFF 상태를 감지하여 ECU에 전달한다.
⑤ 차속 센서: 변속기의 출력축이나 속도계 구동축에 장착되어 차량의 주행 속도를 감지하여 ECU에 전달한다.
⑥ 차고 센서: 차량의 하중 변화에 따른 차체 높이(차체와 액슬 축 사이 거리)의 변동을 감지하여 ECU에 전달한다.
⑦ 가속 센서: 엔진의 급가속 또는 급감속 여부를 감지하는 센서로 가속 페달에 별도의 센서를 부착되거나 TPS의 출력 신호를 활용되기도 한다.
⑧ ECS 모드 선택 스위치: 운전자가 감쇠력, 차고 등을 수동으로 조작할 수 있는 스위치로 일반적으로 컴포트 모드와 스포츠 모드 등으로 구성된다.

(4) 전자제어 현가장치(ECS)의 ECU와 출력센서

출력장치는 ECU의 제어신호를 받아 실제 현가장치의 작동을 조절하거나 운전자에게 정보를 제공하는 역할을 한다.
① ECU(전자제어장치)
  ㉠ 각 센서로부터 전달된 정보를 종합적으로 처리한다.
  ㉡ 처리된 정보에 따라 쇽 업쇼버의 감쇠력을 제어하는 액추에이터(스텝모터)에 작동 전압을 출력한다.
  ㉢ 이 액추에이터(스텝모터)는 쇽 업쇼버의 피스톤 로드 내부에 설치되거나, 쇽 업쇼버 상단에 부착된다.
② 쇽 업쇼버
  ㉠ 피스톤 로드가 중공 구조로 되어 있다.
  ㉡ 그 내부에는 제어 로드와 이를 회전시키는 회전 밸브가 일체형으로 구성된다.
  ㉢ 회전 밸브는 ECU의 제어 신호를 받은 액추에이터(스텝모터)에 의해 일정한 각도로 좌우 회전하며 이를 통해 쇽 업쇼버 내부의 유체 흐름을 조절하여 감쇠력을 변화시킨다.
  ㉣ 쇽 업쇼버에 장착된 액추에이터는 감쇠력 조절을 위해 컨트롤 로드를 회전시켜 오일 통로를 바꾸는 역할을 한다.
③ 지시등 및 경고등
  ㉠ 지시등: 시스템이 현재 정상적으로 작동 중임을 운전자에게 알린다.
  ㉡ 경고등: 시스템에 이상이 발생했을 경우, 고장 위치에 따라 점등되거나 점멸되어 운전자에게 알린다.

(5) 전자제어 현가장치의 특징
① 노면상태에 따라 감쇠력을 조절하여 승차감을 향상시킨다.
② 주행 조건에 맞게 차고를 자동으로 조정한다.
③ 급제동 시 차체가 앞으로 쏠리는 노즈다운 현상을 방지한다.
④ 급선회 시 원심력에 의한 차체의 기울어짐(롤)을 방지한다.
⑤ 고속 주행 시 차고를 낮춰 공기 저항을 줄이고 고속 안정성을 향상시킨다.
⑥ 하중에 관계없이 차량의 수평을 유지한다.

> **Speed UP** 차고조정(출력기능)
> 차고란 차체와 액슬축 사이의 거리이다.
> - 차고 HIGH: 노면 상태가 좋지 않을 경우, ECU는 압축공기를 이용하여 쇽 업쇼버의 길이를 증가시켜 차고를 높인다.
> - 차고 LOW: 차량의 주행속도가 규정값 이하로 떨어질 경우, ECU는 압축공기를 외부로 방출하여 차고를 낮춘다.
> - 차고 조정이 중지되는 경우: 커브길 급선회 시, 급정지 시, 급가속 시

(6) 전자제어 현가장치의 차량의 자세 제어
① 안티 스쿼트(Anti-Squat) 제어: 차량의 급출발 또는 급가속 시 차체의 앞쪽이 들리고 뒤쪽이 낮아지는 스쿼트(노즈업)현상이 생길 때 쇽 업쇼버의 감쇠력을 증가시킴으로써 차체를 안정시키는 방식이다.
② 안티 다이브 제어: 급 제동 시 차량의 무게중심이 앞으로 쏠리면서 차량의 앞부분이 아래로 숙여지는 노즈 다이브 현상을 억제하는 기능이다.
③ 안티 롤 제어: 조향휠 각속도 센서와 차속정보에 의해 ROLL 상태를 조기에 검출해서 일정시간 감쇠력을 높여 차량이 선회 주행 시 ROLL을 억제하도록 한다.
④ 안티 시프트 스쿼트 제어: 정지 상태에서 변속 조작 또는 탑승 시 차량 후단이 움푹 꺼지는 시프트 스쿼트 현상을 억제한다.

(7) 현가이론
① 승차감과 진동수

	가장 좋은 승차감	멀미를 느낄 때	딱딱함을 느낄 때
진동수	60~120[cycle/min]	45[cycle/min] 이하	120[cycle/min] 이상

② 스프링의 진동
  ㉠ 스프링 위 질량의 진동: 이는 스프링 상부에 위치한 차체 및 적재 하중에 의해 발생하는 진동을 의미한다.
  - 바운싱(Bouncing, 상하진동): 차량 전체가 위아래로 움직이는 상하 진동으로, 차체가 Z축 방향으로 평행 이동하는 고유 진동이다.
  - 피칭(Pitching, 앞뒤진동): 차량이 앞뒤로 까딱까딱 회전하는 진동으로, 차체가 Y축을 중심으로 회전하는 고유 진동이다.
  - 롤링(Rolling, 좌우진동): 차량이 좌우로 기울며 흔들리는 좌우 진동으로, 차체가 X축을 중심으로 회전하는 고유 진동이다.
  - 요잉(Yawing, 차체후부진동): 차량이 수직축(Z축)을 중심으로 좌우로 회전하는 운동으로, 차량 전체의 방향이 바뀌는 회전 동작이다.

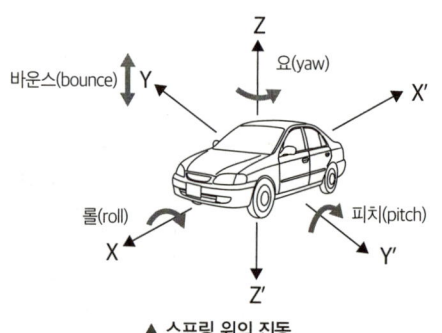

▲ 스프링 위의 진동

ⓒ 스프링 아래 질량의 진동: 스프링 하단에 위치한 휠, 타이어, 브레이크 드럼(또는 디스크), 현가장치 등에 의해 발생하는 진동을 말한다.
- 휠 홉: 액슬 축이 Z축 방향으로 상하로 평행 이동하면서 발생하는 진동이다.
- 휠 트램프: 액슬 축이 X축을 기준으로 회전할 때 발생하는 진동이다.
- 와인드 업: 액슬 축이 Y축을 중심으로 회전하면서 발생하는 진동 현상이다.

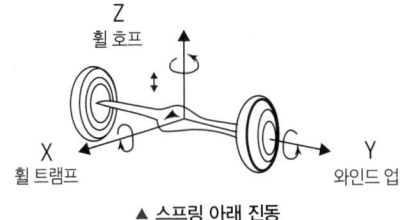

▲ 스프링 아래 진동

③ 스프링 상수 k[N/mm]: 스프링에 작용하는 힘과 스프링의 변형량의 비를 표시한다. 즉, 스프링의 길이 1[mm]를 인장하거나 압축하는데 필요한 힘[N]을 나타낸다.

$$k = \frac{F}{x} \ [\text{N/mm}]$$

(F: 스프링에 작용하는 힘[N], x: 스프링의 변형량[mm])

▲ 스프링 위 질량과 아래 질량

3. 유압식 현가장치의 점검 및 분석

(1) 유압식 현가장치의 작동상태 검사

① 요철을 지날 때 차체가 한쪽으로 쏠리는 경우
  ㉠ 스프링 등의 부품이 노후되어 차체 복원력이 저하되었는지 점검한다.
  ㉡ 조립 불량으로 인해 특정 측의 현가장치 성능이 낮아진 것은 아닌지 확인한다.
  ㉢ 좌우 현가장치의 조립 부품이 동일하게 작동하는지 확인한다.
  ㉣ 스태빌라이저 링크가 정상적으로 기능하는지 점검한다.

② 핸들 조작 시 소음이 발생하는 경우
  ㉠ 우선 조향장치의 작동 상태를 점검한다.
  ㉡ 조향장치에 이상이 없는데도 조향 시 소음이 날 경우 등속 조인트 계통을 점검한다.
  ㉢ 등속 조인트의 외관 손상 여부를 확인하고 문제가 발견되면 수리 또는 교체 작업을 수행한다.

③ 차체가 가라앉은 듯한 느낌이 들고 정상적인 차고가 유지되지 않는 경우
  ㉠ 개별 또는 축 방식의 현가장치가 정상적으로 작동하는지 점검한다.
  ㉡ 차량을 여러 차례 눌러 복원력이 충분한지 확인한다.
  ㉢ 스프링에 유격이 있거나 파손된 부분이 있는지 확인한다.
  ㉣ 쇽 업쇼버가 정상 범위 내에서 팽창하는지 점검한다.

(2) **유압식 현가장치의 성능 검사**
    ① 차량의 안정성과 승차감에 직접적인 영향을 주는 중요한 점검 항목이다.
    ② 작동 상태를 확인할 때는 댐퍼의 상하 움직임이 매끄러운지, 소음이 발생하지 않는지를 점검한다.
    ③ 성능 점검은 댐퍼의 감쇠력을 측정하거나 노면 충격 흡수 능력을 평가하는 방식으로 수행한다.
    ④ 유압액 누수 여부는 유압 씰의 상태를 통해 확인한다.
    ⑤ 에어 스프링 등 보조 장치가 정상적으로 작동하는지를 확인하여 보조 기능의 상태를 점검한다.

(3) **하체 소음의 점검**
    ① 시운전 수행 점검
        ㉠ 고객으로부터 차량 관련 사전 정보를 확인한다.
        ㉡ 전달받은 정보를 충분히 숙지한 후 차량에 탑승한다.
        ㉢ 차량의 정차 상태에서 기본적인 이상 유무를 점검한다.
        ㉣ 저속으로 주행하며 브레이크를 여러 번 나누어 작동시켜본다.
        ㉤ 작은 요철을 지나며 소음 발생 여부를 확인한다.
        ㉥ 실제 도로 주행 상황을 가정하여 운행하며 이상 유무를 점검한다.
    ② 이상 요소 확인 점검
        ㉠ 차량 주행 중 특정한 소음이 발생하지 않는지 확인한다.
        ㉡ 요철 통과 시 또는 일정한 간격으로 반복되는 소음이 있는지 확인한다.
        ㉢ 방향을 전환할 때 소음이 발생하는지를 점검한다.
        ㉣ RV 및 SUV 차량은 화물 적재 상태에서 약 3~4[km]를 주행했을 때 차고가 균일하게 유지되는지 확인한다.
    ③ 확인 가능 요소 점검
        ㉠ 외관상 균열, 파손 또는 찢어진 부분이 있는지 육안으로 확인한다.
        ㉡ 오일 누유 여부 및 외부 균열 상태를 점검한다.
        ㉢ 판스프링 계통의 스프링 아이 결함, 앵커 브래킷, 조립 부속품의 설치 상태를 확인한다.
        ㉣ 코일스프링 전체 상태, 양 끝단의 위치, 마운트 상태 등을 점검한다.

(4) **저속시미의 원인 분석**
    ① 스프링 강성이 부족하거나 링키지 연결부가 느슨해진 경우
    ② 타이어의 공기압이 낮은 경우
    ③ 타이어 밸런스가 맞지 않아 회전 시 진동이 발생하는 경우
    ④ 쇽 업쇼버의 작동이 원활하지 않아 충격 흡수가 제대로 이루어지지 않는 경우
    ⑤ 앞쪽 현가 스프링이 약화되어 충격 흡수가 제대로 이루어지지 않는 경우
    ⑥ 바퀴의 방향과 차량의 진행 방향이 일치하지 않는 경우
    ⑦ 현가장치에 이상이 있거나 조향 기어가 마모된 경우

(5) **고속시미의 원인 분석**
    ① 휠 얼라인먼트 불량으로 바퀴 방향이 차량 진행 방향과 일치하지 않는 경우
    ② 타이어 밸런스가 맞지 않거나 타이어 마모가 불균형한 경우
    ③ 서스펜션 부품이 손상되어 바퀴가 정상적으로 움직이지 못하는 경우
    ④ 바퀴의 무게 균형이 맞지 않아 원심력으로 인하여 발생하는 진동이 핸들로 전달된 경우
    ⑤ 엔진의 설치 볼트 및 보디의 고정 볼트가 느슨해진 경우

CHAPTER 06 조향 장치 정비

1. 조향장치

(1) 조향장치의 이해
① 조향장치는 자동차 주행 중 운전자의 의도에 따라 차량의 진행 방향을 변화시키는 장치이다.
② 조향장치의 특징(애커먼 장토식)
  ㉠ 조향 각도를 최대로 하여 선회 시 안쪽바퀴의 조향각이 바깥쪽 바퀴의 조향각보다 크다.
  ㉡ 선회의 중심은 뒷 차축 연장선 상의 임의의 한 점에 있다.
  ㉢ 선회 시 원활한 선회를 위하여 토 아웃(Toe-Out)된다.

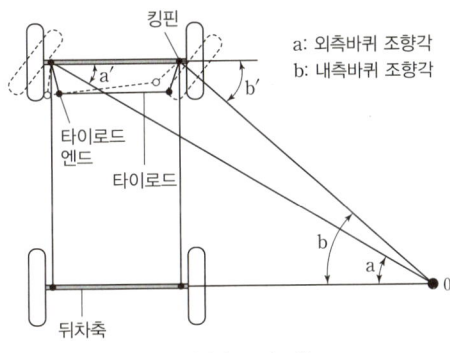

▲ 애커먼 – 장토식

③ 최소 회전반경 산출 공식: 조향 각도를 최대로 하여 좌측 또는 우측으로 선회할 때 차량의 가장 바깥쪽 바퀴가 그리는 원의 반지름을 의미하며 회전반경은 작을수록 좋다. 현재 최소 회전반경의 규정값은 차종에 관계없이 12[m] 이내이어야 한다.

$$R = \frac{L}{\sin\alpha} + r$$

R: 최소회전반경[m], L: 축거[m], α: 외측 바퀴의 조향각[°], r: 바퀴 접지면 중심과 킹핀 간의 거리[m]

(2) 조향장치가 갖추어야 할 조건
① 조향장치는 선회 후 원래 위치로 복원되는 성질(복원성)을 가져야 한다.
② 고속 주행 시에도 조향 핸들이 흔들림 없이 안정되어야 한다.
③ 조향핸들의 회전과 구동휠의 선회차가 크지 않아야 한다.
④ 운전자가 조향을 쉽게 조작할 수 있어야 한다.
⑤ 주행 중 외부 충격에 의해 조향 조작이 방해받지 않아야 한다.
⑥ 선회 시 섀시나 보디에 손상이 없어야 한다.
⑦ 회전반경이 작아야 한다.
⑧ 장기간 사용이 가능하고 정비가 간편해야 한다.

(3) **조향장치의 구성요소**

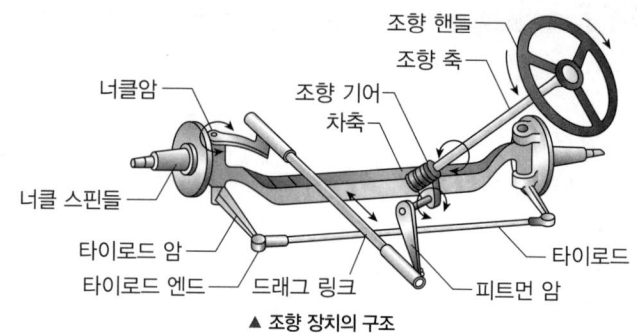

▲ 조향 장치의 구조

① 조향 핸들(조향 휠): 조향축과 연결되어 운전자의 조작에 따라 조향 바퀴의 진행 방향을 변화시키는 장치이다. 조향 바퀴가 움직이기 직전까지 조향 핸들이 움직인 거리를 자유유격이라고 하며 이는 당해 자동차의 조향 핸들지름의 12.5[%] 이내이어야 한다.
② 조향축: 조향 핸들의 회전력을 조향 기어에 전달하는 역할을 하며 조향 기어 내의 웜과 스플라인을 통해 자재이음으로 연결된다. 조향 조작이 용이하도록 조향 축에는 일반적으로 35~50°의 경사각이 설정되어 있다.
③ 조향기어: 운전자의 조향 조작력을 증폭시켜 앞바퀴에 전달하는 장치이며 구조에 따라 웜 섹터형, 웜 섹터 롤러형, 캠 레버형, 래크와 피니언형, 볼 너트형 등으로 구분된다.

웜 섹터형	조향 핸들을 돌려 웜 기어를 회전시키고 이 회전이 섹터 기어를 움직여 조향하는 초기 방식이다.
웜 롤러형	조향 핸들을 돌려 웜 기어를 호전시키면 웜의 홈을 따라 롤러가 움직여 조향력을 전달하는 방식이다.
웜 섹터 롤러형	웜 섹터형의 단점인 마찰을 줄이기 위해 섹터 기어에 롤러를 장착하여 구름 접촉으로 동력을 전달하는 방식이다.
캠 레버형	조향핸들의 회전을 캠과 레버의 움직임을 통해 조향력으로 변환하는 방식으로, 특정 조향비를 자유롭게 설정할 수 있다.
볼 너트형	스크류와 너트 사이에 다수의 볼이 내장되어 마찰을 줄이고 부드러운 조향감을 제공하는 방식으로 주로 대형 차량에 사용된다.
래크 앤 피니언형	조향축의 피니언 기어가 래크를 좌우로 움직여 직접 바퀴를 조향하는 방식으로 현재 승용차에 가장 많이 사용된다.

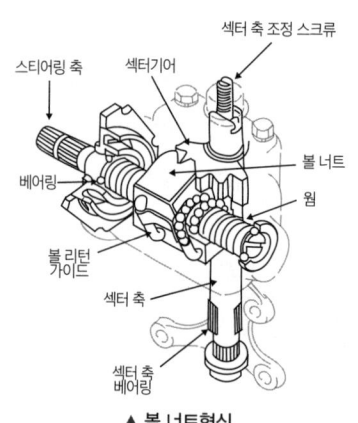

▲ 볼 너트형식

㉠ 조향기어비

$$조향기어비 = \frac{조향핸들이\ 움직인\ 각(°)}{피트먼\ 암이\ 움직인\ 각(°)}$$

- 조향기어비가 작을수록 조향 핸들의 반응이 빠르지만 그만큼 조작하는 데 더 큰 힘이 소요된다. 일반적으로 소형 차량은 10~15 : 1, 대형 차량은 20~30 : 1 정도의 기어비가 설정된다.
- 조향기어비가 직진 영역에서는 커지고, 조향각이 큰 영역에서는 작아지는 형식을 가변비어형 조향장치라고 한다.

㉡ 조향기어의 요구 조건
- 선회 반력을 이기고 조향 조작에 무리가 없도록 적절한 조작력이 필요하다.
- 조향핸들의 회전각도와 선회 반지름과의 관계를 인지하고 있어야 한다.
- 핸들을 놓았을 때 자동으로 원위치로 돌아가고 직진 주행이 용이하도록 복원성이 좋아야 한다.
- 앞바퀴에 전달되는 충격을 일정한 반력으로 조향 핸들에 전달하여 운전자가 노면 상태를 감지할 수 있어야 한다.

㉢ 조향 방식의 종류
- 가역식: 노면의 진동이 핸들로 직접 전달되기 때문에 주행 중 핸들을 놓치기 쉬운 단점이 있지만 각 부품의 마모가 적고 바퀴의 복원성이 우수하다.
- 반가역식: 바퀴 진동의 일부만 핸들로 전달되는 방식으로 현재 가장 널리 사용되는 방식이다.
- 비가역식: 바퀴 진동이 핸들로 전달되지 않는 구조로 감속비가 커 조향 기어의 마모가 빠르고 복원성이 떨어지지만 운전 피로가 적고 노면 충격 전달이 최소화될 수 있는 방식이다.

④ 섹터 축: 피트먼 암과 연결되어 있으며 조향 축의 움직임을 따라 피트먼 암의 운동 방향을 전환하는 역할을 한다.
⑤ 피트먼 암: 일체 차축식의 조향 기구에서는 조향 핸들의 회전 운동을 드래그 링크로 전달하는 연결 부품이다.
⑥ 드래그 링크: 일체 차축식 조향 기구에서 피트먼 암과 조향 너클 암을 연결하는 로드로 피트먼 암의 원호 운동을 직선 운동으로 변환해 전달하는 기능을 수행한다.
⑦ 중심 링크: 독립 차축식 조향 기구에서 피트먼 암과 볼 이음으로 연결되어 있으며, 피트먼 암의 운동을 타이로드로 전달하는 매개체이다.
⑧ 타이로드: 피트먼 암과 드래그 링크의 운동을 조향 너클에 전달하고 타이로드의 길이를 조절하여 휠 얼라이언트의 토인(Toe-In) 조정도 가능하다.
⑨ 조향 너클 암(제 3암): 일체 차축식 조향 기구에서는 킹 핀을 통해 앞 액슬 축과 연결되고 스핀들부에 바퀴 허브가 장착되어 킹 핀을 중심으로 회전하면서 조향 작용을 한다. 독립식 조향 기구에서는 볼 조인트를 통해 차축 또는 차체와 연결된다.
⑩ 킹 핀: 일체 차축식 조향 기구에서 앞 액슬 축과 조향 너클을 연결하는 축으로 규정된 킹 핀 경사각을 유지하여 설치한다.

> **Speed Up** 조향장치의 동력전달 순서
> 핸들 → 조향기어 박스 → 섹터 축 → 피트먼 암

2. 동력조향장치(Power Steering System)

(1) 동력조향장치의 목적: 조향 핸들의 조작을 보다 부드럽고 가볍게 하기 위해 엔진 동력을 활용하여 오일 펌프를 작동시켜 유압을 발생시키고 이 유압은 조향 시 보조력을 제공하여 운전자의 조향핸들 조작력을 줄여주는 역할을 한다.

(2) 동력조향장치의 특징

장점	단점
• 조향 조작을 작은 힘으로 신속하게 할 수 있다. • 앞바퀴의 시미(Shimmy)현상을 방지할 수 있다. • 노면으로부터의 충격 및 진동을 흡수할 수 있다. • 조향 조작력에 관계없이 조향기어비를 조정할 수 있다. • 동력조향장치가 고장날 경우 무겁더라도 조향이 가능하다.	• 구조가 복잡하고 고가이다. • 고장 시 정비가 어렵다. • 오일펌프 구동 시 기관 출력의 소모가 있다.

> **Speed Up 시미(Shimmy)현상**
> 시미(Shimmy)현상은 타이어 또는 휠의 불균형, 서스펜션 부품의 마모, 조향 시스템의 문제 등의 이유로 앞바퀴의 흔들림(특히 좌우 방향의 빠른 왕복 운동)에 의해 조향 휠의 회전축 주위에 진동이 발생하는 현상이다.

(3) 동력조향장치의 종류

① 링키지형: 동력 실린더가 조향 링크 장치의 중간에 설치되는 방식으로 실린더의 배치 형태에 따라 구분된다.
  ㉠ 조합형: 동력실린더와 제어밸브가 일체형으로 되어있다.(대형트럭, 버스)
  ㉡ 분리형: 동력실린더와 제어밸브가 분리되어 있다.(소형트럭, 승용차)
② 일체형: 동력 실린더가 조향 기어 박스 내부에 통합되어 있는 구조로 설치 위치에 따라 구분된다.
  ㉠ 인라인 형: 조향기어 박스와 볼 너트를 직접 동력기구로 사용한다.
  ㉡ 오프셋 형: 동력 발생 기구를 별도로 설치해야 한다.

(4) 동력 조향장치의 주요 구성 및 역할

① 동력부(유압펌프): 유압을 발생시키는 엔진의 크랭크축에서 V-벨트를 통해 구동되며 일반적으로 베인펌프가 사용된다. 이 장치는 유압을 발생시키는 핵심 구성 요소이다.
② 작동부(동력 실린더): 유압펌프에서 발생한 오일 압력이 피스톤에 작용하여 조향 방향으로 힘을 전달하는 장치이다. 피스톤에 의해 실린더 내부는 두 개의 챔버로 나뉘며, 한쪽 챔버에 유압유가 공급되면 반대편 챔버의 오일은 저장탱크로 되돌아가는 복동식 구조를 갖는다.
③ 제어부(제어 밸브): 조향 핸들의 조작력을 조절하고 오일 흐름의 통로를 열고 닫는 방식으로 동력 실린더 내 피스톤이 작동하도록 유로를 전환한다.
④ 안전 체크밸브: 제어 밸브 내부에 장착되어 있으며 엔진 정지나 오일펌프 고장, 오일 누유 등으로 인해 유압이 저하되었을 때 조향 핸들을 수동으로 작동할 수 있도록 해주는 역할을 한다.

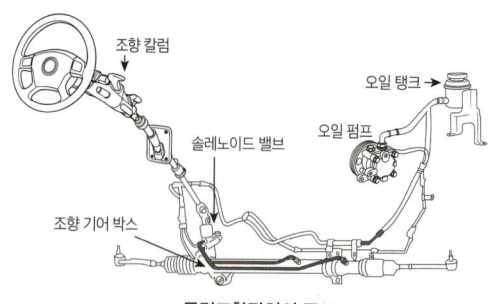

▲ 동력조향장치의 구조

(5) 조향장치의 선회특성
① 오버 스티어링: 조향각이 일정한 상태에서 차량이 선회할 때, 실제 선회 반경이 예상보다 작아지는 현상이다.
② 언더 스티어링: 조향각이 일정한 상태에서 차량이 선회할 때, 실제 선회 반경이 예상보다 커지는 현상을 말한다.
③ 뉴트럴 스티어링: 조향각과 선회 반경이 비례하는 정상적인 상태이다.
④ 리버스 스티어링: 차량 속도가 증가함에 따라 언더스티어 상태에서 오버스티어 상태로 전환되는 현상이다.
⑤ 토크 스티어링: 급 가속 시 좌우 바퀴에 전달되는 구동 토크에 차이가 발생하여 차량이 한쪽으로 쏠리거나 의도하지 않은 조향이 발생하는 현상이다.

(6) 전자제어 동력 조향장치(EPS; Electronic Power Steering)의 특징
전자제어식 동력 조향장치(EPS)는 차량의 주행 속도에 맞춰 핸들의 조향력을 자동으로 조절한다. 저속에서는 가벼운 핸들링으로 주차나 좁은 길 주행을 편리하게 하고, 고속에서는 핸들을 무겁게 하여 조향 안정성을 높여준다.

(7) 전자제어 동력 조향장치(EPS)의 종류
전자제어 동력조향장치(EPS)는 저속 주행 시에는 조향력을 가볍게 하고 고속에서는 적절히 무겁게 하여 조향 안정성을 확보하는 시스템이다.
① 속도 감응식: 차량의 속도가 증가함에 따라 동력 조향 장치에 공급되는 오일의 유량을 줄여 핸들의 조작력을 자동으로 조절한다.
② 전동 펌프식: 전기를 동력원으로 사용하는 펌프를 통해 유체를 효율적으로 이송시킨다.
③ 유압 반력 제어식: 동력 조향 장치의 제어 밸브부에 유압 반력 기구를 설치하여 차속이 증가할수록 유입되는 유압을 높여 핸들 조작력을 조절한다.

3. 조향장치의 분석

(1) 조향 핸들의 조작을 가볍게 하는 방법
① 타이어 공기압을 높이고 앞바퀴 정렬을 정확히 한다.
② 조향 휠을 크게하고 고속으로 주행한다.
③ 자동차의 하중을 감소시키고 노면 상태가 양호한 포장도로에서 주행한다.
④ 조향기어 관련 베어링을 적절하게 조정한다.

(2) 조향 핸들의 유격이 크게 되는 원인
① 조향 링크의 볼 이음 접속 부분이 헐겁거나 볼 이음이 마멸된 경우
② 조향기어의 백래시가 큰 경우
③ 조향 너클 및 피트암이 제대로 고정되지 않아 헐거운 경우
④ 앞바퀴 베어링의 마멸이 마멸된 경우

(3) 주행 중 조향 핸들이 무거워지는 이유
① 앞 타이어 공기압이 낮은 경우
② 조향기어 박스 오일량 부족한 경우
③ 조향기어 박스 오일 내부에 공기가 혼입된 경우
④ 피스톤 로드, 현가 암 프레임 조향 너클 등이 휘어있는 경우
⑤ 정의 캐스터가 과도하거나 앞바퀴 타이어의 마모가 심한 경우
⑥ 파워 오일펌프가 불량인 경우

(4) 조향핸들이 흔들리는 이유
  ① 킹 핀과의 결합상태가 느슨하거나 캐스터 각이 지나치게 큰 경우
  ② 앞바퀴의 휠 베어링이 마멸된 경우
  ③ 조향기어의 웜과 섹터의 간극이 과도한 경우

(5) **주행 중 조향 핸들이 한쪽 방향으로 쏠리는 현상의 원인**
  ① 타이어의 좌우 공기압이 다른 경우
  ② 노면의 좌우 경사도가 다른 경우
  ③ 타이어 또는 휠이 불량한 경우
  ④ 휠 얼라이언트 조정이 불량한 경우
  ⑤ 브레이크 라이닝의 좌우 간극이 불량한 경우
  ⑥ 스티어링 샤프트나 등속 조인트에 문제가 있는 경우
  ⑦ 좌우 바퀴에 걸리는 하중이 다른 경우
  ⑧ 앞 차축 한쪽의 현가스프링이 파손된 경우
  ⑨ 쇽 업쇼버가 불량인 경우

4. 조향장치의 검사

(1) **조향핸들의 자유 유격 검사**
  ① 엔진을 시동한 상태에서 앞바퀴를 직진 방향으로 맞춘다.
  ② 조향핸들을 좌우로 가볍게 흔들어 휠이 실제로 움직이기 전까지의 유격을 측정한다.
  ③ 정비지침서의 규정값을 초과하는 경우, 스티어링 샤프트 연결부나 스티어링 링크의 유격 여부를 확인한다.

(2) **조향핸들의 작동상태 검사**
  ① 조향핸들을 직진 위치로 맞춘다.
  ② 엔진을 시동하고 약 1,000[rpm] 수준의 공회전을 유지한다.
  ③ 스프링 저울을 사용해 조향핸들을 한 바퀴 돌려 좌우 각각 두 차례 회전력을 측정한다.
  ④ 조향 중 회전력에 급격한 변화가 있는지 확인한다.
  ⑤ 측정값이 규정 범위를 벗어나는 경우 타이로드 엔드 볼 조인트의 이상 여부를 점검한다.

(3) **스티어링 각 검사**
  ① 앞바퀴를 회전 게이지에 올려 스티어링 각도를 조정한다.
  ② 표준값은 제조사에 따라 다르나, 일반적으로 공차 상태에서 40° 이하이다.
  ③ 측정된 수치가 기준과 다를 경우 토(Toe)에 문제가 있을 수 있으므로, 토를 조정 후 재점검한다.

(4) **정지 상태의 조향 핸들 작동력 검사**
  ① 작동력 검사
    ㉠ 차량을 평탄한 곳에 정차시키고 스티어링 휠을 정면 위치로 정렬한다.
    ㉡ 엔진을 시동하여 회전수를 약 1,000[rpm]으로 맞춘 뒤 공회전 상태를 유지한다.
    ㉢ 스프링 저울을 사용하여 스티어링 휠을 좌우 각각 1.5바퀴 회전시키며 회전력을 측정한다.
    ㉣ 핸들을 돌릴 때 회전력에 갑작스런 변화가 발생하는지 확인한다.

② 규정치를 초과한 경우의 점검
ㄱ) 로어암 더스트 커버 및 타이로드 엔드 볼 조인트의 손상 여부를 점검한다.
ㄴ) 스티어링 기어박스의 피니언 총 프리로드 및 타이로드 엔드 볼 조인트의 초기 회전 토크를 확인한다.
ㄷ) 로어암 볼 조인트의 초기 회전 토크를 점검한다.

(5) 조향 핸들의 복원 점검
① 조작 상태 점검
ㄱ) 스티어링 휠을 좌우로 돌린 후 손을 놓는다.
ㄴ) 복원력이 조향 휠의 회전 속도 및 좌우 방향에 따라 다르게 나타나는지를 확인한다.
② 주행 중 복원력 점검
ㄱ) 차량을 35[km/h]의 속도로 주행하면서 스티어링 휠을 약 90° 회전시킨다.
ㄴ) 조향 후 손을 놓았을 때 약 70° 정도 원래 위치로 되돌아오는지를 점검한다.

(6) 조향각도의 측정
① 차량을 평탄한 지면에 수평이 되도록 주차한다.
② 전륜 바퀴를 들어올려 턴테이블에 올린다.
③ 다른 바퀴도 동일한 높이가 되도록 조정하여 차량 전체가 수평이 되게 한다.
④ 전륜을 조정하고, 턴테이블의 고정 핀을 제거한다.
⑤ 조향핸들을 최대로 회전시킨 후 각도를 측정한다.
⑥ 측정된 값이 기준과 다르면 Toe를 조정한 뒤 재점검한다.

5. 조향장치의 이상 점검 및 조치

(1) 동력 조향장치 오일 부족 시 조치
① 동력 조향장치 오일의 잔량을 점검하고 게이지 기준에 맞추어 보충한다.
② 오일이 누유되는 위치를 확인하고 조치한다.
③ 클램프나 호스로 연결된 부위가 확실히 체결되어 있는지 확인한다.

(2) 스티어링 휠 작동 불량 시 점검
① 타이어의 공기압을 확인하고 부족한 경우 보충한다.
② 동력 조향장치 오일 누유 여부를 확인한다.
③ 오일펌프 구동벨트의 상태를 점검한다.

(3) 동력 조향장치 오일펌프 교환 방법
① 유압계통 내의 오일을 완전히 배출한다.
② 리턴 호스와 흡입 호스를 탈거한다.
③ 구동 벨트를 분리한다.
④ 오일펌프 브래킷의 고정 볼트를 제거한 후 오일펌프를 탈거한다.
⑤ 위 절차의 역순으로 재조립한 뒤, 오일을 보충하고 공기빼기 작업을 실시하며 누유 여부를 점검한다.

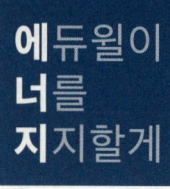

당신이 상상할 수 있다면 그것을 이룰 수 있고,
당신이 꿈꿀 수 있다면 그 꿈대로 될 수 있다.

– 윌리엄 아서 워드(William Arthur Ward)

자동차 안전관리 및 안전기준

빈출개념 #안전수칙 #산업안전 #공구 및 정비

1. 자동차 안전관리

(1) 정비 공장에서의 안전 수칙
① 공구나 부속품을 세척할 때는 석유, 경유, 솔벤트 등을 사용한다.
② 무거운 물건을 혼자 들어 올리지 말고, 동료의 도움을 받거나 호이스트 및 기중기를 활용한다.
③ 공구는 사용 전에 상태를 점검하고 항상 안전하게 보관한다.
④ 기름걸레나 인화성 물질은 철제 용기에 보관한다.
⑤ 통로나 작업장 바닥에 부속품을 방치하지 않는다.
⑥ 작업장 내에서는 뛰거나 장난치지 않는다.
⑦ 작업복에 기름이 묻었을 경우 즉시 갈아입는다.
⑧ 엔진 시동 또는 연료 계통 정비 시에는 소화기를 가까이 비치하여 사용할 수 있도록 한다.
⑨ 흡연은 지정된 구역에서만 허용된다.
⑩ 작업 중 부상을 입었을 경우 경중에 관계없이 응급처치를 한 후 반드시 감독자에게 보고한다.
⑪ 작업이 끝난 후에는 공구 등을 지정된 장소에 청결하게 정리하여 보관한다.
⑫ 사용한 오일은 작업장 바닥에 방치하지 말고 별도로 모아 보관한다.

(2) 엔진 취급할 때 주의사항
① 엔진을 분해하기 전에는 작업에 필요한 공구, 기록용지, 부품 정리대를 미리 준비한다.
② 작업을 시작하기 전에 방해가 되거나 손상될 우려가 있는 부품은 미리 분리해 둔다.
③ 차량 하부에서 작업할 경우에는 반드시 카 스탠드(Car Stand)를 이용해 안전하게 지지한다.
④ 엔진을 옮길 때는 체인블록으로 고정한 후 운반용 잭을 사용하여 작업대로 안전하게 이동시킨다.
⑤ 분리한 볼트와 너트는 원래 위치에 가볍게 꽂아 보관한다.
⑥ 전장품을 분리할 때는 먼저 축전지의 접지 단자를 제거한 뒤 작업한다.
⑦ 분해 및 조립은 정해진 순서를 정확히 지켜 진행한다.
⑧ 적절한 공구를 선택하여 사용하고 무리한 힘은 가하지 않는다.
⑨ 작업 시에는 장갑 착용을 피하고 불필요한 행동은 삼가한다.
⑩ 모든 작업은 안전을 최우선으로 고려하며 진행한다.
⑪ 팬더에 흠집이 생기지 않도록 팬더 커버를 사용한다.

(3) 차량 밑에서 작업할 때 주의사항
① 차량은 반드시 평지에 받침목을 사용하여 세운다.
② 차량을 들어 올리고 작업할 때는 반드시 잭으로 들어 올린 다음 스탠드로 지지해야 한다.
③ 차량 밑에서 작업할 때는 반드시 보안경을 착용한다.
④ 차량이 잭에 의해서만 올려져 있는 경우에 절대 차내로 들어가지 말아야 하며 잭이나 차에 충격을 주지 않는다.
⑤ 작업 중에는 움직이는 차량이나 기계에 발이 닿지 않도록 주의한다.
⑥ 모든 잭은 사용 후 적재 제한별로 분류하여 보관한다.
⑦ 잭으로 차량을 들어 올린 후에는 잭 손잡이를 제거한다.

(4) 전장 부품 취급할 때 주의사항
① 항상 안전 수칙을 준수하며 특히 감전에 주의한다.
② 전장 부품을 세척할 때 절연부에 손상이 가지 않도록 주의한다.
③ 절연 처리가 된 부위는 오일로 세척하지 않는다.
④ 배선을 연결할 때는 건조한 환경에서 작업하고 접촉 저항이 낮아지도록 단단히 체결한다.
⑤ 전장 부품을 다룰 때는 충격을 가하지 않도록 한다.
⑥ 시험기 사용 전에는 조작 방법을 충분히 숙지한다.
⑦ 직류 계기를 사용할 때는 극성을 올바르게 맞춘다.
⑧ 전류계는 부하와 직렬로 연결하고 전압계는 병렬로 연결한다.
⑨ 계측기 사용 시에는 명판에 기재된 최대 측정 범위를 확인하고 이를 초과하지 않도록 주의한다.
⑩ 배선을 연결할 때는 반드시 부하 측에서 전원 측 방향으로 접속하며 스위치는 열어 둔 상태로 진행한다.
⑪ 퓨즈는 정격 용량과 크기가 일치하는 제품을 사용한다.
⑫ 전기 장치 측정 중 정전이 발생하면 즉시 스위치를 OFF 위치로 돌려 안전을 확보한다.
⑬ 손에 오일이 묻은 상태로는 시험기를 조작하지 않는다.

(5) 자동차 점검할 때 유의사항
① 실린더헤드를 분해할 때에는 바깥쪽에서 안쪽을 향하여 대각선 방향으로 분해한다.
② 실린더헤드를 조립할 때에는 안쪽에서 바깥쪽을 향하여 대각선 방향으로 조립한다.
③ 실린더헤드 평면도를 점검 할 때에는 곧은자(직각자)와 틈새(필러) 게이지를 이용하여 최소 6개 방향에서 점검하고 변형이 허용 한계를 초과한 경우에는 평면연삭기를 사용하여 연마 및 수정한다.
④ 엔진 볼트 조임 시에는 정해진 토크 값에 맞춰 토크 렌치를 사용하여 조인다.
⑤ 팬 벨트를 점검할 때는 엔진이 정지된 상태에서 실시한다.
⑥ 회전 중인 냉각팬이나 벨트에 손이나 옷이 닿지 않도록 주의한다.
⑦ 자동차를 잭으로 들어 올려 작업할 경우에는 반드시 스탠드를 사용해 안전하게 지지한 후 작업한다.
⑧ 유압 회로를 수리하거나 부품을 교환할 경우에는 반드시 공기빼기 작업을 수행한다.
⑨ 클러치나 변속기 등 하부 작업 시에는 보안경을 착용하고 작업한다.
⑩ 가스켓이나 오일 씰은 분해 후 재사용이 불가하므로 반드시 새 부품으로 교환한다.
⑪ 자동변속기 스톨 테스트는 D와 R 위치에서 각각 5초 이내로 수행한다.
⑫ 전기장치 점검 시에는 배터리의 (−) 단자를 분리한 후 진행한다.

(6) 엔진오일 자동차 엔진오일 점검 및 교환 방법(점검요령)
① 차량은 평탄한 장소에 주차한 후 점검을 실시한다.
② 엔진을 정상 작동온도까지 예열한 후 시동을 끄고 점검 또는 교환을 실시한다.
③ 오일 레벨 게이지를 이용하여 오일량을 확인하며 정상 범위는 MAX와 MIN(또는 F와 L) 사이이다.
④ 오일의 오염 상태와 점도를 함께 점검한다.
⑤ 계절 및 운행 조건에 맞는 오일을 사용한다.
⑥ 오일은 일정 주기마다 점검하고 교환해 준다.

(7) 축전지 취급할 때 유의사항
① 축전지의 전해액은 묽은 황산이므로 피부나 의류에 닿지 않도록 주의한다.
② 충전 중에는 수소가스가 발생하므로 환기가 잘되는 곳에서 실시한다.
③ 충전 중 전해액의 온도가 45[℃]를 넘지 않도록 주의한다.
④ 충전을 시작하기 전에는 필러 플러그를 열어둔다.
⑤ 충전 중 축전지가 과열되거나 전해액이 넘치면 즉시 충전을 중단한다.
⑥ 전해액 제조 시에는 물에 황산을 천천히 부어가며 만든다.
⑦ 용량(부하) 시험은 15초 이내에 수행하며, 부하 전류는 용량의 3배를 넘지 않도록 한다.
⑧ 단자 부식을 방지하기 위해 배터리 단자에 그리스를 발라 둔다.
⑨ 방전 시험 시 전류계는 부하와 직렬로, 전압계는 병렬로 연결한다.
⑩ 차량에서 축전지를 분리할 경우에는 (－) 단자부터 분리한다.
⑪ 과충전이나 과방전이 발생하지 않도록 주의한다.

(8) 연료탱크 정비할 때 주의사항
① 연료탱크에 연결된 전기 배선은 모두 제거한 뒤 탱크 속 연료 및 연료 증기를 완전히 제거한다.
② 연료탱크의 작은 구멍을 수리할 때는 연료탱크에 물을 반쯤 채우고 납땜으로 작업한다.

(9) 자동차를 들어 올릴 때의 주의사항
① 잭이 접촉하는 부위에 이물질이 있는지 사전에 확인한다.
② 센터 멤버 손상을 방지하기 위해 잭 접촉 부위에는 금속 판(형판)을 덧댄다.
③ 차량 하부를 지지할 때에는 개러지 잭을 직접 사용하는 것을 피한다.
④ 래터럴 로드나 현가장치는 큰 하중을 받기 때문에 잭으로 지지하지 않는다.

(10) 유압식 브레이크 정비할 때 주의사항
① 브레이크 패드의 좌·우 중 한쪽이라도 교환 시기가 도달했을 경우 양쪽을 동시에 교체한다.
② 브레이크 패드를 교환한 뒤에는 페달을 2~3회 정도 밟아 작동 상태를 확인한다.
③ 브레이크액에 공기가 섞이지 않도록 주의한다.

(11) 운반기계의 취급과 안전수칙
① 작업 개시 전에 허리를 중심으로 요통을 방지하기 위한 가벼운 운동을 한다.
② 운반통로를 확인 및 확보하고 부득이한 경우에는 우회 운반통로를 사용한다.
③ 작업자의 체력을 고려하여 작업자를 배치한다.
④ 무거운 물건을 운반할 때는 반드시 경종을 울린다.
⑤ 기중기는 규정 용량을 초과하지 않는다.
⑥ 흔들리는 화물은 움직이지 못하도록 단단히 묶는다.
⑦ 무거운 물건은 밑에, 가벼운 것은 위에 싣는다.
⑧ 무거운 물건을 상승시킨 채 오랫동안 방치하지 않는다.

(12) 타이어 압력 모니터링 장치(TPMS)의 점검, 정비
① 타이어 압력 센서는 공기 주입 밸브와 일체형 구조로 되어 있다.
② TPMS 센서가 장착된 휠은 일반 휠과 구조가 다르다.
③ 타이어를 탈거할 때는 센서가 손상되지 않도록 주의한다.
④ 센서용 배터리는 보통 약 10년 정도의 수명을 가진다.

⒀ 호이스트(Hoist) 점검 시 유의사항
① 정격하중을 초과하여 들어 올리지 않는다.
② 천천히 작동하여 상태를 확인한 후 완전히 들어 올린다.
③ 사람이 매달린 상태로 운반하지 않는다.
④ 호이스트 바로 아래서 조작하지 않는다.
⑤ 화물을 인양할 때는 무게중심을 정확히 확인한 후 적절한 위치에 고정한다.
⑥ 안전모, 안전화 등 개인 보호구를 반드시 착용한다.
⑦ 정기적으로 점검 및 유지·보수를 실시한다.

2. 산업 안전관리

⑴ 산업 안전관리의 목적
① 생산성 향상과 손실의 최소화
② 사고의 발생의 방지
③ 산업재해로부터 인간의 생명과 재산을 보호

⑵ 산업재해의 직·간접 원인
① 직접 원인
  ㉠ 불안전한 행동(인적 원인, 전체 재해발생 원인의 88[%] 정도)
  - 위험장소 접근
  - 안전장치의 기능 제거
  - 복장·보호구의 잘못된 사용
  - 기계·기구의 잘못된 사용
  - 운전 중인 기계 장치의 점검
  - 불안전한 속도 조작
  - 위험물 취급 부주의
  - 불안전한 상태 방치
  - 불안전한 자세나 동작
  - 감독 및 연락 불충분

  ㉡ 불안전한 행동을 일으키는 내적요인과 외적요인

내적요인	외적요인
• 소질적 조건: 적성배치 • 의식의 우회: 상담 • 경험 및 미경험: 교육	• 작업 및 환경조건 불량: 환경정비 • 작업순서의 부적당: 작업순서정비

  ㉢ 불안전한 상태(물적 원인)
  - 물건 자체의 결함
  - 안전방호장치의 결함
  - 기계의 배치 및 작업환경의 결함

② 간접 원인
  ㉠ 기술적 원인: 기계·기구·설비 등의 방호 설비, 경계 설비, 보호구 정비, 구조재료의 부적당 등의 기술적 결함
  ㉡ 교육적 원인: 무지, 경시, 불이해, 훈련 미숙, 나쁜 습관 등
  ㉢ 신체적 원인: 각종 질병, 스트레스, 피로, 수면 부족 등
  ㉣ 정신적 원인: 태만, 반항, 불만, 초조, 긴장, 공포 등
  ㉤ 관리적 원인: 책임감의 부족, 부적절한 인사 배치, 작업 기준의 불명확, 점검·보건 제도의 결함, 근로 의욕 침체, 작업지시 부적절 등

(3) 안전사고의 연쇄성(하인리히의 도미노이론)

재해는 여러 사건들이 연속적 작용으로 나타나는 것이다. 사회적 환경과 유전적 요소의 문제가 재해 발생의 최초 원인이며, 개인의 결함과 연결되고 불안전한 상태 및 불안전한 행동으로 나타날 때까지 사고가 발생하고 이는 재해로 연결된다. 하인리히에 따르면 재해는 5가지 단계를 거쳐 발생하고 3단계(불안정한 행동 및 상태)를 제거하면 재해로 이어지는 연쇄반응을 막을 수 있다고 주장하였다.

1단계	2단계	3단계	4단계	5단계
사회적 환경과 유전적 요소	인간(성격)의 결함	불안전한 행동 및 상태	사고	인적 상해, 물적 손실 (재해)

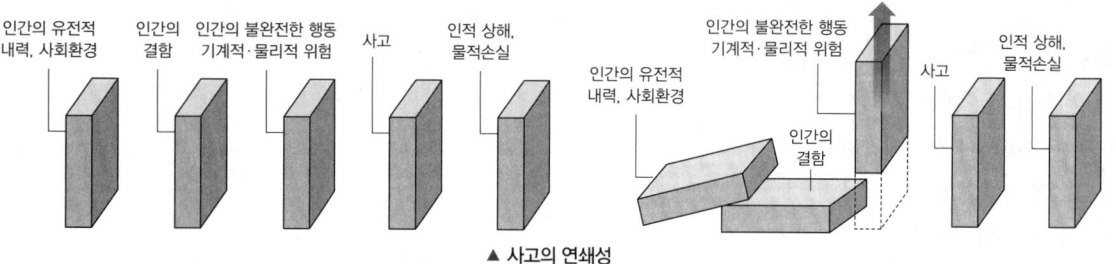

▲ 사고의 연쇄성

(4) J. H. Harvey의 3E (사고발생 3요인)

3E는 산업재해가 3가지의 주된 원인으로 발생한다고 보는 관점이며 사고예방 측면에서 원인을 알면 안전대책을 수립할 수 있다.

① 사고발생요인 3E (재해발생의 간접적 원인)
- 기술(Engineering)적 원인 – 기계설비의 결함, 작업환경의 불량 등 불안전한 상태
- 교육(Education)적 원인 – 안전지식 및 기능부족, 안전수칙무시 등 불안전한 행동
- 관리(Enforcement)적 원인 – 안전관리조직 결함, 안전수칙 미제정 등 관리적 결함

② 3E의 예방책
- 기술적 대책: 인체공학적인 설비 구성, 위험이 적은 원재료 사용, 작업공정, 작업방법을 변경한다.
- 교육적 대책: 안전교육을 생활화하여 안전의식을 고취한다.
- 관리적 대책: 안전조직체계를 정비하고 관련 제반기준을 마련한다.

(5) 재해관련 통계

① 재해율: 산재보험적용 근로자 수 100명당 발생하는 재해자 수의 비율
② 도수율: 100만 근로시간당 발생하는 재해건수
③ 강도율: 연 근로시간 1,000시간당 요양재해로 인해 발생한 근로손실일수
④ 연천인율: 1년간 평균 근로자 1,000명당 재해자수

$$\text{재해율} = \frac{\text{재해자 수}}{\text{산재보험적용 근로자 수}} \times 100$$

$$\text{도수율} = \frac{\text{재해건수}}{\text{연 근로 시간 수}} \times 1{,}000{,}000$$

$$\text{강도율} = \frac{\text{총 요양근로손실일수}}{\text{연간 총 근로시간}} \times 1{,}000$$

$$\text{연천인율} = \frac{\text{연간 재해자 수}}{\text{연평균 근로자 수}} \times 1{,}000$$

(6) 하인리히의 재해예방대책 5단계
① 1단계: 안전관리 조직
② 2단계: 사실의 발견
③ 3단계: 분석 평가
④ 4단계: 시정책의 선정
⑤ 5단계: 시정책의 적용

(7) 안전·보건표지의 종류와 색채

색채	용도	사용례	표지 표시
빨간색	금지	정지신호, 소화설비 및 그 장소, 유해행위의 금지	출입금지, 보행금지, 차량통행금지, 사용금지, 탑승금지, 금연, 화기금지, 물체이동금지
빨간색	경고	화학물질 취급장소에서의 유해·위험 경고	인화성물질경고, 산화성물질경고, 폭발성물질경고, 급성독성물질경고, 부식성물질경고
노란색	경고	화학물질 취급장소에서의 유해·위험경고 이외의 위험경고, 주의표지 또는 기계방호물	방사성물질경고, 고압전기경고, 매달린물체경고, 낙하물경고, 고온경고, 저온경고, 몸균형상실경고, 레이저광선경고, 발암성·변이원성·생식독성·전신독성·호흡기 과민성 물질경고, 위험장소경고
파란색	지시	특정 행위의 지시 및 사실의고지	보안경착용, 방독마스크착용, 방진마스크착용, 보안면착용, 안전모착용, 귀마개착용, 안전화착용, 안전장갑착용, 안전복착용
녹색	안내	비상구 및 피난소, 사람 또는 차량의 통행표지	녹십자표지, 응급구호표지, 들것, 세안장치, 비상용기구, 비상구, 좌측비상구, 우측비상구
흰색		파란색 또는 녹색에 대한 보조색	
검은색		문자 및 빨간색 또는 노란색에 대한 보조색	

(8) 안전관리자의 업무(산업안전보건법 시행령 제18조)
   ① 산업안전보건위원회 또는 안전 및 보건에 관한 노사협의체에서 심의·의결한 업무와 해당 사업장의 안전보건관리규정 및 취업규칙에서 정한 업무
   ② 위험성평가에 관한 보좌 및 지도·조언
   ③ 안전인증대상기계 등 또는 자율안전확인대상기계등 구입 시 적격품의 선정에 관한 보좌 및 지도·조언
   ④ 해당 사업장 안전교육계획의 수립 및 안전교육 실시에 관한 보좌 및 지도·조언
   ⑤ 사업장 순회점검, 지도 및 조치 건의
   ⑥ 산업재해 발생의 원인 조사·분석 및 재발 방지를 위한 기술적 보좌 및 지도·조언
   ⑦ 산업재해에 관한 통계의 유지·관리·분석을 위한 보좌 및 지도·조언
   ⑧ 법 또는 법에 따른 명령으로 정한 안전에 관한 사항의 이행에 관한 보좌 및 지도·조언
   ⑨ 업무 수행 내용의 기록·유지

(9) 관리감독자의 업무 (산업안전보건법 시행령 제15조)
   ① 사업장 내 관리감독자가 지휘·감독하는 작업과 관련된 기계·기구 또는 설비의 안전·보건 점검 및 이상 유무의 확인
   ② 관리감독자에게 소속된 근로자의 작업복·보호구 및 방호장치의 점검과 그 착용·사용에 관한 교육·지도
   ③ 해당 작업에서 발생한 산업재해에 관한 보고 및 이에 대한 응급조치
   ④ 해당 작업의 작업장 정리·정돈 및 통로 확보에 대한 확인·감독
   ⑤ 사업장의 안전관리자·보건관리자 및 안전보건관리담당자·산업보건의의 지도·조언에 대한 협조
   ⑥ 위험성평가에 관한 업무에 기인하는 유해·위험요인의 파악 및 개선조치의 시행에 대한 참여
   ⑦ 그 밖에 해당 작업의 안전 및 보건에 관한 사항으로서 고용노동부령으로 정하는 사항

(10) 화재 및 소화기
   ① 소화의 원리(기본요소)
      ㉠ 제거 소화법: 가연물질 제거(가연물)
      ㉡ 질식 소화법: 산소 차단(산소)
      ㉢ 냉각 소화법: 점화원 냉각(점화에너지)
   ② 소화기의 종류와 용도
      ㉠ 포소화기
         가연물의 표면을 포(거품)로 둘러싸고 덮는 질식소화를 이용한 소화기로, 소화약제는 다량의 물을 함유하고 있어 전기설비에 의한 화재에는 누전, 감전 등의 위험으로 사용이 적절하지 않다.
      ㉡ 분말소화기
         • 분말 입자로 가연물의 표면을 덮어 소화하는 것으로, 질식소화 효과를 얻을 수 있다.
         • 전기화재와 유류화재에 효과적이다.
         ※ 다만, 부피와 중량이 커 유조선 및 액체원료를 원동력으로 하는 선박 등의 엔진실에는 사용이 적절하지 않다.
      ㉢ 할로겐화합물소화기(증발성 액체 소화기)
         • 증발성이 강한 액체를 화재표면에 뿌려 증발잠열을 이용해 온도를 낮추어 냉각소화 효과를 얻을 수 있다.
         • 할로겐 원소가 가연물이 산소와 결합하는 것을 방해하는 부촉매로 작용하여 연소가 계속되는 것을 억제하는 억제소화 효과를 얻을 수 있다.

② 이산화탄소소화기
  - 이산화탄소를 고압으로 압축, 액화하여 용기에 담아놓은 것으로 가스 상태로 방사된다. 연소 중 산소농도를 필요한 농도 이하로 낮추는 질식소화가 주된 소화효과이며, 냉각효과를 동반하여 상승적으로 작용하여 소화한다.
  - 불연성 기체로 절연성이 높아 전기화재(C급)에 적당하며 유류화재(B급)에도 유효하다.

③ 화재의 종류
  ㉠ A급 화재: 일반 가연성 물질로서 물질이 연소된 후 재를 남기는 일반적인 화재
  ㉡ B급 화재: 액체연료(유류)의 화재
  ㉢ C급 화재: 전기, 기계나 기구 등에서 발생되는 화재
  ㉣ D급 화재: 철분, 마그네슘, 칼륨, 나트륨, 지르코늄 등 금속물질에 의한 화재

화재 분류	색상	원인 물질	소화방법	비고
일반화재 (A급)	백색	나무, 솜, 종이, 고무 등	물 또는 분말소화기 사용	타고난 후 재가 남음
유류가스화재 (B급)	황색	석유, 페인트, 가스 등	공기 차단, 분말소화기 사용	토사나 소화기 사용 (물은 연소면을 확대시킴)
전기화재 (C급)	청색	전기 스파크, 단락, 과부화 등	이산화탄소, 특수소화기 사용	물 사용 시 감전 위험이 있음
금속화재 (D급)	무색	철분, 마그네슘, 칼륨 등	건모래, 팽창질석, 특수 소화기 사용	물 사용 시 폭발 위험 있음

④ 연소: 물질이 산소와 빠르게 결합하면서 열이나 빛, 불꽃 등을 동반하여 반응하는 현상을 말한다. 즉, 가연물이 공기 중의 산소 또는 산화제와 반응하여 열과 빛을 발생시키며 산화되는 과정을 연소라고 한다.
  ㉠ 인화점: 가연성 증기가 발생하고 이 증기가 대기 중의 산소와 연소 범위 내에서 혼합되어 점화가 가능한 가장 낮은 온도를 말한다.
  ㉡ 연소점: 가연성 액체(또는 고체)를 공기 중에서 가열하였을 때 점화된 불꽃으로 인해 스스로 발열하며 연소가 지속될 수 있는 최소 온도를 의미한다.
  ㉢ 발화점: 외부에서 점화원이 없어도 물질 자체의 온도가 일정 수준 이상 상승하면 스스로 연소를 시작하게 되는데, 이때 불꽃이 생기며 연소가 개시되는 가장 낮은 온도를 발화점이라고 한다.

3. 공구 및 작업상의 안전관리

(1) 작업장의 안전점검
① 안전점검은 안전 수준을 향상시키는 수단이므로 필요 없이 결점을 지적하거나 조사 색출한다는 태도를 삼간다.
② 형식이나 내용에 따라 점검방법을 달리하여 몇 개의 점검방법을 병용한다.
③ 점검자의 능력에 적응하는 점검내용을 활용한다.
④ 점검한 내용은 상호 이해하고 협조하는 분위기 속에서 시정책을 강구한다.
⑤ 사소한 사항도 묵인하지 않도록 한다.
⑥ 안전 점검이 끝나면 평가를 실시하고 결함을 지적해 주는 한편 장점에 대해서 칭찬을 해 준다.
⑦ 과거에 재해가 발생한 곳에는 그 요인이 없어졌는지 여부를 확인한다.
⑧ 하나의 설비에서 불안전한 상태가 발견되었을 때에는 다른 동종의 기계나 설비도 점검한다.

(2) 작업장에서의 복장
① 작업복은 몸에 맞는 것을 입는다.
② 상의의 옷자락이 밖으로 나오지 않도록 한다.
③ 기름이 밴 작업복은 될 수 있는 한 입지 않는다.
④ 작업에 따라 보호구 및 기타 물건을 착용할 수 있어야 한다.
⑤ 소매나 바지 자락은 조일 수 있어야 한다.

(3) 일반 수공구 사용 시 주의사항
① 작업에 알맞은 수공구를 선택하여 사용한다.
② 공구 이외의 목적에는 사용하지 않는다.
③ 공구의 기름, 이물질 등을 제거하고 사용한다.
④ 공구의 사용법에 알맞게 사용한다.
⑤ 작업 주위를 정리, 정돈한 후 작업한다.
⑥ 작업 후에는 공구를 정비한 후 지정된 장소에 보관한다.

(4) 드라이버 사용 시 주의사항
① 드라이버 날 끝은 편평한 것을 사용한다.
② 드라이버의 날 끝이 홈의 너비와 길이에 맞는 것을 사용한다.
③ 나사를 조이거나 풀 때에는 홈에 수직으로 대고 한 손으로 작업한다.
④ 드라이버의 날이 빠지거나 둥근 것은 사용하지 않는다.

(5) 정 작업 시 주의사항
① 정의 머리가 버섯머리인 경우 파손 위험이 있으므로 그라인더로 갈아낸 후 사용한다.
② 정에 기름이 묻어 있으면 깨끗이 닦은 후 작업한다.
③ 담금질 된 재료는 매우 단단하고 깨지기 쉬우므로 정 작업을 하지 않는다.
④ 금속 절삭 또는 정 작업 시 보안경을 착용한다.
⑤ 정 작업 중 도구나 금속 파편이 튈 위험이 있으므로 작업자끼리 마주 보고 작업하지 않는다.
⑥ 정확성을 높이고 사고를 방지하기 위하여 날 끝부분에 시선을 두고 작업한다.

▲ 정 작업

(6) 해머 작업 시 주의사항
① 쐐기를 박아서 해머가 빠지지 않도록 한다.
② 해머의 타격면이 깨지거나 손상된 것은 사용하지 않는다.
③ 장갑을 착용하거나 기름 묻은 손으로 작업하지 않는다.
④ 타격하려는 곳에 시선을 고정한다.
⑤ 서로 마주보고 해머작업을 하지 않는다.
⑥ 녹이 슬거나 깨지기 쉬운 작업을 할 경우에는 보안경을 착용한다.
⑦ 처음과 마지막 해머 작업을 할 때에는 무리한 힘을 가하지 않는다.
⑧ 해머작업 시 처음에는 타격면에 맞추도록 적게 흔들고 점차 크게 흔든다.
⑨ 해머작업 시에는 주위를 살핀 후에 작업한다.

(7) 스패너 사용 시 주의사항

① 스패너의 입이 볼트나 너트의 치수에 맞는 것을 사용한다.
② 스패너 작업시에는 조금씩 몸 앞으로 당겨 작업한다.
③ 스패너에 이음대를 끼워 사용하지 않는다.
④ 스패너 작업시 몸의 균형을 잘 잡고 발을 벌려서 작업한다.
⑤ 스패너를 해머로 두드리거나 해머 대신 사용해서는 안 된다.

(8) 렌치 사용 시 주의사항

① 볼트나 너트의 규격에 맞는 렌치를 사용해야 한다.
② 조정렌치는 조정 나사에 과도한 힘이 가해지지 않도록 주의해야 한다(파손 위험 있음).
③ 렌치에 연장 손잡이나 이음대를 끼워 사용하는 행위는 금지한다.
④ 렌치는 밀지 말고 끌어당기는 방향으로 사용하여 볼트나 너트를 조이거나 푼다.
⑤ 렌치를 망치로 두드리거나 망치 대용으로 사용해서는 안 된다.
⑥ 사용 후에는 마른 헝겊으로 깨끗하게 닦아 보관한다.
⑦ 토크렌치는 지정된 토크 값으로 볼트나 너트를 조일 때만 사용한다.
⑧ 렌치와 너트가 최대한 깊게 맞물려 밀착되도록 하여 작업한다.

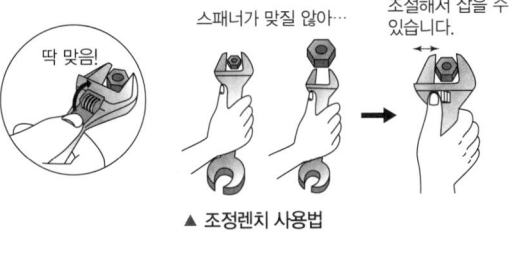

▲ 조정렌치 사용법

(9) 줄 작업 시 주의사항

① 작업전 자루부분 균열 유무, 마모상태 등을 점검한다.
② 줄을 해머 대용으로 사용하지 않는다.
③ 절삭가루는 솔로 쓸어낸다.
④ 새 줄은 처음에는 연질재에 사용하고 차차 경질재를 사용한다.
⑤ 주물을 줄질할 때에는 표면의 흑피를 벗기고 줄질한다.
⑥ 날이 메꾸어지면 와이어 브러시로 깨끗이 털어낸다.
⑦ 줄질한 면에는 손을 대지 않는다.
⑧ 전진 시(밀 때)에서만 힘을 가한다.
⑨ 작업 시 너무 누르고 하지 않는다.

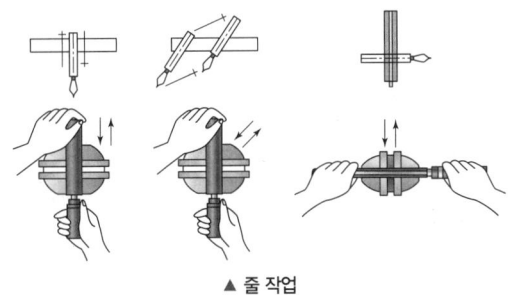

▲ 줄 작업

(10) 리머 작업 시 주의사항

① 리머는 어떤 경우에도 역회전시켜서는 안 된다.
② 절삭 깊이는 구멍 지름 10[mm]당 약 0.05[mm]가 적당하다.
③ 절삭유를 충분히 공급하며 작업한다.
④ 리머의 전진과 후진은 모두 절삭 방향의 회전을 유지하며 수행한다.
⑤ 드릴보다 높은 정밀도가 요구되는 구멍 가공에 사용된다.

⑾ 쇠톱(활톱) 작업 시 주의사항
① 톱날은 절단 시 전진 방향에서 절삭되도록 끼운다.
② 톱날을 톱틀에 고정한 뒤, 두세 번 사용하고 나서 다시 조임 상태를 점검한다.
③ 손잡이와 톱틀 앞부분은 양손으로 단단히 잡고 작업한다.
④ 원형 파이프나 강재는 삼각줄로 가이드 홈을 먼저 만든 후 절단을 시작한다.
⑤ 절단이 끝날 무렵에는 톱이 튀거나 미끄러지지 않도록 특히 주의한다.
⑥ 공작물은 바이스에 단단히, 그리고 절단 지점에 가깝게 고정한다.

⑿ 바이스 작업 시 주의사항
① 연질 금속을 고정할 경우에는 공작물이 손상되지 않도록 바이스 죠(Jaw)에 공작물보다 더 부드러운 금속판을 덧댄다.
② 원형봉이나 얇은 판재를 고정할 때에는 적절한 받침목을 사용하여 지지한다.

4. 측정 게이지 취급 시 유의사항

(1) 마이크로미터 사용 시 주의사항
① 측정 오차는 반드시 ±0.02[mm] 이내로 유지해야 한다.
② 스핀들유를 도포하여 산화 및 부식을 방지하고, 건조한 장소에 보관한다.
③ 보관 시 스핀들과 앤빌이 서로 닿지 않도록 한다.
④ 마이크로미터에 충격을 가하거나 떨어뜨리지 않도록 주의한다.

(2) 다이얼 게이지 취급상 주의사항
① 게이지 설치 시 지지대의 암은 가능한 한 짧게 하고, 단단히 고정해야 한다.
② 사용 전에는 눈금의 0점을 정확히 설정한다.
③ 게이지는 측정면에 대해 수직으로 설치해야 한다.
④ 외부로부터의 충격을 방지한다.
⑤ 임의로 분해하거나 내부 조정을 하지 않는다.
⑥ 스핀들에 윤활유나 그리스를 바르지 않는다.

(3) 실린더 게이지 취급상 주의사항
① 게이지는 충격이나 낙하로부터 보호한다.
② 고급 스핀들유를 주입한 상태로 사용한다.
③ 사용 후에는 마른 천으로 닦아낸 후 지정된 장소에 보관한다.
④ 지지 부위는 휘거나 변형되지 않아야 한다.

(4) 회로 시험기 사용 시 주의사항
① 충격을 가하지 않는다.
② 허용치를 초과하는 전압 또는 전류를 인가하지 않는다.
③ 외부 자기장의 영향을 받지 않도록 유의한다.
④ 저항을 측정할 경우, 전환 스위치를 조정할 때마다 0점을 재조정한다.
⑤ 고온, 다습, 먼지 많은 장소나 직사광선 아래에서는 사용을 피한다.
⑥ 측정 전에 전환 스위치가 측정하려는 항목에 맞게 설정되어 있는지 반드시 확인한다.

5. 기계(전동기, 공구)작업할 때 유의사항

(1) 연삭(그라인더) 작업 시 안전수칙
① 숫돌의 측면을 사용하지 않고 원주면을 사용한다.
② 덮개는 제거하지 않는다.
③ 반드시 보안경을 착용한다.
④ 숫돌 바퀴는 정격 회전속도를 초과하지 않도록 한다.
⑤ 공작물을 숫돌에 과도한 힘으로 누르지 않는다.
⑥ 숫돌의 교체는 숙련된 작업자가 수행한다.
⑦ 숫돌이 확실히 장착되었는지 확인한다.
⑧ 숫돌의 정면에 서서 작업하지 않는다.
⑨ 작업 전 몇 분간 공회전을 시켜 이상 여부를 점검한다.
⑩ 숫돌 받침대와 숫돌 사이의 간격은 3[mm] 이하로 유지한다.

(2) 드릴 작업 시 주의사항
① 일감은 정확히 고정한다.
② 드릴 회전 중 칩을 손으로 털거나 불어내지 말아야 한다.
③ 가공물에 구멍을 뚫을 때 가공물을 바이스에 물리고 작업해야 한다.
④ 드릴을 회전시킨 후 테이블을 조정하지 말아야 한다.
⑤ 작은 물건은 바이스나 고정구로 고정하고 직접 손으로 잡지 말아야 한다.
⑥ 얇은 물건을 드릴 작업할 때에는 밑에 나무 등을 놓고 뚫어야 한다.
⑦ 솔로 절삭유를 바를 경우에는 위쪽 방향에서 발라야 한다.
⑧ 드릴의 날이 무디어 이상한 소리가 날 때는 회전을 멈추고 드릴을 교환하거나 연마한다.
⑨ 큰 구멍을 뚫을 때에는 먼저 작은 구멍을 뚫는다.

(3) 선반 작업 시 안전수칙
① 작동 전 기계의 모든 상태를 점검한다.
② 절삭작업 중에는 보안경을 착용한다.
③ 바이트는 가급적 짧고 단단히 조인다.
④ 가공물이나 척에 휘말리지 않도록 작업자는 옷 소매를 단정히 한다.
⑤ 작업도중 칩이 많아 처리할 때에는 기계를 멈춘 다음에 처리한다.
⑥ 긴 물체를 가공할 때는 반드시 방진구를 사용한다.
⑦ 칩을 제거할 때는 압축공기를 사용하지 말고 브러시를 사용한다.

(4) 계기 및 보안장치의 정비 시 안전사항
① 엔진이 정지 상태이면 계기판은 점화스위치 OFF 상태에서 분리한다.
② 충격이나 이물질이 들어가지 않도록 주의한다.
③ 회로 내에 규정치보다 높은 전류기 흐르지 않도록 한다.
④ 센서의 단품 점검 시 배터리 전원을 직접 연결하지 않는다.

(5) **정비용 기계의 검사, 수리, 유지**
　① 동력기계의 이동장치에는 동력 차단장치를 설치한다.
　② 동력 차단장치는 작업자가 쉽게 조작할 수 있도록 가까운 위치에 설치한다.
　③ 동력전달부, 구동부, 회전축에는 견고한 구조의 방호덮개를 설치한다.
　④ 점검 및 보수가 끝난 후에는 방호덮개를 원상 복구한다.
　⑤ 절삭공구 등 회전체 작업 시에는 면장갑 착용을 금지하며 필요한 경우 가죽제 장갑을 착용한다.
　⑥ 협착 위험이 있는 부위에는 협착 위험을 경고하는 안전보건 표지를 부착한다.
　⑦ 동력기계에 급유할 경우에는 반드시 기계를 정지한 후 실시한다.

6. 용접 작업할 때 주의사항

(1) **전기 용접작업 시 안전수칙**
　① 우천 시에는 작업을 하지 않는다.
　② 인화되기 쉬운 물질을 지니고 작업하지 않는다.
　③ 헬멧, 용접장갑, 앞치마를 반드시 착용하고 작업한다.
　④ 용접봉은 홀더의 클램프에 정확하게 끼워 빠지지 않도록 한다.
　⑤ 용접기의 리드 단자와 케이블의 접속 상태가 양호하여야 하며 절연물로 보호한다.
　⑥ 용접 중에 전류를 조정하지 않는다.
　⑦ 작업이 끝나면 용접기를 끄고 주변을 정리한다.

(2) **산소-아세틸렌 용접 작업 시 주의사항**
　① 산소, 아세틸렌 용기는 안정되게 세워서 보관한다.
　② 밸브 및 연결 부분에 기름이 묻어서는 안된다.
　③ 보안경, 용접장갑, 앞치마를 반드시 착용하고 작업한다.
　④ 점화 시 아세틸렌밸브를 먼저 열고 난 후 산소밸브를 열어 불꽃을 조정한다(소화 시에는 반대 순서로 행한다).
　⑤ 역화 발생 시에는 먼저 산소밸브를 잠그고 아세틸렌밸브를 잠근다.
　⑥ 산소 용기는 40[℃] 이하의 장소에서 보관한다.
　⑦ 산소 용기는 고압으로 충전되어 있으므로 취급시 충격을 금한다.
　⑧ 아세틸렌은 1.5기압 이상 시 폭발 위험성이 있다.
　⑨ 아세틸렌은 $1.0[kgf/cm^2]$ 이하로 사용한다.
　⑩ 가스의 누출 점검은 비눗물을 사용하여 점검한다.
　⑪ 산소용 호스는 녹색, 아세틸렌용 호스는 적색을 사용한다.
　⑫ 토치를 함부로 분해하지 않는다.
　⑬ 용기를 운반할 때에는 운반차를 이용한다.

(3) **산소-아세틸렌용접의 역류·역화 원인 및 조치**
　① 토치의 성능이 불량한 경우
　② 토치의 취급이 불량한 경우
　③ 팁이 과열되었거나 이물질로 막힌 경우
　④ 산소 압력이 너무 높은 경우
　⑤ 조치방법: 산소밸브를 잠근 후 아세틸렌밸브를 잠근다.

> **Speed UP** 작업 시 장갑을 끼면 안 되는 작업
> 해머작업, 드릴작업, 선반작업, 밀링작업
> (날·공작물 또는 축이 회전하는 기계를 취급하는 경우 그 근로자의 손에 밀착이 잘되는 가죽 장갑 등과 같이 손이 말려 들어갈 위험이 없는 장갑은 허용된다.)

7. 정비 작업 시 유의사항

(1) 도장 작업장의 안전수칙
① 알맞은 방진, 방독면을 착용한다.
② 작업장 내에서 음식물 섭취를 금지한다.
③ 전기 기기는 수리를 필요로 할 경우 스위치를 꺼 놓는다.
④ 희석제나 도료 등을 취급할 때는 고무장갑을 꼭 착용한다.
⑤ 작업의 마감 재료는 화기로부터 보호받을 수 있는 공간에 보관한다.
⑥ 작업은 항상 안전하게 실시한다.
⑦ 사고의 발생 시는 응급처치를 하고 즉시 보고한다.
⑧ 안전하지 못하다고 생각되는 것은 안전하게 수정하고 보고한다.

(2) 중량물 운반수레의 취급 시 안전사항(운반하역 표준안전 작업지침 제 13조)
① 사용 전에 손수레의 각부를 점검하여 차체, 차륜의 회전 등의 이상 유무를 점검하여 이상이 발견된 때에는 수리, 교체하여 사용하여야 한다.
② 운반통로를 정비하여 돌조각, 나무조각, 벽돌토락 등의 장애물을 정리하여야 한다.
③ 적재물의 무게중심은 가능한 한 밑으로 오도록 하고 손수레 운전 시 적재물이 흔들리지 않도록 주의하여야 한다.
④ 적재물의 무게는 어느 한 방향에 편중되지 않도록 적재하고 시야를 가리지 않는 높이로 적재하여야 한다.
⑤ 하물을 적재할 때에는 하물이 손수레의 반동에 대하여 안전한 장소에서 적재하여야 한다.
⑥ 구르기 쉬운 하물은 운반 도중 굴러 떨어지지 않도록 고정하고, 병이나 항아리 등을 운반하거나 손수레를 운전할 때에는 질주하여서는 아니 된다.
⑦ 손수레는 가능한 한 외바퀴수레의 사용을 피하고 두바퀴 수레를 사용하여야 한다.

(3) 공기압축기 및 압축공기 취급에 대한 안전수칙
① 전기배선, 터미널 및 전선 등에 접촉 될 경우 전기쇼크의 위험이 있으므로 주의하여야 한다.
② 본체에 공기압축기, 공기탱크 및 관로 안의 압축 공기를 완전히 배출한 뒤에 실시한다.
③ 하루에 한 번씩 공기탱크에 고여 있는 응축수를 제거한다.
④ 압축공기의 철체 외함은 접지를 실시하고 절연저항을 측정하여 정기적으로 점검한다.

(4) 납산 축전지 취급 시 주의사항
① 밀폐공간이나 화기와 가까운 곳에는 설치하지 말아야 한다.
② 축전시의 (+)단자와 (-)단자를 절사 등의 금속류로 접속시키지 말아야 한다.
③ 축전지 위에 토크 렌치나 스패너 등의 공구류를 두지 말아야 한다.
④ 축전지 접속 시 (-)단자부터 접속한다.
⑤ 전해액이 옷에 묻지 않도록 주의하고 만약 옷에 묻었다면 옷을 벗고 몸에 묻은 전해액을 물로 씻어낸다.
⑥ 전해액이 부족하면 연수(증류수, 빗물, 수돗물 등)를 보충한다.
⑦ 축전지 분리 시 (+)단자부터 분리한다.

#전기자동차 #수소자동차 #하이브리드 자동차

친환경자동차

CHAPTER 01 친환경자동차

1. 친환경 자동차의 이해

오늘날 석유는 세계 주요 에너지원이며, 전통적인 내연기관 차량은 이 석유 에너지를 주 연료로 활용한다. 구체적으로 살펴보면, 내연기관 차량은 정제된 석유인 휘발유를 연료탱크에 주입한 후, 이를 연소시켜 동력을 얻는다. 하지만 이 과정에서 에너지 전환 효율은 약 40[%]에 불과하며, 연소 시 다량의 온실가스가 배출된다. 친환경자동차란 주행 중 온실가스나 유해 배출가스를 거의 발생시키지 않거나 아예 배출하지 않는 차량을 말한다. 일반적인 내연기관 차량과 달리, 휘발유나 경유와 같은 화석연료를 사용하지 않거나 일정 기준 이하의 배출가스를 충족해야 친환경자동차로 인정된다.

(1) 친환경자동차의 필요성
① 대기오염을 방지하기 위해서
② 지구 온난화를 방지하기 위해서
③ 화석연료 자원 고갈에 대응하기 위해서

(2) 친환경자동차의 종류
① 전기 자동차(EV; Electric Vehicle): 배터리를 주 동력원으로 사용하며 주행 중 배출가스를 전혀 발생시키지 않는 차량이다.
② 수소 자동차(FCEV; Fuel Cell Electric Vehicle): 수소와 산소가 화학반응을 일으켜 전기를 만들고 이 과정에서 부산물로는 물만 배출하는 차량이다.
③ 하이브리드 자동차(HEV; Hybrid Electric Vehicle): 내연기관과 전기모터를 동시에 사용하여 연료 효율을 높인 차량이다.
④ 플러그인 하이브리드 자동차(PHEV; Plug-In Hybrid Electric Vehicle): 외부 전원을 통해 충전이 가능하며 전기 모드만으로도 일정 거리를 주행할 수 있는 차량이다.

CHAPTER 02 전기자동차

1. 전기자동차(EV; Electric Vehicle)의 이해

전기차(EV)는 전기에너지를 주된 동력원으로 사용하여 움직이는 차량을 말한다. 기존 내연기관 자동차가 휘발유나 경유와 같은 화석연료를 연소시켜 동력을 얻는 것과 달리, 전기자동차는 외부로부터 충전된 전기 에너지를 배터리에 저장하고 이 전력을 사용하여 전기모터를 구동하여 바퀴를 움직이는 방식으로 작동한다. 즉, 전기자동차는 화석연료 대신 전기의 힘으로 구동되는 친환경 자동차라고 볼 수 있다.

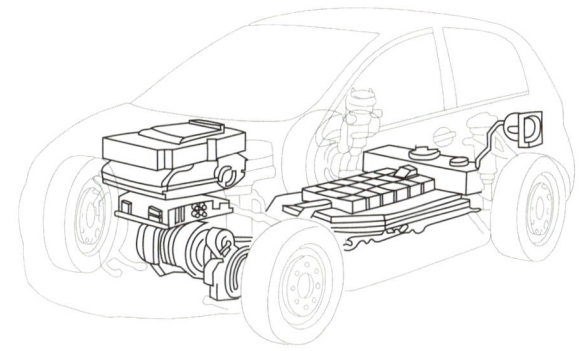

▲ 전기자동차의 구조

(1) 전기자동차의 원리

전기자동차는 차량 하부에 배터리 팩이 탑재되며 360[V], 27[kWh]의 고전압의 전기에너지를 이용해 모터를 구동한다. 모터의 회전 속도를 활용해 차량 속도를 제어할 수 있기 때문에 변속기가 필요 없으며, 대신 토크를 증가시키기 위한 감속기가 장착된다. 고전압은 PTC 히터와 전동 컴프레서에 공급되고 이를 위한 고전압 정션박스는 PE룸(내연기관 차량의 엔진룸 위치)에 설치된다. 그 아래에는 완속 충전기(OBC)와 전력 제어장치(EPCU)가 위치하며, EPCU는 VCU, MCU(인버터), LDC가 통합된 형태를 말한다.

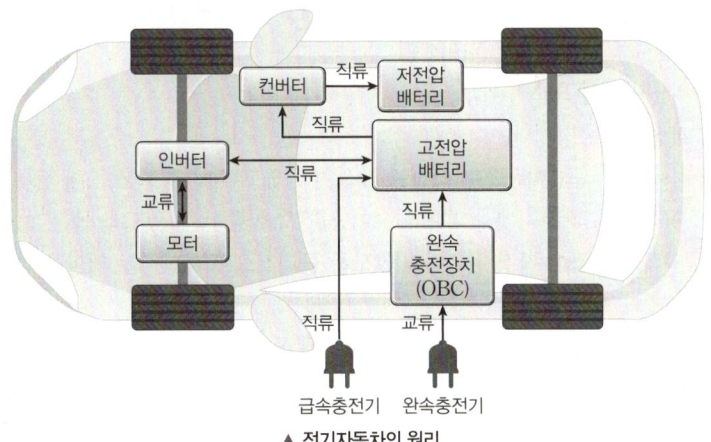

▲ 전기자동차의 원리

(2) 전기자동차의 특징
① 대용량의 고전압 배터리를 탑재한다.
② 전기 모터를 이용하여 구동력을 발생시킨다.
③ 변속기가 필요 없으며 간단한 감속기를 통해 토크를 증대시킨다.
④ 외부 전원을 이용해 배터리를 충전하므로 충전 비용이 저렴하다.
⑤ 주행 중 배출가스가 없으며 조용한 주행 성능과 강력한 가속 성능을 가진다.
⑥ 배터리에 전적으로 의존하기 때문에 배터리 용량에 따라 주행거리가 제한된다.

2. 전기자동차의 구성부품

(1) 완속 · 급속 충전기: 외부 전력을 차량으로 공급하는 장치이다.
① 완속충전기: 가정용 전기(교류)를 OBC를 통해 충전한다.
② 급속충전기: 직접 직류로 고전압 배터리를 빠르게 충한다.

(2) 축전지(Battery)
① 고전압 배터리와 저전압 배터리
 ㉠ 고전압 배터리: 차량의 구동에 필요한 고전압 전기를 저장하는 주 동력원으로, 인버터 및 모터 구동를 구동하거나 저전압 배터리에 전력을 공급할 때 사용된다.
 ㉡ 저전압 배터리(12[V] 배터리): 차량의 조명, 계기판, ECU 등 전장품에 전원을 공급하는 장치로 고전압 배터리에서 컨버터를 통해 공급받는다.
② 축전지의 단위
 ㉠ 셀(단전지): 축전지를 구성하는 가장 기본 단위로 리튬이온 1셀의 전압은 약 3.75[V]이다.
 ㉡ 축전지 모듈: 셀을 외부의 충격, 열, 진동 등으로부터 보호하기 위해 일정 수량을 묶어 프레임에 장착한 조립체를 말한다.
 ㉢ 축전지 팩: 여러 개의 축전지 모듈에 BMS(배터리 관리 시스템)와 냉각장치 등을 결합하여 자동차에 장착할 수 있도록 하나의 축전지로 구성한 것을 의미한다.
③ 리튬이온 축전지의 4가지 구성 요소
 ㉠ 양극재: 리튬이 저장되는 공간이다.
 ㉡ 음극재: 양극에서 이동한 리튬 이온을 저장하고 다시 방출하고 외부 회로를 통해 전류가 흐르도록 한다.
 ㉢ 전해질(전해액): 양극과 음극 사이에서 리튬 이온이 원활히 이동할 수 있도록 돕는 매개체 역할을 한다.
 ㉣ 분리막(격리판): 양극과 음극이 직접 접촉하지 않도록 물리적으로 차단하는 역할을 한다.
④ 리튬이온 축전지의 구조와 작동 원리
 ㉠ 리튬이온 배터리는 양극재와 음극재 사이를 오가는 리튬 이온의 화학 반응을 통해 전기를 발생시킨다.
 ㉡ 리튬 이온이 양극에서 음극으로 이동할 때 충전이 이루어지며 음극에서 양극으로 이동할 때 에너지를 방출하면서 방전된다.
 ㉢ 이때 전해질은 리튬 이온이 이동하는 통로 역할을 하며 분리막은 양극과 음극이 서로 닿지 않도록 한다.

(3) 모터(Motor)
① 인버터에서 공급받은 교류 전기로 회전하여 구동력을 발생시키며 차량의 바퀴를 회전시켜 주행하게 하는 장치이다.
② 모터에서 생성된 동력은 회전자 축을 통해 감속기 및 드라이브 샤프트를 거쳐 구동 바퀴에 전달된다.
③ 고출력화를 추구함에 따라 모터의 고회전화가 진행되고 있으며, 또한 경량화 및 소형화로 인해 탑재 중량과 부피가 감소하고 있다.
  ㉠ 직류모터 : 조절된 직류 전류를 회전자(로터)에 인가하여 회전력을 발생시키는 방식이다.
  ㉡ 직류 브러시 리스모터: 직류형과 교류형으로 나뉘며 영구자석형 직류 정류자 모터는 시동 토크가 크고 효율도 높으며 제어가 용이하다. 단, 정류자 및 브러시에 내구성이 취약하다는 단점이 있다.
  ㉢ 교류모터: 전지에서 공급된 직류전원을 인버터로 교류로 변환하여 모터를 구동하는 방식이다.
  ㉣ 릴럭턴스형 동기 모터: 회전자에 자석을 사용하지 않고 계자(스테이터)의 극 수와 동일한 수의 돌출된 철심(돌극)을 회전자에 배치하는 방식으로 돌기 철심형 모터라고도 불린다.

(4) 모터제어기(MCU)
① 전기자동차는 모터제어기를 통해 모터의 출력을 제어한다. 내연기관 자동차처럼 가속 페달로 직접 엔진을 조절하는 것이 아니라 모터의 회전 속도와 토크를 MCU가 조절하는 것이다.
② MCU는 배터리의 직류(DC) 전원을 교류(AC)로 바꾸어 모터를 구동하며 감속할 때는 모터를 발전기로 작동시켜 회생 제동을 수행하고 고전압 배터리를 충전한다.

(5) 전력변환 장치
① 컨버터(DC-DC 컨버터): 고전압 배터리의 직류 전기를 저전압으로 변환하여 저전압 배터리에 공급하는 장치이다.
② 인버터(Inverter): 고전압 배터리의 직류 전기를 교류 전기로 바꾸어 모터를 구동한다. 회생제동 시에는 반대로 교류 전기 → 직류 전기로 변환하여 배터리에 저장한다.
③ 저전압 변환장치(LDC): 고전압 배터리의 직류전원을 저전압 직류전원으로 변환하여 일반 전장 시스템에 공급하는 장치이다.

(6) 축전지시스템(BMS; Battery Management System)
① 축전지를 최적의 상태로 유지하고 관리하는 전자 제어 시스템이다.
② 잔량용량 측정: 배터리의 충전 상태(SOC)를 측정한다.
③ 셀 밸런싱: 각 셀 간의 전압 및 용량 편차를 균등하게 조정한다.
④ 보호회로: 과충전, 과방전, 과전류 시 전류를 차단하여 배터리를 보호한다.

(7) 완속충전장치(OBC, On Board Charger)
외부에서 공급된 교류 전기를 직류 전기로 변환하여 고전압 배터리를 충전한다.

(8) 차량통합제어기(VCU; Vehicle Control System)
다양한 장치로부터 정보를 수신하여 차량 상태를 판단하고 운전자 요구(가속 페달, 브레이크 스위치, 변속 레버 등), 배터리 가용 파워, 모터 가용 토크를 고려하여 모터의 최적 토크를 제어하는 장치이다.

(9) 감속기(Reducer 또는 Gearbox)
① 감속기는 일반 가솔린 차량의 변속기와 같은 역할을 하며 일정한 감속비로 모터의 동력을 차축에 전달한다.
② 모터의 고속·저토크를 저속·고토크로 변환하여 차량 구동에 적합한 상태로 만든다

3. 전기자동차의 전력흐름

(1) 차량주행
① 고전압 축전지에 저장된 직류전기를 인버터를 통해 교류로 변환하여 모터를 회전시키고 감속기를 거쳐 바퀴에 동력을 전달한다.
② 차량의 각종 전장품은 12[V]로 동작하므로 컨버터를 통해 고전압을 12[V]로 변환하여 전원을 공급한다.

(2) 회생 제동
차량 감속 시 바퀴의 회전력을 이용해 모터를 발전기로 작동시켜 고전압 축전지를 충전한다.

(3) 완속 충전
외부에서 공급된 교류 전원을 OBC를 통해 직류로 변환하여 고전압 배터리에 충전한다.

(4) 급속 충전
EVSE(급속 충전기)에서 공급되는 직류 전원이 고전압 배터리에 직접 연결되어 충전된다.

4. 전기자동차의 충전시스템

(1) 충전장치
① 전기자동차의 충전 방식
　㉠ 접촉 충전: 플러그를 차량의 충전구에 연결하여 외부 전원을 통해 직접 전력을 공급받는 방식이다.
　㉡ 무선 충전: 전자기 유도 원리를 이용해 무선으로 전력을 전달하여 배터리를 충전하거나, 배터리 자체를 교환하는 배터리 교환 방식이 있다.
② 전기자동차의 충전장치 종류
　㉠ 고속 충전 방식(DC 충전): 외부 전원 380[V]를 이용하여 차량의 고전압 축전지를 직접 충전하는 방식이다. (충전 시간: 약 22~33분)
　㉡ 완속 충전 방식(AC 충전): 외부 전원 220[V]를 차량 내의 OBC를 통해 직류 380[V]로 변환하여 충전하는 방식이다. (충전 시간: 약 4시간 20분)
　㉢ 이동형 충전기(ICCB): 가정용 콘센트를 이용해 충전할 수 있는 케이블로, 완속 충전 시 차량에 탑재된 OBC를 거쳐 고전압 배터리를 충전한다.

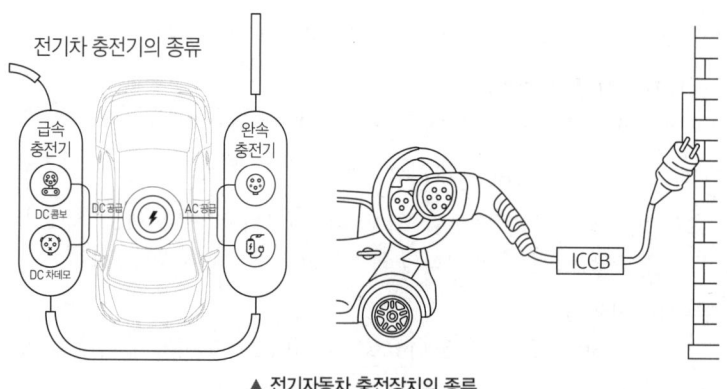

▲ 전기자동차 충전장치의 종류

③ 충전구에 따른 3가지 충전 방식
  ㉠ 전기자동차 제조사별로 다양한 충전 방식을 채택함에 따라 국제표준(IEC)에는 총 5가지 급속 충전 방식이 규정되어 있다.
  ㉡ 국내에서는 AC 3상, 차데모(CHAdeMO), 콤보 타입(Combined Charging System)의 3가지 충전방식이 주로 사용된다.

5. 전기자동차의 공조시스템

(1) 기존 전기자동차의 공조시스템
① 전기자동차는 내연기관이 없으므로 엔진 냉각수를 활용한 히터 작동이 불가능하다.
② PTC(Positive Temperature Coefficient) 히터는 전기가 통하면 스스로 열을 내는 반도체 발열체로 특정 온도 이상이 되면 저항이 급격히 증가하여 과열을 방지하는 특징이 있다. 이 히터는 고전압 배터리의 직류 전원을 고전압 정션 박스에서 분배받아 작동하며, 컴프레서와 함께 공조 시스템의 주요 동력원으로 사용된다.
③ PTC 히터는 고전압 배터리의 전력을 직접 소모하여 열을 발생시키므로 난방 시 주행 가능 거리가 줄어드는 단점이 있다.
④ 전동식 컴프레서는 외부에서 공급되는 직류 고전압을 내부 인버터를 통해 교류로 변환하여 모터를 구동한다.
⑤ FATC(Full Auto Temperature Control)는 CAN 통신을 통해 제어 신호를 받아 냉방 부하 및 히트펌프 등 주요 공조 시스템을 통합적으로 제어한다.

(2) 최근 전기자동차의 공조시스템
① 효율적인 냉난방을 위해 히트 펌프 시스템을 도입하여 설계하는 추세이다.
② 예약 공조 기능과 외부 공기 유입량 조절을 활용하여 공조에 필요한 에너지 부하를 줄인다.
③ 각 탑승 공간에 맞춰 냉난방을 조절하는 개별 공조 시스템을 적용하여 냉기와 온기의 활용 효율을 극대화한다.
④ 에너지 소비를 최소화하는 신개념 공조시스템이 개발되어 사용되고 있다.

(3) 전기자동차의 공조시스템 원리 및 구성
① 전기자동차의 에어컨 시스템은 기본 구조와 작동 원리 면에서 기존의 내연기관 차량과 유사하다.
② 주요 구성요소: 압축기, 응축기, 증발기, 냉각팬, 팽창밸브, 고압 및 저압 파이프 등
③ 내연기관의 공조시스템과 가장 큰 차이점은 압축기의 구동 방식이다. 내연기관 차량에서는 엔진의 회전력을 이용해 압축기를 구동하지만 전기자동차는 엔진이 없기 때문에 고전압 배터리의 전력을 이용한 전동식 압축기를 사용한다.

CHAPTER 03 수소자동차

1. 수소 연료전지 자동차의 개요

(1) 수소 연료전지 자동차의 이해

수소 전기자동차(FCEV; Fuel Cell Electric Vehicle)는 수소를 연료로 하여 전기를 생성하고 이 전기를 차량의 구동에 사용하는 친환경 차량이다. 연료전지는 전기를 저장하는 배터리를 대체하거나 배터리·슈퍼커패시터(Super Capacitor)와 함께 사용되어 모터에 전력을 공급한다. 이 과정에서 오염물질을 거의 배출하지 않고 물만 배출되므로 매우 친환경적인 운송 수단으로 평가된다. 다만 수소 생산 비용이 높고 저장 및 관리가 어려워 초기 보급에는 제약이 있으나, 충전 속도가 빠르고 석유 기반 연료보다 친환경적이라는 점에서 앞으로 시장 확대 가능성이 높다.

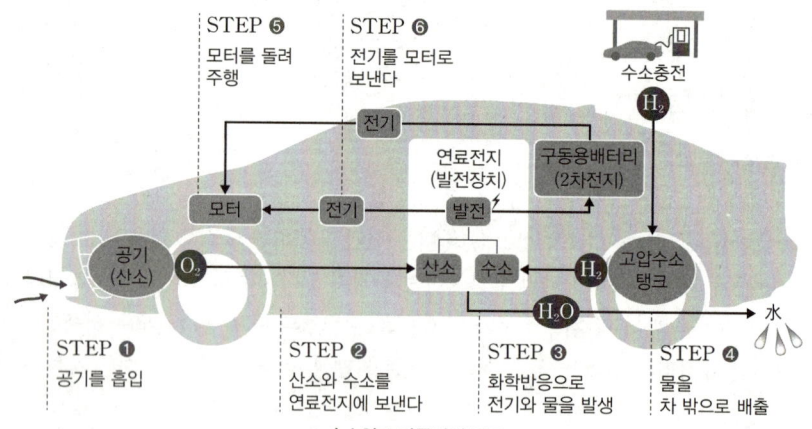

▲ 수소연료 자동차의 구조

(2) 수소 연료전지 자동차의 원리

① 전기차와 마찬가지로 모터를 구동하여 차량을 움직인다.
② 배터리를 충전하는 방식이 아니라 연료전지를 통해 수소와 산소의 화학반응으로 직접 전기를 생성한다.
③ 연료전지 자동차는 전기 생성에 필요한 연료전지 스택, 보조장치(BOP), 수소 저장 탱크 등의 구성이 필요하다.
④ 생성된 전기를 바탕으로 모터 및 전력변환 장치 등 차량 전장 시스템이 작동한다.

(3) 수소 연료전지 자동차의 특징

① 장점
  ㉠ 짧은 충전 시간과 주행 거리를 길게할 수 있다.
  ㉡ 수소 충전은 수 분 이내에 완료된다.
  ㉢ 한 번의 충전으로 500[km] 이상의 주행이 가능하다.
  ㉣ 장거리 운행이 잦은 운전자나 상용차에 유리하다.
  ㉤ 수소는 우주에서 풍부한 자원으로 고갈 위험이 적다.
  ㉥ 탄소배출이 없고 물과 열만 배출하므로 친환경적이다.
  ㉦ 연료전지의 부피가 작아 차량 내 공간 확보가 유리하다.
  ㉧ 연료 방식이므로 별도의 전기 충전이 필요 없다.

② 단점
　㉠ 수소 생산, 저장, 공급 등 인프라가 부족하다.
　㉡ 대량 생산 및 수송에 드는 비용과 기술적 장벽이 크다.
　㉢ 수소를 친환경적으로 생산하지 않을 경우 전체적인 환경성은 저하될 수 있다.
　㉣ 수소는 폭발 위험성이 있어 안전성 우려가 존재한다.

(4) 수소 연료전지 자동차의 구조
① 연료전지 시스템
　㉠ 연료전지 스택: 수소와 산소의 전기화학 반응으로 전기를 생성하는 장치이다.
　㉡ 수소 공급 장치: 연료전지 스택에 수소를 공급한다.
　㉢ 공기 공급 장치: 연료전지 스택에 산소(공기)를 공급한다.
　㉣ 열 관리 장치: 연료전지의 작동 온도를 일정하게 유지한다.
② 수소 저장장치
　㉠ 고압 저장용기: 탄소섬유 복합재로 제작된 압력용기로 가볍고 공간 효율적이다.
　㉡ 고압밸브 및 배관류: 고압 수소의 주입·공급을 위한 안전 제어장치이다.
③ 전장 장치
　㉠ 구동모터: 연료전지에서 발생한 전기를 이용해 차량을 구동하는 장치로 내연기관 차량의 엔진 역할을 수행한다.
　㉡ 전력변환장치: 연료전지에서 생성된 직류 전력을 차량의 전자기기나 구동에 필요한 전압과 형식으로 변환한다.

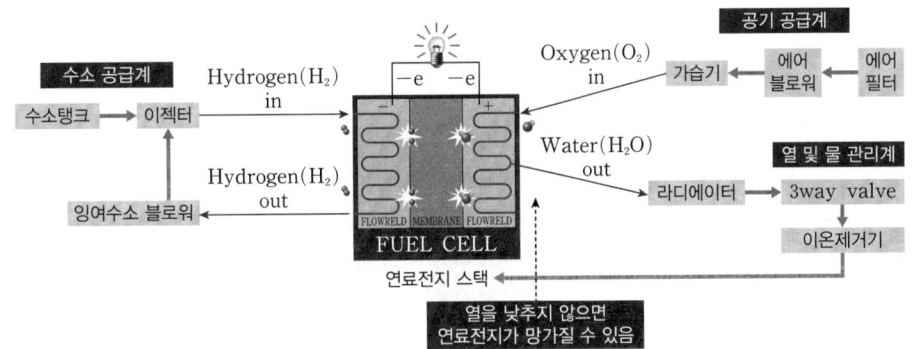

▲ 수소 연료전지 자동차의 시스템

④ 주변구동장치(BOP; Balance Of Plant)
　㉠ 주변구동장치가 작동하기 위해서는 전기가 필요하며, 이 전기는 연료전지에서 공급된다.
　㉡ BOP의 에너지 손실을 줄이면 기생전력이 감소하게 되고 연료전지 자동차 전체의 에너지 효율이 향상된다.

2. 수소자동차의 연료전지 스택

(1) 스택의 구조
① 연료전지 스택은 단위 셀을 반복적으로 적층한 구조로 되어 있으며, 양극과 음극이 직렬로 연결되어 있다.
② 각 연료전지 단위 셀의 구동 전압은 약 0.6~0.9[V] 수준이다.

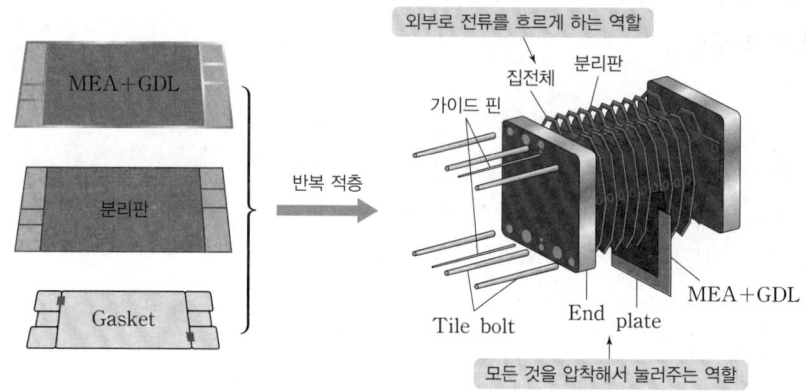

▲ 스택의 구조

(2) 연료전지 파워를 증가시키는 방법
① 전압을 높이기 위해 셀 적층 개수를 증가시킨다. 그러나 셀 적층 수가 과도하게 많아질 경우 분리판과 가스켓 등 구성 부품이 증가하면서 셀 간 반응물의 균등한 공급이 어려워질 수 있다.
② 전류를 높이기 위해 전극의 면적을 확대한다. 그러나 전극 면적이 너무 커지면 유로(흐름 통로) 길이가 증가하고 압력 차가 커지면서 반응물의 균일 분배가 저하될 수 있다.

(3) 스택 내 가스 분포 방식 설계 시 유의사항
① 반응물(수소, 산소 등)을 각 셀 내부에 균일하게 분배되도록 설계하는 것이 매우 중요하다.
② 휨 현상을 방지하기 위해 셀 적층 시 동일한 압력이 가해져야 한다.
③ 스택의 온도를 일정하게 유지하기 위해 수냉 방식의 냉각이 필요하다.

(4) 매니폴더 설계 시 고려사항
매니폴더의 크기를 키우면 셀에 반응물을 보다 균등하게 분산시킬 수 있으나 스택 전체 크기가 커지는 문제가 발생할 수 있으므로 적당한 크기로 설계하는 것이 중요하다.

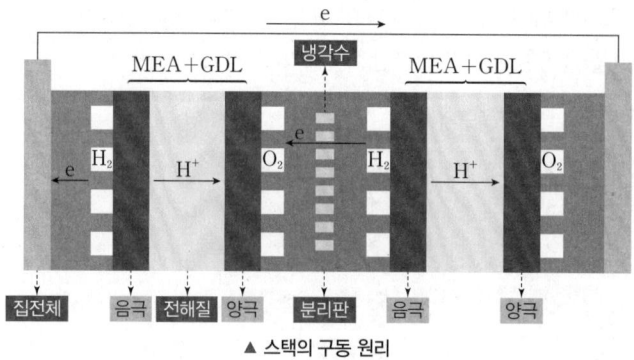

▲ 스택의 구동 원리

CHAPTER 04 하이브리드자동차

1. 하이브리드자동차의 개요

하이브리드 자동차는 두 가지 이상의 에너지원으로 구동되는 차량을 말하며 현재 가장 일반적인 형태는 내연기관과 전기모터를 함께 사용하는 하이브리드 전기자동차(HEV; Hybrid Electric Vehicle)이다. 이러한 차량은 석유 연료와 전기를 모두 사용하여 주행하므로 연료 소비를 줄이고 배출가스를 낮추는 동시에 뛰어난 주행 성능을 제공한다. 내연기관 차량에 비해 환경 친화적인 특징이 크며 특히 도심 주행에서 효율이 높다.

최근에는 차량을 외부 전원에 연결해 배터리를 직접 충전할 수 있는 플러그인 하이브리드 차량(PHEV; Plug-In Hybrid Electric Vehicle)이 보급되고 있다. PHEV는 일반적인 하이브리드 차량의 기능에 더해 송전 네트워크를 통한 충전이 가능하며, 온보드 엔진과 발전기를 통해 배터리를 재충전할 수도 있어 유연한 에너지 운용이 가능하다. 대부분의 PHEV는 승용차 형태지만, 일부 상용차, 밴, 다용도 트럭, 버스, 기차, 오토바이, 스쿠터, 군용차량 등 다양한 형태로 개발되고 있다.

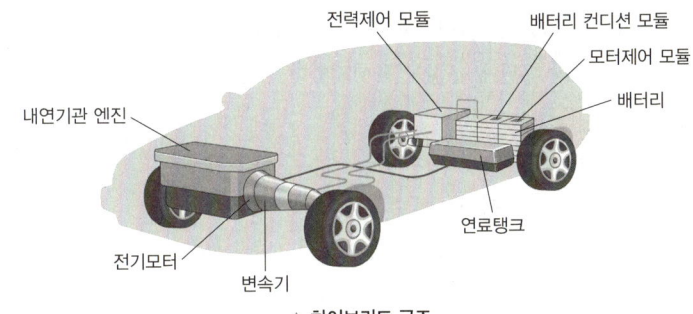

▲ 하이브리드 구조

2. 하이브리드자동차의 기본

(1) 하이브리드자동차의 원리

① 하이브리드 자동차는 기존의 가솔린 엔진과 전기 모터를 병행하여 사용하는 방식이다.
② 엔진 브레이크나 풋 브레이크 등으로 손실되는 에너지를 회수하여 축전지를 충전한다.
③ 엔진의 효율이 떨어지는 주행 환경(예: 정체 구간)에서는 전기 모터만을 이용하여 주행할 수 있어 다양한 조건에서 효율적인 운행이 가능하다.
④ 하이브리드 자동차의 핵심
　㉠ Idle Stop: 차량 정지 시 엔진이 자동으로 꺼져 불필요한 연료 소모를 줄인다.
　㉡ 동력 보조: 가속이나 등판 시 엔진과 모터가 동시에 작동하여 힘을 분산시키고 연료 소비를 절감한다.
　㉢ 감속 시 충전(회생 제동): 감속 중 발생하는 에너지를 이용해 축전지를 자동 충전함으로써 전기에너지를 재활용한다.

(2) 하이브리드자동차의 특징
　① 장점
　　㉠ 연비가 향상되어 연료 비용 절감이 가능하다.
　　㉡ 연료 소비가 줄어들어 배출가스가 감소하고 환경오염 저감 효과가 있다.
　　㉢ 엔진 작동의 효율을 높일 수 있어 전반적인 에너지 활용률이 증가한다.
　② 단점
　　㉠ 엔진과 전기 모터를 함께 탑재하기 때문에 구조가 복잡하고 가격이 높아 구입 및 수리가 어렵다.
　　㉡ 내연기관을 여전히 사용하므로 배출가스가 완전히 제거되지는 않는다.
　　㉢ 차체에 비해 엔진 용량이 작아 급가속이나 고속 주행 등 고출력이 필요한 상황에서는 한계가 있다.
　　㉣ 모터와 배터리 등의 장착으로 인해 차량의 중량이 증가한다.

(3) 하이브리드자동차의 필요성
　① 석유 자원 고갈에 대비한 대체 에너지 개발과 대기오염 규제에 대응하기 위한 추세이다.
　② 온실가스의 주범인 CO_2 배출을 줄이고, 각국의 배출가스 규제 정책에 대응할 수 있다.
　③ 미국 캘리포니아주의 CARB는 ZEV(Zero Emission Vehicle) 규격을 입법화하였다.
　④ 2003년부터는 무공해차 10[%] 의무 판매 규정이 시행되었다.

(4) 하이브리드자동차의 분류
　① 내연기관과 모터의 조합 방식에 따른 분류
　　㉠ 디젤 엔진과 모터(축전지)로 구성된 하이브리드 자동차
　　㉡ 가솔린 엔진과 모터(축전지)로 구성된 하이브리드 자동차

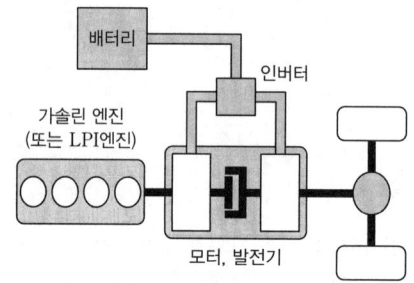

▲ 가솔린 또는 LPI 엔진 탑재 하이브리드

　② 모터의 사용 방식에 따른 분류
　　㉠ 패러렐 하이브리드(Parallel Hybrid): 엔진과 모터가 모두 차량 구동에 관여하며 일반적으로 엔진은 구동과 발전을 겸한다.
　　㉡ 시리즈 하이브리드(Series Hybrid): 엔진은 오직 발전만을 담당하고 차량 구동은 모터가 전담한다.
　　㉢ 시리즈·패러렐 하이브리드(Series-Parallel Hybrid): 엔진과 모터가 각각 또는 동시에 구동력을 제공할 수 있는 복합형 방식이다.

③ 주행 동력 및 충전 방식에 따른 분류
  ㉠ 소프트 타입(FMED; Flywheel Mounted Electric Device)
    • 엔진 플라이휠에 모터가 설치되어 있다.
    • 엔진 시동, 엔진 보조, 회생 제동 기능은 모터를 통해 수행 한다.
    • 출발할 때는 엔진과 전동 모터를 동시에 이용한다.
    • 부하가 적은 평지에서 주행할 때는 엔진의 동력만을 이용한다.
    • 가속 및 등판 주행과 같이 큰 출력이 요구되는 상태에서 주행할 때는 엔진과 모터를 동시에 이용한다.
    • 엔진과 모터가 직결되어 있어 전기자동차 모드의 주행은 불가능하다.
    • 비교적 작은 용량의 모터 탑재로 마일드(Mild) 타입 또는 소프트(Soft) 타입 HEV 시스템이라고도 한다.

▲ 소프트 타입

  ㉡ 하드 타입(TMED; Transmission Mounted Electric Device)
    • 모터가 변속기에 직결되어 있다.
    • 전기자동차 주행(모터단독 구동)상태를 위해 엔진과 모터 사이에 클러치로 분리되어 있다.
    • 출발과 저속 주행 시에는 모터만을 이용하는 전기자동차 모드로 주행한다.
    • 부하가 적은 평지의 주행에서는 엔진의 동력만을 이용하여 주행한다.
    • 가속 및 등판 주행과 같이 큰 출력이 요구되는 주행상태에서는 엔진과 모터를 동시에 이용하여 주행한다.
    • 풀 HEV 타입 또는 하드(Hard) 타입 HEV 시스템이라고 한다.
    • 주행 중 엔진 시동을 위한 HSG(Hybrid Starter Generator: 엔진의 크랭크축과 연동되어 엔진을 시동할 때는 기동 전동기로, 발전할 경우에는 발전기로 작동하는 장치)가 있다.

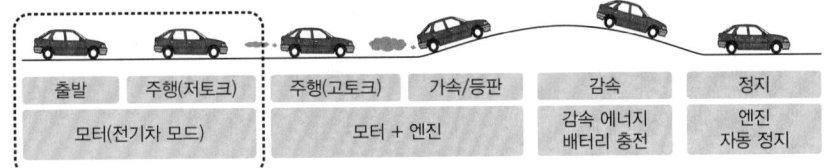

▲ 하드 타입

  ㉢ 플러그 인(PHEV; Plug-In Hybrid Electric Vehicle)
    일반적으로 하드 타입 구조를 기반으로 하지만, 시스템 설계에 따라 소프트 타입 형식도 적용 가능하다. 가정용 전기 등 외부 전원을 이용하여 배터리를 충전할 수 있어, 하이브리드 전기자동차 대비 전기자동차(Electric Vehicle)의 주행 능력을 확대하는 목적에 활용된다.

3. 하이브리드자동차 시스템의 구성요소

(1) 하이브리드 자동차 시스템의 구성 요소

① 하이브리드 전기자동차는 전기자동차의 단점을 보완하기 위해 개발되었으며, 차량 바퀴를 구동하는 전기 모터를 기본으로 탑재하고 있다. 이에 따라 에너지원으로는 축전지와 함께 가솔린, 디젤, LPG, 천연가스를 사용하는 내연기관, 연료전지, 또는 가스터빈 등이 조합될 수 있다.

② 예외적으로, 제동 시 발생하는 회생 에너지나 외부 충전 스테이션에서 공급받는 에너지를 일반적인 배터리 대신 슈퍼커패시터(또는 울트라커패시터), 플라이휠 등의 회전운동 에너지 저장장치에 저장하는 방식도 존재한다. 또한 일부 시스템은 전기모터 및 배터리 대신 압축 공기 에너지 저장장치와 유압모터를 사용하는 형태도 있지만, 현재는 거의 사용되지 않고 있다. 연료전지 차량의 경우 대부분이 구동용 배터리와 연계되어 운용된다.

③ 이러한 시스템을 갖춘 차량을 연료전지 하이브리드 전기자동차(FCHV; Fuel Cell Hybrid Electric Vehicle)라고 한다. 하이브리드 전기자동차는 기본적으로 엔진과 전기모터 외에도 다음과 같은 구성 요소를 포함한다.

　㉠ 고전압 축전지(예: 144[V]) - 모터에 에너지를 공급
　㉡ 모터 제어 유닛(MCU; Motor Control Unit)
　㉢ 배터리 제어 유닛(BCU; Battery Control Unit)
　㉣ 통합 제어 유닛(HCU; Hybrid Control Unit)

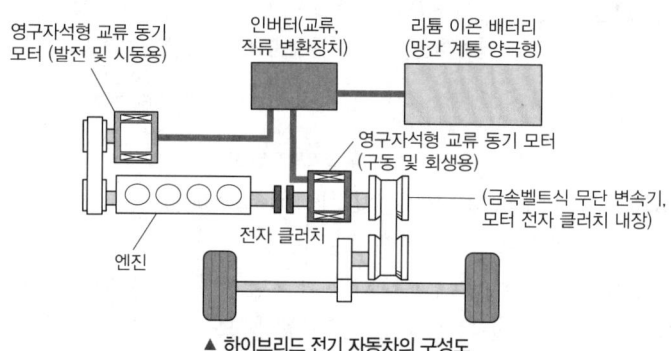

▲ 하이브리드 전기 자동차의 구성도

(2) 에너지의 흐름

기존 내연기관 자동차는 엔진에서 발생한 동력이 변속기를 거쳐 바퀴를 직접 구동하는 구조이다. 반면, 하이브리드 전기자동차는 엔진과 전기 모터에서 발생한 동력이 함께 변속기를 통해 바퀴를 구동한다. 또한 감속 시에는 차량의 운동 에너지를 전기 모터가 발전기로 작동하여 전기에너지로 변환하여 배터리에 저장한다.

(3) 연비의 향상 요인

① 엔진의 회전수와 토크를 제어하여, 연비가 가장 좋은 작동 영역에서 동력이 분배되도록 제어한다.
② 정차 시 오토 스톱 기능을 통해 엔진을 자동으로 정지시켜 불필요한 연료 소모를 줄인다.
③ 기존의 발전기 대신 LDC를 적용하여 동력 손실을 줄이고 연비를 향상시킨다.
④ 엔진의 배기량을 줄이는 다운사이징 기술을 통해 연료 소비를 감소시킨다.
⑤ 제동 시 회생 제동 기능을 통해 차량의 운동 에너지를 전기에너지로 변환하여 배터리에 저장하고, 이를 재활용함으로써 연비를 향상시킨다.
⑥ 자동변속기에서 토크 컨버터를 제거하거나 제한적으로 사용하여 동력 전달 손실을 줄인다.
⑦ 차량 주행 시 공기저항을 줄이는 공력 개선 기술을 적용하여 필요한 주행 에너지를 감소시켜 연비가 향상된다.

(4) 하이브리드자동차 부품의 특징

① 전기자동차(EV) 및 하이브리드 차량(HEV, PHEV)은 일반 내연기관 차량과는 전혀 다른 전용 부품을 사용한다.
② 전기차는 엔진 없이 배터리와 모터가 중심이지만 하이브리드는 내연기관 시스템과 전기 시스템이 동시에 탑재되어 구조가 복잡하다.
③ 하이브리드는 내연기관 엔진, 전기 모터, 고전압 배터리 세 가지 주요 구성 요소가 함께 작동하므로 일반 차량보다 부품 수가 많고 부품 간 협조 작용이 중요하다.
④ 엔진과 모터 간 전환을 부드럽게 제어하는 파워컨트롤유닛(PCU)이 시스템의 핵심 제어장치로 작동한다.

(5) 하이브리드자동차 기본 부품

① **하이브리드용 엔진**: 앳킨슨 사이클 엔진을 사용하여 마찰 손실을 최소화하고 연비를 높이며 청정도를 높여 배기가스를 감소시킨다. 또한 알루미늄 소재를 사용하여 실린더와 블록을 경량화 및 소형화가 가능하다.

② **하이브리드용 변속기**: 엔진에서 발생한 동력을 차량 구동력과 발전기 전력으로 분배하며, 전기 모터 회전수를 무단으로 제어하는 전자제어식 CVT(무단 변속기)가 탑재된다.

③ **전기 모터 및 발전기**: 고효율의 소형 교류 동기형 전기 모터를 사용하며, 제동 시 차량의 운동 에너지를 전기에너지로 변환하여 배터리를 충전하는 회생제동 기능도 수행한다.

④ **고전압 축전지**: 주로 리튬이온 폴리머 배터리를 사용하며, 1셀당 전압은 약 3.75[V]이다. 대용량 및 고출력화로 소형화·경량화를 실현하였고, 발전기 및 모터에 의해 주행 중 자동으로 충·방전이 이루어지므로 별도의 외부 충전이 필요 없다.

⑤ **인버터**: MCU의 기능 중 하나로, 축전지의 직류 전력을 모터 및 발전기 구동을 위한 교류 전력으로 변환하며, 충·방전 전류를 최적 상태로 제어하는 역할을 한다.

⑥ **저전압 변환장치(LDC)**: 고전압 배터리의 전력을 12[V]로 변환하여 차량 내 12[V] 전장품에 전원을 공급하고 보조 배터리를 충전한다.

⑦ **전기식 워터펌프(EWP)**: 구성 부품의 온도가 일정 기준을 초과하면, MCU가 EWP에 작동 신호를 보내고, 냉각이 완료되면 작동을 멈추도록 제어하여 온도 관리를 수행한다.

⑧ **능동형 전자제어 브레이크 시스템(AHB)**: ABS(브레이크 잠김방지), TCS(구동력 제어시스템), ESC(자세 제어장치) 기능이 통합된 제어 방식으로, 기존 차량의 개별 제어 장치를 하나로 통합한 고기능 제동 시스템이다.

⑨ **고전압 배터리의 충전 상태(SOC) 관리**: **SOC는 일반적으로 최소 20[%]에서 최대 80[%] 범위 내에서 제어되며**, 평상시에는 55[%]~65[%] 범위에서 유지되도록 관리한다.

⑩ **셀 밸런싱 제어**: 축전지를 구성하는 개별 셀 간의 충전량과 전압의 편차를 조정하여 동일한 수준으로 맞추며, 이를 통해 축전지의 수명과 에너지 효율을 향상시킨다.

(6) 친환경 제어장치

① 액티브 에코 드라이빙 시스템
  ㉠ 액티브 에코(Active ECO)는 차량의 엔진 및 변속기 제어 로직을 최적화하여 연비를 향상시키는 기능이다.
  ㉡ 이 장치는 운전자의 운전 습관에 따라 연비 향상 효과에 차이가 있으며, 「DRIVE MODE」 버튼을 통해 활성화할 수 있다.
  ㉢ 시스템이 작동되면 계기판에 초록색 ECO 표시등이 점등되어 작동 상태를 알려준다.

② 에코 드라이브(Eco Drive)
  ㉠ 에코 드라이빙(Eco Driving)은 친환경성, 경제성, 안전성, 편리성, 에너지 절약을 동시에 지향하는 운전 습관을 의미한다.
  ㉡ 급출발, 급가속, 급제동, 공회전을 지양하고, 일정한 경제속도를 유지하는 정속 주행을 통해 연비 효율을 높이는 과학적인 운전 방식을 말한다.

③ 공회전 제한 장치(ISG; Idle Stop & Go)
  ㉠ ISG는 차량 정차 시 자동으로 엔진을 정지시켜 불필요한 연료 소모를 줄이고 배출가스를 줄이는 기능이다.
  ㉡ 브레이크에서 발을 떼거나 엑셀을 밟으면 자동으로 시동이 다시 걸려 차량이 출발할 수 있게 된다.
  ㉢ 이 장치는 '오토 스톱', '스톱 앤 고' 또는 ISG 시스템 등으로 불리며 친환경성과 연비 향상에 기여한다.

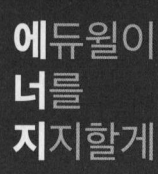

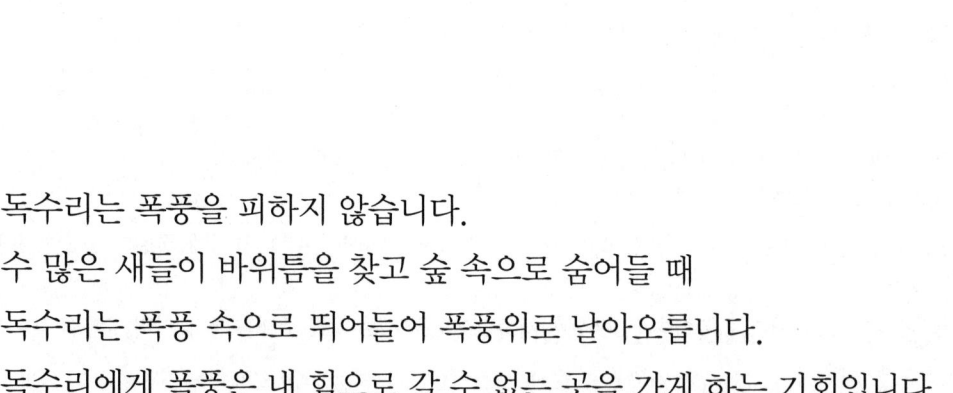

독수리는 폭풍을 피하지 않습니다.
수 많은 새들이 바위틈을 찾고 숲 속으로 숨어들 때
독수리는 폭풍 속으로 뛰어들어 폭풍위로 날아오릅니다.
독수리에게 폭풍은 내 힘으로 갈 수 없는 곳을 가게 하는 기회입니다.

– 조정민, 『사람이 선물이다』, 두란노

PART 02

최신 7개년 기출문제

CBT 7개년 수록

시험적중

자세한 해설

자 동 차 정 비 기 능 사　필 기

2025년 1회 CBT 복원문제	212
2025년 2회 CBT 복원문제	227
2024년 1회 CBT 복원문제	242
2024년 2회 CBT 복원문제	256
2023년 1회 CBT 복원문제	270
2023년 2회 CBT 복원문제	283
2022년 1회 CBT 복원문제	297
2022년 2회 CBT 복원문제	311
2021년 1회 CBT 복원문제	324
2021년 2회 CBT 복원문제	338
2020년 1회 CBT 복원문제	351
2020년 2회 CBT 복원문제	365
2019년 1회 CBT 복원문제	379
2019년 2회 CBT 복원문제	392

Build UP 2025년 1회 CBT 복원문제

NCS 학습모듈 반영
최신기출 복원
신유형

01
기관의 회전력이 71.6[kgf·m]에서 200[PS]의 축 출력을 냈다면 이 기관의 회전수는?

① 1,000[rpm]
② 1,500[rpm]
③ 2,000[rpm]
④ 2,500[rpm]

해설

- $P = \dfrac{T \times N}{716}$
- 회전수 $N = \dfrac{P \times 716}{T} = \dfrac{200 \times 716}{71.6} = 2,000[\text{rpm}]$

(P: 출력[PS], T: 회전력[kgf·m], N: 기관의 회전수[rpm])

02
LPG기관 피드백 믹서 장치에서 ECU의 출력 신호에 해당하는 것은?

① 산소센서
② 파워스티어링 스위치
③ 맵 센서
④ 메인 듀티 솔레노이드

해설
메인 듀티 솔레노이드는 ECU 제어에 따라 연료공급량을 조절하는 출력신호에 해당한다.

선지분석
① 산소센서: 엔진 배기가스의 산소농도 측정하여 ECU에 정보를 제공한다.
② 파워스티어링 스위치: 파워스티어링 작동 시 ECU에 신호 전달을 한다.
③ 맵(MAP) 센서: 흡입 매니폴드의 절대 압력 측정하여 ECU에 정보를 제공한다.

관련개념 LPG기관 피드백 믹서 장치에서 ECU의 입·출력 신호

입력신호	매니폴드압력센서(MAP), 수온센서(WTS), 노크센서, 산소센서, 캠축위치센서(CMP, TDC), 흡기온도센서(ATS), 스로틀위치센서(TPS), 크랭크각센서(CKP), 연료 압력센서, 연료 온도센서, LPI 스위치, 엔진 시동키 등
출력신호	점화코일, 인젝터, 공전속도제어 액추에이터(ISA), 연료펌프 드라이버, 연료차단 솔레노이드 밸브, 메인 듀티 솔레노이드 등

03
각종 센서의 내부 구조 및 원리에 대한 설명으로 거리가 먼 것은?

① 냉각수 온도 센서: NTC를 이용한 서미스터 전압값의 변화
② 맵 센서: 진공으로 저항(피에조)값을 변화
③ 지르코니아 산소센서: 온도에 의한 전류값을 변화
④ 스로틀(밸브)위치 센서: 가변저항을 이용한 전압값 변화

해설
지르코니아 산소센서는 연소실 배기가스 중의 산소농도를 측정하고 산소농도에 따른 전류값을 변화시킨다.

04
전자제어 점화장치에서 전자제어모듈(ECM)에 입력되는 정보로 거리가 먼 것은?

① 엔진회전수 신호
② 흡기매니폴드 압력센서
③ 엔진오일 압력센서
④ 수온 센서

해설
엔진오일 압력센서는 엔진 내부 오일의 압력을 측정하여 엔진의 윤활 시스템 상태를 확인하는 센서로, 점화시기를 결정하는 점화장치와는 거리가 멀다.

선지분석
① 엔진회전수 신호: 엔진 회전수에 따라 점화시기를 조절한다.
② 흡기매니폴드 압력센서(MAP 센서): 흡기공기량을 검출하기 위해 흡기 매니폴드의 압력을 측정하여 ECM에 전달한다.
④ 수온 센서: 냉각수의 온도를 검출하여 ECM에 전달한다.

정답 01 ③ 02 ④ 03 ③ 04 ③

05

전자제어연료분사장치의 고장 진단 및 점검에 사용되는 스캐너로 직접적으로 판단할 수 있는 항목이 아닌 것은?

① ECU(Electronic Control Unit)의 자기진단 기능
② 크랭크각 센서 및 1번 TDC 센서 이상 유무
③ 배기가스 제어장치의 삼원촉매장치 이상 유무
④ 엔진의 피드백 제어장치 작동상태

해설
삼원촉매장치의 이상 유무는 스캐너만으로는 정확한 진단이 어렵고, 산소센서 파형을 활용하는 간접 진단방법을 이용하여 판단할 수 있다.

관련개념
스캐너는 ECU의 자기진단 기능을 이용해 다양한 센서 및 제어장치의 상태를 실시간으로 점검하여 문제 해결을 위한 장치이다.

06

EGR시스템으로 저감되는 배기가스는?

① H_2O
② NOx
③ CO
④ HC

해설
EGR(배기가스 재순환, Exhaust Gas Recirculation) 장치는 내연기관에서 발생하는 배기가스 중 일부를 냉각시켜 다시 흡입계통으로 보내 혼합기에 혼합시키는 장치이다. 이 과정은 연소온도를 낮추어 질소산화물(NOx)의 발생을 억제하는 역할을 한다.

관련개념 유해가스 저감장치

유해가스 저감장치	대상물질
삼원촉매장치	CO, HC, NOx
EGR	NOx
캐니스터	CO, HC
PVC	블로바이 가스(HC)

07

디젤엔진에서 플런저의 유효 행정을 크게 하였을 때 일어나는 것은?

① 송출 압력이 커진다.
② 송출 압력이 적어진다.
③ 연료 송출량이 많아진다.
④ 연료 송출량이 적어진다.

해설
디젤 엔진에서 플런저의 유효 행정을 크게 하면 연료 송출량이 증가하여 엔진 출력이 향상된다.

08

엔진의 냉각장치에 대한 점검방법으로 잘못된 것은?

① 라디에이터의 누수 점검 - 압력 시험
② 가압식 라디에이터 캡의 누수 점검 - 압력 시험
③ 서모스탯의 점검 - 압력 시험
④ 냉각온도 점검 - 라디에이터 압력호스와 출력호스의 온도차를 측정

해설
서모스탯의 점검은 뜨거운 물에 서모스탯을 넣고 특정 온도에서 밸브가 열리고 닫히는지 확인하는 방법(끓는 물 또는 열탕 시험)이 일반적이며, 누수 여부를 확인하는 압력 시험과는 관련이 없다.

정답 05 ③ 06 ② 07 ③ 08 ③

09

기관의 유압이 낮아지는 경우가 아닌 것은?

① 오일 압력경고등이 소등되어 있을 때
② 오일 펌프가 마멸된 때
③ 오일량 부족할 때
④ 유압조절 밸브 스프링이 약화되었을 때

해설

엔진의 유압이 낮아지면 오일 압력경고등이 점등된다.

관련개념 유압이 낮아지는 원인

- 오일펌프의 마멸 또는 윤활회로에서 오일이 누출된 경우
- 오일팬의 오일량이 부족한 경우
- 유압조절밸브 스프링 장력이 약하거나 파손된 경우
- 엔진오일이 연료 등으로 희석된 경우
- 엔진오일의 점도가 낮은 경우
- 베어링의 간극이 큰 경우

10

어떤 기관의 열효율을 측정하는데 열정산에서 냉각에 의한 손실이 29[%], 배기와 복사에 의한 손실이 31[%]이고, 기계효율을 80[%]라면 정미열효율은?

① 40[%]
② 36[%]
③ 34[%]
④ 32[%]

해설

- 정미(제동)열효율＝기계효율×지시열효율
- 지시열효율＝100－(배기손실＋냉각손실)＝100－(31＋29)＝40[%]
- 정미열효율＝0.8×0.4＝0.32(32[%])

11

고속 디젤기관의 기본 사이클에 해당되는 것은?

① 정적 사이클(Constant volume cycle)
② 정압 사이클(Constant pressure cycle)
③ 복합 사이클(Sabathe cycle)
④ 디젤 사이클(Diesel cycle)

해설

고속 디젤기관은 정적과정과 정압과정이 복합적으로 일어나기 때문에 복합 사이클을 기본으로 하고있다.

관련개념

구분	사이클 명칭	연소 조건	대표 적용 엔진	특징
정적 사이클	오토 사이클	등적 연소	가솔린 엔진	부피 일정 상태에서 순간 연소
정압 사이클	디젤 사이클	등압 연소	저속 디젤엔진	연소 중 압력이 일정
복합 사이클	사바테 사이클, 듀얼 사이클	등적＋등압 연소 혼합	고속 디젤엔진	실제 엔진에서 가장 현실적인 모델

12

밸브 스프링 자유 높이의 감소는 표준 치수에 대하여 몇 [%] 이내 이어야 하는가?

① 3[%]
② 8[%]
③ 10[%]
④ 12[%]

해설

밸브 스프링의 자유 높이가 표준 치수보다 3[%] 이상 감소하면 성능 저하나 고장의 원인이 될 수 있으므로, 자유 높이를 측정할 때 감소 폭이 3[%] 이내인지 반드시 확인해야 한다.

관련개념 밸브스프링의 교체시기

- 장력: 규정 값의 15[%] 이상인 경우
- 자유높이: 규정 값의 3[%] 이상 감소한 경우
- 직각도: 규정 값의 3[%] 이상 변형된 경우

정답 09 ① 10 ④ 11 ③ 12 ①

13

다음 중 EGR(Exhaust Gas Recurculation) 밸브의 구성 및 기능 설명으로 틀린 것은?

① 배기가스 재순환 장치
② EGR파이프, EGR밸브 및 서모밸브로 구성
③ 질소화합물(NOx) 발생을 감소시키는 장치
④ 연료 증발가스(HC) 발생을 억제 시키는 장치

해설
연료 증발가스(HC)의 발생을 억제하는 장치는 PCV(흡입가스 퍼지 밸브)이다.

관련개념 EGR 밸브의 개요
- EGR 밸브는 배기가스의 일부를 흡기 매니폴드로 재순환시키는 장치이다.

EGR 밸브의 구성 요소
- EGR 파이프: 배기가스를 흡기 매니폴드로 연결하는 역할을 한다.
- EGR 밸브: 배기가스의 재순환량을 조절한다.
- 서모밸브: 엔진 온도에 따라 EGR 밸브의 개폐량을 제어한다.

EGR 밸브의 기능
- 질소산화물(NOx) 저감: 배기가스를 재순환시켜 연소실 온도를 낮추고 NOx의 생성을 억제한다.
- 연료 소비 감소: 연소 온도 감소로 인해 연료 소비가 줄어드는 효과가 있다.

14

PCV(Positive Crankcase Ventilation)에 대한 설명으로 옳은 것은?

① 블로바이(Blow By) 가스를 대기 중으로 방출하는 시스템이다.
② 고부하 때에는 블로바이 가스가 공기 청정기에서 헤드커버 내로 공기가 도입된다.
③ 흡기 다기관이 부압일 때는 크랭크케이스에서 헤드커버를 통해 공기 청정기로 유입된다.
④ 헤드커버 안의 블로바이 가스는 부하와 관계없이 서지탱크로 흡입되어 연소된다.

선지분석
① 블로바이 가스가 대기 중으로 방출되는 것을 막기 위해 흡입계통으로 다시 보낸 뒤 재연소시키는 시스템이다.
② 공기 청정기에서 헤드커버 내로 공기가 도입되는 것은 주로 저부하 또는 공회전 시 발생한다.
③ 흡기다기관이 진공(부압)일 때 크랭크케이스의 블로바이 가스가 PCV 밸브를 통해 흡기다기관으로 유입된다.

15

다음 중 엔진 과열의 원인이 아닌 것은?

① 수온조절기 불량
② 냉각수량 과다
③ 라디에이터 캡 불량
④ 냉각팬 모터 고장

해설
냉각수가 부족한 경우에 엔진이 과열된다.

관련개념 엔진 과열의 원인
- 냉각수 또는 엔진오일이 부족한 경우
- 라디에이터에 이상이 생긴 경우(코어 파손 등)
- 수온조절기에 결함이 생긴 경우
- 팬벨트 장력이 느슨해진 경우
- 냉각팬이 파손된 경우
- 냉각장치 오염 또는 통로 막힘의 경우
- 서모스탯 또는 냉각호스에 이상이 생긴 경우
- 워터펌프에 이상이 생긴 경우

16

4행정 기관의 밸브 개폐시기가 다음과 같다. 흡기행정기간과 밸브오버랩은 각각 몇 도인가?(단, 흡기밸브 열림: 상사점 전 18° 흡기밸브 닫힘: 하사점 후 48° 배기밸브 열림: 하사점 전 48° 배기밸브 닫힘: 상사점 후 13°)

① 흡기행정기간: 246°, 밸브오버랩: 18°
② 흡기행정기간: 241°, 밸브오버랩: 18°
③ 흡기행정기간: 180°, 밸브오버랩: 31°
④ 흡기행정기간: 246°, 밸브오버랩: 31°

해설
- 흡기행정기간: $18° + 180° + 48° = 246°$
- 밸브오버랩: $18° + 13° = 31°$

정답 13 ④ 14 ④ 15 ② 16 ④

17

LPG 차량에서 연료를 충전하기 위한 고압용기는?

① 봄베
② 베이퍼라이저
③ 슬로우 컷 솔레노이드
④ 연료 유니온

해설

봄베(Bombe)는 주로 고압기체나 액화기체를 담는 강철 용기로 LPG 차량에서 연료를 충전하기 위한 고압용기이다.

선지분석

② 베이퍼라이저: 고압 액체 연료를 감압·기화하여 엔진에 적절한 압력으로 공급하는 장치이다.
③ 슬로우 컷 솔레노이드: 공회전 시 연료를 제어하여 시동 꺼짐을 방지하는 전자식 밸브이다.
④ 연료 유니온: 연료 파이프 연결 부위로 누유 방지와 충격 보호 역할을 하는 부품이다.

18

이소옥탄 60[%], 정헵탄 40[%]의 표준연료를 사용했을 때 옥탄가는 얼마인가?

① 40[%]
② 50[%]
③ 60[%]
④ 70[%]

해설

$$옥탄가 = \frac{이소옥탄}{이소옥탄 + 정헵탄} = \frac{60}{60+40} = 60[\%]$$

관련개념 옥탄가

- 휘발유의 노킹(조기점화) 저항성을 나타내는 척도로 옥탄가가 낮을수록 노킹이 쉽게 발생한다.
- 옥탄가는 이소옥탄(C_8H_{18})의 옥탄가를 100, 노킹이 잘 일어나는 정헵탄(C_7H_{16})의 옥탄가를 0으로 기준 삼아 이들의 체적비로 산출된다.

19

전기자동차의 고전압 축전지 관리시스템에서 셀 밸런싱 제어의 목적으로 맞는 것은?

① 축전지의 적정온도 유지
② 상황별 입출력 에너지 제한
③ 축전지 수명 및 에너지 효율 증대
④ 고전압 계통 고장에 의한 안전사소 예방

해설

전기자동차의 고전압 축전지 관리시스템(BMS)에서 셀 밸런싱 제어의 주요 목적은 각 셀의 전압을 균등하게 유지하여 축전지 팩 전체의 에너지 효율과 수명을 극대화하는 것이다.

20

하이브리드 자동차의 고전압 축전지 충전상태(SOC)의 일반적인 제한영역은?

① 50[%]~80[%]
② 20[%]~60[%]
③ 30[%]~80[%]
④ 20[%]~80[%]

해설

하이브리드 자동차의 고전압 축전지 충전상태(SOC)는 축전지 수명 연장과 성능 유지를 위해 일반적으로 SOC를 20~80[%] 사이로 제한하여 관리한다.

정답 17 ① 18 ③ 19 ③ 20 ④

21

축전지에 대한 설명 중 잘못된 것은?

① 완전충전된 전해액의 비중은 1,260~1,280이다.
② 충전은 보통 정전류 충전을 한다.
③ 양극판이 음극판의 수보다 1장 더 많다.
④ 축전지 내부에 단락이 있으면 충전하여도 전압이 높아지지 않는다.

해설
축전지는 양극판과 음극판이 번갈아 배열되어 있으며, 각각 전해액과 접촉하여 전기 화학 반응을 일으킨다. 이때, 화학적 평형을 위해 음극판이 1장 더 많게 구성된다.

22

기동전동기 무부하 시험을 하려고 한다. A와 B에 필요한 것은?

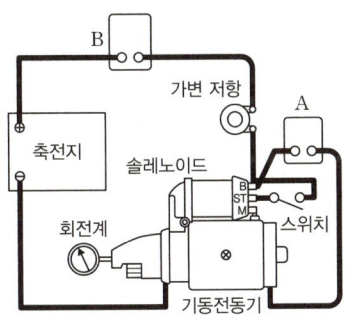

① A 전류계, B 전압계
② A 전압계, B 전류계
③ A 전류계, B 저항계
④ A 저항계, B 전압계

해설
A: 회로에 병렬연결된 전압계를 나타낸다.
B: 회로에 직렬연결된 전류계를 나타낸다.

23

HEV에서 고전압 배터리의 고전압 직류전원을 저전압 직류전원으로 전환시켜 차량의 일반 전장 시스템 및 전원공급으로 사용할 수 있도록 전력변환을 수행하는 장치는?

① MCU
② LDC
③ BMS
④ HCU

해설
HEV(하이브리드 자동차)에서는 고전압 배터리의 직류전원을 저전압 직류전원으로 변환하여 일반 전장 시스템에 공급하는 장치를 LDC(Low Voltage DC-DC Converter, 저전압 변환장치)라고 한다.

선지분석
① MCU(Motor Control Unit): 배터리의 직류(DC) 전원을 교류(AC)로 바꾸어 모터를 구동하며, 감속 시 모터를 발전기로 작동시켜 회생 제동을 수행하고 고전압 배터리를 충전한다.
③ BMS(Battery Management System): 배터리의 잔량(SOC)을 측정하고 셀 간 전압 및 용량 편차를 균등하게 조정하며 과충전·과방전·과전류 시 전류를 차단하여 배터리를 보호하는 역할을 한다.
④ HCU(Hybrid Control Unit): BMS로부터 받은 SOC 등의 정보를 바탕으로 하이브리드 시스템 전체의 에너지 흐름을 제어하는 핵심 장치이다.

24

축전지의 전압이 12[V]이고 권선비가 1 : 40인 경우 1차 유도전압이 350[V]이면 2차 유도전압은?

① 11,000[V]
② 14,000[V]
③ 13,000[V]
④ 12,000[V]

해설

$$\frac{V_1}{V_2}=\frac{N_1}{N_2}$$

$$V_2=V_1\times\frac{N_2}{N_1}=350\times\frac{40}{1}=14,000[V]$$

(V_1: 1차 유도전압, V_2: 2차 유도전압, $N_1:N_2=1:40$)

정답 21 ③ 22 ② 23 ② 24 ②

25
자동차 냉방장치의 응축기(Condenser)가 하는 역할로 맞는 것은?

① 액체 상태의 냉매를 기화시키는 것이다.
② 액상의 냉매를 일시 저장한다.
③ 고온고압의 기체 냉매를 액체 냉매로 변환시킨다.
④ 냉매를 항상 건조하게 유지시킨다.

해설
자동차 에어컨의 응축기(콘덴서)는 냉각팬으로 열을 방출시키면서 고온·고압의 기체 냉매를 액체로 응축시키는 장치이다.

관련개념 응축기
응축기(Condenser)는 압축기에서 유입된 고온·고압의 냉매 가스를 냉각용 팬으로 강제 냉각시켜 액화시킨다. 방열량은 압축기 및 증발기의 열량에 따라 결정되고 응축 불량 시 냉방성능이 저하되므로 적절한 용량과 관리가 필요하다.

26
DC 발전기의 계자코일과 계자철심에 상당하며 자속을 만드는 AC 발전기의 부품은?

① 정류기   ② 전기자
③ 스테이터   ④ 로터

해설
로터는 AC발전기에서는 엔진의 회전 운동을 통해 자속을 발생시켜 전기에너지를 생성하고, DC발전기에서는 전기자코일 역할을 하여 전기를 직접 만들어내는 역할을 한다.

27
하이브리드 전기자동차의 고전압 축전지 (+)전원을 시동 초기에 인버터로 공급하는 구성품은?

① 메인(+) 릴레이
② 프리차지 릴레이
③ 파워(+) 릴레이
④ 세이프터 플러그

해설
하이브리드 전기자동차에서 시동 초기에는 고전압 축전지의 (+)전원을 인버터로 공급하기 위해 프리차지 회로(Pre-Charge Circuit)가 사용된다. 이 회로는 메인 릴레이와 인버터 사이에 위치하며, 인버터 내부 커패시터를 서서히 충전시켜 시동 시 발생할 수 있는 서지 전류를 방지하는 역할을 한다.

선지분석
① 메인(+) 릴레이: 자동차 또는 기계 장치에서 주요 전기 회로의 전원을 제어하는 스위치 역할을 한다.
③ 파워(+) 릴레이: 입력신호에 따라 회로의 전원을 제어한다.
④ 세이프터 플러그: 전압 배터리의 전원을 차단하여 점검이나 정비 시 안전을 확보하는 장치이다.

28
전자제어 현가장치(ECS)에서 각 숙 업쇼바에 장착되어 컨트롤 로드를 회전시켜 오일 통로가 변환되어 Hard나 Soft로 감쇠력을 제어하는 것은?

① ESC 지시 패널
② 차고 센서
③ 스위칭 로드
④ 액추에이터

해설
액추에이터는 ECS에서 컨트롤 로드를 회전시켜 오일 통로를 변환시키고 Hard 또는 Soft로 감쇠력을 제어하는 장치이다.

선지분석
① ESC(차체 자세 제어장치): 차량이 미끄러지거나 방향이 꺾일 때, 컴퓨터가 각 바퀴의 브레이크와 엔진 출력을 조절하여 차량의 자세를 안정시키고 안전한 주행을 돕는 장치이다.
② 차고 센서: 하중 변화에 따른 차체 높이(차체와 액슬 축 사이 거리)의 변동을 감지하여 ECU에 전달한다.
③ 스위칭 로드: 액추에이터의 동작에 따라 회전하며 오일 통로를 전환시켜 감쇠력을 변화시키는 기계적 연결 부품이다.

정답 25 ③ 26 ④ 27 ② 28 ④

29

다음 중 하이브리드 시스템에 적용되는 인버터의 기능으로 옳은 것은?

① 고전압 배터리의 DC 전원을 3상 AC 형태로 변환시켜 구동모터 및 HSG에 공급한다.
② 고전압 배터리의 DC 전원을 저전압 DC 형태로 변환시킨다.
③ 3상 교류의 AC 전원을 고전압 DC 형태로 변환시킨다.
④ 고전압 배터리의 온도, 전류, 전압을 모니터링하여 배터리 제어를 수행한다.

해설
하이브리드 자동차의 인버터(Inverter)는 고전압 배터리에서 공급되는 직류(DC) 전원을 3상 교류(AC) 전원으로 변환하여 구동모터와 HSG(시동/발전 겸용 모터)에 공급하는 장치이다.

선지분석
② LDC(저전압 변환장치)에 대한 설명이다.
③ 정류기에 대한 설명이다.
④ BMS(배터리 관리시스템)에 대한 설명이다.

30

자동차에서 통신시스템을 통해 작동하는 장치로 옳지 않은 것은?

① 보디 컨트롤 모듈(BCM)
② 스마트 키 시스템(PIC)
③ LED 테일 램프
④ 운전석 도어 모듈(DDM)

해설
LED 테일 램프는 단순한 점등 장치로 통신시스템 없이 전기 신호로만 작동한다.

선지분석
① 보디 컨트롤 모듈(BCM): 조명, 도어, 와이퍼, 경적 등 차량 내 전기장치를 통합 제어한다.
② 스마트 키 시스템(PIC): 차량과 스마트 키 간에 무선 주파수(RF) 또는 LF 통신을 통해 작동되며, 키의 접근만으로 도어 잠금 해제 및 시동이 가능하다.
④ 운전석 도어 모듈(DDM): DDM은 운전석 도어에 있는 파워 윈도우, 도어 잠금, 사이드 미러 등을 제어하는 전자제어 장치이다.

31

이모빌라이저 장치에서 엔진 시동을 제어하는 장치가 아닌 것은?

① 점화장치
② 충전장치
③ 연료장치
④ 시동장치

해설
이모빌라이저(Immobilizer)는 차량 도난방지를 위해 등록된 키 또는 인증 신호가 없을 경우 시동이 걸리지 않도록 관련 주요 장치들의 동작을 차단하는 보안 시스템으로, 점화장치, 연료장치, 시동장치를 제어할 수 있다.

32

전자제어기관 점화장치의 파워 TR에서 ECU에 의해 제어되는 단자는?

① 접지 단자
② 컬렉터 단자
③ 이미터 단자
④ 베이스 단자

해설
베이스 단자는 ECU(전자제어 유닛)으로부터 제어 신호를 받아 컬렉터와 이미터 사이의 전류를 제어한다.

관련개념
① 접지 단자: 기기에서 발생한 불필요하거나 위험한 전류를 흘려보낸다.
② 컬렉터 단자: 이미터에서 방출되고 베이스를 통과한 전류를 끌어 모으는 부분으로 가장 많은 전류가 흐른다.
③ 이미터 단자. 진류를 방출하는 부분으로 드렌지스터에서 가장 먼지 전류가 흐르는 곳이다.

정답 29 ① 30 ③ 31 ② 32 ④

33

ETACS 간헐와이퍼 제어의 입·출력 요소 중 입력요소에 해당하는 것은?

① 와이어 릴레이 및 인트 타이머(INNT)
② 인트(INT) 및 인트 타이머(INNT) 스위치
③ 인트 타이머(INNT) 스위치 및 시동 스위치
④ 인트 타이머(INNT) 스위치 및 라이트 스위치

해설
ETACS(에탁스: 중앙집중식 제어장치) 간헐 와이퍼 제어에서 입력 요소는 주로 와이퍼 작동을 위한 스위치 조작, 즉 간헐 와이퍼과 관련된 신호들이다.

관련개념 간헐 와이퍼 관련 스위치
- 인트(INT) 스위치: 간헐 와이퍼 동작을 설정하는 스위치이다.
- 인트 타이머(INNT) 스위치: 간헐 동작 시간(타이밍)을 설정하는 스위치이다.

34

전자제어 점화장치에서 점화시기를 제어하는 순서는?

① 각종센서 – ECU – 점화코일 – 파워 트랜지스터
② 각종센서 – ECU – 파워 트랜지스터 – 점화코일
③ 파워 트랜지스터 – 점화코일 – ECU – 각종센서
④ 파워 트랜지스터 – ECU – 각종센서 – 점화코일

해설
전자제어 점화장치에서 점화시기를 제어하는 순서는 각종 센서 → ECU → 파워 트랜지스터 → 점화코일이다.

관련개념 전자제어 점화장치의 점화시기 제어 순서
센서의 신호가 ECU로 입력되면 ECU는 점화 시기를 계산하여 파워 트랜지스터를 제어하고 점화코일에서 고전압을 발생시킨다.

35

차량 총 중량이 3.5[ton] 이상인 화물자동차에서 설치되는 후부안전판의 차량 수직방향 단면의 최소 높이 기준은?

① 100[mm] 이하
② 100[mm] 이상
③ 200[mm] 이하
④ 200[mm] 이상

해설 후부안전판의 설치기준 「자동차 및 자동차부품의 성능과 기준에 관한 규칙」 제 19조
차량총중량이 3.5톤 이상인 화물자동차 및 특수자동차는 포장노면 위에서 공차상태로 측정하였을 때에 다음 기준에 적합한 후부안전판을 설치하여야 한다
- 후부안전판의 양 끝 부분은 뒷차축 중 가장 넓은 차축의 좌·우 최외측 타이어 바깥면(지면과 접지되어 발생되는 타이어 부풀림양은 제외) 지점을 초과하여서는 아니 되며, 좌·우 최외측 타이어 바깥면 지점부터의 간격은 각각 100[mm] 이내일 것
- 가장 아랫 부분과 지상과의 간격은 550[mm] 이내일 것
- 차량 수직방향의 단면 최소높이는 100[mm] 이상일 것
- 좌·우 측면의 곡률반경은 2.5[mm] 이상일 것

36

등속도 자재이음의 종류가 아닌 것은?

① 훅 조인트형(Hook Joint Type)
② 트랙터형(Tractor Type)
③ 제파형(Rzeppa Type)
④ 버필드형(Birfield Type)

해설
훅 조인트형(Hook Joint Type)은 부등속 자재이음이다.

정답 33 ② 34 ② 35 ② 36 ①

37

공기식 브레이크 장치 구성 부품 중 운전자가 브레이크 페달을 밟는 정도에 따라 공급되는 공기량 조절되는 것은?

① 로드 센싱 밸브
② 브레이크 드럼
③ 브레이크 밸브
④ 퀵 릴리스 밸브

해설
브레이크 밸브는 운전자의 페달 조작력에 따라 공급되는 공기량을 조절하여 제동력을 발생시키는 장치이다.

선지분석
① 로드 센싱 밸브: 차량의 적재 하중에 따라 제동력을 조절하는 장치이다.
② 브레이크 드럼: 브레이크 슈와의 마찰을 통해 제동력을 발생시키는 장치이다.
④ 퀵 릴리스 밸브: 제동 해제 시 휠 실린더의 압축 공기를 배출하는 장치이다.

38

유압식 동력조향장치에서 주행 중 핸들이 한쪽으로 쏠리는 원인으로 틀린 것은?

① 토인 조정불량
② 타이어 편 마모
③ 좌우 타이어의 이종사양
④ 파워 오일펌프 불량

해설
파워 오일펌프의 불량은 핸들이 무거워지는 원인이다.

관련개념 주행 중 조향 핸들이 한쪽 방향으로 쏠리는 원인
- 타이어의 좌우 공기압이 다를 경우
- 노면의 좌우 경사도가 다른 경우
- 타이어 또는 휠이 불량인 경우
- 휠 얼라이먼트 조정이 불량인 경우
- 브레이크 라이닝의 좌우 간극이 불량인 경우
- 스티어링 샤프트나 등속 조인트에 문제가 있는 경우
- 좌우 바퀴에 걸리는 하중이 다른 경우
- 앞 차축 한쪽의 현가스프링이 파손된 경우
- 쇽 업쇼버가 불량인 경우

39

전자제어 제동장치(ABS)에서 ECU로부터 신호를 받아 각 휠 실린더의 유압을 조절하는 구성품은?

① 유압 모듈레이터
② 휠 스피드 센서
③ 프로포셔닝 밸브
④ 앤티 롤 장치

해설
유압 모듈레이터는 전자제어 제동장치(ABS)에서 전자제어유닛(ECU)으로부터 신호를 받아 각 휠 실린더의 유압을 조절한다.

선지분석
② 휠 스피드 센서: 각 휠의 회전속도를 감지하여 ECU에 전달한다.
③ 프로포셔닝 밸브: 브레이크를 밟았을 때 뒷바퀴가 먼저 잠기는 것을 방지하기 위해 뒷바퀴로 전달되는 제동유압을 조절한다.
④ 앤티 롤 장치: 차량의 흔들림(롤)을 감지하여 각 휠에 적절한 제동력을 분배한다.

40

자동변속기에서 유체클러치를 바르게 설명한 것은?

① 유체의 운동에너지를 이용하여 토크를 자동적으로 변환하는 장치
② 기관의 동력을 유체 운동에너지로 바꾸어 이 에너지를 다시 동력으로 바꾸어서 전달하는 장치
③ 자동차의 주행조건에 알맞은 변속비를 얻도록 제어하는 장치
④ 토크컨버터의 슬립에 의한 손실을 최소화하기 위한 작동 장치

해설
유체클러치는 엔진의 동력을 유체의 운동에너지로 변환한 뒤 다시 기계적 동력으로 바꾸어 전달하는 역할을 한다.

관련개념 유체클러치의 특징
- 조작이 간단하며 별도의 클러치 조작 기구가 필요 없다. 또한, 과부하를 방지하고 충격을 흡수하는 기능이 있다.
- 마찰 클러치(기계적 결합은 100[%] 가까움)에 비해 유체 클러치는 미끄러짐이 존재하므로 약간 낮은 효율(96~98[%])을 갖는다.

정답 37 ③ 38 ④ 39 ① 40 ②

41

변속기의 제 1감속비가 4.5 : 1이고 종감속비는 6 : 1일 때 총감속비는?

① 27 : 1
② 10.5 : 1
③ 1.33 : 1
④ 0.75 : 1

해설

총 감속비 = 제 1감속비 × 종감속비
= 4.5 : 1 × 6 : 1
= 27 : 1

42

자동변속기에서 스로틀 개도의 일정한 차속으로 주행 중 스로틀 개도를 갑자기 증가시키면(85[%] 이상) 감속 변속되어 큰 구동력을 얻을 수 있는 변속형태는?

① 킥 다운
② 리프트 풋 업
③ 다운 시프트
④ 업 시프트

해설

킥 다운(Kick Down)은 가속 페달을 끝까지 밟았을 때 스위치가 작동하여 현재보다 낮은 단수로 변속(TCU가 시프트 다운)되는 방식이다. 급가속이 필요하거나 오버드라이브를 해제할 때 사용된다.

선지분석

② 리프트 풋 업(Lift Foot Up): 높은 RPM 상태 또는 킥다운 후 가속 페달에서 발을 떼면 자동으로 업 시프트되어 차량이 증속되는 현상을 말한다.
③ 다운 시프트(Down Shift): 커브길이나 언덕길에서 속도 조절 또는 엔진 브레이크를 위해 고단에서 저단으로 변속하는 것을 말한다.
④ 업 시프트(Up Shift): 낮은 단수에서 높은 단수로 변속하는 것으로, 예를 들어 1단에서 2단으로 바꾸는 것을 말한다.

43

전자제어 현가장치 출력부가 아닌 것은?

① 고장코드
② 지시등, 경고등
③ 액추에이터
④ TPS

해설

TPS(Throttle Position Sensor)는 스로틀 밸브의 개방정도를 측정하는 센서로 입력부에 해당한다.

선지분석

① 고장코드: 현가장치에 이상이 발생했을 때 컴퓨터가 이를 감지하여 진단용 코드 형식으로 저장하는 정보이다.
② 지시등, 경고등: 컴퓨터는 현가장치의 이상을 감지하면 지시등이나 경고등을 점등시켜 운전자에게 시각적으로 알린다.
③ 액추에이터: 액추에이터는 컴퓨터의 제어 신호에 따라 감쇠력, 스프링 강성, 차고 등을 조절하여 현가 특성을 제어하는 부품이다.

44

수동변속기에서 기어변속 시 기어의 이중물림을 방지하기 위한 장치는?

① 파킹 볼 장치
② 인터 록 장치
③ 오버드라이브 장치
④ 록킹 볼 장치

해설

인터 록 장치는 기어의 이중 물림을 방지하기 위한 장치이다.

선지분석

① 파킹 볼 장치: 자동변속기 차량이 P(Parking)위치에서 변속 레버를 고정하고 차량이 움직이지 않도록 고정하기 위한 장치이다.
③ 오버드라이브 장치: 고속 주행 시 엔진 회전을 줄여 연비를 향상시킨다.
④ 록킹 볼 장치: 동시에 물려있는 기어를 고정하여 기어 빠짐을 방지하기 위한 장치이다.

정답 41 ① 42 ① 43 ④ 44 ②

45

차동장치에서 차동 피니언과 사이드 기어의 백래쉬 조정은?

① 차동 장치의 링기어 조정 장치를 조정한다.
② 축받이 차축의 오른쪽 조정심을 가감하여 조정한다.
③ 축받이 차축의 왼쪽 조정심을 가감하여 조정한다.
④ 스러스트 와셔의 두께를 가감하여 조정한다.

해설
차동 피니언과 사이드 기어 간의 백래시는 스러스트(Thrust) 와셔의 두께를 가감하여 조정한다. 와셔는 차동 피니언 베어링과 사이드 기어 사이에 위치하며, 와셔의 두께를 늘리면 백래시가 줄고, 두께를 줄이면 백래시가 늘어난다.

46

유압식 제동장치에서 마스터 실린더의 내경이 2[cm], 푸시로드에 100[kgf]의 힘이 작용할 때 브레이크 파이프에 작용하는 압력은?

① 약 $32[kgf/cm^2]$
② 약 $25[kgf/cm^2]$
③ 약 $10[kgf/cm^2]$
④ 약 $2[kgf/cm^2]$

해설
$P = \dfrac{F[kgf]}{A[cm^2]} = \dfrac{100}{\frac{\pi}{4} \times 2^2} \approx 32[kgf/cm^2]$

(P=압력$[kgf/cm^2]$, F: 푸시로드에 작용하는 힘$[kgf]$, A: 실린더의 단면적$[cm^2]$)

47

조향장치에서 토인(Toe In)조정 방법으로 맞는 것은?

① 스티어링 암의 길이를 가감하여 조정한다.
② 조향기어 백래시로 조정한다.
③ 타이로드의 길이를 변환시켜 조정한다.
④ 드래그 링크를 교환해서 조정한다.

해설
토인(Toe-In)은 타이로드의 길이를 변환시켜 조정한다.

관련개념 토인(Toe-In)
토인(Toe-In)은 자동차의 앞바퀴가 위쪽에서 볼 때 서로 안쪽으로 약간 모여 있는 상태를 의미하며 주행 시 안정성과 승차감을 높여준다. 즉, 앞바퀴의 앞부분 윤거가 뒷부분 윤거보다 작은 상태로 일반적인 기준값은 2~8[mm] 정도이다.

48

타이어에서 호칭치수가 225-55R-16에서 "55"는 무엇을 나타내는가?

① 단면 폭
② 최대 속도표시
③ 단면 높이
④ 편평비

해설
타이어 호칭 기호
225: 폭(너비), 55: 편평비[%], R: 레이디얼 타이어, 16: 림 직경[inch]

정답 45 ④ 46 ① 47 ③ 48 ④

49

전자제어 제동장치(ABS)의 구성요소가 아닌 것은?

① 휠 스피드 센서
② 전자제어 유닛
③ 하이드로릭 컨트롤 유닛
④ 각속도 센서

해설
각속도 센서는 전자제어 조향장치(EPS)의 구성요소이다.

선지분석
① 휠 스피드 센서: 차량 휠의 회전 속도를 측정한다.
② 전자제어 유닛: 휠 스피드 센서로부터 신호를 받아 ABS 작동을 제어한다.
③ 하이드로릭 컨트롤 유닛: ECU의 신호를 바탕으로 휠 실린더에 전달되는 유압을 제어한다.

50

종감속 장치에서 하이포이드 기어의 장점으로 틀린 것은?

① 기어 이의 물림률이 크기 때문에 회전이 정숙하다.
② 기어의 편심으로 차체의 전고가 높아진다.
③ 추진축의 높이를 낮게 할 수 있어 거주성이 향상된다.
④ 이면의 접촉 면적이 증가되어 강도를 향상시킨다.

해설
하이포이드 기어는 차체의 전고를 낮게 할 수 있다.

관련개념 하이포이드 기어의 특징
• 구동 피니언과 링기어의 중심이 낮게 설치되어 있다.
• 추진축의 높이를 낮게 할 수 있어 거주성이 향상된다.
• 기어 이의 물림률이 커 회전이 정숙하다.
• 이면의 접촉 면적이 증가되어 강도가 증대된다.
• 감속비를 크게 할 수 있다.
• 웜기어보다 효율이 좋다.

51

앞바퀴의 흔들림에 따라서 조향 휠의 회전축 주위에 발생하는 진동을 무엇이라 하는가?

① 시미
② 휠 플러터
③ 바우킹
④ 킥업

해설
시미(Shimmy)는 앞바퀴의 흔들림(특히 좌우 방향의 빠른 왕복 운동)에 의해 조향휠의 회전축 주위에 발생하는 진동이다. 원인으로는 타이어 또는 휠의 불균형, 서스펜션 부품의 마모, 조향 시스템의 문제 등이 있다.

선지분석
② 휠 플러터(Wheel Flutter): 타이어와 휠의 불균형으로 인해 고속 주행 중 바퀴가 회전하면서 발생하는 미세한 진동이 발생하는 현상이다.
③ 바우킹: 사용되지 않는 용어이다.
④ 킥업(Kick Up): 자동차를 이용하여 강한 가속을 얻고자 할 때 기어를 고속으로 변속하는 기술을 말한다.

52

적외선전구에 의한 화재 및 폭발할 위험성이 있는 경우와 거리가 먼 것은?

① 용제가 묻은 헝겊이나 마스킹 용지가 접촉한 경우
② 적외선전구와 도장면이 필요 이상으로 가까운 경우
③ 상온의 온도가 유지되는 장소에서 사용하는 경우
④ 상당한 고온으로 열량이 커진 경우

해설
상온의 온도가 유지되는 장소라면 화재 및 폭발의 위험성이 작다.

정답 49 ④ 50 ② 51 ① 52 ③

53
산업안전보건기준에 관한 규칙에서 정하는 인화성 가스가 아닌 것은?

① 수소
② 산소
③ 에틸렌
④ 메탄

해설
산소는 연소를 돕는 산화제로 스스로 타지 않기 때문에 인화성 가스에 해당하지 않는다.

관련개념
산업안전보건기준에 관한 규칙에서 정하는 인화성 가스는 일반적으로 폭발 또는 화재의 위험이 있는 가스를 의미한다. 구체적으로는 에틸렌, 아세틸렌, 수소, 메탄, 에탄, 프로판, 부탄 등이 이에 해당한다. 이러한 가스들은 공기 중에서 일정 농도 이상 존재할 경우 점화원에 의해 폭발할 수 있으므로 안전한 관리가 매우 중요하다.

54
부동액 교환작업에 대한 설명으로 옳지 않은 것은?

① 여름철 온도를 기준으로 물과 원액을 혼합하여 부동액을 희석한다.
② 냉각계통 냉각수를 완전히 배출시키고 세척제로 냉각장치를 세척한다.
③ 보조탱크 "FULL"까지 부동액을 보충한다.
④ 부동액이 완전히 채워지기 전까지 엔진을 구동하여 냉각 팬이 정상 가동되는지 확인한다.

해설
부동액은 해당 지역의 최저기온보다 약 5~10[℃] 더 낮은 온도를 기준으로 한다.

55
운반 작업시의 안전수칙으로 틀린 것은?

① 인력으로 운반 시 어깨보다 높이 들지 않는다.
② 길이가 긴 물건은 앞쪽을 높여서 운반한다.
③ 화물 적재 시 될 수 있는 대로 중심고를 높게 한다.
④ 무거운 짐을 운반할 때는 보조구들을 사용한다.

해설
화물을 적재할 때 중심고가 높을수록 차량의 안정성이 떨어져 사고 발생 가능성이 커지므로 중심을 낮추어 주행 안정성을 높이는 것이 중요하다.

56
감전사고 방지책과 관계가 먼 것은?

① 고압의 전류가 흐르는 부분은 표시하여 주의를 준다.
② 정전 시에는 제일 먼저 퓨즈를 검사한다.
③ 전기작업을 할 때는 절연용 보호구를 착용한다.
④ 스위치의 개폐는 오른손으로 하고 물기가 있는 손으로 전기장치나 기구에 손을 대지 않는다.

해설
정전일 경우 제일 먼저 스위치를 끄고(전원을 차단) 점검해야 한다.

정답 53 ② 54 ① 55 ③ 56 ②

57

하이브리드 자동차의 정비 시 주의사항에 대한 내용으로 틀린 것은?

① 하이브리드 모터 작업 시 휴대폰, 신용카드 등은 휴대하지 않는다.
② 고전압 케이블(U, V, W상)의 극성은 올바르게 연결한다.
③ 엔진 룸의 고압 세차는 하지 않는다.
④ 도장 후 고압배터리는 헝겊으로 덮어두고 열처리한다.

해설

하이브리드 차량의 도장 작업 시 도장부스의 온도 상승(약 80[℃])으로 인해 고압 배터리가 손상될 수 있다. 이때 배터리를 헝겊 등으로 덮어두면 열 방출이 방해되어 오히려 손상을 유발할 수 있으므로 도장 후에는 배터리를 덮지 않고 자연적으로 열이 방출되도록 해야 한다.

58

정비작업 시 지켜야 할 안전수칙 중 잘못된 것은?

① 작업에 맞는 공구를 사용한다.
② 작업장 바닥에는 오일을 떨어뜨리지 않는다.
③ 전기장치 작업 시 오일이 묻지 않도록 한다.
④ 잭(Jack)을 사용하여 차체를 올린 후 손잡이를 그대로 두고 작업한다.

해설

잭은 임시지지 장치이기 때문에 차체를 지탱하는 작업용으로 사용해서는 안 된다.

59

자동차 전장계통 작업 시 작업방법으로 틀린 것은?

① 전장품 정비시 축전지 (−)단자를 분리한 상태에서 한다.
② 연결 커넥터를 고정할 때는 연결부가 결합 되었는지 확인한다.
③ 배선 연결부를 분리할 때는 배선을 잡아 당겨서 한다.
④ 각종 센서나 릴레이는 떨어뜨리지 않도록 한다.

해설

배선 연결부를 분리할 때는 배선을 잡아 당기면 단선(끊어짐)의 위험이 있으므로 잡고 분리해야 한다.

60

정비용 기계의 검사, 유지, 수리에 대한 내용으로 틀린 것은?

① 동력기계의 급유 시에는 서행한다.
② 동력기계의 이동장치에는 동력 차단장치를 설치한다.
③ 동력 차단장치는 작업자 가까이에 설치한다.
④ 청소할 때는 운전을 중지한다.

해설

동력기계에 급유를 할 때는 화재 발생이나 공기가 혼입으로 인한 갑작스러운 동력 상승 등의 사고가 발생할 수 있기 때문에 반드시 기계를 정지한 후 진행해야 한다.

관련개념 정비용 기계의 검사, 유지, 수리 시 주의사항

- 동력기계의 이동장치에는 동력 차단장치를 설치한다.
- 동력 차단장치는 작업자가 쉽게 조작할 수 있도록 가까운 위치에 설치한다.
- 동력전달부, 구동부, 회전축에는 견고한 구조의 방호덮개를 설치한다.
- 점검 및 보수가 끝난 후에는 방호덮개를 원상 복구한다.
- 절삭공구 등 회전체 작업 시에는 면장갑 착용을 금지하며 필요한 경우 가죽제 장갑을 착용한다.
- 협착 위험이 있는 부위에는 협착 위험을 경고하는 안전보건 표지를 부착한다.
- 동력기계에 급유할 경우에는 반드시 기계를 정지한 후 실시한다.

정답 57 ④ 58 ④ 59 ③ 60 ①

2025년 2회 CBT 복원문제

01

스프링 정수가 5[kgf/mm]의 코일을 1[cm] 압축하는데 필요한 힘은?

① 5[kgf]
② 10[kgf]
③ 50[kgf]
④ 100[kgf]

해설

$F = k[\text{kgf/mm}] \times l[\text{mm}]$
$\quad = 5 \times 10 = 50[\text{kgf}]$
(F: 작용 하중[N], k: 스프링 정수[kgf/mm], l: 압축된 코일의 길이[mm])

02

밸브 스프링의 서징현상에 대한 설명으로 옳은 것은?

① 밸브가 열릴 때 진동해서 일어나는 현상
② 흡·배기 밸브가 동시에 열리는 현상
③ 밸브가 고속 회전에서 저속으로 변화할 때 스프링의 장력에 차가 생기는 현상
④ 밸브스프링의 고유 진동수와 캠 회전수가 공명에 의해 밸브스프링이 공진하는 현상

해설

밸브 스프링의 서징(Surging) 현상이란 밸브를 여닫는 캠의 회전수와 밸브 스프링의 고유진동수가 같거나 정수배일 때 발생하는 공진 현상으로 캠의 직접적인 작동 없이 스프링이 비정상적인 진동을 하게 된다.

관련개념 밸브 서징현상의 방지책
- 스프링 정수가 큰 스프링을 사용한다.
- 이중스프링, 부등 피치형 스프링, 원추형 스프링을 사용한다.
- 가벼운 밸브를 사용한다.
- 캠 형상을 변경한다.

03

기관이 지나치게 냉각되었을 때 기관에 미치는 영향으로 옳은 것은?

① 출력 저하로 연료소비율 증가
② 연료 및 공기흡입 과잉
③ 점화불량과 압축과대
④ 엔진오일의 열화

해설

엔진이 지나치게 냉각된 경우에는 윤활유의 점도가 높게 유지되어 엔진 내부 저항이 커져 출력이 저하되고 연료 소비율이 증가한다.

관련개념 엔진 과냉의 원인
- 수온조절기가 열린 채로 고장이 난 경우
- 구동벨트의 장력이 너무 커서 워터펌프가 고속으로 회전하는 경우
- 수온조절기 열림온도가 너무 낮게 설정되어있는 경우

04

유압식 브레이크 마스터 실린더에 작용하는 힘이 120[kgf]이고 피스톤 면적이 3[cm²]일 때 마스터 실린더 내에 발생하는 유압은?

① 50[kgf/cm²]
② 40[kgf/cm²]
③ 30[kgf/cm²]
④ 25[kgf/cm²]

해설

$P = \dfrac{F[\text{kgf}]}{A[\text{cm}^2]} = \dfrac{120}{3} = 40[\text{kgf/cm}^2]$
(P: 압력[kgf/cm²], F: 작용하는 힘[kgf], A: 피스톤 단면적[cm²])

정답 01 ③ 02 ④ 03 ① 04 ②

05

우측으로 조향을 하고자 할 때 앞바퀴의 내측 조향각이 45°, 외측 조향각이 42°이고 축간거리는 1.5[m], 킹핀과 바퀴 접지면과의 거리가 0.3[m]일 경우 최소회전반경은? (단, sin30°=0.5, sin42°=0.67, sin45°=0.7)

① 약 2.41[m]
② 약 2.54[m]
③ 약 3.30[m]
④ 약 5.21[m]

해설

· 최소회전반경$(R) = \dfrac{L}{\sin\alpha} + r = \dfrac{1.5}{\sin(42°)} + 0.3 = 2.54[m]$

(L: 축간 거리[m], α: 외측바퀴 회전 각도[°], r: 킹핀과 바퀴 접지면 간의 거리[m])

06

전자제어 가솔린 기관의 실린더 헤드볼트를 규정대로 조이지 않았을 때 발생하는 현상으로 틀린 것은?

① 냉각수의 누출
② 스로틀 밸브의 고착
③ 실린더 헤드의 변형
④ 압축가스의 누설

해설

스로틀 밸브는 엔진 흡기량을 조절하는 부품으로 실린더 헤드볼트와 직접적인 관련이 없다.

07

산업안전·보건표지의 종류와 형태에서 아래 그림이 나타내는 표시는?

① 녹십자표지
② 응급구호표지
③ 세안장치
④ 비상용기구

해설

응급구호표지이다.

선지분석

① 녹십자표지	③ 세안장치	④ 비상용기구
⊕	(눈 세척)	비상용기구

08

다음 중 라디에이터의 코어 막힘률[%]의 계산 공식은 어느 것인가?

① $\dfrac{\text{신품용량} - \text{구품용량}}{\text{구품용량}} \times 100$

② $\dfrac{\text{구품용량} - \text{신품용량}}{\text{구품용량}} \times 100$

③ $\dfrac{\text{신품용량} - \text{구품용량}}{\text{신품용량}} \times 100$

④ $\dfrac{\text{구품용량} - \text{신품용량}}{\text{신품용량}} \times 100$

해설

코어막힘률[%] = $\dfrac{\text{신품용량} - \text{구품용량}}{\text{신품용량}} \times 100$

정답 05 ② 06 ② 07 ② 08 ③

09
연료 분사장치에서 산소센서의 설치 위치는?

① 라디에이터
② 실린더 헤드
③ 흡입 매니폴드
④ 배기 매니폴드 또는 배기관

해설
연료 분사장치에서 산소센서는 배기 매니폴드 또는 배기관에 설치되어 산소 농도를 검출한다.

10
실린더 내경이 50[mm], 행정이 100[mm]인 4실린더 기관의 압축비가 11일 때 연소실 체적은?

① 약 40.1[cc]
② 약 30.1[cc]
③ 약 15.6[cc]
④ 약 19.6[cc]

해설
$$압축비 = 1 + \frac{행정\ 체적}{연소실\ 체적}$$

$$행정체적 = \frac{\pi}{4}D^2L = \frac{\pi}{4} \times 5^2 \times 10 = 196.35[cc]$$

(D: 실린더 내경[cm], L: 행정[cm])

$$연소실\ 체적 = \frac{행정\ 체적}{압축비 - 1} = \frac{196.35}{11 - 1} = 19.6[cc]$$

11
직권 기동 전동기의 계자코일과 전기자코일의 접속 방법은?

① 직렬 접속
② 병렬 접속
③ 직·병렬 접속
④ 계자코일은 직렬, 전기자 코일은 병렬 접속

해설
직권 기동 전동기는 계자코일과 전기자코일이 직렬로 연결되어 있으며, 계자코일의 자극 방향이 일치하면 전동기가 작동한다.

12
다음 중 연료 파이프 피팅을 풀 때 가장 알맞은 렌치는?

① 탭 렌치
② 박스 렌치
③ 소켓 렌치
④ 오픈 엔드 렌치

해설
오픈 엔드 렌치는 특정 크기의 피팅에 맞게 꽉 조여서 피팅을 풀거나 조일 수 있는 렌치로 파이프 피팅을 풀 때 가장 적합한 공구이다.

선지분석
① 탭 렌치: 나사산을 가공할 때 사용하는 공구이다.
② 박스 렌치: 너트를 완전히 감싸는 구조로 좁은 공간에도 사용이 가능하고 체결력이 강하다.
③ 소켓 렌치: 라쳇 핸들과 함께 사용하는 렌치로 공간이 협소하거나 파이프 구조엔 적합하지 않다.

정답 09 ④ 10 ④ 11 ① 12 ④

13
LPG 자동차 관리에 대한 주의사항 중 틀린 것은?

① LPG가 누출되는 부위를 손으로 막으면 안 된다.
② 가스 충전 시에는 합격 용기인가를 확인하고, 과충전되지 않도록 해야 한다.
③ 엔진실이나 트렁크 실 내부 등을 점검할 때 라이터나 성냥 등을 켜고 확인한다.
④ LPG는 온도상승에 의한 압력상승이 있기 때문에 용기는 직사광선 등을 피하는 곳에 설치하고 과열되지 않아야 한다.

해설
LPG 가스의 누설 가능성이 있기 때문에 라이터나 성냥 등을 사용할 경우 가스가 점화되어 폭발할 수 있어 절대 사용해서는 안 된다.

14
내연기관의 윤활장치에서 유압이 낮아지는 원인으로 틀린 것은?

① 기관 내 오일부족
② 오일스트레이너 막힘
③ 유압 조절밸브 스프링 장력 과대
④ 캠축 베어링의 마멸로 오일 간극 커짐

해설
유압 조절밸브 스프링 장력이 너무 큰 경우에는 유압이 상승한다.

관련개념 내연기관의 윤활장치에서 유압이 변하는 원인

유압 상승의 원인	유압 하강의 원인
· 엔진의 온도가 낮아 오일의 점도가 높아지는 경우 · 윤활 회로의 일부(오일여과기 등)가 막힌 경우 · 유압 조절밸브 스프링의 장력이 과다한 경우	· 오일펌프의 마멸 또는 윤활회로에서 오일이 누출된 경우 · 오일팬의 오일량이 부족한 경우 · 유압조절밸브 스프링 장력이 약하거나 파손된 경우 · 엔진오일이 연료 등으로 희석된 경우 · 엔진오일의 점도가 낮은 경우 · 베어링의 간극이 큰 경우

15
앞바퀴 정렬의 종류가 아닌 것은?

① 토인(Toe-In)
② 캠버(Camber)
③ 섹터 암(Sector Arm)
④ 캐스터(Caster)

해설
섹터 암(Sector Arm)은 웜 기어의 회전에 따라 움직이면서 조향핸들의 회전운동을 피트먼 암에게 전달하는 장치이다.

선지분석
① 토인(Toe-In): 전륜을 위에서 보았을 때 전륜의 앞부분이 안쪽으로 모아진 상태로 앞바퀴 앞부분의 윤거가 뒷부분의 윤거보다 작은 것을 말한다.
② 캠버(Camber): 전륜을 앞에서 보았을 때 전륜의 윗부분이 아래부분보다 바깥쪽으로 더 벌어져 있는 상태이다.
④ 캐스터(Caster): 전륜을 옆에서 보았을 때 킹 핀의 중심선과 지면에 대한 수직선이 일정한 각도 차를 두고 설치된 상태이다.

16
패치를 이용한 타이어 펑크 수리 방법으로 틀린 것은?

① 손상 부위를 충분히 덮을 수 있는 패치를 준비한다.
② 차량을 리프트로 올린 후 타이어를 분리하지 않고 진행한다.
③ 패치를 붙일 부분을 거칠게 연마한 후 잘 닦아낸다.
④ 패치를 붙인 후 고무망치로 두드리거나 압착기로 압착한다.

해설
패치를 이용한 타이어 펑크 수리 방법은 차량을 리프트로 올린 후 먼저 타이어를 림에서 분리한 후 실시한다.

관련개념 타이어 펑크 수리하는 방법
· 타이어 패치 사용: 납작한 고무조각(패치)를 접착제로 붙여 구멍을 막는 방식이다.
· 타이어 플러그(일면 지렁이) 사용: 끈적하고 유연한 고무 조각(플러그)을 타이어 구멍에 삽입하여 막는 방식이다.

정답 13 ③ 14 ③ 15 ③ 16 ②

17

전기장치의 배선 연결부 점검 작업으로 적합한 것을 모두 고른 것은?

> a. 연결부의 풀림이나 부식을 점검한다.
> b. 배선 피복의 절연, 균열 상태를 점검한다.
> c. 배선이 고열 부위로 지나가는지 점검한다.
> d. 배선이 날카로운 부위로 지나가는지 점검한다.

① a − b
② a − b − d
③ a − b − c
④ a − b − c − d

해설
모두 전기장치 배선 연결부 점검에 적합한 작업이다.

18

LPG의 특징 중 틀린 것은?

① 액체 상태의 비중은 0.5이다.
② 기체 상태의 비중은 1.5~2.0이다.
③ 무색 무취이다.
④ 공기보다 가볍다.

해설
LPG는 공기보다 무겁기 때문에 누출 시 바닥으로 가라 앉는다.

19

자동차 앞면 안개등의 등광색은?

① 적색 또는 갈색
② 백색 또는 적색
③ 백색 또는 황색
④ 황색 또는 적색

해설
자동차 및 자동차부품의 성능과 기준에 관한 규칙에서 안개등의 등광색은 백색 또는 황색으로 규정하고 있다.

20

자동차가 1.5[km]의 언덕길을 올라가는데 10분, 내려오는데 5분 걸렸다면 평균속도는?

① 8[km/h]
② 12[km/h]
③ 16[km/h]
④ 24[km/h]

해설
평균속도 = $\dfrac{총 거리}{총 시간} = \dfrac{3[km]}{15/60[h]} = 12[km/h]$

- 총 거리: 1.5[km] × 2 = 3[km]
- 총 시간: 10분 + 5분 = 15분($\dfrac{15}{60}$시간)

정답 17 ④ 18 ④ 19 ③ 20 ②

21

자동차 엔진의 냉각장치에 대한 설명 중 적절하지 않은 것은?

① 강제 순환식이 많이 사용된다.
② 냉각 장치 내부에 물때가 많으면 과열의 원인이 된다.
③ 서모스텟에 의해 냉각수의 흐름이 제어된다.
④ 엔진 과열 시에는 즉시 라디에이터 캡을 열고 냉각수를 보급하여야 한다.

해설
엔진이 과열된 경우에는 시동을 끈 후, 엔진이 충분히 식은 뒤 라디에이터 캡을 열고 냉각수를 보충해야 한다. 과열 상태에서 라디에이터 캡을 열면 내부 압력으로 인하여 냉각수가 분출될 수 있어 매우 위험하다.

관련개념
냉각장치는 엔진 작동 시 발생하는 열을 흡수하여 과열을 방지하고 엔진 온도를 약 80~90[°C]의 정상범위로 유지하는 역할을 한다.

22

자동차의 레인센서 와이퍼 제어장치에 대해 설명 중 옳은 것은?

① 엔진오일의 양을 감지하여 운전자에게 자동으로 알려주는 센서이다.
② 자동차의 와셔액량을 감지하여 와이퍼가 작동 시 와셔액을 자동 조절하는 장치이다.
③ 앞창 유리 상단의 강우량을 감지하여 자동으로 와이퍼 속도를 제어하는 센서이다.
④ 온도에 따라서 와이퍼 조작 시 와이퍼 속도를 제어하는 장치이다.

해설
레인센서 와이퍼는 앞창 유리 상단의 강우량을 감지하여 운전자의 조작 없이 자동으로 와이퍼 속도를 제어한다.

23

축전지의 과방전 시 극판이 영구 황산납으로 변하는 원인으로 틀린 것은?

① 전해액이 모두 증발되었다.
② 방전된 상태로 장기간 방치하였다.
③ 극판이 전해액에 담겨있다.
④ 전해액의 비중이 너무 높은 상태로 관리하였다.

해설
축전지의 극판이 전해액에 담겨 있는 것은 정상적인 조건이다.

24

실린더와 피스톤 사이의 틈새로 가스가 누설되어 크랭크실로 유입된 가스를 연소실로 유도하여 재연소시키는 배출가스 정화 장치는?

① 촉매 변환기
② 배기가스 재순환 장치
③ 연료 증발가스 배출 억제 장치
④ 블로바이 가스 환원 장치

해설
블로바이 가스 환원 장치는 실린더와 피스톤 사이 틈새로 가스가 누설되어 크랭크실로 유입된 가스를 다시 연소실로 보내 재연소시키는 장치로 유해 배출가스인 탄화수소(HC)의 배출을 감소시킨다.

선지분석
① 촉매 변환기: 촉매 컨버터를 통과할 때 유해 배출가스를 정화해 주는 장치이다.
② 배기가스 재순환 장치: 배기가스 일부를 흡기계로 재순환시켜 혼합기의 연소 온도를 낮춤으로써 내연기관에서 발생하는 질소산화물(NOx)의 배출을 감소시킨다.
③ 연료 증발가스 배출 억제 장치: 연료탱크 내에서 증발하는 연료증기에 포함되어 있는 유해가스 탄화수소(HC)가 대기 중에 방출되는 것을 방지한다.

정답 21 ④ 22 ③ 23 ③ 24 ④

25

자동차 에어컨 시스템에 사용되는 컴프레셔 중 가변용량 컴프레셔의 장점이 아닌 것은?

① 냉방성능 향상
② 소음·진동 향상
③ 연비 향상
④ 냉매 충진 효율 향상

해설
가변용량 컴프레셔는 냉매 충진 효율 향상에 기여하지 않는다.

관련개념 가변용량 컴프레셔의 장점
- 냉방성능 향상, 환경에 기여
- 소음·진동 향상(개선)
- 연비 향상(비용 절감)
- 차량 운전성 향상

26

독립 현가 방식과 비교한 일체 차축 현가 방식의 특성이 아닌 것은?

① 구조가 간단하다.
② 선회시 차체의 기울기가 작다.
③ 승차감이 좋지 않다.
④ 로드홀딩(road holding)이 우수하다.

해설
일체 차축 현가 방식은 차축이 분리되지 않는 일체형의 구조이므로 로드홀딩(접지력)이 좋지 않다.

27

동력 조향 유압 계통에 고장이 발생한 경우 핸들을 수동으로 조작할 수 있도록 하는 부품은?

① 오일 펌프
② 안전 체크밸브
③ 파워 실린더
④ 시프트 레버

해설
동력 조향 유압 계통에 고장이 발생했을 때 핸들을 수동으로 조작할 수 있도록 하는 부품은 안전 체크밸브(Safety Check Valve)이다. 이 밸브는 유압 시스템에 문제가 발생하여 유압이 제대로 작동하지 않을 때 운전자가 수동으로 조향을 할 수 있도록 하여 안전한 운전을 가능하게 한다.

관련개념
① 오일 펌프: 동력조향장치에 사용되는 유압 오일을 공급하는 역할을 한다.
③ 파워 실린더: 엔진 동력을 이용하여 핸들을 조작하는 데 필요한 힘을 발생시키는 역할을 한다.
④ 시프트 레버: 변속기를 조작하는 데 사용되는 부품이다.

28

안전벨트 프리텐셔너의 역할에 대한 설명으로 틀린 것은?

① 차량 충돌 시 전체의 구속력을 높여 안전성을 향상시켜 주는 역할을 한다.
② 에어백 전개 후 탑승객의 구속력이 일정시간 후 풀어주는 리미터 역할을 한다.
③ 자동차 충돌 시 2차 상해를 예방하는 역할을 한다.
④ 자동차의 후면 추돌 시 에어백을 빠르게 전개시킨 후 구속력을 증가시키는 역할을 한다.

해설
안전벨트 프리텐셔너는 주로 전방 또는 측면 충돌 시 탑승객이 앞으로 쏠리는 것을 방지하기 위해 벨트를 되감아 구속력을 높이는 장치로, 후면 추돌 시 에어백 전개 후 구속력을 증가시키는 역할은 하지 않는다.

정답 25 ④ 26 ④ 27 ② 28 ④

29

종감속기어의 하이포이드 기어 구동 피니언은 일반적으로 링 기어 지름 중심의 몇 [%]정도 편심되어 있는가?

① 5~10[%]
② 10~20[%]
③ 25~30[%]
④ 20~30[%]

해설
하이포이드 기어 구동 피니언은 일반적으로 링 기어 지름 중심에서 10~20[%] 정도 편심되어 있으며, 추진축이나 차실 바닥의 높이를 낮추어 차량 설계의 유연성을 높이는 역할을 한다.

30

자동차 발전기 풀리에서 소음이 발생할 때 교환작업에 대한 내용으로 틀린 것은?

① 구동 벨트를 탈거한다.
② 배터리의 (-)단자부터 탈거한다.
③ 배터리의 (+)단자부터 탈거한다.
④ 전용 특수공구를 사용하여 풀리를 교체한다.

해설
발전기 교환 작업하는 경우 제일 먼저 축전지의 (-)단자부터 케이블 탈거하고, 교환 작업이 완료되면 (+)단자에 케이블을 연결한다.

31

점화 스위치에서 점화코일, 계기판, 컨트롤릴레이 등의 시동과 관련된 전원을 공급하는 단자는?

① ST
② ACC
③ IG2
④ IG1

해설
점화 스위치에서 시동과 관련된 전원을 공급하는 단자는 IG1 단자이다. IG1 단자는 점화 코일, 계기판, 컨트롤 릴레이 등 엔진 작동에 필수적인 부품들에 전원을 공급한다.

32

브레이크 드럼 연삭작업 중 전기가 정전되었을 때 가장 먼저 취해야 할 조치사항은?

① 작업하던 공작물을 탈거한다.
② 연삭에 실패했으므로 새 것으로 교환하고 작업을 마무리 한다.
③ 스위치는 그대로 두고 정전 원인을 확인한다.
④ 스위치 전원을 내리고(OFF) 주전원의 퓨즈를 확인한다.

해설
작업 중 정전이 발생했을 경우, 가장 먼저 스위치의 전원을 차단하고 주전원의 퓨즈 상태를 확인해야 한다.

정답 29 ② 30 ③ 31 ④ 32 ④

33

전조등의 광량을 검출하는 라이트 센서에서 빛의 세기에 따라 광전류가 변화되는 원리를 이용한 소자는?

① 포토다이오드
② 발광다이오드
③ 제너다이오드
④ 사이리스터

해설
포토다이오드는 빛이 조사되면 역방향 전류가 흐르며, 광의 세기에 비례하여 전류량이 증가한다.

선지분석
② 발광다이오드: 순방향 전류가 흐를 때 빛을 발산한다.
③ 제너다이오드: 순물 농도가 높은 PN 접합형 실리콘 다이오드로, 역방향 전압이 일정한 값에 도달하면 갑작스럽게 큰 전류가 흐른다.
④ 사이리스터: 트랜지스터와 유사한 기능을 가지며 일정 조건에서 전류를 흐르게 하거나 차단하는 스위칭 소자이다.

34

전자제어 연료장치에서 기관이 정지된 후 연료 압력이 급격히 저하되는 원인으로 옳은 것은?

① 연료 필터가 막혔을 때
② 연료 펌프의 릴리프 밸브가 불량할 때
③ 연료의 리턴 파이프가 막혔을 때
④ 연료 펌프의 체크 밸브가 불량할 때

해설
전자제어 연료장치에서 엔진 정지 후 연료 압력이 급격히 떨어지는 주요 원인은 연료 펌프 내부의 체크 밸브 불량이다.

관련개념
체크 밸브는 연료의 역류를 방지하는 역할을 한다. 만약 체크 밸브가 고장나면, 엔진 정지 후 연료가 연료 탱크 쪽으로 역류하여 연료 압력이 급격히 저하될 수 있다.

35

다음 그림은 전자제어 연료분사장치의 인젝터 파형이다. ①~④의 설명으로 틀린 것은?

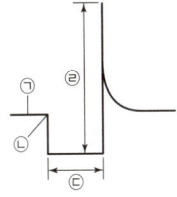

① ㉠: 인젝터 구동 전압을 나타낸다.
② ㉡: 인젝터를 구동시키기 위한 트랜지스터의 OFF 상태를 나타낸다.
③ ㉢: 인젝터 구동 시간(연료 분사시간)을 나타낸다.
④ ㉣: 인젝터 코일의 자장 붕괴 시 역기전력을 나타낸다.

해설
인젝터 파형에서 ㉡은 인젝터를 구동시키기 위한 트랜지스터의 ON 상태를 나타낸다.

36

LPG 기관에서 LPG 최고 충전량은 봄베 체적의 약 몇[%]인가?

① 75[%] ② 85[%] ③ 90[%] ④ 70[%]

해설
액체 상태의 LPG는 온도상승 시 부피가 팽창하는 특성을 가지고 있으므로 안전을 위하여 봄베(연료탱크) 체적이 약 85[%]까지만 충전하도록 규정하고 있다.

정답 33 ① 34 ④ 35 ② 36 ②

37

자동차 발진 시 마찰 클러치 떨림 현상으로 적합한 것은?

① 주축의 스플라인에서 디스크가 축 방향으로 이동이 자유롭지 못할 때
② 클러치 유격이 너무 클 경우
③ 디스크 페이싱 마모가 균일하지 못할 때
④ 디스크 페이싱의 오염 또는 유지 부착

해설
클러치 디스크의 마찰면(페이싱)의 마모가 균일하지 않으면 클러치가 연결될 때 특정 부분만 먼저 접촉하고 다른 부분은 뒤늦게 접촉하게 된다. 이 불균일한 접촉으로 인해 클러치가 완전히 결합되기 전까지 단속적인 마찰과 미끄러짐이 반복되면서 차량이 덜컥거리는 떨림 현상이 발생한다.

관련개념 | 발진 시 클러치의 떨림 현상
- 클러치 유격이 작을 경우
- 디스크 페이싱의 마모가 불균일한 경우
- 비틀림 코일스프링이 절손되었거나 디스크가 휘었을 경우
- 클러치 설치상태에서 릴리스 레버(또는 다이어프램)의 높이가 불균일할 경우
- 릴리스 베어링의 파손 또는 접촉면이 경사되어 있을 경우
- 엔진 마운트(Engine Mount)의 설치볼트 이완, 마운트 고무의 파손 또는 불량(지나치게 연할 경우)의 경우

38

맵 센서 단품 점검 · 진단 · 수리 방법에 대한 설명으로 틀린 것은?

① 키 스위치 ON 후 스캐너를 연결하고 오실로스코프 모드를 선택한다.
② 측정된 맵 센서와 TPS 파형이 비정상인 경우에는 맵 센서 또는 TPS 교환 작업을 한다.
③ 점화 스위치를 OFF하고 맵 센서 및 TPS 신호 선에 프로브를 연결한다.
④ 엔진 시동을 ON하고 공회전 상태에서 파형을 점검한다.

해설
맵(MAP) 센서의 파형 점검은 엔진의 액셀러레이터 페달을 급하게 밟아 급가속 상태를 만들고 파형을 점검한다.

관련개념 | 맵(MAP, 매니폴드 압력) 센서
맵 센서를 사용하는 연료 분사식 엔진은 매니폴드 압력 정보를 ECU에 전달하여 공기 밀도와 유량을 계산한다. 이 데이터는 연료 분사량과 점화 시기 제어에 활용되어 연소 효율을 향상시킨다.

39

점화플러그 간극 조정 시 일반적인 규정 값은?

① 약 3[mm]
② 약 0.2[mm]
③ 약 5[mm]
④ 약 1[mm]

해설
일반적인 점화 플러그 간극 규정 값은 1.0~1.1[mm]이다.

40

정(+)의 캠버 효과에 대한 설명으로 틀린 것은?

① 전륜 구동 차량에서 직진성을 좋게 한다.
② 조향 핸들 조작력을 가볍게 한다.
③ 킹핀 오프셋(스크러브 반경)을 작게 한다.
④ 선회력(코너링 포스)이 증대된다.

해설
정(+)의 캠버 효과는 선회력(코너링 포스)이 감소된다.

관련개념
정(+) 캠버는 앞바퀴의 윗부분이 바깥쪽으로 기울어진 상태로, 앞바퀴 위쪽 사이 간격이 아래쪽보다 더 넓은 경우를 나타낸다.

정답 37 ③ 38 ④ 39 ④ 40 ④

41
전동기나 조정기를 청소한 후 점검하여야 할 사항으로 틀린 것은?

① 단자부 주유 상태 여부
② 아크 발생 여부
③ 과열 여부
④ 연결의 견고성 여부

해설
단자부 주유 상태는 전동기나 조정기의 성능에 영향을 미치는 요소는 아니므로 청소 후 반드시 점검해야 할 사항은 아니다.

42
유압식 제동장치에서 제동력이 떨어지는 원인 중 틀린 것은?

① 브레이크 오일의 누설
② 엔진 출력 저하
③ 패드 및 라이닝의 마멸
④ 유압장치에 공기 유입

해설
유압식 제동장치는 운전자의 브레이크 페달 조작에 의해 작동되는 시스템으로 엔진의 출력과는 직접적인 관련이 없다.

43
다이얼 게이지를 사용하여 측정할 수 없는 것은?

① 액슬 샤프트 런 아웃
② 브레이크 디스크 두께
③ 차동기어 백래시
④ 프로펠러 샤프트 휨

해설
브레이크 디스크 두께는 마이크로미터 또는 버니어 캘리퍼스를 사용하여 측정하거나 정밀 측정장비를 사용하여 두께의 편차를 감지하는 방식으로 측정된다.

44
자동차의 발전기가 정상적으로 작동하는지를 확인하기 위한 점검 내용으로 틀린 것은?

① 시동 후 발전기의 B단자와 차체 사이의 전압을 측정한다.
② 자동차의 시동을 걸기 전후의 배터리 전압을 전압계로 측정하여 비교한다.
③ 시동을 건 후 배터리에서 전압을 측정하였을 때 시동 전 배터리 전압과 동일하다면 정상이다.
④ 자동차 시동 후 계기판의 충전경고등이 소등되는지를 확인한다.

해설
시동을 건 후 측정한 배터리 전압이 시동 전 배터리 전압과 동일하다면 충전이 되지 않고 있음을 의미한다. 정상이라면 시동 후 전압이 상승해야 한다.

정답 41 ① 42 ② 43 ② 44 ③

45

기동전동기에서 회전력을 엔진의 플라이휠에 전달하는 것은?

① 피니언 기어
② 아마츄어
③ 브러시
④ 시동 스위치

해설
피니언 기어는 기동전동기의 축에 연결되어 플라이휠 링 기어와 맞물린 상태로 회전하면서 엔진의 회전력을 플라이휠에 전달하는 장치이다.

46

다음 중 자동차 정비에서 사용하는 일률을 환산한 것으로 옳은 것은?

① $1[PS]=1[kgf \cdot m/s]$
② $1[PS]=860[kgf \cdot m/s]$
③ $1[PS]=75[kgf \cdot m/s]$
④ $1[PS]=7.3[kgf \cdot m/s]$

해설

구분	[kgf·m/s]	[kW]	[PS]	[kcal/h]
1[kgf·m/s]	1	0.009807	0.01333	8.4322
1[kW]	101.972	1	1.3596	859.848
1[PS]	75	0.735499	1	632.415
1[kcal/h]	0.118593	0.001163	0.00158	1

47

유효 반지름이 0.5[m]인 바퀴가 600[rpm]으로 회전할 때 차량의 속도는 약 얼마인가?

① 약 10.987[km/h]
② 약 25[km/h]
③ 약 50.92[km/h]
④ 약 113.04[km/h]

해설
차량의 속도 $v = \dfrac{\pi DN}{R_t \times R_f} \times \dfrac{60}{1,000}$

$= \dfrac{\pi \times (2 \times 0.5) \times 600}{1} \times \dfrac{60}{1,000} \simeq 113[km/h]$

(D: 타이어의 지름[m], N: 엔진의 회전수[rpm], R_t: 변속비, R_f: 종감속비)

48

12[V], 30[W] 헤드라이트 한 개를 켤 때 흐르는 전류[A]는?

① 2.5[A]
② 5[A]
③ 10[A]
④ 360[A]

해설
$I = \dfrac{P}{V} = \dfrac{30[W]}{12[V]} = 2.5[A]$
(V=전압[V], I: 전류[A], P: 전력[W])

정답 45 ① 46 ③ 47 ④ 48 ①

49

유압식 동력조향장치에서 사용되는 오일펌프 종류가 아닌 것은?

① 베인 펌프
② 로터리 펌프
③ 슬리퍼 펌프
④ 벤딕스 기어 펌프

해설
벤딕스 기어 펌프는 자동 변속기 오일펌프로 사용된다.

선지분석
① 베인 펌프: 날개 모양의 베인(Vane)을 회전시키며 오일을 흡입하고 압출한다.
② 로터리 펌프: 회전하는 로터와 그 내부에 장착된 베인을 이용해 오일을 흡입 및 압출한다.
③ 슬리퍼 펌프: 판 모양의 슬리퍼 부품을 활용해 오일을 흡입하고 압출한다.

50

방열기를 압력 시험할 때 안전사항으로 옳지 않은 것은?

① 방열기 필러 넥이 손상되지 않도록 한다.
② 점검한 부분은 물기를 완전히 제거한다.
③ 냉각수가 뜨거울 때는 방열기 캡을 열고 측정한다.
④ 시험기를 장착할 때 냉각수가 뿌려지지 않게 한다.

해설
방열기(라디에이터, Radiator)의 냉각수는 매우 뜨거우므로 냉각 계통이 가열된 상태에서 캡을 열면 뜨거운 물이 분출되어 위험하다. 따라서 부득이하게 열어야 할 경우에는 캡에 수건을 씌운 뒤 조심스럽게 열어야 한다.

51

엔진의 각 실린더 연료 분사량을 측정한 결과 최대 분사량이 45[cc], 최소 분사량이 41[cc], 평균 분사량이 42[cc] 였다면 (+) 불균율은?

① 5[%] ② 7[%] ③ 12[%] ④ 15[%]

해설

$(+) 불균율 = \dfrac{45-42}{42} \times 100 = 7.14[\%]$

관련개념

- $(+) 불균율 = \dfrac{최대분사량 - 평균분사량}{평균분사량} \times 100[\%]$
- $(-) 불균율 = \dfrac{평균분사량 - 최소분사량}{평균분사량} \times 100[\%]$

52

다음 경고등이 나타내는 것은?

① 타이어 압력 경고등
② 전동 파워스티어링 경고등
③ 이모빌라이저 경고등
④ ABS경고등

해설
타이어 압력 경고등이다.

선지분석

② 전동 파워스티어링 경고등	③ 이모빌라이저 경고등	④ ABS경고등

정답 49 ④ 50 ③ 51 ② 52 ①

53
자동차 화재 발생 시 사용할 수 없는 소화기는?

① 분말소화기
② 이산화탄소소화기
③ 물소화기
④ 할로겐소화기

해설
차량용 소화기는 '소화기의 형식승인 및 제품검사의 기술기준'에 따라 강화액소화기(안개모양으로 방사되는 것에 한한다), 할로겐화합물소화기, 이산화탄소소화기, 포소화기 또는 분말소화기이어야 한다.

54
어떤 물체가 초속도 10[m/s]로 마루면을 미끄러진다면 약 몇 [m]를 진행하고 멈추는가? (단, 물체와 마루면 사이의 마찰계수는 0.50이다.)

① 0.51 ② 5.1 ③ 10.2 ④ 20.4

해설
제동거리 $d = \dfrac{v^2}{2\eta g} = \dfrac{10^2}{2 \times 0.50 \times 9.8} = 10.2[m]$

(d: 제동거리[m], v: 속도[m/s], η: 마찰계수, g: 중력가속도[m/s²])

55
디스크 브레이크에서 패드 접촉면에 오일이 묻었을 때 나타나는 현상은?

① 패드가 과냉되어 제동력이 증가된다.
② 브레이크가 잘 듣지 않는다.
③ 브레이크 작동이 원활하게 되어 제동이 잘 된다.
④ 디스크 표면의 마찰이 증대된다.

해설
디스크 브레이크 패드의 접촉면에 오일이 묻으면 브레이크를 작동할 때 밀림 현상이 발생해 제동력이 현저히 감소한다.

56
전조등 광원의 광도가 270[cd]이며 거리가 3[m]일 때 조도는?

① 20[lux] ② 30[lux]
③ 40[lux] ④ 50[lux]

해설
조도 $= \dfrac{광도}{거리^2} = \dfrac{270[cd]}{(3[m])^2} = 30[lux]$

정답 53 ③ 54 ③ 55 ② 56 ②

57
현가장치에서 스프링 강으로 만든 가늘고 긴 막대 모양으로 비틀림 탄성을 이용하여 완충 작용을 하는 부품은?

① 공기 스프링
② 토션 바 스프링
③ 판 스프링
④ 코일 스프링

해설
토션 바 스프링(Torsion Bar Spring)은 스프링 강으로 만든 가늘고 긴 막대 형태의 스프링으로 비틀림 탄성을 이용하여 충격을 흡수한다. 공간을 적게 차지하고 강성이 높아 주로 자동차의 현가장치에 사용된다.

선지분석
① 공기 스프링(Air Spring): 압축공기의 탄성을 이용하여 충격을 흡수하는 완충 장치이다.
③ 판 스프링(Leaf Spring): 띠 모양의 스프링 강을 여러 장 겹쳐 구성한 판 형태의 완충 장치이다.
④ 코일 스프링(Coil Spring): 원형 단면의 스프링강을 나선형(코일)으로 감아 만든 완충 장치이다.

58
수동변속기 내부 구조에서 싱크로메시(Synchro-Mesh) 기구의 작용은?

① 배력 작용
② 가속 작용
③ 동기치합 작용
④ 감속 작용

해설
싱크로메시란 감속비가 다른 기어를 맞물리게 하기 전에 원추형의 원판을 서로 마찰시켜 회전 속도를 일치시킨 후, 힘을 전달하여 기어의 손상을 방지하는 동기치합 작용을 한다.

선지분석
① 배력 작용(하이드로 백: Hydro Vacuum의 준말): 브레이크 페달을 밟을 때 진공과 대기압의 차이를 이용하여 브레이크의 작동력을 증폭시키는 기능이다. 판막의 면적에 따라 최대 증폭력이 결정되며 밸브의 개폐정도에 따라 증폭되는 힘의 크기가 조절된다.
② 가속 작용: 엔진에서 발생한 회전동력이 바퀴까지 전달되는 과정에서 차량의 속도가 점차 증가하는 현상이다.
④ 감속 작용: 엔진에서 발생한 회전동력이 바퀴까지 전달되는 과정에서 차량의 속도가 점차 감소하는 현상이다.

59
라디에이터의 일정압력 유지를 위해 캡이 열리는 압력[kgf/cm^2]은?

① 약 3.1~4.2
② 약 7.0~9.5
③ 약 0.1~0.2
④ 약 0.3~1.0

해설
라디에이터 캡은 일정 압력을 유지하기 위해 설정된 압력(보통 0.3~1.0 [kgf/cm^2])에 도달하면 열린다. 이 압력은 냉각수의 비등점을 높여 엔진의 효율을 높인다.

60
전자제어연료분사장치의 고장 진단 및 점검에 사용되는 스캐너로 직접적으로 판단할 수 있는 항목이 아닌 것은?

① ECU(Electronic Control Unit)의 자기진단 기능
② 크랭크각 센서 및 1번 TDC 센서 이상 유무
③ 배기가스 제어장치의 삼원촉매장치 이상 유무
④ 엔진의 피드백 제어장치 작동상태

해설
삼원촉매장치의 이상 유무는 스캐너만으로는 정확한 진단이 어렵고, 산소센서 파형을 활용하는 간접 진단방법을 이용하여 판단할 수 있다.

관련개념
스캐너는 ECU의 자기진단 기능을 이용해 다양한 센서 및 제어장치의 상태를 실시간으로 점검하여 문제 해결을 위한 장치이다.

정답 57 ② 58 ③ 59 ④ 60 ③

2024년 1회 CBT 복원문제

01
전자제어 연료분사 차량에서 크랭크각 센서의 역할이 아닌 것은?
① 냉각수 온도 검출
② 연료의 분사시기 결정
③ 점화시기 결정
④ 피스톤의 위치 검출

해설
냉각수 온도 검출은 냉각수 온도 센서가 한다.

02
LPG 연료에 대한 설명으로 틀린 것은?
① 기체 상태는 공기보다 무겁다.
② 저장은 가스 상태로만 한다.
③ 연료 충진은 탱크 용량의 약 85[%] 정도로 한다.
④ 주변온도 변화에 따라 봄베의 압력변화가 나타난다.

해설
LPG(Liquefied Petroleum Gas, 액화석유가스)는 압력을 가해 액체 상태로 저장되어 부피가 줄어들고 운송 및 보관이 용이하다.

03
석유를 사용하는 자동차의 대체에너지에 해당하지 않는 것은?
① 알콜   ② 전기
③ 중유   ④ 수소

해설
중유는 석유에서 정제된 연료로 석유를 사용하는 자동차의 대체에너지에 해당하지 않는다.

관련개념
석유 자동차의 대체에너지: 알코올, 전기, 수소, 태양열, LPG 등

04
기계식 연료 분사장치에 비해 전자식 연료 분사장치의 특징 중 거리가 먼 것은?
① 관성 질량이 커서 응답성이 향상된다.
② 연료 소비율이 감소한다.
③ 배기가스 유해물질 배출이 감소된다.
④ 구조가 복잡하고, 값이 비싸다.

해설
기계식 연료 분사장치는 기계적인 구조로 작동하므로 관성 질량이 커서 엔진 회전수나 공기량 변화에 따른 연료 분사량을 신속하게 조절하기 어렵다. 반면 전자식 연료 분사장치는 전자 제어 방식으로 작동하므로 관성 질량이 작아 엔진의 작동 상태에 따른 연료 분사량을 빠르게 조절할 수 있다.

정답 01 ① 02 ② 03 ③ 04 ①

05

연료 탱크 내장형 연료펌프(어셈블리)의 구성부품에 해당하지 않는 것은?

① 체크 밸브
② 릴리프 밸브
③ DC 모터
④ 포토 다이오드

해설
포토 다이오드는 반도체 소자로 연료 탱크 내장용 연료펌프의 구성부품에 해당하지 않는다.

관련개념 연료 탱크 내장형 연료펌프(어셈블리)의 구성부품
• 체크 밸브 • 릴리프 밸브 • DC 모터

06

120[PS]의 디젤기관이 24시간 동안에 360[L]의 연료를 소비하였다면, 이 기관의 연료소비율[g/PS·h]은? (단, 연료의 비중은 0.90이다.)

① 약 125
② 약 450
③ 약 113
④ 약 513

해설

$$\text{연료소비율}[g/PS \cdot h] = \frac{\text{연료소비량}[g]}{\text{시간}[h] \times \text{마력}[PS]}$$

$$= \frac{360 \times 1{,}000 \times 0.9}{24 \times 120} = 112.5[g/PS \cdot h]$$

07

연료 분사 펌프의 토출량과 플런저의 행정은 어떠한 관계가 있는가?

① 토출량은 플런저의 유효행정에 정비례한다.
② 토출량은 예비행정에 비례하여 승가한다.
③ 토출량은 플런저의 유효행정에 반비례한다.
④ 토출량은 플런저의 유효행정과 전혀 관계가 없다.

해설
연료 분사 펌프의 토출량은 플런저가 많이 이동할수록 많은 양의 연료가 분사되므로 플런저의 유효행정에 정비례한다.

08

디젤 기관의 노킹을 방지하는 대책으로 알맞은 것은?

① 실린더 벽의 온도를 낮춘다.
② 착화지연 기간을 길게 유도한다.
③ 압축비를 낮게 한다.
④ 흡기온도를 높인다.

해설
흡기온도를 높이면 디젤 기관의 노킹을 방지할 수 있다.

선지분석
① 실린더 벽의 온도를 높여야 한다.
② 착화지연 기간을 짧게 유도한다.
③ 압축비를 높인다.

관련개념 디젤 기관의 노킹 방지책
• 착화지연 기간을 짧게 유도한다.
• 실린더 벽의 온도, 압축비, 흡기온도를 높인다.
• 세탄가가 높은 연료를 사용한다.
• 정기적으로 연료 필터를 교체한다.
• 착화지연기간 동안 연료의 분사량을 적게 한다.
• 흡입공기에 와류가 일어나도록 한다

09

자동차 엔진에서 윤활회로 내의 압력이 과도하게 올라가는 것을 방지하는 역할을 하는 것은?

① 오일 펌프
② 릴리프 밸브
③ 체크 밸브
④ 오일 쿨러

해설
릴리프 밸브는 윤활회로 내의 압력이 기준치를 초과하면 자동으로 개방되어 압력을 일정하게 유지하고 과압을 방지하는 역할을 한다.

선지분석
① 오일 펌프: 윤활유를 엔진 내부에 공급한다.
③ 체크 밸브: 윤활유의 흐름 방향을 일정하게 유지한다.
④ 오일 쿨러: 윤활유의 온도를 낮춘다.

정답 05 ④ 06 ③ 07 ① 08 ④ 09 ②

10
실린더 배기량이 376.8[cc]이고, 연소실 체적이 47.1[cc]일 때 기관의 압축비는 얼마인가?

① 7 : 1
② 8 : 1
③ 9 : 1
④ 10 : 1

해설

압축비 $= 1 + \dfrac{\text{행정 체적(배기량)}}{\text{연소실 체적}} = 1 + \dfrac{376.8}{47.1} = 9$

11
산업안전·보건표지의 종류와 형태에서 아래 그림이 나타내는 표시는?

① 화기금지
② 출입금지
③ 탑승금지
④ 보행금지

해설

보행금지 표시이다.

선지분석

①화기금지	②출입금지	③탑승금지

12
피스톤 헤드 부분에 있는 홈(Heat Dam)의 역할은?

① 제1 압축링을 끼우는 홈이다.
② 열의 전도를 방지하는 홈이다.
③ 무게를 가볍게 하기 위한 홈이다.
④ 응력을 집중하기 위한 홈이다.

해설

피스톤 헤드 부분에 있는 홈은 열전도를 방지하기 위해 설치된다.

13
축전지의 충·방전 화학식이다. ( ) 속에 해당되는 것은?

$PbO_2 + ( ) + Pb \rightarrow PbSO_4 + 2H_2O + PbSO_4$

① H_2O
② $2H_2O$
③ $2PbSO_4$
④ $2H_2SO_4$

해설

축전지의 충·방전 화학식
$PbO_2 + 2H_2SO_4 + Pb \rightarrow PbSO_4 + 2H_2O + PbSO_4$

14
전자제어 가솔린 엔진의 진공식 연료압력 조절기에 대한 설명으로 옳은 것은?

① 공전 시 진공호스를 빼면 연료 압력이 낮아지고 다시 호스를 끼우면 높아진다.
② 급가속 순간 흡기다기관의 진공은 대기압에 가까워 연료 압력은 낮아진다.
③ 흡기관의 절대압력과 연료 분배관의 압력 차를 항상 일정하게 유지시킨다.
④ 대기압이 변화하면 흡기관의 절대압력과 연료 분배관의 압력 차도 같이 변화한다.

해설

진공식 연료압력 조절기는 연료 분사량을 정확하게 제어하기 위해 흡기관의 절대압력과 연료 분배관의 압력차를 일정하게 유지시킨다. 진공이 클수록 연료압력은 낮아지고, 진공이 작을수록 연료압력은 높아진다.

선지분석

① 공전 시 진공호스를 빼면 연료 압력이 높아지고, 끼우면 낮아진다.
② 급가속 순간 흡기다기관의 진공이 줄어들어 연료 압력은 오히려 상승한다.
④ 연료 분배관의 압력은 대기압이 아닌 흡기관 절대압에 의해 조절된다.

정답 10 ③ 11 ④ 12 ② 13 ④ 14 ③

15

윤활유 특성에서 요구되는 사항으로 틀린 것은?

① 점도지수가 적당할 것
② 산화 안정성이 좋을 것
③ 발화점이 낮을 것
④ 기포 발생이 적을 것

해설
발화점이 높아야 한다.

관련개념 윤활유의 구비조건
- 비중과 점도가 적당해야 한다.
- 응고점이 낮아야 한다.
- 인화점 및 발화점이 높아야 한다.
- 카본 생성이 적고 강인한 유막을 형성해야 한다.
- 열과 산에 대하여 안정성이 있어야 한다.
- 청정력이 커야 한다.
- 기포 발생에 대한 저항력이 있어야 한다.

16

자동차의 튜닝 승인을 얻은 자는 자동차정비업자로부터 튜닝과 그에 따른 정비를 받고 얼마 이내에 튜닝검사를 받아야 하는가?

① 튜닝 승인을 받은 날부터 45일 이내
② 튜닝 승인을 받은 날부터 15일 이내
③ 튜닝 완료일로부터 45일 이내
④ 튜닝 완료일로부터 15일 이내

해설
「자동차관리법 시행규칙」 제56조 따라 자동차의 튜닝 승인을 받은 자는 자동차정비업자 또는 자동차제작자 등으로부터 튜닝과 그에 따른 정비(자동차제작자 등의 경우에는 튜닝만 해당)를 받고 튜닝 승인을 받은 날부터 45일 이내에 튜닝검사를 받아야 한다.

17

LPG기관에서 냉각수 온도 스위치의 신호에 의하여 기체 또는 액체 연료를 차단하거나 공급하는 역할을 하는 것은?

① 과류방지 밸브
② 유동 밸브
③ 안전 밸브
④ 액·기상 솔레노이드 밸브

해설
액·기상 솔레노이드 밸브는 냉각수 온도 스위치에 따라 기체 또는 액체 상태의 연료 공급을 공급하거나 차단하는 장치이다.

선지분석
① 과류방지 밸브: 액체나 가스가 과도하게 유출되는 것을 차단한다.
② 유동 밸브: 액체 상태의 LPG를 베이퍼라이저로 공급하는 역할을 한다.
③ 안전 밸브: 연료 압력이 일정 수준 이상으로 과도하게 상승하는 경우 초과 압력을 방출하여 시스템의 안전을 유지한다.

18

자동차 엔진의 냉각장치에 대한 설명 중 적절하지 않은 것은?

① 강제 순환식이 많이 사용된다.
② 냉각장치 내부에 물때가 많으면 과열의 원인이 된다.
③ 서모스탯에 의해 냉각수의 흐름이 제어된다.
④ 엔진 과열 시에는 즉시 라디에이터 캡을 열고 냉각수를 보충하여야 한다.

해설
엔진이 과열된 경우에는 시동을 끈 후 엔진이 충분히 식은 뒤 라디에이터 캡을 열고 냉각수를 보충해야 한다. 과열상태에서 라디에이터 캡을 열면 내부 압력으로 인하여 뜨거운 냉각수가 분출될 수 있어 매우 위험하다.

관련개념 냉각장치의 역할
냉각장치는 엔진 작동 시 발생하는 열을 흡수하여 과열을 방지하고 엔진 온도를 약 80~90[℃]의 정상 범위로 유지하는 역할을 한다.

정답 15 ③ 16 ① 17 ④ 18 ④

19

삼원촉매장치 설치 차량의 주의 사항 중 잘못된 것은?

① 주행 중 점화 스위치를 꺼서는 안 된다.
② 잔디, 낙엽 등 가연성 물질 위에 주차하지 않아야 한다.
③ 엔진의 파워밸런스 측정 시 측정시간을 최대로 단축해야 한다.
④ 반드시 유연 가솔린을 사용한다.

해설
무연 가솔린을 사용해야 한다.

20

압력식 라디에이터 캡을 사용하므로 얻어지는 장점과 거리가 먼 것은?

① 비등점을 올려 냉각 효율을 높일 수 있다.
② 라디에이터를 소형화할 수 있다.
③ 라디에이터의 무게를 크게 할 수 있다.
④ 냉각 장치 내의 압력을 0.9~1.1[bar] 정도 올릴 수 있다.

해설
압력식 라디에이터 캡은 냉각수의 비등점을 높여 냉각 효율을 향상시키고 라디에이터의 소형화에 기여한다.

21

축거가 1.2[m]인 자동차를 왼쪽으로 완전히 꺾을 때 오른쪽 바퀴의 조향각이 30°이고 왼쪽 바퀴의 조향각도가 45°일 때 차의 최소회전반경은? (단, r 값은 무시)

① 1.7[m]   ② 2.4[m]
③ 3.0[m]   ④ 3.6[m]

해설
최소회전반경$(R) = \dfrac{L}{\sin\alpha} + r = \dfrac{1.2}{\sin(30°)} = 2.4$[m]

(L: 축간 거리[m], α: 외측바퀴 회전각도[°], r: 타이어 중심과 킹 핀 간의 거리[m])

22

디젤엔진에 사용되는 경유의 구비 조건은?

① 점도가 낮을 것
② 세탄가가 낮을 것
③ 유황분이 많을 것
④ 착화성이 좋을 것

해설
착화성이 좋아야 한다.

관련개념 디젤 엔진용 연료의 구비조건
- 탄소 발생이 적어야 한다.
- 발열량이 크고 착화성이 좋아야 한다.
- 연소속도가 빨라야 한다. (연소시간이 짧아야 한다.)
- 황(S)의 함유량이 적어야 한다.
- 세탄가가 높아야 한다.
- 적당한 점도를 가져야 하며, 부식성이 적어야 한다.

23

가솔린 연료에서 노크를 일으키기 어려운 성질인 내폭성을 나타내는 수치는?

① 옥탄가   ② 점도
③ 세탄가   ④ 베이퍼 록

해설
옥탄가는 엔진에서 노킹(Knocking)에 대한 저항력을 나타낸다. 옥탄가가 높을수록 노킹 현상이 발생할 확률이 낮아진다.

선지분석
② 점도: 유체의 흐름에 대한 저항, 즉 유체의 끈끈한 정도를 나타내는 물리적 성질이다.
③ 세탄가: 디젤 엔진 안에서 경유의 착화성을 나타내는 수치로 연료의 점화가 지연되는 시간을 의미한다. 세탄가가 높을수록 착화성이 좋다.
④ 베이퍼 록: 브레이크 오일이 가열되어 내부에 기포가 발생하고 브레이크에 유압이 제대로 전달되지 않아 제동력이 저하되는 현상이다.

정답 19 ④　20 ③　21 ②　22 ④　23 ①

24

브레이크 장치의 유압회로에서 발생하는 베이퍼 록(Vapor Lock)의 원인이 아닌 것은?

① 비점이 높은 브레이크액을 사용했을 때
② 긴 내리막길에서 과도한 브레이크 사용
③ 드럼과 라이닝의 끼임에 의한 과열
④ 브레이크 슈 리턴스프링의 소손에 의한 잔압 저하

해설
비점이 높다는 것은 기화가 잘 되지 않는다는 뜻으로 베이퍼 록의 발생 원인에 해당하지 않는다.

관련개념
베이퍼 록이란 브레이크액이 과열되어 기화되면 유압이 원활하게 전달되지 않아 브레이크 페달을 밟아도 제동력이 떨어지게 되는 현상이다.

25

전자제어식 제동장치(ABS)에서 제동시 타이어 슬립률이란?

① $\dfrac{\text{자동차 속도}-\text{바퀴 속도}}{\text{자동차 속도}} \times 100$

② $\dfrac{\text{자동차 속도}-\text{바퀴 속도}}{\text{바퀴 속도}} \times 100$

③ $\dfrac{\text{바퀴 속도}-\text{자동차 속도}}{\text{자동차 속도}} \times 100$

④ $\dfrac{\text{바퀴 속도}-\text{자동차 속도}}{\text{바퀴 속도}} \times 100$

해설
슬립률[%] = $\dfrac{\text{자동차 속도}-\text{바퀴 속도}}{\text{자동차 속도}} \times 100$

관련개념 타이어 슬립률
슬립률은 타이어와 노면 사이에 발생하는 미끄럼 정도를 나타낸다.

26

유압식 브레이크 원리는 어디에 근거를 두고 응용한 것인가?

① 브레이크액의 높은 비등점
② 브레이크액의 높은 흡습성
③ 밀폐된 액체의 일부에 작용하는 압력은 모든 방향에 동일하게 작용한다.
④ 브레이크액은 작용하는 압력을 분산시킨다.

해설
유압식 브레이크는 밀폐된 액체의 일부에 작용하는 압력은 모든 방향에 동일하게 작용한다는 파스칼의 원리를 적용한다. 즉, 유압식 브레이크 시스템에서는 마스터 실린더에 작용하는 힘이 브레이크 캘리퍼에 있는 모든 피스톤에 동일하게 전달된다.

27

유압식 제동장치에서 브레이크 라인 내에 잔압을 두는 목적으로 틀린 것은?

① 베이퍼 록을 방지한다.
② 브레이크 작동을 신속하게 한다.
③ 페이드 현상을 방지한다.
④ 유압회로에 공기가 침입하는 것을 방지한다.

해설
페이드 현상은 브레이크를 자주 또는 강하게 밟았을 때 발생하는 마찰열로 인하여 브레이크 패드나 라이닝의 온도가 상승하고 제동력이 저하되는 현상으로 브레이크 라인 내 잔압을 두는 목적과는 거리가 멀다.

정답 24 ① 25 ① 26 ③ 27 ③

28

수동변속기 클러치의 역할 중 거리가 가장 먼 것은?

① 엔진과의 연결을 차단하는 일을 한다.
② 변속기로 전달되는 엔진의 토크를 필요에 따라 단속한다.
③ 관성 운전 시 엔진과 변속기를 연결하여 연비 향상을 도모한다.
④ 출발 시 엔진의 동력을 서서히 연결하는 일을 한다.

해설

수동변속기의 클러치는 엔진의 관성 운전 또는 기동 시 동력을 일시적으로 차단한다.

29

타이어의 뼈대가 되는 부분으로, 튜브의 공기압에 견디면서 일정한 체적을 유지하고 하중이나 충격에 변형되면서 완충작용을 하며 내열성 고무로 밀착시킨 구조로 되어 있는 것은?

① 비드(Bead)
② 브레이커(Breaker)
③ 트레드(Tread)
④ 카커스(Carcass)

해설

카커스(Carcass)는 타이어의 뼈대가 되는 부분으로 내열성이 우수한 고무로 밀착된 구조로 되어있으며 튜브 내 공기압을 견디고 일정한 체적을 유지하면서 완충 작용의 역할을 수행한다.

관련개념

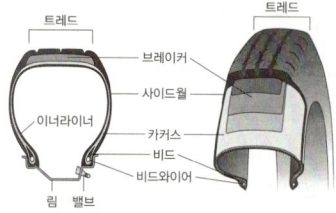

- 비드(Bead): 타이어가 휠 림에 단단히 고정되도록 하는 부분으로, 타이어의 이탈이나 늘어남을 방지하기 위해 고강도 강선이 삽입되어 있다.
- 브레이커(Breaker): 트레드와 카커스의 분리를 방지하고 노면 충격을 흡수하는 역할을 한다.
- 트레드(Tread): 타이어가 노면과 직접 접촉하는 부분으로, 제동력·구동력·횡방향 접지력 확보 및 승차감 향상에 중요한 역할을 한다.
- 카커스(Carcass): 타이어의 뼈대가 되는 부분으로 내열성이 우수한 고무로 밀착된 구조로 되어있으며 튜브 내 공기압을 견디고 일정한 체적을 유지하면서 완충 작용의 역할을 수행한다.

30

공기 브레이크 장치에서 앞바퀴로 압축공기가 공급되는 순서는?

① 공기탱크 - 퀵 릴리스 밸브 - 브레이크 밸브 - 브레이크 챔버
② 공기탱크 - 브레이크 챔버 - 브레이크 밸브 - 브레이크 슈
③ 공기탱크 - 브레이크 밸브 - 퀵 릴리스 밸브 - 브레이크 챔버
④ 브레이크 밸브 - 공기탱크 - 퀵 릴리스 밸브 - 브레이크 챔버

해설

브레이크 장치에서 앞바퀴로 압축공기가 공급되는 순서는 공기탱크 → 브레이크 밸브 → 퀵 릴리스 밸브 → 브레이크 챔버 이다.

관련개념 공기 브레이크 장치에서 압축공기가 앞바퀴로 공급되는 과정

- 공기탱크: 압축 공기를 저장한다.
- 브레이크 밸브: 운전자가 브레이크 페달을 밟으면 압축공기를 앞바퀴 브레이크 챔버로 공급한다.
- 퀵 릴리스 밸브: 브레이크 작동 해제 시 압축공기를 배출시켜 반응 속도를 높인다.
- 브레이크 챔버: 압축 공기의 압력을 이용하여고 브레이크 슈를 작동시켜 제동력을 발생시킨다.

31

십자형 자재이음에 대한 설명 중 틀린 것은?

① 주로 후륜 구동 시 자동차의 추진축에 사용된다.
② 십자 축과 두 개의 요크로 구성되어 있다.
③ 롤러베어링을 사이에 두고 축과 요크가 설치되어 있다.
④ 자재이음과 슬립이음 역할을 동시에 하는 형식이다.

해설

십자형 자재이음은 슬립이음의 역할을 동시에 수행하는 것이 아닌, 슬립이음과 함께 사용되어 추진축의 각도변화와 길이변화를 흡수하는 역할을 한다.

정답 28 ③ 29 ④ 30 ③ 31 ④

32

시동 off 상태에서 브레이크 페달을 여러 차례 작동 후 브레이크 페달을 밟은 상태에서 시동을 걸었는데 브레이크 페달이 내려가지 않는다면 예상되는 고장 부위는?

① 주차 브레이크 케이블
② 앞 바퀴 캘리퍼
③ 진공 배력장치
④ 프로포셔닝 밸브

해설
진공 배력장치의 진공이 부족한 경우 브레이크 성능이 저하될 수 있다.

선지분석
① 주차 브레이크 케이블: 주차된 차량이 움직이지 않도록 고정하는 장치로 레버를 작동하면 케이블을 통해 주로 뒷바퀴 브레이크를 작동시킨다.
② 앞 바퀴 캘리퍼: 브레이크 패드를 디스크 양면에 밀착시켜 마찰력을 발생시킴으로써 차량이 감속하거나 정지할 수 있도록 한다.
④ 프로포셔닝 밸브: 브레이크를 밟았을 때 뒷바퀴가 먼저 잠기는 것을 방지하기 위해 뒷바퀴로 전달되는 제동유압을 조절한다.

33

전동식 전자제어 동력조향장치에서 토크센서의 역할은?

① 차속에 따라 최적의 조향력을 실현하기 위한 기준 신호로 사용된다.
② 조향휠을 돌릴때 조향력을 연산할 수 있도록 기본 신호를 컨트롤 유닛에 보낸다.
③ 모터 작동시 발생되는 부하를 보상하기 위한 보상 신호로 사용된다.
④ 모터내의 로터 위치를 검출하여 모터 출력의 위상을 결정하기 위해 사용된다.

해설
토크센서는 조향 휠을 돌릴 때 최적의 조향력을 연산할 수 있도록 회전력, 차량 속도, 모터의 부하 등의 정보를 ECU에 제공한다.

관련개념 토크센서의 역할
- 조향력 감지: 스티어링 휠에 가해지는 토크(힘)를 감지한다.
- 센서 출력 신호: 컨트롤 유닛에 조향력 정보를 전달한다.
- 컨트롤 유닛: 토크센서 신호, 차속 정보 등을 기반으로 최적의 조향력 계산한다.
- 모터 제어: 계산된 조향력에 따라 모터 출력을 제어한다.

34

자동차의 무게 중심위치와 조향 특성과의 관계에서 조향각에 의한 선회 반지름보다 실제 주행하는 선회 반지름이 작아지는 현상은?

① 오버 스티어링
② 언더 스티어링
③ 파워 스티어링
④ 뉴트럴 스티어링

해설
오버 스티어링은 조향각에 의한 선회 반지름보다 실제 주행하는 선회 반지름이 작아지는 현상을 말한다.

선지분석
② 언더 스티어링: 조향각을 일정하게 하고 선회 시 선회 반경이 커지는 현상이다.
③ 파워 스티어링: 운전자가 편하게 핸들을 조작할 수 있도록 도와주는 보조 조향장치이다.
④ 뉴트럴 스티어링: 조향각에 따라 이론적인 선회 반지름 그대로 회전하는 이상적인 상태이다.

35

이모빌라이저 시스템에 대한 설명으로 틀린 것은?

① 차량의 도난을 방지할 목적으로 적용되는 시스템이다.
② 도난 상황에서 시동이 걸리지 않도록 제어한다.
③ 도난 상황에서 시동키가 회전되지 않도록 제어한다.
④ 엔진의 시동을 반드시 차량에 등록된 키로만 시동이 가능하다.

해설
도난 상황에서 시스템은 시동키의 작동을 차단하지만 시동키의 회전을 물리적으로 제한하는 기능은 포함하지 않는다.

관련개념 이모빌라이저(Immobilizer)
이모빌라이저(Immobilizer) 시스템은 차량 도난을 방지하기 위해 등록된 정품 키의 무선 인증 신호가 확인될 때에만 엔진 시동을 허용하는 장치이다.

정답 32 ③ 33 ② 34 ① 35 ③

36

주행거리가 짧은 전기자동차의 단점을 보완하기 위하여 만든 자동차로 전기자동차의 주동력인 전기 축전지에 보조 동력장치를 조합하여 만든 자동차는?

① 하이브리드 자동차
② 태양광 자동차
③ 천연가스 자동차
④ 전기 자동차

해설

하이브리드 자동차(HEV, Hybrid Electric Vehicle)는 두 가지 이상의 에너지원(주로 전기 배터리와 내연기관)을 함께 사용하는 차량이다. 전기자동차의 긴 충전 시간, 짧은 주행거리, 무거운 배터리 등의 단점을 보완하기 위하여 전기 배터리(축전지)에 보조 동력장치를 조합하여 만들어졌다.

선지분석

② 태양광 자동차: 태양광을 에너지원으로 사용하여 연료비가 들지 않고 지속 가능하다는 장점이 있지만, 기존 태양광 패널의 낮은 효율로 인해 보조 동력원 수준에서 개발되고 있다.
③ 천연가스 자동차: 압축천연가스(CNG)나 액화천연가스(LNG)를 연료로 사용하며 매연이 배출되지 않고 소음·진동이 매우 적어 정숙성이 뛰어나다.
④ 전기 자동차: 배터리(축전지)를 동력원으로 사용하며 주행 중 배출가스를 발생시키지 않는 무공해 차량이다.

37

자동변속기 유압시험 시 주의할 사항이 아닌 것은?

① 오일 온도가 규정 온도에 도달되었을 때 실시한다.
② 유압시험은 냉간, 중간, 열간 등 온도로 3단계로 나누어 실시한다.
③ 측정하는 항목에 따라 유압이 다를 수 있으므로 유압계 선택에 주의한다.
④ 규정 오일을 사용하고, 오일량을 정확히 유지하고 있는지 여부를 점검한다.

해설

유압시험은 오일의 온도에 따라 나누어 실시하는 것이 아니라 오일의 온도가 규정온도에 도달되었을 때 실시해야 한다.

38

수소 연료전지 전기차의 장점이 아닌 것은?

① 전기자동차보다 충전 속도가 빠르다.
② 장거리 주행에 유리하다.
③ 많은 탑재량을 요구하는 상용차에 유리하다.
④ 내연기관 자동차 및 전기차보다 가격 경쟁력이 좋다.

해설

수소차는 차량 가격 자체도 비싸지만 수소 충전소가 드물어 가격 경쟁력이 떨어진다.

관련개념 수소 연료전지 자동차의 장점

• 장점
 – 충전 시간이 짧다.
 – 한 번의 충전으로 500[km] 이상의 장거리 주행이 가능하다.
 – 수소는 우주에서 가장 풍부한 원소 중 하나로 고갈 위험이 낮다.
 – 연료전지는 물과 열만 배출하여 주행 중 탄소 배출이 없으며, 친환경적이다.
 – 수소 연료전지의 크기가 작아 차량 공간 활용이 유리하다.
• 단점
 – 수소 생산·저장·공급 등의 인프라가 부족하다.
 – 대량 생산 및 수송에 드는 비용과 기술적 장벽이 높다.
 – 수소를 친환경적으로 생산하지 않을 경우 전체적인 환경성은 저하될 수 있다.
 – 수소는 폭발 위험성이 있어 안전성에 우려가 있다.
 – 차량 가격이 비싸고 수소 충전소가 드물어 내연기관 자동차 및 전기차에 비해 가격 경쟁력이 떨어진다.

39

하이브리드 자동차 고전압 배터리 충전상태(SOC)의 일반적인 제한 영역은?

① 20~80[%]   ② 55~86[%]
③ 86~110[%] ④ 110~140[%]

해설

하이브리드(HEV, Hybrid Electric Vehicle) 자동차의 고전압 배터리 충전상태(SOC)의 일반적인 제한 영역은 20[%]~80[%]이다.

정답 36 ① 37 ② 38 ④ 39 ①

40

레이디얼타이어의 호칭이 "175/70 SR 14"일 때 "70"이 의미하는 것은?

① 최대속도
② 타이어 폭
③ 편평비
④ 타이어 내경

해설 타이어 호칭 기호
175: 폭(너비), 70: 편평비[%], S: 타이어 최대 허용속도, R: 레이디얼 타이어, 14: 림 직경[inch]

41

2[Ω], 3[Ω], 6[Ω]의 저항을 병렬로 연결하여 12[V]의 전압을 가하면 흐르는 전류는?

① 1[A]
② 2[A]
③ 3[A]
④ 12[A]

해설

병렬 합성 저항 $= \dfrac{1}{R_{eq}} = \sum_{i=1}^{n} \dfrac{1}{R_i} = \dfrac{1}{R_1} + \dfrac{1}{R_2} + \cdots + \dfrac{1}{R_n}$

$= \dfrac{1}{R_{eq}} = \dfrac{1}{2} + \dfrac{1}{3} + \dfrac{1}{6} = 1, R = 1[\Omega]$

옴의 법칙 $I = \dfrac{E[V]}{R[\Omega]} = \dfrac{12}{1} = 12[A]$

42

전기자동차에서 MCU(Motor Control Unit)에 대한 설명으로 잘못된 것은?

① EPCU 내부에 MCU가 있다.
② MCU가 인버터 기능을 한다.
③ 모터 구동에 고전압 배터리 직류를 사용한다.
④ 감속 또는 회생제동 시 발생한 에너지로 고전압 배터리를 충전시킨다.

해설
MCU(Motor Control Unit)는 고전압 배터리의 직류를 3상 교류(AC)로 변환해 모터를 구동한다.

43

전자제어 제동장치(ABS)의 적용 목적이 아닌 것은?

① 차량의 스핀 방지
② 휠 잠김(Lock) 유지
③ 차량의 방향성 확보
④ 차량의 조종성 확보

해설
전자제어 제동장치(ABS)는 휠 잠김을 방지하여 제동력을 조절할 수 있게 한다. 휠이 잠길 경우 차량은 방향성과 조종성을 상실한다.

관련개념 전자제어 제동장치(ABS)의 적용 목적
- 제동 시 바퀴의 잠김(미끄러짐)을 방지하여 스핀을 방지하고 주행 안정성을 유지한다.
- ECU가 브레이크를 제어함으로써 제동 중 조정성을 유지한다.
- 노면 상태에 따라 제동력을 조절하여 제동거리를 단축시킨다.

44

자동차용 AC발전기에서 자속을 만드는 부분은?

① 로터(Rotor)
② 스테이터(Stator)
③ 브러시(Brush)
④ 다이오드(Diode)

해설
로터는 AC발전기에서 회전하는 부분으로 엔진의 회전 운동을 통해 자속을 발생시켜 전기 에너지를 생성한다.

선지분석
② 스테이터(Stator): 교류 발전기에서 전기가 유도되는 부분으로, 직류 발전기의 전기자(Armature)에 해당하는 기능을 한다.
③ 브러시(Brush): 회전하는 로터에서 외부 전류를 공급하여 자기장을 만드는 역할을 한다.
④ 다이오드(Diode): 스테이터 코일에서 발생한 교류전기를 직류로 정류하며, 동시에 전류의 역류를 방지한다.

정답 40 ③ 41 ④ 42 ③ 43 ② 44 ①

45

자동차용 배터리의 충전방전에 관한 화학반응으로 틀린 것은?

① 배터리 방전 시 (+)극판의 과산화납은 점점 황산납으로 변한다.
② 배터리 충전 시 (+)극판의 황산납은 점점 과산화납으로 변한다.
③ 배터리 충전 시 물은 묽은 황산으로 변한다.
④ 배터리 충전 시 (−)극판에는 산소가, (+)극판에는 수소를 발생시킨다.

해설
배터리 충전시 (+)극판에는 산소가, (−)극판에는 수소가 발생한다.

관련개념 자동차 배터리의 충·방전 시 화학반응
- 배터리 충전 시
  - 양극판은 과산화납으로, 음극판은 해면상납으로, 전해액은 묽은 황산으로 변한다.
  - 양극판에는 산소가 음극판에는 수소가 발생한다.
- 배터리 방전 시
  - 양극판과 음극판은 황산납으로, 전해액인 묽은 황산은 물로 변한다.

46

다음 중 가속도(G) 센서가 사용되는 전자제어 장치는?

① 배기장치
② 에어백(SRS)장치
③ 정속주행장치
④ 분사장치

해설
가속도(G) 센서는 차량 충돌 시 발생하는 급격한 감속을 감지하는 장치로 차량의 충돌 여부를 판단하고 에어백(SRS) 장치의 전개 여부를 판단하는 데 사용된다.

선지분석
① 배기장치: 엔진에서 연소된 가스를 외부로 배출하는 장치이다.
③ 정속주행장치: 운전자가 가속 페달을 밟지 않아도 차량이 일정 속도를 유지하며 주행할 수 있도록 하는 장치이다.
④ 분사장치: ECU의 제어에 따라 인젝터의 작동 시간을 조절하며 작동 시간이 길수록 분사되는 연료의 양이 많아진다.

47

AC 발전기에서 전류가 발생하는 곳은?

① 전기자
② 스테이터
③ 로터
④ 브러시

해설
AC발전기에서 스테이터는 고정자로서 코일이 감겨져 있는 구조로, 회전하는 로터의 자속변화를 통해 유도전류가 발생하는 부분이다.

선지분석
① 전기자: 발전기에서 전류가 유도되어 발생하는 부분으로 AC(교류) 발전기에서는 스테이터가, DC(직류) 발전기에서는 회전자(로터)가 전기자 역할을 한다.
③ 로터: AC(교류)발전기에서는 회전하는 자석 역할을 하여 자기장을 생성하고 DC(직류)발전기에서는 전기자코일 역할을 하여 전기를 직접 만들어낸다.
④ 브러시: AC발전기에서는 로터에 계자 전류를 공급하는 역할을 하고 DC(직류) 발전기에서는 발생한 전류를 외부 회로로 전달하는 역할을 한다.

48

엔진 정지상태에서 기동스위치를 "ON"시켰을 때 축전지에서 발전기로 전류가 흘렀다면 그 원인은?

① ⊕ 다이오드가 단락되었다.
② ⊕ 다이오드가 절연되었다.
③ ⊖ 다이오드가 단락되었다.
④ ⊖ 다이오드가 절연되었다.

해설
⊕ 다이오드가 단락되었을 때 엔진 정지상태에서 기동스위치를 켜면 전류가 축전지에서 발전기로 흐르게 된다.

정답 45 ④ 46 ② 47 ② 48 ①

49

다음 그림은 CCS 콤보 타입 충전구(Inlet) 형상이다. 단자 번호에 대한 설명이 잘못된 것은?

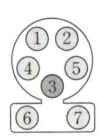 

완속
급속

① 1, 2 : AC
② 3 : 접지
③ 4, 5 : 중성선
④ 6, 7 : DC

해설

④, ⑤는 신호선에 해당한다.

관련개념 콤보 CCS에 대한 이해

- 결합 충전 시스템(CCS)은 전기자동차 충전을 위한 글로벌 표준 방식이다.
- 콤보 1과 콤보 2 커넥터를 사용하며, 최대 500[kW]의 전력을 공급할 수 있다.
- 이 두 커넥터는 각각 IEC 62196 Type 1 및 Type 2 커넥터를 기반으로 하며, 고전력 DC 고속 충전을 위해 두 개의 직류(DC) 단자가 추가된 구조이다.
- 과거에는 대부분 AC 충전 전용 인렛을 사용했지만, e-모빌리티의 발전과 충전 시간 단축 요구에 따라 DC 급속 충전 방식이 도입되었다.
- CCS 커넥터는 AC와 DC 충전 기능을 하나의 인터페이스에 통합한 결합형 시스템이다.

50

엔진의 냉각장치를 점검·정비할 때 안전 및 유의사항으로 틀린 것은?

① 방열기 코어가 파손되지 않도록 한다.
② 워터 펌프 베어링은 세척하지 않는다.
③ 방열기 캡을 열 때는 압력을 서서히 제거하며 연다.
④ 누수 여부를 점검할 때 압력시험기의 지침이 멈출 때까지 압력을 가압한다.

해설

압력시험기를 사용할 때는 지정된 압력까지만 가압해야 한다. 지침이 멈출 때까지 가압하는 것은 매우 위험하다.

51

가솔린 기관의 점화코일에 대한 설명으로 틀린 것은?

① 1차코일의 저항보다 2차코일의 저항이 크다.
② 1차코일의 유도전압보다 2차코일의 유도전압이 낮다.
③ 1차코일의 굵기보다 2차코일의 굵기가 가늘다.
④ 1차코일의 권수보다 2차코일의 권수가 많다.

해설

1차코일의 유도전압보다 2차코일의 유도전압이 높다.

52

재해 발생 원인으로 가장 높은 비율을 차지하는 것은?

① 작업자의 불안전한 행동
② 불안전한 작업환경
③ 작업자의 성격적 결함
④ 사회적 환경

해설

작업자의 불안전한 행동이 재해 발생 원인 중 가장 높은 비율을 차지한다.

관련개념 재해 발생 원인

	유형	내용	
직접적	불안전한 행동 (인적 요인)	· 위험 장소 접근 · 안전장치의 기능 제거 · 복장·보호구의 잘못 사용 · 기계·기구의 잘못 사용 · 운전 중인 기계장치의 손질	· 불안전한 속도 조작 · 위험물 취급 부주의 · 불안전한 상태 방치 · 불안전한 자세 및 동작
직접적	불안전한 상태 (물적 요인)	· 물체 자체의 결함 · 안전방호장치 결함 · 복장·보호구의 결함 · 물체의 배치 및 작업장소 결함	· 작업환경의 결함 · 생산공정의 결함 · 경계표시·설비의 결함
간접적	기술적 원인	· 건물·기계장치 설계 불량 · 구조·재료의 부적합	· 생산공정의 부적절한 설계 · 점검·정비보전 불량
간접적	교육적 원인	· 안전의식의 부족 · 안전수칙의 오해 · 경험·훈련의 미숙	· 작업방법 교육의 불충분 · 유해위험작업 교육의 불충분
간접적	작업관리상 원인	· 안전관리조직체계 미흡 · 인진수칙 미제정 · 불충분한 작업준비	· 부적절한 인원배치 · 부적절한 작업지시

정답 49 ③ 50 ④ 51 ② 52 ①

53

전기 기계나 기구의 노출된 충전부에 직접접촉에 의한 감전 방지책이 아닌 것은?

① 충전부가 노출되지 않도록 한다.
② 충전부에 방호망 또는 절연 덮개를 설치한다.
③ 발전소, 변전소 및 개폐소에 관계 근로자 외 출입을 금지한다.
④ 작업장 바닥 절연처리와 절연물 마감처리를 한다.

해설
작업장 바닥 절연처리와 절연물 마감처리는 노출된 충전부에 직접접촉에 의한 감전 방지책에 해당하지 않는다.

관련개념
산업안전보건기준에 관한 규칙 제301조에 따라, 전기 기계나 기구의 노출된 충전부에 직접접촉에 의한 감전을 방지하기 위하여 다음 방법 중 하나 이상의 방법으로 방호하여야 한다.
- 충전부가 노출되지 않도록 폐쇄형 외함(外函)이 있는 구조로 할 것
- 충전부에 충분한 절연효과가 있는 방호망이나 절연덮개를 설치할 것
- 충전부는 내구성이 있는 절연물로 완전히 덮어 감쌀 것
- 발전소·변전소 및 개폐소 등 구획되어 있는 장소로서 관계 근로자가 아닌 사람의 출입이 금지되는 장소에 충전부를 설치하고, 위험표시 등의 방법으로 방호를 강화할 것
- 전주 위 및 철탑 위 등 격리되어 있는 장소로서 관계 근로자가 아닌 사람이 접근할 우려가 없는 장소에 충전부를 설치할 것

54

기동전동기의 시험과 관계없는 것은?

① 저항 시험   ② 회전력 시험
③ 고부하 시험   ④ 무부하 시험

해설
일반적으로 기동전동기의 시험에 고부하 시험은 포함되지 않는다.

선지분석 기동전동기의 시험
① 저항 시험: 권선 저항을 측정하고 단락 및 접지 불량을 확인한다.
② 회전력 시험: 토크, 속도, 출력을 측정한다.
④ 무부하 시험: 소비전력과 무부하 전류을 측정한다.

55

산소용접에서 안전한 작업수칙으로 옳은 것은?

① 기름이 묻은 복장으로 작업한다.
② 산소밸브를 먼저 연다.
③ 아세틸렌 밸브를 먼저 연다.
④ 역화하였을 때는 아세틸렌 밸브를 빨리 잠근다.

해설
아세틸렌 밸브를 연 다음 산소 밸브를 열어 점화시켜야 하고, 닫을 때는 산소 밸브를 먼저 닫아야 한다.

관련개념 산소 – 아세틸렌 용접 작업시 주의 사항
- 산소, 아세틸렌 용기는 안정되게 세워서 보관한다.
- 밸브 및 연결 부분에 기름이 묻어서는 안 된다.
- 보안경, 용접 장갑, 앞치마를 반드시 착용하고 작업한다.
- 점화 시 아세틸렌 밸브를 먼저 열고 난 후 산소밸브를 열어 불꽃을 조정한다. (소화 시에는 반대 순서)
- 역화 발생 시에는 먼저 산소밸브를 잠그고 아세틸렌 밸브를 잠근다.
- 산소용기는 40[°C] 이하의 장소에서 보관한다.
- 산소용기는 고압으로 충전되어 있으므로 취급 시 충격을 금한다.
- 아세틸렌은 1.5기압 이상 시 폭발 위험성이 있다.
- 아세틸렌은 $1.0[kgf/cm^2]$ 이하로 한다.
- 가스의 누출 점검은 비눗물을 사용하여 점검한다.
- 산소용 호스는 녹색, 아세틸렌용 호스는 적색을 사용한다.
- 토치를 함부로 분해하지 않는다.
- 용기를 운반할 때는 운반차를 이용한다.

56

절삭기계 테이블의 T홈 위에 있는 칩 제거 시 가장 적합한 것은?

① 걸레   ② 맨손
③ 솔   ④ 장갑 낀 손

해설
절삭작업 중 발생한 칩은 솔을 사용하여 제거한다.

정답 53 ④ 54 ③ 55 ③ 56 ③

57

화재의 분류 기준에서 휘발유로 인해 발생한 화재는?

① A급 화재 ② B급 화재
③ C급 화재 ④ D급 화재

> **해설**
> B급 화재는 석유, 페인트, 가스 등 유류 가스화재를 말하며 공기를 차단하고 분말소화기를 사용하여 소화할 수 있다.

관련개념

화재 분류	색상	원인 물질	소화방법	비고
일반화재 (A급)	백색	나무, 솜, 종이, 고무 등	물 또는 분말소화기 사용	타고난 후 재가 남음
유류가스화재 (B급)	황색	석유, 페인트, 가스 등	공기 차단, 분말소화기 사용	토사나 소화기 사용 (물로 소화 시 연소면 확대)
전기화재 (C급)	청색	전기 스파크, 단락, 과부하 등	이산화탄소, 특수소화기 사용	물 사용 시 감전 위험이 있음
금속화재 (D급)	무색	철분, 마그네슘, 칼륨 등	건모래, 팽창질석, 특수 소화기 사용	물 사용 시 폭발 위험 있음

58

해머작업 시 안전수칙으로 틀린 것은?

① 해머는 처음과 마지막 작업 시 타격력을 크게 할 것
② 해머로 녹슨 것을 때릴 때는 반드시 보안경을 쓸 것
③ 해머의 사용 면이 깨진 것은 사용하지 말 것
④ 해머 작업 시 타격 가공하려는 곳에 눈을 고정시킬 것

> **해설**
> 해머 작업 시 처음에는 약하게 타격하고, 작업 상태를 확인하면서 타격의 세기를 조절하여 진행해야 한다.

59

LPG 자동차 관리에 대한 주의 사항 중 틀린 것은?

① LPG가 누출되는 부위를 손으로 막으면 안 된다.
② 가스 충전 시에는 합격 용기인가를 확인하고, 과충전되지 않도록 해야 한다.
③ LPG는 온도상승에 의한 압력상승이 있기 때문에 용기는 직사광선 등을 피하는 곳에 설치하고 과열되지 않아야 한다.
④ 엔진실이나 트렁크 실 내부 등을 점검할 때 라이타나 성냥 등을 켜고 확인한다.

> **해설**
> LPG 가스의 누설 가능성이 있기 때문에 라이터나 성냥 등을 사용할 경우 가스가 점화되어 폭발할 수 있으므로 절대 사용해서는 안 된다.

60

하이브리드 자동차의 정비 시 주의 사항으로 틀린 것은?

① 하이브리드 모터 작업 시 휴대폰, 신용카드 등은 휴대하지 않는다.
② 고전압 케이블(U, V, W상의) 극성은 올바르게 연결한다.
③ 도장 후 고압 배터리는 헝겊으로 덮어두고 열처리한다.
④ 엔진 룸의 고압 세차는 하지 않는다.

> **해설**
> 도장 후 고압 배터리를 헝겊으로 덮어두면 열 발산이 방해되어 오히려 배터리 손상 및 폭발의 위험이 있다.
>
> **관련개념** 하이브리드 자동차의 정비할 때 주의 사항
> - 조립 및 탈거 시 배터리 위에 어떠한 것도 놓지 말아야 한다.
> - 취급 기술자는 고전압 시스템에 대한 검사와 서비스 교육이 선행되어야 한다.
> - 고전압 배터리는 "고전압" 주의 경고가 있으므로 취급 시 주의를 기울여야 한다.
> - 하이브리드 모터 작업 시 휴대폰, 신용카드 등은 휴대하지 않는다.
> - 전압 케이블(U, V, W상의) 극성은 올바르게 연결한다.
> - 엔진 룸의 고압 세차는 하지 않는다.

정답 57 ② 58 ① 59 ④ 60 ③

2024년 2회 CBT 복원문제

01
압축비가 동일할 때 이론 열효율이 가장 높은 사이클은?

① 오토 사이클
② 사바테 사이클
③ 디젤 사이클
④ 브레이튼 사이클

해설
압축비가 동일할 때 이론 열효율은 오토(정적) 사이클 > 사바테(복합) 사이클 > 디젤(정압) 사이클 순으로 크다.

관련개념
오토 사이클은 압축 과정이 상대적으로 길어 높은 압축비를 유지할 수 있기 때문에 압축비가 동일한 경우에 이론 열효율이 가장 높다. 또한, 연소 과정이 압축 후에 일어나므로 냉각된 공기와 연료가 혼합되면서 발생하는 손실을 줄임으로써 연소 효율을 높일 수 있다.

02
디젤 엔진에서 연료 공급펌프 중 프라이밍 펌프의 기능은?

① 기관이 작동하고 있을 때 펌프에 연료를 공급한다.
② 기관이 정지되고 있을 때 수동으로 연료를 공급한다.
③ 기관이 고속 운전을 하고 있을 때 분사펌프의 기능을 돕는다.
④ 기관이 가동하고 있을 때 분사펌프에 있는 연료를 빼는 데 사용한다.

해설
프라이밍 펌프는 디젤 엔진의 연료 공급 장치 중 하나로, 기관(엔진)이 정지된 상태에서 수동으로 작동시켜 연료 탱크의 연료를 흡입하고 분사 펌프에 공급하는 역할을 한다.

03
배출 가스 중에서 유해가스에 해당하지 않는 것은?

① 질소
② 일산화탄소
③ 탄화수소
④ 질소산화물

해설
차량에서 배출되는 대표적인 유해가스: CO(일산화탄소), HC(탄화수소), NOx(질소산화물)

04
전자제어 연료분사 장치에서 연료펌프의 구동상태를 점검하는 방법으로 틀린 것은?

① 연료펌프 모터의 작동음을 확인한다.
② 연료 압력을 측정한다.
③ 연료의 송출 여부를 점검한다.
④ 연료펌프를 분해하여 점검한다.

해설
연료펌프는 연료탱크 내에 장착되어 있어 분해가 번거롭기 때문에 초기 점검 단계에는 권장되지 않는 방법으로, 정밀한 정비나 고장 시에만 분해하여 수리한다.

관련개념 연료펌프 구동상태 점검 방법
- 펌프가 작동하는 소리를 듣거나 연료 압력을 측정하여 정상적으로 작동하는지 확인한다.
- 연료펌프에 전류를 흘려 펌프가 소모하는 전류를 측정하여 이상 유무를 판단한다.

05
전자제어 가솔린 기관에서 ECU에 입력되는 신호를 아날로그와 디지털 신호로 나누었을 때 디지털 신호는?

① 열막식 공기유량 센서
② 인덕티브 방식의 크랭크각 센서
③ 옵티컬 방식의 크랭크각 센서
④ 포텐쇼미터 방식의 스로틀포지션 센서

해설
옵티컬(Optical) 방식 크랭크각 센서는 발광 다이오드(LED)와 포토다이오드를 이용하여 엔진의 회전 각도를 디지털 신호로 출력하는 장치이다.

정답 01 ① 02 ② 03 ① 04 ④ 05 ③

06

가솔린 엔진에서 심한 노킹이 일어나면?

① 급격한 연소로 고온, 고압이 되어 충격파를 발생한다.
② 배기가스 온도가 상승한다.
③ 기관의 온도 저하로 냉각수 손실이 작아진다.
④ 최고압력이 떨어지고 출력이 증대된다.

해설
노킹은 내연 기관의 실린더 내에서 연료가 비정상적으로 연소되어 고온·고압 상태가 되며 이로 인해 충격파가 발생하는 현상이다.

관련개념

가솔린 기관의 노킹 원인	가솔린 기관의 노킹 방지 대책
• 가솔린과 공기의 혼합비가 너무 낮은 경우 • 실린더가 과열된 경우 • 압축비가 높은 경우 • 연료의 옥탄가가 낮은 경우 • 점화시기가 빠른 경우 • 흡기온도와 압력이 높은 경우	• 압축비를 낮춘다. • 화염전파 거리를 단축시킨다. (화염전파 속도를 높인다.) • 말단가스는 배기밸브로부터 먼 곳에 위치시킨다. • 연소기간을 단축시킨다. • 점화시기를 늦춘다. • 흡입 공기온도와 냉각수 온도를 낮춘다. • 옥탄가가 높은 연료를 사용한다.

07

전자제어 엔진의 연료펌프 내부에 체크밸브(Check Valve)가 하는 역할은?

① 차량 전복 시 화재발생을 방지하기 위해 사용된다.
② 연료라인의 과도한 연료압 상승을 방지하기 위한 목적으로 설치한다.
③ 인젝터에 가해지는 연료의 잔압을 유지시켜 베이퍼 록 현상을 방지한다.
④ 연료라인에 적정 작동압이 상승될 때까지 시간을 지연시킨다.

해설
체크밸브는 연료의 잔압을 유지시켜 베이퍼 록 현상을 방지한다.

관련개념 체크밸브의 역할
• 유체의 흐름을 한 방향으로만 흐르게 하여 역류를 방지한다.
• 인젝터에 가해지는 잔압을 유지하여 베이퍼 록 현상과 공기흡입을 방지한다.
• 재시동성을 용이하게 한다.

08

자동차용 가솔린 연료의 물리적 특성으로 틀린 것은?

① 인화점은 약 -40[℃] 이하이다.
② 비중은 약 0.65~0.75 정도이다.
③ 자연 발화점은 약 250[℃]로서 경유에 비하여 낮다.
④ 발열량은 약 11,000[kcal/kg]로서 경유에 비하여 높다.

해설
가솔린의 자연 발화점은 약 280[℃]로 경유(약 210[℃])보다 높다.

09

CRDi 디젤엔진에서 기계식 저압펌프의 연료공급 경로가 맞는 것은?

① 연료탱크 → 저압펌프 → 연료필터 → 고압펌프 → 커먼레일 → 인젝터
② 연료탱크 → 연료필터 → 저압펌프 → 고압펌프 → 커먼레일 → 인젝터
③ 연료탱크 → 저압펌프 → 연료필터 → 커먼레일 → 고압펌프 → 인젝터
④ 연료탱크 → 연료필터 → 저압펌프 → 커먼레일 → 고압펌프 → 인젝터

해설
• 기계식 저압펌프 방식: 연료탱크 → 연료필터 → 저압펌프 → 고압펌프 → 커먼레일 → 인젝터
• 전기식 저압펌프 방식: 연료탱크 → 연료펌프 → 연료필터 → 고압펌프 → 커먼레일 → 인젝터

관련개념
CRDI(Common Rail Direct Injection) 디젤 엔진은 고압 연료를 커먼 레일(Common Rail)에 저장한 뒤 전자제어 시스템(ECU)에 의해 연료의 분사 시기와 분사량, 압력 등을 정밀하게 조절하여 연소 효율을 높이는 방식이다.

정답 06 ① 07 ③ 08 ③ 09 ②

10

병렬형 하드 타입 하이브리드 자동차에 대한 설명으로 옳은 것은?

① 배터리 충전은 엔진이 구동시키는 발전기로만 가능하다.
② 구동모터가 플라이휠에 장착되고 변속기 앞에 엔진 클러치가 있다.
③ 엔진과 변속기 사이에 구동모터가 있는데 모터만으로는 주행이 불가능하다.
④ 구동모터는 엔진의 동력보조뿐만 아니라 순수 전기모터로도 주행이 가능하다.

> 해설
> 병렬형 하드 타입 하이브리드 자동차는 엔진과 모터의 동력 흐름이 병렬로 구성되어 있어 두 동력을 함께 사용하거나 각각 독립적으로 선택하여 구동할 수 있는 방식이다. 이로 인해 구동 모터는 엔진의 동력 보조뿐만 아니라 전기모터만으로도 단독주행이 가능하다.

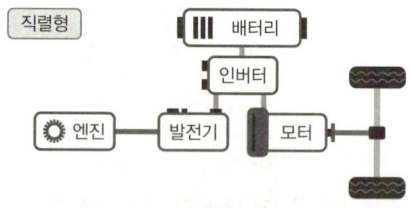

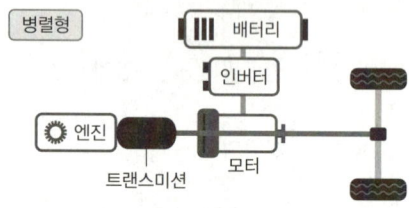

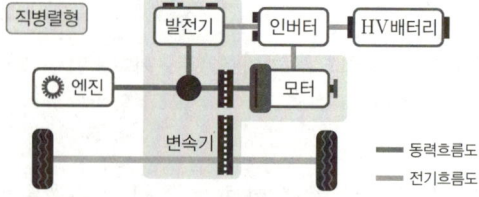

> 관련개념 병렬형 하이브리드 자동차의 특징
> • 모터는 주로 엔진의 동력을 보조하므로 에너지 변환 과정에서의 손실이 적다.
> • 기존 내연기관 차량의 구동계를 변경하지 않고 하이브리드 시스템을 적용할 수 있다.
> • 소프트 타입은 일반 주행 시에도 주행조건에 따라 엔진이 주로 구동 역할을 한다.
> • 하드 타입은 EV 주행 중 엔진 시동을 위해 별도의 클러치나 구동 연결 장치가 필요하다.
> • 구동 모터는 엔진의 동력보조뿐만 아니라 전기모터만으로도 단독주행이 가능하다.

11

EGR(배기가스 재순환 장치)과 관계있는 배기가스는?

① CO
② HC
③ NOx
④ H_2O

> 해설
> 배기가스 재순환장치(Exhaust Gas Recirculation, EGR)은 배기가스 일부를 흡기계로 재순환시켜 혼합기의 연소온도를 낮춤으로써 내연기관에서 발생하는 질소산화물(NOx)의 배출을 감소시킨다.

12

각종 센서의 내부 구조 및 원리에 대한 설명으로 거리가 먼 것은?

① 냉각수 온도 센서: NTC를 이용한 서미스터 전압값의 변화
② MAP 센서: 진공으로 인한 저항(피에조)값을 변화
③ 지르코니아 산소센서: 온도에 의한 전류값을 변화
④ 스로틀(밸브) 위치 센서: 가변저항을 이용한 전압값 변화

> 해설
> 지르코니아 산소센서는 배기가스 중의 산소 농도와 대기 중 산소 농도의 차이에 따라 전압을 발생시키는 센서이다. 이 전압 신호를 통해 혼합기의 농후(연료 많음) 또는 희박(산소 많음) 상태를 판단한다.

13

디젤기관에서 연료 분사시기가 과도하게 빠를 경우 발생할 수 있는 현상으로 틀린 것은?

① 노크를 일으킨다.
② 배기가스가 흑색이다.
③ 기관의 출력이 저하된다.
④ 분사압력이 증가한다.

> 해설
> 디젤기관에서 연료 분사압력은 분사 시스템의 설계에 따라 결정되므로 연료의 분사 시기에 따라 분사압력이 증가하지는 않는다.
>
> 관련개념 디젤기관에서 연료 분사시기가 빠를 때 발생하는 현상
> • 노크 현상이 발생한다.
> • 연소가 불량하여 배기가스가 흑색이다.
> • 기관의 출력이 저하된다.
> • 저속에서 회전이 불량해진다.

정답 10 ④ 11 ③ 12 ③ 13 ④

14

하이브리드 자동차의 고전압 배터리 관리시스템에서 셀 밸런싱 제어의 목적은?

① 배터리의 적정 온도 유지
② 상향별 입출력 에너지 제한
③ 배터리 수명 및 에너지 효율 증대
④ 고전압 계통 고장에 의한 안전사고 예방

> **해설**
> 셀 밸런싱 제어는 배터리의 수명과 에너지 효율을 높이기 위하여 개별 셀 간의 충전상태나 전압 차이를 보정하여 모든 셀의 전압을 균일하게 유지하는 시스템이다.

15

밸브스프링의 점검 항목 및 점검 기준으로 틀린 것은?

① 장력: 스프링 장력의 감소는 표준값의 10[%] 이내일 것
② 자유고: 자유고의 낮아짐 변화량은 3[%] 이내일 것
③ 직각도: 직각도는 자유높이 100[mm]당 3[mm] 이내일 것
④ 접촉면의 상태는 2/3 이상 수평일 것

> **해설**
> 스프링의 장력 감소는 표준값의 15[%] 이내여야 한다.

16

20[km/hr]로 주행하는 차가 급가속하여 10[s] 후에 56[km/hr]가 되었을 때 가속도는?

① $1[m/s^2]$
② $2[m/s^2]$
③ $5[m/s^2]$
④ $8[m/s^2]$

> **해설**
> 가속도$[m/s^2] = \dfrac{\text{나중 속도} - \text{처음 속도}}{\text{소요 시간}}$
> $= \dfrac{(56-20)[km/h]}{10[s]} = \dfrac{36[km/h]}{10[s]} = \dfrac{10[m/s]}{10[s]} = 1[m/s^2]$
>
> ※ $36[km/h] = 36 \times \dfrac{km}{h} \times \dfrac{1,000[m]}{1[km]} = \dfrac{1[h]}{3,600[s]} = 10[m/s]$

17

가솔린 기관의 삼원촉매장치(Catalytic Converter)에서 정화되는 가스가 아닌 것은?

① NOx
② CO
③ HC
④ O_2

> **해설**
> 삼원촉매(Catalytic Convertor)는 엔진에서 배출되는 유해가스 성분을 정화하는 역할을 한다.
> • 일산화탄소(CO) ⇒ 이산화탄소(CO_2)
> • 탄화수소(HC) ⇒ 물(H_2O), 이산화탄소(CO_2)
> • 질소산화물(NOx) ⇒ 질소(N_2), 산소(O_2)

18

LPG(Liquefied Petroleum Gas) 엔진 중 피드백 믹서방식의 특징이 아닌 것은?

① 연료 분사펌프가 있다.
② 대기오염이 적다.
③ 경제성이 좋다.
④ 엔진오일의 수명이 길다.

> **해설**
> 피드백 믹서 방식은 연료 분사 펌프 없이 엔진의 흡입 진공을 이용하여 연료를 흡입하고 연료와 공기를 혼합하는 방식이다.
>
> **관련개념** 피드백 믹서 방식의 특징
> • 흡기 매니폴드에 장착된 믹서를 통해 연료와 공기를 혼합한 후 엔진에 공급하는 방식이다.
> • 연료 분사 펌프 없이 엔진의 흡입 진공을 이용해 연료를 흡입한다.
> • 구조가 비교적 단순하여 유지 및 관리가 쉽고 제작 비용이 저렴하다.
> • 연료 분사 시기와 분사량을 정밀하게 제어하기 어려워 연료 소비가 증가하고 배기가스 배출이 많아질 수 있다.

정답 14 ③ 15 ① 16 ① 17 ④ 18 ①

19

디젤엔진의 연소실 형식 중 연소실 표면적이 작아 냉각 손실이 작은 특징이 있고, 시동성이 양호한 형식은?

① 예연소실식
② 직접분사실식
③ 와류실식
④ 공기실식

해설

직접분사실식은 연소실 표면적이 작아 냉각 손실이 작고 시동성이 양호한 특징이 있다.

선지분석

① 예연소실식: 피스톤 헤드에 별도로 예연소실이 형성되어 있다.
③ 와류실식: 피스톤 헤드에 와류를 발생시키는 구조가 형성되어 있다.
④ 공기실식: 피스톤 헤드의 중앙에 공기실이 형성되어 있다.

관련개념 직접분사실식의 특징

- 실린더 헤드 구조가 단순하다.
- 열효율이 높아 연료 소비율이 낮고 시동성이 우수하다.
- 연소실 표면적이 작아 열손실이 적다.
- 사용 연료 품질에 민감하여 노크가 발생하기 쉬운 단점이 있다.

20

제동마력(BHP)을 지시마력(IHP)으로 나눈 값은?

① 기계효율
② 열효율
③ 체적효율
④ 전달효율

해설

기계효율[%] = $\frac{제동마력}{지시마력} \times 100$

선지분석

② 열효율[%] = $\frac{유효\ 출력(일)}{공급\ 열량} \times 100$
③ 체적효율[%] = $\frac{흡입행정\ 중\ 실린더에\ 흡입된\ 공기질량}{행정\ 체적에\ 해당하는\ 이론적\ 대기질량} \times 100$
④ 전달효율[%] = $\frac{구동륜\ 출력}{엔진\ 출력} \times 100$

21

공기청정기가 막혔을 때의 배기가스 색으로 가장 알맞은 것은?

① 무색
② 백색
③ 흑색
④ 청색

해설

공기청정기가 막히면 유입되는 공기의 양이 줄어들어 상대적으로 연료의 양이 많아지므로 연소가 농후해져 흑색(검은색) 배기가스가 배출된다.

선지분석

① 무색: 정상적인 연소 상태에서는 거의 무색이며 외부 온도에 따라 일시적으로 수증기가 보일 수 있다.
② 백색: 냉각수가 연소실에 유입되어 수증기로 배출될 경우 흰색(백색) 배기가스가 배출된다.
④ 청색: 피스톤링 마모 또는 밸브 가이드 씰 손상 등으로 인하여 윤활유가 연소실로 유입되어 함께 연소될 경우 청색 배기가스가 발생한다.

22

산소센서에 대한 설명으로 옳은 것은?

① 농후한 혼합기가 연소된 경우 센서 내부에서 외부 쪽으로 산소 이온이 이동한다.
② 산소센서의 내부에는 배기가스와 같은 성분의 가스가 봉입되어 있다.
③ 촉매 전·후의 산소센서는 서로 같은 기전력을 발생하는 것이 정상이다.
④ 광역 산소센서에서 히팅 코일 접지와 신호 접지 라인은 항상 0[V]이다.

선지분석

② 가스가 산소센서 내부에 봉입되어 있으면 산소센서는 기능을 상실하므로 주로 배기 파이프에 설치되어 있으며, 지르코니아(ZrO_2) 소재를 사용하고 산소센서의 외부 전극 측에 배기가스가 접촉된다.
③ 산소 센서의 촉매 전후 출력이 같다면 촉매가 손상된 것이다.
④ 히팅 코일 접지는 ECU가 듀티 제어(PWM)하기 때문에 신호선이나 접지선에 펄스 전압이 걸릴 수 있다.

정답 19 ② 20 ① 21 ③ 22 ①

23

부특성 서미스터(Thermistor)에 해당하는 것으로 나열된 것은?

① 냉각수온 센서, 흡기온도 센서
② 냉각수온 센서, 산소 센서
③ 산소 센서, 스로틀 포지션 센서
④ 스로틀 포지션 센서, 크랭크 앵글 센서

해설

부특성 서미스터는 온도가 상승할수록 저항값이 감소하며, 냉각수온 센서, 흡기온도 센서, 외기온도 센서 등 다양한 온도 감지용 센서에 사용된다.

24

공기 브레이크의 구성품이 아닌 것은?

① 공기 압축기
② 브레이크 챔버
③ 브레이크 휠 실린더
④ 퀵 릴리스 밸브

해설

브레이크 휠 실린더는 유압식 브레이크 시스템에 사용된다.

관련개념 공기식 제동장치의 구성요소

압축 공기 계통	공기압축기, 압력 조정기, 언로더 밸브, 압축 공기 탱크, 공기 드라이어
브레이크 계통	브레이크 밸브, 릴레이 밸브, 퀵 릴리스 밸브, 브레이크 캠, 브레이크 챔버
안전 계통	저압 표시기, 체크밸브, 안전밸브

25

자동변속기에서 유성기어 캐리어를 한 방향으로만 회전하게 하는 것은?

① 원웨이 클러치
② 프론트 클러치
③ 리어 클러치
④ 엔드 클러치

해설

원웨이 클러치(일방향 클러치)는 유성기어 캐리어를 한 방향으로만 회전할 수 있게 하고 반대 방향의 회전은 차단하여 동력 전달을 단속한다.

26

추진축의 자재이음은 어떤 변화를 가능하게 하는가?

① 축의 길이
② 회전 속도
③ 회전축의 각도
④ 회전 토크

해설

추진축의 자재이음은 변속기와 종감속장치의 구동각에 변화를 준다.

27

전동식 냉각팬의 장점 중 거리가 가장 먼 것은?

① 서행 또는 정차 시 냉각 성능 향상
② 정상 온도 도달시간 단축
③ 엔진 최고 출력 향상
④ 작동온도가 항상 균일하게 유지

해설

전동식 냉각팬은 엔진의 최고 출력을 직접적으로 향상시키는 장치는 아니다.

관련개념 전동식 냉각팬의 장점

- 엔진 온도에 따라 냉각팬의 회전수를 조절하여 엔진이 정상온도에 빨리 도달할 수 있게 한다.
- 온도에 따라 냉각핀이 정밀하게 제어되므로 엔진 온도를 안정적으로 유지할 수 있다.
- 엔진 회전수와 무관하게 전기모터로 구동되므로 서행이나 정차 시에도 충분한 냉각 성능을 발휘할 수 있다.
- 엔진 출력의 일부를 직접 사용하지 않기 때문에 기관 동력 손실이 적다.

정답 23 ① 24 ③ 25 ① 26 ③ 27 ③

28

전자제어 현가장치(Electronic Control Suspension)에서 사용하는 센서에 속하지 않는 것은?

① 차속 센서
② 차고 센서
③ 스로틀 포지션 센서(TPS)
④ 냉각수 온도 센서

해설
냉각수 온도센서는 엔진의 냉각수 온도를 감지하는 센서로 엔진 제어장치(ECU)에 속한다.

관련개념 전자제어 현가장치(ECS)의 입력과 출력

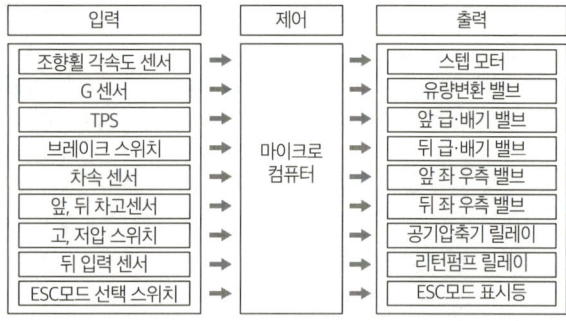

29

타이어의 구조에 해당하지 않는 것은?

① 트레드
② 압력판
③ 카커스
④ 브레이커

해설
압력판은 수동변속기의 클러치 구성요소이다.

30

다음 중 수동변속기 기어의 2중 결합을 방지하기 위해 설치한 기구는?

① 앵커 블록
② 시프트 포크
③ 인터록 기구
④ 싱크로나이저 링

해설
인터록(Interlock) 기구는 수동변속기에서 기어변속 체결 시 기어의 이중물림(2중 결합)을 방지하기 위해 사용된다.

선지분석
① 앵커 블록: 기어의 축이 회전할 때 흔들리지 않도록 고정시킨다.
② 시프트 포크: 변속레버의 움직임을 받아 기어를 선택한다.
④ 싱크로나이저 링: 두 개의 기어의 회전속도가 일치하면 슬립 클러치가 작동하여 기어가 물리도록 한다.

31

수동변속기에서 클러치(Clutch)의 구비 조건으로 틀린 것은?

① 동력을 차단할 경우에는 차단이 신속하고 확실할 것
② 미끄러지는 일이 없이 동력을 확실하게 전달할 것
③ 회전부분의 평형이 좋을 것
④ 회전관성이 클 것

해설
수동변속기의 클러치는 회전관성이 작아야 한다.

관련개념 클러치의 구비조건
• 내열성이 좋아야 한다.
• 회전부분의 평형이 좋아야 한다.
• 동력을 빠르고 정확하게 전달해야 한다.
• 방열이 잘 되어 과열되지 않아야 한다.
• 회전관성이 작아야 한다.

정답 28 ④ 29 ② 30 ③ 31 ④

32

동력조향장치(Power Steering System)의 장점으로 틀린 것은?

① 조향 조작력을 작게 할 수 있다.
② 앞바퀴의 시미현상을 방지할 수 있다.
③ 조향 조작이 경쾌하고 신속하다.
④ 고속에서 조향력이 가볍다.

해설
동력조향장치는 고속에서 조향력이 무겁다.

관련개념 동력조향장치의 장단점
- 장점
  - 작은 힘으로 조향 조작을 할 수 있다.
  - 조향기어비를 조작력에 관계없이 설정할 수 있다.
  - 노면의 충격을 흡수하여 조향핸들에 전달되는 것을 방지한다.
  - 앞바퀴의 시미현상을 감소시키는 효과가 있다.
  - 조향 조작이 신속하다.
  - 저속에서는 가볍고, 고속에서는 적절히 무겁다.
- 단점
  - 구조가 복잡하고 비싸다.
  - 고장 시 정비하기 어렵다.
  - 오일 펌프 구동 시 기관 출력의 소모가 있다.

33

전자제어 제동장치(ABS)의 적용 목적이 아닌 것은?

① 차량의 스핀 방지
② 휠 잠김(Lock) 유지
③ 차량의 방향성 확보
④ 차량의 조종성 확보

해설
전자제어 자동장치(ABS)는 휠 삼심을 방시하여 세통턱을 조질힐 수 있게 한다. 휠이 잠길 경우 차량은 방향성과 조종성을 상실한다.

관련개념 전자제어 자동장치(ABS)의 적용 목적
- 제동 시 바퀴의 잠김(미끄러짐)을 방지하여 스핀을 방지하고 주행 안정성을 유지한다.
- ECU가 브레이크를 제어함으로써 제동 중 조정성을 유지한다.
- 노면 상태에 따라 제동력을 조절하여 제동거리를 단축시킨다.

34

드럼 방식의 브레이크 장치와 비교했을 때 디스크 브레이크의 장점은?

① 자기작동 효과가 크다.
② 패드의 교환이 용이하다.
③ 패드의 마모율이 낮다.
④ 오염이 잘되지 않는다.

해설
디스크 브레이크는 구조가 간단하여 패드 교환이 용이하다.

관련개념 디스크 브레이크의 장단점
- 장점
  - 방열이 잘 되어 페이드 현상이 적다.
  - 마크가 외부에 노출되어 있어 냉각성능이 우수하다.
  - 편제동 현상이 적다.
  - 마모가 적고 수명이 길다.
  - 구조가 간단하여 정비 및 패드 교환이 용이하다.
- 단점
  - 마찰면적이 작아 패드의 강도가 커야한다.
  - 페달 조작력이 커야한다.
  - 드럼브레이크보다 제동력이 낮고 고가이다.

35

브레이크 장치에서 슈 리턴 스프링의 작용에 해당되지 않는 것은?

① 오일이 휠 실린더에서 마스터 실린더로 되돌아가게 한다.
② 슈와 드럼 간의 간극을 유지해 준다.
③ 페달력을 보강해 준다.
④ 슈의 위치를 확보한다.

해설
슈 리턴 스프링은 브레이크 슈를 원래 위치로 되돌리는 역할을 하는 복원용 스프링으로, 페달력을 보강하진 않는다.

정답 32 ④ 33 ② 34 ② 35 ③

36

자동차 현가장치에 사용하는 토션 바 스프링에 대하여 틀린 것은?

① 단위 무게에 대한 에너지 흡수율이 다른 스프링에 비해 크며 가볍고 구조도 간단하다.
② 스프링의 힘은 바의 길이 및 단면적에 반비례한다.
③ 구조가 간단하고 가로 또는 세로로 자유로이 설치할 수 있다.
④ 진동의 감쇠작용이 없어 쇽업쇼버를 병용하여야 한다.

해설

스프링의 힘은 바의 단면적에 비례하고 길이에 반비례한다.

관련개념 토션바 스프링의 특징
- 토션 바 스프링은 비틀림(Torsion)을 이용하여 탄성 복원력을 발생시키는 장치이다.
- 가볍고 구조가 단순하고 단위 중량 당 에너지 흡수율이 매우 크다.
- 스프링의 힘은 막대의 길이와 단면적으로 정해지며, 좌·우 구분 설치가 필요하다.
- 공간 차지가 적고 가로나 세로방향 모두 설치 가능하다.
- 진동의 감쇠 작용이 없어 쇽 업쇼버와 함께 사용해야 한다.
- 토션 바 스프링의 힘은 단면적에 비례하고, 길이에 반비례한다.

37

전자제어 기관의 점화장치에서 1차 전류를 단속하는 부품은?

① 다이오드
② 점화스위치
③ 파워트랜지스터
④ 컨트롤릴레이

해설

파워트랜지스터는 ECU(전자 제어 장치)로부터 제어 신호를 받아 점화코일 1차 회로의 전류를 제어하는 역할을 한다.

선지분석
① 다이오드: 전류가 반대 방향으로 흐르는 것을 방지하는 역할을 한다.
② 점화스위치: 점화 시스템을 포함한 주요 전기장치의 작동을 켜고 끄는 역할을 한다.
④ 컨트롤릴레이: ECU 등 주요 전자제어 회로에 전원을 공급하는 역할을 한다.

38

자동차 전기장치에서 "임의의 한 점으로 유입된 전류의 총합은 유출한 전류의 총합과 같다."는 현상을 설명한 것은?

① 앙페르의 법칙
② 키르히호프의 제1법칙
③ 뉴턴의 제1법칙
④ 렌츠의 법칙

해설

키르히호프의 제1법칙(전류의 법칙): 도체 내 임의의 한 점으로 유입된 전류의 총합은 유출한 전류의 총합과 같다.

선지분석
① 앙페르의 법칙: 전류가 흐르면 주위에 자기장이 형성된다는 법칙으로 전류와 자기장 사이의 관계를 설명한다.
③ 뉴턴의 제1법칙: 관성의 법칙이라고도 하며 외력이 작용하지 않으면 물체는 정지하거나 등속 직선 운동을 계속한다는 법칙이다.
④ 렌츠의 법칙: 유도 전류는 자속 변화에 반대하는 방향으로 흐른다는 전자기 유도 법칙이다.

39

다음 중 축전지(배터리) 격리판으로써의 구비 조건이 아닌 것은?

① 전해액의 확산이 잘될 것
② 기계적 강도가 있을 것
③ 전도성일 것
④ 다공성일 것

해설

배터리 격리판은 비전도성이어야 한다.

관련개념 축전지(배터리) 격리판 구비 조건
- 다공성, 비전도성이어야 한다.
- 전해액의 확산이 원활해야 한다.
- 전해액에 대하여 화학적으로 안정되어야 한다.
- 기계적 강도를 가져야 한다.
- 극판에 해로운 물질을 방출하지 않아야 한다.

정답 36 ② 37 ③ 38 ② 39 ③

40

조향 핸들이 1회전 하였을 때 피트먼암이 40° 움직였다. 조향기어의 비는?

① 9 : 1
② 0.9 : 1
③ 45 : 1
④ 4.5 : 1

해설

조향기어비 = $\dfrac{\text{조향휠 회전각도}}{\text{피트먼암 선회각도}} = \dfrac{360°}{40°} = 9$

41

주행거리 1.6[km]를 주행하는데 40초가 걸렸다. 이 자동차의 주행속도를 초속과 시속으로 표시하면?

① 40[m/s], 144[km/h]
② 40[m/s], 11.1[km/h]
③ 25[m/s], 14.4[km/h]
④ 64[m/s], 230.4[km/h]

해설

초속[m/s] = $\dfrac{\text{거리[m]}}{\text{시간[s]}} = \dfrac{1,600}{40} = 40\text{[m/s]}$

시속[km/h] = $\dfrac{\text{거리[km]}}{\text{시간[h]}} = \dfrac{1.6\text{[km]}}{\frac{40}{60 \times 60}\text{[h]}} = 144\text{[km/h]}$

42

수소 연료전지 전기차에서 공기압력 밸브의 역할이 옳은 것은?

① 공기압축기의 압력을 높이는 역할을 한다.
② 스택에 필요한 공급 압력으로 조절하는 역할을 한다.
③ 자동차 속도가 빨라질수록 공기의 공급을 늘리는 역할을 한다.
④ 부하에 따라 열림량을 조절하여 배압을 형성하도록 한다.

해설

수소 연료전지 전기차에서 공기압력 밸브는 차량의 부하(필요로 하는 전기에너지의 양)에 따라 밸브의 열림량을 조절하여 스택 내부에 적절한 배압을 형성하는 역할을 한다.

43

기동 전동기의 전기자 코일과 계자코일은 어떻게 연결되었는가?

① 직렬로 연결되어 있다.
② 병렬로 연결되어 있다.
③ 직, 병렬로 연결되어 있다.
④ 각각의 단자에 연결되어 있다.

해설

기동 전동기의 전기자 코일과 계자코일이 한 쪽 끝에서 연결되어 전류가 흐르고, 다른 쪽 끝에서는 연결되어 전류가 돌아오기 때문에 전기자 코일과 계자코일은 직렬로 연결되어 있다. 이러한 연결 방식은 전류의 방향이 일정하게 유지되어 전동기의 회전 방향을 일정하게 유지할 수 있도록 한다.

44

2개 이상의 배터리를 연결하는 방식에 따라 용량과 전압 관계의 설명으로 맞는 것은?

① 직렬연결시 1개 배터리 전압과 같으며 용량은 배터리 수만큼 증가한다.
② 병렬연결시 용량은 배터리 수만큼 증가하지만 전압은 1개 배터리 전압과 같다.
③ 병렬연결이란 전압과 용량이 동일한 배터리 2개 이상을 (+)단자와 연결대상 배터리 (−)단자에, (−)단자는 (+)단자로 연결하는 방식이다.
④ 직렬연결이란 전압과 용량이 동일한 배터리 2개 이상을 (+)단자와 연결대상 배터리의 (+)단자에서 서로 연결하는 방식이다.

해설

병렬 연결할 경우: 전압은 동일하지만 용량은 증가한다.
직렬 연결할 경우: 전압은 증가하지만 용량은 동일하다.

정답 40 ① 41 ① 42 ④ 43 ① 44 ②

45

어떤 기준 전압 이상이 되면 역방향으로 큰 전류가 흐르게 된 반도체는?

① PNP 형 트랜지스터
② NPN 형 트랜지스터
③ 포토 다이오드
④ 제너 다이오드

해설

제너 다이오드는 순물 농도가 높은 PN 접합형 실리콘 다이오드로, 역방향 전압이 일정한 값에 도달하면 갑작스럽게 큰 전류가 흐른다.

선지분석

① PNP형 트랜지스터: 순방향 전류는 이미터(E)에서 베이스(B) 또는 이미터(E)에서 컬렉터(C)로 흐른다.
② NPN형 트랜지스터: 순방향 전류는 베이스(B)에서 이미터(E) 또는 컬렉터(C)에서 이미터(E)로 흐른다.
③ 포토 다이오드: 빛이 조사되면 역방향 전류가 흐르며 광의 세기에 비례하여 전류량이 증가한다.

46

다음 중 연료 파이프 피팅을 풀 때 가장 알맞은 렌치는?

① 탭 렌치
② 복스 렌치
③ 오픈 엔드 렌치
④ 소켓 렌치

해설

오픈 엔드 렌치는 특정 크기의 피팅에 맞게 꽉 조여서 피팅을 풀거나 조일 수 있는 렌치로 파이프 피팅을 풀 때 가장 적합하다.

선지분석

① 탭 렌치: 나사산을 가공할 때 사용하는 공구이다.
② 박스 렌치: 너트를 완전히 감싸는 구조로 좁은 공간에도 사용이 가능하고 체결력이 강하다.
④ 소켓 렌치: 라쳇 핸들과 함께 사용하는 렌치로 공간이 협소하거나 파이프 구조엔 부적합하다.

47

교류발전기에서 축전지의 역류를 방지하는 컷아웃 릴레이가 없는 이유는?

① 트랜지스터가 있기 때문이다.
② 점화스위치가 있기 때문이다.
③ 실리콘 다이오드가 있기 때문이다.
④ 전압릴레이가 있기 때문이다.

해설

전류의 역류를 방지하는 실리콘 다이오드가 있으므로 교류발전기에는 컷아웃 릴레이가 필요하지 않다.

48

다이얼 게이지 취급 시 안전 사항으로 틀린 것은?

① 작동이 불량하면 스핀들에 주유 혹은 그리스를 도포해서 사용한다.
② 분해 청소나 조정은 하지 않는다.
③ 다이얼 인디케이터에 충격을 가해서는 안 된다.
④ 측정 시는 측정물에 스핀들을 직각으로 설치하고 무리한 접촉은 피한다.

해설

스핀들에 주유 혹은 그리스를 도포하는 것은 오히려 스핀들의 마모를 촉진시킬 수 있다.

관련개념 다이얼 게이지 취급 시 주의사항

- 지지대의 암을 최대한 짧고 단단하게 고정시켜야 한다.
- 게이지 눈금은 0점으로 조정한 후 사용한다.
- 게이지는 측정 면에 직각으로 설치하여 오차를 줄인다.
- 다이얼 인디케이터에 충격을 주지 않는다.
- 분해 청소나 조정은 함부로 하지 않는다.
- 스핀들에 오일이나 그리스를 바르지 않는다.

정답 45 ④ 46 ③ 47 ③ 48 ①

49

다음 그림은 충전기 단자이다. 완속 충전만 가능한 단자는 어느 것인가?

①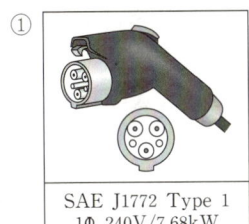
SAE J1772 Type 1
1Φ 240V/7.68kW

②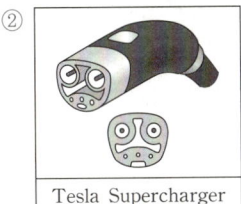
Tesla Supercharger
480V/140kW

③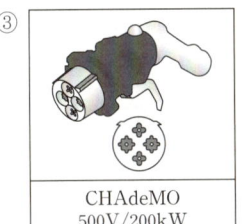
CHAdeMO
500V/200kW

④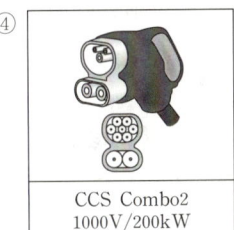
CCS Combo2
1000V/200kW

해설
②, ③, ④번은 완속과 급속 충전이 가능한 방식이다.

50

전기자동차의 감속기에 대한 기능이 아닌 것은?

① 감속기능: 모터의 회전수를 감소하여 구동력 증대
② 증속기능: 고속 주행 시 시프트하여 속도를 증대
③ 차동기능: 선회 시 속도차에 따른 회전수를 분배
④ 파킹기능: 운전자 조작에 의한 주차 기능

해설
전기자동차의 감속기는 감속기능, 차동기능, 파킹기능을 포함한다.

51

축전지 전해액 온도가 40[°C]이고, 비중이 1.270일 때 기준온도(20[°C])에서의 비중은 얼마인가?

① 1.256
② 1.274
③ 1.284
④ 1.295

해설
기준온도 20[°C]에서의 비중
$S_{20} = S_{40} + 0.0007(t-20)$
$= 1.270 + 0.0007(40-20)$
$= 1.284$
(S_{20}: 기준온도에서의 비중, S_{40}: 측정온도에서의 비중, 0.0007: 온도 보정 계수)

52

사고예방 원리의 5단계 중 그 대상이 아닌 것은?

① 사실의 발견
② 평가·분석
③ 시정책의 선정
④ 엄격한 규율의 적용

해설 사고 예방대책의 기본원리 5단계
- 1단계 (조직): 안전보건관리책임자, 안전관리자, 보건관리자, 관리감독자
- 2단계 (사실의 발견): 안전점검, 사고조사를 통한 불안전한 상태 및 불안전한 행동 발견
- 3단계 (평가, 분석): 사고 원인, 재해, 경제적 손실 분석
- 4단계 (시정책의 선정, 대책의 수립): 분석결과에 적합한 대책 수립 (기술, 교육 및 훈련, 수칙 개선 등)
- 5단계 (시정책의 적용): 선정된 대책을 적용

53

자동차용 축전지의 급속 충전 시 주의 사항으로 틀린 것은?

① 축전지를 자동차에 연결한 채 충전할 경우, 접지(-) 터미널을 떼어 놓을 것
② 충전 전류는 용량값의 약 2배 정도의 전류로 할 것
③ 될 수 있는 대로 짧은 시간에 실시할 것
④ 충전 중 전해액 온도가 45[°C] 이상 되지 않도록 할 것

해설
축전지 급속 충전 시 충전 전류는 축전지 용량의 약 50[%] 전류로 한다.

관련개념 자동차용 축전지의 급속 충전 시 주의사항
- 축전지를 자동차에 연결한 채 충전하는 경우에는 발전기 다이오드의 손상을 방지하기 위하여 접지(-) 터미널을 떼어 놓아야 한다.
- 충전시간은 가능한 한 짧게 한다.
- 축전지에 충격을 주지 말아야 한다.
- 충전 전류는 축전지 용량의 약 50[%]로 한다.
- 전해액 온도가 약 45[°C] 이상 되지 않도록 한다.
- 통풍이 잘되는 곳에서 충전한다.

정답 49 ① 50 ② 51 ③ 52 ④ 53 ②

54

산업 재해는 생산 활동을 행하는 중에 에너지와 충돌하여 생명의 기능이나 ( )을 상실하는 현상을 말한다. ( )에 알맞은 말은?

① 작업상 업무
② 작업조건
③ 노동 능력
④ 노동 환경

해설
산업 재해는 생산 활동을 행하는 중에 에너지와 충돌하여 생명의 기능이나 노동 능력을 상실하는 현상을 말한다.

55

에어백 장치를 점검, 정비할 때 안전하지 못한 행동은?

① 에어백 모듈은 사고 후에도 재사용이 가능하다.
② 조향 휠을 장착할 때 클럭 스프링의 중립 위치를 확인한다.
③ 에어백 장치는 축전지 전원을 차단하고 일정 시간 지난 후 정비한다.
④ 인플레이터의 저항은 아날로그 테스터기로 측정하지 않는다.

해설
에어백 모듈은 폭발성 가스를 이용해 에어백을 순간적으로 전개시키는 장치인데, 한 번 전개되면 내부 인플레이터와 전기회로에 손상이나 변형이 발생하므로 사고 후 재사용이 불가능하다.

56

휠 밸런스 시험기 사용 시 적합하지 않은 것은?

① 휠의 탈·부착 시에는 무리한 힘을 가하지 않는다.
② 균형추를 정확히 부착한다.
③ 계기판은 회전이 시작되면 즉시 판독한다.
④ 시험기 사용 방법과 유의 사항을 숙지 후 사용한다.

해설
휠 밸런스 시험기 사용 시 계기판은 회전이 완전히 멈춘 뒤 읽어야 한다.

관련개념 휠 밸런스 점검 시 주의사항
- 시험기 사용방법과 유의 사항을 숙지한다.
- 휠의 탈·부착 시에는 무리한 힘을 가하지 않는다.
- 균형추를 정확히 부착한다.
- 타이어의 회전 방향에 서지 않는다.
- 휠이 자연스럽게 정지할 때까지 놓아둔다.
- 계기판은 회전이 완전히 멈춘 뒤 읽는다.
- 과속으로 돌리거나 진동이 일어나게 해서는 안 된다.

57

평균 근로자 500명인 직장에서 1년간 8명의 재해가 발생하였다면 연천인율은?

① 12
② 14
③ 16
④ 18

해설
연천인율 $= \dfrac{\text{연간 재해자 수}}{\text{연평균 근로자 수}} \times 1{,}000 = \dfrac{8}{500} \times 1{,}000 = 16$

관련개념
연천인율은 1년간 평균 근로자수에 대하여 1,000명당 발생하는 재해건수를 의미한다.

정답 54 ③ 55 ① 56 ③ 57 ③

58

자동차를 들어 올릴 때의 주의 사항으로 틀린 것은?

① 잭과 접촉하는 부위에 이물질이 있는지 확인한다.
② 센터 멤버의 손상을 방지하기 위하여 잭이 접촉하는 곳에 형판을 넣는다.
③ 차량의 하부에는 개러지 잭으로 지지하지 않도록 한다.
④ 래터럴 로드나 현가장치는 잭으로 지지한다.

해설
래터럴 로드나 현가장치는 하중을 직접 지지하도록 설계된 부품이 아니므로 잭으로 차량을 지지할 때 사용해서는 안 된다.

59

엔진 정비 시 안전 및 취급주의 사항에 대한 내용으로 틀린 것은?

① TPS, ISC Servo 등은 솔벤트로 세척하지 않는다.
② 공기압축기를 사용하여 부품 세척 시 눈에 이물질이 튀지 않도록 한다.
③ 캐니스터 점검 시 흔들어서 연료 증발 가스를 활성화시킨 후 점검한다.
④ 배기가스 시험 시 환기가 잘되는 곳에서 측정한다.

해설
캐니스터는 연료 증발가스를 포집하는 장치로 흔들어 점검하지 않는다.

60

중량물을 들어 올리거나 내릴 때 손이나 발이 중량물과 지면 등에 끼어 발생하는 재해는?

① 낙하
② 충돌
③ 전도
④ 협착

해설
중량물을 들어 올리거나 내릴 때 손이나 발이 중량물과 지면 등에 끼어 발생하는 재해는 협착에 해당한다.

관련개념 산업안전보건법상 재해발생 형태별 분류
- 낙하: 물건이 주체가 되어 사람이 맞는 경우
- 충돌: 사람이 정지물에 맞는 경우
- 전도: 사람이 평면상으로 넘어진 경우
- 추락: 사람이 산업현장의 높은 곳에서 떨어지는 경우
- 붕괴: 적재물, 비계, 건축물이 무너진 경우
- 감전: 전기접촉이나 방전에 의해 사람이 충격을 받은 경우
- 폭발: 압력의 급격한 발생 또는 개방으로 폭음을 수반한 팽창이 일어난 경우

정답 58 ④ 59 ③ 60 ④

2023년 1회 CBT 복원문제

01
피스톤 재질의 요구 특성으로 틀린 것은?

① 무게가 가벼워야 한다.
② 고온 강도가 높아야 한다.
③ 내마모성이 좋아야 한다.
④ 열팽창 계수가 커야 한다.

해설
피스톤의 열팽창 계수는 작아야 한다.

관련개념 피스톤의 구비조건
- 무게가 가벼워야 한다.
- 고온·고압에 견딜 수 있어야 한다.
- 내마모성이 크고 열팽창률이 작아야 한다.
- 열전도율이 좋아야 한다.
- 적당한 윤활 간극이 있어야 한다.
- 기계적 손실이 최소화되어야 한다.

02
윤중에 대한 정의이다. 옳은 것은?

① 자동차가 수평으로 있을 때, 1개의 바퀴가 수직으로 지면을 누르는 중량
② 자동차가 수평으로 있을 때, 차량 중량이 1개의 바퀴에 수평으로 걸리는 중량
③ 자동차가 수평으로 있을 때, 차량 총 중량이 2개의 바퀴에 수직으로 걸리는 중량
④ 자동차가 수평으로 있을 때, 공차 중량이 4개의 바퀴에 수직으로 걸리는 중량

해설
윤중은 자동차가 수평으로 있을 때 1개의 바퀴가 수직으로 지면을 누르는 중량이다.

03
피스톤 링의 구비조건으로 틀린 것은?

① 고온에서도 탄성을 유지할 것
② 오래 사용하여도 링 자체나 실린더 마멸이 적을 것
③ 열팽창률이 작을 것
④ 실린더 벽에 편심된 압력을 가할 것

해설
피스톤 링은 실린더 벽에 균일한 압력을 가해야 한다.

관련개념 피스톤 링의 구비조건
- 고온에서도 탄성을 유지해야 한다.
- 오래 사용하여도 링 자체나 실린더의 마멸이 적어야 한다.
- 열팽창률이 작고 열전도율이 커야 한다.
- 실린더 벽에 균일한 압력을 가해야 한다.
- 고온·고압하에서 장력이 작아지지 않아야 한다.
- 내열성과 내마모성이 좋아야 한다.

04
가솔린 자동차에서 배출되는 유해가스 중 규제 대상이 아닌 것은?

① CO
② SO_2
③ HC
④ NO_X

해설
유해 배출가스 중 규제 대상은 CO(일산화탄소), HC(탄화수소), NO_X(질소산화물)이다.

정답 01 ④ 02 ① 03 ④ 04 ②

05

4사이클 가솔린 엔진에서 최대 압력이 발생되는 시기는 언제인가?

① 배기행정의 끝 부근에서
② 피스톤의 TDC 전 약 10~15° 부근에서
③ 압축행정 끝 부근에서
④ 동력행정에서 TDC 후 약 10~15°에서

> **해설**
> 4사이클 가솔린 엔진에서 최대 압력은 동력행정에서 TDC(상사점, 피스톤이 실린더 내에서 가장 위에 도달한 지점) 후 약 10~15°에서 발생한다.

06

제작자동차 등의 안전기준에서 2점식 또는 3점식 안전띠의 골반부분 부착장치는 몇 [kgf]의 하중에 10초 이상 견뎌야 하는가?

① 1,270[kgf] ② 2,270[kgf]
③ 3,870[kgf] ④ 5,670[kgf]

> **해설**
> 「자동차 및 자동차 부품의 성능과 기준에 관한 규칙」 제 103조에 따르면, 2점식 또는 어깨부분과 골반부분이 분리되는 3점식 안전띠의 골반부분 부착장치는 2,270[kgf]의 하중에 10초 이상 견딜 수 있어야 한다.

07

4행정 직렬 8실린더 엔진의 폭발행정은 몇 도마다 일어나는가?

① 45° ② 90° ③ 120° ④ 180°

> **해설**
> $\dfrac{\text{크랭크축 1회전}}{\text{실린더 수}} = \dfrac{720°}{8} = 90°$

> **관련개념**
> 4행정 엔진은 각 실린더가 1사이클을 완료하는데 720°(2회전)가 필요하다.

08

부특성 흡기온도 센서(A.T.S)에 대한 설명으로 틀린 것은?

① 흡기온도가 낮으면 저항값이 커지고, 흡기온도가 높으면 저항값은 작아진다.
② 흡기온도의 변화에 따라 컴퓨터는 연료분사 시간을 증감시켜주는 역할을 한다.
③ 흡기온도의 변화에 따라 컴퓨터는 점화시기를 변화시키는 역할을 한다.
④ 흡기온도를 뜨겁게 감지하면 출력전압이 커진다.

> **해설**
> 흡기온도를 뜨겁게 감지하면 저항값이 작아지고 출력전압이 작아진다.

> **관련개념**
> 부특성 흡기온도 센서(A.T.S, Air Temperature Sensor)는 엔진의 냉각수 온도를 측정하는 센서이다.

흡기온도	저항값	출력전압
낮음	증가	높음
높음	감소	낮음

09

내연기관에서 언더 스퀘어 엔진은 어느 것인가?

① 행정/실린더 내경=1
② 행정/실린더 내경<1
③ 행정/실린더 내경>1
④ 행정/실린더 내경≤1

> **해설**
> 언더스퀘어 엔진은 실린더 내경(보어)보다 행정 길이(스트로크)가 더 긴 엔진이다.
> 즉, 행정 길이>실린더 내경 또는 $\dfrac{\text{행정 길이}}{\text{실린더의 내경}} > 1$

> **관련개념**

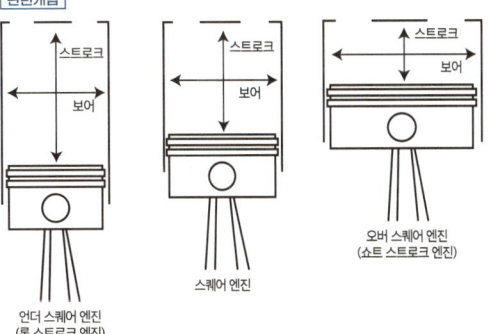

정답 05 ④ 06 ② 07 ② 08 ④ 09 ③

10

가솔린 기관의 노킹을 방지하는 방법으로 틀린 것은?

① 화염진행거리를 단축시킨다.
② 자연착화 온도가 높은 연료를 사용한다.
③ 화염전파 속도를 빠르게 하고 와류를 증가시킨다.
④ 냉각수의 온도를 높여주고 흡기 온도를 높인다.

해설
가솔린 기관의 노킹을 방지하기 위해서는 냉각수와 흡기 온도를 낮춰야 한다.

관련개념

가솔린 기관의 노킹 원인	가솔린 기관의 노킹 방지 대책
• 가솔린과 공기의 혼합비가 너무 낮은 경우 • 실린더가 과열된 경우 • 압축비가 높은 경우 • 연료의 옥탄가가 낮은 경우 • 점화시기가 빠른 경우 • 흡기온도와 압력이 높은 경우	• 압축비를 낮춘다. • 화염전파 거리를 단축시킨다. (화염전파 속도를 높인다.) • 말단가스는 배기밸브로부터 먼 곳에 위치시킨다. • 연소기간을 단축시킨다. • 점화시기를 늦춘다. • 흡입 공기 온도와 냉각수 온도를 낮춘다. • 옥탄가가 높은 연료를 사용한다.

11

가솔린 분사장치에서 분사 밸브의 설치위치가 흡기다기관 또는 흡입통로에 설치한 방식이 아닌 것은?

① SPI 방식 ② MPI 방식
③ TBI 방식 ④ GDI 방식

해설
GDI(Gasoline Direct Injection)의 분사 밸브는 실린더 내부에 설치되어 있다.

선지분석
① SPI 방식(Single Point Injection): 단일 인젝터(분사 밸브)를 통해 연료를 분사한다.
② MPI 방식(Multi Point Injection): 실린더마다 인젝터(분사 밸브)를 설치하여 독립적으로 연료를 분사한다.
③ TBI 방식(Throttle Body Injection): 스로틀바디에 설치된 1개 또는 2개의 인젝터(분사 밸브)를 사용하여 연료를 분사한다.
④ GDI(Gasoline Direct Injection): 인젝터가 실린더 내부에 직접 연료를 분사한다.

12

전자제어 가솔린 분사장치의 연료펌프에서 체크밸브의 역할은?

① 잔압 유지와 재시동을 용이하게 한다.
② 연료 압력의 맥동을 감소시킨다.
③ 연료가 막혔을 때 압력을 조절한다.
④ 연료를 분사한다.

해설
전자제어 가솔린 분사장치의 연료펌프에서 체크밸브는 잔압을 유지하고 재시동을 용이하게 하는 역할을 한다.

관련개념 체크밸브의 역할
• 유체의 흐름을 한 방향으로만 흐르게 하여 역류를 방지한다.
• 인젝터에 가해지는 잔압을 유지하여 베이퍼 록 현상과 공기흡입을 방지한다.
• 재시동을 용이하게 한다.

13

자동차용 LPG 연료의 특성을 잘못 설명한 것은?

① 연소 효율이 좋고 엔진 운전이 정숙하다.
② 증기폐쇄(Vapor Lock)가 잘 일어난다.
③ 대기오염이 적으므로 위생적이고 경제적이다.
④ 엔진 윤활유의 오염이 적으므로 엔진수명이 길다.

해설
증기폐쇄(Vapor Lock)는 연료 기관 내에서 연료가 기화되어 기포나 증기가 발생함으로써 연료의 흐름이 차단되는 현상이다. LPG는 본래 기체상태이므로 이러한 증기폐쇄 현상이 발생하지 않는다.

관련개념 LPG 연료의 특징
• 연소 효율이 높고 작동 시 소음이 적어 엔진이 정숙하다.
• 오일의 오염이 적어 엔진 수명이 길다.
• 연소실에 카본이 거의 발생하지 않아 점화플러그의 수명이 길다.
• 배출가스가 적은 편이다.
• 옥탄가가 높아 노킹 발생이 적고 점화시기 조정이 가능하다.
• 연료 자체의 압력으로 공급되므로 연료펌프가 필요 없다.
• 베이퍼 록 현상이 없다.

정답 10 ④ 11 ④ 12 ① 13 ②

14

전자제어 가솔린기관에서 컨트롤유닛(ECU)으로 입력되는 센서가 아닌 것은?

① 수온 센서
② 크랭크각 센서
③ 흡기온도 센서
④ 휠 스피드 센서

해설

휠 스피드 센서는 각 휠에 설치되어 각 바퀴의 회전 속도를 감지하는 센서로 ABS(Anti-lock Braking System, 브레이크 제어 시스템)의 ECU에 입력되는 신호이다.

관련개념 전자제어 가솔린 분사장치의 입력 및 출력

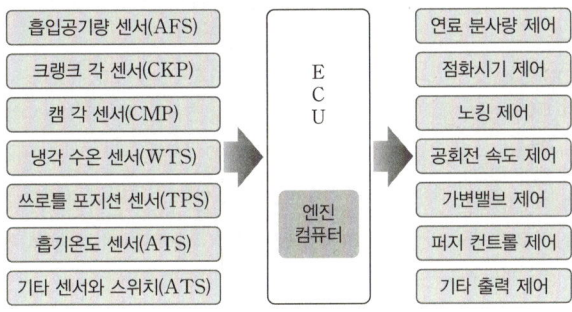

15

실린더 헤드의 평면도 점검 방법으로 옳은 것은?

① 마이크로미터로 평면도를 측정 점검한다.
② 곧은자와 틈새게이지로 측정 점검한다.
③ 실린더 헤드를 3개 방향으로 측정 점검한다.
④ 틈새가 0.02[mm] 이상이면 연삭한다.

해설

실린더 헤드의 평면도 점검은 곧은자(직각자)와 틈새(필러)게이지로 측정 점검한다.

관련개념 실린더 헤드의 평면도 점검 방법

- 곧은자(직각자)와 틈새(필러) 게이지를 이용하여 최소 6개 방향에서 점검한다.
- 실린더 블록의 변형 허용 한계는 0.05[mm], 실린더 헤드의 변형 허용 한계는 0.2[mm]이다.
- 변형이 허용 한계를 초과한 경우에는 평면연삭기를 사용하여 연마 및 수정한다.

16

3원 촉매장치의 촉매 컨버터에서 정화 처리하는 배기가스가 아닌 것은?

① CO
② NOx
③ SO_2
④ HC

해설

삼원촉매(Catalytic Convertor)는 엔진에서 배출되는 유해가스 성분을 정화하는 역할을 한다.

- 일산화탄소(CO) ⇒ 이산화탄소(CO_2)
- 탄화수소(HC) ⇒ 물(H_2O), 이산화탄소(CO_2)
- 질소산화물(NOx) ⇒ 질소(N_2), 산소(O_2)

17

흡기 다기관 진공도 시험으로 알아낼 수 없는 것은?

① 밸브 작동의 불량
② 점화 시기의 불량
③ 흡·배기 밸브의 밀착상태
④ 연소실 카본 누적

해설

연소실 카본 누적은 압축압력 시험을 통하여 알 수 있다.

관련개념

흡기 다기관 진공도 시험은 엔진이 공회전 상태에서 흡입 행정할 경우 피스톤이 하강하고 흡기 밸브가 열리면서 생기는 흡기다기관 내의 진공의 정도(진공도)를 측정하는 시험이다. 이를 통해 압축 압력 누출, 점화 시기 불량, 밸브 작동 이상, 흡·배기 밸브의 밀착상태 등을 알 수 있다.

정답 14 ④ 15 ② 16 ③ 17 ④

18

피스톤 행정이 84[mm], 기관의 회전수가 3,000[rpm]인 4행정 사이클 기관의 피스톤 평균속도는 얼마인가?

① 7.4[m/s]   ② 8.4[m/s]
③ 9.4[m/s]   ④ 10.4[m/s]

해설

피스톤 평균 속도 $v = \dfrac{2LN}{60} = \dfrac{2 \times 0.084 \times 3,000}{60} = 8.4[\text{m/s}]$

(L: 피스톤 행정[m], N: 기관의 회전수[rpm])

19

피스톤에 옵셋(off set)을 두는 이유로 가장 타당한 것은?

① 피스톤의 틈새를 크게 하기 위하여
② 피스톤의 중량을 가볍게 하기 위하여
③ 피스톤의 측압을 작게 하기 위하여
④ 피스톤 스커트부에 열전달을 방지하기 위하여

해설

피스톤 옵셋은 피스톤핀 중심을 실린더 중심선에서 약간 비켜나게 배치하여 피스톤의 측압을 줄임으로써 실린더 벽 사이의 마찰과 소음을 감소시키는 데 목적이 있다.

20

연소실 체적이 210[cc]이고, 행정 체적이 3,780[cc]인 디젤 6기통 기관의 압축비는 얼마인가?

① 17 : 1   ② 18 : 1
③ 19 : 1   ④ 20 : 1

해설

압축비 $= 1 + \dfrac{\text{행정 체적}}{\text{연소실 체적}} = 1 + \dfrac{3,780}{210} = 19$

21

일반 디젤기관의 분사펌프에서 최고회전을 제어하며 과속(Over-Run)을 방지하는 기구는?

① 타이머
② 조속기
③ 세그먼트
④ 피드 펌프

해설

조속기는 일반 디젤기관의 분사펌프에서 최고회전을 제어하며 과속(Over-Run)을 방지하는 기구이다. 디젤 엔진은 사용 조건의 변화가 크기 때문에 회전속도 변화에 따라 오버런과 같은 이상이 발생할 수 있다. 조속기는 분사펌프의 회전속도에 따라 연료 분사량을 자동으로 조절하여 엔진 회전속도가 설정된 한계를 초과하지 않도록 분사량을 감소시켜 안정적인 작동을 유지한다.

선지분석

① 타이머(Timer): 엔진의 회전속도에 따라 연료 분사시기를 조절하는 장치이다.
③ 세그먼트(Segment): 차량의 크기와 가격을 기준으로 분류할 때 사용하는 용어이다.
④ 피드 펌프(Feed Pump): 분사펌프 본체에 부착되어 분사펌프에 의해 작동되며 연료탱크로부터 연료를 흡입하여 분사펌프로 공급한다.

22

디젤 기관용 연료의 구비조건으로 틀린 것은?

① 착화성이 좋을 것
② 부식성이 적을 것
③ 인화성이 좋을 것
④ 적당한 점도를 가질 것

해설

디젤 연료는 자연 점화되므로 인화성이 좋으면 위험할 수 있다.

관련개념 디젤 기관용 연료의 구비조건

- 탄소 발생이 적어야 한다.
- 발열량이 크고 착화성이 좋아야 한다.
- 연소속도가 빨라야 한다. (연소시간이 짧아야 한다.)
- 황(S)의 함유량이 적어야 한다.
- 세탄가가 높아야 한다.
- 적당한 점도를 가져야 하며, 부식성이 적어야 한다.

정답 18 ② 19 ③ 20 ③ 21 ② 22 ③

23

실린더의 수가 4인 4행정 기관의 점화순서가 1-2-4-3일 때 3번 실린더가 압축행정을 할 때 1번 실린더는 어떤 행정을 하는가?

① 흡입행정 ② 압축행정
③ 동력행정 ④ 배기행정

해설
3번 실린더가 압축 행정을 할 때 1번 실린더는 흡입 행정을 한다. 점화 순서가 1-2-4-3일 때 3번 실린더가 압축을 시작하면 1번 실린더는 다음 행정 단계인 흡입을 하게 된다.

24

자동변속기에서 토크 컨버터의 터빈축이 연결되는 곳은?

① 변속기 입력부분
② 변속기 출력부분
③ 가이드링 부분
④ 임펠러 부분

해설
토크 컨버터의 중앙에 위치한 터빈축은 변속기 입력부분과 연결되어 엔진 동력을 변속기에 전달한다.

25

동력조향장치에서 오일펌프에 걸리는 부하가 기관 아이들링 안정성에 영향을 미칠 경우 오일펌프 압력 스위치는 어떤 역할을 하는가?

① 유압을 더욱 다운시킨다.
② 부하를 더욱 증가시킨다.
③ 기관 아이들링 회전수를 증가시킨다.
④ 기관 아이들링 회전수를 다운시킨다.

해설
동력 조향장치에서 오일펌프에 부하가 걸리면 ECU는 오일펌프 압력 스위치의 신호를 받아 아이들링 회전수를 증가시켜 정상적인 엔진 작동을 돕는다.

26

물이 고여 있는 도로주행 시 하이드로 플레이닝 현상을 방지하기 위한 방법으로 틀린 것은?

① 저속 운전을 한다.
② 트레드 마모가 적은 타이어를 사용한다.
③ 타이어 공기압을 낮춘다.
④ 리브형 패턴을 사용한다.

해설
하이드로 플레이닝 현상을 방지하기 위하여 타이어 공기압을 높여야 한다.

관련개념 하이드로 플레이닝(수막 현상) 방지 방법

- 저속으로 주행한다.
- 마모가 적은 타이어를 사용한다.
- 타이어 공기압을 높인다.
- 배수 성능이 우수한 트레드 패턴(리브 패턴 또는 방향성 패턴)을 사용한다.

27

종감속 장치에서 하이포이드 기어의 장점으로 틀린 것은?

① 기어 이의 물림률이 크기 때문에 회전이 정숙하다.
② 기어의 편심으로 차체의 전고가 높아진다.
③ 추진축의 높이를 낮게 할 수 있어 거주성이 향상된다.
④ 이면의 접촉 면적이 증가되어 강도를 향상시킨다.

해설
하이포이드 기어는 차체의 전고를 낮게 할 수 있다.

관련개념 하이포이드 기어의 특징
- 구동 피니언과 링기어의 중심이 낮게 설치되어 있다.
- 추진축의 높이를 낮게 할 수 있어 거주성이 향상된다.
- 기어 이의 물림률이 커 회전이 정숙하다.
- 이면의 접촉 면적이 증가되어 강도가 증대된다.
- 감속비를 크게 할 수 있다.
- 웜기어보다 효율이 좋다.

정답 23 ① 24 ① 25 ③ 26 ③ 27 ②

28

현가장치에서 스프링 강으로 만든 가늘고 긴 막대 모양으로 비틀림 탄성을 이용하여 완충 작용을 하는 부품은?

① 공기 스프링
② 토션 바 스프링
③ 판 스프링
④ 코일 스프링

해설

토션 바 스프링(Torsion Bar Spring)은 스프링 강으로 만든 가늘고 긴 막대 형태의 스프링으로 비틀림 탄성을 이용하여 충격을 흡수한다. 공간을 적게 차지하고 강성이 높으며, 주로 자동차의 현가장치에 사용된다.

선지분석

① 공기 스프링(Air Spring): 압축공기의 탄성을 이용하여 충격을 흡수하는 완충 장치이다.
③ 판 스프링(Leaf Spring): 띠 모양의 스프링 강을 여러 장 겹쳐 구성한 판 형태의 완충 장치이다.
④ 코일 스프링(Coil Spring): 원형 단면의 스프링강을 나선형(코일)으로 감아 만든 완충 장치이다.

29

브레이크 장치에서 급제동 시 마스터 실린더에 발생된 유압이 일정압력 이상이 되면 뒤 휠 실린더 쪽으로 전달되는 유압 상승을 제어하여 차량의 쏠림을 방지하는 장치는?

① 하이드롤릭 유니트(Hydraulic Unit)
② 리미팅 밸브(Limiting Valve)
③ 스피드 센서(Speed Sensor)
④ 솔레노이드 밸브(Solenoid Valve)

해설

리미팅 밸브(Limiting Valve)는 급제동 시 뒷바퀴에 과도한 제동이 먼저 걸릴 때 발생하는 차량 쏠림 현상을 방지하기 위한 조정 밸브로, 유압이 일정 압력을 초과하면 더 이상 뒷바퀴에 전달되지 않도록 제어하는 역할을 한다.

선지분석

① 하이드롤릭 유니트(Hydraulic Unit): ECU의 신호에 따라 휠 실린더로 공급되는 유압을 제어하는 장치이다.
③ 스피드 센서(Speed Sensor): 바퀴의 회전상태를 감지하기 위한 센서로 모든 바퀴에 설치된다.
④ 솔레노이드 밸브(Solenoid Valve): 솔레노이드에서 발생한 자기장의 힘으로 유체의 흐름을 제어하는 장치이다.

30

차축에서 1/2, 하우징이 1/2정도의 하중을 지지하는 차축 형식은?

① 전부동식
② 반부동식
③ 3/4 부동식
④ 독립식

해설

차축에서 1/2, 하우징이 1/2정도의 하중을 지지하는 차축 형식은 반부동식이다.

선지분석

① 전부동식: 액슬 축은 구동만하고 하중은 모두 액슬 하우징이 지지하는 방식이다.
③ 3/4 부동식: 액슬 축이 윤하중의 1/4을 지지하고 액슬 하우징이 3/4을 지지하는 방식이다.
④ 독립식: 좌우 바퀴가 독립하여 분리 상하운동을 할 수 있도록 된 형식이다.

31

자동차가 고속으로 선회할 때 차체가 기울어지는 것을 방지하기 위한 장치는?

① 타이로드
② 토인
③ 프로포셔닝 밸브
④ 스태빌라이저

해설

스태빌라이저는 차축의 양단에 장착된 비틀림 봉 형태의 부품으로 차량이 고속으로 선회할 때 차체가 좌우로 기울어지는 롤링 현상을 억제하는 역할을 한다.

선지분석

① 타이로드: 조향축과 차축을 연결하여 조향 조작을 바퀴에 전달한다.
② 토인(Toe-In): 자동차 바퀴의 앞쪽이 뒤쪽보다 약간 좁혀진 상태로 주행 안정성과 승차감을 향상시킨다.
③ 프로포셔닝 밸브: 브레이크를 밟았을 때 뒷바퀴가 먼저 잠기는 것을 방지하기 위해 뒷바퀴로 전달되는 제동유압을 조절한다.

정답 28 ② 29 ② 30 ② 31 ④

32

수동변속기 자동차에서 변속이 어려운 이유 중 틀린 것은?

① 클러치의 끊김 불량
② 컨트롤 케이블의 조정 불량
③ 기어오일의 과다 주입
④ 싱크로메시 기구의 불량

해설
기어오일이 과다하게 들어가는 것은 변속이 어려워지는 직접적인 원인이 아니다. 오히려 기어오일이 부족한 경우 변속이 어려워진다.

33

자동변속기 차량에서 시동이 가능한 변속레버 위치는?

① P, N
② P, D
③ 전구간
④ N, D

해설
시동이 가능한 변속레버 위치는 P(파킹) 또는 N(중립)이며 다른 위치에서는 시동이 차단된다.

34

자동차가 주행 중 앞부분에 심한 진동이 생기는 현상인 트램핑(Tramping)의 주된 원인은?

① 적재량 과다
② 토션바 스프링 마멸
③ 내압의 과다
④ 바퀴의 불평형

해설
트램핑(Tramping)은 바퀴의 정적 불평형(Static Imbalance)으로 인하여 주행 중 앞부분에 심한 진동이 생기는 현상이다.

35

하이브리드 자동차의 고전압 배터리 시스템 제어특성에서 모터 구동을 위하여 고전압 배터리가 전기에너지를 방출하는 동작 모드로 맞는 것은?

① 제동모드
② 방전모드
③ 정지모드
④ 충전모드

해설
방전모드는 모터 구동을 위하여 고전압 배터리가 전기에너지를 방출하는 동작모드로 모터 동작 요구 토크에 따라 방전 전류의 양이 달라진다.

선지분석
① 제동모드: 고전압 배터리가 소모한 전기에너지를 회수·충전하는 동작모드이다.
③ 정지모드: 고전압 배터리의 전기에너지 입·출력이 일시적으로 발생하지 않는 대기상태의 동작모드이다.
④ 충전모드: 배터리의 충전상태(SOC)가 낮은 경우 전기에너지를 생산하여 고전압 배터리로 충전시키는 동작모드이다.

36

수동변속기 차량의 클러치판에서 클러치 접속 시 회전 충격을 흡수하는 것은?

① 쿠션 스프링
② 댐퍼 스프링
③ 클러치 스프링
④ 막스프링

해설
댐퍼 스프링은 클러치 접속 시 엔진과 변속기 사이의 회전 속도 차이로 인해 발생하는 충격을 흡수하여 구동계 부품의 손상을 방지하고 부드러운 동력 전달을 가능하게 한다.

선지분석
① 쿠션 스프링: 클러치판의 초기 접속 시 충격을 완화하고 부드러운 접속을 가능하게 한다.
③ 클러치 스프링: 클러치판을 압력판에 밀착시킨다.
④ 막스프링: 클러치 해방 시 클러치판을 분리한다.

정답 32 ③ 33 ① 34 ④ 35 ② 36 ②

37

제동장치에서 후륜의 잠김으로 인한 스핀을 방지하기 위해 사용되는 것은?

① 릴리프 밸브
② 컷 오프 밸브
③ 프로포셔닝 밸브
④ 솔레노이드 밸브

해설

프로포셔닝 밸브는 브레이크를 밟았을 때 뒷바퀴가 먼저 잠기는 것을 방지하기 위하여 뒷바퀴로 전달되는 제동유압을 조절한다. 만약 뒷바퀴가 잠긴다면 자동차는 후륜 스핀으로 차량 제어 능력을 상실해 사고 발생 위험이 증가한다.

선지분석

① 릴리프 밸브: 연료의 압력이 일정 수준을 초과하면 밸브가 열리면서 압력을 자동으로 조절하여 연료의 누출이나 연료 배관의 파손을 방지한다.
② 컷 오프 밸브: 밸브 시트와 밸브 시일이 밀착되어 유체의 흐름을 차단하는 밸브로, 작동 압력이나 외부 제어 신호에 따라 개폐된다.
④ 솔레노이드 밸브: 솔레노이드에서 발생한 자기장의 힘으로 유체의 흐름을 제어하는 장치이다.

38

전자제어 제동장치(ABS)에서 바퀴가 고정(잠김)되는 것을 검출하는 것은?

① 브레이크 드럼
② 하이드롤릭 유니트
③ 휠 스피드 센서
④ ABS ECU

해설

휠 스피드 센서는 각 바퀴의 회전 속도를 검출하여 ECU에 신호를 전달하고, ECU는 이 정보를 바탕으로 바퀴의 잠김 현상을 감지하여 브레이크 유압을 조절한다.

선지분석

① 브레이크 드럼: 허브와 휠 사이에 볼트로 고정되며 바퀴와 함께 회전하여 마찰력을 통해 제동력을 발생시킨다.
② 하이드롤릭 유니트: ECU의 신호에 따라 휠 실린더로 공급되는 유압을 제어하는 장치이다.
④ ABS(Anti-Lock Braking System) ECU: 휠 스피드 센서로부터 받은 정보를 바탕으로 바퀴의 잠김 여부를 판단한다.

39

Ni-Cd 배터리에서 일부만 방전된 상태에서 다시 충전하게 되면 추가로 충전한 용량 이상의 전기를 사용할 수 없게 되는 현상은?

① 스웰링 현상
② 배부름 효과
③ 메모리 효과
④ 설페이션 현상

해설

Ni-Cd 배터리를 일부만 방전된 상태에서 다시 충전하는 행위를 반복하면 실제 용량보다 적은 전기만 사용하는 메모리 효과가 발생한다. 이로 인해 배터리는 줄어든 용량만 기억하여 사용 가능시간이 점점 짧아진다.

선지분석

① 스웰링 현상: 리튬이온 배터리 내부에서 전해액이 기화하여 그 압력으로 인해 배터리가 팽창하는 현상이다.
② 배부름 효과: 리튬이온 배터리를 만충 상태로 장시간 방치할 경우 내부 열화와 가스 발생으로 인해 배터리 표면이 불룩하게 부풀어 오르는 현상이다.
④ 설페이션 현상: 납축전지를 방전상태에서 장시간 방치할 경우 전극에 황산납이 고착되어 충전이 어려워지고 전지 용량과 수명이 감소하는 현상이다.

40

자동차의 레인센서 와이퍼 제어장치에 대해 설명 중 옳은 것은?

① 엔진오일의 양을 감지하여 운전자에게 자동으로 알려주는 센서이다.
② 자동차의 와셔액량을 감지하여 와이퍼가 작동 시 와셔액을 자동 조절하는 장치이다.
③ 앞창 유리 상단의 강우량을 감지하여 자동으로 와이퍼 속도를 제어하는 센서이다.
④ 온도에 따라서 와이퍼 조작 시 와이퍼 속도를 제어하는 장치이다.

해설

레인센서 와이퍼는 앞창 유리 상단의 강우량을 감지하여 운전자의 조작 없이 자동으로 와이퍼 속도를 제어한다.

정답 37 ③ 38 ③ 39 ③ 40 ③

41

전자제어 제동장치(ABS)에서 ECU 신호계통, 유압계통 이상 발생 시 솔레노이드 밸브 전원공급 릴레이 "OFF"함과 동시에 제어 출력신호를 정지하는 기능은?

① 연산 기능
② 최소점검 기능
③ 페일 세이프 기능
④ 입·출력신호 기능

해설
페일 세이프 기능은 ECU 신호계통이나 유압계통에서 이상이 발생할 경우 솔레노이드 밸브에 대한 전원공급을 차단하고 제어 출력을 정지하여 해당 장치가 작동하지 않더라도 시스템의 정상 상태를 유지할 수 있도록 하는 기능이다.

42

유압식 제동장치에서 마스터 실린더의 내경이 2[cm], 푸시 로드에 100[kgf]의 힘이 작용할 때 브레이크 파이프에 작용하는 압력은?

① 약 32[kgf/cm²]   ② 약 25[kgf/cm²]
③ 약 10[kgf/cm²]   ④ 약 2[kgf/cm²]

해설
압력 $P[kgf/cm^2] = \dfrac{하중\ W[kgf]}{단면적\ A[cm^2]} = \dfrac{100}{\dfrac{\pi}{4} \times 2^2} = 31.83[kgf/cm^2]$

43

다음 전기 기호 중에서 트랜지스터의 기호는?

①    ②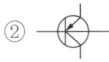
③ ─/\/\─   ④ ─⊗─

선지분석
① 다이오드   ② 트랜지스터   ③ 가변저항   ④ 전구

44

전자제어 에어컨 장치(FATC)에서 컨트롤 유닛(컴퓨터)이 제어하지 않는 것은?

① 히터 밸브
② 송풍기 속도
③ 컴프레서 클러치
④ 리시버 드라이어

해설
리시버 드라이어는 전기적 제어나 신호 입력이 필요하지 않다.

선지분석
① 히터 밸브: 히터 코어로 이동하는 냉각수의 흐름을 제어하여 난방 온도를 조절한다.
② 송풍기 속도: 송풍기의 속도를 제어하여 실내 온도를 조절한다.
③ 컴프레서 클러치: 컴프레서의 작동을 제어하여 냉각 용량을 조절한다.

45

PTC 서미스터에서 온도와 저항값의 변화 관계가 맞는 것은?

① 온도 증가와 저항값은 관련 없다.
② 온도 증가에 따라 저항값이 감소한다.
③ 온도 증가에 따라 저항값이 증가한다.
④ 온도 증가에 따라 저항값이 증가, 감소 반복한다.

해설
PTC(정특성, Positive Temperature Coefficient) 서미스터에서 온도가 상승하면 세라믹 재료의 결정 구조가 변하여 전하의 이동이 어려워지고 저항값이 증가한다.

정답 41 ③ 42 ① 43 ② 44 ④ 45 ③

46

빛의 세기에 따라 저항이 적어지는 반도체로 자동전조등 제어장치에 사용되는 반도체 소자는?

① 광량센서(CdS)
② 피에조 소자
③ NTC 시미스터
④ 발광다이오드

해설

빛의 세기에 따라 저항이 변하는 반도체 소자로 자동전조등 제어장치에 사용되는 것은 광량센서(CdS)이다. 광량센서는 빛의 세기가 강해질수록 저항이 낮아지는 특징을 가지고 있어 자동전조등 제어장치에서 빛의 세기를 감지하여 전조등의 켜짐과 꺼짐을 제어하는데 사용된다.

선지분석

② 피에조 소자: 압력을 받거나 압전 물질에 전압을 가하면 기계적 변형을 일으키거나 전압을 발생시키는 소자를 말한다.
③ NTC 시미스터: 온도가 상승함에 따라 저항이 감소하는 온도 센서이다.
④ 발광다이오드: LED(Light-Emitting Diode)라고도 불리며 순방향으로 전압을 가했을 때 발광하는 반도체 소자이다.

47

차량 밑에서 정비할 경우 안전조치 사항으로 적당하지 않은 것은?

① 차량은 반드시 평지에 받침목을 사용하여 세운다.
② 차를 들어 올리고 작업할 때는 반드시 잭으로 들어 올린 다음 스탠드로 지지해야 한다.
③ 차량 밑에서 작업할 때는 반드시 앞치마를 이용한다.
④ 차량 밑에서 작업할 때는 반드시 보안경을 착용한다.

해설

차량 밑에서 작업할 때 앞치마는 먼지로부터 작업복을 보호하는 역할을 하지만 필수적인 안전 장비는 아니다.

관련개념 차량 밑에서 정비할 경우 안전조치 사항

- 차량은 반드시 평지에 받침목을 사용하여 세운다.
- 차량을 들어 올리고 작업할 때는 반드시 잭으로 들어 올린 다음 스탠드로 지지해야 한다.
- 차량 밑에서 작업할 때는 반드시 보안경을 착용한다.
- 차량이 잭에 의해서만 올려져 있는 경우에 절대 차내로 들어가지 말아야 하며 잭이나 차에 충격을 주지 않는다.
- 작업 중에는 움직이는 차량이나 기계에 발이 닿지 않도록 주의한다.
- 모든 잭은 사용 후 적재 제한별로 분류하여 보관한다.
- 잭으로 차량을 들어 올린 후에는 잭 손잡이를 제거한다.

48

반도체 소자 중 사이리스터(SCR)의 단자에 해당하지 않는 것은?

① 애노드(Anode)
② 게이트(Gate)
③ 캐소드(Cathode)
④ 컬렉터(Collector)

해설

컬렉터(Collector)는 트랜지스터(BJT)의 단자이다.

관련개념 사이리스터(SCR)의 3단자

단자명	약어	극성	특징
애노드	A	(+)양극	전류가 SCR 내부로 들어오는 단자
게이트	G	—	SCR을 켜기 위한 제어 신호(트리거 펄스)를 인가하는 단자
캐소드	K	(−)양극	전류가 SCR 외부로 나가는 단자

49

다음 중 반도체에 대한 특징으로 틀린 것은?

① 극히 소형이며 가볍다.
② 예열시간이 불필요하다.
③ 내부 전력손실이 크다.
④ 정격값 이상이 되면 파괴된다.

해설

반도체의 내부 전력손실은 매우 작다.

관련개념 반도체의 특징

- 불순물 유입에 의해 저항을 바꿀 수 있다.
- 빛을 받으면 고유저항이 변화하는 광전 효과가 있다.
- 자력을 받으면 도전도가 변하는 홀(Hall) 효과가 있다.
- 온도가 높아지면 저항값이 감소하는 부 온도계수의 물질이다.
- 소형이고 경량이다.
- 예열시간이 불필요하고 내부 전력손실이 매우 적다.
- 수명이 길다.
- 온도가 상승하면 특성이 몹시 나빠지며 정격값 초과 시 파괴되기 쉽다.

정답 46 ① 47 ③ 48 ④ 49 ③

50

기동전동기의 시동(크랭킹)회로에 대한 내용으로 틀린 것은?

① B 단자까지의 배선은 굵은 것을 사용해야 한다.
② B 단자와 ST 단자를 연결해 주는 것은 마그네트 스위치(Key)이다.
③ B 단자와 M 단자를 연결해 주는 것은 마그네트 스위치(Key)이다.
④ 축전지 접지가 좋지 않더라도 (+) 선의 접촉이 좋으면 작동에는 지장이 없다.

해설
축전지 접지가 좋지 않다면 기동전동기는 작동하지 않는다.

51

축전지의 용량을 시험할 때 안전 및 주의사항으로 틀린 것은?

① 축전지 전해액이 옷에 묻지 않게 한다.
② 기름이 묻은 손으로 시험기를 조작하지 않는다.
③ 부하시험에서 부하시간을 15초 이상으로 하지 않는다.
④ 부하시험에서 부하전류는 축전지의 용량에 관계없이 일정하게 한다.

해설
부하시험 시에는 특정 전류값을 기준으로 시험을 진행해야 하므로, 축전지의 용량에 관계없이 일정하게 하는 것은 적절하지 않다.

52

재해예방의 4원칙이 아닌 것은?

① 손실필연의 원칙
② 원인계기의 원칙
③ 예방가능의 원칙
④ 대책선정의 원칙

해설 **재해예방의 4원칙**
- 손실우연의 법칙
- 원인계기의 원칙
- 예방가능의 원칙
- 대책선정의 원칙

53

자동차 정비공장에서 호이스트 사용 시 안전사항으로 틀린 것은?

① 규정 하중 이상으로 들지 않는다.
② 무게 중심은 들어 올리는 물체의 크기 중심이다.
③ 사람이 매달려 운반하지 않는다.
④ 들어올릴 때에는 천천히 올려 상태를 살핀 후 완전히 들어올린다.

해설
무게중심은 물체의 질량이 균형을 이루는 지점으로 물체의 크기 중심과 항상 일치하는 것은 아니다.

관련개념 **호이스트(Hoist) 사용 시 주의사항**
- 정격하중을 초과하여 들어 올리지 않는다.
- 천천히 작동하여 상태를 확인한 후 완전히 들어 올린다.
- 사람이 매달린 상태로 운반하지 않는다.
- 호이스트 바로 아래서 조작하지 않는다.
- 화물을 인양할 때는 무게중심을 정확히 확인한 후 적절한 위치에 고정한다.
- 안전모, 안전화 등 개인 보호구를 반드시 착용한다.
- 정기적으로 점검 및 유지·보수를 실시한다.

54

자동변속기 분해 조립 시 유의사항으로 틀린 것은?

① 작업 시 청결을 유지하고 작업한다.
② 분해된 모든 부품은 걸레로 닦아낸다.
③ 클러치판, 브레이크 디스크는 자동변속기 오일로 세척한다.
④ 조임 시 개스킷, 오일 실 등은 새 것으로 교환한다.

해설
클러치판과 브레이크 디스크는 자동변속기 오일로 세척해야 하며 그 외의 부품도 이물질이 남지 않도록 깨끗하게 닦은 뒤 에어건 등을 사용하여 먼지를 제거해야 한다. 걸레로 닦아낼 경우 섬유 조각이나 오염 물질이 남아 작동 불량이나 마모의 원인이 된다.

정답 50 ④ 51 ④ 52 ① 53 ② 54 ②

55

공기공구 사용에 대한 설명 중 틀린 것은?

① 공구 교체 시에는 반드시 밸브를 꼭 잠그고 해야 한다.
② 활동 부분은 항상 윤활유 또는 그리스를 급유한다.
③ 사용 시에는 반드시 보호구를 착용해야 한다.
④ 공기공구를 사용할 때에는 밸브를 빠르게 열고 닫는다.

해설
공기공구 사용 시 급격한 압력변화로 인한 공구 파손 및 사고 방지를 위해 밸브는 천천히 열고 닫아야 한다.

56

렌치 사용 시 주의사항으로 틀린 것은?

① 렌치를 너트가 손상이 안 가도록 가급적 얇게 물린다.
② 해머 대용으로 사용해서는 안 된다.
③ 렌치를 몸 안쪽으로 잡아당겨 움직이게 한다.
④ 렌치에 파이프 등의 연장대를 끼우고 사용해서는 안 된다.

해설
너트와 렌치가 최대한 밀착되도록 깊숙이 맞물리게 해야 너트의 모서리 마모를 방지하고 미끄럼 없이 작업할 수 있다.

57

전기장치의 점검 시 점프와이어(jump wire)에 대한 설명 중 ( ) 안에 적합한 것은?

> 점프와이어는 (a)의 (b)상태에서 점검하는데 사용한다.

① a: 전원, b: 통전 또는 접지
② a: 통전 또는 접지, b: 점프
③ a: 통전 또는 접지, b: 연결부위를 제거한
④ a: 점프, b: 통전 또는 접지

해설
점프 와이어는 전원의 통전 또는 접지 상태에서 점검하는데 사용한다.

58

산소용기의 가스 누설검사 시 사용하는 검사액으로 가장 적당한 것은?

① 비눗물
② 솔벤트
③ 순수한 물
④ 알코올

해설
산소용기의 가스 누설검사는 비눗물을 사용해야 안전하고 쉽게 확인할 수 있다.

59

압축 압력계를 사용하여 실린더의 압축 압력을 점검할 때 안전 및 유의사항으로 틀린 것은?

① 기관을 시동하여 정상온도(워밍업)가 된 후에 시동을 건 상태에서 점검한다.
② 점화계통과 연료계통을 차단시킨 후 크랭킹 상태에서 점검한다.
③ 시험기는 밀착하여 누설이 없도록 한다.
④ 측정값이 규정값보다 낮으면 엔진 오일을 약간 주입 후 다시 측정한다.

해설
실린더의 압축 압력은 기관(엔진)을 시동하여 정상온도가 된 후에 시동을 끈 상태에서 점검한다.

60

어떤 6기통 디젤기관의 예열회로를 점검해보니 예열플러그 1개당 저항이 1/12[Ω]이었다. 각각 직렬 연결되어 있으며, 전압이 12[V]일 때 예열플러그 전체에 흐르는 전류는?

① 12[A]
② 24[A]
③ 36[A]
④ 144[A]

해설
직렬 합성 저항 $R_{eq} = \sum_{i=1}^{n} R_i = R_1 + R_2 + \cdots + R_n$

$= R_{eq} = \frac{1}{12} + \frac{1}{12} + \frac{1}{12} + \frac{1}{12} + \frac{1}{12} + \frac{1}{12} = \frac{6}{12} (=0.5)[\Omega]$

옴의 법칙 $I = \frac{E}{R} = \frac{12[V]}{0.5[\Omega]} = 24[A]$

(I: 전류[A], E: 전압[V], R: 저항[Ω])

정답 55 ④ 56 ① 57 ① 58 ① 59 ① 60 ②

2023년 2회 CBT 복원문제

NCS 학습모듈 반영
최신기출 복원
신유형

01

CRDI 디젤엔진에서 기계식 저압펌프의 연료공급 경로가 맞는 것은?

① 연료탱크 → 저압펌프 → 연료필터 → 고압펌프 → 커먼레일 → 인젝터
② 연료탱크 → 연료필터 → 저압펌프 → 고압펌프 → 커먼레일 → 인젝터
③ 연료탱크 → 저압펌프 → 연료필터 → 커먼레일 → 고압펌프 → 인젝터
④ 연료탱크 → 연료필터 → 저압펌프 → 커먼레일 → 고압펌프 → 인젝터

해설
- 기계식 저압펌프 방식: 연료탱크 → 연료필터 → 저압펌프 → 고압펌프 → 커먼레일 → 인젝터
- 전기식 저압펌프 방식: 연료탱크 → 연료펌프 → 연료필터 → 고압펌프 → 커먼레일 → 인젝터

관련개념
CRDI(Common Rail Direct Injection) 디젤 엔진은 고압 연료를 커먼레일에 저장한 뒤 전자제어 시스템(ECU)에 의해 연료의 분사시기와 분사량, 압력 등을 정밀하게 조절하여 연소 효율을 높이는 방식이다.

02

고속 디젤기관의 기본 사이클에 해당되는 것은?

① 정적 사이클(Constant Volume Cycle)
② 정압 사이클(Constant Pressure Cycle)
③ 복합 사이클(Sabathe Cycle)
④ 디젤 사이클(Diesel Cycle)

해설
고속 디젤기관은 정적과정과 정압과정이 복합적으로 일어나기 때문에 복합 사이클을 기본으로 하고있다.

관련개념

구분	사이클 이름	연소 조건	대표 적용 엔진	특징
정적 사이클	오토 사이클	등적 연소	가솔린 엔진	부피 일정 상태에서 순간 연소
정압 사이클	디젤 사이클	등압 연소	저속 디젤엔진	연소 중 압력이 일정
복합 사이클	사바테 사이클, 듀얼 사이클	등적+등압 연소 혼합	고속 디젤엔진	실제 엔진에서 가장 현실적인 모델

03

크랭크축 메인 저널 베어링 마모를 점검하는 방법은?

① 필러 게이지(Feeler Gauge) 방법
② 시임(Seam) 방법
③ 직각자 방법
④ 플라스틱 게이지(Plastic Gauge) 방법

해설
크랭크축 메인 저널 베어링의 마모 점검 및 오일 간극 측정은 플라스틱 게이지를 사용한다.

선지분석
① 필러 게이지(Feeler Gauge) 방법: 얇은 금속판으로 만들어져 있으며 크랭크축 메인 저널과 베어링 간극을 측정하기 위해 사용된다.
② 시임(Seam) 방법: 베어링의 한쪽 면을 감싸는 얇은 금속판으로 시임이 크랭크축 메인 저널에 끼워진 상태에서 시임의 양쪽 끝을 연결하는 선이 곧게 뻗어 있다면 베어링의 정상 상태를 의미한다.
③ 직각자 방법: 직각을 측정하는 도구로 크랭크축 메인 저널과 베어링이 직각을 이루고 있는지 확인하기 위해 사용된다.

04

EGR(Exhaust Gas Recirculation) 밸브에 대한 설명 중 틀린 것은?

① 배기가스 재순환 장치이다.
② 연소실 온도를 낮추기 위한 장치이다.
③ 증발 가스를 포집하였다가 연소시키는 장치이다.
④ 질소산화물(NOx) 배출을 감소시키기 위한 장치이다.

해설
증발 가스를 포집하였다가 연소시키는 장치는 캐니스터(PCSV)이다.

관련개념
EGR(배기가스 재순환 장치: Exhaust Gas Recirculation)는 EGR 밸브를 이용하여 배기가스의 일부를 흡기계 연소실로 재순환시켜 연소실의 최고온도를 낮추어 질소산화물(NOx)의 발생을 감소시키는 방법이다.

정답 01 ② 02 ③ 03 ④ 04 ③

05

화물자동차 및 특수자동차의 차량 총중량은 몇 톤을 초과해서는 안 되는가?

① 20톤
② 30톤
③ 40톤
④ 50톤

해설
「자동차 및 자동차부품의 성능과 기준에 관한 규칙 제6조」에 따르면 자동차의 차량총중량은 20톤(승합자동차의 경우에는 30톤, **화물자동차 및 특수자동차의 경우에는 40톤**), 축하중은 10톤, 윤중은 5톤을 초과하여서는 아니된다.

06

기관이 1,500[rpm]에서 20[m·kgf]의 회전력을 낼 때 기관의 출력은 41.87[PS]이다. 기관의 출력을 일정하게 하고 회전수를 2,500[rpm]으로 하였을 때 얼마의 회전력을 내는가?

① 약 45[m·kgf]
② 약 35[m·kgf]
③ 약 25[m·kgf]
④ 약 12[m·kgf]

해설
출력[PS] $= \dfrac{TN}{716}$ (T: 회전력[m·kgf], N: 회전수[rpm])

$T = \dfrac{716 \times 출력}{N} = \dfrac{716 \times 41.87}{2{,}500} \simeq 12[m \cdot kgf]$

07

연료 1[kg]을 연소시키는 데 드는 이론적 공기량과 실제로 드는 공기량의 비를 무엇이라고 하는가?

① 중량비
② 공기율
③ 중량도
④ 공기 과잉율

해설
공기과잉율(λ) = $\dfrac{공기\ 1[kg]을\ 연소시키는\ 데\ 필요한\ 실제공기량}{공기\ 1[kg]을\ 연소시키는\ 데\ 필요한\ 이론공기량}$

08

PCV(Positive Crankcase Ventilation)에 대한 설명으로 옳은 것은?

① 블로바이(Blow By) 가스를 대기 중으로 방출하는 시스템이다.
② 고부하 때에는 블로바이 가스가 공기 청정기에서 헤드커버 내로 공기가 도입된다.
③ 흡기 다기관이 부압일 때는 크랭크케이스에서 헤드커버를 통해 공기 청정기로 유입된다.
④ 헤드커버 안의 블로바이 가스는 부하와 관계없이 서지탱크로 흡입되어 연소된다.

해설
헤드커버 안의 블로바이 가스는 부하와 관계없이 서지탱크로 흡입되어 연소된다.

선지분석
① 블로바이 가스가 대기 중으로 방출되는 것을 막기 위해 흡입계통으로 다시 보낸 뒤 재연소시키는 시스템이다.
② 공기 청정기에서 헤드커버 내로 공기가 도입되는 것을 주로 저부하 또는 공회전 시 발생한다.
③ 흡기다기관이 진공(부압)일 때 PCV 밸브를 통해 크랭크케이스의 블로바이 가스가 흡기다기관으로 유입된다.

09

LPG엔진에서 액체상태의 연료를 기체상태의 연료로 전환시키는 장치는?

① 베이퍼라이저
② 솔레노이드 밸브 유닛
③ 봄베
④ 믹서

해설
베이퍼라이저(Vaporizer)는 LPG 탱크에서 공급되는 액체 상태의 연료를 증발시켜 기체 상태로 전환시킨다.

선지분석
② 솔레노이드 밸브 유닛: 운전석에서 조작 가능한 차단 밸브로 밸브 본체와 리턴 스프링으로 구성되어 있다.
③ 봄베(Bombe): 1일 주행에 필요한 LPG를 저장하기 위한 탱크이다.
④ 믹서(Mixer): 베이퍼라이저에서 기화된 LPG를 공기와 혼합하여 연소실에 공급한다.

정답 05 ③ 06 ④ 07 ④ 08 ④ 09 ①

10

피스톤의 평균속도를 올리지 않고 회전수를 높일 수 있으며 단위 체적당 출력을 크게 할 수 있는 엔진은?

① 장행정 엔진
② 정방형 엔진
③ 단행정 엔진
④ 고속형 엔진

해설
단행정(오버스퀘어) 엔진은 행정 거리가 짧고 실린더 지름이 큰 엔진으로, 피스톤이 짧은 행정 거리를 반복하므로 평균속도를 높이지 않더라도 회전수를 높일 수 있으며 단위 체적당 출력을 크게 할 수 있다.

선지분석
① 장행정(언더 스퀘어) 엔진: 행정 길이가 크랭크 반경보다 크므로 고속 회전에 불리하다.
② 정방형(스퀘어) 엔진: 행정 길이와 크랭크 반경이 같으며 단행정 기관에 비해 단위 체적당 출력이 낮다.
④ 고속형 엔진: 높은 RPM에서 출력을 낼 수 있도록 설계된 엔진이다.

11

윤활유의 성질에서 요구되는 사항이 아닌 것은?

① 비중이 적당할 것
② 인화점 및 발화점이 낮을 것
③ 점성과 온도와의 관계가 양호할 것
④ 카본의 생성이 적으며, 강인한 유막을 형성할 것

해설
윤활유는 인화점 및 발화점이 높은 것을 사용해야 한다.

관련개념 윤활유의 구비조건
• 비중과 점도가 적당해야 한다.
• 응고점이 낮아야 한다.
• 인화점 및 발화점이 높아야 한다.
• 카본 생성이 적고 강인한 유막을 형성해야 한다.
• 열과 산에 대하여 안정성이 있어야 한다.
• 청정력이 커야 한다.
• 기포 발생에 대한 저항력이 있어야 한다.

12

연료의 저위 발열량이 $10,250[kcal/kgf]$일 경우 제동 연료소비율은? (단, 제동 열효율은 $26.2[\%]$)

① 약 $220[gf/PS \cdot h]$ ② 약 $235[gf/PS \cdot h]$
③ 약 $250[gf/PS \cdot h]$ ④ 약 $275[gf/PS \cdot h]$

해설

시간당 연료소비량 $= \dfrac{\text{마력}[kcal/h]}{\text{제동 열효율} \times \text{연료의 저위발열량}[kcal/kgf]}$

$= \dfrac{632.4}{0.262 \times 10,250} = 0.235[kcal/h] = 235[gf/h]$

제동 연료소비량 $= \dfrac{235[gf/h]}{1[PS]} = 235[gf/PS \cdot h]$

※ $1[PS] = 632.4[kcal/h]$

13

실린더와 피스톤 사이의 틈새로 가스가 누설되어 크랭크실로 유입된 가스를 연소실로 유도하여 재연소시키는 배출가스 정화 장치는?

① 촉매 변환기
② 배기 가스 재순환 장치
③ 연료 증발 가스 배출 억제 장치
④ 블로바이 가스 환원 장치

해설
블로바이 가스 환원 장치는 실린더와 피스톤 사이 틈새로 가스가 누설되어 크랭크실로 유입된 가스를 다시 연소실로 보내 재연소시키는 장치로 유해 배출가스인 탄화수소의 배출을 감소시킨다.

선지분석
① 촉매 변환기: 촉매 컨버터를 통과할 때 유해 배출가스를 정화해 주는 장치이다.
② 배기 가스 재순환 장치: 배기가스 일부를 흡기계로 재순환시켜 혼합기의 연소 온도를 낮춤으로써 내연기관에서 발생하는 질소산화물(NOx)의 배출을 감소시킨다.
③ 연료 증발 가스 배출 억제 장치: 연료탱크 내에서 증발하는 연료 증기에는 인체에 유해한 탄화수소(HC)가 포함되어 있어, 이 증발가스가 대기 중에 방출되지 않도록 방지한다.

정답 10 ③ 11 ② 12 ② 13 ④

14
디젤 연료의 발화 촉진제로 적당치 않은 것은?

① 아황산 에틸($C_2H_5SO_3$)
② 아질산 아밀($C_5H_{11}NO_2$)
③ 질산 에틸($C_2H_5NO_3$)
④ 질산 아밀($C_5H_{11}NO_3$)

해설
아황산 에틸($C_2H_5SO_3$)은 황 함유로 인하여 연료 규제에 부적합하므로 발화 촉진제의 용도로 사용되지 않는다.

15
냉각장치에서 냉각수의 비등점을 올리기 위한 방식이 맞는 것은?

① 압력 캡식
② 진공 캡식
③ 밀봉 캡식
④ 순환 캡식

해설
냉각 시스템 내부에 압력을 가하여 냉각수의 비등점을 올리기 위한 방식은 압력 캡식이다.

16
분사펌프에서 딜리버리 밸브의 작용 중 틀린 것은?

① 노즐에서의 후적 방지
② 연료의 역류 방지
③ 연료 라인의 잔압 유지
④ 분사시기 조정

해설
딜리버리 밸브는 플런저의 유효행정이 끝나고 플런저 배럴 내 압력이 낮아지면 자동으로 닫혀 연료의 역류를 방지한다. 또한 분사 파이프 내 압력을 낮추어 연료라인의 잔압을 유지하고 노즐의 후적발생을 최소화한다.

관련개념 후적현상
분사가 종료된 후에도 노즐 팁에 연료 방울이 남아 연소실에 떨어지는 현상이다. 이는 배기압력을 상승시키고 출력저하 및 배기가스 증가의 원인이 된다.

17
커넥팅 로드의 비틀림이 엔진에 미치는 영향에 대한 설명 중 옳지 않은 것은?

① 압축압력의 저하
② 회전에 무리를 초래
③ 저널 베어링의 마멸
④ 타이밍 기어의 백래시 촉진

해설
타이밍 기어의 백래시는 주로 기어 마모 또는 조립 불량으로 인해 발생한다.

관련개념 타이밍 기어의 백래시(Backlash)
타이밍 기어의 백래시란 타이밍 기어의 이가 서로 맞물릴 때 생기는 유격 또는 틈새를 말한다.
백래시가 너무 크면 밸브 타이밍에 오차가 발생하여 출력 저하, 소음, 진동 등이 유발되고, 반대로 백래시가 너무 작으면 열팽창 시 기어 끼임이 발생하여 기어 마모 또는 손상의 위험이 있다.

18
밸브 스프링의 서징현상에 대한 설명으로 옳은 것은?

① 밸브가 열릴 때 천천히 열리는 현상
② 흡·배기 밸브가 동시에 열리는 현상
③ 밸브스프링의 고유 진동수와 캠 회전수가 공명에 의해 밸브스프링이 공진하는 현상
④ 밸브가 고속 회전에서 저속으로 변화할 때 스프링의 장력이 차가 생기는 현상

해설
밸브 스프링의 서징(Surging) 현상이란 밸브를 여닫는 캠의 회전수와 밸브 스프링의 고유진동수가 같거나 정수배일 때 발생하는 공진 현상으로 캠의 직접적인 작동 없이 스프링이 비정상적인 진동을 하게 된다.

관련개념 밸브 서징현상의 방지책
- 스프링 정수가 큰 스프링을 사용한다.
- 이중스프링, 부등 피치형 스프링, 원추형 스프링을 사용한다.
- 가벼운 밸브를 사용한다.
- 캠 형상을 변경한다.

정답 14 ① 15 ① 16 ④ 17 ④ 18 ③

19

하이브리드 시스템에 대한 설명 중 틀린 것은?

① 직렬형 하이브리드는 소프트타입과 하드타입이 있다.
② 소프트타입은 순수 EV(전기차) 주행모드가 없다.
③ 하드타입은 소프트타입에 비해 연비가 향상된다.
④ 플러그-인 타입은 외부 전원을 이용하여 배터리를 충전한다.

해설
소프트타입과 하드타입이 있는 것은 병렬형 하이브리드이다.

관련개념 하이브리드의 소프트 타입과 하드 타입
- 소프트 타입은 출발 시 모터와 엔진을 모두 사용하고 부하가 적은 정속 주행 시에는 엔진만으로 주행한다.

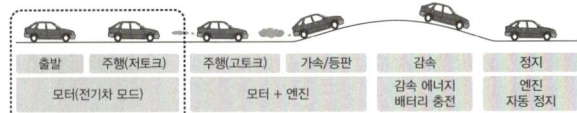

- 하드 타입의 주행 모드는 소프트 타입과 동일하나, 처음 출발과 비교적 부하가 적은 구간 주행 시 일체의 연료를 사용하지 않고 전기자동차 모드(모터로만 주행)로 주행한다.

20

제동마력(BHP)을 지시마력(IHP)으로 나눈 값은?

① 기계효율
② 열효율
③ 체적효율
④ 전달효율

해설
기계효율[%] = $\dfrac{제동마력}{지시마력} \times 100$

선지분석
② 열효율[%] = $\dfrac{유효 출력(일)}{공급 열량} \times 100$
③ 체적효율[%] = $\dfrac{흡입행정 중 실린더에 흡입된 공기질량}{행정 체적에 해당하는 이론적 대기질량} \times 100$
④ 전달효율[%] = $\dfrac{구동륜 출력}{엔진 출력} \times 100$

21

흡기관로에 설치되어 칼만 와류 현상을 이용하여 흡입 공기량을 측정하는 것은?

① 흡기온도 센서
② 대기압 센서
③ 스로틀 포지션 센서
④ 공기유량 센서

해설
공기유량 센서는 흡기관로에 설치되어 흡입되는 공기의 양을 측정하며 일반적으로 열선식(Hot-Wire) 또는 칼만 와류식(Karman Vortex)이 사용된다.

선지분석
① 흡기온도 센서: 흡기 매니폴드 내 공기 온도를 감지하여 연료 분사량, 점화 시기, 공회전 속도 등을 제어에 필요한 정보를 ECU에 전달한다.
② 대기압 센서: 자동차 주변 기압을 감지하여 연료 분사량과 점화 시기 등에 필요한 정보를 ECU에 전달한다.
③ 스로틀 포지션 센서: 스로틀 밸브의 개도를 감지하여 엔진의 부하 상태를 판단하여 연료 분사량 제어에 필요한 정보를 ECU에 전달한다.

22

디젤 연소실의 구비조건 중 틀린 것은?

① 연소시간이 짧을 것
② 열효율이 높을 것
③ 평균유효 압력이 낮을 것
④ 디젤노크가 적을 것

해설
디젤 연소실은 평균유효 압력이 높아야 한다.

관련개념 디젤 연소실의 구비조건
- 연소시간이 짧아야 한다.
- 열효율이 높아야 한다.
- 평균 유효압력이 높아야 한다.
- 디젤 노크가 적어야 한다.
- 착화가 용이해야 한다.

정답 19 ① 20 ① 21 ④ 22 ③

23

전자제어 가솔린기관 인젝터에서 연료가 분사되지 않는 이유 중 틀린 것은?

① 크랭크각 센서 불량
② ECU 불량
③ 인젝터 불량
④ 파워 TR 불량

> **해설**
> 파워 TR은 인젝터에 전력을 공급하는 점화장치에 해당하므로 연료가 분사되지 않는 원인과 직접적인 관련이 없다.

24

동력조향장치 정비 시 안전 및 유의 사항으로 틀린 것은?

① 자동차 하부에서 작업할 때는 시야확보를 위해 보안경을 벗는다.
② 공간이 좁으므로 다치지 않게 주의한다.
③ 제조사의 정비 지침서를 참고하여 점검 정비한다.
④ 각종 볼트 너트는 규정 토크로 조인다.

> **해설**
> 자동차 하부에서 작업할 때는 파편, 화학물질로부터 눈을 보호하기 위하여 보안경을 반드시 착용해야 한다.

25

조향장치에서 조향 기어비를 나타낸 것으로 맞는 것은?

① 조향기어비=조향휠 회전각도÷피트먼암 선회각도
② 조향기어비=조향휠 회전각도+피트먼암 선회각도
③ 조향기어비=피트먼암 선회각도-조향휠 회전각도
④ 조향기어비=피트먼암 선회각도×조향휠 회전각도

> **해설**
> 조향기어비 = $\dfrac{\text{조향휠 회전각도}}{\text{피트먼암 선회각도}}$

26

자동변속기 차량에서 토크컨버터 내에 있는 스테이터의 기능은?

① 터빈의 회전력을 증대시킨다.
② 바퀴의 회전력을 감소시킨다.
③ 펌프의 회전력을 증대시킨다.
④ 터빈의 회전력을 감소시킨다.

> **해설**
> 스테이터는 토크컨버터에서 작동 유체의 방향을 변환시켜 터빈의 회전력(토크)를 증대시키는 역할을 한다.
>
> **관련개념**
> 토크 컨버터는 자동변속기에서 엔진의 토크를 변속기에 전달하고 변속 과정에서 발생하는 충격을 완화시키는 장치로 임펠러, 터빈, 스테이터로 구성되어 있다.

27

동력 조향장치의 스티어링 휠 조작이 무겁다. 의심되는 고장 부위 중 가장 거리가 먼 것은?

① 랙 피스톤 손상으로 인한 내부 유압 작동 불량
② 스티어링 기어박스의 과다한 백래시
③ 오일탱크 오일 부족
④ 오일펌프 결함

> **해설**
> 스티어링 기어박스의 백래시가 과다한 경우에는 기어 간 유격이 커져 헛도는 듯한(헐거운) 느낌이 든다.

정답 23 ④   24 ①   25 ①   26 ①   27 ②

28

전차륜 정렬에 관계되는 요소가 아닌 것은?

① 타이어의 이상 마모를 방지한다.
② 정지상태에서 조향력을 가볍게 한다.
③ 조향핸들의 복원성을 준다.
④ 조향방향의 안정성을 준다.

해설
휠의 정렬은 주행 중의 조향 특성에 영향을 미치며, 정지상태에서는 큰 영향이 없다.

관련개념 전차륜 정렬(Wheel Alignment)의 역할
- 조향핸들의 조작력을 가볍게 한다.
- 조향후 핸들이 원위치로 복원되는 복원성을 제공한다.
- 타이어의 마모를 줄여준다.
- 조향 조작을 정확하게 하고 주행 안정성을 확보한다.

29

요철이 있는 노면을 주행할 경우, 스티어링 휠에 전달되는 충격을 무엇이라 하는가?

① 시미 현상
② 웨이브 현상
③ 스카이 훅 현상
④ 킥 백 현상

해설
킥 백현상은 장애물이나 노철이 있는 노면을 주행할 때 발생하는 충격이 스티어링 휠에 전달되어 갑자기 반동하는 현상이다.

선지분석
① 시미 현상: 휠 밸런스 불균형, 타이어 손상 등의 원인으로 주행 중 스티어링 휠이 떨리는 현상이다.
② 웨이브 현상: 타이어 공기압이 낮은 상태에서 고속으로 주행 시 타이어 접지부의 뒷부분이 부풀면서 물결모양의 주름이 잡히는 현상이다.
③ 스카이 훅 현상: 서스펜션 시스템이 이상적으로 작동하여 요철로 인한 충격을 흡수하고 진동이 감소하여 승차감이 좋아지는 현상이다.

관련개념 킥 백 현상

킥 백 현상의 원인	• 타이어가 요철이니 장애물 등에 부딪혀 발생하는 충격이 스티어링 시스템에 전달되는 경우 • 서스펜션 시스템의 강성이 부족하여 충격 흡수가 충분하지 못한 경우 • 스티어링 시스템에 유격이 있어 노면의 반력이 핸들로 과도하게 전달되는 경우
킥 백 현상의 방지법	• 서스펜션 시스템의 강성을 높인다. • 스티어링 시스템의 유격을 줄인다. • 타이어 공기압을 적정하게 유지한다.

30

공기식 제동장치의 구성요소로 틀린 것은?

① 언로더 밸브
② 릴레이 밸브
③ 브레이크 챔버
④ EGR 밸브

해설
EGR 밸브는 배기가스 제어장치에 사용되는 밸브이다.

관련개념 공기식 제동장치의 구성요소

압축 공기 계통	공기압축기, 압력 조정기, 언로더 밸브, 압축 공기 탱크, 공기 드라이어
브레이크 계통	브레이크 밸브, 릴레이 밸브, 퀵릴리스 밸브, 브레이크 캠, 브레이크 챔버
안전 계통	저압 표시기, 체크밸브, 안전밸브

31

변속기의 전진 기어 중 가장 큰 토크를 발생하는 변속단은?

① 오버드라이브
② 1단
③ 2단
④ 직결 단

해설
1단(저속)에서 가장 큰 토크가 발생한다.

관련개념 수동변속기 기어 변속 레버
- 1단 기어: 차량이 출발 시 또는 큰 견인력이 필요한 상황에서 사용한다.
- 2단 기어: 저속 주행 시 사용한다.
- 3단 기어: 중·저속 주행 시 사용한다.
- 중립 위치: 엔진 시동 시 또는 주·정차 시 변속레버를 두는 위치이다.
- 4단 기어: 중·고속 주행 시 사용한다.
- 5단 기어: 고속 주행 시 사용한다.
- 6단 기어: 고속도로 주행과 같은 일정한 고속 주행 시 사용한다.

정답 28 ② 29 ④ 30 ④ 31 ②

32

변속기의 변속비가 1.5, 링기어의 잇수 36, 구동피니언의 잇수 6인 자동차를 오른쪽 바퀴만 돌려서 회전하도록 하였을 때 오른쪽 바퀴의 회전수는? (단, 추진축의 회전수는 2,100rpm)

① 350[rpm]
② 450[rpm]
③ 600[rpm]
④ 700[rpm]

해설

한쪽 바퀴 회전수 $N[\text{rpm}] = \dfrac{\text{추진축 회전수}}{\text{종감속비}} \times 2 - \text{다른쪽 바퀴 회전수}$

종감속비 $= \dfrac{\text{링기어 잇수}}{\text{구동피니언 잇수}} = \dfrac{36}{6} = 6$

$\Rightarrow N = \dfrac{2,100[\text{rpm}]}{6} \times 2 - 0 = 700[\text{rpm}]$

33

토크 컨버터의 토크 변환율은?

① 0.1~1배
② 2~3배
③ 4~5배
④ 6~7배

해설

토크 컨버터는 스테이터를 사용하여 토크를 2~3배 정도 증폭시킬 수 있다.

34

자동차의 축간거리가 2.3[m], 바퀴 접지면의 중심과 킹핀과의 거리가 20[cm]인 자동차를 좌회전할 때 우측바퀴의 조향각은 30°, 좌측바퀴 조향각은 32°이었을 때 최소회전반경은?

① 3.3[m]
② 4.8[m]
③ 5.6[m]
④ 6.5[m]

해설

최소회전반경(R) $= \dfrac{L}{\sin\alpha} + r = \dfrac{2.3}{\sin(30°)} + 0.2 = 4.8[\text{m}]$

(L: 축간 거리[m], α: 외측바퀴 회전각도[°], r: 타이어 중심과 킹 핀 간의 거리[m])

35

차동장치에서 차동 피니언 사이드 기어의 백래시 조정은?

① 축받이 차축의 왼쪽 조정실을 가감하여 조정한다.
② 축받이 차축의 오른쪽 조정실을 가감하여 조정한다.
③ 차동 장치의 링기어 조정 장치를 조정한다.
④ 트러스트 와셔의 두께를 가감하여 조정한다.

해설

차동 피니언과 사이드 기어의 백래시 조정은 트러스트(Thrust) 와셔의 두께를 가감하여 조정한다.

36

자동변속기에서 유체클러치를 바르게 설명한 것은?

① 유체의 운동에너지를 이용하여 토크를 자동으로 변환하는 장치
② 기관의 동력을 유체 운동에너지로 바꾸고 이 에너지를 다시 동력으로 바꾸어 전달하는 장치
③ 자동차의 주행 조건에 알맞은 변속비를 얻도록 제어하는 장치
④ 토크 컨버터의 슬립에 의한 손실을 최소화하기 위한 작동 장치

해설

자동변속기에서 유체클러치(유체 커플링)는 유체를 이용하여 기관의 동력을 유체 운동에너지로 바꾸고 이 에너지를 다시 동력으로 바꾸어 전달한다.

관련개념 유체클러치의 특징

- 조작이 간단하며 별도의 클러치 조작 기구가 필요 없다. 또한, 과부하를 방지하고 충격을 흡수하는 기능이 있다.
- 마찰 클러치(기계적 결합은 100[%] 가까움)에 비해 유체 클러치는 미끄러짐이 존재하므로 약간 낮은 효율(96~98[%])을 갖는다.

정답 32 ④ 33 ② 34 ② 35 ④ 36 ②

37

브레이크액의 특성으로서 장점이 아닌 것은?

① 높은 비등점
② 낮은 응고점
③ 강한 흡습성
④ 큰 점도지수

해설
브레이크 액의 수분을 흡수하는 성질(흡습성)으로 인하여 수분 함량이 높아질 경우 브레이크 패드와 디스크에 고온의 마찰열이 발생하거나 외부 공기 유입으로 인한 베이퍼 록 현상이 발생할 수 있다.

관련개념 브레이크 오일의 구비조건
- 비등점은 높고 응고점은 낮아야 한다.
- 점도가 적절하고 점도지수가 높아야 한다.
- 고무나 금속을 경화·팽창·부식시키지 않아야 한다.
- 침전물을 발생시키지 않아야 한다.
- 화학적으로 안정적이어야 한다.

38

전자제어 동력 조향장치의 특성으로 틀린 것은?

① 공전과 저속에서 핸들 조작력이 작다.
② 중속 이상에서는 차량속도에 감응하여 핸들 조작력을 변화시킨다.
③ 차량속도가 고속이 될수록 큰 조작력을 필요로 한다.
④ 동력 조향장치이므로 조향기어는 필요 없다.

해설
조향기어는 방향 제어에 필요한 부품으로 동력 조향장치가 있더라도 여전히 필요하다.

관련개념 동력조향장치의 장단점

장점	단점
• 작은 힘으로 조향 조작을 할 수 있다. • 조향기어비를 조작력에 관계없이 설정할 수 있다. • 노면의 충격을 흡수하여 조향핸들에 전달되는 것을 방지한다. • 앞바퀴의 시미현상을 감소시키는 효과가 있다. • 조향 조작이 신속하다. • 저속에서는 가볍고, 고속에서는 적절히 무겁다.	• 구조가 복잡하고 비싸다. • 고장 시 정비하기 어렵다. • 오일 펌프 구동 시 기관 출력의 소모가 있다.

39

전자제어 제동장치(ABS)에서 ECU로부터 신호를 받아 각 휠 실린더의 유압을 조절하는 구성품은?

① 유압 모듈레이터
② 휠 스피드 센서
③ 프로포셔닝 밸브
④ 앤티 롤 장치

해설
유압 모듈레이터는 전자제어 제동장치(ABS)에서 전자제어유닛(ECU)으로부터 신호를 받아 각 휠 실린더의 유압을 조절한다.

선지분석
② 휠 스피드 센서: 각 휠의 회전 속도를 감지하여 ECU에 전달한다.
③ 프로포셔닝 밸브: 제동 시 전후 바퀴에 적절한 제동력을 분배한다.
④ 앤티 롤 장치: 차량의 흔들림(롤)을 감지하여 각 휠에 적절한 제동력을 분배한다.

40

축전지를 급속 충전할 때 주의사항이 아닌 것은?

① 통풍이 잘 되는 곳에서 충전한다.
② 축전지의 (+), (−) 케이블을 자동차에 연결한 상태로 충전한다.
③ 전해액의 온도가 45[℃]가 넘지 않도록 한다.
④ 충전 중인 축전지에 충격을 가하지 않도록 한다.

해설
급속 충전할 때에는 축전지의 (+), (−) 케이블을 자동차와 분리한 뒤 충전한다.

관련개념 축전기 급속 충전 시 주의사항
- 통풍이 잘 되는 곳에서 충전한다.
- 축전지의 (+), (−) 케이블을 자동차와 분리한 뒤 충전한다.
- 전해액의 온도가 45[℃] 이상 되지 않도록 한다.
- 충전 중인 축전지에 충격을 가하지 않는다.
- 충전 시간을 짧게 한다.
- 충전 전류는 축전지 용량의 약 50[%] 정도로 한다.

정답 37 ③ 38 ④ 39 ① 40 ②

41

ECU에 입력되는 스위치 신호라인에서 OFF 상태의 전압이 5[V]로 측정되었을 때 설명으로 옳은 것은?

① 스위치의 신호는 아날로그 신호이다.
② ECU 내부의 인터페이스는 소스(Source) 방식이다.
③ ECU 내부의 인터페이스는 싱크(Sink) 방식이다.
④ 스위치를 닫았을 때 2.5[V]이하면 정상적으로 신호처리를 한다.

해설
스위치 OFF 시 입력 전압이 5[V]로 측정되는 것은 ECU 내부가 접지(GND)와 연결된 싱크(Sink) 방식일 때 발생하는 현상이다.

관련개념 싱크(Sink) 방식 인터페이스
싱크 방식 인터페이스는 높은 입력 전압을 받아들이고 내부 저항을 통하여 접지(GND)로 끌어당기는 방식이다. 입력 전압의 변화에 따라 내부 저항값이 달라지고 흐르는 전류를 조절하여 디지털 신호를 처리한다. 이 방식의 장점은 소비 전력 감소, 노이즈 영향 감소, 안정적인 신호 처리 등이다.

42

광전식 크랭크각 센서나 조향각 센서 등에 사용되며 입사광선을 받으면 전류가 흐르게 되는 반도체는?

① 포토 다이오드
② 발광 다이오드
③ 제너 다이오드
④ 트랜지스터

해설
포토 다이오드는 빛이 조사되면 역방향 전류가 흐르며 광의 세기에 비례하여 전류량이 증가하는 특성이 있다.

선지분석
② 발광 다이오드: 순방향 전류가 흐를 때 빛을 발산한다.
③ 제너 다이오드: 순물 농도가 높은 PN 접합형 실리콘 다이오드로, 역방향 전압이 일정한 값에 도달하면 갑작스럽게 큰 전류가 흐른다.
④ 트랜지스터: 전류를 증폭하거나 제어하는 역할을 한다.

43

모터(기동전동기)의 형식을 맞게 나열한 것은?

① 직렬형, 병렬형, 복합형
② 직렬형, 복복합형, 병렬형
③ 직권형, 복권형, 복합형
④ 직권형, 분권형, 복권형

해설
모터(기동전동기)는 자기장 형성 방식에 따라 직권형, 분권형, 복권형으로 분류된다.

관련개념

형식	연결 방식	특징
직권형	계자와 전기자가 직렬로 연결	단순한 구조, 가격이 저렴, 토크 변동이 큼, 무부하 운전 시 과속 위험
분권형	계자와 전기자가 병렬로 연결	속도 조절 용이, 토크 변동이 적음
복권형	계자의 직렬·병렬 연결 방식 병용	우수한 시동 토크, 안정된 속도 제어

44

전조등 회로의 구성부품이 아닌 것은?

① 라이트 스위치
② 전조등 릴레이
③ 스테이터
④ 딤머 스위치

해설
스테이터는 발전기의 구성부품이다.

관련개념
① 라이트 스위치: 차량의 전기를 켜거나 끄는 스위치에 내장된 작은 표시등을 말한다.
② 전조등 릴레이(헤드라이트 릴레이): 차량의 전조등 회로에서 중요한 역할을 하는 전자 장치를 말한다.
④ 딤머 스위치: 차량의 전구 또는 조명기구의 밝기를 조절할 수 있는 스위치를 말한다.

정답 41 ③ 42 ① 43 ④ 44 ③

45
20[℃]에서 양호한 상태인 100[Ah]의 축전지는 200[A]의 전기를 얼마 동안 발생시킬 수 있는가?

① 1시간
② 2시간
③ 20분
④ 30분

해설
축전지 용량[Ah]=방전전류[A]×방전시간[h]이므로,
방전시간[h]=$\frac{축전지\ 용량[Ah]}{방전전류[A]}=\frac{100}{200}=0.5[h]$=30분

46
자동차의 IMS(Integrated Memory System)에 대한 설명으로 옳은 것은?

① 도난을 예방하기 위한 시스템이다.
② 편의장치로서 장거리 운행 시 자동운행 시스템이다.
③ 배터리 교환주기를 알려주는 시스템이다.
④ 스위치 조작으로 설정해둔 시트 위치로 재생시킨다.

해설
IMS(Integrated Memory System)는 운전 편의성을 위하여 운전자 맞춤설정(등받이 각도, 시트 위치, 사이드미러 각도 등)을 저장해 두었다가 스위치 조작을 통해 자동으로 재생시키는 장치이다.

47
편의장치에서 중앙집중식 제어장치(ETACS 또는 ISU)의 입·출력 요소 역할에 대한 설명으로 틀린 것은?

① 모든 도어스위치: 각 도어 잠김 여부 감지
② INT 스위치: 와셔 작동 여부 감지
③ 핸들 록 스위치: 키 삽입 여부 감지
④ 열선스위치: 열선 작동 여부 감지

해설
INT(Intermittent) 스위치는 와이퍼를 일정한 시간간격으로 작동시키는 장치로 눈이나 비의 양에 따라 조절할 수 있다.

48
자동차용 교류 발전기에 응용한 것은?

① 플레밍의 왼손법칙
② 플레밍의 오른손법칙
③ 옴의 법칙
④ 자기포화의 법

해설
발전기는 플레밍의 오른손법칙을 응용한 장치이다.

관련개념
전동기는 플레밍의 왼손법칙을 응용한 장치이다.

49
드릴링 머신 작업을 할 때 주의사항으로 틀린 것은?

① 드릴의 날이 무디어 이상한 소리가 날 때는 회전을 멈추고 드릴을 교환하거나 연마한다.
② 공작물을 제거할 때는 회전을 완전히 멈추고 한다.
③ 가공 중에 드릴이 관통했는지를 손으로 확인한 후 기계를 멈춘다.
④ 드릴은 주축에 튼튼하게 장치하여 사용한다.

해설
가공 중에 드릴의 관통 여부는 반드시 기계를 멈춘 뒤 확인한다.

관련개념 드릴 작업 시 주의사항
• 작업을 시작하기 전에 작업물을 단단히 고정시킨다.
• 작업 중에는 손으로 칩을 제거하거나 입으로 불지 않는다.
• 가공물이 소형이거나 구멍을 뚫는 경우에는 바이스에 작업물을 고정시킨다.
• 드릴이 회전 중일 때는 테이블 위치를 조정하지 않는다.
• 작업물이 얇은 경우에는 밑에 받침대를 놓는다.
• 절삭유는 위쪽 방향에서 바른다.
• 소음이 나는 경우에는 즉시 회전을 멈추고 드릴을 교환하거나 연마한다.

정답 45 ④ 46 ④ 47 ② 48 ② 49 ③

50
배선에 있어서 기호와 색의 연결이 틀린 것은?

① Gr: 보라
② G: 녹색
③ R: 적색
④ Y: 노랑

해설
Gr(Gray): 회색

관련개념

기호	연결 방식	기호	배선 색상
B	검정(Black)	O	오렌지(Orange)
Br	갈색(Brown)	P	분홍색(Pink)
G	초록색(Green)	R	빨강색(Red)
Gr	회색(Gray)	T	황갈색(Tawny)
L	파랑색(Blue)	W	흰색(White)
Lg	연두색(Light Green)	Y	노랑색(Yellow)
Ll	하늘색(Light Blue)	Pp	Pp: 자주색(Purple)

51
작업장의 환경을 개선하면 나타나는 현상으로 틀린 것은?

① 좋은 품질의 생산품을 얻을 수 있다.
② 피로를 경감시킬 수 있다.
③ 작업 능률을 향상시킬 수 있다.
④ 기계 소모가 많고 동력손실이 크다.

해설
작업장에서 발생하는 유해요인의 원인을 근본적으로 제거하거나 줄이는 것이 가장 기본적이고 효과적인 환경 개선 방법이다. 이러한 작업 환경 개선은 작업자의 건강과 안전을 위한 조치로 기계 소모가 많아지거나 동력 손실이 커지는 원인이 되지 않는다.

52
일반 가연성 물질의 화재로서 물이나 소화기를 이용하여 소화하는 화재의 종류는?

① A급 화재
② B급 화재
③ C급 화재
④ D급 화재

해설
A급 화재는 목재, 종이 등과 같이 타면서 재가 남는 화재를 말하며 물이나 소화기를 이용하여 소화할 수 있다.

관련개념

화재 분류	색상	원인 물질	소화방법	비고
일반화재 (A급)	백색	나무, 솜, 종이, 고무 등	물 또는 분말소화기 사용	타고난 후 재가 남음
유류가스화재 (B급)	황색	석유, 페인트, 가스 등	공기 차단, 분말소화기 사용	토사나 소화기 사용 (물로 소화 시 연소면 확대)
전기화재 (C급)	청색	전기 스파크, 단락, 과부화 등	이산화탄소, 특수소화기 사용	물 사용 시 감전 위험이 있음
금속화재 (D급)	무색	철분, 마그네슘, 칼륨 등	건모래, 팽창질석, 특수 소화기 사용	물 사용 시 폭발 위험 있음

53
유압식 브레이크장치에서 브레이크가 풀리지 않는 원인은?

① 오일 점도가 낮기 때문
② 파이프 내의 공기 혼입
③ 체크밸브의 접촉 불량
④ 마스터 실린더의 리턴구멍 막힘

해설
마스터 실린더의 리턴 포트가 막히면 브레이크 작동 후 유압이 해제되지 않기 때문에 페달에서 발을 떼더라도 브레이크가 풀리지 현상이 발생할 수 있다.

정답 50 ① 51 ④ 52 ① 53 ④

54

드릴로 큰 구멍을 뚫으려고 할 때 먼저 할 일은?

① 금속을 무르게 한다.
② 작은 구명을 뚫는다.
③ 스핀들의 속도를 빠르게 한다.
④ 드릴 커팅 앵글을 증가시킨다.

> **해설**
> 드릴로 큰 구멍을 뚫으려고 할 때 작은 구멍을 먼저 뚫는다.

> **관련개념** 드릴 작업 시 주의사항
> • 작업을 시작하기 전에 작업물을 단단히 고정시킨다.
> • 작업 중에는 손으로 칩을 제거하거나 입으로 불지 않는다.
> • 가공물이 소형이거나 구멍을 뚫는 경우에는 바이스에 작업물을 고정시킨다.
> • 드릴이 회전 중일 때는 테이블 위치를 조정하지 않는다.
> • 작업물이 얇은 경우에는 밑에 받침대를 놓는다.
> • 절삭유는 위쪽 방향에서 바른다.
> • 소음이 나는 경우에는 즉시 회전을 멈추고 드릴을 교환하거나 연마한다.
> • 큰 구멍을 뚫을 때 작은 구멍을 먼저 뚫는다.

55

ECS(전자제어 현가장치) 정비 작업 시 안전작업 방법으로 틀린 것은?

① 차고 조정은 공회전 상태로 평탄하고 수평인 곳에서 한다.
② 축전지 접지단자를 분리하고 작업한다.
③ 부품의 교환은 시동이 켜진 상태에서 작업한다.
④ 공기는 드라이어에서 나온 공기를 사용한다.

> **해설**
> ECS 정비 작업 시 시동이 켜진 상태에서 부품을 교환할 경우 감전이나 오작동의 위험이 있으므로 반드시 시동을 끈 상태에서 작업해야 한다.

56

변속기를 탈착할 때 가장 안전하지 않은 작업 방법은?

① 자동차 밑에서 작업 시 보호경을 착용한다.
② 잭으로 올릴 때 물체를 흔들어 중심을 확인한다.
③ 잭으로 올린 후 스탠드로 고정한다.
④ 사용 목적에 적합한 공구를 사용한다.

> **해설**
> 잭으로 올린 물체의 중심을 확인하기 위해 물체를 흔드는 것은 매우 위험하다.

> **관련개념** 차량 하부에서 변속기 탈착 작업 시 주의사항
> • 차량은 반드시 평지에 받침목을 사용하여 세운다.
> • 차량을 들어 올리고 작업할 때는 반드시 잭으로 들어 올린 다음 스탠드로 지지해야 한다.
> • 차량 밑에서 작업할 때는 반드시 보안경을 착용한다.
> • 차량이 잭에 의해서만 올려져 있는 경우에 절대 차내로 들어가지 말아야 하며 잭이나 차에 충격을 주지 않는다.
> • 작업 중에는 움직이는 차량이나 기계에 발이 닿지 않도록 주의한다.
> • 모든 잭은 사용 후 적재 제한별로 분류하여 보관한다.
> • 잭으로 차량을 들어 올린 후에는 잭 손잡이를 제거한다.

57

귀마개를 착용하여야 하는 작업과 가장 거리가 먼 것은?

① 공기압축기가 가동되는 기계실 내에서 작업
② 디젤엔진 정비작업
③ 단조작업
④ 제관작업

> **해설**
> 디젤엔진 정비작업은 소리를 통해 디젤엔진의 가동여부를 알 수 있으므로 귀마개를 착용하지 않는다.

정답 54 ② 55 ③ 56 ② 57 ②

58

부품을 분해 정비 시 반드시 새것으로 교환해야 할 부품이 아닌 것은?

① 오일 씰
② 볼트 및 너트
③ 개스킷
④ 오링(O-Ring)

해설
볼트 및 너트는 정상적인 상태인 경우 부품을 분해 정비하더라도 재사용이 가능하므로 반드시 새것으로 교환할 필요는 없다.

59

주행 중 브레이크 작동 시 조향 핸들이 한쪽으로 쏠리는 원인으로 거리가 가장 먼 것은?

① 휠 얼라인먼트 조정이 불량하다.
② 좌우 타이어의 공기압이 다르다.
③ 브레이크 라이닝의 좌·우 간극이 불량하다.
④ 마스터 실린더의 체크밸브의 작동이 불량하다.

해설
마스터 실린더의 체크밸브는 브레이크 액의 흐름을 한 방향으로 제어함으로써 베이퍼 록을 방지하는 역할을 하며 조향 핸들이 한쪽으로 쏠리는 원인과는 거리가 멀다.

관련개념 주행 중 자동차의 조향 휠이 한쪽으로 쏠리는 원인
- 타이어의 좌우 공기압이 다른 경우
- 노면의 좌우 경사도가 다른 경우
- 타이어 또는 휠이 불량한 경우
- 휠 얼라이먼트 조정이 불량한 경우
- 브레이크 라이닝의 좌우 간격이 불량한 경우
- 스티어링 샤프트나 등속 조인트에 문제가 있는 경우
- 좌우 바퀴에 걸리는 하중이 다른 경우
- 앞 차축 한쪽의 현가스프링이 파손된 경우
- 속 업쇼버가 불량인 경우

60

산업안전보건법상 작업현장 안전보건표지 색채에서 화학물질 취급소장에서의 유해·위험 경고 용도로 사용되는 색채는?

① 빨간색
② 노란색
③ 녹색
④ 검은색

해설
화학물질 취급소장에서의 유해·위험 경고는 빨간색을 사용하여 표시한다.

관련개념

색채	용도	사용례
빨간색	금지	정지신호, 소화설비 및 그장소, 유해행위의 금지
빨간색	경고	화학물질 취급장소에서의 유해·위험 경고
노란색	경고	화학물질 취급장소에서의 유해·위험경고 이외의 위험경고, 주의표지 또는 기계방호물
파란색	지시	특정 행위의 지시 및 사실의 고지
녹색	안내	비상구 및 피난소, 사람 또는 차량의 통행표지
흰색		파란색 또는 녹색에 대한 보조색
검은색		문자 및 빨간색 또는 노란색에 대한 보조색

정답 58 ② 59 ④ 60 ①

Build UP 2022년 1회 CBT 복원문제

\# NCS 학습모듈 반영
\# 최신기출 복원
\# 신유형

01
스로틀 밸브의 열림 정도를 감지하는 센서는?
① APS
② CKPS
③ CMPS
④ TPS

해설
TPS(스로틀 포지션 센서)는 스로틀 밸브 축에 위치해 있으며 밸브의 열림 정도를 감지하여 공기량을 조절한다.

선지분석
① APS(대기압 센서): 대기의 압력을 감지하여 ECU에 전달한다.
② CKPS(크랭크 축 포지션 센서): 크랭크 축의 회전속도와 각도를 감지하여 ECU에 전달한다.
③ CMPS(캠 축 포지션 센서): 캠 축의 위치를 감지하여 ECU에 전달한다.

02
4행정 6기통 기관에서 폭발순서가 1-5-3-6-2-4인 엔진의 2번 실린더가 흡기행정 중간이라면 5번 실린더는?
① 폭발행정 중
② 배기행정 초
③ 흡기행정 중
④ 압축행정 말

해설
2번 실린더가 흡기행정 중간이므로, 2번 실린더는 연료가 공급되고 공기가 흡입되는 구간이다. 4행정 엔진은 6기통일 경우, 1번 실린더 다음에 폭발하는 실린더는 5번 실린더이다. 따라서, 2번 실린더가 흡기행정 중간이라면, 5번 실린더는 폭발행정 중이다.

03
전자제어 분사 장치의 제어계통에서 엔진 ECU로 입력하는 센서가 아닌 것은?
① 공기유량 센서
② 대기압 센서
③ 휠스피드 센서
④ 흡기온도 센서

해설
휠스피드 센서는 ABS, TCS 등 차량 주행안전 제어에 사용되는 센서로 엔진 ECU와는 직접적인 관련이 없다.

04
센서 및 액추에이터 점검·정비 시 적절한 점검 조건이 잘못 짝지어진 것은?
① AFS − 시동상태
② 컨트롤 릴레이 − 점화스위치 ON 상태
③ 점화코일 − 주행 중 감속 상태
④ 크랭크각 센서 − 크랭킹 상태

해설
점화코일은 점회 플러그에 고전압을 공급하는 크랭킹 상대에서 점검 및 정비한다.

정답 01 ④ 02 ① 03 ③ 04 ③

05

소형 승용차 기관의 실린더 헤드를 알루미늄 합금으로 제작하는 이유는?

① 가볍고 열전달이 좋기 때문에
② 부식성이 좋기 때문에
③ 주철에 비해 열팽창 계수가 작기 때문에
④ 연소실 온도를 높여 체적효율을 낮출 수 있기 때문에

해설
알루미늄 합금은 가볍고 열전달이 좋기 때문에 소형 자동차에 적합하다.

선지분석
② 부식성이 좋지 않다.
③ 주철에 비해 열팽창 계수가 크다.
④ 열방출이 잘 되어 연소실 온도를 낮추고 이에 따라 공기가 덜 팽창하게 되므로 체적 효율이 향상된다.

06

가솔린 기관에서 완전연소 시 배출되는 연소가스 중 체적 비율로 가장 많은 가스는?

① 산소
② 이산화탄소
③ 탄화수소
④ 질소

해설
공기 중에서 질소는 약 78.1[%], 이산화탄소는 약 10.0[%], 탄화수소는 약 1.0[%]의 체적 비율을 가지므로 연소 후 배출되는 가스 중에서는 질소의 체적 비율이 가장 높다.

07

가솔린 기관 흡기계통에서 스로틀 보디의 구성부품이 아닌 것은?

① 에어플로우 센서
② 스로틀 포지션 센서
③ 스로틀 밸브
④ 공전조절장치

해설
에어플로우 센서는 흡기 공기의 유속을 측정하여 엔진 제어 시스템에 정보를 제공하는 센서이며, 스로틀 바디의 구성부품이 아니다.

선지분석
② 스로틀 포지션 센서: 스로틀 밸브의 위치를 감지하여 ECU에 정보를 제공한다.
③ 스로틀 밸브: 엔진의 공기 흐름을 제어하는 부품이다.
④ 공전조절장치: 엔진의 회전 속도를 제어하는 부품이다.

08

배기가스가 삼원 촉매 컨버터를 통과할 때 산화·환원되는 물질로 옳은 것은?

① N_2, CO
② N_2, H_2
③ N_2, O_2
④ N_2, CO_2, H_2O

해설
• 질소산화물(NOx) ⇒ 질소(N_2), 산소(O_2)
• 일산화탄소(CO) ⇒ 이산화탄소(CO_2)
• 탄화수소(HC) ⇒ 물(H_2O), 이산화탄소(CO_2)

관련개념 삼원 촉매 컨버터 특징
• 엔진의 배기다기관(연소실에서 나오는 배기가스를 모아주는 관)과 소음기 사이에 설치되어 있으며 긴 6각형의 모양이다.
• 엔진에서 배출되는 유해 가스 성분을 정화한다.
• 가솔린 엔진의 경우 탄화수소, 일산화탄소, 질소산화물을 동시에 정화하는 삼원 촉매를 사용한다.
• 디젤 엔진의 경우에는 입자상물질(PM)을 정화하기 위하여 산화 촉매를 사용한다.

정답 05 ① 06 ④ 07 ① 08 ④

09

밸브 오버랩에 대한 설명으로 옳은 것은?

① 밸브 스프링을 이중으로 사용하는 것
② 밸브 시트와 면의 접촉 면적
③ 흡·배기 밸브가 동시에 열려 있는 상태
④ 로커 암에 의해 밸브가 열리기 시작할 때

해설
흡·배기 밸브가 동시에 열려 있는 상태를 밸브 오버랩 상태라고 한다.

10

LPG 기관에서 액상 또는 기상 솔레노이드 밸브의 작동을 결정하기 위한 엔진 ECU의 입력 요소는?

① 흡기관 부압
② 냉각수 온도
③ 엔진 회전수
④ 배터리 전압

해설
액상 또는 기상 솔레노이드 밸브는 냉각수 온도 센서의 신호를 받아 작동하거나 차단되며 이를 통해 베이퍼라이저에 연료의 공급 여부를 제어한다.

11

실린더 지름이 100[mm]인 정방형 엔진이다. 행정 체적은 약 얼마인가?

① 600[cm³]
② 785[cm³]
③ 1,200[cm³]
④ 1,490[cm³]

해설
행정 체적 $V[\text{cm}^3] = \frac{\pi}{4} \times D^2 \times L$

$= \frac{\pi}{4} \times 10^2 \times 10 = 785[\text{cm}^3]$

관련개념
정방형 엔진은 실린더 지름과 행정 길이가 같은 엔진이다.

12

전자제어 점화장치의 파워TR에서 ECU에 의해 제어되는 단자는?

① 베이스 단자
② 콜렉터 단자
③ 이미터 단자
④ 접지 단자

해설
베이스 단자는 ECU(전자제어 유닛)으로부터 제어 신호를 받아 컬렉터와 이미터 사이의 전류를 제어한다.

선지분석
② 컬렉터(Collector) 단자: 이미터에서 방출되고 베이스를 통과한 전류를 끌어모으는 부분으로 가장 많은 전류가 흐른다.
③ 이미터(Emitter) 단자: 전류를 방출하는 부분으로 트랜지스터에서 가장 먼저 전류가 흐르는 곳이다.
④ 접지 단자: 기기에서 발생한 불필요하거나 위험한 잔류를 흘려보낸다.

13

엔진이 지나치게 냉각되었을 때 기관에 미치는 영향으로 옳은 것은?

① 출력 저하로 연료소비율 증가
② 연료 및 공기흡입 과잉
③ 점화불량과 압축과대
④ 엔진오일의 열화

해설
엔진이 지나치게 냉각된 경우에는 윤활유의 점도가 높게 유지되어 엔진 내부 저항이 커진다. 또한 연소 효율이 저하되므로 연료 소비율은 증가한다.

관련개념 엔진 과냉의 원인
- 수온조절기가 열린 채로 고장이 난 경우
- 구동벨트의 장력이 너무 기서 워디펌프가 고속으로 회전히는 경우
- 수온조절기 열림온도가 너무 낮게 설정되어있는 경우

정답 09 ③ 10 ② 11 ② 12 ① 13 ①

14

차량총중량이 3.5톤 이상인 화물자동차에 설치되는 후부 안전판의 너비로 옳은 것은?

① 자동차 너비의 60[%] 이상
② 자동차 너비의 80[%] 미만
③ 자동차 너비의 100[%] 미만
④ 자동차 너비의 120[%] 이상

> **해설**
> 「건설기계 안전기준에 관한 규칙 제136조」에 따르면 차량총중량이 3.5톤 이상인 화물자동차에 설치되는 후부안전판의 너비는 자동차 너비의 100[%] 미만이어야 한다.

15

행정별 피스톤 압축 링의 호흡작용에 대한 내용으로 틀린 것은?

① 흡입: 피스톤의 홈과 링의 윗면이 접촉하여 홈에 있는 소량의 오일의 침입을 막는다.
② 압축: 피스톤이 상승하면 링은 아래로 밀려게 되어 위로부터의 혼합기가 아래로 누설되지 않게 한다.
③ 동력: 피스톤의 홈과 링의 윗면이 접촉하여 링의 윗면으로부터 가스가 누설되는 것을 방지한다.
④ 배기: 피스톤이 상승하면 링은 아래로 밀려게 되어 위로부터의 연소가스가 아래로 누설되지 않게 한다.

> **해설**
> 동력 행정에서는 폭발 압력에 의해 피스톤의 홈과 피스톤 링의 아랫면이 접촉되어 가스가 누설되는 것을 방지할 수 있다.

16

디젤기관의 분사노즐에 관한 설명으로 옳은 것은?

① 분사개시 압력이 낮으면 연소실 내에 카아본 퇴적이 생기기 쉽다.
② 직접 분사실의 분사개시 압력은 일반적으로 100~200 [kgf/cm^2]이다.
③ 연료 공급펌프의 송유압력이 저하하면 연료 분사압력이 저하한다.
④ 분사개시 압력이 높으면 노즐의 후적이 생기기 쉽다.

> **해설**
> 분사개시 압력이 낮은 경우 연료가 제대로 분사되지 않아 연소실 내에 카아본 퇴적이 생기 쉽다.
>
> **선지분석**
> ② 직접 분사실식의 분사개시 압력은 일반적으로 200~300[kgf/cm^2]이다.
> ③ 연료 공급펌프의 송유압력이 저하하면 연료 분사압력은 변하지 않는다.
> ④ 분사개시 압력이 높으면 노즐의 후적이 생기지 않는다.

17

스텝 모터 방식의 공전속도 제어장치에서 스텝 수가 규정에 맞지 않은 원인으로 틀린 것은?

① 공전속도 조정 불량
② 메인 듀티 S/V 고착
③ 스로틀 밸브 오염
④ 흡기다기관의 진공누설

> **해설**
> 스텝 모터 방식의 공전속도 제어장치는 ECU가 스텝 모터를 조절하여 제어한다. 메인 듀티 S/V(솔레노이드 밸브)는 공회전 제어와 무관한 부품이다.
>
> **선지분석**
> ① 공전속도 조정 불량: 공전속도 조정의 설정이 잘못된 경우는 불안정한 공전속도의 원인이 된다.
> ③ 스로틀 밸브 오염: 스로틀 밸브가 오염되면 밸브의 작동이 원활하지 않으므로 규정에 맞지 않는 공전속도의 원인이 된다.
> ④ 흡기다기관의 진공누설: 흡기다기관의 진공이 감소하여 규정에 맞지 않는 공전속도의 원인이 될 수 있다.

정답 14 ③ 15 ③ 16 ① 17 ②

18
기관의 총배기량을 구하는 식은?

① 총배기량＝피스톤 단면적×행정
② 총배기량＝피스톤 단면적×행정×실린더 수
③ 총배기량＝피스톤 길이×행정
④ 총배기량＝피스톤 길이×행정×실린더 수

해설
총배기량＝피스톤 단면적×행정×실린더 수

19
연소실 압축압력이 규정 압축압력보다 높을 때 원인으로 옳은 것은?

① 연소실내 카본 다량 부착
② 연소실내에 돌출부 없어짐
③ 압축비가 작아짐
④ 옥탄가가 지나치게 높음

해설
카본은 연소가 불완전하게 이루어졌을 때 발생하는 부산물이다. 연소실 내에 카본이 다량 부착되면 실린더의 유효부피가 작아지므로 압축비와 압축압력이 커진다.

20
가솔린 기관의 연료펌프에서 체크밸브의 역할이 아닌 것은?

① 연료라인 내의 잔압을 유지한다.
② 기관 고온 시 연료의 베이퍼록을 방지한다.
③ 연료의 맥동을 흡수한다.
④ 연료의 역류를 방지한다.

해설
연료의 맥동 흡수는 사일렌서(Silencer)에서 수행된다.

21
가솔린 옥탄가를 측정하기 위한 가변압축비 기관은?

① 카르노 기관　② CFR 기관
③ 린번 기관　④ 오토사이클 기관

해설
CFR 기관(Cooperative Fuel Research Engine)은 가솔린 옥탄가를 측정하기 위한 가변압축비 기관이다.

선지분석
① 카르노 엔진(Carnot Engine): 이상 기체를 작동 유체로 사용하는 가장 이상적인 열기관으로 이론적인 최고 효율을 갖는다.
③ 린번 엔진(Lean Burn Engine, 희박연소 엔진): 혼합기 내의 공기 비율을 높여 연소시키는 방식의 가솔린 엔진으로 연비 성능을 향상시킨다.
④ 오토사이클 엔진(Otto Cycle Engine): 가솔린 엔진의 이상적인 사이클로 정적과정이다.

22
4행정 가솔린기관에서 각 실린더에 설치된 밸브가 3－밸브(3－Valve)인 경우 옳은 것은?

① 2개의 흡기밸브와 흡기보다 직경이 큰 1개의 배기밸브
② 2개의 흡기밸브와 흡기보다 직경이 작은 1개의 배기밸브
③ 2개의 배기밸브와 배기보다 직경이 큰 1개의 흡기밸브
④ 2개의 배기밸브와 배기와 직경이 같은 1개의 배기밸브

해설
3－밸브(3－Valve)는 더 많은 공기를 흡입하고 더 많은 배기가스를 배출하기 위하여 2개의 흡기밸브와 1개의 직경이 큰 배기밸브를 사용하여 흡기 효율을 높인다.

관련개념
4행정 가솔린 엔진의 3－밸브 방식은 흡·배기 효율을 향상시키고 엔진의 진동을 줄이는 효과가 있다.

정답 18 ② 19 ① 20 ③ 21 ② 22 ①

23

4행정 디젤기관에서 실린더 내경 100[mm], 행정 127[mm], 회전수 1,200[rpm], 도시평균 유효압력 7[kgf/cm²], 실린더 수가 6이라면 도시마력[PS]은?

① 약 49
② 약 56
③ 약 80
④ 약 112

> **해설**

$$도시마력 = \frac{P \cdot A \cdot L \cdot Z \cdot N}{75 \times 60} = \frac{7 \times \left(\frac{\pi}{4} \times 10^2\right) \times 0.127 \times 6 \times 1,200 \times \frac{1}{2}}{75 \times 60}$$
$$\simeq 56[PS]$$

- P: 지시평균 유효압력[kgf/cm²]
- A: 실린더의 단면적[cm²]
- L: 행정[m]
- Z: 실린더 수
- N: 2행정 기관의 회전수[rpm] (4행정 기관=N/2)

24

조향장치에서 조향기어비가 직진영역에서 크게 되고 조향각이 큰 영역에서 작게 되는 형식은?

① 웜 섹터형
② 웜 롤러형
③ 가변 기어비형
④ 볼 너트형

> **해설**

조향기어비가 직진영역에서 크게, 조향각이 큰 영역에서 작아지는 형식을 가변 기어비형 조향장치라고 한다.

> **선지분석**

① 웜 섹터형: 조향핸들을 돌려 웜 기어를 회전시키고 이 회전이 섹터 기얼을 움직여 조향하는 초기 방식이다.
② 웜 롤러형: 조향핸들을 돌려 웜 기어를 회전시키면 웜의 홈을 따라 롤러가 움직여 조향력을 전다하는 방식이다.
④ 볼 너트형: 스크류와 너트 사이에 다수의 볼이 내장되어 마찰을 줄이고 부드러운 조향감을 제공하는 방식이다.

25

전차륜정렬 중 앞 차축의 처짐을 적게 하기 위하여 둔 것은?

① 캠버
② 캐스터
③ 토인
④ 토아웃

> **해설**

캠버는 차량을 정면에서 보았을 때 타이어의 중심선이 수직에서 기울어진 상태로 주행 중 발생하는 수직 하중으로 인한 차축의 처짐 현상을 줄여주고 핸들 조작 시 필요한 힘을 감소시킨다.

> **선지분석**

② 캐스터: 전륜을 옆에서 보았을 경우 킹 핀(독립 차축식에서는 위·아래 볼 이음을 연결하는 조향축)의 중심선과 지면에 대한 수직선이 일정한 각도 차를 두고 설치된 상태를 말한다.
③ 토인: 바퀴의 앞쪽이 뒤쪽보다 약간 좁혀진 상태로 주행 안정성과 승차감을 향상시는 상태를 말한다.
④ 토아웃: 앞바퀴를 위에서 보았을 때 앞으로 향하고 있는 타이어의 거리가 뒤쪽보다 넓혀진 상태를 말한다.

26

수동변속기 차량에서 클러치의 필요조건으로 틀린 것은?

① 회전관성이 커야 한다.
② 내열성이 좋아야 한다.
③ 방열이 잘되어 과열되지 않아야 한다.
④ 회전부분의 평형이 좋아야 한다.

> **해설**

수동변속기 차량의 클러치는 회전관성이 작아야 한다.

> **관련개념** 클러치의 구비조건

- 내열성이 좋아야 한다.
- 회전부분의 평형이 좋아야 한다.
- 동력을 빠르고 정확하게 전달해야 한다.
- 방열이 잘 되어 과열되지 않아야 한다
- 회전관성이 작아야 한다.

정답 23 ② 24 ③ 25 ① 26 ①

27
승용자동차에서 주제동 브레이크에 해당되는 것은?

① 디스크 브레이크
② 배기 브레이크
③ 엔진 브레이크
④ 와전류 브레이크

해설
디스크 브레이크는 승용자동차에서 주제동 브레이크에 해당한다.

선지분석
②, ③, ④는 보조 브레이크에 해당한다.

28
마스터 실린더의 내경이 2[cm], 푸시로드에 100[kgf]의 힘이 작용하면 브레이크 파이프에 작용하는 유압은?

① 약 25[kgf/cm²]
② 약 32[kgf/cm²]
③ 약 50[kgf/cm²]
④ 약 200[kgf/cm²]

해설
압력 $P = \dfrac{하중[kgf]}{단면적[cm^2]} = \dfrac{100}{(\pi/4)\cdot 2^2} \approx 32[kgf/cm^2]$

29
타이어의 표시 235 55R19에서 55는 무엇을 나타내는가?

① 편평비
② 림 직경
③ 부하 능력
④ 타이어의 폭

해설
타이어 호칭 기호
235: 폭(너비), 55: 편평비[%], R: 레이디얼 타이어, 19: 림 직경[inch]

30
유압식 동력조향장치에서 주행 중 핸들이 한쪽으로 쏠리는 원인으로 틀린 것은?

① 토인 조정불량
② 타이어 편 마모
③ 좌우 타이어의 이종사양
④ 파워 오일펌프 불량

해설
파워 오일펌프의 불량은 핸들이 무거워지는 원인이다.

관련개념 주행 중 자동차의 조향 휠이 한쪽으로 쏠리는 원인
- 타이어의 좌우 공기압이 다른 경우
- 노면의 좌우 경사도가 다른 경우
- 타이어 또는 휠이 불량한 경우
- 휠 얼라이언트 조정이 불량한 경우
- 브레이크 라이닝의 좌우 간격이 불량한 경우
- 스티어링 샤프트나 등속 조인트에 문제가 있는 경우
- 좌우 바퀴에 걸리는 하중이 다른 경우
- 앞 차축 한쪽의 현가스프링이 파손된 경우
- 속 업쇼버가 불량인 경우

31
브레이크 슈의 리턴스프링에 관한 설명으로 거리가 먼 것은?

① 리턴스프링이 약하면 휠 실린더 내의 잔압이 높아진다.
② 리턴스프링이 약하면 드럼을 과열시키는 원인이 될 수도 있다.
③ 리턴스프링이 강하면 드럼과 라이닝의 접촉이 신속히 해제된다.
④ 리턴스프링이 약하면 브레이크슈의 마멸이 촉진될 수 있다.

해설
브레이크 슈의 리턴스프링이 약하면 휠 실린더 내의 잔압이 낮아진다.

관련개념
브레이그 슈의 리턴스프링은 제동 없이 두 개의 마찰판을 원래 상태로 빠르게 복원하는 역할을 한다.

정답 27 ① 28 ② 29 ① 30 ④ 31 ①

32

자동변속기의 토크컨버터에서 작동유체의 방향을 변환시키며 토크 증대를 위한 것은?

① 스테이터 ② 터빈
③ 오일펌프 ④ 유성기어

해설

스테이터는 토크컨버터에서 작동 유체의 방향을 변환시켜 토크를 증대시키는 역할을 한다.

관련개념 토크컨버터

토크컨버터는 자동변속기에서 엔진의 토크를 변속기에 전달하고 변속 과정에서 발생하는 충격을 완화시킨다.

선지분석

② 터빈: 작동 유체의 에너지를 받아 변속기에 토크를 전달한다.
③ 오일펌프: 토크 컨버터 내부에 작동 유체를 공급한다.
④ 유성기어: 자동변속기의 변속 과정에 사용된다.

33

자동변속기 오일의 주요 기능이 아닌 것은?

① 동력전달 작용
② 냉각 작용
③ 충격전달 작용
④ 윤활 작용

해설

자동변속기 오일의 주요 기능은 동력전달 작용, 냉각 작용, 충격흡수 작용, 윤활 작용이다.

34

공기식 브레이크 장치에서 공기압을 기계적 힘으로 바꾸어 라이닝을 움직이게 하는 것은?

① 푸시로드
② 하이드롤릭 피스톤
③ 캠
④ 휠 실린더

해설

휠 실린더는 공기압을 기계적 힘으로 바꾸어 휠 실린더 내부의 피스톤을 밀고 브레이크 라이닝을 움직이게 한다.

선지분석

① 푸시로드: 휠 실린더에서 발생된 힘을 브레이크 슈에 전달한다.
② 하이드롤릭 피스톤: 액압 브레이크 시스템에서 사용된다.
③ 캠: 엔진 밸브 작동 등에 사용된다.

관련개념

공기식 브레이크는 압축공기를 이용해 브레이크를 작동시키는 시스템이다.

35

유압식 동력조향장치의 주요 구성부 중에서 최고 유압을 규제하는 릴리프 밸브가 있는 곳은?

① 동력부   ② 제어부
③ 안전점검부 ④ 작동부

해설

릴리프 밸브는 유압을 발생하는 동력부(오일펌프)에 설치되어 있다.

선지분석 동력 조향 장치(Power Steering)의 구성

① 동력(유압)부: 오일펌프로 유압을 발생시킨다.
② 제어부: 제어 밸브로 오일의 흐름을 변경한다.(조향 핸들의 조작력에 의해 오일의 방향을 제어한다.)
③ 안전점검부: 이상유압을 감지하여 안전장치를 작동시킨다.
④ 작동부: 파워실린더로 보조력을 발생시켜 조향 핸들의 조작을 가볍게 한다.

정답 32 ① 33 ③ 34 ④ 35 ①

36
동력전달장치에서 추진축이 진동하는 원인으로 가장 거리가 먼 것은?

① 요크 방향이 다르다.
② 밸런스 웨이트가 떨어졌다.
③ 중간 베어링이 마모되었다.
④ 플랜지부를 너무 조였다.

해설
플랜지부를 과도하게 조이면 추진축에 응력이 가해져 변형이나 손상을 유발할 수 있지만 진동은 상대적으로 적게 발생할 수 있다.

37
기관의 회전수가 2,400[rpm]이고, 총 감속비가 8:1, 타이어 유효반경이 25[cm]일 때 자동차의 시속은?

① 약 14[km/h]   ② 약 18[km/h]
③ 약 21[km/h]   ④ 약 28[km/h]

해설
$$시속 = \frac{\pi dN \times 60}{R_1 R_2 \times 1,000} = \frac{\pi \times 0.5 \times 2,400 \times 60}{8 \times 1,000} = 28.27[km/h]$$
(D: 타이어 직경[m], N: 엔진 회전수[rpm], R_1:변속비, R_2: 종감속비)

38
R-12의 염소(Cl)로 인한 오존층 파괴를 줄이고자 사용하고 있는 자동차용 대체 냉매는?

① R-134a   ② R-22a
③ R-16a   ④ R-12a

해설
오존층을 파괴하고 온실효과를 일으키는 냉매 R-12를 대체하기 위하여 R-134a가 사용되고 있다.

39
자동변속기의 제어시스템을 입력과 제어, 출력으로 나누었을 때 출력신호는?

① 차속센서
② 유온센서
③ 펄스 제너레이터
④ 변속제어 솔레노이드

해설
자동변속기의 출력신호에 해당하는 것은 변속제어 솔레노이드이다.

관련개념 자동변속기의 입력,제어,출력 신호

입력신호	차량속도센서, 인히비터 스위치, 유온센서, 브레이크 스위치 등
제어신호	TCU
출력신호	LR 솔레노이드 밸브, UD 솔레노이드 밸브, OD 솔레노이드 밸브, 시리얼 통신(통합) 등

40
전자제어 제동장치(ABS)에서 ECU로부터 신호를 받아 각 휠 실린더의 유압을 조절하는 구성품은?

① 유압 모듈레이터
② 휠 스피드 센서
③ 프로포셔닝 밸브
④ 앤티 롤 장치

해설
유압 모듈레이터는 전자제어 제동장치(ABS)에서 전자제어유닛(ECU)으로부터 신호를 받아 각 휠 실린더의 유압을 조절하는 장치이다.

선지분석
② 휠 스피드 센서: 각 휠의 회전 속도를 감지하여 ECU에 전달한다.
③ 프로포셔닝 밸브: 브레이크를 밟았을 때 뒷바퀴가 먼저 잠기는 것을 방지하기 위해 뒷바퀴로 전달되는 제동유압을 조절한다.
④ 앤티 롤 장치: 차량의 흔들림(롤)을 감지하여 각 휠에 적절한 제동력을 분배한다.

정답 36 ④ 37 ④ 38 ① 39 ④ 40 ①

41

수동변속기의 필요성으로 틀린 것은?

① 회전방향을 역으로 하기 위해
② 무부하 상태로 공전운전할 수 있게 하기 위해
③ 발진 시 각부에 응력의 완화와 마멸을 최대화하기 위해
④ 차량 발진 시 중량에 의한 관성으로 인해 큰 구동력이 필요하기 때문에

> **해설**
> 수동변속기는 발진 시 각 부에 응력을 완화하고 마멸을 최소화한다.

> **관련개념** 수동변속기의 역할
> - 출발 시 큰 구동력을 얻을 수 있다.
> - 엔진의 회전력을 증대시키고 회전속도를 조절할 수 있다.
> - 엔진 시동 시 무부하 상태에서 공전운전을 가능하게 한다.
> - 차량이 후진할 수 있도록 한다.

42

엔진오일 압력이 일정 이하로 떨어졌을 때 점등되는 경고등은?

① 연료 잔량 경고등
② 주차 브레이크등
③ 엔진오일 경고등
④ ABS 경고등

> **해설**
> 오일 압력이 일정 이하로 떨어지면 엔진오일 경고등이 점등된다.

> **선지분석**
> ① 연료 잔량 경고등: 소형차는 6~9[L], 중형차는 9~10[L], 대형차는 12[L], LPG차량은 10[%] 미만의 가스량이 남은 경우에 경고등이 점등된다.
> ② 주차 브레이크등: 주차 브레이크가 작동되어 있거나 브레이크액이 부족할 때 점등된다.
> ④ ABS 경고등: 시동 버튼을 켜거나 시동이 걸린 직후 약 3초 동안 점등된다. 또한 ABS센서나 전선에 문제가 있는 경우, ABS 제어 모듈에서 문제가 발생한 경우, 또는 유압문제가 있을 경우에 점등된다.

43

단방향 3단자 사이리스터(SCR)에 대한 설명 중 틀린 것은?

① 애노드(A), 캐소드(K), 게이트(G)로 이루어진다.
② 캐소드에서 게이트로 흐르는 전류가 순방향이다.
③ 게이트에 (+), 캐소드에 (-) 전류를 흘러보내면 애노드와 캐소드 사이가 순간적으로 도통된다.
④ 애노드와 캐소드 사이가 도통된 것은 게이트 전류를 제거해도 계속 도통이 유지되며, 애노드 전위를 0으로 만들어야 해제된다.

> **해설**
> 게이트에서 캐소드로 향하는 전류가 순방향이다. 즉, 단방향 3단자 사이리스터(SCR)이 양방향 전류를 통제하는 것이 아니라, 양방향 전류가 흐르는 상황에서만 작동하기 때문이다. 따라서 게이트에서 캐소드로 향하는 전류를 통해 SCR을 작동시킬 수 있다.

44

ECU로 입력되는 스위치 신호라인에서 OFF 상태의 전압이 5[V]로 측정되었을 때 설명으로 옳은 것은?

① 스위치의 신호는 아날로그 신호이다.
② ECU 내부의 인터페이스는 소스(Source) 방식이다.
③ ECU 내부의 인터페이스는 싱크(Sink) 방식이다.
④ 스위치를 닫았을 때 2.5[V] 이하라면 정상적으로 신호 처리를 한다.

> **해설**
> 스위치 OFF 시 입력 전압이 5[V]로 측정되는 것은 ECU 내부가 접지(GND)와 연결된 싱크 방식일 때 발생하는 현상이다.

> **관련개념**
> 싱크 방식 인터페이스는 높은 입력 전압을 받아들이고 내부 저항을 통하여 접지(GND)로 끌어당기는 방식이다. 입력 전압의 변화에 따라 내부 저항값이 달라지고 흐르는 전류를 조절하여 디지털 신호를 처리한다.
> 장점으로는 소비 전력 감소, 노이즈 영향 감소, 안정적인 신호 처리 등이 있다.

> **정답** 41 ③ 42 ③ 43 ② 44 ③

45

트랜지스터식 점화장치는 어떤 작동으로 점화코일의 1차 전압을 단속하는가?

① 증폭 작용
② 자기 유도 작용
③ 스위칭 작용
④ 상호 유도 작용

해설

트랜지스터식 점화장치는 스위칭 작용으로 점화코일의 1차 전압을 단속한다.

관련개념 트랜지스터식 점화장치

- 트랜지스터 스위칭 작용을 통해 점화 코일의 1차 전류를 단속하여 고전압을 생성한다.
- 전류의 흐름을 제어하여 점화 회로에서 스위치 역할을 수행한다.

46

점화코일의 1차 저항을 측정할 때 사용하는 측정기로 옳은 것은?

① 진공 시험기
② 압축압력 시험기
③ 회로 시험기
④ 축전지 용량 시험기

해설

회로 시험기는 전기 회로의 저항, 전압, 전류 등을 측정하는 장비로 점화코일의 1차 저항을 측정할 때 사용된다.

선지분석

① 진공 시험기: 엔진의 진공 상태를 측정한다.
② 압축압력 시험기: 엔진의 압축압력을 측정한다.
④ 축전지 용량 시험기: 차량 축전지의 용량을 측정한다.

47

배터리 취급 시 틀린 것은?

① 전해액량은 극판 위 10~13[mm] 정도 되도록 보충한다.
② 연속 대전류로 방전되는 것은 금지해야 한다.
③ 전해액을 만들어 사용 시는 고무 또는 납그릇을 사용하되, 황산에 증류수를 조금씩 첨가하면서 혼합한다.
④ 배터리의 단자부 및 케이스면은 소다수로 세척한다.

해설

배터리 취급 시 전해액을 만들어 사용할 때 고무 그릇은 사용 가능하지만 납 그릇은 황산과 반응하기 때문에 사용해서는 안 된다. 또한 전해액 혼합 시에는 증류수에 황산을 조금씩 첨가하면서 혼합해야 한다.

48

전자제어 배전 점화 방식(DLI; Distributor Less Ignition)에 사용되는 구성품이 아닌 것은?

① 파워 트랜지스터
② 원심 진각장치
③ 점화코일
④ 크랭크각 센서

해설

원심 진각장치는 회전 속도에 따라 점화시기를 조정하는 장치로 전자제어 배전 점화 방식(DLI)에는 사용되지 않는다.

선지분석

① 파워 트랜지스터: 점화 코일의 전류 흐름을 제어하여 점화 시기를 조절한다.
③ 점화코일: 저전압을 고전압(2차전압)으로 변환하여 점화 플러그에 전달한다.
④ 크랭크각 센서: 엔진의 회전 상태(속도, 각도 등)를 감지하여 엔진제어시스템(ECU)에 전달한다.

정답 45 ③ 46 ③ 47 ③ 48 ②

49

자동차용 축전지의 비중이 30[℃]에서 1.2760이었다. 기준온도 20[℃]에서의 비중은?

① 1.269
② 1.275
③ 1.283
④ 1.290

해설

기준온도(20[℃])에서의 비중
$S_{20} = S_{30} + 0.0007(t-20)$
$= 1.2760 + 0.0007(30-20)$
$= 1.283$
(S_{20}: 기준온도에서의 비중, S_{30}: 측정 비중, 0.0007: 온도 보정 계수)

50

관리감독자의 점검대상 및 업무내용으로 가장 거리가 먼 것은?

① 보호구의 착용 및 관리실태 적절 여부
② 산업재해 발생 시 보고 및 응급조치
③ 안전수칙 준수 여부
④ 안전관리자 선임 여부

해설

산업안전보건법에 따라 안전관리자를 선임해야 하는 사업장은 상시 근로자 50명 이상인 사업장은 안전관리자 선임 의무가 있으며, 관리감독자가 아닌 사용자가 선임한다.

관련개념 산업안전보건법 시행령 제15조(관리감독자의 업무 등)
- 해당작업과 관련된 기계·기구 또는 설비의 안전·보건 점검 및 이상 유무의 확인
- 근로자의 작업복·보호구 및 방호장치의 점검과 그 착용·사용에 관한 교육·지도
- 산업재해에 관한 보고 및 이에 대한 응급조치
- 작업장의 정리·정돈 및 통로 확보에 대한 확인·감독

51

축전지의 극판이 영구 황산납으로 변하는 원인으로 틀린 것은?

① 전해액이 모두 증발되었다.
② 방전된 상태로 장기간 방치하였다.
③ 극판이 전해액에 담겨있다.
④ 전해액의 비중이 너무 높은 상태로 관리하였다.

해설

축전지의 극판이 전해액에 담겨 있는 것은 정상적인 조건이다.

52

일반 가연성 물질의 화재로서 물이나 소화기를 이용하여 소화하는 화재의 종류는?

① A급 화재
② B급 화재
③ C급 화재
④ D급 화재

해설

A급 화재는 목재, 종이 등과 같이 타면서 재가 남는 화재를 말하며 물이나 소화기를 이용하여 소화할 수 있다.

관련개념

색채	색상	원인 물질	소화방법	비고
일반화재 (A급)	백색	나무, 솜, 종이, 고무 등	물 또는 분말소화기 사용	타고난 후 재가 남음
유류가스화재 (B급)	황색	석유, 페인트, 가스 등	공기 차단, 분말소화기 사용	토사나 소화기 사용 (물은 연소면을 확대시킴)
전기화재 (C급)	청색	전기 스파크, 단락, 과부하 등	이산화탄소, 특수소화기 사용	물 사용 시 감전 위험이 있음
금속화재 (D급)	무색	철분, 마그네슘, 칼륨 등	건모래, 팽창질석, 특수 소화기 사용	물 사용 시 폭발 위험 있음

정답 49 ③ 50 ④ 51 ③ 52 ①

53
자동차 정비공장에서 지켜야 할 안전수칙 중 틀린 것은?

① 지정된 흡연 장소 외에서는 흡연을 못하도록 할 것
② 경중을 막론하고 입은 부상은 응급치료를 받고 감독자에게 보고할 것
③ 모든 잭은 적재 제한 별로 보관할 것
④ 공구나 부속품은 반드시 휘발유를 사용해서 세척하되 특정 장소에서 할 것

해설
휘발유는 인화성이 매우 강한 물건으로 공구나 부속품을 세척하는 용도로 사용하지 않는다.

54
공기압축기에서 공기필터의 교환 작업 시 주의사항으로 틀린 것은?

① 공기압축기를 정지시킨 후 작업한다.
② 고정된 볼트를 풀고 뚜껑을 열어 먼지를 제거한다.
③ 필터는 깨끗이 닦거나 압축공기로 이물을 제거한다.
④ 필터에 약간의 기름칠을 하여 조립한다.

해설
필터에 기름칠을 하면 먼지가 더 잘 달라붙어 오염이 심해져 성능이 저하된다.

55
해머작업 시 안전수칙으로 틀린 것은?

① 해머는 처음과 마지막 작업 시 타격력을 크게 할 것
② 해머로 녹슨 것을 때릴 때에는 반드시 보안경을 쓸 것
③ 해머의 사용 면이 깨진 것은 사용하지 말 것
④ 해머 작업 시 타격 가공하려는 곳에 눈을 고정시킬 것

해설
해머 작업 시 처음에는 약하게 타격하고, 작업 상태를 확인하면서 타격의 세기를 조절하여 진행해야 한다.

56
계기 및 보안장치의 정비 시 안전사항으로 틀린 것은?

① 엔진이 정지 상태이면 계기판은 점화스위치 ON 상태에서 분리한다.
② 충격이나 이물질이 들어가지 않도록 주의한다.
③ 회로 내에 규정치보다 높은 전류가 흐르지 않도록 한다.
④ 센서의 단품 점검 시 배터리 전원을 직접 연결하지 않는다.

해설
엔진이 정지 상태인 경우, 계기판은 점화스위치 OFF 상태에서 분리해야 한다.

정답 53 ④ 54 ④ 55 ① 56 ①

57

ECS(전자제어 현가장치) 정비 작업 시 안전작업 방법으로 틀린 것은?

① 차고조정은 공회전 상태로 평탄하고 수평인 곳에서 한다.
② 배터리 접지단자를 분리하고 작업한다.
③ 부품의 교환은 시동이 켜진 상태에서 작업한다.
④ 공기는 드라이어에서 나온 공기를 사용한다.

해설
ECS 정비 작업 시 시동이 켜진 상태에서 부품을 교환할 경우 감전이나 오작동의 위험이 있으므로 반드시 시동을 끈 상태에서 작업해야 한다.

58

가솔린기관의 진공도 측정 시 안전에 관한 내용으로 적합하지 않은 것은?

① 기관의 벨트에 손이나 옷자락이 닿지 않도록 주의한다.
② 작업 시 주차브레이크를 걸고 고임목을 괴어둔다.
③ 리프트를 눈높이까지 올린 후 점검한다.
④ 화재 위험이 있을 수 있으니 소화기를 준비한다.

해설
진공도 측정은 엔진이 가동된 상태에서 수행되므로 반드시 평지에서 진행해야 한다.

59

실린더의 마멸량 및 내경 측정에 사용되는 기구와 관계없는 것은?

① 버어니어 캘리퍼스
② 실린더 게이지
③ 외측 마이크로미터와 텔레스코핑 게이지
④ 내측 마이크로미터

해설
버어니어 캘리퍼스는 실린더 내경 측정에 사용되지 않는다.

60

차량 밑에서 정비할 경우 안전조치 사항으로 틀린 것은?

① 차량은 반드시 평지에 받침목을 사용하여 세운다.
② 차를 들어 올리고 작업할 때에는 반드시 잭으로 들어 올린 다음 스탠드로 지지해야 한다.
③ 차량 밑에서 작업할 때에는 반드시 앞치마를 이용한다.
④ 차량 밑에서 작업할 때에는 반드시 보안경을 착용한다.

해설
차량 밑에서 작업할 때 앞치마는 먼지로부터 작업복을 보호하는 역할을 하지만 필수적인 안전 장비는 아니다.

관련개념 차량 밑에서 정비할 경우 안전조치 사항
- 차량은 반드시 평지에 받침목을 사용하여 세운다.
- 차량을 들어 올리고 작업할 때는 반드시 잭으로 들어 올린 다음 스탠드로 지지해야 한다.
- 차량 밑에서 작업할 때는 반드시 보안경을 착용한다.
- 차량이 잭에 의해서만 올려져 있는 경우에 절대 차내로 들어가지 말아야 하며 잭이나 차에 충격을 주지 않는다.
- 작업 중에는 움직이는 차량이나 기계에 발이 닿지 않도록 주의한다.
- 모든 잭은 사용 후 적재 제한별로 분류하여 보관한다.
- 잭으로 차량을 들어 올린 후에는 잭 손잡이를 제거한다.

정답 57 ③ 58 ③ 59 ① 60 ③

2022년 2회 CBT 복원문제

01
흡기계통의 핫 와이어(Hot Wire) 공기량 계측방식은?

① 간접 계량방식
② 공기질량 검출방식
③ 공기체적 검출방식
④ 흡입부압 감지방식

해설
핫 와이어(Hot Wire, 열선) 방식은 공기질량 검출방식에 해당한다.

관련개념

직접 계측방식(Mass Flow Type)		간접 계측방식(Speed Density Type)
체적 검출방식	베인식, 칼만 와류식	흡기다기관 절대압력(MAP센서) 방식
질량 검출방식	핫 와이어(Hot Wire,열선)식, 핫 필름(열막)식	

02
가솔린 차량의 배출가스 중 NOx의 배출을 감소시키기 위한 방법으로 적당한 것은?

① 캐니스터 설치
② EGR장치 채택
③ DPF시스템 채택
④ 간접연료 분사 방식 채택

해설
EGR(배기가스 재순환, Exhaust Gas Recirculation) 장치는 내연기관에서 발생하는 배기가스 중 일부를 냉각시켜 다시 흡입계통으로 보내 혼합기에서 혼합시키는 장치이다. 이 과정은 연소온도를 낮추어 질소산화율(NOx)의 발생을 억제하는 역할을 한다.

선지분석
① 캐니스터(canister): 연료탱크에서 발생하는 증발가스를 FUEL EVAP LINE(연료증발가스 라인)을 통해 포집하는 장치이다. 증발가스 중에서 주로 탄화수소(HC)를 포집하여 대기 오염을 줄이는 역할을 한다.
③ DPF시스템: 매연 가운데 미세먼지 배출을 감소시키는 장치이다.
④ 간접연료 분사 방식: 연료를 연소실에 직접 분사하지 않고 연료를 분사하는 방식이다.

03
캠축의 구동방식이 아닌 것은?

① 기어형
② 체인형
③ 포펫형
④ 벨트형

해설
캠축의 구동방식에는 기어형, 체인형, 벨트형이 있다.

선지분석
① 기어형: 크랭크축과 캠축 기어가 서로 맞물려 구동하는 가장 일반적인 방식이다.
② 체인형: 기어형보다 소음이 적고 부드러운 회전이 가능한 방식이다.
④ 벨트형: 부피가 작고 가벼운 벨트로 캠축을 구동하므로 소음이 거의 발생하지 않는 방식이다.

04
산소센서(O_2 Sensor)의 기능은?

① 기관이 흡입하는 혼합기 중의 산소 농도를 측정
② 기관이 흡입하는 공기 중의 산소 농도를 측정
③ 배기가스 중의 산소 압력을 측정
④ 배기가스 중의 산소 농도를 측정

해설
산소(O_2) 센서는 배기관에 장착되어 있으며, 배기가스에 포함된 산소의 양을 감지하여 산소 농도에 따라 전압을 발생시킨다. 이 전압 신호는 피드백 제어에서 엔진의 공연비(연료와 공기의 혼합 비율)를 조절하는 데 활용된다.

정답 01 ② 02 ② 03 ③ 04 ④

05

자기진단 출력이 10진법 2개 코드 방식에서 코드번호가 55일 때 해당하는 신호는?

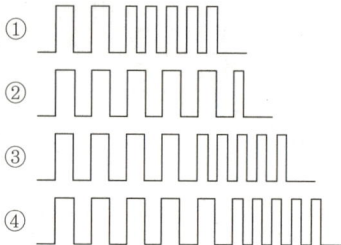

해설
굵은 펄스는 10을, 얇은 펄스는 1을 의미한다

선지분석
① 25
② 51
③ 45

06

기관의 밸브장치에서 기계식 밸브 리프트에 비해 유압식 밸브 리프트의 장점으로 맞는 것은?

① 구조가 간단하다.
② 오일펌프와 상관없다.
③ 밸브간극 조정이 필요 없다.
④ 워밍업 전에만 밸브간극 조정이 필요하다.

해설
유압식 밸브 리프트는 유압을 이용해 밸브 간극을 0으로 유지하므로 별도의 밸브간극 조정이 필요 없다.

관련개념 유압식 밸브 리프트의 특징
• 밸브간극 조정이 필요하지 않다.
• 밸브 개폐시기가 정확하다.
• 밸브구조가 복잡하다.
• 밸브기구의 내구성이 좋다.

07

디젤기관의 연소실 중 피스톤 헤드부의 요철에 의해 생성되는 연소실은?

① 예연소실식
② 공기실식
③ 와류실식
④ 직접분사실식

해설
직접분사실식은 단실식 구조로, 피스톤 헤드의 요철에 의하여 연소실이 형성된다.

선지분석
① 예연소실식: 피스톤 헤드에 별도로 예연소실이 형성되어 있다.
② 공기실식: 피스톤 헤드의 중앙에 공기실이 형성되어 있다.
③ 와류실식: 피스톤 헤드에 와류를 발생시키는 구조가 형성되어 있다.

08

스로틀밸브가 열려 있는 상태에서 가속할 때 일시적인 가속 지연 현상이 나타나는 것을 무엇이라고 하는가?

① 스텀블(Stumble)
② 스톨링(Stalling)
③ 헤지테이션(Hesitation)
④ 서징(Surging)

해설
헤지테이션(Hesitation)이란 스로틀밸브가 열려 있는 상태에서 가속하는 경우 일시적으로 가속이 지연되는 현상으로, 공기량 부족, 연료 부족, 점화 불량, 엔진 부품의 마모 등이 원인이다.

선지분석
① 스텀블(Stumble): 엔진이 불규칙하게 동작하는 현상이다.
② 스톨링(Stalling): 엔진이 갑자기 멈추거나 꺼지는 현상이다.
④ 서징(Surging): 엔진 출력이 불안정하게 변하는 현상이다.

정답 05 ④ 06 ③ 07 ④ 08 ③

09

표준 대기압의 표기로 옳은 것은?

① 735[mmHg]
② 0.85[kgf/cm²]
③ 101.3[kPa]
④ 10[bar]

해설

표준 대기압 1[atm]은 여러 단위로 환산할 수 있으며 다음과 같이 표현된다.

1[atm] = 760[mmHg]
= 1.033[kgf/cm²]
= 101.3[kPa]
= 1.013[bar]
(1[bar] = 100[kPa] = 10^5[Pa])

10

전자제어 연료분사 차량에서 크랭크각 센서의 역할이 아닌 것은?

① 냉각수 온도 검출
② 연료의 분사시기 결정
③ 점화시기 결정
④ 피스톤의 위치 검출

해설

냉각수 온도 검출은 냉각수 온도 센서가 수행한다.

11

차량총중량이 3.5[ton] 이상인 화물자동차 등의 후부안전판 설치기준에 대한 설명으로 틀린 것은?

① 너비는 자동차 너비의 100[%] 미만일 것
② 가장 아래부분과 지상과의 간격은 550[mm] 이내일 것
③ 차량 수직방향의 단면 최소 높이는 100[mm] 이하일 것
④ 모서리부의 곡률반경은 2.5[mm] 이상일 것

해설 「자동차 및 자동차부품의 성능과 기준에 관한 규칙 제19조」

차량 수직방향의 단면 최소 높이는 100[mm] 이상일 것

12

활성탄 캐니스터(Charcoal Canister)는 무엇을 제어하기 위해 설치하는가?

① CO_2 증발가스
② HC 증발가스
③ NOx 증발가스
④ CO 증발가스

해설

활성탄 캐니스터(Charcoal Canister)는 자동차의 연료탱크에서 발생하는 휘발성 유기화합물(VOCs)을 흡착해 일시적으로 저장한 뒤, 후방 배기가스에 재분사하여 연소시키는 장치이다. 증발가스 중에서 주로 탄화수소(HC)를 포집하여 대기 오염을 줄이는 역할을 한다.

13

엔진 실린더 내부에서 실제로 발생한 마력으로 혼합기가 연소 시 발생하는 폭발압력을 측정한 마력은?

① 지시마력
② 경제마력
③ 정미마력
④ 정격마력

해설

지시마력은 엔진 실린더 내부에서 혼합기체가 연소하면서 발생하는 폭발압력을 측정한 마력이다.

선지분석

② 경제마력: 엔진의 효율이 가장 좋은 상태에서의 마력이다.
③ 정미마력: 작동 중인 엔진을 제동기로 멈추게 할 때의 마력이다.
④ 정격마력: 기관, 터빈 모터 등의 원동기가 연속적으로 낼 수 있는 표준 최대 출력이다.

정답 09 ③ 10 ① 11 ③ 12 ② 13 ①

14
LPG 기관에서 연료공급 경로로 맞는 것은?

① 봄베 → 솔레노이드 밸브 → 베이퍼라이저 → 믹서
② 봄베 → 베이퍼라이저 → 솔레노이드 밸브 → 믹서
③ 봄베 → 베이퍼라이저 → 믹서 → 솔레노이드 밸브
④ 봄베 → 믹서 → 솔레노이드 밸브 → 베이퍼라이저

해설
봄베(Bombe, 연료 탱크) ⇒ 솔레노이드 밸브(Solenoid Valve, 전자 밸브) ⇒ 베이퍼라이저(Vaperizer) ⇒ 믹서(Mixer, 가스 혼합기)

15
4행정 사이클 기관에서 크랭크축이 4회전 할 때 캠축은 몇 회 회전하는가?

① 1 회전   ② 2 회전
③ 3 회전   ④ 4 회전

해설
4행정기관은 크랭크축이 2회전 할 때 캠축이 1회전하므로 크랭크축이 4회전 하면 캠축은 2회전한다.

16
실린더의 형식에 따른 기관의 분류에 속하지 않는 것은?

① 수평형 엔진   ② 직렬형 엔진
③ V형 엔진   ④ T형 엔진

해설
T형 엔진이라는 실린더 형식은 존재하지 않는다.

관련개념 실린더 형식에 따른 기관의 분류
- 직렬형 엔진
- V형 엔진
- 경사형 엔진
- 수평 대향형 엔진
- 성형 엔진

17
자동차용 기관의 연료가 갖추어야 할 특성이 아닌 것은?

① 단위 중량 또는 단위 체적당 발열량이 클 것
② 상온에서 기화가 용이할 것
③ 점도가 클 것
④ 저장 및 취급이 용이할 것

해설
점도가 클수록 연료의 유동성이 떨어지므로 연소효율이 낮아진다.

관련개념 연료의 특성
- 단위 중량 또는 단위 체적당 발열량이 많아야 한다.
- 상온에서 쉽게 기화해야 한다.
- 연소가 빠르고 완전 연소해야 한다.
- 연소 후에 유해 화합물이 남지 않아야 한다.
- 저장 및 취급이 용이해야 한다.

18
가솔린 기관의 노킹(Knocking)을 방지하기 위한 방법이 아닌 것은?

① 화염전파 속도를 빠르게 한다.
② 냉각수 온도를 낮춘다.
③ 옥탄가가 높은 연료를 사용한다.
④ 혼합가스의 와류를 방지한다.

해설
혼합가스의 와류가 적절하게 생긴다면 혼합이 잘 되므로 노킹을 방지할 수 있다.

관련개념

가솔린 엔진의 노킹 원인	가솔린 엔진의 노킹 방지 대책
• 가솔린과 공기의 혼합비가 너무 낮은 경우 • 실린더가 과열된 경우 • 압축비가 높은 경우 • 연료의 옥탄가가 낮은 경우 • 점화시기가 빠른 경우 • 흡기온도와 압력이 높은 경우	• 압축비를 낮춘다. • 화염전파 거리를 단축시킨다. (화염전파 속도를 높인다.) • 말단가스는 배기밸브로부터 먼 곳에 위치시킨다. • 연소기간을 단축시킨다. • 점화시기를 늦춘다. • 흡입 공기온도와 냉각수 온도를 낮춘다. • 옥탄가가 높은 연료를 사용한다.

정답 14 ① 15 ② 16 ④ 17 ③ 18 ④

19

수냉식 냉각장치의 장·단점에 대한 설명으로 틀린 것은?

① 공랭식보다 소음이 크다.
② 공랭식보다 보수 및 취급이 복잡하다.
③ 실린더 주위를 균일하게 냉각시켜 공랭식보다 냉각효과가 좋다.
④ 실린더 주위를 저온으로 유지시키므로 공랭식보다 체적효율이 좋다.

해설
공랭식 냉각장치는 냉각팬을 이용하여 공기를 순환시키므로 수냉식에 비해 소음이 크다.

20

피스톤 링의 3대 작용으로 틀린 것은?

① 와류작용
② 기밀작용
③ 오일 제어작용
④ 열전도 작용

해설
피스톤 링의 3대 작용은 기밀유지 작용, 오일 제어작용, 열전도 작용이다.

21

엔진이 2,000[rpm]으로 회전하고 있을 때 그 출력이 65[PS]라고 하면 이 엔진의 회전력은 몇 [m·kgf]인가?

① 23.27
② 24.45
③ 25.46
④ 26.38

해설
출력[PS] = $\frac{T \times N}{716}$ (T: 회전력[m·kgf], N: 엔진 회전수[rpm])

⇒ $T = \frac{출력 \times 716}{N} = \frac{65 \times 716}{2,000} = 23.27$ [m·kgf]

22

LPI 엔진에서 연료의 부탄과 프로판의 조성비를 결정하는 입력요소로 맞는 것은?

① 크랭크각 센서, 캠각 센서
② 연료온도 센서, 연료압력 센서
③ 공기유량 센서, 흡기온도 센서
④ 산소 센서, 냉각수온 센서

해설
LPG는 부탄과 프로판의 혼합물로 이루어져 있으며, 부탄과 프로판의 비율에 따라 연소 특성이 달라진다. LPI 엔진에서 연료의 부탄과 프로판의 조성비를 결정하기 위해서는 연료의 온도와 연료의 압력을 측정해야 한다.

선지분석
① 크랭크각 센서, 캠각 센서: 엔진의 회전수를 측정하는 장치이다.
③ 공기유량 센서, 흡기온도 센서: 공기의 양, 온도, 습도 등을 측정하는 장치이다.
④ 산소 센서, 냉각수온 센서: 배기가스의 산소 농도와 냉각수 온도를 측정하는 장치이다.

23

크랭크축 메인 저널 베어링 마모를 점검하는 방법은?

① 필러 게이지(Feeler Gauge) 방법
② 시임(Seam) 방법
③ 직각자 방법
④ 플라스틱 게이지(Plastic Gauge) 방법

해설
크랭크축 메인 저널 베어링의 마모 점검 및 오일 간극 측정은 플라스틱 게이지를 사용한다.

선지분석
① 필러 게이지(Feeler Gauge) 방법: 얇은 금속판으로 만들어져 있으며 크랭크축 메인 저널과 베어링 간격을 측정하기 위해 사용된다.
② 시임(Seam) 방법: 베어링의 한쪽 면을 감싸는 얇은 금속판으로 시임이 크랭크축 메인 저널에 끼워진 상태에서 시임의 양쪽 끝을 연결하는 선이 곧게 뻗어 있다면 베어링의 정상 상태를 의미한다.
③ 식삭사 방법: 직각을 측정하는 도구로 크랭크축 메인 저널과 베어링이 직각을 이루고 있는지 확인하기 위해 사용된다.

정답 19 ① 20 ① 21 ① 22 ② 23 ④

24
자동변속기 차량에서 시동이 가능한 변속레버 위치는?
① P, N
② P, D
③ 전구간
④ N, D

해설
시동이 가능한 변속레버 위치는 P(파킹) 또는 N(중립)이며 다른 위치에서는 시동이 차단된다.

25
자동변속기의 변속을 위한 가장 기본적인 정보에 속하지 않는 것은?
① 차량 속도
② 변속기 오일 온도
③ 변속 레버 위치
④ 엔진 부하(스로틀 개도)

해설
변속을 위한 가장 기본적인 정보는 차량 속도, 변속 레버 위치, 엔진 부하(스로틀 개도)이다.

26
유압식 동력 조향장치의 구성요소가 아닌 것은?
① 유압 펌프
② 유압 제어밸브
③ 동력 실린더
④ 유압식 리타더

해설
리타더는 제동장치 부품으로 동력 조향장치 구성요소가 아니다.

27
스프링의 무게 진동과 관련된 사항 중 거리가 먼 것은?
① 바운싱(Bouncing)
② 피칭(Pitching)
③ 휠 트램프(Wheel Tramp)
④ 롤링(Rolling)

해설
휠 트램프는 스프링 아래의 질량 운동이다.

선지분석
① 바운싱(Bouncing, 상하진동): 차량 전체가 위아래로 움직이는 상하 움직임으로 차량이 Z축 방향으로 평행이동하는 고유 진동이다.
② 피칭(Pitching, 앞뒤진동): 차량이 앞뒤로 까딱까딱 회전하는 움직임으로 차체가 Y축을 중심으로 회전하는 고유 진동이다.
④ 롤링(Rolling, 좌우진동): 차량이 좌우로 기울며 흔들리는 좌우진동으로 차체가 X축을 중심으로 회전하는 고유 진동이다.

28
자동차가 주행하면서 선회할 때 조향각도를 일정하게 유지하여도 선회 반지름이 커지는 현상은?
① 오버 스티어링
② 언더 스티어링
③ 리버스 스티어링
④ 토크 스티어링

해설
언더 스티어링은 조향각이 일정한 상태에서 차량이 선회할 때, 예상보다 선회 반경이 커지는 현상이다.

선지분석
① 오버 스티어링: 조향각이 일정한 상태에서 차량이 선회할 때, 예상보다 조향 각도가 작아지는 현상이다.
③ 리버스 스티어링: 차량 속도가 증가함에 따라 언더스티어에서 오버스티어로 전환되는 현상이다.
④ 토크 스티어링: 급 가속 시 좌우 바퀴에 전달되는 구동 토크에 차이가 발생하여 차량이 한쪽으로 쏠리거나 의도하지 않은 조향이 발생하는 현상이다.

정답 24 ① 25 ② 26 ④ 27 ③ 28 ②

29
자동변속기에서 유체클러치를 바르게 설명한 것은?

① 유체의 운동에너지를 이용하여 토크를 자동적으로 변환하는 장치
② 기관의 동력을 유체 운동에너지로 바꾸어 이 에너지를 다시 동력으로 바꾸어서 전달하는 장치
③ 자동차의 주행조건에 알맞은 변속비를 얻도록 제어하는 장치
④ 토크컨버터의 슬립에 의한 손실을 최소화하기 위한 작동 장치

해설
유체클러치는 엔진의 동력을 유체의 운동에너지로 변환한 뒤 다시 기계적 동력으로 바꾸어 전달하는 역할을 한다.

30
전자제어 현가장치(E.C.S)의 장점에 대한 설명으로 가장 적합한 것은?

① 굴곡이 심한 노면을 주행할 때에 흔들림이 작은 평형한 승차감을 실현
② 차속 및 조향 상태에 따라 적절한 조향 특성을 얻을 수 있음
③ 운전자가 희망하는 쾌적 공간을 제공해 주는 시스템
④ 운전자의 의지에 따라 조향 능력을 유지해 주는 시스템

해설
전자제어 현가장치(E.C.S)는 굴곡이 심한 노면을 주행할 때에도 승차감이 좋다는 장점이 있다.

관련개념 전자제어 현가장치(ECS)의 장점
- 노면상태에 따라 감쇠력을 조절하여 승차감을 향상시킨다.
- 주행 조건에 맞게 차량 높이를 자동으로 조정한다.
- 급제동 시 차체가 앞으로 쏠리는 노즈다운 현상을 방지한다.
- 급선회 시 원심력에 의한 차체의 기울어짐(롤)을 방지한다.
- 고속 주행 시 차고를 낮춰 공기 저항을 줄이고 고속 안정성을 향상시킨다.
- 하중에 관계없이 차량의 수평을 유지한다.

31
타이어의 구조 중 노면과 직접 접촉하는 부분은?

① 트레드
② 카커어스
③ 비드
④ 숄더

해설
트레드는 타이어가 노면과 직접 접촉하는 부분으로, 제동력·구동력·횡방향 접지력 확보 및 승차감 향상에 중요한 역할을 한다.

관련개념 타이어의 구조

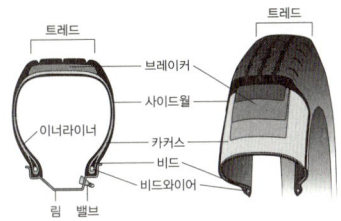

- 비드(Bead): 타이어가 휠 림에 단단히 고정되도록 하는 부분으로, 타이어의 이탈이나 늘어남을 방지하기 위해 고강도 강선이 삽입되어 있다.
- 브레이커(Breaker): 트레드와 카커스의 분리를 방지하고 노면 충격을 흡수하는 역할을 한다.
- 트레드(Tread): 타이어가 노면과 직접 접촉하는 부분으로, 제동력·구동력·횡방향 접지력 확보 및 승차감 향상에 중요한 역할을 한다.
- 카커스(Carcass): 타이어의 뼈대가 되는 부분으로 내열성이 우수한 고무로 밀착된 구조로 되어있으며 튜브 내 공기압을 견디고 일정한 체적을 유지하면서 완충 작용의 역할을 수행한다.

32
현가장치가 갖추어야 할 기능이 아닌 것은?

① 승차감의 향상을 위해 상하 움직임에 적당한 유연성이 있어야 한다.
② 원심력이 발생되어야 한다.
③ 주행 안정성이 있어야 한다.
④ 구동력 및 제동력 발생 시 적당한 강성이 있어야 한다.

해설
현가장치는 차체와 바퀴를 연결하여 노면으로부터 전달되는 충격과 진동을 흡수하고, 차체의 상하 움직임을 제어하여 승차감을 향상시키고 주행 안정성을 확보하는 장치이다. 원심력은 물체가 회전운동을 할 때 발생하는 힘으로 현가장치가 갖추어야 할 기능과는 관련이 없다.

정답 29 ② 30 ① 31 ① 32 ②

33

클러치 접속 시 회전 충격을 흡수하는 스프링은?

① 쿠션 스프링 ② 토션 스프링
③ 댐퍼 스프링 ④ 압축 스프링

해설
댐퍼 스프링은 클러치 접속 시 엔진과 변속기 사이의 회전 속도 차이로 인해 발생하는 충격을 흡수하여 구동계 부품의 손상을 방지하고 부드러운 동력 전달을 가능하게 한다.

선지분석
① 쿠션 스프링: 클러치 페이싱 사이에 설치되는 물결모양의 스프링이다.
② 토션 스프링: 감겨지는 방향으로 늘어나려는 성질을 이용한 스프링이다.
④ 압축 스프링: 스프링에 있어서 압축하려고 하는 힘에 저항하는 스프링이다.

34

조향휠이 1회전 하였을 때 피트먼암이 60° 움직였다. 조향 기어비는 얼마인가?

① 12 : 1   ② 6 : 1
③ 6.5 : 1 ④ 13 : 1

해설
조향기어비 = $\dfrac{\text{핸들의 회전각}}{\text{피트먼암의 회전각}} = \dfrac{360}{60} = 6$

35

유압식 클러치에서 동력 차단이 불량한 원인 중 가장 거리가 먼 것은?

① 페달의 자유간극 없음
② 유압라인의 공기 유입
③ 클러치 릴리스 실린더 불량
④ 클러치 마스터 실린더 불량

해설
페달에 자유간극이 없으면 클러치가 완전히 연결된 상태가 되어 미끄러짐(동력 전달이 불량해지는 현상)이 발생할 수 있다.

36

유압식 브레이크는 무슨 원리를 이용한 것인가?

① 뉴턴의 법칙
② 파스칼의 원리
③ 베르누이의 정리
④ 아르키메데스의 원리

해설
유압식 브레이크는 밀폐된 액체의 일부에 작용하는 압력은 모든 방향에 동일하게 작용한다는 파스칼의 원리를 적용한다. 즉, 유압식 브레이크 시스템에서는 마스터 실린더에 작용하는 힘이 브레이크 캘리퍼에 있는 모든 피스톤에 동일하게 전달된다.

37

자동차가 커브를 돌 때 원심력이 발생하는데 이 원심력을 이겨내는 힘은?

① 코너링 포스(Cornering Force)
② 컴플라이언스 포스(Compliance Force)
③ 구동 토크(Driving Torque)
④ 회전 토크(Rotational Torque)

해설
코너링 포스는 타이어가 어느 슬립각을 가지고 선회할 때 타이어의 접지력에서 발생하는 횡방향 마찰력으로 차량이 곡선 주행할 때 곡률 중심 방향(안쪽)으로 끌어당기는 힘이다. 이 힘이 차량에 작용하는 원심력보다 크다면 차량은 안정적으로 커브를 돌 수 있다.

선지분석
② 컴플라이언스 포스(Compliance Force): 외력에 의해 서스펜션이 변형되면서 발생하는 비의도적 조향 반응에 영향을 주는 힘이다.
③ 구동 토크(Driving Torque): 엔진에서 발생하는 토크로 바퀴에 전달되어 자동차를 움직이게 하는 회전력이다.
④ 회전 토크(Rotational Torque): 축을 중심으로 회전하는 물체에 작용하는 토크이다.

정답 33 ③ 34 ② 35 ① 36 ② 37 ①

38

수동변속기에서 클러치(Clutch)의 구비 조건으로 틀린 것은?

① 동력을 차단할 경우에는 차단이 신속하고 확실할 것
② 미끄러지는 일이 없이 동력을 확실하게 전달할 것
③ 회전부분의 평형이 좋을 것
④ 회전관성이 클 것

해설
수동변속기의 클러치는 회전관성이 작아야 한다.

관련개념 클러치의 구비조건
- 내열성이 좋아야 한다.
- 회전부분의 평형이 좋아야 한다.
- 동력을 빠르고 정확하게 전달해야 한다.
- 방열이 잘 되어 과열되지 않아야 한다.
- 회전관성이 작아야 한다.

39

자동차 에어컨에서 고압의 액체 냉매를 저압의 기체 냉매로 바꾸는 구성품은?

① 압축기(Compressor)
② 리퀴드 탱크(Liquid Tank)
③ 팽창 밸브(Expansion Valve)
④ 에버퍼레이터(Evaporator)

해설
팽창밸브(Expansion Valve)는 고압의 액체 냉매를 저압의 기체 냉매로 변환시키는 장치이다.

선지분석
① 압축기(Compressor): 엔진과 벨트로 연결되어 있어 엔진이 회진하면 힘께 작동하며, 가스 상태의 냉매를 압축하여 고온 고압의 가스로 변환시키는 장치이다.
② 리퀴드 탱크(Liquid Tank): 액체를 저장, 운송, 배포하는 데 사용되는 장치이다.
④ 증발기(Evaporator): 액체 상태의 화학물질을 기체 상태인 수증기로 변환시키는 장치이다.

40

자동변속기에서 스톨테스트의 요령 중 틀린 것은?

① 사이드 브레이크를 잡은 후 풋 브레이크를 밟고 전진기어를 넣고 실시한다.
② 사이드 브레이크를 잡은 후 풋 브레이크를 밟고 후진기어를 넣고 실시한다.
③ 바퀴에 추가로 버팀목을 받치고 실시한다.
④ 풋 브레이크는 놓고 사이드 브레이크만 당기고 실시한다.

해설
스톨테스트(Stall Test) 방법은 사이드 브레이크를 걸고 추가로 버팀목을 받친 뒤, 풋 브레이크를 밟은 상태에서 전·후진 기어를 넣어 엔진 부하를 점검하는 방법이다. 이때, 풋 브레이크를 놓고 실시해서는 안 된다.

41

기동전동기의 시험과 관계 없는 것은?

① 저항 시험
② 회전력 시험
③ 고부하 시험
④ 무부하 시험

해설
일반적으로 기동전동기의 시험에 고부하 시험은 포함되지 않는다.

선지분석 기동전동기의 시험
① 저항 시험: 권선 저항을 측정하고 단락 및 접지 불량을 확인한다.
② 회전력 시험: 토크, 속도, 출력을 측정한다.
④ 무부하 시험: 소비전력과 무부하 전류를 측정한다.

정답 38 ④ 39 ③ 40 ④ 41 ③

42

배력장치가 장착된 자동차에서 브레이크 페달의 조작이 무겁게 되는 원인이 아닌 것은?

① 푸시로드의 부트가 파손되었다.
② 진공용 체크밸브의 작동이 불량하다.
③ 릴레이 밸브 피스톤의 작동이 불량하다.
④ 하이드로릭 피스톤 컵이 손상되었다.

해설

푸시로드 부트는 먼지 유입 방지용으로 브레이크 페달의 조작력에 큰 영향을 주지 않는다.
②~④번은 진공보조장치(배력장치)가 작동하지 않아 브레이크 페달이 무거워지는 원인이다.

43

자동차에서 축전지를 떼어낼 때 작업방법으로 가장 옳은 것은?

① 접지(-) 터미널을 먼저 푼다.
② 양 터미널을 함께 푼다.
③ 벤트 플러그(Vent Plug)를 열고 작업한다.
④ 극성에 상관없이 작업성이 편리한 터미널부터 분리한다.

해설

축전지를 떼어낼 때는 먼저 접지(-) 터미널을 푼 뒤 양극(+) 터미널을 푸는 것이 안전하다.

44

주파수를 설명한 것 중 틀린 것은?

① 1초에 60회 파형이 반복되는 것을 60[Hz]라고 한다.
② 교류의 파형이 반복되는 비율을 주파수라고 한다.
③ 1/주기 는 주파수와 같다.
④ 주파수는 직류의 파형이 반복되는 비율이다.

해설

직류는 파형의 변화나 반복이 없기 때문에 주파수 개념이 적용되지 않는다.

45

부특성(NTC) 가변저항을 이용한 센서는?

① 산소 센서
② 수온 센서
③ 조향각 센서
④ TDC 센서

해설

부특성(NTC) 가변저항은 온도에 따라 저항 값이 감소하는 특징이 있어 주로 회로의 온도를 감지하거나 온도 변화에 따라 저항값을 조절하는 경우에 사용된다. (예: 수온 센서, 흡기온도 센서 등)

선지분석

① 산소 센서: 배기관에 장착되어 있으며, 배기가스에 포함된 산소의 양을 감지하여 산소 농도에 따라 전압을 발생시킨다.
③ 조향각 센서: 스티어링 휠의 각도와 각속도를 측정하는 센서로 차량 실내에 장착되어 있다.
④ TDC 센서: 실린더의 압축 상사점 위치를 감지하여 ECU가 실린더별 연료 분사 시기와 점화 순서를 정확히 제어할 수 있도록 한다.

46

모터나 릴레이 작동 시 라디오에 유기되는 일반적인 고주파 잡음을 억제하는 부품으로 맞는 것은?

① 트랜지스터
② 볼륨
③ 콘덴서
④ 동소기

해설

콘덴서(Condenser)는 모터나 릴레이가 작동할 때 발생하는 전기적인 노이즈(잡음)을 억제하여 고주파가 라디오 등 전자기기에 유입되는 것을 방지한다.

선지분석

① 트랜지스터(Transistor): 전류의 크기를 조절하는 장치이다.
② 볼륨(Volume): 소리 크기를 조절하는 장치이다.
④ 동소기(Muffler, 소음기): 차량의 배기과정에서 발생하는 소음을 줄이기 위해 장착되는 장치이다.

정답 42 ① 43 ① 44 ④ 45 ② 46 ③

47

윈드 실드 와이퍼 장치의 관리 요령에 대한 설명으로 틀린 것은?

① 와이퍼 블레이드는 수시 점검 및 교환해 주어야 한다.
② 와셔액이 부족한 경우 와셔액 경고등이 점등된다.
③ 전면 유리는 왁스로 깨끗이 닦아 주어야 한다.
④ 전면 유리는 기름 수건 등으로 닦지 말아야 한다.

해설
전면 유리는 왁스가 아닌 유리용 세정제를 사용하여 닦아야 한다.

48

전자제어 점화장치에서 점화시기를 제어하는 순서는?

① 각종 센서 → ECU → 파워 트랜지스터 → 점화코일
② 각종 센서 → ECU → 점화코일 → 파워 트랜지스터
③ 파워 트랜지스터 → 점화코일 → ECU → 각종 센서
④ 파워 트랜지스터 → ECU → 각종 센서 → 점화코일

해설
전자제어 점화장치에서 점화시기를 제어하는 순서는 각종 센서 → ECU → 파워 트랜지스터 → 점화코일이다.

관련개념 전자제어 점화장치의 점화시기 제어 순서
센서의 신호가 ECU로 입력되면 ECU는 점화 시기를 계산하여 파워 트랜지스터를 제어하고 점화코일에서 고전압을 발생시킨다.

49

링기어 이의 수가 120, 피니언 이의 수가 12이고, 1500[cc]급 엔진의 회전저항이 6[m·kgf]일 때, 기동전동기의 필요한 최소 회전력은?

① 0.6[m·kgf]
② 2[m·kgf]
③ 20[m·kgf]
④ 6[m·kgf]

해설
필요 최소 회전력 = $\dfrac{\text{피니언 잇수}}{\text{링기어 잇수}} \times$ 엔진 회전저항

$= \dfrac{12}{120} \times 6 = 0.6[\text{m·kgf}]$

50

자동차용 납산 축전지에 관한 설명으로 맞는 것은?

① 일반적으로 축전지의 음극 단자는 양극 단자보다 크다.
② 정전류 충전이란 일정한 충전 전압으로 충전하는 것을 말한다.
③ 일반적으로 충전시킬 때는 (+)단자는 수소가, (−)단자는 산소가 발생한다.
④ 전해액의 황산 비율이 증가하면 비중은 높아진다.

선지분석
① 축전지의 양극(+) 단자가 음극(−) 단자보다 크다. 이는 음극 단자에 황산납이 생성되면서 부피가 증가하기 때문이다.
② 정전류 충전이란 일정한 충전 전류로 충전하는 것을 말한다.
③ 일반적으로 충전시킬 때는 (+) 단자는 산소가, (−) 단자는 수소가 발생한다.

51

사고예방 원리의 5단계 중 그 대상이 아닌 것은?

① 사실의 발견
② 평가·분석
③ 시정책의 선정
④ 엄격한 규율의 책정

해설 사고 예방대책의 기본원리 5단계
- 1단계 (조직): 안전보건관리책임자, 안전관리자, 보건관리자, 관리감독자
- 2단계 (사실의 발견): 안전점검, 사고조사를 통한 불안전한 상태 및 불안전한 행동 발견
- 3단계 (평가, 분석): 사고 원인, 재해, 경제적 손실 분석
- 4단계 (시정책의 선정, 대책의 수립): 분석결과에 적합한 대책 수립 (기술, 교육 및 훈련, 수칙 개선 등)
- 5단계 (시정책의 적용): 선정된 대책을 적용

정답 47 ③ 48 ① 49 ① 50 ④ 51 ④

52

탁상 그라인더에서 공작물을 숫돌바퀴의 어느 곳을 이용하여 연삭 작업을 하는 것이 안전한가?

① 숫돌바퀴의 측면
② 숫돌바퀴의 원주면
③ 어느 면이나 연삭 작업은 상관없다.
④ 경우에 따라 측면과 원주면을 사용한다.

해설
연삭작업은 숫돌의 원주면(회전면)을 사용한다.

53

드릴 작업 때 칩 제거 방법으로 가장 좋은 것은?

① 회전시키면서 솔로 제거
② 회전시키면서 막대로 제거
③ 회전 중지시킨 후 손으로 제거
④ 회전 중지시킨 후 솔로 제거

해설
드릴 작업 할 때 발생하는 칩은 반드시 회전 중지시킨 후에 솔을 사용하여 제거한다.

54

휠 밸런스 점검 시 안전수칙으로 틀린 사항은?

① 점검 후 테스터 스위치를 끄고 자연히 정지하도록 한다.
② 타이어의 회전방향에서 점검한다.
③ 과도하게 속도를 내지 말고 점검한다.
④ 회전하는 휠에 손을 대지 않는다.

해설
휠 밸런스 점검 시에는 타이어의 회전방향에 서지 않도록 주의한다.

55

다이얼 게이지 취급 시 안전사항으로 틀린 것은?

① 작동이 불량하면 스핀들에 주유 혹은 그리스를 도포해서 사용한다.
② 분해 청소나 조정은 하지 않는다.
③ 다이얼 인디케이터에 충격을 가해서는 안 된다.
④ 측정시는 측정물에 스핀들을 직각으로 설치하고 무리한 접촉은 피한다.

해설
스핀들에 주유 혹은 그리스를 도포하는 것은 오히려 스핀들의 마모를 촉진시킬 수 있다.

관련개념 다이얼 게이지 취급할 때 주의사항
- 지지대의 암을 최대한 짧고 단단하게 고정시켜야 한다.
- 게이지 눈금은 0점으로 조정한 후 사용한다.
- 게이지는 측정 면에 직각으로 설치하여 오차를 최소화한다.
- 충격을 주어서는 안 된다.
- 분해 청소나 조절을 함부로 하지 않는다.
- 스핀들에 오일이나 그리스를 바르지 않는다.

56

소화 작업의 기본요소가 아닌 것은?

① 가연 물질을 제거한다.
② 산소를 차단한다.
③ 점화원을 냉각시킨다.
④ 연료를 기화시킨다.

해설
연료를 기화시키는 것은 소화 작업의 기본요소가 아니다.

선지분석 소화 작업의 원리(기본요소)
① 가연물질 제거(가연물): 제거 소화법
② 산소 차단(산소): 질식 소화법
③ 점화원 냉각(점화에너지): 냉각 소화법

정답 52 ② 53 ④ 54 ② 55 ① 56 ④

57

자동차 엔진오일 점검 및 교환 방법으로 적합한 것은?

① 환경오염 방지를 위해 오일은 최대한 교환시기를 늦춘다.
② 가급적 고점도 오일로 교환한다.
③ 오일을 완전히 배출하기 위해 시동 걸기 전에 교환한다.
④ 오일 교환 후 기관을 시동하여 충분히 엔진 윤활부에 윤활한 후 시동을 끄고 오일량을 점검한다.

해설

차량 엔진오일 교환 방법은 오일 교환 후 엔진을 시동하여 충분히 엔진 윤활부에 윤활한 후 시동을 끄고 엔진 오일 레벨 게이지로 오일의 양을 확인한다 (MAX와 MIN(또는 F와 L)사이 정상).

관련개념 엔진오일 자동차 엔진오일 점검 및 교환 방법(점검요령)
- 자동차를 평탄한 곳에 주차시킨 후 점검한다.
- 엔진을 정상 작동온도까지 워밍업 시킨 후 시동을 끄고 점검 및 교환한다.
- 엔진 오일 레벨 게이지로 오일의 양을 확인한다(MAX와 MIN(또는 F와 L)사이 정상).
- 오일의 오염여부와 점도를 점검한다.
- 계절 및 사용조건에 맞는 오일을 사용한다.
- 오일은 정기적으로 점검 및 교환한다.

58

축전지를 과방전 상태로 오래두면 못쓰게 되는 이유는?

① 극판에 수소가 형성된다.
② 극판이 산화납이 되기 때문이다.
③ 극판이 영구 황산납이 되기 때문이다.
④ 황산이 증류수가 되기 때문이다.

해설

축전지가 가지는 남은 잔량이 어느 적정선까지 방전이 된다면 그것은 과방전 상태이다. 축전지를 과방 전 상태로 오래두면 극판이 영구 황산납이 되기 때문에 축전지 수명이 줄어 사용을 못하게 된다.

59

엔진 작업에서 실린더 헤드볼트를 올바르게 풀어내는 방법은?

① 반드시 토크렌치를 사용한다.
② 풀기 쉬운 것부터 푼다.
③ 바깥쪽에서 안쪽을 향하여 대각선 방향으로 푼다.
④ 시계방향으로 차례대로 푼다.

해설

실린더 헤드 볼트는 바깥쪽에서 안쪽을 향하여 대각선 방향으로 풀어야 한다.

60

자동차를 들어 올릴 때 주의사항으로 틀린 것은?

① 잭과 접촉하는 부위에 이물질이 있는지 확인한다.
② 센터 멤버의 손상을 방지하기 위하여 잭이 접촉하는 곳에 헝겊을 넣는다.
③ 차량의 하부에는 개리지 잭으로 지지하지 않도록 한다.
④ 래터럴 로드나 현가장치는 잭으로 지지한다.

해설

래터럴 로드나 현가장치는 하중을 직접 지지하도록 설계된 부품이 아니므로 잭으로 차량을 지지할 때 사용해서는 안된다.

정답 57 ④ 58 ③ 59 ③ 60 ④

Build UP 2021년 1회 CBT 복원문제

NCS 학습모듈 반영
최신기출 복원
신유형

01
실린더 안지름 및 행정이 78[mm]인 4실린더 기관의 총 배기량은 얼마인가?

① 1,298[cm³] ② 1,490[cm³]
③ 1,670[cm³] ④ 1,587[cm³]

해설

총배기량 $= \dfrac{\pi D^2}{4} \times L \times N = \dfrac{\pi (7.8)^2}{4} \times 7.8 \times 4 = 1,490[cm^3]$

(D: 실린더 안지름[cm], L: 피스톤 행정[cm], N: 실린더 수)

02
크랭크축 메인 베어링의 오일 간극을 점검 및 측정할 때 필요한 장비가 아닌 것은?

① 마이크로미터
② 시크니스 게이지
③ 시일 스톡식
④ 플라스틱 게이지

해설

크랭크축 메인 베어링의 오일 간극을 측정할 때 사용하는 장비
- 마이크로미터   • 시일 스톡식   • 플라스틱 게이지

03
LPG의 특징 중 틀린 것은?

① 액체 상태의 비중은 0.5이다.
② 기체 상태의 비중은 1.5~2.0이다.
③ 무색 무취이다.
④ 공기보다 가볍다.

해설

LPG는 공기보다 무겁기 때문에 누출 시 바닥으로 가라앉는다.

04
엔진의 압축압력 측정시험 방법에 대한 설명으로 틀린 것은?

① 기관을 정상 작동온도로 한다.
② 점화플러그를 모두 뺀다.
③ 엔진오일을 넣고도 측정한다.
④ 엔진 회전을 1,000[rpm]으로 한다.

해설

엔진의 압축압력 측정시험은 엔진의 시동이 걸린 후 압축 행정(보통 250~300[rpm])에서 측정한다. 1,000[rpm]이상에서는 공기가 매우 많이 압축되어 실제보다 높은 압력 값이 나올 수 있기 때문에 정확한 측정이 어렵다.

관련개념 압축압력 측정방법
- 축전지의 충전 상태를 점검한다.
- 배터리 단자와 케이블 간의 접속 상태를 확인한다.
- 엔진을 정상 온도까지 예열한다.
- 모든 점화플러그를 분리한다.
- 측정할 점화플러그의 구멍에 압축압력게이지를 연결한다.
- 엔진을 크랭킹하여 압축압력을 측정한다.

05
기관에 사용하는 윤활유의 기능이 아닌 것은?

① 마멸 작용   ② 기밀 작용
③ 냉각 작용   ④ 방청 작용

해설

윤활유는 마멸 작용을 방지 한다.

관련개념 윤활유의 기능
- 마찰을 줄이고 마멸을 방지한다.
- 실린더 내 가스 누출을 막아 기밀성을 유지한다.
- 열을 흡수하여 냉각 한다.
- 이물질과 오염물질을 제거하여 청정 상태를 유지한다.
- 충격이나 하중을 분산시켜 완충한다.
- 금속 표면을 보호하여 부식을 방지한다.
- 기계의 충격과 소음을 완화한다.

정답 01 ② 02 ② 03 ④ 04 ④ 05 ①

06

전자제어 가솔린 분사장치에서 기관의 각종 센서 중 입력 신호가 아닌 것은?

① 스로틀 포지션 센서
② 냉각수 온도 센서
③ 크랭크각 센서
④ 인젝터

해설
인젝터는 연료를 분사하는 장치로 전자제어 가솔린 분사장치의 출력 신호에 해당한다.

관련개념 가솔린 엔진의 전자제어 분사장치

입력 신호	스로틀 포지션 센서(TPS), 흡입공기량 센서(AFS), 크랭크 각 센서(CKP), 냉각 수온 센서(WTS), 흡기온도 센서(ATS), 기타 센서와 스위치 등
출력 신호	연소 분사량 제어, 점화시기 제어, 노킹 제어, 공회전 속도 제어, 가변밸브 제어, 기타 출력 제어 등

07

커넥팅 로드 대단부의 배빗메탈 주 재료는?

① 주석(Sn)   ② 안티몬(Sb)
③ 구리(Cu)   ④ 납(Pb)

해설
배빗메탈은 주석(80~90[%]), 안티몬(3~12[%]), 구리(3~7[%])로 이루어져 있으므로 주 재료는 주석이다.

관련개념
캘밋메탈은 구리(60~70[%])와 납(30~40[%])로 이루어져 있다.

08

자동차 주행(전조)등의 발광면은 상측, 하측, 내측, 외측의 몇 도 이내에서 관측 가능해야 하는가?

① 5°   ② 10°
③ 15°   ④ 20°

해설
자동차 및 자동차부품의 성능과 기준에 관한 규칙 [별표 6의3]에 따르면, 주행빔 전조등의 발광면은 상측·하측·내측·외측의 5도 이하 어느 범위에서도 관측 가능해야 한다.

09

전자제어 연료분사 가솔린 기관에서 연료펌프의 체크밸브는 어느 때 닫히게 되는가?

① 기관 회전 시
② 기관 정지 후
③ 연료 압송 시
④ 연료 분사 시

해설
기관이 정지하면 연료 펌프도 멈추게 되어 연료가 역류할 수 있다. 이때 체크 밸브가 닫히면서 연료의 역류를 방지한다.

관련개념
체크밸브(Check Valve)는 유체(액체 또는 기체)의 흐름을 한 방향으로만 흐르게 하여 역류를 방지하는 역할을 한다.

10

내연기관과 비교하여 전기모터의 장점 중 틀린 것은?

① 마찰이 적기 때문에 손실되는 마찰열이 적게 발생한다.
② 후진기어가 없어도 후진이 가능하다.
③ 평균 효율이 낮다.
④ 소음과 진동이 적다.

해설
전기모터의 평균 효율은 내연기관에 비하여 훨씬 높다.

관련개념 내연기관과 전기모터의 비교

구분	내연기관	전기모터
에너지 공급	연료(경유, 휘발유 등)	전기(배터리에서 공급)
작동원리	연소과정을 통한 동력 생성	자기장을 이용한 회전력 생성
에너지 효율	약 30~40[%]	약 95[%] 이상
소음 및 진동	비교적 큰 편	거의 없음
배출가스	유해가스 배출	유해가스 없음
주요부품	엔진, 변속기, 연료통, 냉각 시스템 등	모터, 배터리, 인버터, 회생 제동시스템 등

정답 06 ④ 07 ① 08 ① 09 ② 10 ③

11

평균 유효압력이 4[kgf/cm²], 행정 체적이 300[cm³]인 2행정 사이클 단기통 기관에서 1회 폭발로 몇 [kgf·m]의 일을 하는가?

① 6
② 8
③ 10
④ 12

해설

일 = 압력 × 체적
= 4 × 300 = 1,200[kgf·cm] = 12[kgf·m]

12

촉매변환기를 거쳐 나오는 가스를 측정하였다. 인체에 유해 가스는?

① H_2O
② CO_2
③ HC
④ N_2

해설

촉매변환기를 거쳐 나오는 가스 중 인체에 유해한 가스는 CO(일산화탄소), HC(탄화수소), NOx(질소산화물) 이다.

13

압력식 라디에이터 캡을 사용하므로 얻어지는 장점과 거리가 먼 것은?

① 비등점을 올려 냉각 효율을 높일 수 있다.
② 라디에이터를 소형화할 수 있다.
③ 라디에이터의 무게를 크게 할 수 있다.
④ 냉각장치 내의 압력을 높일 수 있다.

해설

압력식 라디에이터 캡은 냉각수의 비등점을 높여 냉각 효율을 향상시키고 라디에이터를 소형화할 수 있다.

14

연료는 온도가 높아지면 외부로부터 불꽃을 가까이 하지 않아도 발화하여 연소된다. 이때의 최저온도를 무엇이라 하는가?

① 인화점
② 착화점
③ 연소점
④ 응고점

해설

착화점(발화점)은 공기 중의 연료 온도가 높아지면 외부 요인 없이도 스스로 발화하여 연소되는 최저온도이다.

선지분석

① 인화점: 외부의 직접적인 점화원에 의하여 불이 붙을 수 있는 최저온도이다.
③ 연소점: 불이 붙은 이후 연소상태가 지속적으로 유지될 수 있는 최저온도이다.
④ 응고점: 액체에서 고체로 물질의 상이 변하는 온도이다.

15

TPS(스로틀 포지션 센서)에 대한 설명으로 틀린 것은?

① 일반적으로 가변 저항식이 사용된다.
② 운전자가 가속페달을 얼마나 밟았는지 감지한다.
③ 급가속을 감지하면 컴퓨터가 연료분사 시간을 늘려 실행시킨다.
④ 분사시기를 결정해 주는 가장 중요한 센서이다.

해설

분사시기를 결정해 주는 가장 중요한 센서는 크랭크각 센서(CAS)이다.

정답 11 ④ 12 ③ 13 ③ 14 ② 15 ④

16

이소옥탄 80(체적), 노멀헵탄 20(체적)인 가솔린연료의 옥탄가는 얼마[%]인가?

① 20
② 40
③ 60
④ 80

해설

가솔린 연료의 옥탄가 $= \dfrac{\text{이소옥탄}}{\text{이소옥탄}+\text{노멀헵탄}} \times 100$

$= \dfrac{80}{80+20} \times 100 = 80[\%]$

17

자동차 배출 가스의 구분에 속하지 않는 것은?

① 블로바이 가스
② 연료증발 가스
③ 배기 가스
④ 탄산 가스

해설

자동차 배출가스는 블로바이 가스, 연료증발 가스, 배기 가스로 구분된다.

18

베어링에 적용하중이 80[kgf]의 힘을 받으면서 베어링 면의 미끄럼 속도가 30[m/s]일 때 손실마력은? (마찰계수 0.2)

① 4.5[PS]
② 6.4[PS]
③ 7.3[PS]
④ 8.2[PS]

해설

손실마력 $=$ 마찰계수 $\times \dfrac{F \cdot v}{75} = 0.2 \times \dfrac{80 \times 30}{75} = 6.4[PS]$

(F: 하중[kgf], v: 속도[m/s])

※ 1[PS]=75[kgf·m/s]

19

LPG 기관에서 액체 상태의 연료를 기체 상태의 연료로 전환시키는 장치는?

① 베이퍼라이저(Vaporizer)
② 솔레노이드 밸브 유닛
③ 봄베(Bombe)
④ 믹서(Mixer)

해설

베이퍼라이저(Vaporizer)는 LPG 탱크에서 공급되는 액체 상태의 연료를 증발시켜 기체 상태로 전환시키는 장치이다.

선지분석

② 솔레노이드 밸브 유닛: 운전석에서 조작 가능한 차단 밸브로 밸브 본체와 리턴 스프링으로 구성되어 있다.
③ 봄베(Bombe): 고압기체나 액화기체를 담는 강철용기로 LPG 차량에서 연료를 충전하기 위한 고압용기이다.
④ 믹서(Mixer): 베이퍼라이저에서 기화된 LPG를 공기와 혼합하여 연소실에 공급한다.

20

디젤 기관의 연료 분사 조건으로 부적당한 것은?

① 부화가 잘 되고, 분무의 입자가 작고 균일할 것
② 분무가 잘 분산되고 부하에 따라 필요한 양을 분사할 것
③ 분사의 시작과 끝이 확실하고, 분사 시기·분사량 조정이 자유로울 것
④ 회전속도와 관계없이 일정한 시기에 분사할 것

해설

디젤 기관의 연료는 회전 속도에 따라 분사 시기가 달라진다.

정답 16 ④ 17 ④ 18 ② 19 ① 20 ④

21

공기량 계측방식 중에서 발열체와 공기 사이의 열전달 현상을 이용한 방식은?

① 열선식 질량유량 계량방식
② 베인식 체적유량 계량방식
③ 칼만 와류 방식
④ 맵 센서 방식

해설
공기량 계측방식에서 발열체와 공기 사이의 열전달 원리를 이용한 방식은 열선식과 열막식이 있다.

선지분석
② 베인식 체적유량 계량방식: 공기가 센서 내부의 베인(날개)에 힘을 가하여, 움직이는 베인의 위치를 측정함으로써 공기량을 계산한다.
③ 칼만 와류 방식: 공기가 흐르면서 만들어지는 소용돌이(와류)를 이용하여 공기량을 측정한다.
④ 맵 센서 방식: 흡기 공기압과 엔진 회전수를 기반으로 공기량을 간접적으로 계산한다.

22

일반적인 엔진오일의 양부 판단 방법이다. 틀린 것은?

① 오일의 색깔이 우유색에 가까운 것은 냉각수가 혼입되어 있는 것이다.
② 오일의 색깔이 회색에 가까운 것은 가솔린이 혼입되어 있는 것이다.
③ 종이에 오일을 떨어뜨려 금속분말이나 카본의 유무를 조사하고, 많이 혼입된 것은 교환한다.
④ 오일의 색깔이 검은색에 가까운 것은 장시간 사용했기 때문이다.

해설
오일의 색깔이 회색으로 변하는 이유는 엔진 오일이 연소되는 과정에서 발생하는 탄소와 혼합되었기 때문이다.

23

배기가스 중의 일부를 흡기다기관으로 재순환시킴으로써 연소온도를 낮춰 NOx의 배출량을 감소시키는 것은?

① EGR 장치
② 캐니스터
③ 촉매 컨버터
④ 과급기

해설
배기가스 재순환(EGR, Exhaust Gas Recirculation) 장치는 EGR 밸브를 통해 배기가스의 일부를 흡기계로 다시 보내 연소실로 유입되도록 함으로써 연소온도를 낮추고 질소산화물(NOx)의 발생을 감소시킨다.

선지분석
② 캐니스터: 연료탱크에서 발생하는 증발가스를 FUEL EVAP LINE(연료 증발가스 라인)을 통해 포집하는 장치이다.
③ 촉매 컨버터: 자동차에서 배출되는 유해가스 성분을 정화하는 역할을 한다.
④ 과급기: 흡입 공기를 압축하여 연소실에 더 많은 공기를 전달한다.

24

유압식 동력 조향장치의 구성요소가 아닌 것은?

① 유압 펌프
② 파워 실린더
③ 유압식 리타더
④ 제어 밸브

해설
리타더는 조향장치가 아닌 제동장치 부품이다.

정답 21 ① 22 ② 23 ① 24 ③

25

조향장치가 갖추어야 할 조건 중 적당하지 않은 사항은?

① 적당한 회전 감각이 있을 것
② 고속 주행에서도 조향핸들이 안정될 것
③ 조향휠의 회전과 구동휠의 선회차가 클 것
④ 선회 후 복원성이 있을 것

해설
조향휠의 회전과 구동휠의 선회차가 크지 않아야 한다.

관련개념 조향장치가 갖추어야 할 조건
- 조향장치는 선회 후 원래 위치로 복원되는 성질(복원성)을 가져야 한다.
- 고속 주행 시에도 조향 핸들이 흔들림 없이 안정되어야 한다.
- 조향핸들의 회전과 구동휠의 선회차가 크지 않아야 한다.
- 운전자가 조향을 쉽게 조작할 수 있으며 방향 전환이 원활해야 한다.
- 주행 중 외부 충격에 의해 조향 조작이 방해받지 않아야 한다.
- 선회 시 섀시나 보디에 손상이 없어야 한다.
- 회전반경이 작아야 한다.
- 장기간 사용이 가능하고 정비가 간편해야 한다.

26

액슬축의 지지 방식이 아닌 것은?

① 반부동식
② 3/4 부동식
③ 고정식
④ 전부동식

해설
액슬축의 지지방식에는 반부동식, 3/4 부동식, 전부동식이 있다.

선지분석
① 반부동식: 액슬 축과 액슬 하우징이 각각 하중의 절반씩 지지하는 형식이다.
② 3/4 부동식: 전체 하중 중 약 1/4는 액슬 축이, 나머지 3/4는 액슬 하우징이 지지하는 형식이다.
④ 전부동식: 차량 하중을 액슬 하우징이 모두 지지하고 액슬 축은 오직 구동력만 전달하는 역할을 한다.

27

차동장치에서 차동 피니언과 사이드 기어의 백래시 조정은?

① 축받이 차축의 왼쪽 조정심을 가감하여 조정한다.
② 축받이 차축의 오른쪽 조정심을 가감하여 조정한다.
③ 차동장치의 링기어 조정 장치를 조정한다.
④ 스러스트(Thrust) 와셔의 두께를 가감하여 조정한다.

해설
차동 피니언과 사이드 기어의 백래시 조정은 트러스트(Thrust) 와셔의 두께를 가감하여 조정한다.

28

자동차가 주행 시 혹은 제동 시 핸들이 한쪽 방향으로 쏠리는 원인으로 거리가 먼 것은?

① 브레이크 조정 불량
② 휠의 불평형
③ 쇽 업쇼버의 불량
④ 타이어 공기압이 높음

해설
타이어 공기압이 높은 것은 핸들이 한쪽 방향으로 쏠리는 직접적인 원인이 아니다.

관련개념 주행 중 조향 핸들이 한쪽 방향으로 쏠리는 원인
- 타이어의 좌우 공기압이 다를 경우
- 노면의 좌우 경사도가 다른 경우
- 타이어 또는 휠이 불량한 경우
- 휠 얼라이언트 조정이 불량한 경우
- 브레이크 라이닝의 좌우 간격이 불량한 경우
- 스티어링 샤프트나 등속 조인트에 문제가 있는 경우
- 좌우 바퀴에 걸리는 하중이 다른 경우
- 앞 차축 한쪽의 현가 스프링이 파손된 경우
- 쇽 업쇼버가 불량한 경우

정답 25 ③ 26 ③ 27 ④ 28 ④

29

종감속기어의 하이포이드 기어 구동 피니언은 일반적으로 링 기어 지름 중심의 몇 [%]정도 편심되어 있는가?

① 5~10[%]
② 10~20[%]
③ 25~30[%]
④ 20~30[%]

해설

하이포이드 기어 구동 피니언은 일반적으로 링 기어 지름 중심에서 10~20[%] 정도 편심되어 있으며, 추진축이나 차실 바닥의 높이를 낮추어 차량 설계의 유연성을 높이는 역할을 한다.

30

그림과 같은 브레이크 페달에 100[N]의 힘을 가하였을 때 피스톤의 면적이 5[cm²]라고 하면 작동 유압은?

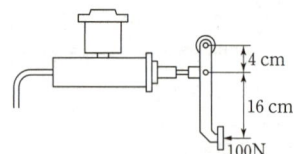

① 100[kPa]
② 500[kPa]
③ 1,000[kPa]
④ 5,000[kPa]

해설

$\dfrac{16+4}{4}=5$의 지렛대비가 적용되어

100[N]×5=500[N]의 힘이 브레이크 푸시로드에 작용한다.

따라서 작동유압 P는 $\dfrac{F}{A}=\dfrac{500[N]}{0.0005[m^2]}=1{,}000{,}000[Pa]=1{,}000[kPa]$이다.

(1[N/m²]=1[Pa], 1,000[Pa]=1[kPa])

31

전자제어 현가장치(ECS)에서 보기의 설명으로 맞는 것은?

[보기] 조향휠 각속도 센서와 차속정보에 의해 ROLL 상태를 조기에 검출해서 일정시간 감쇄력을 높여 차량이 선회 주행 시 ROLL을 억제하도록 한다.

① 안티 스쿼트 제어
② 안티 다이브 제어
③ 안티 롤 제어
④ 안티 시프트 스쿼트 제어

해설

안티 롤 제어에 대한 설명이다

선지분석

① 안티 스쿼트 제어: 차량의 급출발 또는 급가속 시 차체의 앞쪽이 들리고 뒤쪽이 낮아지는 스쿼트(노즈업)현상이 생길 때 속 업쇼버의 감쇄력을 증가시킴으로써 차체를 안정시키는 기능이다.
② 안티 다이브 제어: 급 제동 시 차량의 무게중심이 앞으로 쏠리면서 차량의 앞부분이 아래로 숙여지는 노즈 다이브 현상을 억제하는 기능이다.
④ 안티 시프트 스쿼트 제어: 정지 상태에서 변속 또는 탑승 시 차량 후단이 움푹 꺼지는 시프트스쿼트 현상을 억제하여 승차감과 안정성을 향상시키는 기능이다.

32

브레이크 장치(Brake System)에 관한 설명으로 틀린 것은?

① 브레이크 작동을 계속 반복하면 드럼과 슈의 마찰열이 축적되어 제동력이 감소되는 것을 페이드 현상이라 한다.
② 공기 브레이크에서 제동력을 크게 하기 위해서 언로더 밸브를 조절한다.
③ 브레이크 패달의 리턴스프링 장력이 약해지면 브레이크 풀림이 늦어진다.
④ 마스터 실린더의 푸시로드 길이를 길게 하면 브레이크 작동력이 잘 풀린다.

해설

마스터 실린더의 푸시로드가 길면 브레이크 페달을 밟지 않아도 피스톤이 눌린 상태가 된다. 즉, 브레이크 오일이 원래 자리로 복귀하지 못하고 유압이 해제되지 않아 브레이크가 완전히 풀리지 않는 현상이 발생한다.

정답 29 ② 30 ③ 31 ③ 32 ④

33
제동장치에서 디스크 브레이크의 장점으로 옳은 것은?

① 방열성이 좋아 제동력이 안정된다.
② 자기작동으로 제동력이 증대된다.
③ 큰 중량의 자동차에 주로 사용한다.
④ 마찰 면적이 적어 압착하는 힘을 작게 할 수 있다.

해설
제동장치에서 디스크 브레이크는 방열성이 좋아 제동력이 안정된다는 장점이 있다.

관련개념 제동장치에서 디스크 브레이크의 장단점

장점	단점
• 방열성이 좋아 제동력이 안정된다. • 마찰력으로 인해 제동력이 증대된다. • 마모가 적고 수명이 길다. • 구조가 단순하여 분해 및 조립이 용이하다.	• 마찰면적이 작아 패드를 합착하는데 큰 힘이 필요하다. • 강도가 큰 패드를 사용해야 한다. • 페달을 밟는데 큰 힘이 든다. • 고가이다.

34
자동변속기에서 토크컨버터의 슬립에 의한 손실을 최소화하기 위한 작동 기구는?

① 댐퍼 클러치
② 다판 클러치
③ 일방향 클러치
④ 전자식 클러치

해설
댐퍼 클러치는 자동차의 주행속도가 일정 값에 도달하면 토크컨버터의 펌프와 터빈을 기계적으로 직결시켜 미끄러짐(슬립)에 의한 손실을 최소화하는 장치로 터빈과 토크컨버터 커버 사이에 설치되어 있다.

선지분석
② 다판 클러치: 클러치 드럼 안에 디스크와 클러치 판이 여러 겹으로 끼워져 있으며 작동 시 기어를 회전시키거나 고정시키는 역할을 하는 장치이다.
③ 일(단)방향 클러치(원웨이 클러치): 한쪽 방향으로만 동력을 전달하는 구조로 이루어진 축이음으로서, 한쪽 방향으로는 회전을 허용하고 다른 한쪽 방향으로는 회전을 차단하여 동력 전달을 단속하는 역할을 한다.
④ 전자식 클러치: 전자석의 자력을 기관의 회전수에 따라 자동적으로 증감시켜 클러치 작용을 하게 한다.

35
변속장치에서 동기물림 기구에 대한 설명으로 옳은 것은?

① 변속하려는 기어와 메인 스플라인과의 회전수를 같게 한다.
② 주축기어의 회전속도를 부축기어의 회전속도보다 빠르게 한다.
③ 주축기어와 부축기어의 회전수를 같게 한다.
④ 변속하려는 기어와 슬리브의 회전수에는 관계없다.

해설
동기물림 기구(싱크로메시) 변속하려는 기어와 메인 스플라인과의 회전수를 같게 하여 변속 충격을 줄여 부드러운 변속을 가능하게 한다.

36
자동차가 주행하면서 선회할 때 조향각도를 일정하게 유지하여도 선회 반지름이 커지는 현상은?

① 오버 스티어링(Over Steering)
② 언더 스티어링(Under Steering)
③ 리버스 스티어링(Reverse Steering)
④ 토크 스티어링(Torque Steering)

해설
조향 각도를 일정하게 유지하여도 선회 반지름이 커지는 현상은 언더 스티어링 현상이다.

선지분석
① 오버 스티어링(Over Steering): 조향각이 일정한 상태에서 차량이 선회할 때 실제 선회 반경이 예상보다 작아지는 현상이다.
③ 리버스 스티어링(Reverse Steering): 차량 속도가 증가함에 따라 언더 스티어 상태에서 오버 스티어 상태로 전환되는 현상이다.
④ 토크 스티어링(Torque Steering): 급 가속 시 좌우 바퀴에 전달되는 구동 토크에 차이가 발생하여 차량이 한쪽으로 쏠리거나 의도하지 않는 조향이 발생하는 현상이다.

정답 33 ① 34 ① 35 ① 36 ②

37

전자제어 현가장치의 입력 센서가 아닌 것은?

① 차속 센서
② 조향휠 각속도 센서
③ 차고 센서
④ 임팩트 센서

해설
임팩트 센서는 에어백 장치의 입력신호에 해당한다.

관련개념 전자제어 현가장치의 입·출력 센서

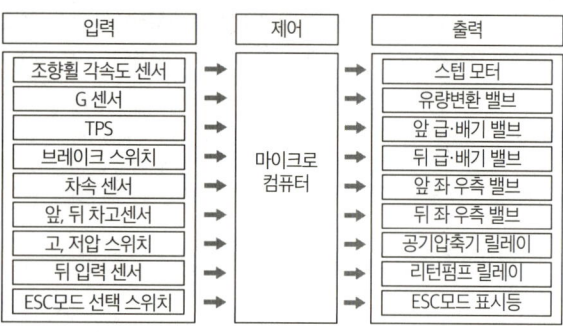

38

타이어 트레드 패턴의 종류가 아닌 것은?

① 러그 패턴(Rug Pattern)
② 블록 패턴(Block Pattern)
③ 리브러그 패턴(Rib-Rug Pattern)
④ 카커스 패턴(Carcass Pattern)

해설
타이어 트레드 패턴의 종류: 러그 패턴, 블록 패턴, 리브러그 패턴, 리브 패턴, 슈퍼 트랙션 패턴, 오프 더 로드 패턴, 비대칭 패턴 등

관련개념 타이어 트레드 패턴의 종류 및 특징

러그 패턴	회전 방향의 직각으로 홈을 설치하여 견인력은 우수하지만 고속 주행 시 편마멸이 발생할 수 있다.
리브 패턴	회전 방향과 같은 방향으로 홈을 설치한 것으로 옆 방향 미끄러짐에 대한 저항이 크고 조향성이 우수하다.
리브러그 패턴	숄더부에는 러그형, 중앙부에는 리브형 트레드 패턴을 적용한 타이어로, 포장도로와 비포장도로를 겸용할 수 있도록 설계되어 있다.
슈퍼 트랙션 패턴	진행 방향에 우수한 견인력을 가지며 진흙길에 적합하다.
블록 패턴	옆 방향 미끄러짐을 방지하고 발수성이 우수하다.
오프 로드 패턴	깊고 넓은 러그형의 홈을 설치한 것으로 견인력이 강인하여 험로에 적합하다.

39

추진축의 자재이음은 어떤 변화를 가능하게 하는가?

① 축의 길이
② 회전 속도
③ 회전축의 각도
④ 회전 토크

해설
추진축의 자재이음은 변속기와 종감속장치의 구동각에 변화를 준다.

40

조향장치의 동력전달 순서로 옳은 것은?

① 핸들 → 타이로드 → 조향기어 박스 → 피트먼 암
② 핸들 → 섹터 축 → 조향기어 박스 → 피트먼 암
③ 핸들 → 조향기어 박스 → 섹터 축 → 피트먼 암
④ 핸들 → 섹터 축 → 조향기어 박스 → 타이로드

해설
핸들 → 조향기어 박스 → 섹터 축 → 피트먼 암

관련개념
조향장치는 운전자의 핸들 조작을 앞바퀴에 전달해 차량의 방향을 제어할 수 있도록 하는 장치이다.

정답 37 ④ 38 ④ 39 ③ 40 ③

41

자동차용 납산배터리를 급속충전 할 때 주의사항으로 틀린 것은?

① 충전시간을 가능한 한 길게 한다.
② 통풍이 잘되는 곳에서 충전한다.
③ 충전 중 배터리에 충격을 가하지 않는다.
④ 전해액의 온도가 약 45[℃]가 넘지 않도록 한다.

해설
충전 시간은 가능한 한 짧게 한다.

관련개념 납산배터리의 급속충전 시 주의사항
- 배터리를 자동차에 연결한 채 충전하는 경우에는 발전기 다이오드의 손상을 방지하기 위하여 접지(-) 터미널을 떼어 놓아야 한다.
- 충전시간은 가능한 한 짧게 한다.
- 축전지에 충격을 주지 말아야 한다.
- 충전 전류는 축전지 용량의 약 50[%]로 한다.
- 전해액의 온도가 약 45[℃] 이상 되지 않도록 한다.
- 통풍이 잘되는 곳에서 충전한다.

42

계기판의 속도계가 작동하지 않을 때 고장부품으로 옳은 것은?

① 차속 센서
② 크랭크각 센서
③ 흡기매니홀드 압력 센서
④ 냉각수온 센서

해설
계기판의 속도계는 차량의 주행 속도를 표시하는 장치로 차속 센서에서 정보를 전달받는다. 차속 센서에 이상이 생기면 속도계가 작동하지 않거나 오작동하게 된다.

선지분석
② 크랭크각 센서(CAS): 압축 상사점을 기준으로 크랭크축(피스톤)의 위치를 검출한다.
③ 흡기매니홀드 압력 센서: 흡기매니홀드의 내부 진공도(압력)에 따라 내연기관의 흡입공기량을 간접적으로 검출한다.
④ 냉각수온 센서: 엔진의 냉각수 온도를 측정한다.

43

납산축전지의 방전 시 화학반응에 대한 설명으로 틀린 것은?

① 극판의 과산화납은 점점 황산납으로 변한다.
② 극판의 해면상납은 점점 황산납으로 변한다.
③ 전해액은 물만 남게 된다.
④ 전해액의 비중은 점점 높아진다.

해설
(+)극판(과산화납)과 (-)극판(해면상납)은 황산납으로 변하고, 전해액은 화학반응에 의해 소모되어 물이 늘어나므로 전해액의 비중이 점점 낮아진다.

44

자동차 전기장치에서 "저항에 의해 발생되는 열량은 도체의 저항, 전류의 제곱 및 흐르는 시간에 비례한다."는 현상을 설명한 것은?

① 앙페르의 법칙
② 키르히호프의 법칙
③ 뉴턴의 제1법칙
④ 주울의 법칙

해설
주울의 법칙(Joule's law): $Q = I^2 RT$
(Q: 도체에 발생되는 열량, I: 전류, R: 저항, T: 전류가 흐르는 시간)

선지분석
① 앙페르의 법칙: 특정 경로의 자기장과 경로 내부의 알짜 전류의 관계에 대한 법칙이다.
② 키르히호프의 법칙: 전기 회로에서 전압과 전류를 구하는 해결 법칙이다.
③ 뉴턴의 제1법칙: 물체에 작용하는 알짜힘이 0일 때 정지해 있던 물체는 계속 정지해 있고, 운동하던 물체는 계속 등속 직선 운동한다는 법칙이다.

정답 41 ① 42 ① 43 ④ 44 ④

45

자동차 에어컨 장치의 순환과정으로 맞는 것은?

① 압축기 → 응축기 → 건조기 → 팽창밸브 → 증발기
② 압축기 → 응축기 → 팽창밸브 → 건조기 → 증발기
③ 압축기 → 팽창밸브 → 건조기 → 응축기 → 증발기
④ 압축기 → 건조기 → 팽창밸브 → 응축기 → 증발기

해설

자동차 에어컨 장치의 순환과정: 압축기(compressor) → 응축기(실외기, Condenser) → 건조기(Receiver dryer) → 팽창밸브 → 증발기(Evaporator)

46

150[Ah]의 축전지 2개를 병렬로 연결한 상태에서 15[A]의 전류로 방전시킨 경우 몇 시간 사용할 수 있는가?

① 5[h]
② 10[h]
③ 15[h]
④ 20[h]

해설

축전지의 용량[Ah] = 방전전류[A] × 방전시간[h]

방전시간[h] = $\dfrac{\text{축전지의 용량[Ah]}}{\text{방전전류[A]}}$ = $\dfrac{150 \times 2}{15}$ = 20[h]

47

자동차 전조등 회로에 대한 설명으로 맞는 것은?

① 전조등 좌우는 직렬로 연결되어 있다.
② 전조등 좌우는 병렬로 연결되어 있다.
③ 전조등 좌우는 직병렬로 연결되어 있다.
④ 전조등 작동 중에는 미등이 소등된다.

해설

동일 목적으로 사용되는 전구는 각 전구가 개별적으로 안정적인 전류를 공급받을 수 있도록 하기 위하여 병렬 구조로 연결되어 있다.

48

자동차용 교류발전기의 다이오드가 하는 역할은?

① 전류를 조정하고, 교류를 정류한다.
② 전압을 조정하고, 교류를 정류한다.
③ 교류를 정류하고, 역류를 방지한다.
④ 여자전류를 조정하고, 역류를 방지한다.

해설

다이오드는 한쪽 방향으로만 전류를 흐르게 하는 특성 때문에 자동차의 전기 회로에서 교류 발전기의 정류용, 역전류 방지용 등으로 이용되고 있다.

49

점화코일의 2차 쪽에서 발생되는 불꽃전압의 크기에 영향을 미치는 요소 중 거리가 먼 것은?

① 점화플러그 전극의 형상
② 점화플러그 전극의 간극
③ 기관 윤활유 압력
④ 혼합기 압력

해설

기관 윤활유 압력은 엔진의 윤활을 위한 압력으로 불꽃전압의 크기에 직접적인 영향을 주지 않는다.

관련개념 불꽃(방전)전압에 영향을 미치는 요인
- 점화코일의 성능
- 흡입 공기의 온도와 습도
- 엔진 혼합가스의 온도와 압력
- 점화플러그 전극의 형상 및 간극

정답 45 ① 46 ④ 47 ② 48 ③ 49 ③

50

자기방전률은 축전지 온도가 상승하면 어떻게 되는가?

① 높아진다.
② 낮아진다.
③ 변함없다.
④ 낮아진 상태로 일정하게 유지된다.

> **해설**
> 자기방전률은 축전지 온도가 상승하면 높아지고 축전지 온도가 떨어지면 낮아진다.

51

줄 작업에서 줄의 손잡이를 꼭 끼우고 사용하는 이유는?

① 평형을 유지하기 위해
② 중량을 높이기 위해
③ 보관에 편리하도록 하기 위해
④ 사용자에게 상처를 입히지 않기 위해

> **해설**
>
>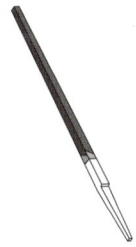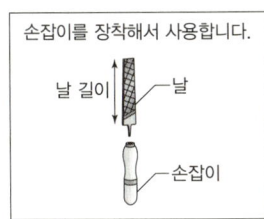
>
> 줄 끝은 날카로운 금속으로 되어 있어 손잡이가 없는 경우에는 손에 상처를 입힐 위험이 있다.
>
> **관련개념** 줄 잡업 시 주의 사항
> - 작업 전 줄의 자루(손잡이) 부분에 균열이나 마모가 있는지 확인한다.
> - 줄을 해머(망치) 대용으로 사용하지 않는다.
> - 절삭 가루는 솔을 사용해 쓸어낸다.
> - 새 줄은 처음에는 연질재(부드러운 재료)에 사용하고 점차 경질재(딱딱한 재료)에 사용한다.
> - 주물을 줄질할 경우에는 표면의 흑피를 제거한 후 작업한다.
> - 줄 날에 끼어있는 이물질은 와이어 브러시로 털어낸다.
> - 줄질한 면은 손으로 만지지 않는다.
> - 줄질은 전진 시(밀 때)에만 힘을 준다.
> - 작업시 줄을 지나치게 누르지 않는다.

52

산업체에서 안전을 지킴으로서 얻을 수 있는 이점으로 틀린 것은?

① 직장의 신뢰도를 높여준다.
② 상하 동료 간에 인간관계가 개선된다.
③ 기업의 투자 경비가 늘어난다.
④ 회사 내 규율과 안전수칙이 준수되어 질서유지가 실현된다.

> **해설**
> 기업의 투자 경비가 줄어든다.

53

드릴링 머신 작업을 할 때 주의사항으로 틀린 것은?

① 드릴은 주축에 튼튼하게 장치하여 사용한다.
② 공작물을 제거할 때는 회전을 완전히 멈추고 한다.
③ 가공 중에 드릴이 관통했는지를 손으로 확인한 후 기계를 멈춘다.
④ 드릴의 날이 무디어 이상한 소리가 날 때는 회전을 멈추고 드릴을 교환하거나 연마한다.

> **해설**
> 드릴 관통 여부는 반드시 기계의 회전을 완전히 멈춘 뒤 확인해야 한다.
>
> **관련개념** 드릴 작업할 때 주의사항
> - 작업을 시작하기 전에 작업물을 단단히 고정시킨다.
> - 작업 중에는 손으로 칩을 제거하거나 입으로 불지 않는다.
> - 가공물이 소형이거나 구멍을 뚫는 경우에는 바이스에 작업물을 고정시킨다.
> - 드릴이 회전 중일 때는 테이블 위치를 조정하지 않는다.
> - 작업물이 얇은 경우에는 밑에 받침대를 놓는다.
> - 절삭유는 위쪽 방향에서 바른다.
> - 소음이 나는 경우에는 즉시 회전을 멈추고 드릴을 교환하거나 연마한다.
> - 큰 구멍을 뚫을 때는 작은 구멍을 먼저 뚫는다.

정답 50 ① 51 ④ 52 ③ 53 ③

54

교류발전기 점검 및 취급 시 안전 사항으로 틀린 것은?

① 성능시험 시 다이오드가 손상되지 않도록 한다.
② 발전기 탈착 시 축전지 접지케이블을 먼저 제거한다.
③ 세차할 때는 발전기를 물로 깨끗이 세척한다.
④ 발전기 브러시는 1/2 마모 시 교환한다.

해설
세차할 때는 발전기에 물이 들어가지 않도록 한다.

55

도장 작업장의 안전수칙이 아닌 것은?

① 알맞은 방진, 방독면을 착용한다.
② 작업장 내에서 음식물 섭취를 금지한다.
③ 전기 기기는 수리를 필요로 할 경우 스위치를 꺼 놓는다.
④ 희석제나 도료 등을 취급할 때는 면장갑을 꼭 착용한다.

해설
희석제나 도료 등을 취급할 때는 고무장갑을 꼭 착용한다.

관련개념 도장 작업장의 안전수칙
- 작업의 마감 재료는 화기로부터 보호받을 수 있는 공간에 보관한다.
- 작업은 항상 안전하게 실시한다.
- 사고의 발생 시는 응급처치를 하고 즉시 보고한다.
- 안전하지 못하다고 생각되는 것은 안전하게 수정하고 보고한다.
- 알맞은 방진, 방독면을 착용한다.
- 작업장 내에서 음식물 섭취를 금지한다.
- 전기 기기는 수리를 필요로 할 경우 스위치를 꺼 놓는다.
- 희석제나 도료 등을 취급할 때는 고무장갑을 꼭 착용한다.

56

타이어 압력 모니터링 장치(TPMS)의 점검, 정비 시 잘못 된 것은?

① 타이어 압력센서는 공기 주입 밸브와 일체로 되어있다.
② 타이어 압력센서 장착용 휠은 일반 휠과 다르다.
③ 타이어 분리 시 타이어 압력센서가 파손되지 않게 한다.
④ 타이어 압력센서용 배터리 수명은 영구적이다.

해설
TPMS(Tire Pressure Monitoring System) 압력 센서는 내장 배터리를 사용하며, 배터리는 수명이 다하면 교체해야 한다. 일반적으로 배터리 수명은 5~10년 정도이다.

57

동력전달장치에서 작업 시 안전사항으로 적합하지 않은 것은?

① 기어가 회전하고 있는 곳은 안전커버를 잘 덮는다.
② 회전하고 있는 벨트나 기어는 항상 점검한다.
③ 회전하는 풀리에 벨트를 걸어서는 안 된다.
④ 천천히 움직이는 벨트라도 손으로 잡지 않는다.

해설
회전하고 있는 벨트나 기어를 점검할 때는 완전히 정지시킨 후 진행해야 한다.

관련개념 동력전달장치에서 작업 시 안전사항
- 위험을 방지하기 위하여 동력전달부, 구동부, 회전축에 견고한 구조의 방호 덮개를 설치한다.
- 회전하는 풀리에 벨트를 걸어서는 안 된다.
- 천천히 회전하고 있는 경우에도 손으로 벨트를 잡지 않는다.
- 동력 전단기를 사용할 때는 안전방호장치를 장착하고 작업을 수행하여야 한다.
- 회전하고 있는 벨트나 기어는 정지시킨 후 점검한다.
- 동력전달부, 구동부, 회전축의 점검 및 보수가 끝나면 방호 덮개를 원상복구 시킨다.
- 절삭공구 등 회전체 작업 시 면장갑 착용을 금지한다.(단, 가죽제 장갑 착용 가능)

정답 54 ③ 55 ④ 56 ④ 57 ②

58

자동차 정비 작업 시 작업복 상태로 적합한 것은?

① 가급적 주머니가 많이 붙어 있는 것이 좋다.
② 가급적 소매가 넓어 편한 것이 좋다.
③ 가급적 소매가 없거나 짧은 것이 좋다.
④ 가급적 폭이 넓지 않은 긴바지가 좋다.

해설
자동차 정비 작업은 기름, 먼지, 화학 물질 등으로 오염될 가능성이 크기 때문에 폭이 넓지 않은 긴바지 작업복이 안전과 효율 측면에서 좋다.

선지분석
① 주머니가 많이 붙어 있는 옷은 작업 중 걸리거나 찢어질 위험이 있다.
② 소매가 넓은 옷은 작업 중 걸리거나 오염될 위험이 있다.
③ 소매가 없거나 짧은 옷은 기름, 먼지, 화학 물질 등이 피부에 직접적으로 닿을 위험이 있다.

59

헤드 볼트를 체결할 때 토크 렌치를 사용하는 이유로 가장 옳은 것은?

① 신속하게 체결하기 위해
② 작업상 편리하기 위해
③ 강하게 체결하기 위해
④ 규정 토크로 체결하기 위해

해설
헤드 볼트를 체결할 때 규정 토크로 체결하기 위하여 토크 렌치를 사용한다.

60

작업장에서 중량물 운반수레의 취급 시 안전사항으로 틀린 것은?

① 적재중심은 가능한 한 위로 오도록 한다.
② 화물이 앞뒤 또는 측면으로 편중되지 않도록 한다.
③ 사용 전 운반수레의 각 부를 점검한다.
④ 앞이 안 보일 정도로 화물을 적재하지 않는다.

해설
안전을 위하여 적재중심은 가능한 한 아래에 위치하도록 한다.

관련개념 중량물 운반수레의 취급 시 안전사항
- 사용 전에 손수레의 각부를 점검하여 차체, 차륜의 회전 등의 이상 유무를 점검하여 이상이 발견된 때에는 수리, 교체하여 사용하여야 한다.
- 운반통로를 정비하여 돌조각, 나무조각, 벽돌토락 등의 장애물을 정리하여야 한다.
- 적재물의 무게중심은 가능한 한 밑으로 오도록 하고 손수레 운전 시 적재물이 흔들리지 않도록 주의하여야 한다.
- 적재물의 무게는 어느 한 방향에 편중되지 않도록 적재하고 시야를 가리지 않는 높이로 적재하여야 한다.
- 하물을 적재할 때에는 하물이 손수레의 반동에 대하여 안전한 장소에서 적재하여야 한다.
- 구르기 쉬운 하물은 운반 도중 굴러 떨어지지 않도록 고정하고, 병이나 항아리 등을 운반하거나 손수레를 운전할 때에는 질주하여서는 아니 된다.
- 손수레는 가능한 한 외바퀴수레의 사용을 피하고 두바퀴수레를 사용하여야 한다.

정답 58 ④ 59 ④ 60 ①

Build UP 2021년 2회 CBT 복원문제

NCS 학습모듈 반영
최신기출 복원
신유형

01
디젤 기관에서 열효율이 가장 우수한 형식은?
① 예연소실식
② 와류식
③ 공기실식
④ 직접 분사식

해설
직접 분사식은 연료를 실린더 내부에 직접 분사하는 방식으로 연소실 표면적이 작아 연료 소비율이 낮고 열효율이 가장 우수하다.

선지분석
① 예연소실식: 예연소실과 주연소실이 연결된 구조로 연료의 일부가 예연소실에서 먼저 연소되는 방식이다.
② 와류실식: 연소실이 접선 방향으로 뚫린 통로를 통해 주연소실과 연결되어 공기와 연료의 혼합을 위한 와류를 형성하는 방식이다.
③ 공기실식: 주연소실 외에 별도의 공기실이 있으며 자동차 엔진에는 사용되지 않는 방식이다.

02
피스톤 간극이 크면 나타나는 현상이 아닌 것은?
① 블로바이가 발생한다.
② 압축압력이 상승한다.
③ 피스톤 슬랩이 발생한다.
④ 기관의 기동이 어려워진다.

해설
피스톤 간극이 크면 피스톤 압축압력이 낮아지고 피스톤 간극이 작으면 마찰열에 의한 소결(Stick)현상이 발생한다.

03
흡기 장치의 공기 유량을 계측하는 방식 중 간접 계측 방식에 해당하는 것은?
① 흡기 다기관 압력방식
② 가동 베인식
③ 열선식
④ 칼만 와류식

해설 흡입공기량 계측 방식

	직접 계측방식 (Mass Flow Type)	간접 계측방식 (Speed Density Type)
체적 검출방식	베인식, 칼만 와류식	흡기다기관 절대압력(MAP센서)방식
질량 검출방식	핫 와이어(Hot Wire, 열선)식, 핫 필름(열막)식	

04
가솔린 전자제어 기관에서 축전지 전압이 낮아졌을 때 연료 분사량을 보정하기 위한 방법은?
① 분사시간을 증가시킨다.
② 기관의 회전속도를 낮춘다.
③ 공연비를 낮춘다.
④ 점화시기를 지연시킨다.

해설
축전지 전압이 낮으면 무효 분사시간(Injector Dead Time)이 길어져 실제 분사되는 연료량이 줄어들 수 있다. 따라서 분사 시간을 증가하여 연료분사량을 보정할 수 있다.

정답 01 ④ 02 ② 03 ① 04 ①

05

연료누설 및 파손방지를 위해 전자제어 기관의 연료시스템에 설치된 것으로 감압 작용을 하는 것은?

① 체크 밸브
② 제트 밸브
③ 릴리프 밸브
④ 포핏 밸브

해설
릴리프 밸브는 연료의 압력이 일정 수준을 초과하면 밸브가 열리면서 압력을 자동으로 조절하여 연료의 누출이나 연료 배관의 파손을 방지한다.

선지분석
① 체크 밸브: 배관에 설치되어 유체가 오직 한쪽 방향으로만 흐르도록 제어한다.
② 제트 밸브: 높은 정밀도와 반복성으로 저점도 액체부터 고점도 액체까지 다양한 액체를 목표물에 정확하게 분사한다.
④ 포핏 밸브(머시룸 밸브): 엔진 안팎으로 연료나 증기의 유입 양과 배출 시기를 조절하는 데 사용된다.

06

흡기다기관의 진공시험 결과 진공계의 바늘이 20~40[cmHg] 사이에서 정지되었다면 가장 올바른 분석은?

① 엔진이 정상일 때
② 피스톤링이 마멸되었을 때
③ 밸브가 소손 되었을 때
④ 흡기밸브의 밸브 타이밍이 맞지 않을 때

해설
흡기밸브의 밸브 타이밍이 맞지 않을 경우 신성계의 바늘이 20~40[cmHg] 사이에서 정지될 수 있다.

선지분석
① 엔진이 정상일 때: 45~50[cmHg] 사이에서 안정적으로 흔들린다.
② 피스톤 링이 마멸되었을 때: 30~40[cmHg]의 정상보다 낮은 범위에서 흔들린다.
③ 밸브가 소손되었을 때: 20~40[cmHg] 사이에서 안정적으로 흔들린다.

07

와류실식 연소실을 갖는 디젤 기관의 장점은?

① 연소실 구조가 간단하다.
② 연료 소비율이 작다.
③ 고속 회전이 가능하다.
④ 시동이 용이하다.

해설
와류실식 연소실은 고속 회전이 가능하다는 장점이 있다.

선지분석
① 주연소실과 부연소실이 있어 구조가 복잡하다.
② 연료 소비율이 크다.
④ 일반 디젤 기관의 연소실보다 시동이 어렵다.

08

가솔린 엔진의 작동 온도가 낮을 때와 혼합비가 희박하여 실화되는 경우에 증가하는 유해 배출가스는?

① 산소(O_2)
② 탄화수소(HC)
③ 질소산화물(NOx)
④ 이산화탄소(CO_2)

해설
탄화수소(HC)는 엔진 작동 온도가 낮거나 혼합비 이상 등으로 인해 불완전 연소가 발생할 경우 다량으로 배출될 수 있다.

관련개념
엔진에서 배출되는 대표적인 유해가스: CO(일산화탄소), HC(탄화수소), NOx(질소산화물)

정답 05 ③ 06 ④ 07 ③ 08 ②

09

4기통인 4행정사이클 기관에서 회전수가 1,800[rpm], 행정이 75[mm]인 피스톤의 평균속도는?

① 2.55[m/sec]
② 2.45[m/sec]
③ 2.35[m/sec]
④ 4.5[m/sec]

해설

피스톤 평균 속도 $v = \dfrac{2LN}{60} = \dfrac{2 \times 0.075 \times 1,800}{60} = 4.5[m/s]$

(L: 피스톤 행정[m], N: 기관의 회전수[rpm])

10

실린더 지름이 80[mm]이고, 행정이 70[mm]인 엔진의 연소실 체적이 50[cc]인 경우의 압축비는?

① 8   ② 8.5
③ 7   ④ 7.5

해설

행정체적 $V = \dfrac{\pi}{4} D^2 L = \dfrac{\pi}{4} \times 8^2 \times 7 = 351.86[cc]$

(D: 실린더의 내경[cm], L: 행정[cm])

압축비 $= 1 + \dfrac{\text{행정 체적}}{\text{연소실 체적}}$

$= 1 + \dfrac{351.86}{50} \simeq 8$

11

내연기관의 사이클에서 가솔린 기관의 표준 사이클은?

① 정적 사이클   ② 정압 사이클
③ 복합 사이클   ④ 사바테 사이클

해설

정적 사이클은 가솔린 기관의 표준 사이클이다.

선지분석

② 저속 디젤기관의 표진 사이클이다.
③, ④ 고속 디젤기관의 표준 사이클이다.

12

가솔린 기관의 흡기 다기관과 스로틀 보디 사이에 설치되어 있는 서지 탱크의 역할 중 틀린 것은?

① 실린더 상호간에 흡입공기 간섭 방지
② 흡입공기 충진 효율을 증대
③ 연소실에 균일한 공기 공급
④ 배기가스 흐름 제어

해설

배기가스의 흐름을 제어하는 것은 EGR 밸브, 촉매 변환기, 매니폴드 등이 담당한다.

13

다음 중 내연기관에 대한 내용으로 맞는 것은?

① 실린더의 이론적 발생마력을 제동마력이라 한다.
② 6실린더 엔진의 크랭크축의 위상각은 90도이다.
③ 베어링 스프레드는 피스톤 핀 저널에 베어링을 조립 시 밀착하게 끼울 수 있게 한다.
④ 모든 DOHC 엔진의 밸브 수는 16개이다.

해설

베어링 스프레드는 배어링 바깥쪽 지름과 하우징 안쪽 지름에 조금의 차이를 두고 작은 힘을 이용해 밀착시키는 장치이다.

선지분석

① 제동마력은 이론적 발생마력이 아닌 크랭크축에서 실제로 변환되는 마력이다.
② 6실린더 엔진의 크랭크축 위상각은 120°이다.(720°÷6기통=120°)
④ DOHC 엔진의 밸브 수는 엔진에 따라 다를 수 있다.

정답 09 ④   10 ①   11 ①   12 ④   13 ③

14
자동차의 앞면에 안개등을 설치할 경우에 해당되는 기준으로 틀린 것은?

① 비추는 방향은 앞면 진행방향을 향하도록 할 것
② 후미등이 점등된 상태에서 전조등과 연동하여 점등 또는 소등할 수 있는 구조일 것
③ 등광색은 백색 또는 황색으로 할 것
④ 등화의 중심점은 차량중심선을 기준으로 좌우가 대칭이 되도록 할 것

해설
후미등이 점등된 상태에서 전조등과 별도로 점등 또는 소등할 수 있는 구조여야 한다.

15
맵 센서 점검 조건에 해당되지 않는 것은?

① 냉각수온 약 80~95[℃] 유지
② 각종 램프, 전기 냉각 팬, 부장품 모두 ON 상태 유지
③ 트랜스 액슬 중립(A/T 경우 N 또는 P 위치) 유지
④ 스티어링 휠 중립 상태 유지

해설
맵 센서 점검 시에는 각종 램프, 전기 냉각 팬, 부장품 모두 OFF상태를 유지해야 한다.

16
냉각수 온도센서 고장 시 엔진에 미치는 영향으로 틀린 것은?

① 공회전상태가 불안정하게 된다.
② 워밍업 시기에 검은 연기가 배출될 수 있다.
③ 배기가스 중에 CO 및 HC가 증가된다.
④ 냉간 시동성이 양호하다.

해설
냉각수 온도센서가 고장나면 ECU가 냉간상태를 정확하게 인식하지 못해 연료 분사량을 적절히 제어하지 못하므로 냉간 시동성이 나빠진다.

17
실린더의 안지름이 100[mm], 피스톤 행정 130[mm], 압축비가 21일 때 연소실 용적은 약 얼마인가?

① 25[cc]
② 32[cc]
③ 51[cc]
④ 58[cc]

해설
압축비 $= 1 + \dfrac{\text{행정 체적}}{\text{연소실 체적}}$

행정 체적 $= \dfrac{\pi}{4}D^2L = \dfrac{\pi}{4} \times 10^2 \times 13 = 1,021[cc]$

(D: 실린더의 내경[cm], L: 피스톤 행정[cm])

연소실 체적(용적) $= \dfrac{\text{행정 체적}}{\text{압축비}-1} = \dfrac{1,021}{21-1} = 51[cc]$

18
LPG 엔진에서 액체를 기체로 변화시키는 것을 주 목적으로 설치된 것은?

① 솔레노이드 스위치
② 베이퍼라이저
③ 봄베
④ 기상 솔레노이드 밸브

해설
베이퍼라이저(Vaporizer)는 LPG 탱크에서 공급되는 액체연료를 증발시켜 기체상태로 변환하여 엔진에 공급하는 장치이다.

선지분석
① 솔레노이드 스위치: 운전석에서 연료 공급 또는 차단을 수행하는 전자식 밸브이다.
③ 봄베: 주행에 필요한 연료를 저장하는 고압용 탱크이다.
④ 기상 솔레노이드 밸브: LPG 엔진의 시동성을 향상시키기 위하여 냉각수 온도(기준 15[℃])에 따라 액상 또는 기상 LPG를 차단 또는 공급하는 장치이다.

정답 14 ② 15 ② 16 ④ 17 ③ 18 ②

19

어떤 물체가 초속도 10[m/s]로 마루면을 미끄러진다면 약 몇[m]를 진행하고 멈추는가? (단, 물체와 마루면 사이의 마찰계수는 0.50이다.)

① 0.51
② 5.1
③ 10.2
④ 20.4

해설

제동거리 $= \dfrac{v^2}{2\mu g} = \dfrac{10^2}{2 \times 0.50 \times 9.8} = 10.2[m]$

20

엔진의 윤활장치를 점검해야 하는 이유로 거리가 먼 것은?

① 윤활유 소비가 많다.
② 유압이 높다.
③ 유압이 낮다.
④ 오일 교환을 자주한다.

해설

윤활장치는 윤활유 소비가 비정상적으로 많거나 유압이 규정 값의 범위에서 지나치게 벗어난 경우 점검이 필요하다. 오일 교환을 자주하는 경우는 윤활장치를 점검해야 하는 원인과는 거리가 멀다.

21

가솔린 기관의 노킹(Knocking) 방지책이 아닌 것은?

① 고 옥탄가의 연료를 사용한다.
② 동일 압축비에서 혼합기의 온도를 낮추는 연소실 형상을 사용한다.
③ 화염전파 속도가 빠른 연료를 사용한다.
④ 화염의 전파거리를 길게 하는 연소실 형상을 사용한다.

해설

가솔린 기관의 노킹을 방지하기 위해서는 화염의 전파 거리를 단축시켜야 한다.

22

디젤기관의 연료분사에 필요한 조건으로 틀린 것은?

① 무화
② 분포
③ 조정
④ 관통력

해설

디젤엔진의 연료 분사의 3대 조건
• 무화
• 분포
• 관통력

관련개념

• 무화: 연료가 미립자로 분산되어 연소실 내의 공기와 완전히 혼합되는 조건이다.
• 분포: 연료가 연소실 전체에 고르게 분포되는 조건이다.
• 관통력: 연료가 연소실 전체에 고르게 분포되기 위해 필요한 힘이다.

23

주행 중 자동차의 조향 휠이 한쪽으로 쏠리는 원인과 가장 거리가 먼 것은?

① 타이어 공기압 불균일
② 바퀴 얼라이먼트의 조정 불량
③ 쇽 업쇼버의 파손
④ 조향 휠 유격 조정 불량

해설

조향 휠 유격 조정이 불량하면 조향 휠이 좌우로 흔들리는 현상이 발생하지만, 이는 조향 휠이 한쪽으로 쏠리는 현상과는 직접적인 연관은 없다.

관련개념 주행 중 자동차의 조향 휠이 한쪽으로 쏠리는 원인

• 타이어의 좌우 공기압이 다른 경우
• 노면의 좌우 경사도가 다른 경우
• 타이어 또는 휠이 불량한 경우
• 휠 얼라이언트 조정이 불량한 경우
• 브레이크 라이닝의 좌우 간격이 불량한 경우
• 스티어링 샤프트나 등속 조인트에 문제가 있는 경우
• 좌우 바퀴에 걸리는 하중이 다른 경우
• 앞 차축 한쪽의 현가스프링이 파손된 경우
• 쇽 업쇼버가 불량인 경우

정답 19 ③ 20 ④ 21 ④ 22 ③ 23 ④

24

브레이크슈의 리턴스프링에 관한 설명으로 거리가 먼 것은?

① 리턴스프링이 약하면 휠 실린더 내의 잔압이 높아진다.
② 리턴스프링이 약하면 드럼을 과열시키는 원인이 될 수도 있다.
③ 리턴스프링이 강하면 드럼과 라이닝의 접촉이 신속히 해제된다.
④ 리턴스프링이 약하면 브레이크슈의 마멸이 촉진될 수 있다.

해설
브레이크 슈의 리턴스프링이 약하면 휠 실린더 내의 잔압이 낮아진다.

25

자동차의 진동현상 중 스프링 위 Y축을 중심으로 하는 앞뒤 흔들림 회전 고유진동은?

① 롤링(Rolling)
② 요잉(Yawing)
③ 피칭(Pitching)
④ 바운싱(Bouncing)

해설
피칭(Pitching, 앞뒤진동): 차량이 앞뒤로 까딱까딱 회전하는 움직임으로 차체가 Y축을 중심으로 회전하는 고유 진동이다.

선지분석

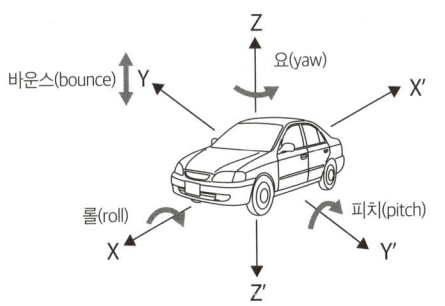

① 롤링(Rolling, 좌우진동): 차량이 좌우로 기울며 흔들리는 좌우 진동으로, 차체가 X축을 중심으로 회전하는 고유 진동이다.
② 요잉(Yawing, 체후부진동): 차량이 수직축(Z축)을 중심으로 좌우로 회전하는 운동으로 차량 전체의 방향이 바뀌는 회전 동작이다.
④ 바운싱(Bouncing, 상하진동): 차량 전체가 위아래로 움직이는 상하 움직임으로 차체가 Z 축 방향으로 평행 이동하는 고유 진동이다.

26

흡기 시스템의 동적효과 특성을 설명한 것 중 ( ) 안에 알맞은 단어는?

> 흡입행정의 마지막에 흡입밸브를 닫으면 새로운 공기의 흐름이 갑자기 차단되어 ( )가 발생한다. 이 압력파는 음으로 흡기다기관의 입구를 향해서 진행하고, 입구에서 반사되므로 ( ) 가 되어 흡입밸브 쪽으로 음속으로 되돌아온다.

① 간섭파, 유도파
② 서지파, 정압파
③ 정압파, 부압파
④ 부압파, 서지파

해설
흡입행정의 마지막에 흡입밸브를 닫으면 새로운 공기의 흐름이 갑자기 차단되어 압력이 증가하므로 정압파가 발생한다. 이 압력파는 다시 흡기다기관 입구를 향해서 진행하고, 입구에서 반사되므로 부압파가 되어 흡입밸브 쪽으로 음속으로 되돌아온다.

27

전자제어 현가장치의 출력부가 아닌 것은?

① TPS
② 지시등, 경고등
③ 액추에이터
④ 고장코드

해설
TPS(Throttle Position Sensor)는 스로틀 밸브의 개방정도를 측정하는 센서로 입력부에 해당한다.

정답 24 ① 25 ③ 26 ③ 27 ①

28

수동변속기에서 기어변속 시 기어의 이중물림을 방지하기 위한 장치는?

① 파킹 볼 장치
② 인터 록 장치
③ 오버드라이브 장치
④ 록킹 볼 장치

해설
인터 록 장치는 기어의 이중 물림을 방지하기 위한 장치이다.

선지분석
① 파킹 볼 장치: 자동변속기 차량이 P(Parking)위치에서 변속 레버를 고정하고 차량이 움직이지 않도록 고정하는 장치이다.
③ 오버드라이브 장치: 고속 주행 시 엔진 회전을 줄여 연비를 향상시키는 장치이다.
④ 록킹 볼 장치: 동시에 물려있는 기어를 고정하여 기어 빠짐을 방지하는 장치이다.

29

수동변속기 차량에서 클러치의 구비조건으로 틀린 것은?

① 동력전달이 확실하고 신속할 것
② 방열이 잘 되어 과열되지 않을 것
③ 회전관성이 평형이 좋을 것
④ 회전 관성이 클 것

해설
수동변속기 차량의 클러치는 회전관성이 작아야 한다.

관련개념 클러치의 구비조건
• 내열성이 좋아야 한다.
• 회전부분의 평형이 좋아야 한다.
• 동력을 빠르고 정확하게 전달해야 한다.
• 방열이 잘 되어 과열되지 않아야 한다.
• 회전관성이 작아야 한다.

30

전자제어 자동변속기에서 변속단 결정에 가장 중요한 역할을 하는 센서는?

① 스로틀 포지션 센서
② 공기유량 센서
③ 레인 센서
④ 산소 센서

해설
전자제어 자동변속기에서 변속단 결정에 중요한 역할을 하는 센서는 차속센서, 스로틀 포지션 센서이다.

선지분석
② 공기유량 센서: 엔진으로 유입되는 공기의 양을 측정하여 ECU에 전달한다.
③ 레인 센서: 비가 올 때 자동으로 와이퍼를 작동시킨다.
④ 산소 센서: 배기가스의 산소 농도를 측정하여 ECU에 전달한다.

31

전자제어 제동장치(ABS)의 구성요소가 아닌 것은?

① 휠 스피드 센서
② 전자제어 유닛
③ 하이드로릭 컨트롤 유닛
④ 각속도 센서

해설
각속도 센서는 전자제어 조향장치(EPS)의 구성요소이다.

선지분석
① 휠 스피드 센서: 차량 휠의 회전 속도를 측정한다.
② 전자제어 유닛: 휠 스피드 센서로부터 신호를 받아 ABS 작동을 제어한다.
③ 하이드로릭 컨트롤 유닛: ECU의 신호를 바탕으로 휠 실린더에 전달되는 유압을 제어한다.

정답 28 ② 29 ④ 30 ① 31 ④

32
동력조향장치 정비 시 안전 및 유의사항으로 틀린 것은?

① 자동차 하부에서 작업할 때는 시야확보를 위해 보안경을 벗는다.
② 공간이 좁으므로 다치지 않게 주의한다.
③ 제작사의 정비 지침서를 참고하여 점검, 정비한다.
④ 각종 볼트 너트는 규정 토크로 조인다.

해설
자동차 하부에서 작업할 때는 파편, 화학물질로부터 눈을 보호하기 위하여 보안경을 반드시 착용해야 한다.

33
전자제어식 동력조향장치(EPS)의 관련된 설명으로 틀린 것은?

① 저속 주행에서는 조향력을 가볍게, 고속주행에서는 무겁게 되도록 한다.
② 저속 주행에서는 조향력을 무겁게, 고속주행에서는 가볍게 되도록 한다.
③ 제어방식에 차속신호와 엔진회전수 감응방식이 있다.
④ 급조향시 조향 방향으로 잡아끄는 현상을 방지하는 효과가 있다.

해설
전자제어식 동력조향장치(EPS)는 저속 주행 시에는 조향력을 가볍게 하고 고속에서는 적절히 무겁게 하여 조향 안정성을 확보한다.

34
독립 현가 방식과 비교한 일체 차축 현가 방식의 특성이 아닌 것은?

① 구조가 간단하다.
② 선회시 차체의 기울기가 작다.
③ 승차감이 좋지 않다.
④ 로드홀딩(road holding)이 우수하다.

해설
일체 차축 현가 방식은 차축이 분리되지 않는 일체형의 구조이므로 로드홀딩(접지력)이 좋지 않다.

35
자동변속기에서 오일라인압력을 근원으로 하여 오일라인압력보다 낮은 일정한 압력을 만들기 위한 밸브는?

① 체크 밸브
② 거버너 밸브
③ 매뉴얼 밸브
④ 리듀싱 밸브

해설
리듀싱 밸브는 오일라인압력을 근원으로 하여 오일라인압력보다 낮은 일정한 압력을 만든다.

선지분석
① 체크 밸브: 오일의 흐름 방향을 제어한다.
② 거버너 밸브: 차량속도에 따라 유압을 제어한다.
③ 매뉴얼 밸브: 운전자가 직접 오일 흐름 경로를 변경하여 변속레인지를 결정한다.

36
유압식 브레이크 장치에서 잔압을 형성하고 유지시켜 주는 것은?

① 마스터 실린더 피스톤 1차 컵과 2차 컵
② 마스터 실린더의 체크밸브와 리턴 스프링
③ 마스터 실린더 오일 탱크
④ 마스터 실린더의 피스톤

해설
마스터 실린더의 체크밸브와 리턴 스프링은 유압식 브레이크 장치에서 잔압을 형성하고 유지시켜 주는 역할을 한다.

선지분석
① 마스터 실린더 피스톤 1차 컵과 2차 컵: 1차 컵은 유압을 발생시키고, 2차 컵은 오일누출을 방지하는 기밀 작용을 한다.
③ 마스터 실린더 오일 탱크: 마스터 실린더의 상부에 위치하며 마스터실린더로 공급되는 오일을 저장한다.
④ 마스터 실린너의 피스톤: 브레이크 페달을 밟을 때 오일을 가압하며 유압을 형성한다.

정답 32 ① 33 ② 34 ④ 35 ④ 36 ②

37

유압식 동력전달장치의 주요 구성부 중에서 최고 유압을 규제하는 릴리프 밸브가 있는 곳은?

① 동력부
② 제어부
③ 안전 점검부
④ 작동부

해설
유압식 동력전달장치에서 최고 유압을 규제하는 릴리프 밸브는 일반적으로 동력부에 위치한다.

선지분석
② 제어부: 유압의 흐름을 조절하여 작동부를 제어한다.
③ 안전 점검부: 유압 시스템의 이상 유압을 감지하고 안전 장치를 작동시키는 역할을 한다.
④ 작동부: 유압 에너지를 이용하여 실제 작업을 수행하는 역할을 한다.

38

빈 칸에 알맞은 것은?

> 애커먼 장토의 원리는 조향각도를 (　　)로 하고, 선회할 때 선회하는 안쪽 바퀴의 조향각도가 바깥쪽 바퀴의 조향각도보다 (　　) 되며, (　　)의 연장선상의 한 점을 중심으로 동심원을 그리면서 선회하여 사이드슬립 방지와 조향핸들 조작에 따른 저항을 감소시킬 수 있는 방식이다.

① 최소, 작게, 앞차축
② 최대, 작게, 뒷차축
③ 최소, 크게, 앞차축
④ 최대, 크게, 뒷차축

해설
애커먼 장토의 원리는 조향각도를 **최대**로 하고, 선회할 때 선회하는 안쪽 바퀴의 조향각도가 바깥쪽 바퀴의 조향각도보다 **크게** 되며, **뒷차축**의 연장선상의 한 점을 중심으로 동심원을 그리면서 선회하여 사이드슬립 방지와 조향핸들 조작에 따른 저항을 감소시킬 수 있는 방식이다.

39

안전표시의 종류를 나열한 것으로 옳은 것은?

① 금지표시, 경고표시, 지시표시, 안내표시
② 금지표시, 권장표시, 경고표시, 지시표시
③ 지시표시, 권장표시, 사용표시, 주의표시
④ 금지표시, 주의표시, 사용표시, 경고표시

해설
안전표시에는 금지표시, 경고표시, 지시표시, 안내표시가 있다.

관련개념 작업 현장의 안전표시 색채

색채	용도	사용례
빨간색	금지	정지신호, 소화설비 및 그장소, 유해행위의 금지
	경고	화학물질 취급장소에서의 유해·위험 경고
노란색	경고	화학물질 취급장소에서의 유해·위험경고 이외의 위험경고, 주의표지 또는 기계방호물
파란색	지시	특정 행위의 지시 및 사실의 고지
녹색	안내	비상구 및 피난소, 사람 또는 차량의 통행표지
흰색		파란색 또는 녹색에 대한 보조색
검은색		문자 및 빨간색 또는 노란색에 대한 보조색

40

완전 충전된 납산축전지에서 양극판의 성분(물질)으로 옳은 것은?

① 과산화납
② 납
③ 해면상납
④ 산화납

해설
납산축전지는 충전 상태에 따라 극판의 성분이 달라지는데 완전 충전된 경우 양극판은 과산화납으로, 음극판은 해면상납으로, 전해액은 묽은황산으로 변한다.

정답 37 ① 38 ④ 39 ① 40 ①

41
클러치를 작동시켰을 때 동력을 완전 전달시키지 못하고 미끄러지는 원인이 아닌 것은?

① 클러치 압력판, 플라이휠 면 등에 기름이 묻었을 때
② 클러치 스프링의 장력감소
③ 클러치 페이싱 및 압력판 마모
④ 클러치 페달의 자유간극이 클 때

해설
클러치 페달의 자유 간극이 작을 때 클러치가 미끄러진다.

42
플레밍의 왼손법칙을 이용한 것은?

① 충전기 ② DC 발전기
③ AC 발전기 ④ 전동기

해설
전동기는 플레밍의 왼손법칙을 응용한 장치이다.

관련개념
발전기는 플레밍의 오른손법칙을 응용한 장치이다.

43
전자동에어컨(FATC) 시스템의 ECU에 입력되는 센서 신호로 거리가 먼 것은?

① 외기온도 센서 ② 차고 센서
③ 일사 센서 ④ 내기온도 센서

해설
차고센서는 전자제어 현가장치(ECS)의 입력신호다.

44
조향 유압 계통에 고장이 발생되었을 때 수동 조작을 이행하는 것은?

① 밸브 스풀
② 볼 조인트
③ 유압펌프
④ 오리피스

해설
조향 유압 계통에 고장 발생 시 수동으로 조작을 이행하는 것은 밸브 스풀(안전밸브)이다.

선지분석
② 볼 조인트: 스티어링 너클과 서스펜션 컨트롤암을 연결하는 구형(Spherical)의 베어링을 말한다.
③ 유압펌프: 유체를 이송하여, 유압에너지를 생성하는 장치를 말한다.
④ 오리피스: 배관의 중간에 둥근 구멍이 뚫린 칸막이를 의미한다.

45
그림에서 $I_1=5[A]$, $I_2=2[A]$, $I_3=3[A]$, $I_4=4[A]$라고 하면 I_5에 흐르는 전류[A]는?

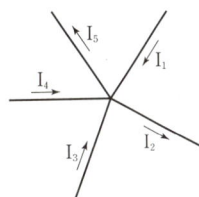

① 8 ② 4
③ 2 ④ 10

해설
키르히호프의 제1법칙에 따라 들어간 전류의 합은 나오는 전류의 합과 같으므로
$I_5+2[A]-I_1+I_3+I_4=12[A]$,
$I_5=10[A]$이다.

정답 41 ④ 42 ④ 43 ② 44 ① 45 ④

46

감광식 룸램프 제어에 대한 설명으로 틀린 것은?

① 도어를 연 후 닫을 때 실내등이 즉시 소등되지 않고 서서히 소등될 수 있도록 한다.
② 시동 및 출발 준비를 할 수 있도록 편의를 제공하는 기능이다.
③ 입력요소는 모든 도어 스위치이다.
④ 모든 신호는 엔진 ECU로 입력된다.

해설

엔진 ECU(Engine Control Unit)는 엔진의 운전 상태(스로틀 위치, 흡입 공기량, 엔진 온도 등)를 감지하여 인젝터에 적절한 분사량과 분사 시기를 제어하는 장치로, 감광식 룸램프 제어와 직접적인 관련이 없다.

관련개념

감광식 룸램프는 자동차 문이 닫히자마자 실내가 어두워지는 것을 방지해 주는 램프이다.

47

기동전동기에서 회전하는 부분이 아닌 것은?

① 오버런닝클러치
② 정류자
③ 계자코일
④ 전기자 철심

해설

계자코일은 기동전동기에서 고정된 부분으로 코일에 전류를 흘려 전자석을 만들고, 이 전자석이 자기장을 만들어 전기자의 회전이나 기전력 생성을 돕는 한다.

선지분석

① 오버런닝클러치: 기동전동기 작동 시 전기자와 함께 회전하며 엔진 시동 후에는 자동으로 분리되어 전동기로의 역전달을 방지하는 역할을 한다.
② 정류자: 전기자와 함께 회전하는 부분으로 전기자에서 발생하는 교류 성분의 전류를 정류하여 직류 형태로 바꾼다.
④ 전기자 철심: 전기자와 함께 회전하는 부분으로 코일이 감겨있는 철심이다.

48

전조등의 광량을 검출하는 라이트 센서에서 빛의 세기에 따라 광전류가 변화되는 원리를 이용한 소자는?

① 포토다이오드
② 발광다이오드
③ 제너다이오드
④ 사이리스터

해설

포토다이오드는 빛이 조사되면 역방향 전류가 흐르며 광의 세기에 비례하여 전류량이 증가하는 특성이 있다.

선지분석

② 발광다이오드: 순방향 전류가 흐를 때 빛을 발산한다.
③ 제너다이오드: 순물 농도가 높은 PN 접합형 실리콘 다이오드로, 역방향 전압이 일정한 값에 도달하면 갑작스럽게 큰 전류가 흐른다.
④ 사이리스터: 트랜지스터와 유사한 기능을 가지며 일정 조건에서 전류를 흐르게 하거나 차단하는 스위칭 소자이다.

49

발전기의 기전력 발생에 관한 설명으로 틀린 것은?

① 로터의 회전이 빠르면 기전력은 커진다.
② 로터코일을 통해 흐르는 여자 전류가 크면 기전력은 커진다.
③ 코일의 권수와 도선의 길이가 길면 기전력은 커진다.
④ 자극의 수가 많아지면 여자되는 시간이 짧아서 기전력이 작아진다.

해설

자극의 수가 많아지면 자속 변화 횟수가 늘어나므로 단위 시간당 유도되는 기전력이 커진다.

관련개념 기전력을 크게 발생하는 방법

- 로터 코일의 회전 속도를 빠르게 한다.
- 로터 코일에 흐르는 여자전류를 증가시켜 자속을 강하게 만든다.
- 자극의 수를 늘려 기전력의 변화를 줄인다.
- 코일의 권수와 도선의 길이를 늘린다.

정답 46 ④ 47 ③ 48 ① 49 ④

50
퓨즈에 관한 설명으로 맞는 것은?

① 퓨즈는 정격전류가 흐르면 회로를 차단하는 역할을 한다.
② 퓨즈는 과대전류가 흐르면 회로를 차단하는 역할을 한다.
③ 퓨즈는 용량이 클수록 정격전류가 낮아진다.
④ 용량이 작은 퓨즈는 용량을 조정하여 사용한다.

해설
퓨즈는 과대전류가 흐를 때 회로를 차단하여 보호한다.

51
자동차 전기회로의 보호 장치로 옳은 것은?

① 안전 밸브 ② 캠버
③ 퓨저블링크 ④ 턴시그널 램프

해설
퓨저블링크는 일정 이상의 과전류가 흐를 때 내부 도체가 끊어지면서 회로를 차단하는 전기회로 보호 장치이다.

52
색에 맞는 안전표시가 잘못 짝지어진 것은?

① 녹색 — 안전, 피난, 보호표시
② 노란색 — 주의, 경고 표시
③ 청색 — 지시, 수리 중, 유도 표시
④ 자주색 — 안전지도 표시

해설
자주색은 방사능(방사능의 위험을 경고하기 위해 표시)을 표시한다.

53
기계 부품에 작용하는 하중에서 안전율을 가장 크게 하여야 할 하중은?

① 정 하중
② 교번 하중
③ 충격 하중
④ 반복 하중

해설
충격 하중은 예기치 않은 순간에 큰 힘으로 작용하여 구조물을 손상시킬 수 있으므로 가장 큰 안전율을 적용하여 구조물의 안전성을 확보해야 한다.

선지분석
① 정 하중: 정지 상태에서 선형 구동기에 지속적으로 작용하는 일정한 하중이다.
② 교번 하중: 부재에 작용하는 하중의 크기와 방향이 반복적으로 바뀌며 인장력과 압축력이 교대로 가해지는 형태의 하중이다.
③ 충격 하중: 짧은 시간에 큰 힘이 작용하는 하중으로 기계 부품의 손상 위험이 크기 때문에 가장 큰 안전율이 요구된다.
④ 반복 하중: 크기가 일정하고 주기가 규칙적인 형태로 반복되어 작용하는 하중이다.

관련개념
안전율은 구조물이나 부품 등이 얼마나 안전하게 설계되었는지를 나타내는 지표로 안전율이 클수록 설계에 여유가 있고 안전성이 높다는 것을 의미한다.

$$안전율 = \frac{재료의\ 기초강도}{허용\ 응력}$$

54
차량 시험기기의 취급 주의사항에 대한 설명으로 틀린 것은?

① 시험기기 전원 및 용량을 확인한 후 전원 플러그를 연결한다.
② 시험기기의 보관은 깨끗한 곳이면 아무 곳이나 좋다.
③ 눈금의 정확도는 수시로 점검해서 0점을 조정해 준다.
④ 시험기기의 누전 여부를 확인한다.

해설
시험기기는 깨끗하고 건조하며 직사광선이 닿지 않는 지정된 곳에 보관하여야 한다.

정답 50 ② 51 ③ 52 ④ 53 ③ 54 ②

55
일반적인 기계 동력 전달 장치에서 안전상 주의사항으로 틀린 것은?

① 기어가 회전하고 있는 곳은 뚜껑으로 잘 덮어 위험을 방지한다.
② 천천히 움직이는 벨트라도 손으로 잡지 않는다.
③ 회전하고 있는 벨트나 기어에 필요 없는 접근을 금한다.
④ 동력전달을 빨리하기 위해 벨트를 회전하는 풀리에 손으로 걸어도 좋다.

해설
반드시 기계가 완전히 정지한 후에 벨트를 걸어야 한다.

56
브레이크 드럼을 연삭할 때 전기가 정전되었다. 가장 먼저 취해야 할 조치사항은?

① 스위치 전원을 내리고(off) 주 전원의 퓨즈를 확인한다.
② 스위치는 그대로 두고 정전 원인을 확인한다.
③ 작업하던 공작물을 탈거한다.
④ 연삭에 실패했음으로 새 것으로 교환하고, 작업을 마무리한다.

해설
기계 작업 중 정전이 발생된 경우에는 가장 먼저 스위치 전원을 내리고(off) 주 전원의 퓨즈를 확인하여 전기 회로에 이상이 있는지 점검해야 한다.

57
정비작업 시 지켜야 할 안전수칙 중 잘못된 것은?

① 작업에 맞는 공구를 사용한다.
② 작업장 바닥에는 오일을 떨어뜨리지 않는다.
③ 전기장치 작업 시 오일이 묻지 않도록 한다.
④ 잭(Jack)을 사용하여 차체를 올린 후 손잡이를 그대로 두고 작업한다.

해설
잭은 임시지지 장치이기 때문에 차체를 지탱하는 작업용으로 사용해서는 안 된다.

58
드릴링 머신 작업을 할 때 주의사항으로 틀린 것은?

① 드릴의 날이 무디어 이상한 소리가 날 때는 회전을 멈추고 드릴을 교환하거나 연마한다.
② 공작물을 제거할 때는 회전을 완전히 멈추고 한다.
③ 가공 시 면장갑을 착용하고 작업한다.
④ 드릴은 주축에 튼튼하게 장치하여 사용한다.

해설
면장갑은 드릴 작업 중에 손이 미끄러져 사고 발생 위험을 증가시킬 수 있으므로 착용하지 않는 것이 좋다.

59
에어백 장치를 점검, 정비할 때 안전하지 못한 행동은?

① 에어백 모듈은 사고 후에도 재사용이 가능하다.
② 조향휠을 장착할 때 클럭 스프링의 중립 위치를 확인한다.
③ 에어백 장치는 축전지 전원을 차단하고 일정 시간 지난 후 정비한다.
④ 인플레이터의 저항은 아날로그 테스터로 측정하지 않는다.

해설
에어백 모듈은 폭발성 가스를 이용해 에어백을 순간적으로 전개시키는 장치인데, 한 번 전개되면 내부 인플레이터와 전기회로에 손상이나 변형이 발생하므로 사고 후 재사용이 불가능하다.

60
멀티 회로시험기를 사용할 때의 주의사항 중 틀린 것은?

① 고온, 다습, 직사광선을 피한다.
② 영점 조정 후에 측정한다.
③ 직류전압의 측정 시 선택 스위치는 AC.(V)에 놓는다.
④ 지침은 정면에서 읽는다.

해설 멀티 회로시험기 선택 스위치의 위치
• 직류전압을 측정할 경우: DC.V
• 교류전압을 측정할 경우: AC.V

정답 55 ④ 56 ① 57 ④ 58 ③ 59 ① 60 ③

2020년 1회 CBT 복원문제

01
가솔린 연료분사 기관에서 인젝터 (−)단자에서 측정한 인젝터 분사파형은 파워트랜지스터가 off되는 순간 솔레노이드 코일에 급격하게 전류가 차단되기 때문에 큰 역기전력이 발생하게 되는데, 이것을 무엇이라 하는가?

① 평균전압
② 전압강하
③ 서지전압
④ 최소전압

해설
서지전압은 인젝터 분사파형에서 파워 트랜지스터가 꺼지는 순간, 솔레노이드 코일에 흐르던 전류가 급격히 차단되면서 발생하는 큰 역기전력이다.

선지분석
① 평균전압: 인젝터 작동 구간 동안 측정된 전압의 평균값이다.
② 전압강하: 전기 회로 내 저항 등으로 인하여 인젝터에 공급되는 전압이 감소하는 현상이다.
④ 최소전압: 인젝터가 켜지는 시점에 나타나는 가장 낮은 전압값이다.

02
기관정비 작업 시 피스톤링의 이음 간격을 측정할 때 측정 도구로 가장 알맞은 것은?

① 마이크로미터
② 다이얼 게이지
③ 시크니스 게이지
④ 버니어 캘리퍼

해설
피스톤링 이음 간격은 시크니스 게이지를 사용하여 측정한다.

선지분석
① 마이크로미터: 나사의 회전에 따라 미세한 이동을 이용하여 내경, 외경, 깊이, 실린더 벽의 마멸량 등을 정밀하게 측정할 수 있다.
② 다이얼 게이지: 측정 지그나 정밀 기기에 장착하여 사용하는 비교 측정기이다.
④ 버니어 캘리퍼: 제품의 길이나 높이, 너비, 외경, 내경 등을 간단하고 정밀하게 측정할 수 있다.

03
LPG기관 피드백 믹서 장치에서 ECU의 출력 신호에 해당하는 것은?

① 산소센서
② 파워스티어링 스위치
③ 맵 센서
④ 메인 듀티 솔레노이드

해설
메인 듀티 솔레노이드는 ECU 제어에 따라 밸브의 개폐를 제어하여 연료공급량을 조절하는 출력 신호에 해당한다.

선지분석
① 산소센서: 엔진 배기가스의 산소농도를 측정하여 ECU에 정보를 전달한다.
② 파워스티어링 스위치: 파워스티어링 작동 시 ECU에 신호를 전달한다
③ 맵 센서: 흡입 매니폴드의 절대압력을 정하여 ECU에 정보를 제공한다.

관련개념 LPG기관 피드백 믹서 장치에서 ECU의 입·출력 신호

입력신호	매니폴드압력센서(MAP), 수온센서(WTS), 노크센서, 산소센서, 캠축위치센서(CMP, TDC), 흡기온도센서(ATS), 스로틀위치센서(TPS), 크랭크각센서(CKP), 파워 스티어링 스위치, LPI 스위치, 엔진 시동키 등
출력신호	점화코일, 인젝터, 공전속도제어 액추에이터(ISA), 연료펌프 드라이버, 연료차단 솔레노이드 밸브, 메인 듀티 솔레노이드 등

04
각 실린더의 분사량을 측정하였더니 최대분사량이 66[cc]이고, 최소분사량이 58[cc]였다. 이때 평균분사량이 60[cc]이면 분사량의 +불균율은 얼마인가?

① 5[%]
② 10[%]
③ 15[%]
④ 20[%]

해설
$$분사량의\ (+)불균율[\%] = \frac{최대분사량 - 평균분사량}{평균분사량} \times 100$$
$$= \frac{66-60}{60} \times 100 = 10[\%]$$

정답 01 ③ 02 ③ 03 ④ 04 ②

05

가솔린 기관에서 노킹(Knocking) 발생 시 억제하는 방법은?

① 혼합비를 희박하게 한다.
② 점화시기를 지각시킨다.
③ 옥탄가가 낮은 연료를 사용한다.
④ 화염전파 속도를 느리게 한다.

해설
노킹을 억제하는 방법 중 하나는 점화시기를 지각(지연)시키는 것이다.

선지분석
① 혼합비를 농후하게 한다.
③ 옥탄가가 높은 연료를 사용한다.
④ 화염전파 속도를 빠르게 한다.

관련개념

가솔린 기관의 노킹 원인	가솔린 기관의 노킹 방지 대책
• 가솔린과 공기의 혼합비가 너무 낮은 경우 • 실린더가 과열된 경우 • 압축비가 높은 경우 • 연료의 옥탄가가 낮은 경우 • 점화시기가 빠른 경우 • 흡기온도와 압력이 높은 경우	• 압축비를 낮춘다. • 화염전파 거리를 단축시킨다. (화염전파 속도를 높인다.) • 말단가스는 배기밸브로부터 먼 곳에 위치시킨다. • 연소기간을 단축시킨다. • 점화시기를 늦춘다. • 흡입 공기온도와 냉각수 온도를 낮춘다. • 옥탄가가 높은 연료를 사용한다.

06

피스톤 행정이 84[mm], 기관의 회전수가 3,000[rpm]인 4행정 사이클 기관의 피스톤 평균속도는 얼마인가?

① 4.2[m/s]
② 8.4[m/s]
③ 9.4[m/s]
④ 10.4[m/s]

해설
피스톤 평균속도 $v = \dfrac{2LN}{60} = \dfrac{2 \times 0.084 \times 3,000}{60} = 8.4$[m/s]
(L: 피스톤 행정[m], N: 기관의 회전수[rpm])

07

전자제어 차량의 흡입공기량 계측 방식 중 매스 플로우(Mass Flow) 방식이 아닌 것은?

① MAP 센서식 (MAP sensor type)
② 핫 필름식 (Hot film type)
③ 베인식 (Vane type)
④ 칼만 와류식 (Karman vortex type)

해설
MAP 센서식은 간접 계측방식(Speed Density Type)에 해당한다.

관련개념

	직접 계측방식 (Mass Flow Type)	간접 계측방식 (Speed Density Type)
체적 검출방식	베인식, 칼만 와류식	흡기다기관 절대압력(MAP 센서) 방식
질량 검출방식	핫 와이어(Hot Wire, 열선)식, 핫 필름(열막)식	

08

가솔린 기관과 비교할 때 디젤 기관의 장점이 아닌 것은?

① 부밍 현상이 적고 연료소비율이 낮다.
② 높은 회전속도 범위에 걸쳐 최대 토크가 크다.
③ 질소산화물과 매연이 조금 배출된다.
④ 열효율이 높다.

해설
디젤 기관은 가솔린 기관보다 질소산화물과 매연이 더 많이 배출된다는 단점이 있다.

관련개념

가솔린 기관의 장점	디젤 기관의 장점
• 승차감이 좋고 고회전[rpm]에서의 가속 성능이 우수하다. • 유지비용이 디젤 엔진에 비해 적다. • 진동과 소음이 적어 정숙성과 승차감이 우수하다. • 높은 출력을 낼 수 있다. • 디젤 엔진처럼 고압 압축이 필요하지 않아 구조가 간단하고 조용하다. • 유지 보수 비용이 저렴하다. • 디젤기관에 비해 매연이 적게 배출된다.	• 압축비를 높게 설계할 수 있어 열효율이 좋다. • 연료의 소비율이 낮아 경제적이다. • 넓은 회전 영역에서 토크의 변화가 적어 운전이 용이하다. • 점화장치에 전기가 필요없어 고장률이 낮다. • 과급기를 사용하면 성능을 향상이 용이하다. • 실린더 지름의 제한이 적어 대형 기관에도 적합하다.

정답 05 ② 06 ② 07 ① 08 ③

09

윤중에 대한 정의이다. 옳은 것은?

① 자동차가 수평으로 있을 때, 1개의 바퀴가 수직으로 지면을 누르는 중량
② 자동차가 수평으로 있을 때, 차량 중량이 1개의 바퀴에 수평으로 걸리는 중량
③ 자동차가 수평으로 있을 때, 차량 중량이 2개의 바퀴에 수직으로 걸리는 중량
④ 자동차가 수평으로 있을 때, 공차 중량이 4개의 바퀴에 수직으로 걸리는 중량

해설
윤중은 자동차가 수평으로 있을 때 1개의 바퀴가 수직으로 지면을 누르는 중량이다.

10

CO, HC, NOx 가스를 CO_2, H_2O, N_2 등으로 화학적 반응을 일으키는 장치는?

① 캐니스터
② 삼원촉매장치
③ EGR 장치
④ PCV (Positive Crankcase Ventilation)

해설
삼원촉매(Catalytic Convertor)는 엔진에서 배출되는 유해가스 성분을 정화하는 역할을 한다.
- 일산화탄소(CO) ⇒ 이산화탄소(CO_2)
- 탄화수소(HC) ⇒ 물(H_2O), 이산화탄소(CO_2)
- 질소산화물(NOx) ⇒ 질소(N_2), 산소(O_2)

선지분석
① 캐니스터: 증발가스 제어장치이다.
③ EGR 장치: 배기가스 순환장치이다.
④ PCV 장치: 블로우바이 가스 회수 및 재연소 장치이다.

11

연소실 체적이 40[cc]이고, 압축비가 9 : 1인 기관의 행정 체적은?

① 280[cc]   ② 300[cc]
③ 320[cc]   ④ 360[cc]

해설
$$압축비 = 1 + \frac{행정\ 체적}{연소실\ 체적}$$
행정 체적 = (압축비 − 1) × 연소실 체적
= (9 − 1) × 40 = 320[cc]

12

자동변속기 내부에서 변속시 변속비가 결정되는 장치는?

① 브레이크 밴드   ② 킥다운 서보
③ 유성 기어   ④ 오일 펌프

해설
유성 기어는 선기어, 유성기어, 링기어로 구성되어 있으며 어떤 기어를 고정하고 어떤 기어에 동력을 주는지에 따라 다양한 변속비를 만들어 낼 수 있다.

13

사용 중인 라디에이터에 물을 넣으니 총 14[L]가 들어갔다. 이 라디에이터와 동일 제품의 신품 용량은 20[L]라고 하면, 이 라디에이터의 코어 막힘률은 몇 [%]인가?

① 20[%]   ② 25[%]
③ 30[%]   ④ 35[%]

해설
$$코어막힘률 = \frac{신품\ 용량 - 구품\ 용량}{신품\ 용량} \times 100$$
$$= \frac{20-14}{20} \times 100 = 30[\%]$$

정답 09 ① 10 ② 11 ③ 12 ③ 13 ③

14

가솔린 기관에서 고속 회전 시 토크가 낮아지는 원인으로 가장 적합한 것은?

① 체적 효율이 낮아지기 때문이다.
② 점화전파 속도가 상승하기 때문이다.
③ 공연비가 이론공연비에 접근하기 때문이다.
④ 점화시기가 빨라지기 때문이다.

해설
가솔린 기관에서 고속 회전 시 토크가 낮아지는 원인은 체적 효율이 낮아지기 때문이다.

관련개념
체적 효율 = $\dfrac{\text{실제 흡기질량}}{\text{이론 흡기질량}}$ 인데, 고속으로 회전할 경우에는 흡기 시간이 짧아져 흡입 공기량이 줄어들기 때문에 체적 효율이 낮아지게 된다. 이로 인해 실린더 내에 충분한 공기와 연료가 공급되지 못하여 토크가 낮아진다.

15

4행정 기관의 밸브 개폐시기가 다음과 같다. 흡기행정 기간과 밸브 오버랩은 각각 몇 도인가?

| 흡기밸브 열림: 상사점 전 18° |
| 흡기밸브 닫힘: 하사점 후 48° |
| 배기밸브 열림: 하사점 전 48° |
| 배기밸브 닫힘: 상사점 후 13° |

① 흡기행정 기간: 246°, 밸브 오버랩: 18°
② 흡기행정 기간: 241°, 밸브 오버랩: 18°
③ 흡기행정 기간: 180°, 밸브 오버랩: 31°
④ 흡기행정 기간: 246°, 밸브 오버랩: 31°

해설
- 흡기행정 기간 = 흡기밸브 열림각도 + 흡기밸브 닫힘각도 + 180°
  = 18° + 48° + 180° = 246°
- 밸브 오버랩 = 흡기밸브 열림각도 + 배기밸브 닫힘각도
  = 18° + 13° = 31°

16

LPG 기관에서 액체를 기체로 변화시키는 것을 주 목적으로 설치된 것은?

① 솔레노이드 스위치
② 베이퍼라이저
③ 붐베
④ 기상 솔레노이드 밸브

해설
베이퍼라이저(Vaporizer)는 액체 연료를 기체로 변화시키는 장치로 감압, 기화, 압력조절의 역할을 한다.

선지분석
① 솔레노이드 스위치: 운전석에서 연료의 공급 또는 차단을 수행하는 전자식 밸브이다.
③ 붐베: 주행에 필요한 연료를 저장하는 고압용 탱크이다.
④ 기상 솔레노이드 밸브: LPG 엔진의 시동성을 향상시키기 위하여 냉각수 온도(15[℃] 기준)에 따라 액상 또는 기상 LPG를 차단 또는 공급한다.

17

실린더블록이나 헤드의 평면도 측정에 알맞은 게이지는?

① 마이크로미터
② 다이얼 게이지
③ 버니어 캘리퍼스
④ 직각자와 필러게이지

해설
실린더 블록이나 헤드의 평면도는 직각자와 필러게이지를 사용하여 측정한다.

정답 14 ① 15 ④ 16 ② 17 ④

18
연료 분사장치에서 산소센서의 설치 위치는?

① 라디에이터
② 실린더 헤드
③ 흡입 매니폴드
④ 배기 매니폴드 또는 배기관

해설
연료 분사장치에서 산소센서는 배기 매니폴드 또는 배기관에 설치되어 산소 농도를 검출한다.

관련개념
산소센서는 배기가스 내 산소농도를 측정하여 ECU에 전달하고, ECU는 공연비가 이론값인 14.7:1이 되도록 연료 분사를 피드백 제어한다.

19
기관의 동력을 측정할 수 있는 장비는?

① 멀티미터
② 볼트미터
③ 타코미터
④ 다이나모미터

해설
기관(엔진)의 동력은 다이나모미터를 사용하여 측정할 수 있다.

선지분석
① 멀티미터: 전압, 전류, 저항 등 다양한 전기적 매개변수를 측정한다.
② 볼트미터: 회로 상 두 지점 사이의 전압(전위차)를 측정한다.
③ 타코미터: 회전 부품의 속도(분당 회전수 [rpm])을 측정한다.

20
내연기관 밸브장치에서 밸브 스프링의 점검과 관계없는 것은?

① 스프링 장력
② 자유높이
③ 직각도
④ 코일의 권수

해설
밸브 스프링의 점검 사항은 직각도, 자유 높이, 스프링 장력이다.

관련개념 밸브스프링 교체시기
- 장력: 규정 값의 15[%] 이상인 경우
- 자유높이: 규정 값의 3[%] 이상 감소한 경우
- 직각도: 규정 값의 3[%] 이상 변형된 경우

21
동력인출장치에 대한 설명이다. (   ) 안에 맞는 것은?

> 동력 인출장치는 농업기계에서 (   )의 구동용으로도 사용되며, 변속기 측면에 설치되어 (   )의 동력을 인출한다.

① 작업장치, 주축상
② 작업장치, 부축상
③ 주행장치, 주축상
④ 주행장치, 부축상

해설
동력 인출장치는 농업기계에서 작업장치의 구동용으로도 사용되며 변속기 측면에 설치되어 부축상의 동력을 인출한다.

정답 18 ④ 19 ④ 20 ④ 21 ②

22

크랭크축에서 크랭크 핀저널의 간극이 커졌을 때 일어나는 현상으로 맞는 것은?

① 운전 중 심한 소음이 발생할 수 있다.
② 흑색 연기를 뿜는다.
③ 윤활유 소비량이 많다.
④ 유압이 낮아질 수 있다.

해설
크랭크축에서 크랭크 핀저널의 간극이 커지면 마찰 및 충격이 커져 운전 중 연기나 심한 소음이 발생할 수 있다.

23

브레이크 장치의 유압회로에서 발생하는 베이퍼 록의 원인이 아닌 것은?

① 긴 내리막길에서 과도한 브레이크 사용
② 비점이 높은 브레이크액을 사용했을 때
③ 드럼과 라이닝의 끌림에 의한 과열
④ 브레이크 슈 리턴스프링의 쇠손에 의한 잔압 저하

해설
비점이 높다는 것은 기화가 잘 되지 않는다는 의미로 베이퍼 록의 발생 원인에 해당하지 않는다.

관련개념
베이퍼 록이란 브레이크액이 과열되어 기화되면 유압이 원활하게 전달되지 않아 브레이크 페달을 밟아도 제동력이 떨어지는 현상이다.

24

피스톤에 옵셋(Offset)을 두는 이유로 가장 올바른 것은?

① 피스톤의 틈새를 크게 하기 위하여
② 피스톤의 중량을 가볍게 하기 위하여
③ 피스톤의 측압을 작게 하기 위하여
④ 피스톤 스커트부에 열전달을 방지하기 위하여

해설
피스톤 옵셋은 피스톤핀 중심을 실린더 중심선에서 약간 비켜나게 배치하여 피스톤의 측압을 줄임으로써 실린더 벽 사이의 마찰과 소음을 감소시키는 데 목적이 있다.

25

수동변속기 내부 구조에서 싱크로메시(Synchro−Mesh) 기구의 작용은?

① 배력 작용
② 가속 작용
③ 동기치합 작용
④ 감속 작용

해설
싱크로메시란 감속비가 다른 두 기어를 맞물리기 전에 원추형의 원판을 서로 마찰시켜 회전 속도를 일치시킨 후, 힘을 전달하여 기어의 손상을 방지하는 동기치합 작용을 한다.

선지분석
① 배력 작용(하이드로 백: Hydro Vacuum): 브레이크 페달을 밟을 때 진공과 대기압의 차이를 이용하여 브레이크의 작동력을 증폭시키는 기능이다. 판막의 면적에 따라 최대 증폭력이 결정되고 밸브의 개폐정도에 따라 증폭되는 힘의 크기가 결정된다.
② 가속 작용: 엔진에서 발생한 회전동력이 바퀴까지 전달되는 과정에서 차량의 속도가 점차 증가한다.
④ 감속 작용: 엔진에서 발생한 회전동력이 바퀴까지 전달되는 과정에서 차량의 속도가 점차 감소한다.

정답 22 ① 23 ② 24 ③ 25 ③

26

차량 총중량 5,000[kgf]인 자동차가 20[%]의 구배길을 올라갈 때 구배저항(R_g)은?

① 2,500[kgf] ② 2,000[kgf]
③ 1,710[kgf] ④ 1,000[kgf]

해설

구배저항 R_g[kgf]$= W \cdot \sin\theta \simeq W \cdot \tan\theta \simeq W \cdot \dfrac{G}{100}$

$\Rightarrow 5,000 \times \dfrac{20}{100} = 1,000$[kgf]

(W: 차량 총중량[kgf], θ: 경사각도[°], G: 구배율[%])

27

시동 off 상태에서 브레이크 페달을 여러 차례 작동 후 브레이크 페달을 밟은 상태에서 시동을 걸었는데 브레이크 페달이 내려가지 않는다면 예상되는 고장 부위는?

① 주차 브레이크 케이블
② 앞 바퀴 캘리퍼
③ 진공 배력장치
④ 프로포셔닝 밸브

해설

진공 배력장치의 진공이 부족한 경우 브레이크 성능이 저하될 수 있다.

선지분석

① 주차 브레이크 케이블: 주차된 차량이 움직이지 않도록 고정하는 장치로 레버를 작동하면 케이블을 통해 주로 뒷바퀴 브레이크를 작동시킨다.
② 앞 바퀴 캘리퍼: 브레이크 패드를 디스크 양면에 밀착시켜 마찰력을 발생시킴으로써 차량이 감속하거나 정지할 수 있도록 한다.
④ 프로포셔닝 밸브: 제동 시 후륜에 전달되는 유압을 조절하여 뒷바퀴의 잠김을 방지하고 제동력을 제한한다.

28

휠얼라이언트 요소 중 하나인 토인의 필요성과 거리가 가장 먼 것은?

① 조향 바퀴에 복원성을 준다.
② 주행 중 토 아웃이 되는 것을 방지한다.
③ 타이어의 슬립과 마멸을 방지한다.
④ 캠버와 더불어 앞바퀴를 평행하게 회전시킨다.

해설

조향 바퀴에 복원성을 주는 것은 캐스터의 역할이다.

관련개념

토인은 앞 바퀴를 위에서 보았을 때 뒷바퀴보다 약간 좁혀진 상태로 주행 중 토 아웃 현상(바퀴가 바깥쪽으로 벌어지는 현상) 또는 타이어의 사이드 슬립 및 마멸을 방지하는 역할을 한다.

29

제동장치에서 디스크 브레이크의 형식으로 적합한 것은?

① 앵커핀 형
② 2 리딩 형
③ 유니서보 형
④ 플로팅 캘리퍼 형

해설

앵커핀 형, 2 리딩 형, 유니서보 형은 드럼 브레이크 형식에 해당한다.

관련개념

	특징	종류
드럼 브레이크	• 구조는 복잡하지만 제동력이 크고 유지비가 저렴하다. • 후륜에 주로 사용된다.	앵커핀 형, 2 리딩 형, 유니서보 형, 듀오 서보 형, 리딩 트레일링 형 등
디스크 브레이크	• 구조가 단순하고 열 발산이 우수하다. • 전륜과 후륜에 모두 사용된다.	고정 캘리퍼 형, 플로팅 캘리퍼 형, 솔리드 디스크 형 등

정답 26 ④ 27 ③ 28 ① 29 ④

30

동력전달장치에서 추진축의 스플라인부가 마멸되었을 때 생기는 현상은?

① 완충작용이 불량하게 된다.
② 주행 중에 소음이 발생한다.
③ 동력전달 성능이 향상된다.
④ 종감속 장치의 결합이 불량하게 된다.

해설
추진축의 스플라인부가 마멸되면 주행 중 추진축이 진동하면서 소음이 발생한다.

31

자동차의 축간 거리가 2.2[m], 외측 바퀴의 조향각이 30°이다. 이 자동차의 최소 회전반지름은 얼마인가?(단, 바퀴의 접지면 중심과 킹핀 간 거리는 30[cm]이다.)

① 3.5[m]
② 4.7[m]
③ 7[m]
④ 9.4[m]

해설
최소 회전반경 $R[m] = \dfrac{L}{\sin\alpha} + r = \dfrac{2.2}{\sin(30°)} + 0.3 = 4.7[m]$
(L: 자동차의 축간 거리[m], α: 외측 바퀴의 회전 각도[°], r: 타이어 중심과 킹핀 사이의 거리[m])

32

십자형 자재이음에 대한 설명 중 틀린 것은?

① 십자축과 두 개의 요크로 구성되어 있다.
② 주로 후륜 구동식 자동차의 추진축에 사용된다.
③ 롤러베어링을 사이에 두고 축과 요크가 설치되어 있다.
④ 자재이음과 슬립이음 역할을 동시에 하는 형식이다.

해설
슬립이음은 축의 길이 변화를 흡수하면서 동력을 전달하기 위해 사용되며 스플라인 형태의 슬립조인트 등 별도의 부품이 필요하다.

33

전자제어 현가장치에 사용되고 있는 차고센서의 구성 부품으로 옳은 것은?

① 에어챔버와 서브탱크
② 발광다이오드와 유화 카드뮴
③ 서모스위치
④ 발광다이오드와 광트랜지스터

해설
차고센서는 차량의 높이를 측정하여 ECU에 전달하는 역할을 하며 빛을 주로 발산하는 발광다이오드와 그 빛의 세기를 감지하는 광트랜지스터로 구성되어 있다.

34

자동변속기에 차속센서와 함께 연산하여 변속시기를 결정하는 주요 입력신호는?

① 캠축 포지션센서
② 스로틀 포지션센서
③ 유온센서
④ 수온센서

해설
스로틀 포지션센서는 운전자가 가속 페달을 얼마나 밟았는지 감지하여 엔진에 공급되는 공기량을 조절하고 차속센서와 함께 자동변속기의 변속시기를 결정하는 주요 입력신호이다. 이를 통해 연비가 향상되고 부드러운 변속이 가능해진다.

선지분석
① 캠축 포지션 센서: 엔진의 밸브 타이밍을 제어한다.
③ 유온(유압) 센서: 변속기 내부의 유압을 감지한다.
④ 수온 센서: 엔진의 온도를 감지한다.

정답 30 ② 31 ② 32 ④ 33 ④ 34 ②

35

주행 중 브레이크 작동 시 조향 핸들이 한쪽으로 쏠리는 원인으로 거리가 가장 먼 것은?

① 휠 얼라이먼트 조정이 불량하다.
② 좌우 타이어의 공기압이 다르다.
③ 브레이크 라이닝의 좌·우 간극이 불량하다.
④ 마스터 실린더의 체크 밸브 작동이 불량하다.

해설
마스터 실린더의 체크 밸브는 브레이크 액의 흐름을 한 방향으로 제어함으로써 베이퍼 록을 방지하는 역할을 하지만 조향 핸들이 한쪽으로 쏠리는 원인과는 거리가 멀다.

관련개념 주행 중 브레이크 작동 시 조향핸들이 한쪽으로 쏠리는 원인
- 타이어의 좌우 공기압이 다른 경우
- 노면의 좌우 경사도가 다른 경우
- 타이어 또는 휠이 불량한 경우
- 휠 얼라이먼트 조정이 불량한 경우
- 브레이크 라이닝의 좌우 간극이 불량한 경우
- 스티어링 샤프트나 등속 조인트에 문제가 있는 경우
- 좌우 바퀴에 걸리는 하중이 다른 경우
- 앞 차축 한쪽의 현가스프링이 파손된 경우
- 쇽 업쇼버가 불량인 경우

36

자동차에서 제동 시의 슬립비를 표시한 것으로 맞는 것은?

① $\dfrac{\text{자동차 속도} - \text{바퀴 속도}}{\text{자동차 속도}} \times 100$

② $\dfrac{\text{자동차 속도} - \text{바퀴 속도}}{\text{바퀴 속도}} \times 100$

③ $\dfrac{\text{바퀴 속도} - \text{자동차 속도}}{\text{자동차 속도}} \times 100$

④ $\dfrac{\text{바퀴 속도} - \text{자동차 속도}}{\text{바퀴 속도}} \times 100$

해설
슬립비[%] = $\dfrac{\text{자동차 속도} - \text{바퀴 속도}}{\text{자동차 속도}} \times 100$

37

전자제어 조향장치에서 차속센서의 역할은?

① 공전속도 조절
② 조향력 조절
③ 공연비 조절
④ 점화시기 조절

해설
차속센서는 차량의 주행속도를 감지하여 조향력 제어를 위한 정보를 ECU에 전달한다. ECU는 이 정보를 바탕으로 저속에는 조향력을 크게 하여 조향을 쉽게 하고, 고속에는 조향력을 작게 하여 차량의 안정감을 제공한다.

38

공기식 제동장치의 구성요소로 틀린 것은?

① 언로더 밸브
② 릴레이 밸브
③ 브레이크 챔버
④ EGR 밸브

해설
EGR 밸브는 배기가스 제어장치에 사용되는 밸브이다.

관련개념 공기식 제동장치의 구성요소

압축공기 계통	공기압축기, 압력 조정기, 언로더 밸브, 압축 공기 탱크, 공기 드라이어
브레이크 계통	브레이크 밸브, 릴레이 밸브, 퀵릴리스 밸브, 브레이크 캠, 브레이크 챔버
안전 계통	저압 표시기, 체크밸브, 안전밸브

정답 35 ④ 36 ① 37 ② 38 ④

39

클러치 마찰면에 작용하는 압력이 300[N], 클러치판의 지름이 80[cm], 마찰계수 0.3일 때 기관의 전달회전력은 약 몇 [N·m]인가?

① 36
② 56
③ 62
④ 72

해설

전달회전력 $T = \mu \cdot F \cdot r$
$= 0.3 \times 300 \times 0.4 = 36[N \cdot m]$
(μ: 마찰계수, F: 마찰면에 작용하는 힘[N], r: 드럼의 반경[m])

40

에어컨 냉매 R-134a의 특징을 잘못 설명한 것은?

① 액화 및 증발이 되지 않아 오존층이 보호된다.
② 무미, 무취하다.
③ 화학적으로 안정되고 내열성이 좋다.
④ 온난화지수가 냉매 R-12보다 낮다.

해설

R-134a는 액화 및 증발 과정을 통해 냉각 효과를 낼 수 있는 냉매로 환경 친화적이다.

41

저항이 4[Ω]인 전구를 12[V]의 축전지에 의하여 점등했을 때 접속이 올바른 상태에서 전류[A]는 얼마인가?

① 4.8[A]
② 2.4[A]
③ 3.0[A]
④ 6.0[A]

해설

옴(Ohm)의 법칙에 따라 $I = \dfrac{E[V]}{R[\Omega]} = \dfrac{12}{4} = 3[A]$이다.
(I: 전류[A], E: 전압[V], R: 저항[Ω])

42

자동차 에어컨 시스템에 사용되는 컴프레셔 중 가변용량 컴프레셔의 장점이 아닌 것은?

① 냉방성능 향상
② 소음·진동 향상
③ 연비 향상
④ 냉매 충진 효율 향상

해설

가변용량 컴프레셔는 냉매 충진 효율 향상에 기여하지 않는다.

관련개념 가변용량 컴프레셔의 장점
- 냉방성능 향상, 환경에 기여
- 소음·진동 향상(개선)
- 연비 향상(비용 절감)
- 차량 운전성 향상

43

자동차용 배터리의 충전·방전에 관한 화학반응으로 틀린 것은?

① 배터리 방전 시 (＋)극판의 과산화납은 점점 황산납으로 변한다.
② 배터리 충전 시 (＋)극판의 황산납은 점점 과산화납으로 변한다.
③ 배터리 충전 시 물은 묽은 황산으로 변한다.
④ 배터리 충전 시 (－)극판에는 산소가, (＋)극판에는 수소를 발생시킨다.

해설

배터리 충전시 (＋)극판에는 산소가, (－) 극판에는 수소가 발생한다.

관련개념 자동차 배터리의 충·방전 시 화학반응
- 배터리 충전 시
  - 양극판은 과산화납으로, 음극판은 해면상납으로, 전해액은 묽은 황산으로 변한다.
  - 양극판에는 산소 음극판에는 수소가 발생한다.
- 배터리 방전 시
  - 양극판과 음극판은 황산납으로, 전해액인 묽은 황산은 물로 변한다.

정답 39 ① 40 ① 41 ③ 42 ④ 43 ④

44

논리회로에서 AND 게이트의 출력이 HIGH(1)가 되는 조건은?

① 양쪽의 입력이 HIGH일 때
② 한쪽의 입력만 LOW일 때
③ 한쪽의 입력만 HIGH일 때
④ 양쪽의 입력이 LOW일 때

해설
AND 회로는 양쪽의 입력이 HIGH일 때 출력이 1이 된다.

관련개념
- OR 게이트: 두 개 이상의 입력 중 하나라도 참(1 또는 HIGH)이면 출력도 참(1 또는 HIGH)이다.
- NOT 게이트: 입력이 참(1 또는 HIGH)이면 출력은 거짓(0 또는 LOW), 입력이 거짓(0 또는 LOW)이면 출력은 참(1 또는 HIGH)이다.
- NOR 게이트: 두 개 이상의 입력 중 하나라도 참(1 또는 HIGH)이면 출력은 거짓(0 또는 LOW), 모든 입력이 거짓(0 또는 LOW)일 때만 출력이 참(1 또는 HIGH)이다.

45

와이퍼 장치에서 간헐적으로 작동되지 않는 요인으로 거리가 먼 것은?

① 와이퍼 릴레이가 고장이다.
② 와이퍼 블레이드가 마모되었다.
③ 와이퍼 스위치가 불량이다.
④ 모터 관련 배선의 접지가 불량이다.

해설
와이퍼 블레이드가 마모되더라도 와이퍼는 작동한다.

46

축전기(Condenser)에 저장되는 정전용량을 설명한 것으로 틀린 것은?

① 가해지는 전압에 정비례한다.
② 금속판 사이의 거리에 정비례한다.
③ 상대하는 금속판의 면적에 정비례한다.
④ 금속판 사이 절연체의 절연도에 정비례한다.

해설
축전기에 저장되는 정전용량은 금속판 사이의 거리에 반비례한다.

47

다음 중 가속도(G) 센서가 사용되는 전자제어 장치는?

① 에어백(SRS) 장치
② 배기장치
③ 정속주행장치
④ 분사장치

해설
가속도(G) 센서는 차량 충돌 시 발생하는 급격한 감속을 감지하는 장치로 차량의 충돌 여부를 판단하고 에어백(SRS) 장치의 전개 여부를 판단하는 데 사용된다.

선지분석
② 배기장치: 엔진에서 연소된 가스를 외부로 배출하는 장치이다.
③ 정속주행장치: 운전자가 가속 페달을 밟지 않아도 차량이 일정 속도를 유지하며 주행할 수 있도록 하는 장치이다.
④ 분사장치: ECU의 제어에 따라 인젝터의 작동 시간을 조절하는 장치로 작동 시간이 길수록 분사되는 연료의 양이 많아진다.

정답 44 ① 45 ② 46 ② 47 ①

48
정 작업 시 주의할 사항으로 틀린 것은?
① 금속 깎기를 할 때는 보안경을 착용한다.
② 정의 날을 몸 안쪽으로 하고 해머로 타격한다.
③ 정의 섕크나 해머에 오일이 묻지 않도록 한다.
④ 보관 시는 날이 부딪쳐서 무디어지지 않도록 한다.

해설
정 작업 시 날이 몸 안쪽으로 향할 경우 파편이 튈 수 있어 위험하다.

관련개념 정 작업(공구를 사용하여 금속을 깎거나 절단하는 작업) 시 주의사항
- 정의 머리가 버섯머리인 경우 파손 위험이 있으므로 그라인더로 갈아낸 후 사용한다.
- 정에 기름이 묻어 있으면 깨끗이 닦은 후 작업한다.
- 담금질 된 재료는 매우 단단하고 깨지기 쉬우므로 정 작업을 하지 않는다.
- 금속 절삭 또는 정 작업 시 보안경을 착용한다.
- 정 작업 중 도구나 금속 파편이 튈 위험이 있으므로 작업자끼리 마주 보고 작업하지 않는다.
- 정확성을 높이고 사고를 방지하기 위하여 날 끝부분에 시선을 두고 작업한다.

49
기동전동기에서 회전하는 부분이 아닌 것은?
① 오버런닝클러치
② 정류자
③ 계자코일
④ 전기자

해설
계자코일은 기동전동기에서 고정된 부분으로 코일에 전류를 흘려 전자석을 만들고, 이 전자석이 자기장을 만들어 전기자의 회전이나 기전력 생성을 돕는 역할을 한다.

선지분석
① 오버런닝클러치: 기동전동기 작동 시 전기자와 함께 회전하며 엔진 시동 후에는 자동으로 분리되어 전동기로의 역전달을 방지하는 역할을 한다.
② 정류자: 전기자와 함께 회전하는 부분으로 전기자에서 발생하는 교류 성분의 전류를 정류하여 직류 형태로 바꾼다.
④ 전기자: 회전하는 부분으로 구리 도선이 감긴 코일 구조이며 전류가 흐를 때 자기장과의 상호작용으로 회전력이 발생한다.

50
다음 중 연료 파이프 피팅을 풀 때 가장 알맞은 렌치는?
① 탭 렌치
② 박스 렌치
③ 소켓 렌치
④ 오픈 엔드 렌치

해설
오픈 엔드 렌치는 특정 크기의 피팅에 맞게 꽉 조여서 피팅을 풀거나 조일 수 있는 렌치로 파이프 피팅을 풀 때 가장 적합하다.

선지분석
① 탭 렌치: 나사산을 가공할 때 사용하는 공구이다.
② 박스 렌치: 너트를 완전히 감싸는 구조로 좁은 공간에도 사용이 가능하고 체결력이 강하다.
③ 소켓 렌치: 라쳇 핸들과 함께 사용하는 렌치로 공간이 협소하거나 파이프 구조엔 부적합하다.

51
4기통 디젤기관에 저항이 $0.8[\Omega]$인 예열플러그를 각 기통에 병렬로 연결하였다. 이 기관에 설치된 예열플러그의 합성저항은 몇 $[\Omega]$인가? (단, 기관의 전원은 $24[V]$)
① $0.1[\Omega]$　　　② $0.2[\Omega]$
③ $0.3[\Omega]$　　　④ $0.4[\Omega]$

해설
병렬 합성 저항 $\dfrac{1}{R_{eq}} = \sum_{i=1}^{n} \dfrac{1}{R_i} = \dfrac{1}{R_1} + \dfrac{1}{R_2} + \cdots + \dfrac{1}{R_n}$
$= \dfrac{1}{0.8} + \dfrac{1}{0.8} + \dfrac{1}{0.8} + \dfrac{1}{0.8} = \dfrac{4}{0.8}$
$\therefore R_{eq} = \dfrac{0.8}{4} = 0.2[\Omega]$

정답 48 ② 49 ③ 50 ④ 51 ②

52
작업장의 안전점검을 실시할 때 유의사항이 아닌 것은?

① 과거 재해 요인이 없어졌는지 확인한다.
② 안전점검 후 강평하고 사소한 사항은 묵인한다.
③ 점검내용을 서로 이해하고 협조한다.
④ 점검자의 능력에 적응하는 점검내용을 활용한다.

해설
강평하고 사소한 사항이라도 확인해야 한다.

관련개념 안전점검을 실시할 때 유의사항
- 안전점검은 안전 수준을 향상시키는 수단이므로 필요 없이 결점을 지적하거나 조사 색출한다는 태도를 삼간다.
- 형식이나 내용에 따라 점검방법을 달리하여 몇 개의 점검방법을 병용한다.
- 점검자의 능력에 적응하는 점검내용을 활용한다.
- 점검한 내용은 상호 이해하고 협조하는 분위기 속에서 시정책을 강구한다.
- 사소한 사항도 묵인하지 않도록 한다.
- 안전 점검이 끝나면 평가를 실시하고 결함을 지적해 주는 한편 장점에 대해서 칭찬을 해 준다.
- 과거에 재해가 발생한 곳에는 그 요인이 없어졌는지 여부를 확인한다.
- 하나의 설비에서 불안전한 상태가 발견되었을 때에는 다른 동종의 기계나 설비도 점검한다.

53
제3종 유기용제 취급장소의 색표시는?

① 빨강
② 노랑
③ 파랑
④ 녹색

해설
유기용제 색 표시
- 1종: 빨간색(적색)
- 2종: 노란색(황색)
- 3종: 파란색(청색)

54
내연기관에서 언더 스퀘어 엔진은 어느 것인가?

① 행정/실린더 내경<1
② 행정/실린더 내경=1
③ 행정/실린더 내경>1
④ 행정/실린더 내경≤1

해설
언더스퀘어 엔진은 실린더 내경(보어)보다 행정 길이(스트로크)가 더 긴 엔진이다.

즉, 행정 길이 > 실린더 내경 또는 $\dfrac{\text{행정의 길이}}{\text{실린더의 내경}} > 1$

관련개념

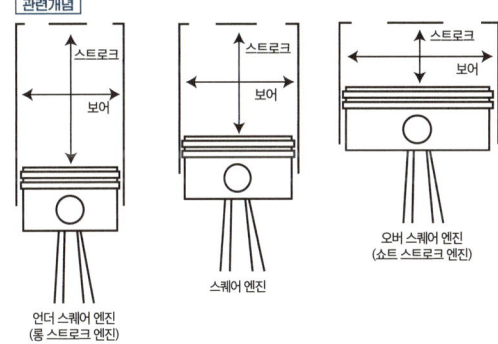

55
전자제어 시스템 정비 시 자기진단기 사용에 대하여 ( )에 적합한 것은?

> 고장 코드의 (a)는 배터리 전원에 의해 백업되어 점화 스위치를 OFF 시키더라도 (b)에 기억된다. 그러나 (c)를 분리시키면 고장진단 결과는 지워진다.

① a: 정보, b: 정션박스, c: 고장진단 결과
② a: 고장진단 결과, b: 배터리 (−)단자, c: 고장부위
③ a: 정보, b: ECU, c: 배터리 (−)단자
④ a: 고장진단 결과, b: 고장부위, c: 배터리 (−)단자

해설
고장 코드의 정보는 배터리 전원에 의해 백업되어 점화스위치를 OFF 시키더라도 ECU에 기억된다. 그러나 배터리 (−) 단자를 분리시키면 고장진단 결과는 지워진다.

정답 52 ② 53 ③ 54 ③ 55 ③

56
단조작업의 일반적 안전사항으로 틀린 것은?
① 해머작업을 할 때에는 주위 사람을 보면서 한다.
② 재료를 자를 때에는 정면에 서지 않아야 한다.
③ 물품에 열이 있기 때문에 화상에 주의한다.
④ 형(die) 공구류는 사용 전에 예열한다.

> **해설**
> 해머작업(망치를 이용해 물체에 충격을 가하는 작업)을 할 때에는 타격하려는 물체에 시선을 고정시킨다.

57
정비공장에서 엔진을 이동시키는 방법 가운데 가장 적합한 것은?
① 체인 블록이나 호이스트를 사용한다.
② 지렛대를 이용한다.
③ 로프를 묶고 잡아당긴다.
④ 사람이 들고 이동한다.

> **해설**
> 엔진은 자동차의 핵심 부품으로 무게가 매우 무거워 엔진을 이동시킬 때는 엔진의 중량을 지탱할 수 있고 원하는 위치로 정확하게 이동시킬 수 있는 체인 블록이나 호이스트를 사용해야 한다.

58
브레이크의 파이프 내에 공기가 유입되었을 때 나타나는 현상으로 옳은 것은?
① 브레이크액이 냉각된다.
② 마스터 실린더에서 브레이크액이 누설된다.
③ 브레이크 페달의 유격이 커진다.
④ 브레이크가 지나치게 급히 작동한다.

> **해설**
> 브레이크 파이프 내에 공기가 유입되면 공기의 압축성 때문에 압력이 제대로 전달되지 않는다. 이로 인해 브레이크 페달의 유격이 커져 브레이크를 깊이 밟아야 하는 스펀지 현상이 발생한다.

59
LPG 자동차 관리에 대한 주의사항 중 틀린 것은?
① LPG가 누출되는 부위를 손으로 막으면 안 된다.
② 가스 충전 시에는 합격 용기인가를 확인하고, 과충전되지 않도록 해야 한다.
③ 엔진실이나 트렁크 실 내부 등을 점검할 때 라이터나 성냥 등을 켜고 확인한다.
④ LPG는 온도상승에 의한 압력상승이 있기 때문에 용기는 직사광선 등을 피하는 곳에 설치하고 과열되지 않아야 한다.

> **해설**
> LPG 가스의 누설 가능성이 있기 때문에 라이터나 성냥 등을 사용할 경우 가스가 점화되어 폭발할 수 있으므로 라이터나 성냥 등은 절대 사용해서는 안 된다.

60
화재 발생 시 소화 작업 방법으로 틀린 것은?
① 산소의 공급을 차단한다.
② 유류 화재 시 표면에 물을 붓는다.
③ 가연물질의 공급을 차단한다.
④ 점화원을 발화점 이하의 온도로 낮춘다.

> **해설**
> 유류 화재에는 물을 사용하는 것이 금지되며 반드시 소화기 등을 사용해야 한다.
>
> **관련개념** 소화 작업의 원리(기본요소)
> 산소 차단(산소): 질식 소화법
> 가연물질 제거(가연물): 제거 소화법
> 점화원 냉각(점화에너지): 냉각 소화법

정답 56 ① 57 ① 58 ③ 59 ③ 60 ②

2020년 2회 CBT 복원문제

01
기계식 연료 분사장치에 비해 전자식 연료 분사장치의 특징 중 거리가 먼 것은?

① 관성 질량이 커서 응답성이 향상된다.
② 연료 소비율이 감소한다.
③ 배기가스 유해물질 배출이 감소된다.
④ 구조가 복잡하고, 값이 비싸다.

해설
기계식 연료 분사장치는 기계적인 구조로 작동하므로 관성 질량이 커서 엔진 회전수나 공기량 변화에 따른 연료 분사량을 신속하게 조절하기 어렵다. 반면 전자식 연료 분사장치는 전자 제어 방식으로 작동하므로 관성 질량이 작아 엔진의 작동 상태에 따른 연료 분사량을 빠르게 조절할 수 있다.

02
전자제어 연료장치에서 기관이 정지 후 연료압력이 급격히 저하되는 원인 중 가장 알맞은 것은?

① 연료 필터가 막혔을 때
② 연료 펌프의 체크 밸브가 불량할 때
③ 연료의 리턴 파이프가 막혔을 때
④ 연료 펌프의 릴리프 밸브가 불량할 때

해설
체크 밸브는 연료가 펌프에서 한 방향으로 흐르도록 하여 역류하는 현상을 방지한다. 만약 체크 밸브가 불량하다면 연료가 역류하여 연료의 압력이 떨어지고 시동이 불량해질 수 있다.

03
산소센서(O_2 Sensor)가 피드백(Feed Back) 제어를 할 경우로 가장 적합한 것은?

① 연료를 차단할 때
② 급가속 상태일 때
③ 감속 상태일 때
④ 대기와 배기가스 중의 산소농도 차이가 있을 때

해설
산소센서(O_2 sensor)는 배기가스 내 산소 농도에 따라 이론 공연비를 중심으로 출력 전압이 급격히 변하는 원리를 이용한 센서이다.

04
전자제어기관에서 인젝터의 연료분사량에 영향을 주지 않는 것은?

① 산소(O_2) 센서
② 공기유량센서(AFS)
③ 냉각수온센서(WTS)
④ 핀 서모(Pin thermo) 센서

해설
핀 서모센서는 자동차 에어컨 시스템에 사용되는 센서이다.

선지분석
① 산소(O_2) 센서: 배기가스 내 산소 농도에 따라 출력 전압이 이론 공연비를 중심으로 급격히 변하는 원리를 이용한 센서로, 이 변동 전압을 ECU에 전달하여 연료 분사 제어에 활용한다.
② 공기유량센서(AFS): 엔진 제어에 필요한 입력 정보인 공기흡입량을 측정한다.
③ 냉각수온센서(WTS): 엔진의 냉각수 온도를 지속적으로 감지하여 ECU에 전달하고 ECU는 이 정보를 바탕으로 엔진이 최적의 온도에서 작동하는지 확인한다.

정답 01 ① 02 ② 03 ④ 04 ④

05

연료 탱크 내장형 연료펌프(어셈블리)의 구성부품에 해당되지 않는 것은?

① 체크 밸브 ② 릴리프 밸브
③ DC 모터   ④ 포토 다이오드

해설
연료 탱크 내장형 연료펌프(어셈블리)의 구성부품
- 체크 밸브   • 릴리프 밸브   • DC 모터

06

가솔린 기관의 이론공연비로 맞는 것은? (단, 희박연소기관은 제외)

① 8 : 1   ② 13.4 : 1
③ 14.7 : 1 ④ 15.6 : 1

해설
가솔린 엔진의 이론 공연비는 14.7 : 1 이다.

07

LPG 자동차의 장점 중 맞지 않는 것은?

① 연료비가 경제적이다.
② 가솔린 차량에 비해 출력이 높다.
③ 연소실 내에 카본 생성이 낮다.
④ 점화플러그의 수명이 길다.

해설
LPG 자동차는 가솔린 차량에 비해 출력이 낮다.

관련개념 LPG 엔진의 특징
- 연소 효율이 높고 작동 시 소음이 적어 엔진이 정숙하다.
- 오일의 오염이 적어 엔진 수명이 길다.
- 연소실에 카본이 거의 발생하지 않아 점화플러그의 수명이 길다.
- 배출가스가 적은 편이다.
- 옥탄가가 높아 노킹 발생이 적고 점화시기 조정이 가능하다.
- 연료 자체의 압력으로 공급되므로 연료펌프가 필요 없다
- 베이퍼 록 현상이 없다.

08

배출가스 저감장치 중 삼원촉매(Catalytic Converter) 장치를 사용하여 저감시킬 수 있는 유해가스의 종류는?

① CO, HC, 흑연
② CO, NOx, 흑연
③ NOx, HC, SO
④ CO, HC, NOx

해설
삼원촉매(Catalytic Converter)는 엔진에서 배출되는 유해가스 성분을 정화하는 역할을 한다.
- 일산화탄소(CO) ⇒ 이산화탄소(CO_2)
- 탄화수소(HC) ⇒ 물(H_2O), 이산화탄소(CO_2)
- 질소산화물(NOx) ⇒ 질소(N_2), 산소(O_2)

09

전자제어 가솔린 분사기관에서 흡입공기량을 계량하는 방식 중에서 흡기 다기관의 절대압력과 기관의 회전속도로부터 1 사이클 당 흡입공기량을 추정할 수 있는 방식은?

① 칼만와류 방식
② MAP센서 방식
③ 베인식 방식
④ 열선식

해설
MAP센서 방식은 흡기다기관의 절대압력을 측정하여 흡입 공기량을 계산하는 방식이다.

선지분석
① 칼만와류 방식: 흡입 공기량을 직접 측정하는 방식이다.
③ 베인식 방식: 흡입 공기량을 직접 측정하는 방식이다.
④ 열선식: 흡입 공기의 온도 변화 측정하는 방식이다.

정답 05 ④ 06 ③ 07 ② 08 ④ 09 ②

10

4행정 6실린더 기관의 제3번 실린더 흡기 및 배기 밸브가 모두 열려있을 경우 크랭크축을 회전 방향으로 120° 회전시켰다면 압축 상사점에 가장 가까운 상태에 있는 실린더는? (단, 점화순서는 1-5-3-6-2-4)

① 1번 실린더
② 2번 실린더
③ 4번 실린더
④ 6번 실린더

해설
4행정 6실린더 기관의 점화순서는 1-5-3-6-2-4이므로 크랭크축을 회전방향으로 120° 회전 시키면 3번 실린더의 상단 중앙 위치에서 1번, 5번, 2번 실린더가 차례로 압축 상사점에 가까워지게 된다. 따라서 점화순서에 따라 1번 실린더가 압축 상사점에 가장 가까운 상태에 있는 실린더가 된다.

11

내연기관의 윤활장치에서 유압이 낮아지는 원인으로 틀린 것은?

① 기관 내 오일부족
② 오일스트레이너 막힘
③ 유압 조절밸브 스프링장력 과대
④ 캡축 베어링의 마멸로 오일 간극 커짐

해설
유압 조절밸브 스프링 장력이 너무 큰 경우는 유압이 상승하는 원인이다.

관련개념 내연기관의 윤활장치에서 유압이 변하는 원인

유압 상승의 원인	유압 하강의 원인
• 엔진의 온도가 낮아 오일의 점도가 높아지는 경우 • 윤활회로의 일부(오일여과기 등)가 막힌 경우 • 유압 조절밸브 스프링의 장력이 과대한 경우	• 오일펌프의 마멸 또는 윤활회로에서 오일이 누출된 경우 • 오일팬의 오일량이 부족한 경우 • 유압조절밸브 스프링 장력이 약하거나 파손된 경우 • 엔진오일이 연료 등으로 희석된 경우 • 엔진오일의 점도가 낮은 경우

12

자동차 기관에서 윤활회로 내의 압력이 과도하게 올라가는 것을 방지하는 역할을 하는 것은?

① 오일 펌프
② 릴리프 밸브
③ 체크 밸브
④ 오일 쿨러

해설
릴리프 밸브는 윤활회로 내의 압력이 기준치를 초과하면 자동으로 개방되어 압력을 일정하게 유지하고 과압을 방지하는 역할을 한다.

선지분석
① 오일 펌프: 엔진 내부에 윤활유를 공급한다.
③ 체크 밸브: 윤활유의 흐름 방향을 일정하게 유지한다.
④ 오일 쿨러: 윤활유의 온도를 낮춘다.

13

디젤 기관의 노킹을 방지하는 대책으로 알맞은 것은?

① 실린더 벽의 온도를 낮춘다.
② 착화지연 기간을 길게 유도한다.
③ 압축비를 낮게 한다.
④ 흡기온도를 높인다.

해설
흡기온도를 높이면 디젤 기관의 노킹을 방지할 수 있다.

선지분석
① 실린더 벽의 온도를 높여야 한다.
② 착화지연 기간을 짧게 유도한다.
③ 압축비를 높인다.

관련개념 디젤 기관의 노킹 방지책
• 착화지연 기간을 짧게 유도한다.
• 실린더 벽의 온도, 압축비, 흡기온도를 높인다.
• 세탄가가 높은 연료를 사용한다.
• 정기적으로 연료 필터를 교체한다.
• 착화지연기간 동안 연료가 분사량을 적게 한다.
• 흡입공기에 와류가 일어나도록 한다.

정답 10 ① 11 ③ 12 ② 13 ④

14

지르코니아 산소센서에 대한 설명으로 맞는 것은?

① 공연비를 피드백 제어하기 위해 사용한다.
② 공연비가 농후하면 출력전압은 0.45[V] 이하이다.
③ 공연비가 희박하면 출력전압은 0.45[V] 이상이다.
④ 300[℃] 이하에서도 작동한다.

해설
지르코니아 산소센서는 연소실의 배기가스 중의 산소 농도를 측정하는 장치이며 배기가스 중의 산소 농도에 따라 변화하는 전압을 ECU에 전달하고 이는 공연비 피드백 제어에 사용된다.

선지분석
② 공연비가 농후하면 출력전압은 0.45[V] 이상이다.
③ 공연비가 희박하면 출력전압은 0.45[V] 이하이다.
④ 300[℃] 이상의 고온에서 양쪽의 산소 농도 차이가 큰 경우 기전력을 발생시키는 센서이다.

15

기관에 이상이 있을 때 또는 기관의 성능이 현저하게 저하되었을 때 분해수리의 여부를 결정하기 위한 가장 적합한 시험은?

① 캠각 시험
② CO 가스 측정
③ 압축압력 시험
④ 코일의 용량 시험

해설
압축압력 시험은 기관(엔진)에 이상이 있거나 성능이 현저하게 저하되었을 때 분해 수리의 여부를 결정하기 위한 시험이다.

선지분석
① 캠각 시험: 캠샤프트의 각도를 측정하여 캠샤프트의 마모 상태를 확인하는 시험이다.
② CO 가스 측정: 배기가스 중의 일산화탄소(CO)의 농도를 측정하여 연소 상태를 확인하는 시험이다.
④ 코일의 용량 시험: 점화코일의 용량을 측정하여 점화코일의 상태를 확인하는 시험이다.

16

연소란 연료의 산화반응을 말하는데 연소에 영향을 주는 요소 중 가장 거리가 먼 것은?

① 배기 유동과 난류
② 공연비
③ 연소 온도와 압력
④ 연소실 형상

해설
연소에 영향을 주는 요소는 공연비, 연소 온도와 압력, 연소실 형상 등이 있다.

17

기관에 윤활유를 급유하는 목적과 관계없는 것은?

① 연소촉진작용
② 동력손실감소
③ 마멸방지
④ 냉각작용

해설
윤활유는 연소촉진작용과 직접적인 관련이 없다.

관련개념 **윤활유의 역할**
• 마찰을 줄이고 마멸을 방지한다.
• 실린더 내의 가스 누출을 막는다.
• 열전도 작용(냉각작용), 세척(청정)작용, 완충(응력분산)작용, 부식방지(방청)작용 등을 한다.
• 충격과 소음을 완화시키는 역할을 한다.

정답 14 ① 15 ③ 16 ① 17 ①

18
크랭크축이 회전 중 받는 힘의 종류가 아닌 것은?

① 휨(Bending)
② 비틀림(Torsion)
③ 관통(Penetration)
④ 전단(Shearing)

해설
크랭크축은 엔진이 작동할 때 휨(Bending, 굽힘), 전단(Shearing), 비틀림(Torsion)의 힘을 받으며 회전한다.

19
다음 중 디젤기관에 사용되는 과급기의 역할은?

① 윤활성의 증대
② 출력의 증대
③ 냉각효율의 증대
④ 배기의 증대

해설
디젤기관에서 과급기는 엔진에 많은 공기를 공급하여 연료의 연소 효율을 높이고 엔진의 출력을 증가시킨다.

관련개념 디젤기관에서 과급기의 역할
- 흡입행정에서 더 많은 공기를 실린더에 공급하여 연소에 사용할 수 있는 연료량을 늘어 엔진의 출력이 증가한다.
- 과급기를 사용하면 동일한 출력을 얻는 데 필요한 연료량이 감소하여 연료 효율이 향상된다.
- 과급기를 사용하면 연소가 더욱 완전하게 이루어지며 배기가스 중 유해 물질의 배출량이 감소한다.

20
연소실의 체적이 48[cc]이고, 압축비가 9 : 1인 기관의 배기량은 얼마인가?

① 432[cc]   ② 384[cc]
③ 336[cc]   ④ 288[cc]

해설
$$압축비 = 1 + \frac{행정\ 체적(배기량)}{연소실\ 체적}$$
배기량 = (압축비 − 1) × 연소실 체적
     = (9 − 1) × 48 = 384[cc]

21
저속 전부하에서의 기관의 노킹(Knocking) 방지성을 표시하는 데 가장 적당한 옥탄가 표기법은?

① 리서치 옥탄가
② 모터 옥탄가
③ 로드 옥탄가
④ 프런트 옥탄가

해설
리서치 옥탄가(R − 1법)는 저속 전부하 상태에서 발생할 수 있는 노킹 현상을 기준으로 측정한 옥탄가이다.

선지분석
② 모터 옥탄가: 고속 전부하 상태에서 엔진의 노킹 방지 능력을 나타내는 옥탄가이다.
③ 로드 옥탄가: 고속 반부하 상태에서 엔진의 노킹 방지 능력을 나타내는 옥탄가이다.
④ 프런트 옥탄가: 고속 전부하 상태에서 기관의 노킹 방지 능력을 나타내는 옥탄가이지만 로드 옥탄가와 구분하기 어렵고 실용성이 낮아 거의 사용되지 않는다.

정답 18 ③ 19 ② 20 ② 21 ①

22

엔진의 내경이 9[cm], 행정이 10[cm]인 1기통 배기량은?

① 약 666[cc]   ② 약 656[cc]
③ 약 646[cc]   ④ 약 636[cc]

해설

총배기량 $V_z = \dfrac{\pi}{4} D^2 LN = \dfrac{\pi}{4} \times 9^2 \times 10 \times 1 \simeq 636[cc]$

(D: 실린더 지름[cm], L: 피스톤 행정[cm], N: 실린더 수)

23

기관이 과열되는 원인이 아닌 것은?

① 라디에이터 코어가 막혔다.
② 수온 조절기가 열려있다.
③ 냉각수의 양이 적다.
④ 물 펌프의 작동이 불량하다.

해설

수온조절기가 열려있는 것은 기관이 과냉되는 원인이다.

24

전자제어식 제동장치(ABS)에서 제동 시 타이어 슬립율이란?

① (차륜속도−차체속도)÷차륜속도×100
② (차체속도−차륜속도)÷차체속도×100
③ (차체속도−차륜속도)÷차륜속도×100
④ (차륜속도−차체속도)÷차체속도×100

해설

전자제어식 제동장치(ABS)에서
타이어 슬립율[%]=(차체속도−차륜속도)÷차체속도×100

25

동력조향장치(Power Steering System)의 장점으로 틀린 것은?

① 조향 조작력이 작게 할 수 있다.
② 앞바퀴의 시미현상을 방지할 수 있다.
③ 조향조작이 경쾌하고 신속하다.
④ 고속에서 조향력이 가볍다.

해설

동력조향장치는 저속에서 조향력이 가볍다.

정답 22 ④ 23 ② 24 ② 25 ④

26

앞바퀴 정렬의 종류가 아닌 것은?

① 토인(Toe-In)
② 캠버(Camber)
③ 섹터 암(Sector arm)
④ 캐스터(Caster)

해설
섹터 암(Sector Arm)은 웜 기어의 회전에 따라 움직이면서 조향핸들의 회전운동을 피트먼 암에게 전달하는 장치이다.

선지분석
① 토인(Toe-In): 전륜을 위에서 보았을 때 전륜의 앞부분이 안쪽으로 모아진 상태로 앞바퀴 앞부분의 윤거가 뒷부분의 윤거보다 작은 것을 말한다.
② 캠버(Camber): 전륜을 앞에서 보았을 때 전륜의 윗부분이 아래부분보다 바깥쪽으로 더 벌어져 있는 상태이다.
④ 캐스터(Caster): 전륜을 옆에서 보았을 때 킹 핀의 중심선과 지면에 대한 수직선이 일정한 각도 차를 두고 설치된 상태이다.

27

자동차 주행 시 차량 후미가 좌·우로 흔들리는 현상은?

① 바운싱(Bouncing)
② 피칭(Pitching)
③ 롤링(Rolling)
④ 요잉(Yawing)

해설
요잉(Yawing)은 차량이 수직축(Z축)을 중심으로 좌우로 회전하는 운동으로 차량 전체의 방향이 바뀌는 회전 동작이다.

선지분석

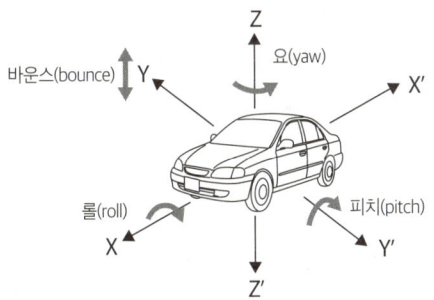

① 바운싱(Bouncing, 상하진동): 차량 전체가 위아래로 움직이는 상하 진동으로, 차체가 Z축 방향으로 평행 이동하는 고유 진동이다.
② 피칭(Pitching, 앞뒤진동): 차량이 앞뒤로 까딱까딱 회전하는 진동으로, 차체가 Y축을 중심으로 회전하는 고유 진동이다.
③ 롤링(Rolling, 좌우진동): 차량이 좌우로 기울며 흔들리는 좌우 진동으로, 차체가 X축을 중심으로 회전하는 고유 진동이다.

28

유압식 전자제어 파워스티어링 ECU의 입력 요소가 아닌 것은?

① 차속 센서
② 스로틀포지션 센서
③ 크랭크축포지션 센서
④ 조향각 센서

해설
크랭크축포지션 센서는 점화시기와 연료 분사량을 결정하기 위한 신호로 엔진 ECU의 입력요소에 해당한다.

관련개념
유압식 전자제어 파워스티어링 시스템은 운전조건에 따라 유압을 제어하여 조향력을 보조하는 시스템이다.

29

자동변속기 오일의 구비조건으로 부적합한 것은?

① 기포 발생이 없고 방청성이 있을 것
② 점도지수의 유동성이 좋을 것
③ 내열 및 내산화성이 좋을 것
④ 클러치 접속 시 충격이 크고 미끄럼이 없는 적절한 마찰계수를 가질 것

해설
클러치 접속 시 충격이 작고 미끄럼이 없는 적절한 마찰계수를 가진 오일을 사용해야 한다.

관련개념 자동변속기 오일의 구비조건
- 점도지수의 변화가 작아야 한다.
- 비중이 크고 적절한 마찰계수를 가져야 한다.
- 침전물의 발생이 적어야 한다.
- 내열성과 내산성이 좋아야 한다.
- 저온에도 유성이 좋아야 한다.
- 비등점이 높고 응고점이 낮아야 한다.
- 기포발생이 없고 방청성이 있어야 한다.

정답 26 ③ 27 ④ 28 ③ 29 ④

30

자동변속기에서 일정한 차속으로 주행 중 스로틀 밸브 개도를 갑자기 증가시키면 킥다운(Kick Down)되어 큰 구동력을 얻을 수 있는 것은?

① 스톨(Stall)
② 킥다운(Kick Down)
③ 킥업(Kick Up)
④ 리프트 풋 업(Lift-Foot Up)

해설
킥다운(Kick Down)은 가속 페달을 끝까지 밟았을 때 스위치가 작동하여 현재보다 낮은 단수로 변속(TCU가 시프트다운)되는 방식이다. 급가속이 필요하거나 오버드라이브를 해제할 때 사용된다.

선지분석
① 스톨(Stall): 정지 상태에서 가속 페달을 밟으면 엔진 회전수가 상승하면서 변속이 이루어진다.
③ 킥업(Kick Up): 가속 페달을 급격히 놓으면 엔진 브레이크 효과를 이용해 변속이 이루어진다.
④ 리프트 풋 업(Lift-Foot Up): 일정 속도 이상으로 주행할 때 연비 향상을 위해 자동으로 변속이 이루어진다.

31

브레이크 파이프에 잔압 유지와 직접적인 관련이 있는 것은?

① 브레이크 페달
② 마스터 실린더 2차컵
③ 마스터 실린더 체크 밸브
④ 푸시로드(Push-Rod)

해설
브레이크 페달을 밟으면 마스터 실린더에서 발생한 유압이 브레이크 파이프를 통해 각 바퀴로 전달되고 페달에서 발을 떼면 마스터 실린더의 유압은 점차 감소한다. 이때 체크밸브가 열리면 브레이크 파이프 내의 유압이 마스터 실린더에 가해지므로 브레이크 파이프에는 일정한 잔압이 유지된다.

선지분석
② 마스터 실린더 2차컵: 마스터 실린더 내의 오일이 누출되는 것을 방지한다.
④ 푸시로드(Push-Rod): 마스터 실린더의 압력을 브레이크 파이프에 전달한다.

32

자동차의 앞바퀴 정렬에서 토(Toe) 조정은 무엇으로 하는가?

① 와셔의 두께
② 시임의 두께
③ 타이로드의 길이
④ 드래그 링크의 길이

해설
토(Toe)는 타이로드의 길이를 통해 조정된다.

33

유압식 제동장치에서 적용되는 유압의 원리는?

① 뉴턴의 원리
② 파스칼의 원리
③ 벤투리관의 원리
④ 베르누이의 원리

해설
유압식 브레이크는 밀폐된 액체의 일부에 작용하는 압력은 모든 방향에 동일하게 작용한다는 파스칼의 원리를 적용한다. 즉, 유압식 브레이크 시스템에서는 마스터 실린더에 작용하는 힘이 브레이크 캘리퍼에 있는 모든 피스톤에 동일하게 전달된다.

34

진공식 브레이크 배력장치의 설명으로 틀린 것은?

① 압축공기를 이용한다.
② 흡기 다기관의 부압을 이용한다.
③ 기관의 진공과 대기압을 이용한다.
④ 배력장치가 고장나면 일반적인 유압 제동장치로 작동된다.

해설
압축공기를 이용하여 제동력을 증가시키는 장치는 공기식 배력장치이다.

관련개념
진공식 브레이크 배력장치는 흡기다기관의 진공압과 대기압의 압력 차이를 이용하여 제동력을 증가시키는 장치로 배력장치가 고장나면 일반적인 유압 제동장치로 작동된다.

정답 30 ② 31 ③ 32 ③ 33 ② 34 ①

35

여러 장을 겹쳐 충격 흡수 작용을 하도록 한 스프링은?

① 토션바 스프링
② 고무 스프링
③ 코일 스프링
④ 판 스프링

해설
판 스프링은 강철판 여러 장이 겹쳐진 형태로 충격 흡수 작용을 한다.

관련개념
① 토션바 스프링: 긴 막대모양으로 비틀림 탄성에너지를 이용하여 충격을 완화시킨다.
② 고무 스프링: 고무 고유의 탄성을 이용하여 충격을 흡수하고 분산시킨다.
③ 코일 스프링: 원형의 스프링 강을 코일 모양으로 감은 것으로 에너지를 저장·방출하거나 충격을 흡수하고 힘을 유지하는데 사용된다.

36

자동차가 고속으로 선회할 때 차체가 기울어지는 것을 방지하기 위한 장치는?

① 타이로드
② 토인(Toe-In)
③ 프로포셔닝 밸브
④ 스태빌라이저(Stabilizer)

해설
스태빌라이저(Stabilizer)는 차축의 양단에 장착된 비틀림 봉 형태의 부품으로 차량이 고속으로 선회할 때 차체가 좌우로 기울어지는 롤링 현상을 억제하는 역할을 한다.

선지분석
① 타이로드: 조향축과 차축을 연결하여 조향 조작을 바퀴에 전달한다.
② 토인(Toe-In): 자동차 바퀴의 앞쪽이 뒤쪽보다 약간 좁혀진 상태로 주행 안정성과 승차감을 향상시킨다.
③ 프로포셔닝 밸브: 브레이크를 밟았을 때 뒷바퀴가 먼저 잠기는 것을 방지하기 위해 뒷바퀴로 전달되는 제동유압을 조절한다.

37

엔진의 회전수가 4,500[rpm]일 경우 2단의 변속비가 1.5일 때 변속기 출력축의 회전수[rpm]는 얼마인가?

① 1,500[rpm]
② 2,000[rpm]
③ 2,500[rpm]
④ 3,000[rpm]

해설
- 변속비 = $\dfrac{엔진의 회전수}{추진축의 회전수}$
- 추진축의 회전수(출력축 회전수) = $\dfrac{4,500}{1.5}$ = 3,000[rpm]

38

편의장치 중 중앙집중식 제어장치(ETACS 또는 ISU)의 입출력요소의 역할에 대한 설명 중 틀린 것은?

① 모든 도어스위치: 각 도어 잠김 여부 감지
② INT스위치: 와셔 작동 여부 감지
③ 핸들 록 수위치: 키 삽입 여부 감지
④ 열선스위치: 열선 작동 여부 감지

해설
INT(Intermittent) 스위치는 와이퍼를 일정 시간 간격으로 작동시키는 장치로 눈이나 비가 약하게 내리는 경우에 사용된다.

39

수동변속기의 클러치의 역할 중 거리가 가장 먼 것은?

① 엔진과의 연결을 차단하는 일을 한다.
② 변속기로 전달되는 엔진의 토크를 필요에 따라 단속한다.
③ 관성 운전 시 엔진과 변속기를 연결하여 연비 향상을 도모한다.
④ 출발 시 엔진의 동력을 서서히 연결하는 일을 한다.

해설
수동변속기의 클러치는 엔진의 관성 운전 또는 기동 시 동력을 일시적으로 차단하고 출발 시 동력을 서서히 연결하여 충격을 완화한다.

정답 35 ④ 36 ④ 37 ④ 38 ② 39 ③

40

자동차의 무게 중심위치와 조향 특성과의 관계에서 조향각에 의한 선회 반지름보다 실제 주행하는 선회 반지름이 작아지는 현상은?

① 오버 스티어링
② 언더 스티어링
③ 파워 스티어링
④ 뉴트럴 스티어링

해설

오버 스티어링은 조향각에 의한 선회 반지름보다 실제 주행하는 선회 반지름이 작아지는 현상을 말한다.

선지분석

② 언더 스티어링: 조향각이 일정한 상태에서 선회 시 예상보다 선회 반경이 커지는 현상이다.
③ 파워 스티어링: 운전자가 편하게 핸들을 조작할 수 있도록 도와주는 동력 조향장치이다.
④ 뉴트럴 스티어링: 조향각에 따라 이론적인 선회 반지름 그대로 회전하는 이상적인 상태이다.

41

2개 이상의 배터리를 연결하는 방식에 따라 용량과 전압 관계의 설명으로 맞는 것은?

① 직렬 연결 시 1개 배터리 전압과 같으며 용량은 배터리 수만큼 증가한다.
② 병렬 연결 시 용량은 배터리 수만큼 증가하지만 전압은 1개 배터리 전압과 같다.
③ 병렬 연결이란 전압과 용량이 동일한 배터리 2개 이상을 (+)단자와 연결대상 배터리 (-)단자에, (-)단자는 (+)단자로 연결하는 방식이다.
④ 직렬 연결이란 전압과 용량이 동일한 배터리 2개 이상을 (+)단자와 연결대상 배터리의 (+)단자에서 서로 연결하는 방식이다.

해설

- 병렬 연결할 경우: 전압은 동일하지만 용량은 증가한다.
- 직렬 연결할 경우: 전압은 증가하지만 용량은 동일하다.

42

자기유도작용과 상호유도작용 원리를 이용한 것은?

① 발전기
② 점화코일
③ 기동모터(Starter)
④ 축전지

해설

점화장치는 점화코일의 자기유도작용과 상호유도작용을 이용하여 고전압을 발생시키고 점화플러그에서 전기적 스파크(불꽃)를 생성함으로써 가솔린 기관 내 혼합기를 점화·연소시킨다.

선지분석

① 발전기: 기계적 에너지를 전기 에너지로 변환시킨다.
③ 기동모터(Starter Motor): 정지된 엔진의 크랭크축을 회전시켜 엔진 자체 동력으로 작동을 시작할 수 있게 돕는다.
④ 축전지(Battery): 축전지는 양극판과 음극판, 전해액으로 구성되어 있으며 화학 반응을 통해 직류 전압을 발생시켜 차량의 전원으로 사용한다.

43

백워닝(Back Warning, 후방경보) 시스템의 기능과 가장 거리가 먼 것은?

① 차량 후방의 장애물을 감지하여 운전자에게 알려주는 장치이다.
② 차량 후방의 장애물을 초음파 센서를 이용하여 감지한다.
③ 차량 후방의 장애물을 감지시 브레이크가 작동하여 차속을 감속시킨다.
④ 차량 후방의 장애물 형상에 따라 감지되지 않을 수도 있다.

해설

백워닝 시스템에는 브레이크가 작동하는 기능은 포함되어 있지 않다.

정답 40 ① 41 ② 42 ② 43 ③

44
전조등 회로의 구성부품이 아닌 것은?

① 라이트 스위치
② 전조등 릴레이
③ 스테이터
④ 딤머 스위치

해설
스테이터는 발전기의 구성부품으로 코일이 감긴 철심으로 구성되어 있으며 엔진의 회전력을 이용하여 전기를 발생시는 역할을 한다. 전조등 회로에는 속하지 않는다.

관련개념
① 라이트 스위치: 전조등 회로를 On/Off 하기 위한 전기 스위치이다.
② 전조등 릴레이: 라이트 스위치의 작은 전류로 큰 전류를 제어하여 전조등에 전력을 공급하는 전자 장치이다.
④ 딤머 스위치: 전조등의 밝기를 조절하기 위한 전기 스위치이다.

45
자동차 전기장치에서 "유도 기전력은 코일 내의 자속의 변화를 방해하는 방향으로 생긴다."는 현상을 설명한 것은?

① 앙페르의 법칙
② 키르히호프의 제1법칙
③ 뉴턴의 제1법칙
④ 렌츠의 법칙

해설
렌츠의 법칙에 대한 설명이다.

선지분석
① 앙페르의 법칙: 특정 경로의 자기장과 경로 내부의 알짜 전류의 관계에 대한 법칙이다.
② 키르히호프의 법칙: 전기 회로에서 전압과 전류를 구하는 해결 법칙이다.
③ 뉴턴의 제1법칙: 물체에 작용하는 알짜힘이 0일 때 정지해 있던 물체는 계속 정지해 있고, 운동하던 물체는 계속 등속 직선 운동한다는 법칙이다.

46
다음 그림의 기호는 어떤 부품을 나타내는 기호인가?

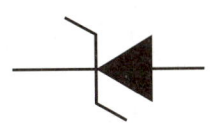

① 실리콘 다이오드
② 발광 다이오드
③ 트랜지스터
④ 제너 다이오드

해설
제너 다이오드의 기호이다.

관련개념 다이오드의 종류와 기호

일반 다이오드	제너(정전압) 다이오드	발광(LED) 다이오드	수광(포토) 다이오드

47
기동 전동기 정류자 점검 및 정비 시 유의사항으로 틀린 것은?

① 정류자는 깨끗해야 한다.
② 정류자 표면은 매끈해야 한다.
③ 정류자는 줄로 가공해야 한다.
④ 정류자는 진원이어야 한다.

해설
정류자를 줄로 가공하면 표면이 손상되어 브러시와의 접촉이 불안정해져 브러시가 빠르게 마모된다.

정답 44 ③ 45 ④ 46 ④ 47 ③

48

괄호 안에 알맞은 소자는?

> SRS(Supplemental Restraint System) 시스템 점검 시 반드시 배터리의 (−) 터미널을 탈거 후 5분 정도 대기한 후 점검한다. 이는 ECU 내부에 있는 데이터를 유지하기 위한 내부 (   )에 충전되어 있는 전하량을 방전시키기 위함이다.

① 서미스터
② G 센서
③ 사이리스터
④ 콘덴서

해설
SRS(Supplemental Restraint System) 시스템 점검 시 반드시 배터리의 (−) 터미널을 탈거 후 5분 정도 대기한 후 점검한다. 이는 ECU 내부에 있는 데이터를 유지하기 위한 내부 **콘덴서**에 충전되어 있는 전하량을 방전시키기 위함이다.

선지분석
① 서미스터: 온도에 따라 물질의 저항이 변화하는 성질을 이용한 전기적 장치로 열을 전기로 변환시킨다.
② G 센서: 중력가속도를 기준으로 가속도, 충격, 움직임 등을 감지한다.
③ 사이리스터(Thyristor): 사이리스터는 게이트(G) 단자에 전류를 인가하면 양극(A)과 음극(K) 사이가 도통되는 3단자의 반도체 소자이다.

49

평균 근로자 500명인 직장에서 1년간 8명의 재해가 발생하였다면 연천인율은?

① 12
② 14
③ 16
④ 18

해설
연천인율 = $\dfrac{\text{연간 재해자 수}}{\text{연 평균 근로자 수}} \times 1{,}000 = \dfrac{8}{500} \times 1{,}000 = 16$

관련개념
연천인율은 1년간 평균 근로자수에 대하여 1,000명당 발생하는 재해건수를 의미한다.

50

주행계기판의 온도계가 작동하지 않을 경우 점검해야 할 곳은?

① 공기유량센서
② 냉각수온 센서
③ 에어컨압력 센서
④ 크랭크포지션 센서

해설
주행계기판의 온도계가 작동하지 않은 경우에는 냉각수온 센서(WTS)을 점검한다.

선지분석
① 공기유량센서: 엔진으로 유입되는 공기의 질량유량을 측정한다.
③ 에어컨압력 센서: 공조 시스템 내 냉매의 압력을 감지하여 압력이 비정상적으로 높거나 낮을 경우 시스템 작동을 차단함으로써 손상을 방지하는 역할을 한다.
④ 크랭크포지션 센서: 크랭크축의 회전각과 회전수를 감지한다.

51

리머가공에 관한 설명으로 옳은 것은?

① 액슬측 외경 가공 작업 시 사용된다.
② 드릴 구멍보다 먼저 작업한다.
③ 드릴 구멍보다 더 정밀도가 높은 구멍을 가공하는 데 필요하다.
④ 드릴 구멍보다 더 작게 하는 데 사용한다.

해설
리머가공은 드릴 구멍보다 더 정밀도가 높은 구멍을 가공할 때 사용한다.

관련개념 리머가공
리머가공은 드릴 등으로 미리 뚫어놓은 구멍의 내면을 더 매끄럽고 정확한 치수로 다듬질하는 가공이다.

정답 48 ④ 49 ③ 50 ② 51 ③

52

축전지의 전해액이 옷에 많이 묻었을 경우에 조치방법으로 가장 적합한 것은?

① 수돗물로 빨리 씻어 낸다.
② 헝겊에 알콜을 적셔 닦아 낸다.
③ 걸레에 경유를 묻혀 닦아 낸다.
④ 옷을 벗고 몸에 묻은 전해액을 물로 씻는다.

해설
축전지의 전해액은 강한 산성 또는 알칼리성을 가지고 있기 때문에 옷에 묻으면 옷을 부식시키거나 변색시킬 수 있으니 옷에 전해액이 많이 묻었을 경우에는 옷을 벗고 몸에 묻은 전해액을 물로 씻어내야 한다.

53

드릴링 머신의 사용에 있어서 안전상 옳지 못한 것은?

① 드릴 회전 중 칩을 손으로 털거나 불어내지 말 것
② 가공물에 구멍을 뚫을 때 가공물을 바이스에 물리고 작업할 것
③ 솔로 절삭유를 바를 경우에는 위쪽 방향에서 바를 것
④ 드릴을 회전시킨 후에 머신테이블을 조정할 것

해설
드릴을 회전시킨 후에는 테이블을 조정하지 말아야 한다.

관련개념 드릴 작업 시 주의사항
- 작업을 시작하기 전에 작업물을 단단히 고정시킨다.
- 작업 중에는 손으로 칩을 제거하거나 입으로 불지 않는다.
- 가공물이 소형이거나 구멍을 뚫는 경우에는 바이스에 작업물을 고정시킨다.
- 드릴이 회전 중일 때는 테이블 위치를 조정하지 않는다.
- 작업물이 얇은 경우에는 밑에 받침대를 놓는다.
- 절삭유는 위쪽 방향에서 바른다.
- 소음이 나는 경우에는 즉시 회전을 멈추고 드릴을 교환하거나 연마한다.

54

선반작업 시 안전수칙으로 틀린 것은?

① 선반 위에 공구를 올려놓은 채 작업하지 않는다.
② 돌리개는 적당한 크기의 것을 사용한다.
③ 공작물을 고정한 후 렌치 류는 제거해야 한다.
④ 날 끝의 칩 제거는 손으로 한다.

해설
선반 작업 시 작업 중 발생한 칩은 브러시(솔)로 제거한다.

관련개념 선반 작업 시 안전수칙
- 작동 전 기계의 모든 상태를 점검한다.
- 절삭작업 중에는 보안경을 착용한다.
- 바이트는 짧고 단단히 조인다.
- 가공물이나 척에 휘말리지 않도록 옷 소매를 단정히 한다.
- 작업도중 칩이 많은 경우에는 기계를 완전히 멈춘 후 제거한다.
- 긴 물체를 가공할 때는 반드시 방진구를 사용한다.
- 칩을 제거할 때는 압축공기가 아닌 브러시(솔)를 사용한다.

55

FF 차량의 구동축을 정비할 때 유의사항으로 틀린 것은?

① 구동축의 고무부트 부위의 그리스 누유 상태를 확인한다.
② 구동축 탈거 후 변속기 케이스의 구동축 장착 구멍을 막는다.
③ 구동축을 탈거할 때마다 오일씰을 교환한다.
④ 탈거 공구를 최대한 깊이 끼워서 사용한다.

해설
탈거 공구를 필요 이상으로 깊숙이 끼운다면 구동축을 강제로 뽑을 때 구동축과 변속기 케이스 사이에 끼인 오일씰이 파손 및 부품에 손상 될 수 있다.

정답 52 ④ 53 ④ 54 ④ 55 ④

56
납산 배터리의 전해액이 흘렀을 때 중화용액으로 가장 알맞은 것은?

① 중탄산소다(베이킹소다)
② 황산
③ 증류수
④ 수돗물

해설
납산 배터리의 전해액이 흘렀을 때는 중탄산소다(베이킹소다)로 중화시킨다.

57
휠 밸런스 시험기 사용 시 적합하지 않은 것은?

① 휠의 탈부착 시에는 무리한 힘을 가하지 않는다.
② 균형추를 정확히 부착한다.
③ 계기판은 회전이 시작되면 즉시 판독한다.
④ 시험기 사용방법과 유의사항을 숙지 후 사용한다.

해설
계기판은 회전이 완전히 멈춘 뒤 읽어야 한다.

58
자동차용 배터리의 급속 충전 시 주의사항으로 틀린 것은?

① 배터리를 자동차에 연결한 채 충전할 경우, 접지(-) 터미널을 떼어 놓을 것
② 충전 전류는 용량 값의 약 2배 정도의 전류로 할 것
③ 될 수 있는 대로 짧은 시간에 실시할 것
④ 충전 중 전해액 온도가 약 45[℃] 이상 되지 않도록 할 것

해설
자동차용 배터리 급속 충전 시 충전 전류는 배터리 용량의 약 50[%]의 전류로 한다.

59
전기장치의 배선 연결부 점검 작업으로 적합한 것을 모두 고른 것은?

> a. 연결부의 풀림이나 부식을 점검한다.
> b. 배선 피복의 절연, 균열 상태를 점검한다.
> c. 배선이 고열 부위로 지나가는지 점검한다.
> d. 배선이 날카로운 부위로 지나가는지 점검한다.

① a - b
② a - b - d
③ a - b - c
④ a - b - c - d

해설
모두 전기장치 배선 연결부 점검에 적합한 작업이다.

60
자동차의 배터리 충전 시 안전한 작업이 아닌 것은?

① 자동차에서 배터리 분리 시 (+) 단자 먼저 분리한다.
② 배터리 온도가 약 45[℃] 이상 오르지 않게 한다.
③ 충전은 환기가 잘되는 넓은 곳에서 한다.
④ 과충전 및 과방전을 피한다.

해설
자동차에서 배터리 분리 시 (-) 단자 먼저 분리한다.

관련개념 자동차의 배터리 충전 시 주의 사항
- 배터리의 전해액은 묽은 황산이므로 옷이나 피부에 닿지 않도록 주의한다.
- 배터리 충전 시에는 수소가스가 발생하므로 통풍이 잘 되는 곳에서 실시한다.
- 배터리 충전 중 전해액의 온도가 45[℃] 이상이 되지 않도록 주의한다.
- 충전하기 전에 배터리의 필러플러그를 열어 놓는다.
- 배터리가 과열되거나 전해액이 넘칠 때에는 즉시 충전을 중단한다.
- 전해액을 만들 때에는 물에 황산을 조금씩 부어 만든다.
- 배터리 용량(부하)시험은 15초 이내로, 부하 전류는 용량의 3배 이내로 한다.
- 부식방지를 위해 배터리 단자에는 그리스를 발라 둔다.
- 축전지 방전 시험 시 전류계는 부하와 직렬접속하고, 전압계는 병렬접속한다.
- 자동차에서 배터리 분리 시 (-) 단자 먼저 분리한다.
- 과충전 및 과방전을 피한다.

정답 56 ① 57 ③ 58 ② 59 ④ 60 ①

2019년 1회 CBT 복원문제

01
실린더 내경이 50[mm], 행정이 100[mm]인 4실린더 기관의 압축비가 11일 때 연소실 체적[cc]은?

① 약 40.1[cc] ② 약 30.1[cc]
③ 약 15.6[cc] ④ 약 19.6[cc]

해설

압축비 $= 1 + \dfrac{\text{행정 체적}}{\text{연소실 체적}}$

행정체적 $= \dfrac{\pi}{4}D^2L = \dfrac{\pi}{4} \times 5^2 \times 10 = 196.35[cc]$

연소실 체적 $= \dfrac{\text{행정 체적}}{\text{압축비} - 1} = \dfrac{196.35}{11-1} = 19.6[cc]$

02
LPG 차량에서 연료를 충전하기 위한 고압 용기는?

① 봄베(Bombe)
② 베이퍼라이저(Vaporizer)
③ 슬로우 컷 솔레노이드
④ 연료 유니온

해설
봄베는 LPG 차량에서 연료를 충전할 때 사용하는 고압 용기이다.

03
단위에 대한 설명으로 옳은 것은?

① 1[PS]는 75[kgf·m/h]의 일률이다.
② 1[J]=0.24[cal]이다.
③ 1[kW]=1,000[kgf·m/s]의 일률이다.
④ 초속 1[m/s]는 시속 36[km/h]와 같다.

선지분석
① 1[PS]=75[kgf·m/s]
③ 1[kW]=1.36[PS] 01.972[kgf·m/s]
④ 1[m/s]=3.6[km/h]

관련개념

구분	[kgf·m/s]	[kW]	[PS]	[kcal/h]
1[kgf·m/s]	1	0.009807	0.01333	8.4322
1[kW]	101.972	1	1.3596	859.848
1[PS]	75	0.735499	1	632.415
1[kcal/h]	0.118593	0.001163	0.00158	1

04
배기밸브가 하사점 전 55°에서 열리고 상사점 후 15°에서 닫혀 진다면 배기밸브의 열림각은?

① 70° ② 195°
③ 235° ④ 250°

해설
배기밸브의 열림각 = 하사점 전 열림각 + 상사점 후 닫힘각 + 180°
= 55° + 15° + 180° = 250°

정답 01 ④ 02 ① 03 ② 04 ④

05

직접고압 분사방식(CRDi) 디젤엔진에서 예비분사를 실시하지 않는 경우로 틀린 것은?

① 엔진 회전수가 고속인 경우
② 분사량이 보정제어 중인 경우
③ 연료 압력이 너무 낮은 경우
④ 예비분사가 주 분사를 방해하는 경우

해설
분사량 보정제어는 분사되는 연료의 양이나 엔진의 상태를 고려하여 분사량을 조정·제어하는 방식으로 예비분사를 생략하는 직접적인 원인으로 볼 수 없다.

관련개념 예비분사를 실시하지 않는 경우
- 예비분사와 주분사의 시점이 비슷해 두 분사가 하나의 분사처럼 작용하는 경우
- 엔진 회전수가 규정 회전수(약 3,200[rpm])를 초과하는 경우
- 엔진분사량이 너무 적은 경우
- 주분사 시 흡기 연료량이 부족한 경우
- 연료압이 최소압(약 100[bar])보다 낮은 경우
- ECU가 시스템 오류를 감지한 경우

06

기관에서 공기 과잉률이란?

① 이론공연비
② 실제공연비
③ 공기흡입량÷연료소비량
④ 실제공연비÷이론공연비

해설
$$공기\ 과잉률 = \frac{실제공연비}{이론공연비}$$

관련개념
실제공연비: 엔진에서 실제로 공급된 공기량을 연료량으로 나눈 값이다.
이론공연비: 연료가 완전 연소하는데 필요한 공기량을 연료량으로 나눈 값이다.

07

LP가스를 사용하는 자동차에서 베이퍼라이저 2차실의 구성에 해당되는 것은?

① 압력 조정기구
② 압력 밸런스 기구
③ 조정기구(Start Adjust Screw)
④ 공연비 제어기구

해설
LP가스를 사용하는 자동차에서 베이퍼라이저의 2차실은 액상 가스를 기화한 후 엔진으로 공급하는 장치이다. 이때 공연비 제어기구는 베이퍼라이저 2차실에 설치되어 있으며 기화된 가스와 공기의 혼합비(공연비)를 조절하여 최적의 연소 조건을 유지하도록 도와준다.

선지분석
① 압력 조정기구: 고압가스를 사용 목적에 맞게 감압하여 공급하며 압력 변화에 자동으로 반응하는 제어 장치이다.
② 압력 밸런스 기구: 1차실에 유입된 고압가스를 약 $0.325[kg/cm^2]$로 일정하게 감압하여 2차실로 송출하는 기능을 한다.
③ 조정기구: 가스를 적절히 감압하고 일정 압력을 유지하여 정상적인 연소를 가능하게 하는 정압 기능을 수행한다.

08

가솔린 엔진의 이론공연비는?

① 12.7 : 1
② 13.7 : 1
③ 14.7 : 1
④ 15.7 : 1

해설
가솔린 엔진의 이론공연비는 14.7 : 1으로, 가솔린 1[kg]을 완전 연소시키기 위해 14.7[kg]의 공기가 필요하다는 의미이다.

정답 05 ② 06 ④ 07 ④ 08 ③

09
배기가스 재순환장치는 주로 어떤 물질의 생성을 억제하기 위한 것인가?

① 탄소　　　　　② 이산화탄소
③ 일산화탄소　　④ 질소산화물

해설
배기가스 재순환장치(EGR, Exhaust Gas Recirculation)는 배기가스 일부를 흡기계로 재순환시켜 혼합기의 연소온도를 낮춤으로써 내연기관에서 발생하는 질소산화물(NOx)의 배출을 감소시키는 장치이다.

10
전자제어 가솔린 엔진에서 인젝터의 고장으로 발생될 수 있는 현상으로 가장 거리가 먼 것은?

① 연료소모 증가　　② 배출가스 감소
③ 가속력 감소　　　④ 공회전 부조

해설
인젝터가 고장나면 불완전 연소로 인해 배출가스가 증가한다.

관련개념
인젝터(Injector)는 ECU의 제어 신호에 따라 고압의 연료를 연소실에 분사하여 엔진을 구동시키는 장치이다.

11
4행정 기관의 행정과 관계없는 것은?

① 흡입 행정　　② 소기 행정
③ 배기 행정　　④ 압축 행정

해설
소기 행정은 연소실 내부의 배기가스를 혼합기의 압력으로 배출하는 과정으로 2행정 기관에서 사용된다.

관련개념 4행정 기관의 행정
흡입 행정, 압축 행정, 폭발 행정, 배기 행정

12
스프링 정수가 5[kgf/mm]의 코일을 1[cm] 압축하는데 필요한 힘은?

① 5[kgf]　　　② 10[kgf]
③ 50[kgf]　　④ 100[kgf]

해설
스프링 정수 $k[kgf/mm] = \dfrac{\text{작용 하중}[kgf]}{\text{변형량}[mm]}$

작용 하중[kgf] = 스프링 정수[kgf/mm] × 변형량[mm]
　　　　　　 = 5 × 10 = 50[kgf]

13
4행정 기관과 비교한 2행정 기관(2-Stroke Engine)의 장점은?

① 각 행정의 작용이 확실하여 효율이 좋다.
② 배기량이 같을 때 발생동력이 크다.
③ 연료 소비율이 적다.
④ 윤활유 소비량이 적다.

해설
2행정 기관은 매 회전마다 폭발이 일어나고 4행정 기관은 2회전마다 폭발이 일어나므로 같은 배기량일 경우 2행정 기관의 출력이 더 크다.

관련개념
- 2행정 기관의 장단점

장점	• 4행정 사이클기관보다 약 1.6~1.7배 높은 출력을 낼 수 있다. • 회전력의 변동이 적다. • 실린더 수가 적더라도 매 회전마다 폭발이 발생하므로 회전이 원활하다. • 밸브장치가 간단하다. • 구조가 단순하고 부품 수가 적어 비용이 저렴하다.
단점	• 유효행정이 짧고 흡·배기가 겹치기 때문에 흡입 효율이 저하된다. • 연료 및 윤활유의 소비율이 높다. • 저속운전이 어려워 역화현상이 발생되기 쉽다. • 피스톤과 피스톤 링의 마모 및 손상이 잦다.

- 4행정 기관의 장단점

장점	• 각 행정이 완전히 구분되어 작동 과정이 확실하다. • 흡입행정에서 흡기 공기가 연소실을 냉각시키므로 열적 부하가 적다. • 저속에서 고속까지 안정적으로 작동하므로 회전속도의 범위가 넓다. • 블로바이가 적어 체적 효율이 좋고 연료소비율이 적다. • 기동성이 양호하고 점화 시스템이 안정적이다.
단점	• 구조가 복잡하고 부품이 많아 마력당 중량이 크다. • 작동 시 기구의 움직임으로 인한 기계적 소음과 큰 충격이 발생할 수 있다. • 실린더 수가 적은 경우 회전력의 불균형으로 인하여 운전이 불안정해질 수 있다.

정답 09 ④　10 ②　11 ②　12 ③　13 ②

14

밸브 스프링의 서징 현상에 대한 설명으로 옳은 것은?

① 밸브가 열릴 때 진동해서 일어나는 현상
② 흡·배기 밸브가 동시에 열리는 현상
③ 밸브가 고속 회전에서 저속으로 변화할 때 스프링의 장력에 차가 생기는 현상
④ 밸브스프링의 고유 진동수와 캠 회전수가 공명에 의해 밸브스프링이 공진하는 현상

해설
밸브 스프링의 서징(Surging) 현상이란 밸브를 여닫는 캠의 회전수와 밸브 스프링의 고유진동수가 같거나 정수배일 때 발생하는 공진 현상으로 캠의 직접적인 작동 없이 스프링이 비정상적인 진동을 하게 된다.

관련개념 밸브 스프링 서징 현상의 방지책
- 스프링 정수가 큰 스프링을 사용한다.
- 이중스프링, 부등 피치형 스프링, 원추형 스프링을 사용한다.
- 가벼운 밸브를 사용한다.
- 캠 형상을 변경한다.

15

3원 촉매장치의 촉매 컨버터에서 정화 처리하는 주요 배기가스로 거리가 먼 것은?

① CO
② NOx
③ SO_2
④ HC

해설
3원 촉매장치(Catalytic Convertor)의 정화 대상 주요 배기가스는 CO(일산화탄소), HC(탄화수소), NOx(질소산화물)이다.

선지분석
① CO(일산화탄소): 유해한 무색무취 가스로 이산화탄소(CO_2)로 전환된다.
② NOx(질소산화물): 고온 연소 시 공기 중 질소와 산소가 반응하여 생성되는 가스로 질소(N_2)와 산소(O_2)로 전환된다.
④ HC(탄화수소): 연료가 완전 연소되지 않아 발생하는 가스로 이산화탄소(CO_2)와 물(H_2O)로 전환된다.

16

예혼합(믹서)방식 LPG 기관의 장점으로 틀린 것은?

① 점화플러그의 수명이 연장된다.
② 연료펌프가 불필요하다.
③ 베이퍼 록 현상이 없다.
④ 가솔린에 비해 냉시동성이 좋다.

해설
예혼합(Mixer)방식은 LPG와 공기를 미리 혼합하여 연소하는 방식으로 같이 기온이 낮은 겨울철에는 냉시동성이 저하되는 단점이 있다.

관련개념 LPG 엔진의 특징
- 연소 효율이 높고 작동 시 소음이 적어 엔진이 정숙하다.
- 오일의 오염이 적어 엔진 수명이 길다.
- 연소실에 카본이 거의 발생하지 않아 점화플러그의 수명이 길다.
- 배출가스가 적은 편이다.
- 옥탄가가 높아 노킹 발생이 적고 점화시기 조정이 가능하다.
- 연료 자체의 압력으로 공급되므로 연료펌프가 필요 없다.
- 베이퍼 록 현상이 없다.

17

승용차에서 전자제어식 가솔린 분사기관을 채택하는 이유로 거리가 먼 것은?

① 고속 회전수 향상
② 연료소비율 개선
③ 유해 배출가스 저감
④ 신속한 응답성

해설
고속 회전수 향상은 전자제어식 가솔린 분사기관과 직접적인 연관이 없다.

관련개념 전자제어 가솔린 연료분사 방식의 특징
- 엔진의 반응과 주행 성능이 향상된다.
- 엔진의 출력이 증가한다.
- CO, HC 등 유해 배출가스가 감소한다.
- 월 웨팅(Wall Wetting)에 따른 저온 시동성이 향상된다.
- 연료소비율이 감소하므로 연비가 향상된다.
- 벤튜리가 없어 공기 흐름 저항이 감소한다.
- 구조가 복잡하다.

정답 14 ④ 15 ③ 16 ④ 17 ①

18

윤활장치 내의 압력이 지나치게 올라가는 것을 방지하여 회로 내의 유압을 일정하게 유지하는 기능을 하는 것은?

① 오일 펌프
② 유압 조절기
③ 오일 여과기
④ 오일 냉각기

해설
유압 조절기는 윤활장치 내의 압력이 지나치게 올라가는 것을 방지하여 회로 내의 유압을 일정하게 유지한다.

선지분석
① 오일 펌프: 오일을 흡입한 후 가압하여 각 윤활부에 공급한다.
③ 오일 여과기: 오일에 포함된 미세 불순물을 제거한다.
④ 오일 냉각기: 과열된 오일을 냉각시켜 오일의 점도를 적절하게 유지한다.

19

엔진의 작동 중 과열되는 원인으로 틀린 것은?

① 냉각수의 부족
② 라디에이터의 코어의 막힘
③ 전동팬 모터 릴레이의 고장
④ 수온조절기가 열린 상태로 고장

해설
수온조절기가 열린 상태로 고장 나면 엔진이 과냉된다.

관련개념 엔진이 과열되는 원인
- 열을 식히기 위한 냉각수가 부족한 경우
- 냉각수가 흐르는 라디에이터 코어가 막히는 경우
- 열을 식혀주는 전동 팬이 작동하지 않는 경우
- 수온조절기가 닫힌 상태로 고장난 경우
- 팬벨트 장력이 느슨한 경우

20

자동차의 구조·장치의 변경승인을 받은 자는 자동차 정비업자로부터 구조·장치의 변경과 그에 따른 정비를 받고 얼마 이내에 구조변경검사를 받아야 하는가?

① 완료일로부터 45일 이내
② 완료일로부터 15일 이내
③ 승인받은 날부터 45일 이내
④ 승인받은 날부터 15일 이내

해설
「자동차관리법 시행규칙」 제56조에 따라 자동차의 튜닝 승인을 받은 자는 자동차정비업자 또는 자동차제작자 등으로부터 튜닝과 그에 따른 정비(자동차제작자 등의 경우에는 튜닝만 해당)를 받고 튜닝 승인을 받은 날부터 45일 이내에 튜닝검사를 받아야 한다.

21

산소센서에 대한 설명으로 옳은 것은?

① 농후한 혼합기가 연소된 경우 센서 내부에서 외부쪽으로 산소 이온이 이동한다.
② 산소센서의 내부에는 배기가스와 같은 성분의 가스가 봉입되어져 있다.
③ 촉매 전후의 산소센서는 서로 같은 기전력을 발생하는 것이 정상이다.
④ 광역 산소센서에서 히팅 코일 접지와 신호 접지 라인은 항상 0[V]이다.

선지분석
② 가스가 산소센서 내부에 봉입되어 있으면 산소센서는 기능을 상실하므로 주로 배기 파이프에 설치되어 있으며, 지르코니아(ZrO_2) 소재를 사용하고 산소센서의 외부 전극 측에 배기가스가 접촉된다.
③ 산소 센서의 촉매 전후 출력이 같다면 촉매가 손상된 것이다.
④ 히팅 코일 접지는 ECU가 듀티 제어(PWM)하기 때문에 신호선이나 접지선에 펄스 전압이 걸릴 수 있다.

정답 18 ② 19 ④ 20 ③ 21 ①

22

디젤기관에서 기계식 독립형 연료 분사펌프의 분사시기 조정방법으로 맞는 것은?

① 거버너의 스프링을 조정
② 랙과 피니언으로 조정
③ 피니언과 슬리브로 조정
④ 펌프와 타이밍 기어의 커플링으로 조정

해설
기계식 분사펌프에서 분사시기 조정은 펌프와 타이밍 기어의 커플링을 이용하여 정확하게 조정할 수 있다.

23

가솔린 연료에서 노크를 일으키기 어려운 성질을 나타내는 수치는?

① 옥탄가　　② 점도
③ 세탄가　　④ 베이퍼 록

해설
옥탄가는 가솔린 엔진에서 노킹(Knocking)에 대한 저항력을 나타낸다. 옥탄가가 높을수록 노킹 현상이 발생할 확률이 낮아진다.

선지분석
② 점도: 유체의 흐름에 대한 저항, 즉 유체의 끈끈한 정도를 나타내는 물리적 성질이다.
③ 세탄가: 디젤 엔진 안에서 경유의 착화성을 나타내는 수치로 연료의 점화가 지연되는 시간을 의미한다. 세탄가가 높을수록 착화성이 좋다.
④ 베이퍼 록: 브레이크 오일이 가열되어 내부에 기포가 발생하고 브레이크에 유압이 제대로 전달되지 않아 제동력이 저하되는 현상이다.

24

종감속 기어의 감속비가 5:1일 때 링기어가 2회전하려면 피니언기어는 몇 회전하는가?

① 12회전　　② 10회전
③ 5회전　　④ 11회전

해설
피니언 회전수 = 감속비 × 링기어 회전수
= 5 × 2 = 10회전

25

전자제어 제동장치(ABS)의 구성요소가 아닌 것은?

① 휠 스피드 센서
② 하이드롤릭 모터
③ 프리뷰 센서
④ 하이드롤릭 유닛

해설
프리뷰 센서는 도로 상태를 감지하여 서스펜션이 미리 반응할 수 있게 도와주는 센서로 전자제어 현가장치(ECS)에 해당한다.

관련개념 전자제어 제동장치(ABS)의 주요 구성요소
- 휠 스피드 센서: 직접 휠 허브 또는 드라이브 샤프트에 연결된 펄스 휠 위에 설치되어 차량 휠의 회전 속도를 측정한다.
- 하이드롤릭 모터: 제동 유압을 조절한다.
- 전자제어 컨트롤 유닛(ECU): 각종 센서의 신호를 입력받아 휠 실린더에 전달되는 유압을 제어하도록 하이드롤릭 유닛에 명령 신호를 보낸다.
- 하이드롤릭 유닛: E.C.U의 신호에 따라 제동 유압을 제어한다.
- 프로포셔닝 밸브: 브레이크를 밟았을 때 뒷바퀴가 먼저 잠기는 것을 방지하기 위해 뒷바퀴로 전달되는 제동유압을 조절한다.

26

공기 브레이크 장치에서 앞바퀴로 압축공기가 공급되는 순서는?

① 공기탱크 - 퀵 릴리스 밸브 - 브레이크 밸브 - 브레이크 챔버
② 공기탱크 - 브레이크 챔버 - 브레이크 밸브 - 브레이크 슈
③ 공기탱크 - 브레이크 밸브 - 퀵 릴리스 밸브 - 브레이크 챔버
④ 브레이크 밸브 - 공기탱크 - 퀵 릴리스 밸브 - 브레이크 챔버

해설
공기탱크 → 브레이크 밸브 → 퀵 릴리스 밸브 → 브레이크 챔버

관련개념
공기 브레이크는 운전자가 브레이크 페달을 밟으면 공기탱크의 압축공기가 브레이크 밸브를 거쳐 퀵 릴리스 밸브를 통해 브레이크 챔버로 유입된다. 이때 브레이크 챔버에 유입된 압축공기의 힘이 푸시로드를 밀어 캠축을 회전시키고 브레이크 슈를 확장시켜 제동력이 발생한다.

정답 22 ④　23 ①　24 ②　25 ③　26 ③

27
유압 브레이크는 무슨 원리를 응용한 것인가?

① 아르키메데스의 원리
② 베르누이의 원리
③ 아인슈타인의 원리
④ 파스칼의 원리

해설
유압식 브레이크는 밀폐된 액체의 일부에 작용하는 압력은 모든 방향에 동일하게 작용한다는 파스칼의 원리를 적용한다. 즉, 유압식 브레이크 시스템에서는 마스터 실린더에 작용하는 힘이 브레이크 캘리퍼에 있는 모든 피스톤에 동일하게 전달된다.

선지분석
① 아르키메데스의 원리: 유체 속에서 물체가 받는 부력은 그 물체가 차지하는 부피만큼 해당하는 유체의 무게와 같다.
② 베르누이의 원리: 유체가 규칙적으로 흐르는 것에 대한 속력, 압력, 높이의 관계에 대한 법칙이다.
③ 아인슈타인의 원리: 상대성 원리는 모든 관성계(등속 운동을 하는 좌표계)에서 물리 법칙은 동일하다.
④ 파스칼의 원리: 밀폐된 유체의 한 부분에 가해진 압력은 유체의 모든 부분과 용기 벽면에 같은 크기로 전달된다는 법칙이다.

28
선회 주행 시 자동차가 기울어짐을 방지하는 부품으로 옳은 것은?

① 너클 암
② 섀클
③ 타이로드
④ 스태빌라이저

해설
스태빌라이저는 차체의 쏠림을 방지하여 주행 안정성을 높여주고 승차감을 상승시키는 기능을 한다.

선지분석
① 너클 암: 스티어링 너클의 일부로, 타이로드와 연결되어 스티어링 기어의 움직임을 바퀴에 전달하는 역할을 한다.
② 섀클: 스프링과 차체를 연결하여 차량이 유연하게 움직이도록 도와준다.
③ 타이로드: 스티어링 기어와 앞바퀴를 연결하는 부품으로, 운전자의 조향 작동을 바퀴에 전달해 방향을 조절한다.

29
전자제어 현가장치(Electronic Control Suspension)에서 사용하는 센서에 속하지 않는 것은?

① 차속센서
② 차고센서
③ 스로틀 포지션센서
④ 냉각수 온도센서

해설
냉각수 온도센서는 엔진의 냉각수 온도를 감지하는 센서로 엔진 제어장치(ECU)에 속한다.

30
구동바퀴가 자동차를 미는 힘을 구동력이라 하며 이때 구동력의 단위는?

① [kgf]
② [kgf·m]
③ [PS]
④ [kgf·m/s]

해설
구동력의 단위: [kgf]

선지분석
② [kgf·m]: 일의 단위
③ [PS]: 마력(일률)의 단위
④ [kgf·m/s]: 마력(일률)의 단위

31
유압식 브레이크 마스터 실린더에 작용하는 힘이 120[kgf]이고 피스톤 면적이 3[cm²]일 때 마스터 실린더 내에 발생하는 유압은?

① 50[kgf/cm²]
② 40[kgf/cm²]
③ 30[kgf/cm²]
④ 25[kgf/cm²]

해설
유압 $P = \dfrac{F[\text{kgf}]}{A[\text{cm}^2]} = \dfrac{120}{3} = 40[\text{kgf/cm}^2]$

정답 27 ④ 28 ④ 29 ④ 30 ① 31 ②

32

링기어 중심에서 구동 피니언을 편심 시킨 것으로 추진축의 높이를 낮게 할 수 있는 종감속기어는?

① 직선 베벨 기어
② 스파이럴 베벨 기어
③ 스퍼 기어
④ 하이포이드 기어

해설

하이포이드(Hypoid) 기어는 링기어 중심에서 구동 피니언을 편심시켜 추진축의 높이를 낮게 할 수 있다.

관련개념 하이포이드 기어 시스템의 장점
- 추진축의 높이를 낮출 수 있어 차량 구조 설계에 유리하다.
- 차실 바닥을 낮게 설계할 수 있어 실내 거주성이 향상된다.
- 기어 접촉면이 넓어 부드럽고 정숙한 회전이 가능하다.
- 마모와 피로에 강하고 고하중에서도 안정적으로 동력을 전달할 수 있다.
- 소음이 적고 설치공간이 비교적 작다.

33

전자제어 현가장치에서 감쇠력 제어 상황이 아닌 것은?

① 고속 주행하면서 좌회전할 경우
② 정차 시 뒷좌석에 많은 사람이 탑승한 경우
③ 급출발할 경우
④ 고속 주행 중 급제동할 경우

해설

정차 시 뒷좌석에 많은 사람이 탑승한 경우에는 차량에 동적 변화가 없는 상황이므로 감쇠력 제어가 작동하지 않고, 차고 제어 기능이 작동할 수 있다.

선지분석
① 고속 주행하면서 좌회전할 경우: 차량이 좌회전할 때 우측으로 기울며 롤(Roll)현상이 발생한다.
③ 급출발할 경우: 차체가 뒤로 쏠리는 피치(Pitch) 현상이 발생한다
④ 고속 주행 중 급제동할 경우: 차체가 앞으로 쏠리는 피치(Pitch) 현상이 발생한다.

34

전자제어 현가장치의 장점으로 틀린 것은?

① 고속 주행 시 안정성이 있다.
② 조향 시 차체가 쏠리는 경우가 있다.
③ 승차감이 좋다.
④ 지면으로부터의 충격을 감소한다.

해설

전자제어 현가장치는 조향 시 차체의 쏠림을 방지한다.

관련개념 전자제어 현가장치(ECS)의 장점
- 노면상태에 따라 감쇠력을 조절하여 승차감을 향상시킨다.
- 주행 조건에 맞게 차량 높이를 자동으로 조정한다.
- 급제동 시 차체가 앞으로 쏠리는 노즈다운 현상을 방지한다.
- 선회 시 원심력에 의한 차체의 기울어짐(롤)을 방지한다.
- 고속 주행 시 차고를 낮춰 공기 저항을 줄이고 고속 안정성을 향상시킨다.
- 하중에 관계없이 차량의 수평을 유지한다.

35

앞바퀴를 위에서 아래로 보았을 때 앞쪽이 뒤쪽보다 좁게 되어 있는 상태를 무엇이라 하는가?

① 킹핀(King-Pin) 경사각
② 캠버(Camber)
③ 토인(Toe In)
④ 캐스터(Caster)

해설

토인(Toe In)은 자동차 바퀴의 앞쪽이 뒤쪽보다 약간 좁혀진 상태로 주행 안정성과 승차감을 향상시킨다.

선지분석
① 킹핀(King-Pin) 경사각: 전륜을 정면에서 보았을 때 킹핀의 중심선이 지면에 대한 수직선과 일정한 각도차를 두고 설치된 상태이다.
② 캠버(Camber): 전륜을 정면에서 보았을 때 타이어의 중심선이 수직선과 일정한 각도차를 두고 설정된 상태이다.
④ 캐스터(Caster): 전륜을 측면에서 보았을 때 킹 핀의 중심선과 지면에 대한 수직선이 일정한 각도 차를 두고 설치된 상태이다.

관련개념 앞바퀴 정렬의 역할
- 조향 핸들의 조작을 가볍게 한다.
- 조향 후 핸들이 자연스럽게 원위치로 돌아오는 복원력이 있다.
- 타이어의 편마모를 방지한다.
- 조향 조작이 안정적이고 정확하다.

정답 32 ④ 33 ② 34 ② 35 ③

36

우측으로 조향을 하고자 할 때 앞바퀴의 내측 조향각이 $45°$, 외측 조향각이 $42°$이고 축간거리는 $1.5[m]$, 킹핀과 바퀴 접지면과의 거리가 $0.3[m]$일 경우 최소회전반경은? (단, $\sin 30°=0.5$, $\sin 42°=0.67$, $\sin 45°=0.7$)

① 약 $2.41[m]$
② 약 $2.54[m]$
③ 약 $3.30[m]$
④ 약 $5.21[m]$

해설

최소회전반경$(R) = \dfrac{L}{\sin \alpha} + r = \dfrac{1.5}{\sin(42°)} + 0.3 = \dfrac{1.5}{0.67} + 0.3 = 2.54[m]$

(L: 축간 거리[m], α: 외측 조향각[°], r: 킹 핀과 바퀴 접지면 사이의 거리[m])

37

납산 축전지 취급 시 주의사항으로 틀린 것은?

① 배터리 접속 시 (+)단자부터 접속한다.
② 전해액이 옷에 묻지 않도록 주의한다.
③ 전해액이 부족하면 시냇물로 보충한다.
④ 배터리 분리 시 (−)단자부터 분리한다.

해설

전해액이 부족하면 증류수를 사용하여 보충해야 한다.

관련개념 납산 축전지 취급 시 주의사항

- 밀폐된 공간이나 화기 주변에는 축전지를 설치하지 않는다.
- 축전지의 (+) 단자와 (−) 단자를 금속류로 접속시키지 않는다.
- 축전지 위에 토크 렌치, 스패너 등 금속 공구를 올려두지 않는다.
- 축전지를 접속할 때는 (+) 단자부터 접속하고, 분리할 때는 (−) 단자부터 분리한다.
- 전해액이 옷이나 피부에 닿지 않게 주의한다.
- 전해액이 부족하면 증류수를 사용하여 보충한다.

38

변속기의 1단 변속비가 $4:1$이고, 종감속 기어의 감속비는 $5:1$일 때 총 감속비는?

① $0.8:1$
② $1.25:1$
③ $20:1$
④ $30:1$

해설

총 감속비 = (변속비 × 종감속비) : 1 = (4 × 5) : 1 = 20 : 1

39

드라이브 라인에서 전륜 구동차의 증감속 장치로 연결된 구동 차축에 설치되어 바퀴에 동력을 주로 전달하는 것은?

① CV형 자재이음(CV joint)
② 플랙시블 이음
③ 십자형 이음
④ 트러니언 이음

해설

CV형 자재이음(CV joint)은 구동 차축에 설치되어 바퀴에 동력을 전달한다.

선지분석

② 플랙시블 이음: 드라이브 라인의 각도 변화와 축 방향 길이 변화가 작은 경우에 사용된다.
③ 십자형 이음: 두 개의 요크를 십자축으로 연결한 구조로, 요크 양단에는 필요에 따라 플랜지, 슬립 이음, 중공축이 연결된다.
④ 트러니언 이음: 동력을 전달하면서 동시에 축 방향으로 움직일 수 있도록 설계된 장치이다.

40

앞바퀴의 흔들림에 따라서 조향 휠의 회전축 주위에 발생하는 진동을 무엇이라 하는가?

① 시미
② 휠 플러터
③ 바인딩
④ 킥업

해설

시미(Shimmy)는 앞바퀴의 흔들림(특히 좌우 방향의 빠른 왕복 운동)에 의해 조향휠의 회전축 주위에 진동이 발생하는 현상이다. 원인으로는 타이어 또는 휠의 불균형, 서스펜션 부품의 마모, 조향 시스템의 문제 등이 있다.

선지분석

② 휠 플러터(Wheel Flutter): 타이어와 휠의 불균형으로 인해 고속 주행 중 바퀴가 회전하면서 발생하는 미세한 진동을 말한다.
③ 바인딩: 브레이크 드럼 간극이 적어 라이닝과 드럼이 접촉되어 브레이크를 해제시켜도 질질 끄리는 상태를 말한다.
④ 킥업: 가속 페달을 급격히 놓으면 엔진 브레이크 효과를 이용해 변속이 이루어진다.

정답 36 ② 37 ③ 38 ③ 39 ① 40 ①

41

다음은 배터리 격리판에 대한 설명이다. 틀린 것은?

① 격리판은 전도성이어야 한다.
② 전해액에 부식되지 않아야 한다.
③ 전해액의 확산이 잘 되어야 한다.
④ 극판에서 이물질을 내뿜지 않아야 한다.

해설
배터리 격리판은 비전도성이어야 한다.

42

기관에 설치된 상태에서 시동 시(크랭킹 시) 기동전동기에 흐르는 전류와 회전수를 측정하는 시험은?

① 단선시험　　② 단락시험
③ 접지시험　　④ 부하시험

해설
부하시험은 엔진 시동 시의 전류와 회전수를 측정하여 기동전동기의 성능을 확인하는 시험이다.

선지분석
① 단선시험: 내부 회로의 단선(끊어짐) 여부를 확인하는 시험이다.
② 단락시험: 외부 단락 상황에서 배터리 반응을 확인하는 시험이다.
③ 접지시험: 노출된 도전체에 접지를 실시한 부품과 접지 바 사이가 전기적으로 잘 연결되어있는지 확인하는 시험이다.

43

오버런닝클러치 형식의 기동 전동기에서 기관이 시동된 후에도 계속해서 키 스위치를 작동시키면?

① 기동 전동기의 전기자가 타기 시작하여 소손된다.
② 기동 전동기의 전기자는 무부하 상태로 공회전한다.
③ 기동 전동기의 전기자가 정지된다.
④ 기동 전동기의 전기자가 기관회전보다 고속 회전한다.

해설
오버런닝클러치 형식의 기동 전동기에서 기관이 시동된 후에도 키 스위치를 계속해서 작동시키면 기동 전동기의 전기자는 무부하 상태로 공회전한다.

44

모터(기동전동기)의 형식을 맞게 나열한 것은?

① 직렬형, 병렬형, 복합형
② 직렬형, 복합형, 병렬형
③ 직권형, 복권형, 복합형
④ 직권형, 분권형, 복권형

해설
모터(기동전동기)는 자기장 형성 방식에 따라 직권형, 분권형, 복권형으로 분류된다.

관련개념

형식	연결 방식	특징
직권형	계자와 전기자가 직렬로 연결	단순한 구조, 가격이 저렴, 토크 변동이 큼, 무부하 운전 시 과속 위험
분권형	계자와 전기자가 병렬로 연결	속도 조절 용이, 토크 변동이 적음
복권형	계자의 직렬·병렬 연결 방식 병용	우수한 시동 토크, 안정된 속도 제어

45

전동식 전자제어 조향장치 구성품으로 틀린 것은?

① 오일펌프　　② 모터
③ 컨트롤 유닛　　④ 조향각 센서

해설
오일펌프는 유압식 전자제어 조향장치의 구성요소이다.

46

축전지 단자의 부식을 방지하기 위한 방법으로 옳은 것은?

① 경유를 바른다.
② 그리스를 바른다.
③ 엔진오일을 바른다.
④ 탄산나트륨을 바른다.

해설
축전지에 그리스를 바르면 공기 및 수분과의 접촉이 차단되어 단자의 부식을 방지할 수 있다.

정답 41 ①　42 ④　43 ②　44 ④　45 ①　46 ②

47
계기판의 주차 브레이크등이 점등되는 조건이 아닌 것은?
① 주차브레이크가 당겨져 있을 때
② 브레이크오일이 부족할 때
③ 브레이크 페이드 현상이 발생했을 때
④ EBD 시스템에 결함이 발생했을 때

> **해설**
> 브레이크 페이드 현상은 장시간 제동으로 인해 브레이크가 과열되어 제동력이 저하되는 현상으로 주차 브레이크 경고등이 점등되지 않는다.

48
자동차기관이 과열된 상태에서 냉각수를 보충할 때 적합한 것은?
① 시동을 끄고 즉시 보충한다.
② 시동을 끄고 냉각시킨 후 보충한다.
③ 기관을 가감속하면서 보충한다.
④ 주행하면서 조금씩 보충한다.

> **해설**
> 자동차 엔진이 과열된 상태에서 냉각수를 보충할 때는 시동을 끄고 엔진을 완전히 냉각시킨 후 보충한다.

49
에어컨 매니폴드 게이지(압력 게이지) 접속 시 주의사항으로 틀린 것은?
① 매니폴드 게이지를 연결할 때에는 모든 밸브를 잠근 후 실시한다.
② 진공펌프를 작동시키고 매니폴드 게이지 또는 센터 호스를 저압라인에 연결한다.
③ 황색 호스를 진공펌프나 냉매회수기 또는 냉매 충전기에 연결한다.
④ 냉매가 에어컨 시스템에 충전되어 있을 때에는 충전중, 매니폴드 게이지의 밸브를 전부 잠근 후 분리한다.

> **해설**
> 진공펌프를 작동하기 전에 매니폴드 게이지 또는 센터 호스를 저압라인에 연결해야 한다.

50
전기 스테이터 코일의 시험 중 그림은 어떤 시험인가?

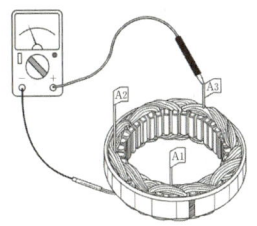

① 코일과 철심의 절연시험
② 코일의 단선시험
③ 코일 브러시의 접촉시험
④ 코일과 철심의 전압시험

> **해설**
> 위 그림은 코일과 철심 사이에 전압을 인가하고 절연저항을 측정하여 절연상태를 확인하는 절연시험이다.

51
PNP형 트랜지스터의 순방향 전류는 어떤 방향으로 흐르는가?
① 컬렉터에서 베이스로
② 이미터에서 베이스로
③ 베이스에서 이미터로
④ 베이스에서 컬렉터로

> **해설**
> PNP형 트랜지스터의 순방향 전류는 이미터(E)에서 베이스(B) 또는 이미터(E)에서 컬렉터(C)로 흐른다.
>
> **관련개념**
> NPN형은 베이스(B)에서 이미터(E) 또는 컬렉터(C)에서 이미터(E)로 흐른다.

정답 47 ③ 48 ② 49 ② 50 ① 51 ②

52

줄 작업 시 주의사항이 아닌 것은?

① 몸 쪽으로 당길 때에만 힘을 가한다.
② 공작물은 바이스에 확실히 고정한다.
③ 날이 끼어지면 와이어 브러시로 털어낸다.
④ 절삭가루는 솔로 쓸어낸다.

해설
줄 작업 시 전진 시(밀 때)에만 힘을 준다.

관련개념 줄 작업 시 주의사항
- 작업 전에 자루 부분의 균열 유무 또는 마모상태 등을 점검한다.
- 해머 대용으로 줄을 사용하지 않는다.
- 절삭가루는 솔로 쓸어낸다.
- 새 줄은 처음에는 연질재에 사용하고 점차 경질재를 사용한다.
- 주물의 경우에는 표면의 흑피를 벗기고 줄질한다.
- 날이 메꾸어지면 와이어 브러시로 깨끗이 털어낸다.
- 줄질한 면에는 손을 대지 않는다.
- 전진 시(밀 때)에만 힘을 가한다.
- 작업 시 너무 누르지 않는다.

53

현재 통용되는 전자동 에어컨 시스템의 컴퓨터가 감지하는 센서와 가장 거리가 먼 것은?

① 외기온도 센서
② 스로틀포지션 센서
③ 일사센서(SUN 센서)
④ 냉각수 온도 센서

해설
전자동 에어컨 시스템의 컴퓨터가 감지하는 센서에는 외기온도 센서, 일사센서, 냉각수 온도 센서, 실내온도 센서, AQS센서, 차속 센서 등이 있다.

54

산업재해 예방을 위한 안전시설 점검의 가장 큰 이유는?

① 위해요소를 사전점검하여 조치한다.
② 시설장비의 가동상태를 점검한다.
③ 공장의 시설 및 설비 레이아웃을 점검한다.
④ 작업자의 안전교육 여부를 점검한다.

해설
안전시설을 점검하는 가장 큰 이유는 위해요소를 사전에 점검하여 조치함으로써 산업재해를 예방하기 위함이다.

55

정밀한 기계를 수리할 때 부속품의 세척(청소) 방법으로 가장 안전한 방법은?

① 걸레로 닦는다.
② 와이어 브러시를 사용한다.
③ 에어건을 사용한다.
④ 솔을 사용한다.

해설
정밀한 기계를 수리할 때 부속품의 세척은 에어건을 사용하는 것이 가장 안전하다. 걸레, 와이어 브러시, 솔 등은 부속품에 흠집이나 스크래치와 같은 손상을 줄 수 있으므로 사용하지 않는 것이 좋다.

56

전자제어 가솔린 기관의 실린더 헤드볼트를 규정대로 조이지 않았을 때 발생하는 현상으로 틀린 것은?

① 냉각수의 누출
② 스로틀 밸브의 고착
③ 실린더 헤드의 변형
④ 압축가스의 누설

해설
스로틀 밸브는 엔진 흡기량을 조절하는 부품으로 실린더 헤드볼트와 직접적인 관련이 없다.

정답 52 ① 53 ② 54 ① 55 ③ 56 ②

57

자동차의 기동전동기 탈부착 작업 시 안전에 대한 유의사항으로 틀린 것은?

① 배터리 단자에서 터미널을 분리한 후 작업한다.
② 차량 아래에서 작업 시 보안경을 착용하고 작업한다.
③ 기동전동기를 고정시킨 후 배터리 단자를 접속한다.
④ 배터리 벤트플러그는 열려있는지 확인 후 작업한다.

해설
자동차의 기동전동기 탈부착 작업 시 배터리 벤트플러그는 닫혀있는지 확인 후 작업한다.

관련개념 자동차 기동전동기 탈부착 작업 시 안전 유의사항
- 작업 전에 축전지(배터리) 단자 중 음극(-) 단자를 분리한다.
- 적절한 공구와 장비를 사용하고 보안경, 장갑, 작업복 등 안전 보호구를 착용한다.
- 작업 공간은 깨끗이 정리하고 충분히 환기시킨다.
- 기동전동기를 고정한 후 축전지 단자를 접속시킨다.
- 자동차의 기동전동기 탈부착 작업 시 배터리 벤트플러그는 닫혀있는지 확인 후 작업한다.

58

정비용 기계의 검사, 유지, 수리에 대한 내용으로 틀린 것은?

① 동력기계의 급유 시에는 서행한다.
② 동력기계의 이동장치에는 동력 차단장치를 설치한다.
③ 동력 차단장치는 작업자 가까이에 설치한다.
④ 청소할 때는 운전을 중지한다.

해설
동력기계에 급유를 할 때는 화재 발생이나 공기가 혼입으로 인한 갑작스러운 동력 상승 등의 사고가 발생할 수 있기 때문에 반드시 기계를 정지한 후 진행해야 한다.

관련개념 정비용 기계의 검사, 유지, 수리 시 주의사항
- 동력기계의 이동장치에는 동력 차단장치를 설치한다.
- 동력 차단장치는 작업자가 쉽게 조작할 수 있도록 가까운 위치에 설치한다.
- 동력전달부, 구동부, 회전축에는 견고한 구조의 방호덮개를 설치한다.
- 점검 및 보수가 끝난 후에는 방호덮개를 원상 복구한다.
- 절삭공구 등 회전체 작업 시에는 면장갑 착용을 금지하며 필요한 경우 가죽제 장갑을 착용한다.
- 협착 위험이 있는 부위에는 협착 위험을 경고하는 안전보건 표지를 부착한다.
- 동력기계에 급유할 경우에는 반드시 기계를 정지한 후 실시한다.

59

공기압축기 및 압축공기 취급에 대한 안전수칙으로 틀린 것은?

① 전기배선, 터미널 및 전선 등에 접촉 될 경우 전기쇼크의 위험이 있으므로 주의하여야 한다.
② 본체에 공기압축기, 공기탱크 및 관로 안의 압축공기를 완전히 배출한 뒤에 실시한다.
③ 하루에 한 번씩 공기탱크에 고여 있는 응축수를 제거한다.
④ 작업 중 작업자의 땀이나 열을 식히기 위해 압축 공기를 호흡하면 작업효율이 좋아진다.

해설
압축공기에는 먼지, 윤활유, 금속 입자 등 다양한 오염 물질이 포함되어 있어 인체에 매우 유해하다. 이를 직접 호흡하면 폐 손상, 기도 자극, 기흉 등의 심각한 건강 문제가 발생할 수 있기 때문에 압축공기를 인체에 분사하거나 흡입하는 행위는 절대 금지된다.

관련개념 공기압축기 및 압축공기 취급에 대한 안전수칙
- 공기압축기의 회전부 방호덮개 및 주요 안전장치에 대해 정기적으로 점검하고 작동상태를 확인한다.
- 공기압축기의 철제 외함은 접지를 실시하고 절연저항을 측정하여 정기적으로 점검한다.
- 전기배선, 터미널, 전선 등에 접촉 시 감전의 위험이 있으므로 주의한다.
- 정비나 작업은 공기압축기 본체, 공기탱크, 관로 내부의 압축 공기를 완전히 배출한 후에 실시한다.
- 공기탱크에 고이는 응축수는 하루에 한 번씩 제거한다.

60

연소의 3요소에 해당 되지 않는 것은?

① 물
② 공기(산소)
③ 점화원
④ 가연물

해설
연소의 3요소는 공기(산소), 점화원, 가연물이다.

관련개념 연소의 3요소
- 공기(산소): 연소에 필요한 산소를 공급하는 물질로 공기가 대표적이다.
- 점화원: 가연물과 산소의 화학반응을 돕거나 일으키는 활성화 에너지의 근원이다.
- 가연물: 불에 탈 수 있는 성질을 가진 물질을 말한다.

정답 57 ④ 58 ① 59 ④ 60 ①

Build UP 2019년 2회 CBT 복원문제

NCS 학습모듈 반영
최신기출 복원
신유형

01
LPG 기관에서 액체상태의 연료를 기체상태의 연료로 전환시키는 장치는?

① 베이퍼라이저
② 솔레노이드밸브 유닛
③ 봄베
④ 믹서

해설
베이퍼라이저(Vaporizer)는 LPG 탱크에서 공급되는 액체 상태의 연료를 증발시켜 기체 상태로 전환시킨다.

선지분석
② 솔레노이드 밸브 유닛: 운전석에서 조작 가능한 차단 밸브로 밸브 본체와 리턴 스프링으로 구성되어 있다.
③ 봄베(Bombe): 고압기체나 액화기체를 담는 강철용기로 LPG 차량에서 연료를 충전하기 위한 고압용기이다.
④ 믹서(Mixer): 베이퍼라이저에서 기화된 LPG를 공기와 혼합하여 연소실에 공급한다.

02
디젤 연료분사 펌프의 플런저가 하사점에서 플런저 배럴의 출·배기 구멍을 닫기까지 즉, 송출 직전까지의 행정은?

① 예비행정
② 유효행정
③ 변행정
④ 정행정

해설
예비행정은 디젤 연료분사 펌프의 플런저가 하사점에서 플런저 배럴의 출·배기 구멍을 닫기까지, 즉 송출(실제 연료 분사) 직전까지의 행정이다.

선지분석
② 유효행정: 플런저가 연료를 빨아들인 후 분사하는 과정에서 유효하게 작동하는 부분의 길이를 말한다.
③ 변행정: 플런저가 흡·배기 구멍을 열고 닫는 행정이라 한다.
④ 정행정: 플런저가 상사점에 도달한 상태를 말한다.

03
기화기식과 비교한 전자제어 가솔린 연료분사장치의 장점으로 틀린 것은?

① 고속도 및 혼합비 제어에 유리하다.
② 연료 소비율이 낮다.
③ 부하변동에 따라 신속하게 응답한다.
④ 적절한 혼합비 공급으로 유해 배출가스가 증가된다.

해설
전자제어 가솔린 연료분사장치는 유해 배출가스를 감소시킨다.

관련개념 전자제어 가솔린 연료분사장치의 특징
- 유해 배기가스 배출을 감소시킨다.
- 연료 소비율이 향상되어 엔진의 출력이 증가한다.
- 엔진의 부하 변화에 대해 신속한 대응이 가능하다.
- 월 웨팅(Wall Wetting)에 따른 저온 시동성이 향상된다.
- 벤투리 구조가 없어 공기 흐름 저항이 적다.
- 저·고속 영역에서 토크 영역이 변할 수 있다.
- 온도 변화시에도 엔진 성능을 안정적으로 유지할 수 있다.
- 체적 효율이 높아 흡기다기관 설계가 가능하다.

04
가솔린 기관에서 심한 노킹이 일어나면?

① 급격한 연소로 고온, 고압이 되어 충격파를 발생한다.
② 배기가스 온도가 상승한다.
③ 기관의 온도저하로 냉각수 손실이 작아진다.
④ 최고압력이 떨어지고 출력이 증대된다.

해설
가솔린 엔진에서 심한 노킹이 일어나면 연소실 내의 큰 압력 불평형에 의하여 급격한 연소로 고온, 고압이 되어 충격파를 발생한다.

선지분석
② 노킹은 배기가스 온도 상승에 직접적인 영향을 주지 않는다.
③ 노킹이 심한 경우 기관의 온도를 상승시킨다.
④ 노킹은 최고압력과 출력을 감소시킨다.

정답 01 ① 02 ① 03 ④ 04 ①

05

석유를 사용하는 자동차의 대체에너지에 해당되지 않는 것은?

① 알콜 ② 전기
③ 중유 ④ 수소

해설
중유는 석유에서 정제된 연료로 대체에너지에 해당하지 않는다.

06

윤활장치를 점검하여야 할 원인이 아닌 것은?

① 윤활유 소비가 많다.
② 유압이 높다.
③ 유압이 낮다.
④ 오일교환을 자주한다.

해설
오일의 교환 빈도는 윤활장치를 점검해야 할 원인이 아니다.

07

4행정 V6기관에서 6실린더가 모두 1회의 폭발을 하였다면 크랭크축은 몇 회전 하였는가?

① 2회전 ② 3회전
③ 6회전 ④ 9회전

해설
4행정 기관은 흡입, 압축, 폭발, 배기의 4가지 행정으로 한 사이클을 돌 때마다 크랭크축은 2회전 한다. V6엔진의 6개의 실린더가 모두 1회 폭발하였다면 엔진이 한 사이클을 완료한 것이므로 크랭크축은 총 2회전 하게 된다.

08

배출 가스 중에서 유해가스에 해당하지 않는 것은?

① 질소 ② 일산화탄소
③ 탄화수소 ④ 질소산화물

해설
차량에서 배출되는 대표적인 유해가스: CO(일산화탄소), HC(탄화수소), NOx(질소산화물)

09

다음 중 흡입 공기량을 계량하는 센서는?

① 에어플로 센서 ② 흡기온도 센서
③ 대기압 센서 ④ 기관 회전속도 센서

해설
에어플로 센서(AFS, Air flow Sensor)는 흡입공기량을 측정하는 센서이다.

선지분석
② 흡기온도 센서: 흡기 매니폴드 내 공기 온도를 감지하여 ECU에 전달한다.
③ 대기압 센서: 자동차 주변 기압을 감지하여 ECU에 전달한다.
④ 기관 회전속도 센서: 크랭크축 회전수를 감지하여 ECU에 전달한다.

10

전자제어 차량의 인젝터가 갖추어야 될 기본 요건이 아닌 것은?

① 정확한 분사량
② 내 부식성
③ 기밀 유지
④ 저항 값은 무한대(∞)일 것

해설
정상상태에서 인젝터의 지항값은 12~17정도이며 저항 값이 무한대(∞)일 경우에는 전기적인 신호가 전달되지 않아 인젝터가 작동하지 않는다.

정답 05 ③ 06 ④ 07 ① 08 ① 09 ① 10 ④

11

엔진오일의 유압이 낮아지는 원인으로 틀린 것은?

① 베어링의 오일 간극이 크다.
② 유압조절밸브의 스프링 장력이 크다.
③ 오일 펌프 내의 유출량이 많아진다.
④ 윤활유 공급 라인에 공기가 유입되었다.

해설
유압조절밸브의 스프링 장력이 약할 때 엔진오일의 유압이 낮아진다.

관련개념

유압 상승의 원인	유압 감소의 원인
• 엔진의 온도가 낮아 오일의 점도가 높아지는 경우 • 윤활 회로의 일부(오일여과기 등)가 막힌 경우 • 유압 조절밸브 스프링의 장력이 과다한 경우	• 오일펌프의 마멸 또는 윤활 회로에서 오일이 누출된 경우 • 오일팬의 오일량이 부족한 경우 • 유압조절밸브 스프링 장력이 약하거나 파손된 경우 • 엔진오일이 연료 등으로 희석된 경우 • 엔진오일의 점도가 낮은 경우

12

자동차 기관의 기본 사이클이 아닌 것은?

① 역 브레이튼 사이클
② 정적 사이클
③ 정압 사이클
④ 복합 사이클

해설
자동차 기관의 기본 사이클은 정적 사이클, 정압 사이클, 복합(합성) 사이클이다.

관련개념 자동차 기관의 기본 사이클

구분	사이클 이름	연소 조건	대표 적용 엔진	특징
정적 사이클	오토 사이클	등적 연소	가솔린 엔진	부피 일정 상태에서 순간 연소
정압 사이클	디젤 사이클	등압 연소	저속 디젤엔진	연소 중 압력이 일정
복합(합성) 사이클	사바테 사이클, 듀얼 사이클	등적+등압 연소 혼합	고속 디젤엔진	실제 엔진에서 가장 현실적인 모델

13

엔진의 실린더(Cylinder) 마멸량이란?

① 실린더 안지름의 최대 마멸량
② 실린더 안지름의 최대 마멸량과 최소 마멸량의 차이
③ 실린더 안지름의 최소 마멸량
④ 실린더 안지름의 최대 마멸량과 최소 마멸량의 평균 값

해설
엔진의 실린더(Cylinder) 마멸량은 실린더 안지름의 최대 마멸량에서 최소 마멸량을 뺀 값이다.

14

기관이 과열하는 원인으로 틀린 것은?

① 냉각팬의 파손
② 냉각수 흡수 저항 감소
③ 라디에이터의 코어 파손
④ 냉각수 이물질 혼입

해설
냉각수 흡수 저항이 감소하면 냉각수가 원활하게 순환되므로 기관이 과열되지 않는다.

관련개념 엔진 과열의 원인
• 냉각수 또는 엔진오일이 부족한 경우
• 라디에이터에 이상이 생긴 경우(코어 파손 등)
• 수온조절기에 결함이 생긴 경우
• 팬벨트 장력이 느슨해진 경우
• 냉각팬이 파손된 경우
• 냉각장치 오염 또는 통로 막힘의 경우
• 서모스탯 또는 냉각호스에 이상이 생긴 경우
• 워터펌프에 이상이 생긴 경우

15

열선식 흡입공기량 센서에서 흡입공기량이 많아질 경우 변화하는 물리량은?

① 열량
② 시간
③ 전류
④ 주파수

해설
흡입 공기가 열선을 지나면서 열선을 냉각시키면 열선의 온도가 낮아지고 이에 따라 저항이 변한다. ECU는 저항 변화를 감지하여 열선에 흐르는 전류량을 조절하고 흡입 공기량을 계측한다.

정답 11 ② 12 ① 13 ② 14 ② 15 ③

16

다음 중 단위 환산으로 틀린 것은?

① 1[J]=1[N·m]
② -273[℃]=0[K]
③ -40[℃]=-40[°F]
④ 1[kgf/cm²]=1.42[psi]

해설
1[kgf/cm²]=14.2[psi]

17

드럼 방식의 브레이크 장치와 비교했을 때 디스크 브레이크의 장점은?

① 자기작동 효과가 크다.
② 오염이 잘 되지 않는다.
③ 패드의 마모율이 낮다.
④ 패드의 교환이 용이하다.

해설
디스크 브레이크는 구조가 간단하여 패드 교환이 용이하다.

관련개념 디스크 브레이크의 장점
- 가열 후 크기가 변하더라도 브레이크 페달의 스트로크에는 큰 영향을 주지 않는다.
- 단순한 구조로 정비 및 수리가 용이하다.
- 디스크가 외부에 노출되어 있어 냉각 성능이 우수하다.
- 방열이 잘 되어 페이드 현상이 적다.
- 부품의 평형성이 우수하여 편제동 현상(한쪽만 제동이 되는 현상)이 적다.
- 자기작동이 효과가 없어 페달 조작력이 상대적으로 크다.
- 마찰면적이 작아 패드의 강도가 높아야 하며 패드의 마멸이 큰 편이다.
- 드럼 브레이크보다 제동력이 낮다.

18

크랭크핀 축받이 오일 간극이 커졌을 때 나타나는 현상으로 옳은 것은?

① 유압이 높아진다.
② 유압이 낮아진다.
③ 실린더 벽에 뿌려지는 오일이 부족해진다.
④ 연소실에 올라가는 오일의 양이 적어진다.

해설
크랭크핀 축받이 오일 간극이 커지면 오일 누설로 인하여 유압이 낮아지는 문제가 발생한다.

19

176[°F]는 몇 [℃]인가?

① 76 ② 80
③ 144 ④ 176

해설
섭씨온도[℃]=$\frac{5}{9}$([°F]-32)
⇒ $\frac{5}{9}$×(176-32)=80[℃]

20

가솔린 기관에서 배기가스에 산소량이 많이 잔존하고 있다면 연소실내의 혼합기는 어떤 상태인가?

① 농후하다.
② 희박하다.
③ 농후하기도 하고 희박하기도 하다.
④ 이론공연비 상태이다.

해설
배기가스에 산소량이 많이 잔존하고 있다면 연소실 내의 혼합기는 희박한 상태이다.

관련개념
가솔린 기관의 연소는 공기와 연료의 화학반응으로 이루어지는데, 이때 공기와 연료외 비율이 이론공연비보다 글 경우에는 연소가 완전히 이루어지지 않아 배기가스에 많은 산소가 남게 된다.

정답 16 ④ 17 ④ 18 ② 19 ② 20 ②

21

디젤 노크를 일으키는 원인과 직접적인 관계가 없는 것은?

① 압축비
② 회전속도
③ 옥탄가
④ 엔진의 부하

해설
옥탄가는 가솔린의 노킹에 대한 저항성을 나타내는 지표로 디젤에는 적용되지 않는다.

관련개념 디젤 엔진의 노크 원인
- 착화 또는 분사시기의 지연으로 일부 연료가 착화 전에 연소되는 경우
- 연소실 형상이 부적절한 경우
- 압축비가 낮은 경우
- 엔진 온도가 낮은 경우
- 연료의 착화성이 낮은 경우
- 과도한 부하나 고속 회전의 경우

22

주행저항 중 자동차의 중량과 관계없는 것은?

① 구름저항
② 가속저항
③ 구배저항
④ 공기저항

해설
공기저항은 자동차의 형상, 속도에 의해 결정되고 중량에는 영향받지 않는다.

선지분석
① 구름저항: 타이어와 노면의 마찰로 인하여 발생하며 자동차의 중량과 속도에 비례한다.
② 가속저항: 자동차의 가속도에 따라 발생하며 자동차의 중량과 가속도에 비례한다.
③ 구배저항: 도로의 경사로 인해 발생하며 자동차의 중량과 경사의 각도에 비례한다.

23

그림과 같은 커먼레일 인젝터 파형에서 주분사 구간을 가장 알맞게 표시한 것은?

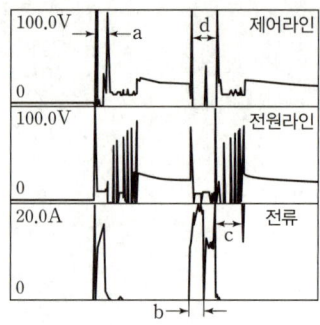

① a
② b
③ c
④ d

해설
- a: 예비 분사 구간
- b: 주분사 풀인전류 구간
- c: 진동 감쇠구간
- d: 주분사 전 구간

24

산소센서 신호가 희박으로 나타날 때 연료계통의 점검사항으로 틀린 것은?

① 연료필터의 막힘 여부
② 연료펌프의 작동유무 점검
③ 연료펌프 전원의 전압강하 여부
④ 릴리프 밸브의 막힘 여부

해설
산소센서 신호가 희박으로 나타난다는 것은 공기에 비하여 연료가 부족하다는 의미이므로 연료가 부족하게 공급되는 원인을 점검해야 한다. 릴리프 밸브는 과도한 압력 상승으로 인한 시스템의 손상을 방지하는 안전밸브로 연료 부족의 원인과는 거리가 멀다.

정답 21 ③ 22 ④ 23 ④ 24 ④

25

부특성 서미스터(Thermister)에 해당되는 것으로 나열된 것은?

① 냉각수온 센서, 흡기온도 센서
② 냉각수온 센서, 산소 센서
③ 산소 센서, 스로틀 포지션 센서
④ 스로틀 포지션 센서, 크랭킹 앵글 센서

해설

부특성 서미스터는 온도가 상승할수록 저항값이 감소하는 특징을 가지고 있으며 냉각수온 센서, 흡기온도 센서, 외기온도 센서 등 다양한 온도 감지용 센서에 사용된다.

26

수동변속기에서 클러치의 미끄러지는 원인으로 틀린 것은?

① 클러치 디스크에 오일이 묻었다.
② 플라이휠 및 압력판이 손상되었다.
③ 클러치 페달의 자유간극이 크다.
④ 클러치 디스크의 마멸이 심하다.

해설

수동변속기에서 클러치의 미끄러짐은 클러치 페달의 자유간극이 작을 때 발생한다.

관련개념 클러치가 미끄러지는 원인
- 클러치 디스크 마모로 인하여 자유간극이 작은 경우
- 클러치 스프링이 변형되거나 장력이 약해진 경우
- 압력판이나 플라이휠의 접촉면이 손상된 경우
- 클러치 디스크의 페이싱이 마모되었거나 표면에 오일이 묻은 경우

27

자동변속기 오일펌프에서 발생한 라인압력을 일정하게 조정하는 밸브는?

① 체크 밸브
② 거버너 밸브
③ 매뉴얼 밸브
④ 레귤레이터 밸브

해설

레귤레이터 밸브는 오일펌프에서 발생한 라인압력을 일정하게 조정한다.

선지분석

① 체크 밸브(Check Valve): 배관 내 유체의 흐름을 한 방향으로만 흐르게 하여 역류를 방지한다.
② 거버너 밸브(Governor Valve): 차량 속도에 따라 유압을 제어한다.
③ 매뉴얼 밸브(Manual Valve): 수동으로 밸브를 조작하여 오일 흐름 방향을 변경한다.

28

자동변속기에서 차속센서와 함께 연산하여 변속시기를 결정하는 주요 입력신호는?

① 캠축 포지션 센서
② 스로틀 포지션 센서
③ 유온 센서
④ 수온 센서

해설

스로틀 포지션 센서는 스로틀 바디에 장착되어 스로틀 밸브의 개도량(열림 정도)을 감지하여 ECU에 출력 전압 신호로 전달한다. 이는 차속센서의 신호와 함께 연산되어 자동변속기의 변속시기를 결정하는 주요 입력신호이다.

관련개념

① 캠축 포지션 센서: 엔진의 캠축 위치를 감지하여 엔진 회전수를 측정한다.
③ 유온 센서: 변속기 오일 온도를 감지하여 과열로 인한 변속기 내부의 마찰 및 마모를 방지한다.
④ 수온 센서: 냉각수 온도를 감지하여 ECU에 정보를 전달하여 엔진의 연소, 냉각 등을 조절한다.

정답 25 ① 26 ③ 27 ④ 28 ②

29

중간축 장치에서 하이포이드 기어의 장점으로 틀린 것은?

① 기어 이의 물림률이 크기 때문에 회전이 정숙하다.
② 기어의 편심으로 차체의 전고가 높아진다.
③ 추진축의 높이를 낮게 할 수 있어 거주성이 향상된다.
④ 이면의 접촉 면적이 증가되어 강도를 향상시킨다.

해설
하이포이드 기어는 차체의 전고를 낮게 할 수 있다.

관련개념 하이포이드 기어의 특징
- 구동 피니언과 링기어의 중심이 낮게 설치되어 있다.
- 추진축의 높이를 낮게 할 수 있어 거주성이 향상된다.
- 기어 이의 물림률이 커 회전이 정숙하다.
- 이면의 접촉 면적이 증가되어 강도가 증대된다.
- 감속비를 크게 할 수 있다.
- 웜 기어보다 효율이 좋다.

30

주행 중 가속페달 작동에 따라 출력전압의 변화가 일어나는 센서는?

① 공기온도 센서
② 수온 센서
③ 유온 센서
④ 스로틀 포지션 센서

해설
스로틀 포지션 센서는 가속페달을 밟을 때 스로틀 밸브의 개도량(열림 정도)를 감지하여 ECU에 출력 전압 신호로 전달한다.

선지분석
① 공기온도 센서: 차량 엔진 흡기장치에 유입되는 공기의 온도를 측정한다.
② 수온 센서: 엔진 온도를 감지하고 ECU에 정보를 전달하여 엔진의 연소, 냉각 등을 조절한다.
③ 유온 센서: 변속기 오일 온도를 감지하여 과열로 인한 변속기 내부의 마찰 및 마모를 방지한다.

31

제어 밸브와 동력 실린더가 일체로 결합된 것으로 대형트럭이나 버스 등에서 사용되는 동력조향장치는?

① 조합형
② 분리형
③ 혼성형
④ 독립형

해설
제어밸브와 동력실린더가 일체로 된 것은 조합형이다.

관련개념 동력 조향장치의 종류

링키지형(linkage type)		
조합형	동력실린더와 제어밸브가 일체형으로 되어있다.	대형트럭, 버스
분리형	동력실린더와 제어밸브가 분리되어 있다.	소형트럭, 승용차

일체형(integral type)	
인 라인 형	조향기어 박스와 볼 너트를 직접 동력기구로 사용한다.
오프셋 형	동력 발생 기구를 별도로 설치해야 한다.

32

전자제어 현가장치에서 입력 신호가 아닌 것은?

① 스로틀 포지션 센서
② 브레이크 스위치
③ 감쇠력 모드 전환 스위치
④ 대기압 센서

해설
대기압 센서는 엔진 제어 관련 센서이다.

관련개념 전자제어 현가장치의 입력 신호

정답 29 ② 30 ④ 31 ① 32 ④

33

기관의 회전수가 2,400[rpm]이고, 총 감속비가 8:1, 타이어 유효반경이 25[cm]일 때 자동차의 시속은?

① 28.27[km/h] ② 38.26[km/h]
③ 17.66[km/h] ④ 15.66[km/h]

해설

시속[km/h] $= \dfrac{\pi DN \times 60}{R_1 R_2 \times 1,000} = \dfrac{\pi \times 0.5 \times 2,400 \times 60}{8 \times 1,000} = 28.27$[km/h]

(D: 타이어 직경[m], N: 엔진 회전수[rpm], R_1: 변속비, R_2: 종감속비)

34

타이어의 스탠딩 웨이브 현상에 대한 내용으로 옳은 것은?

① 스탠딩 웨이브를 줄이기 위해 고속 주행 시 공기압을 10[%] 정도 줄인다.
② 스탠딩 웨이브가 심하면 타이어 박리현상이 발생할 수 있다.
③ 스탠딩 웨이브는 바이어스 타이어보다 레디얼 타이어에서 많이 발생한다.
④ 스탠딩 웨이브는 하중과 무관하다.

해설

스탠딩 웨이브(Standing Wave) 현상은 타이어 공기압이 낮은 상태에서 고속으로 주행할 때, 일정 속도를 초과하면 타이어 접지부의 뒤쪽이 부풀어 오르고 물결처럼 주름이 생기는 현상을 말한다. 이 현상이 심해지면 타이어의 접지면이 불규칙해지고 마찰력이 감소하여 제동력과 접지력이 저하된다. 또한 타이어 내부에 과열이 발생하여 타이어가 손상되거나 타이어 트레드가 분리되는 박리 현상이 발생할 수 있다.

선지분석

① 스탠딩 웨이브를 줄이기 위하여 고속 주행 시 공기압을 10~15[%] 정도 높여준다.
③ 스탠딩 웨이브는 레디얼 타이어보다 바이어스 타이어에서 많이 발생한다.
④ 스탠딩 웨이브 현상은 하중이 클수록 타이어 변형이 커져 발생 가능성이 높아진다.

관련개념 스탠딩 웨이브 방지법

- 타이어의 공기압을 10~15[%] 정도 높인다.
- 강성이 큰 타이어를 사용한다.
- 차량에 가해지는 하중을 줄인다.
- 고속 주행을 피한다.

35

제동장치에서 편제동의 원인이 아닌 것은?

① 타이어 공기압 불평형
② 마스터 실린더 리턴 포트의 막힘
③ 브레이크 패드 마찰계수 저하
④ 브레이크 디스크에 기름 부착

해설

편제동은 차량이 한쪽으로 쏠리는 현상을 의미한다. 마스터 실린더의 리턴 포트가 막히면 브레이크 작동 후 유압이 해제되지 않기 때문에 페달에서 발을 떼더라도 브레이크가 풀리지 않는 현상이 발생할 수 있지만 편제동의 직접적인 원인이 되지 않는다.

36

드럼식 브레이크에서 브레이크슈의 작동형식에 의한 분류에 해당하지 않는 것은?

① 리딩 트레일링 슈 형식
② 3리딩 슈 형식
③ 서보 형식
④ 듀오 서보식

해설

3리딩 슈 형식이 아닌 2리딩 슈 형식이 있다.

선지분석

① 리딩 트레일링 슈 형식: 가장 일반적인 드럼 브레이크 형식으로, 하나의 리딩 슈와 하나의 트레일링 슈로 구성되어 있으며 브레이크 작동 시 제동력은 주로 리딩 슈가 담당한다. 안정성이 우수하여 승용차의 후륜에 사용된다.
③ 서보 형식: 브레이크 작동 시 한쪽 슈의 자기작동 효과가 다른 쪽 슈에 전달되어 제동력을 증대시키는 형식이다. 먼저 자기작동이 발생하는 슈를 1차 슈, 나중에 자기작동하는 슈를 2차 슈라고 한다.
④ 듀오 서보식: 듀오 서보식은 전진 시 우측 브레이크 슈가 리딩 슈가 되어 자기작동력을 발생시키고 이 힘이 좌측 슈로 전달되어 좌측 슈도 리딩 슈로 작동한다. 후진 시에는 반대 방향으로 삭용하여 동일한 방식으로 제동력이 발생한다.

정답 33 ① 34 ② 35 ② 36 ②

37

변속기 내부에 설치된 증속장치(Over Drive System)에 대한 설명으로 틀린 것은?

① 엔진의 회전속도를 일정수준 낮추어도 주행속도를 그대로 유지한다.
② 출력과 회전속도 증대로 윤활유 및 연료 소비량이 증가한다.
③ 엔진의 회전속도가 같으면 증속장치가 설치된 자동차 속도가 더 빠르다.
④ 엔진의 수명이 길어지고 운전이 정숙하게 된다.

해설
증속장치(Over Drive System)은 출력과 회전속도는 증가하지만 엔진 회전수는 줄어들어 윤활유 및 연료 소비량이 줄어들게 한다. 즉 동일한 속도로 주행할 때 더 적은 연료로도 주행이 가능하게 된다.

관련개념 오버드라이브 장치의 장점
- 연료 소비를 약 20[%] 절감할 수 있다.
- 엔진의 작동이 정숙해지고 마모가 줄어 수명이 연장된다.
- 같은 속도에서 엔진 회전수를 낮추어 효율적인 고속 주행이 가능하다.

38

ABS(Anti-Lock Brake System)의 구성 요소 중 휠의 회전속도를 감지하여 컨트롤 유닛으로 신호를 보내주는 것은?

① 휠 스피드 센서
② 하이드로릭 유닛
③ 솔레노이드 밸브
④ 어큐뮬레이터

해설
휠 스피드 센서는 휠의 회전 속도를 감지하여 컨트롤 유닛으로 신호를 보내주는 센서이다.

선지분석
② 하이드로릭 유닛: ECU의 신호를 바탕으로 휠 실린더에 전달되는 유압을 제어한다.
③ 솔레노이드 밸브: ECU의 신호에 따라 개폐되어 각 바퀴로 전달되는 유압을 제어한다.
④ 어큐뮬레이터: 제동 중 압력을 일시적으로 저장하여 필요할 때 이를 방출하여 유압을 안정적으로 유지한다.

39

다음 중 전자제어 동력 조향장치(EPS)의 종류가 아닌 것은?

① 속도 감응식
② 전동 펌프식
③ 공압 충격식
④ 유압 반력 제어식

해설
공압 충격식은 공압을 사용해서 조향력을 제공하는 방식으로 현재 거의 사용되지 않는다.

선지분석
① 속도 감응식: 차량의 속도가 증가함에 따라 동력 조향 장치에 공급되는 오일의 유량을 줄여 핸들의 조작력을 자동으로 조절한다.
② 전동 펌프식: 전기를 동력원으로 사용하는 펌프를 통해 유체를 효율적으로 이송시킨다.
④ 유압 반력 제어식: 동력 조향 장치의 제어 밸브부에 유압 반력 기구를 설치하여 차속이 증가할수록 유입되는 유압을 높여 핸들 조작력을 조절한다.

40

전자제어 제동시스템(ABS)을 입력, 제어, 출력으로 나누었을 때 입력이 아닌 것은?

① 스피드 센서
② 모터 릴레이
③ 브레이크 스위치
④ 축전지 전원

해설
모터 릴레이는 전자제어 제동시스템(ABS)의 출력에 해당된다.

관련개념 전자제어 제동시스템(ABS)
ABS는 주행 중 노면이 빙판이나 빗물 등으로 미끄러지기 쉬운 조건에서 급제동할 경우 바퀴의 회전이 완전히 잠기지 않도록 제어하여 운전자의 핸들 조작을 가능하게 하고, 차량이 미끄러지지 않는 최단 거리로 정지할 수 있도록 해주는 시스템이다.

정답 37 ② 38 ① 39 ③ 40 ②

41

축전지의 충·방전 화학식이다. ( ) 속에 해당되는 것은?

$PbO_2 + ( ) + Pb \rightarrow PbSO_4 + 2H_2O + PbSO_4$

① H_2O
② $2H_2O$
③ $2PbSO_4$
④ $2H_2SO_4$

해설
축전지의 충·방전 화학식
$PbO_2 + 2H_2SO_4 + Pb \rightarrow PbSO_4 + 2H_2O + PbSO_4$

42

현재의 연료 소비율, 평균속도, 항속 가능거리 등의 정보를 표시하는 시스템으로 옳은 것은?

① 종합 경보 시스템(ETACS 또는 ETWIS)
② 엔진·변속기 통합제어 시스템(ECM)
③ 자동주차 시스템(APS)
④ 트립(Trip) 정보 시스템

해설
트립(Trip) 정보 시스템은 자동차의 현재 상태를 알려주는 시스템으로 주행거리, 주행 가능거리, 연료 소비율, 평균속도 등의 정보를 계기판 또는 디스플레이를 통해 제공한다.

선지분석
① 종합 경보 시스템(ETACS 또는 ETWIS): 차량의 각종 경고등을 표시한다.
② 엔진·변속기 통합제어 시스템(ECM): 엔진과 변속기를 제어한다.
③ 자동차주차 시스템(APS): 주차를 자동으로 수행한다.

43

커먼레일 디젤엔진 차량의 계기판에서 경고등 및 지시등의 종류가 아닌 것은?

① 예열플러그 작동지시등
② DPF 경고등
③ 연료분사 감지 경고등
④ 연료 차단 지시등

해설
디젤엔진 차량은 연료 시스템이 고압 커먼레일 방식의 연료 시스템을 사용하기 때문에 일반적으로 연료 차단 지시등이 따로 존재하지 않는다.

선지분석
① 예열플러그 작동지시등: 시동 전에 예열을 진행하는 동안 켜지는 경고등이다.
② DPF 경고등: 미세 먼지 필터(Diesel Particulate Filter)가 과도하게 오염되었거나 고장 났을 때 점등되는 경고등이다.
③ 연료분사 감지 경고등: 엔진의 정상적인 작동을 위해 연료를 분사하는 과정에서 문제가 발생했을 때 나타나는 경고등이다.

44

교류 발전기의 발전원리에 응용되는 법칙은?

① 플레밍의 왼손 법칙
② 플레밍의 오른손 법칙
③ 옴의 법칙
④ 자기유도의 법칙

해설
발전기는 플레밍의 오른손 법칙을 응용하여 전기를 생성하고 기동전동기는 플레밍의 왼손법칙을 응용하여 회전력을 발생시킨다.

정답 41 ④ 42 ④ 43 ④ 44 ②

45

그림과 같이 측정했을 때 저항 값은?

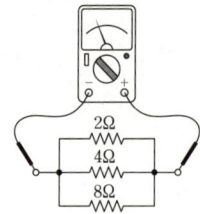

① 14[Ω] ② $\frac{1}{14}$[Ω]

③ $\frac{8}{7}$[Ω] ④ $\frac{7}{8}$[Ω]

해설

합성 저항 = $\frac{1}{R_{eq}} = \sum_{i=1}^{n} \frac{1}{R_i} = \frac{1}{R_1} + \frac{1}{R_2} + \cdots + \frac{1}{R_n}$

$\Rightarrow \frac{1}{R_{eq}} = \frac{1}{2} + \frac{1}{4} + \frac{1}{8} = \frac{7}{8}$

$\Rightarrow R_{eq} = \frac{8}{7}$[Ω]

46

AC 발전기의 출력변화 조정은 무엇에 의해 이루어지는가?

① 엔진의 회전수
② 배터리의 전압
③ 로터의 전류
④ 다이오드 전류

해설

AC(교류) 발전기의 출력변화 조정은 로터의 전류에 의해 이루어진다.

관련개념

AC(교류) 발전기는 역학적 에너지를 전기 에너지로 변환하여 교류 기전력을 일으키는 방식이다.

47

디젤 승용자동차의 시동장치 회로 구성요소로 틀린 것은?

① 축전지
② 기동 전동기
③ 점화코일
④ 예열·시동스위치

해설

디젤 엔진은 압축 착화 방식으로 점화코일이 필요하지 않다.

관련개념

점화코일은 가솔린 엔진에서 전기 불꽃을 발생시켜 점화시키는 장치이다.

48

기동전동기에서 회전력을 기관의 플라이휠에 전달하는 것은?

① 피니언 기어
② 아마츄어
③ 브러시
④ 계자 코일

해설

피니언 기어는 큰 기어와 작은 기어가 맞물려 회전하면서 전동기의 회전력을 기관의 플라이휠 링 기어에 전달한다.

선지분석

② 아마츄어(전기자): 전동기의 회전하는 중심 부분으로, 전기 에너지를 기계적 회전력으로 변환한다.
③ 브러시: 정류자와 접촉하면서 전기자 코일에 흐르는 전류의 방향을 바꾸어 전기자 코일의 회전을 유지한다.
④ 계자 코일: 자장을 형성하는 부품으로, 철심(계자 철심)에 코일을 감아 전류를 흘려 N극과 S극의 자기장을 생성한다.

정답 45 ③ 46 ③ 47 ③ 48 ①

49

브레이크등 회로에서 12[V] 축전지에 24[W]의 전구 2개가 연결되어 점등된 상태라면 합성저항은?

① 2[Ω] ② 3[Ω]
③ 4[Ω] ④ 6[Ω]

해설

$P = 24[W] + 24[W] = 48[W]$

$R = \dfrac{V^2}{P} = \dfrac{12^2}{48} = 3[Ω]$

(R: 합성저항[Ω], P: 소모전력[W], V: 전압[V])

50

정 작업 시 주의할 사항으로 틀린 것은?

① 정 작업 시에는 보호안경을 사용할 것
② 쇳밥을 절단할 때는 절단날 반대 방향에 주의할 것
③ 자르기 시작할 때와 끝날 무렵에는 세게 칠 것
④ 담금질 된 재료는 깎아내지 말 것

해설

정 작업 시 자르기 시작할 때와 끝날 때는 약하게 쳐야 한다.

관련개념 정 작업(공구를 사용하여 금속을 깎거나 절단하는 작업) 시 주의사항

- 정의 머리가 버섯머리인 경우 파손 위험이 있으므로 그라인더로 갈아낸 후 사용한다.
- 정에 기름이 묻어 있으면 깨끗이 닦은 후 작업한다.
- 담금질 된 재료는 매우 단단하고 깨지기 쉬우므로 정 작업을 하지 않는다.
- 금속 절삭 또는 정 작업 시 보안경을 착용한다.
- 정 작업 중 도구나 금속 파편이 튈 위험이 있으므로 작업자끼리 마주 보고 작업하지 않는다.
- 정확성을 높이고 사고를 방지하기 위하여 날 끝부분에 시선을 두고 작업한다.

51

산업안전보건법상의 "안전·보건표지의 종류와 형태"에서 다음의 그림이 의미하는 것은?

① 직진금지 ② 출입금지
③ 보행금지 ④ 차량통행금지

해설 금지 표시판

출입금지　보행금지　차량통행금지　사용금지　탑승금지

금연　화기금지　물체이동금지

52

IC 방식의 전압조정기가 내장된 자동차용 교류발전기의 특징으로 틀린 것은?

① 스테이터 코일 여자전류에 의한 출력이 향상된다.
② 접점이 없기 때문에 조정 전압의 변동이 없다.
③ 접점식에 비해 내진성, 내구성이 크다.
④ 접점 불꽃에 의한 노이즈가 없다.

해설

스테이터 코일이 아닌 로터 코일에 발생하는 여자 전류에 의해 출력이 향상되는 것이다.

관련개념 IC 방식의 전압조정기 특징

- 기기의 소형화가 가능하고 경제적이다.
- 내구성이 뛰어나며 진동에 의한 전압변동이 없다.
- 조정 전압의 변동이 없다.
- 내열성이 우수하고 안정적인 출력 공급이 가능하다.
- 축전지 충전성능이 우수하고 각 전기 부하에 적절한 전력 공급이 가능하다.
- 점점 불꽃에 의한 노이즈가 없다.

정답 49 ②　50 ③　51 ②　52 ①

53

어떤 제철공장에서 400명의 종업원이 1년간 작업하는 가운데 신체장애 등급 11급 10명과 1급 1명이 발생하였다. 재해강도율은 약 얼마인가? (단, 1일 8시간 작업하고, 년 300일 근무한다.)

장애등급	1~3	4	5	6	7	8
근로손실일수	7500	5500	4000	3000	2000	1500
장애등급	9	10	11	12	13	14
근로손실일수	1000	600	400	200	100	50

① 10.98[%]
② 11.98[%]
③ 12.98[%]
④ 13.98[%]

해설

강도율[%] = $\dfrac{\text{근로손실일수}}{\text{연 근로시간수}} \times 1{,}000$

연 근로시간[시간] = $400 \times 8 \times 300 = 960{,}000$[시간]

근로손실일수[일] = $(400 \times 10) + (7{,}500 \times 1) = 11{,}500$[일]

∴ 강도율[%] = $\dfrac{11{,}500}{960{,}000} \times 1{,}000 = 11.98$[%]

54

안전·보건표지의 종류에서 담배를 피워서는 안 될 장소에 맞는 금지표시는?

① 바탕은 노란색, 모형은 검정색, 그림은 빨간색
② 바탕은 파란색, 모형은 흰색, 그림은 빨간색
③ 바탕은 흰색, 모형은 빨간색, 그림은 검정색
④ 바탕은 녹색, 모형은 흰색, 그림은 빨간색

해설

담배를 피워서는 안 될 장소에 맞는 금지표시는 금연표지이다. 금연표지는 흰색 바탕, 빨간색 모형, 검은색 그림으로 구성된다.

55

작업자가 기계작업 시의 일반적인 안전사항으로 틀린 것은?

① 급유 시 기계는 운전을 정지시키고 지정된 오일을 사용한다.
② 운전 중 기계로부터 이탈할 때는 운전을 정지시킨다.
③ 고장수리, 청소 및 조정 시 동력을 끊고 다른 사람이 작동시키지 않도록 표시해 둔다.
④ 정전이 발생 시 기계스위치를 켜둬서 정전이 끝남과 동시에 작업 가능하도록 한다.

해설

정전이 발생 시, 기계스위치는 모두 꺼야 한다.

56

정비공장에서 지켜야 할 안전수칙이 아닌 것은?

① 작업 중 입은 부상은 응급치료를 받고 즉시 보고한다.
② 밀폐된 실내에서는 시동을 걸지 않는다.
③ 통로나 마룻바닥에 공구나 부품을 방치 하지 않는다.
④ 기름걸레나 인화물질은 나무상자에 보관한다.

해설

기름걸레와 같은 인화물질은 화재 위험이 있으므로 나무상자에 보관하지 않는다.

정답 53 ② 54 ③ 55 ④ 56 ④

57

유압식 브레이크 정비에 대한 설명으로 틀린 것은?

① 패드는 안쪽과 바깥쪽을 세트로 교환한다.
② 패드는 좌·우 어느 한쪽이 교환시기가 되면 좌·우 동시에 교환한다.
③ 패드 교환 후 브레이크 페달을 2~3회 밟아준다.
④ 브레이크액은 공기와 접촉 시 비등점이 상승하여 제동 성능이 향상된다.

해설
브레이크 액은 공기와 접촉하면 비등점이 낮아져 제동성능이 저하된다. 또한 흡수성으로 인해 공기 중 수분을 흡수할 경우 비등점이 더 낮아질 수 있으므로 브레이크액을 정기적으로 교체하고 공기가 혼입되지 않도록 주의해야 한다.

58

운반기계의 취급과 안전수칙에 대한 내용으로 틀린 것은?

① 무거운 물건을 운반할 때는 반드시 경종을 울린다.
② 기중기는 규정 용량을 지킨다.
③ 흔들리는 화물은 보조자가 탑승하여 움직이지 못하도록 한다.
④ 무거운 물건은 밑에, 가벼운 것은 위에 싣는다.

해설
흔들리는 화물 위에 보조자가 탑승하는 것은 중대한 안전사고로 이어질 수 있어 매우 위험하다. 따라서 화물이 움직이지 못하도록 단단히 묶어 고정시켜야 한다.

관련개념 운반기계의 취급과 안전수칙
- 작업 개시 전에 허리를 중심으로 요통을 방지하기 위한 가벼운 운동을 하여야 한다.
- 운반통로를 확인 및 확보하고, 부득이한 경우에는 우회 운반통로를 사용하여야 한다.
- 작업자의 체력을 고려하여 작업자를 배치하여야 한다.
- 무거운 물건을 운반할 때는 반드시 경종을 울린다.
- 기중기는 규정 용량을 초과하지 않는다.
- 흔들리는 화물은 움직이지 못하도록 단단히 묶는다.
- 무거운 물건은 밑에, 가벼운 것은 위에 싣는다.
- 무거운 물건을 상승시킨 채 오랫동안 방치하지 않는다.

59

타이어 압력 모니터링 장치(TPMS)의 점검, 정비 시 잘못된 것은?

① 타이어 압력센서는 공기 주입 밸브와 일체로 되어 있다.
② 타이어 압력센서 장착용 휠은 일반 휠과 다르다.
③ 타이어 분리시 타이어 압력센서가 파손되지 않게 한다.
④ 타이어 압력센서용 배터리 수명은 영구적이다.

해설
타이어 압력센서용 배터리 수명은 5~10년 정도이다.

60

일반적인 기계 동력 전달 장치에서 안전상 주의사항으로 틀린 것은?

① 기어가 회전하고 있는 곳은 뚜껑으로 잘 덮어 위험을 방지한다.
② 천천히 움직이는 벨트라도 손으로 잡지 않는다.
③ 회전하고 있는 벨트나 기어에 필요 없는 접근을 금한다.
④ 동력전달을 빨리하기 위해 벨트를 회전하는 풀리에 손으로 걸어도 좋다.

해설
벨트나 풀리는 회전에 의해 손가락이나 옷이 잡히면 심각한 사고를 초래할 수 있다. 특히, 동력전달을 빨리하기 위해 벨트를 회전하는 풀리에 손으로 걸으면 더욱 위험하다.

정답 57 ④ 58 ③ 59 ④ 60 ④

에듀윌이
너를
지지할게

ENERGY

끝이 좋아야 시작이 빛난다.

– 마리아노 리베라(Mariano Rivera)

2026 에듀윌 자동차정비기능사 필기 한권끝장

발 행 일	2025년 8월 28일 초판
편 저 자	김정혁
펴 낸 이	양형남
개발책임	목진재
개 발	장윤정
펴 낸 곳	(주)에듀윌
I S B N	979-11-360-3889-0
등록번호	제25100-2002-000052호
주 소	08378 서울특별시 구로구 디지털로34길 55 코오롱싸이언스밸리 2차 3층

* 이 책의 무단 인용 · 전재 · 복제를 금합니다.

www.eduwill.net

대표전화 1600-6700

여러분의 작은 소리
에듀윌은 크게 듣겠습니다.

본 교재에 대한 여러분의 목소리를 들려주세요.
공부하시면서 어려웠던 점, 궁금한 점,
칭찬하고 싶은 점, 개선할 점, 어떤 것이라도 좋습니다.

에듀윌은 여러분께서 나누어 주신 의견을
통해 끊임없이 발전하고 있습니다.

에듀윌 도서몰 book.eduwill.net
- 부가학습자료 및 정오표: 에듀윌 도서몰 → 도서자료실
- 교재 문의: 에듀윌 도서몰 → 문의하기 → 교재(내용, 출간) / 주문 및 배송